GESCHICHTE DER ERFINDUNGEN

VON DER URZEIT BIS ZUR GEGENWART

© 2008 h.f.ullmann publishing GmbH
ISBN der Originalausgabe: 978-3-8480-0638-0
Titel der Originalausgabe: The Story of Inventions

Redaktion: Ritu Malhotra
Design: Mallika Das
Layout: Neeraj Aggarwal
Cover: Alle Abbildungen: © Getty Images
Cover design: Simone Sticker

© 2008 für die deutsche Ausgabe: h.f.ullmann publishing GmbH

Übersetzung: Claudia Mantel-Rehbach, Michael Pfingstl
Redaktion: Volker Eidems
Gesamtherstellung: h.f.ullmann publishing GmbH, Potsdam

Printed in China, 2013

ISBN 978-3-8480-0637-3

10 9 8 7 6 5 4 3 2 1
X IX VIII VII VI V IV III II I

www.ullmann-publishing.com
newsletter@ullmann-publishing.com

Shobhit Mahajan

GESCHICHTE DER ERFINDUNGEN

VON DER URZEIT BIS ZUR GEGENWART

h.f.ullmann

Inhalt

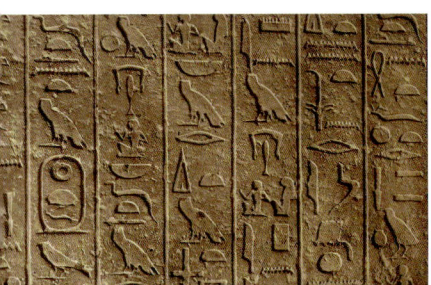

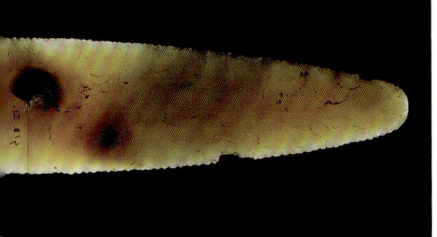

UR- UND FRÜHGESCHICHTE
ENTWICKLUNG VON WERKZEUGEN (BIS 4000 V. CHR.)

EVOLUTION DES MENSCHEN

Man nimmt an, dass sich die ersten Menschen von der Art Homo sapiens vor etwa 200.000 Jahren in Afrika entwickelten. Sie gehörten zum Menschenstamm der Hominini, der im Zeitalter Pliozän, das etwa 5,3 bis 1,8 Millionen Jahre zurückliegt, aus einer Menschenaffenart hervorging. Es ist nicht genau bekannt, welche Menschenaffenstämme die direkten Vorfahren der frühen Hominini waren, dass der Mensch aber mit dem Affen verwandt ist, gilt heute als gesichert.

Die großen klimatischen Veränderungen während des Miozäns vor 11 bis 5,3 Millionen Jahren hatten die Weiterentwicklung affenartiger Stämme zum Stamm der Hominini beschleunigt. Eine große Eiszeit im letzten Abschnitt dieser Epoche brachte das ökologische System der Erde dann gewaltig durcheinander. Sie bedrohte auch die Lebensräume der damaligen Erdbewohner, die vielerorts den vorrückenden Gletschern weichen mussten. Auch die großen Meeresströmungen veränderten ihre Richtung und es entstanden ausgedehnte Wüstenregionen. Weite Gebiete mit immergrünen Wäldern verwandelten sich in mit Büschen und Gras bewachsene Flächen und erzwangen etliche Veränderungen von Flora und Fauna. Auch die Hominini

mussten sich den neuen Gegebenheiten anpassen, um in den kargen Savannengebieten überleben zu können. Eine der wichtigsten evolutionären Entwicklungen war wohl der Bipedalismus, der aufrechte Gang. Durch ihn wurden die Hände frei, was es den Hominini erleichterte, nach Gegenständen zu greifen und später Werkzeuge herzustellen.

Werkzeuge

Die ersten Fossilien, die als Beweis für die Herstellung von Werkzeugen herangezogen werden können, sind etwa 2,6 Millionen Jahre alt. Es waren einfache Werkzeuge aus Stein, weshalb man diese Epoche auch Steinzeitalter nennt. Das heißt aber nicht, dass nicht schon früher Werkzeuge gefertigt worden sein könnten, es fehlen nur die Beweise dafür. Man kann nur vermuten, dass es Werkzeuge aus Holz, Knochen, Blättern oder Gras waren – organische Materialien, die mit der Zeit zerfielen.

Abgeschlagene Splitter aus Feuerstein und anderem Gestein nutzten die Menschen also bereits im Paläolithikum als Werkzeuge. In dieser frühen Phase des Steinzeitalters vor etwa 2,5 Millionen bis 20.000 Jahren ernährten sie sich von der Jagd auf Tiere und dem Sammeln von Nüssen und Beeren. Die Hilfsmittel wurden vermutlich hergestellt, indem man einen feinkörnigen Stein gegen einen

Ägyptisches Werkzeug aus Feuerstein

Das vordynastische Ägypten ist bekannt für seine hoch entwickelten Kenntnisse im Umgang mit unterschiedlichen Materialien. In den Grabstätten fand man dekorativ gestaltete Tongefäße, Steinvasen und Keulenköpfe. Farbpaletten für kosmetische Zwecke mit fein ausgearbeiteten Mustern waren ebenso üblich. Feuerstein wurde mit außerordentlicher Kunstfertigkeit zu Arbeitsgeräten verarbeitet, zum Beispiel zu Feuersteinmessern (siehe Abbildung) für verschiedene Rituale. (Ägypten; Vordynastische Epoche; Ashmolean Museum, Oxford)

Zeitalter der Früh- und Vorgeschichte werden auf einer geologischen Zeitskala dargestellt. Die Einteilung der prähistorischen Epochen beruht auf Veränderungen des Lebensraums, die ihrerseits zu vielen evolutionären Anpassungen von Flora und Fauna führten.

Vor 5,3 bis 1,8 Millionen Jahren: Pliozän
In dieser Epoche herrschte kaltes und trockenes Klima vor, es lebten große Säugetiere und es entwickelten sich die frühesten Homininis, Australopithecina. Zu den wichtigsten Erfindungen gehörten einfache Steinwerkzeuge.

Vor 1,8 Millionen bis 11.500 Jahren: Pleistozän
Während dieser Phase, auch bekannt als Große Eiszeit, entstanden großflächige Gletscher und riesige Eisplatten. Viele große Säugetiere starben deshalb aus. In diese Zeit fällt die Entwicklung des heutigen Menschen.

Vor 1,5 Millionen Jahren: Steinzeit
Die Homininis in vielen Regionen der Erde fertigten die ersten Faustkeile aus Feuerstein.

Vor 500.000 Jahren: Nutzung von Feuer.

Vor 200.000 Jahren: Erste Homo Sapiens treten auf.

Vor 50.000 Jahren: Werkzeuge aus Knochen und Geweih. Erste Kleingeräte (Mikrolithen) aus Feuerstein.

Vor 12.000 Jahren: Anfänge Töpferei.

Vor 11.500 Jahren: Beginn des Holozäns
Beginn einer Zwischeneiszeit. Die großen Eisflächen ziehen sich auf heutige Areale zurück, zusammen mit vermehrten Niederschlägen begünstigt dies die Entwicklung der Zivilisation.

9000 v. Chr.: Schafhaltung.

9000 v. Chr.: Luftgetrocknete Ziegel zum Bau von Häusern in Jericho.

8000 v. Chr.: Erstmalige Verwendung von Kupfer.

7000 v. Chr.: Beginn des Ackerbaus (vereinzelt Weizen, Gerste und Ki-

cherbsen) im Mittleren Osten, in Griechenland, Anatolien, an den westlichen Ausläufern des Indus-Tals sowie Süd- und Zentraleuropa.

7000 v. Chr.: Anbau von Reis und Hirse in China.

6000 v. Chr.: Formgepresste Ziegel auf der Anatolischen Hochebene.

4500 v. Chr.: Beginn der vordynastischen Epoche in Ägypten.

Die menschlichen Vorfahren verwendeten Steinwerkzeug zum Jagen

4000 v. Chr.: Ägyptische Fayence.

4000 v. Chr.: Tonöfen in Erdgruben werden verwendet, gebrannte Tonprodukte können damit in großen Mengen hergestellt werden.

4000 v. Chr.: Erste Verwendung eines Siegels – kleine runde Scheiben aus Ton oder Stein mit Einkerbungen.

anderen Stein schlug, um Späne davon abzulösen und eine immer schärfere Kante zu erzeugen. Solche beilartigen Werkzeuge, sogenannte Chopper, wurden von den Hominini wahrscheinlich dazu verwendet, Fleisch zu zerschneiden, tote Tiere zu enthäuten und Äste zuzuschneiden.

Vor etwa 1,5 Millionen Jahren entwickelten die frühen Hominini das vielseitigste ihrer Werkzeuge, den Faustkeil. Auch hier ist nicht gesichert, wann erstmals Faustkeile benutzt wurden, man ordnet sie aber im Allgemeinen dem Acheuléen zu. Diese Epoche liegt zwischen 200.000 und 1,5 Millionen Jahre zurück, in ihr kamen verschiedene Gesteinsarten für die Werkzeugherstellung zum Einsatz, darunter je nach Vorkommen Feuerstein, Sandstein, Hornstein, Schiefer und Basalt. Produkte aus dieser Phase finden sich in Afrika, Europa, im Mittleren Osten und sogar in Asien.

Der Faustkeil konnte sich wegen seiner Vielseitigkeit – sozusagen als Schweizer Messer der Steinzeit – lange behaupten und leistete in Afrika, in großen Teilen Westasiens sowie in Europa gute Dienste, etwa beim Zerhacken, Zerschneiden und Ausgraben von Wurzeln. Die frühesten Faustkeile waren grobe Werkzeuge mit scharfen Kanten, deren Form lange Zeit im Wesentlichen gleich blieb. Mithilfe verfeinerter Methoden versah man aber die Kanten mit immer schärferen Schneiden, und manchmal sogar mit einer Art Sägezahnung.

Gegen Ende des Acheuléens begannen die Hominini, sich auch für die abgeschlagenen Späne zu interessieren, die beim Herstellen des Faustkeils als Nebenprodukt entstanden. Sie nutzten die Späne zunächst als grobe Messer oder eine Art Schabeisen, später befestigte man sie an Griffen und fertigte daraus Pfeilspitzen oder Messerklingen.

Allmählich wurden die Hominini immer geschickter bei der Herstellung von Steinwerkzeugen. Aus scharfkantigen Feuersteinabschlägen fabrizierten sie neben Messern und Schabern immer speziellere Werkzeuge wie Meißel und Drehstichel. Auch andere Materialien kamen nach und nach zum Einsatz. So entdeckte man in der Spätphase des Paläolithikums, die etwa 20.000 bis 50.000 Jahre zurückliegt, dass sich Knochen, Holz, Geweihe, Elfenbein und Muschelschalen gut dazu eigneten, komplexere Werkzeuge und Instrumente anzufertigen. Aus Knochenteilen bestehende Fischhaken und Nadeln zum Beispiel waren den frühen Exemplaren aus Stein weit überlegen.

Auch Steinwerkzeuge wurden weiterentwickelt. Um Pfeil und Bogen oder Harpunen zu fertigen, mussten sie mit anderen Bauteilen kombiniert werden. Funde von gelochten Nadeln aus Knochen lassen vermuten, dass man sich bereits zu dieser Zeit mit Weben und Nähen beschäftigte.

Faustkeil aus der Acheuléen-Periode

Das erste von Menschenhand gefertigte Werkzeug war der Faustkeil aus Feuerstein. Er diente als Mehrzweckgerät zum Schaben, Schneiden und Zerhacken. Statt Feuerstein wurde auch anderes Gestein verwendet, von dem sich scharfkantige Stücke abschlagen ließen, die zum Faustkeil verarbeitet wurden. Später nutzte man die abgeschlagenen Splitter, um Messer und Schaber herzustellen. (Tansania, 60.000 v. Chr.; Stein; British Institute of History and Archaeology, Daressalam)

Feuer

Eine der wichtigsten Techniken, mit denen sich die Hominini von den Stämmen der Menschenaffen abhoben, war der Umgang mit Feuer. Während durch Blitze ausgelöstes Feuer, das dürre Wälder und Gestrüpp in Brand setzte, eine vertraute Naturerscheinung gewesen sein muss, gelang es erst vor rund 500.000 Jahren, Feuer kontrolliert zu nutzen. Das zeigen Funde von Holzkohle, verkohlten Knochen und verbrannten Samen aus dieser Zeit. Dass die Menschen in Südafrika bereits vor 1,5 Millionen Jahren das Feuer bezähmen konnten, wie manchmal behauptet wird, lässt sich nicht nachweisen. Bis die Menschen gelernt hatten, Feuer auch selbst zu entfachen, dauerte es noch bis etwa 3000 v. Chr. Die Nutzung von Feuer war für die Frühmenschen ein überaus wertvoller Fortschritt. Das Feuer erleichterte es ihnen nicht nur Nahrung zuzubereiten, sondern bot auch Wärme und Licht und schützte sie vor Angriffen wilder Tiere.

NEOLITHISCHE REVOLUTION

Vor etwa 11.500 Jahren kam es zu den letzten größeren klimatischen Veränderungen, die die Epoche des Holozäns einleiteten. In dieser Phase zog sich das Inlandeis, das einen Großteil der nördlichen Hemisphäre bedeckt hatte, allmählich dorthin zurück, wo man es auch heute noch findet. Der Rückzug hatte auch geologische Folgen. So ließ das geschmolzene Eis den Meeresspiegel ansteigen und sorgte selbst in meerfernen Regionen

Neolithisches Werkzeug

Im frühen Neolithikum war Stein das meistverwendete Material zur Werkzeugherstellung. Die Zeichnungen zeigen verschiedene Beispiele für Hilfsmittel, die vom neolithischen Menschen verwendet wurden. Äxte aus geschliffenem Stein – zum Schleifen rieb man den Stein gegen Sandstein – wurden möglicherweise dazu verwendet, Wälder auszulichten. Um Obsidian- oder Feuerstein zu schärfen, schlug man mit einem anderen Stein Splitter davon ab. Werkzeug aus Knochen und Geweih wurde vermutlich mithilfe von Messern aus Feuerstein hergestellt und mit einem Sandstein glatt geschliffen.

für große Überflutungen, was Funde von Meeresfossilien im Inland eindrucksvoll belegen. Auch die Ostsee bildete sich erst, nachdem die Eismassen geschmolzen waren. In Äquatornähe fielen zu Beginn des Holozäns ungeheure Niederschlagsmengen. Infolgedessen führten Flüsse wie Nil, Kongo und Niger riesige Wassermengen ins Meer ab.

Auch an Flora und Fauna ging der globale Klimawandel nicht spurlos vorbei. Die Vegetation der baumlosen Tundra wurde in vielen Regionen von Kiefernbewuchs abgelöst, und ehemals trockene Flächen überzogen sich mit für die Feuchtsavanne typischen Pflanzen. Viele große Säugetierarten starben zu dieser Zeit aus, was sowohl auf kulturelle als auch auf klimatische Ursachen zurückzuführen ist. Denn dank steigender Temperaturen konnten sich die Menschen nun auch in weiter nördlichen Regionen Asiens und Europas ansiedeln, wo sie durch die Jagd den Tierbestand reduzierten.

Landwirtschaft

Während eines Zeitraums, der etwa 9000 bis 11.000 Jahre zurückliegt, begannen die Menschen damit, Pflanzensorten anzubauen. Die Entwicklung fand zeitgleich in verschiedenen Teilen der Erde statt und sie gehört sicherlich zu den entscheidendsten in der Menschheitsgeschichte. Denn nun veränderte sich die soziale Organisationsform des Menschen von Grund auf. Dieser weitreichende Wandel fällt in die Anfangszeit des Neolithikums.

Die Neolithische Kultur begann etwa 8500 Jahre v. Chr. in der Levante. Diese Region umfasst im Wesentlichen die Länder des östlichen Mittelmeers. Ihre Bewohner verwendeten während des Proneolithikums Sicheln zum Ernten von wild wachsendem oder ausgesätem Getreide. Im Mittleren Osten waren Emmer und Einkorn-Weizen, Hafer, Erbsen und Linsen die hauptsächlichen Anbauprodukte. In anderen Erdteilen wurden zur selben Zeit wohl auch andere Pflanzen zur Nahrungsgewinnung kultiviert, zum Beispiel verschiedene Kürbisarten in Mexiko um 7000 v. Chr. oder Wasserkastanien in Südostasien um 9000 v. Chr. Da sich der Übergang vom Jäger-und-Sammler-Dasein zu einer sesshaften Lebensform fast überall auf der Welt zutrug, ist es schwierig zu sagen, in welcher Region genau die Landwirtschaft ihren Ursprung hat.

Als erste Erntegeräte nutzte man Sicheln aus Holz und Feuerstein, zum Teil wurden die Klingen an einer Halterung aus tierischen Kiefernknochen oder Geweihteilen befestigt. Mithilfe von Grabstöcken brachte man Samenkörner in den Boden ein. Um es besser verzehren zu können, wurde das geerntete Getreide zwischen zwei Mahlsteinen gemahlen. Auf ähnliche Weise zerrieben auch die Höhlenbewohner bestimmte Substanzen in Mörsern zu Pigmenten, die sie für ihre Höhlenmalereien verwendeten. Um immer Getreide zur Verfügung zu haben, bewahrte man es in Erdsilos und anderen Arten von Kornspeichern auf.

Tierhaltung

Die sesshaften Gemeinschaften begannen etwa um 7000 v. Chr., vor allem im Mittleren Osten, das von ihnen bewohnte Land in vielfältiger Weise zu

Zweischneidiges Steinbeil

Axt aus Stein und Horn

Hammer

Stein-hacke

Stein-hammer

Messer/ Feuerstein

Axt-Köpfe aus geschliffenem Stein

Feuerstein-Pfeilspitzen

KULTIVIERUNG VON PFLANZEN UND TIEREN

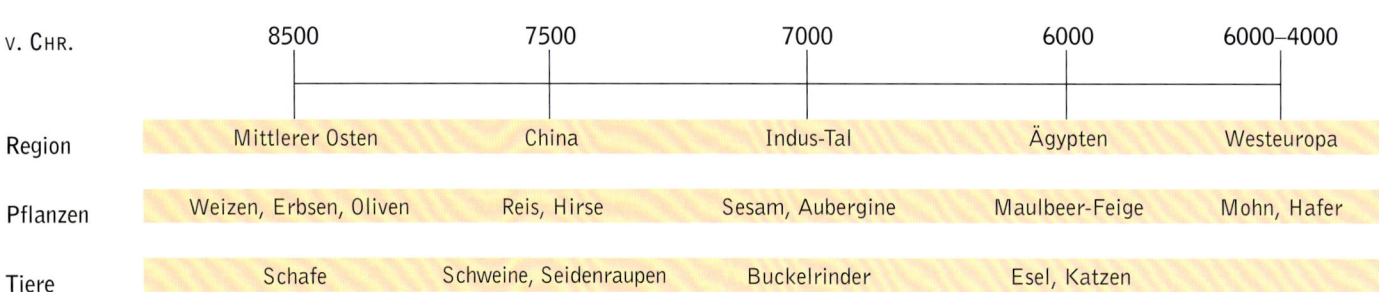

v. Chr.	8500	7500	7000	6000	6000–4000
Region	Mittlerer Osten	China	Indus-Tal	Ägypten	Westeuropa
Pflanzen	Weizen, Erbsen, Oliven	Reis, Hirse	Sesam, Aubergine	Maulbeer-Feige	Mohn, Hafer
Tiere	Schafe	Schweine, Seidenraupen	Buckelrinder	Esel, Katzen	

gestalten und zu nutzen. Dazu gehörte auch die Domestizierung von Tieren. Mithilfe der Radiocarbonmethode konnten Forscher nachweisen, dass bereits seit 9000 v. Chr. im nördlichen Irak Schafherden gehalten wurden, Rinderherden dagegen erst ab etwa 6000 v. Chr.

Mit der Tierhaltung erweiterte man die Möglichkeiten, sich selbst zu versorgen, in vielerlei Hinsicht. Nun standen nicht nur Fleisch, Milch und Düngemittel zur Verfügung, sondern auch Materialien wie Leder, das sich weiterverarbeiten ließ. Um den Ackerboden aufzulockern, konnten die Menschen Tiere vor einen Pflug spannen und kräftigere Säugetiere transportierten Personen und Lasten, was den Handel förderte. Später sollten dann Pferde, Kamele und Ochsen in Kriegen und Eroberungszügen eine große Rolle spielen.

Behausung und Lebensweise

Als Jäger und Sammler allmählich sesshaft wurden, veränderten sich auch ihre Behausungen. Häuser aus Lehmziegeln lösten nach und nach Höhlen und natürliche geschützte Plätze ab. Als Ziegel verwendeten die Menschen angeschwemmten Lehm, den sie von Hand formten und in der Sonne trocknen ließen. In Anatolien wurde zum Teil mit luftgetrockneten, sehr gleichmäßigen Ziegeln gebaut. Daraus lässt sich schließen, dass man den Lehm in feste Formen presste und dann trocknen ließ. In Flusstälern und -deltas nutzte man oft den üppig wachsenden Schilf, um Hütten zu bauen oder Matten für unterschiedlichste Zwecke zu fertigen.

Die frühen Siedlergemeinschaften versorgten sich im Allgemeinen selbst, doch es muss auch einen Austausch zwischen den Regionen gegeben

haben. Das beweisen Reste von Häusern in Knossos auf Kreta aus der Zeit um 5000 v. Chr. Die Lehmziegel, aus denen diese Häuser gebaut waren, glichen denen, die in Anatolien verwendet wurden. Die Bewohner Anatoliens müssen also in der Lage gewesen sein, die etwa 200 Kilometer vom Festland entfernte Insel auf seetauglichen Flößen oder Schiffen zu besuchen und Erfahrungen weiterzugeben. Schon vor dieser Zeit hatten die Menschen kleinere Boote oder Flöße zum Überqueren von Flüssen gebaut, aber es ist nicht bekannt, aus welchen Materialien diese gefertigt waren.

Im Haushalt benutzte man vorwiegend Gefäße aus Holz und Stein, bis in der Jomon-Zeit Japans, die bis 250 v. Chr. dauerte, erstmals Keramikgefäße gefertigt wurden. Dazu mischte man Lehm mit Sand oder anderen, auch organischen Materialien, um ein Schrumpfen bei der Trocknung zu verhindern. Die Keramiken — Jomon bedeutet auf Japanisch Schnurmuster — waren bereits kreativ gestaltet und kunstvoll verziert. Nach dem Trocknen wurden die Gefäße auf einer Feuerstelle gebrannt, später in Erdgruben, den ersten Tonöfen.

Die Menschen flochten schon früh Matten und Körbe. Man weiß nicht genau, seit wann auch Stoffe gewebt wurden, aber an zahlreichen Fundstellen wurden einfache Spinnwirtel entdeckt, eine Art Faden kannte man demnach schon früh.

Bis etwa 5000 v. Chr. hatten sich überall in den Tälern von Euphrat und Tigris, in Griechenland, Anatolien, der Levante und auf Kreta, Dörfer mit Landwirtschaft und Tierhaltung entwickelt. Die Methoden und Techniken der Siedler verbreiteten sich im nächsten Jahrtausend weltweit in vielen anderen Gebieten. Der Höhepunkt dieser Entwicklung fand sich in der Hochblüte der sogenannten Flusszivilisationen des Altertums.

Frauenfiguren

Es ist möglicherweise kein Zufall, dass sich das Töpferhandwerk in der Epoche entwickelte, in der man begann, Pflanzen zu kultivieren. Lehm wurde dazu verwendet, Behälter zum Speichern von Korn sowie Gefäße zum Kochen herzustellen. Etwa zur selben Zeit begann man auch, aus dem weichen Lehm Figuren, Spielzeugtiere und Gussformen zu modellieren. Die abgebildeten Frauenfiguren aus der Region Moravia im Osten der Tschechoslowakei sind fein gearbeitete Beispiele für die Neolithische Kunst. (Mähren; Neolithische Epoche; Gebrannter Lehm; Mährisches Landesmuseum, Brno)

Vase aus der Jomon-Zeit

Die Jomon-Zeit Japans, von 7500 bis 250 v. Chr., brachte sehr dekorative Kunstobjekte aus Ton hervor. Ihre Variationen spiegeln die damalige Kultur wider. Die Abbildung zeigt eine Tonvase aus der frühen Periode. Sie hat die typische Form eines hohen, nach oben weit geöffneten Gefäßes mit einem sich nach unten verjüngenden Boden. (Provinz Kanto, Japan; Töpferei; Musee Guimet, Paris)

FEUER UND LANDWIRTSCHAFT

Feuer ist in allen Kulturen, beziehungsweise deren Mythologien, so elementar wie die Kosmologie. Für manche Anthropologen ist das, was den Menschen vom Tier unterscheidet, die kontrollierte Nutzung des Feuers. Wo und wann Feuer erstmals nutzbar gemacht wurde, weiß man nicht, es gibt viele Theorien über den genauen Ursprung.

Zu Beginn der Entdeckung wurde Feuer als Wärme- und Lichtquelle eingesetzt, später und noch wichtiger zur Zubereitung von Nahrung. Möglicherweise kannten die Menschen der frühesten Zeit einfache Formen des Kochens lange vor der Nutzbarmachung des Feuers. Nach Waldbränden könnten geröstete Samen oder Früchte zurückgeblieben sein, die von vielen Tieren, zum Beispiel Schimpansen, verzehrt wurden. Vermutlich haben die Frühzeit-Menschen dies beobachtet und imitiert und so ihre ersten Erfahrungen mit gekochter Nahrung gemacht.

Steinzeitliches Backen auf offenem Feuer

Wahrscheinlich wurde Fleisch zunächst direkt auf das Feuer gelegt und gegrillt oder geröstet. Man erkannte, dass Fleisch auf diese Weise bekömmlicher zubereitet werden konnte, und auch andere in der Natur vorkommende Nahrungsmittel für den Menschen genießbar wurden. Im Laufe der Zeit entdeckte man, dass auf heißem Stein gegarte Nahrung vielfach einen feineren Geschmack aufweist. Diese Methode eignete sich vor allem gut für Früchte mit Schalen oder Gemüse mit faserigen Hülsen, aber auch für Schalentiere. Als erste einfache Form eines Backofens dienten Erdgruben, die man mit glutheißen Steinen beheizte.

Noch etwas später erfanden die frühen Menschen einfache Küchenutensilien, die sie aus Farnen und Gräsern flochten. Mit der Entwicklung der Töpferei wurden die Kochgeräte immer ausgefeilter. Vielleicht verstärkte man auch die geflochtenen Gefäße zunächst mit Lehm und kam dann auf die Idee, Ton mit Sand und Kies zu vermischen und als alleiniges Material zu verwenden. Es dauerte noch eine lange Zeit, bis Metall den Werkstoff Ton ablöste.

Am Anfang war es recht beschwerlich für die Menschen, Feuer verfügbar zu machen. Es musste von sogenannten Feuer-Sammlern eingeholt werden, bevor Wind und Regen es wieder löschten. Dann erhielt man die Feuerquelle so lange wie möglich, indem man ihr ständig Brennstoffe zuführte. Einen großen Fortschritt stellte die Entdeckung dar, wie man Feuer selbst entfachen konnte, wahrscheinlich indem man zwei Holzstücke in unmittelbarer Nähe von leicht entzündlichem Material fest aneinander rieb.

Eine zweite bahnbrechende Errungenschaft der prähistorischen Epochen war die Entwicklung der Landwirtschaft. Während die ersten Menschen als Jäger und Sammler ihr Leben bestritten, liegt es nur etwa 11.000 Jahre zurück, seit sie Nahrungsmittel selbst zu erzeugen begannen und als sesshafte Siedler ihre Lebensweise veränderten. War es zunächst einfacher, von der Jagd zu leben, zwangen nun die Veränderungen der Umwelt die Menschen zu anderen Lebensformen. Zu Beginn dieses Wandels stellte das eine große Herausforderung dar, denn Saatkörner aus wild wachsenden Getreidepflanzen, die man zum Kultivieren von Getreide benötigte, standen noch nicht in ausreichendem Maße zur Verfügung, und es gab kaum über Techniken, um essbares Getreide zu verarbeiten und aufzubewahren.

Da sich der Übergang vom Sammeln und Jagen zu Sesshaftigkeit und Landwirtschaft sehr allmählich vollzog, existierten für eine gewisse Zeit wohl beide Lebensformen. Langfristig konnten sich die Jäger und Sammler aber nicht gegen die immer stärker wachsende Zahl von Siedlungsgemeinschaften durchsetzen, die sich bei kriegerischen Auseinandersetzungen als überlegen erwiesen. Dieser und andere Vorteile führten dazu, dass sich die landwirtschaftlichen Siedlungsgemeinschaften allmählich als vorherrschende Lebensform herausbildeten.

Nachdem die Menschen einmal Ackerbau und Viehzucht entdeckt hatten und die Bevölkerungsdichte anstieg, wuchs auch der Bedarf an Nahrung, der seinerseits die Produktion ankurbelte. Nun entstanden ganz neue Berufssparten in der Gesellschaft, die sich nicht landwirtschaftlich betätigten, etwa Dienstleister und Handwerker. Die Gesellschaft spaltete sich in einzelne Beschäftigungsfelder, die auf unterschiedlichen Fähigkeiten beruhten. Dies führte zu einem immer komplexeren Wirtschaftssystem. Hier liegen die Grundsteine für eine hierarchisch strukturierte Gesellschaft, wie wir sie heute kennen.

ZIVILISATIONEN DER ANTIKE

Aufgrund der landwirtschaftlich geprägten Lebensweise ließen sich die Menschen mehr und mehr in Siedlungen nieder. Die frühen Bauern zogen jedoch auch umher und übermittelten die neuen Lebensgewohnheiten ihren nomadischen Nachbarn. In der Folge breitete sich die Siedlungskultur innerhalb weniger Jahrhunderte vom Mittleren Osten bis nach Zentraleuropa, zum Indus-Tal und zum Nil aus.

Flüsse spielten dabei eine zentrale Rolle, denn auf ihnen konnte man nicht nur Materialien und Menschen transportieren und mit Bewohnern anderer Regionen Kontakt aufnehmen, sondern man profitierte auch von ihren regelmäßigen Überschwemmungen. Jedes Mal, wenn die Flüsse über die Ufer traten, lagerte sich Schlamm ab, der die Böden mit wichtigen Nährstoffen anreicherte.

Je mehr Nahrungsmittel erwirtschaftet werden konnten, desto stärker wuchs die Bevölkerung. Dies förderte auch jene, die nicht mit ackerbaulichen Aktivitäten beschäftigt waren, etwa Händler und Werkzeugmacher. Eine sehr einfache Art von Arbeitsteilung erlaubte es den Siedlern, sich von Zeit zu Zeit gezielt der Erfindung neuer Geräte und Verfahren zu widmen. Eines der wichtigsten Ergebnisse war die verstärkte Nutzung von Metall.

Metallverarbeitung

Kupfer war das erste von Menschen verwendete Metall. Dies belegen bereits Funde aus der Zeit um 8000 v. Chr. Anders als Eisen kommt Kupfer in der Natur gelegentlich als Metall in Form von Klumpen mit Kupfererz-Einschlüssen vor. Solche Vorkommen fand man im nördlichen Syrien und der benachbarten Türkei, also dort, wo ackerbauliche Siedlungen bereits weit verbreitet waren. Wahrscheinlich fiel den Menschen zufällig die grünliche Farbe des metallischen Gesteins auf. Im Gegensatz zu Stein konnten von ihm jedoch keine Splitter abgeschlagen werden, um Werkzeuge herzustellen. Dafür ließ es sich leicht biegen und bearbeiten und wurde deshalb zunächst für kleinere Objekte und Schmuckstücke verwendet.

Neben Kupfer entdeckte man Gold und Silber, deren Vorkommen jedoch weit seltener waren. Goldadern ließen sich nur schwer aus dem Felsen lösen, doch es wurde auch auf natürliche Weise ausgewaschen und flussabwärts geschwemmt. Ver-

mutlich entdeckten Uferbewohner derartige Ablagerungen. Das noch seltenere Silber fand man meist nur als natürliche Legierung mit Gold.

Ein besonders wertvolles Gestein, das man aus der Natur neben Kupfer, Gold und Silber bergen konnte, war Lapislazuli. Vermutlich ließen sich die Menschen von seiner glänzend leuchtenden Farbe faszinieren und dazu anregen, Schmuckstücke und Dekorationsgegenstände aus dem seltenen Material herzustellen. Wahrscheinlich wollte man diese Farbenpracht nachbilden, als man 4000 v. Chr. begann, eine sehr fein gearbeitete Keramik herzustellen, die heute als Ägyptische Fayence bekannt ist. Dazu musste man eine Möglichkeit finden, Kupfererze und Stein zusammen in einem geschlossenen Gefäß zu schmelzen, um eine Art Glas zu erzeugen.

Über die Fayence-Herstellung gelang die wichtigste technische Erfindung dieser Zeit, die Gewinnung von Kupfer aus Kupfererz durch Schmelzen. Die Auswirkungen dieser Entdeckung prägten die gesellschaftliche Entwicklung der nächsten zweitausend Jahre. Sie war nicht nur die Voraussetzung um Bronze herzustellen, das sich als Material für Werkzeug besser eignete, sondern auch zur Produktion von Eisen einige Jahrhunderte später.

Etwa 4000 v. Chr. baute man in Mesopotamien die ersten Brennöfen, um Töpfereiwaren herzustellen. Die zu brennenden Gefäße kamen nun nicht mehr direkt mit dem Feuer in Kontakt. Das neue Verfahren erlaubte es den Töpfern, mit mehr Kreativität ans Werk zu gehen und Tongefäße mit unterschiedlichem Design zu erzeugen.

Krug aus der Glockenbecherkultur

Die Glockenbecherkultur, so benannt wegen der typischen Form ihrer Gefäße, die einer umgedrehten Glocke gleichen, hatte in Westeuropa gegen Ende des Neolithikums ihren Ursprung. Die Gefäße waren mit typischen Schnurabdrucken versehen, die geometrische Formen bildeten, und manchmal wurden sie mit Kalk und Farben verziert. Über einen Zeitraum von fast 1000 Jahren dienten sie als Grabbeigaben. (Mähren; Kupfersteinzeit; Ton; Mährisches Landesmuseum, Brno)

Werkzeug aus Kupfer

Kupfer ließ sich leicht durch Hämmern zu kleinen Objekten wie Schmuckstücken verarbeiten. Diese Methode hatte ihre Grenzen, da bei zu starken Schlägen das Material zerbrechen konnte. Die Menschen entdeckten aber bald, dass man haltbarere Werkzeuge erzeugen konnte, wenn man ein Stück Kupfer erhitzte, und dann mit dem Hammer bearbeitete und diesen Vorgang ein paar Mal wiederholte. Kupferwerkzeuge ersetzten eine Zeit lang Steinwerkzeuge, da sie haltbarer waren und effektiver eingesetzt werden konnten. Dieses Schlachtmesser mit einer Klinge aus handgehämmertem Kupfer und einem Griff aus Knochen, mit Seehundfell zusammengebunden, ist ein Beispiel für frühe Kupfer-Handwerkskunst. (Kanada; The Smithsonian Institution, Washington)

FRÜHE FLUSSZIVILISATIONEN

Nachdem sich Ackerbau und Viehzucht entwickelt hatten, breiteten sich landwirtschaftlich geprägte Siedlungen in vielen Regionen des Mittleren Ostens stark aus. Typisch waren Ansiedelungen an Flussufern, da die dortigen Bedingungen die weitere Entwicklung der großen Flusszivilisationen begünstigte.

Im alten Mesopotamien erlebte besonders die Stadt Tall Halaf etwa zwischen 5050 und 4300 v. Chr. einen bemerkenswerten kulturellen Aufschwung. Die Menschen waren auf Landwirtschaft in Trockengebieten spezialisiert und bauten Weizen, Gerste und Flachs an. Aus den Samen des Flachsgewächses gewannen sie Öl und verarbeiteten die Fasern zu Tüchern und Stoffen. Ihre Keramiken waren mit geometrischen Mustern und Tierbildern verziert.

Im nördlichen Mesopotamien, in der Nähe der heutigen Stadt Mosul im Irak, konnte der Ort Hassuna als erste Ansiedelung sesshafter Bevölkerung nachgewiesen werden. Die Menschen nutzten Faustkeil und Sichel, Mahlsteine und Backöfen. Das Korn bewahrten sie in Tongefäßen in der Erde auf. Man kannte Erdbestattungen, bei denen Nahrungsmittel beigelegt wurden. Dies lässt vermuten, dass man an ein Leben nach dem Tod glaubte. Unter den hiesigen Tongefäßen waren auch Exemplare der Sammara-Töpferei, typisch für eine Region im Iran. Das belegt, dass die Menschen schon rege Handelsbeziehungen pflegten und sich handwerklich austauschten.

Im südlichen Mesopotamien gedieh die Obed-Kultur, bekannt vor allem für ihre mit Blumen- und geomet-rischen Mustern bemalten Töpfereiwaren. Manche der Gefäße scheinen eher auf einem sich langsam drehenden Rad als von Hand geformt worden zu sein. Die Siedlungsbewohner lebten in mehrräumigen Häusern aus getrockneten Lehmziegeln und es gab zahlreiche Tempel. Im 5. Jahrtausend v. Chr. verwendete man die Obed-Keramik in ganz Arabien, der Handel wurde also weiter ausgebaut.

Die landwirtschaftlichen Siedlungsgemeinschaften breiteten sich nicht nur im Fruchtbaren Halbmond, sondern auch im Iranischen Hochland bis zum Indus-Tal aus. Mehrgarh ist als eine der ersten Siedlungen der Region bekannt (8000–3000 v. Chr.). In einer frühen Phase baute man dort Weizen und Gerste an, lebte in Häusern aus Lehmziegeln und bestattete die Toten, denen Halsschmuck aus Steinperlen und Muschelschalen mit ins Grab gelegt wurde.

Etwas später fertigte man Tongefäße und entwickelte weitere Methoden zum Speichern von Korn. Dies lässt vermuten, dass sowohl die Bevölkerungszahlen als auch die Produktivität stark anstiegen. Man verarbeitete Elfenbein und Kupfer, kannte Methoden, um Tonperlen zu glasieren, und nutzte Schmelztiegel, um Kupfermetall aus Erz zu lösen.

In der Zeit vor 4000 v. Chr. ließen sich die Menschen an Flussufern wie auch in Hochlandregionen nieder. Die Siedler entwickelten Bewässerungsmethoden und nutzten die natürlichen Überschwemmungen der Flüsse, um ihre Ackerböden zu überfluten. Es entstanden immer größere Siedlungen und hierarchische Gesellschaftsstrukturen. Damit war die Bühne frei für die Entstehung der Großen Flusszivilisationen des nächsten Jahrtausends.

Handgeschnitzte Platte aus Nimrud

Die frühesten Zivilisationen entwickelten sich in einigen Regionen Mesopotamiens. Sie waren gekennzeichnet von einer organisierten Sozialstruktur und fortschrittlicher Lebensweise. Die Darstellung des Lagers von König Ashurnasirpal II zeigt die Menschen bei verschiedenen häuslichen Aktivitäten und beweist den hoch entwickelten Lebensstil der Menschen dieser Zeit. (Assyrien, Mesopotamien; 865 v. Chr.; Stein; British Museum, London)

VON ALTERTUM BIS ANTIKE
ZIVILISATION UND GESELLSCHAFT
(4000 V. CHR–1000 N. CHR.)

MESOPOTAMIEN UND ÄGYPTEN IM ALTERTUM

Die Neolithische Revolution leitete die Entwicklung von der Stein- zur Bronzezeit ein und kennzeichnet den Übergang vom prähistorischen Zeitalter zum Altertum. Die Bronzezeit dauerte von 4000 v. Chr. bis zur Eisenzeit ab 1000 n. Chr. Schon ihr Name verweist darauf, dass Bronze eine wichtige Rolle spielte. Das Material diente zur Herstellung von Werkzeugen, Waffen und Schmuck und löste den Werkstoff Stein ab. In dieser Phase gab es viele technische und gesellschaftliche Entwicklungen wie Rad, Pflug, Schrift oder Geld.

Erste Zivilisationen sind bereits vor 4000 v. Chr. in Mesopotamien zu finden. Der Name bezeichnet die Region zwischen den Flüssen Euphrat und Tigris, das östliche Syrien, den Südosten der Türkei sowie den Irak. In der hügeligen Landschaft des nördlichen Mesopotamiens fielen mehr Niederschläge, daher eignete sich das Gebiet besser zur Besiedelung als die südlichen trockeneren Regionen. Im Süden traten jedoch regelmäßig die Flüsse über die Ufer und lagerten fruchtbaren Schlamm ab. Mithilfe von Kanalsystemen gelang es dem Süden bis 4000 v. Chr., den Norden an Reichtum zu übertreffen. Bekannt wurden vor allem die Sumerer. Sie erfanden die erste Schrift, die sogenannte Keilschrift. Später verschaffte sich Babylon mit der ersten überlieferten Gesetzsammlung, dem Codex Hammurapi, eine herausragende Stellung.

Zur selben Zeit entwickelte sich im Niltal Ägyptens eine blühende Zivilisation. Die Ägypter übernahmen viele Erfindungen aus Mesopotamien, waren aber auch selbst ideenreich. Berühmt sind ihr Sonnenkalender mit 365 Tagen, der fast überall auf der Welt zur Grundlage der Zeitrechnung wurde, und die Pyramiden. Mit dem Niltal als fruchtbarem Lebensraum konnte sich die ägyptische Zivilisation des Altertums von 3100 v. Chr. bis 30 v. Chr. behaupten, sie ist damit die beständigste Zivilisation der Geschichte.

Hieroglyphen auf Grabmal in Giseh

Ein wichtiges Instrument zentraler Kontrolle im alten Ägypten war die Schrift. Es gab zwei Schriftarten: Hieroglyphen, die sich aus Piktogrammen entwickelten und hauptsächlich auf Baudenkmälern verwendet wurden, und die hieratische Schrift, eine Art Kursivschrift. Das Bild zeigt einen Ausschnitt des Testaments von Kaiemnefert, einem Verwalter der fünften Dynastie, auf einem Steinblock. Aus der Zeit vor 2600 v. Chr. sind keine zusammenhängenden Texte bekannt. (Giseh, Ägypten; Fünfte Dynastie/2494–2345 v. Chr.; Stein; Ägyptisches Museum, Kairo)

MESOPOTAMIEN
4000 v. Chr.: Sumerer siedeln in Mesopotamien. Erste Kupferverwendung, erste Siegel aus Lehm und Stein.

3900 v. Chr.: Ubed-Kultur.

3600 v. Chr.: Gründung der Stadt Uruk.

3500 v. Chr.: Sumerer erfinden das Rad. Entwicklung der Kupfergießerei.

3400 v. Chr.: Erster Streitwagen.

2750 v. Chr.: Erste Sumerische Dynastie Ur.

2400 v. Chr.: Sumerer führen den Kalender ein.

2300 v. Chr.: Beginn Bronzeproduktion.

2340–2125 v. Chr.: Sargon I. wird erster Herrscher von Akkad und vereint die Region zu einem einzigen Königreich.

1800–1170 v. Chr.: Frühe Babylonische Zeit. Codex Hammurapi wird verfasst.

1600–1100 v. Chr.: Erste Verwendung von Eisen.

1200–612 v. Chr.: Assyrische Epoche.

612–539 v. Chr.: Neubabylonische Epoche.

539 v. Chr.: Babylons Niedergang und Beginn persischer Vorherrschaft.

ÄGYPTEN
3100–2950 v. Chr.: Späte prädynastische Zeit. Hieroglyphenschrift und Bau von Städten.

2950–2575 v. Chr.: Frühe dynastische Zeit. Bau der ersten Pyramide. Ägypter stellen Sauerteigbrot her.

2575–2150 v. Chr.: Altes Reich. Große Pyramiden in Dahschur und Giseh.

1975–1640 v. Chr.: Mittleres Reich. Ober- und Unterägpten werden von Mentuhotep II. vereinigt.

1539–1075 v. Chr.: Neues Reich. Höhepunkt der Herrschaft Ägyptens.

332 v. Chr.–395 v. Chr.: Alexander besetzt Ägypten. Nach den Makedoniern and Ptolemäern rufen die Römer Ägypten zur römischen Provinz aus.

GRIECHENLAND
3000–1100 v. Chr.: Bronzezeit. Minoische und Mykenische Zivilisationen.

1100–800 v. Chr.: Dunkles Zeitalter. Die Dorer errichten Stadtstaaten, darunter Athen und Sparta. Geometrische Entwürfe in der Töpferei.

800–500 v. Chr.: Archaische Epoche. Erste Olympische Spiele (776 v. Chr.), Homer schreibt Ilias und Odyssee. Drakonische Gesetzgebung in Athen. Erste Verwendung von Münzen. Persische Invasion auf griechisches Gebiet.

Ur-III-Zeit: Lehmtafel mit Schrift

500–330 v. Chr.: Klassisches Zeitalter. Demokratie in Athen. Griechen besiegen persische Eindringlinge und verfassen berühmte Theaterstücke. Sparta besiegt Athen. Philip von Makedonien regiert Griechenland; sein Sohn Alexander erobert die Welt.

330–30 v. Chr.: Hellenistisches Zeitalter. Griechenland wird Teil des Römischen Reiches.

ROM
753 v. Chr.: Gründung von Rom.

509 v. Chr.: Rom wird Republik.

450 v. Chr.: Erstes Gesetzbuch, Zwölftafelgesetz.

312 v. Chr.: Erster Aquädukt und erste größere Straßen.

280 v. Chr.: Einführung des Münzsystems.

200 v. Chr.: Verwendung von Beton in Palestrina.

130 v. Chr.: Rom erobert Griechenland und einen Großteil Spaniens.

85 v. Chr.: Erstes Heizungssystem.

324 n. Chr.: Gründung Konstantinopels.

455–476 n. Chr.: Vandalen zerstören Rom. Westliches Römisches Reich fällt an Westgoten und Ostgoten.

554–1453 n. Chr.: Östliches Reich überlebt als Byzantinisches Reich.

ISLAM
600 n. Chr.: Verbreitung des Islam.

661–750 n. Chr.: Herrschaft der Umayyad-Kalifate.

750–935 n. Chr.: Gründung von Bagdad im Kalifat Abbasid.

Die Schrift

Die ersten Siegel aus der Zeit um 4000 v. Chr. stammen aus Mesopotamien. Sie bestanden aus gebranntem Ton oder Stein, in den man geometrische Formen einritzte. Die Muster deuten darauf hin, dass die Siegel dazu dienten, ihre Besitzer zu identifizieren. Ihre Erfindung brachte zwei weitere Entwicklungen mit sich. Zum einen bot sich nun erstmals die Möglichkeit, Ereignisse dauerhaft aufzuzeichnen. Damit grenzt diese Errungenschaft die frühe Geschichte klar von den vorgeschichtlichen Epochen ab. Zum anderen erlaubte es die Siegeltechnik, aus einem Negativ ein Positiv anzufertigen: Indem man die Form auf feuchten Lehm presste, konnte man eine umgekehrte Abbildung des darauf befindlichen Musters erzeugen.

Die Weiterentwicklung von Siegeln führte dann zur Schrift. In der einfachsten Schreibform wurden Zeichen auf eine Tafel aus feuchtem Lehm gebracht und diese dann getrocknet und aufbewahrt. Die Methode ist erstmals belegt für Mesopotamien um das Jahr 3500 v. Chr. Die Tafeln zeigten piktogrammartige Abbildungen, zum Beispiel von Schafen. Dies weist darauf hin, dass sich die Idee der Schrift aus praktischen Bedürfnissen entwickelte, etwa um den Tierbestand zu dokumentieren. Vermutlich verwendete man zum Einritzen

Schreibspitzen aus Schilf. Die Piktogramme wurden zu komplexeren Symbolen und schließlich zur sogenannten Keilschrift weiterentwickelt, die in Mesopotamien bis ins 1. Jahrhundert n. Chr. als allgemeine Schriftform erhalten blieb.

Während die Mesopotamier auf Lehm schrieben, nutzten die Ägypter die Blätter des im Nildelta üppig wachsenden Papyrus, um papierartiges Material herzustellen. Die Blätter wurden in Streifen geschnitten, kreuzweise übereinander gelegt und mit einem Holzhammer bearbeitet, bis das Material so dünn war, dass man es rollen und geschützt aufbewahren konnte. Aus den mit Tinte gezeichneten Piktogrammen auf Papyrusrollen entwickelte sich die Hieroglyphenschrift und aus dieser die hieratische Schrift, eine Art Kursivschrift.

Kupfer und Bronze

Um 4000 v. Chr. wurde das Ausschmelzen von Kupfermetall aus Kupfererzen entdeckt. Die Auswirkungen auf die weitere technische Entwicklung waren immens, denn nun stand nicht nur ein neues, sehr robustes Material zur Herstellung von Geräten und Waffen zur Verfügung. Es war vielmehr auch die Voraussetzung geschaffen, um ein paar Jahrhunderte später andere Metalle wie zum Beispiel Eisen herzustellen.

Zivilisationen der Antike

Mit Ausnahme der Römischen und der Griechischen Zivilisation sowie den Zivilisationen Nord- und Südamerikas hatten alle frühen Hochkulturen ihren Ursprung in Flusstälern. Die Überschwemmungen der Flüsse brachten Nährstoffe zu den Uferböden. So konnten ausreichend Nahrungsmittel produziert werden, um die städtischen Zentren zu versorgen.

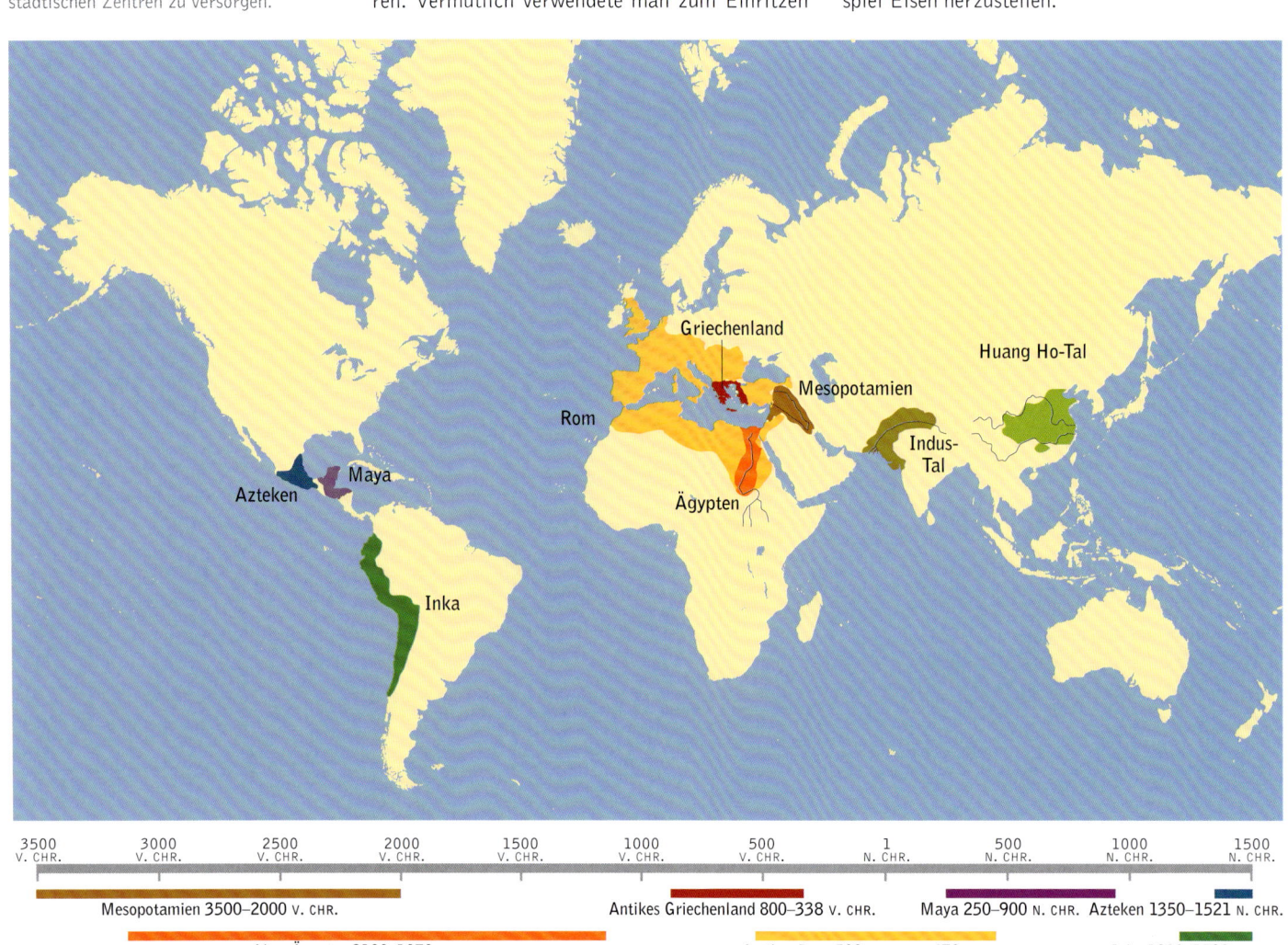

Wollte man Kupfer aus Kupfererzen auslösen, musste man das Erz zusammen mit einem geeigneten Brennmaterial stark erhitzen. Auf den bisher genutzten Feuerstellen ließen sich die notwendigen Temperaturen nicht so einfach erreichen. Man nimmt daher an, dass das Feuer mit einer Art Blasrohr kräftig angefacht wurde.

Das metallische Kupfer wurde entweder durch Hämmern weiterverarbeitet oder in Stücke zerteilt und zu Gegenständen geformt. Etwa 3500 v. Chr. erfand man eine neue Methode der Kupferverarbeitung, um Formen zu modellieren. Dazu schmolz man ein Stück Kupfer in einem Schmelztiegel auf einer Feuerstelle und füllte es in Gussformen, diese waren wahrscheinlich aus Stein. Das Gießen von Kupfer machte zum Beispiel eine raffiniertere Herstellung von Waffen möglich. Es folgten weitere Verbesserungen der Gusstechnik, zum Beispiel Gussformen, die aus zwei Teilen zusammengesetzt wurden. Allerdings boten die spärlichen Kupfererzvorkommen in den ersten Siedlungsgebieten keine große Ausbeute, Kupfer wurde daher vorrangig zur Waffenproduktion genutzt.

Um 3000 v. Chr. entdeckten die Handwerker, die mit Kupfer arbeiteten, ein weiteres Material, wahrscheinlich im Osten der heutigen Türkei. Sie fanden heraus, dass sich durch eine kleine Beigabe von Zinnstein, einem regional verfügbaren Material, eine Legierung herstellen ließ, die sich noch besser bearbeiten ließ als reines Kupfer. Dies war die Geburtsstunde der Bronzezeit. Die wesentlich härtere Beschaffenheit von Bronze und ihr niedrigerer Schmelzpunkt erleichterten das Gießen in Formen. Die Geräte aus Bronze verdrängten allmählich solche aus Kupfer oder Stein. Da in Mesopotamien weder Zinn noch Kupfer natürlich vorkamen, erwarben die Siedler die Materialien wohl durch Handel. Etwa 500 Jahre später begann man das Bleierz Galenit zu schmelzen, das auch als Bleiglanz bekannt ist. Da das Erz Spuren von Silber enthält, gelangte man so in den Besitz beachtlicher Silbervorräte. Echtes Glas herzustellen, gelang in dieser Region vermutlich etwa 2000 v. Chr. durch Erhitzen von Quarz und Soda.

Häuser und Baudenkmäler

Die Technik, Ziegel zu brennen, entwickelte sich vermutlich aus den Erfahrungen mit Ton- und Kupferschmelzöfen. Gebrannte Ziegel waren die Voraussetzung, um etwa ab 3500 v. Chr. städtische Strukturen aufzubauen. Als Baumaterial für die Tempelkomplexe Mesopotamiens nutzte man neben gebrannten Lehmziegeln weiter Stein und getrocknete Ziegel. Zweifellos trug das Brennen von Lehmziegeln wesentlich dazu bei, die Bautechnik zu verbessern. Es sollte aber noch einige Jahrhunderte dauern, bis nicht nur wohlhabende Familien Häuser aus gebrannten Ziegeln bauen konnten.

In Ägypten und Mesopotamien war das Stadtbild von verschiedenen Baustilen geprägt, je nach verfügbarem Material. Die Mesopotamier bauten ihre Monumente hauptsächlich aus Ziegeln. Türstürze und Fronten bestanden meist aus Naturstein, den man importieren musste. Die Ägypter verfügten dagegen über genügend Steinbrüche, um ihre Baudenkmäler komplett aus Naturstein zu fertigen, für ihre Grabkammern verwendeten sie jedoch auch luftgetrocknete Ziegel. Diese Grabkammern entwickelten sich um 3000 v. Chr. zu immer komplexeren Konstruktionen, die zum Bau der ersten Pyramiden führten. Der Höhepunkt des Pyramidenbaus spiegelt sich in der 2560 v. Chr. errichteten Cheops-Pyramide in Giseh wider.

Mathematik und Wissenschaft

Ägyptens Pyramiden und Mesopotamiens Stufentempel, die sogenannten Zikkurate, zeugten von außerordentlichem architektonischen Können. Sie wären ohne Kenntnisse der Geometrie undenkbar. Verschiedene Methoden der Landvermessung wurden vermutlich schon seit Beginn einer agrarwirtschaftlich geprägten Siedlungsstruktur angewandt, um die bewirtschafteten Flächen verwalten zu können. Ägypter wie Mesopotamier führten standardisierte Längen- und Gewichtsmaße ein. Die Längenmaße orientierten sich am menschlichen Körper und nutzten Elle, Spannweite und Fuß als Maßstab. Maße für Gewicht ermittelte man über Nahrungsmittel, vor allem Korn. Auch Belege für Gewichte aus Stein sind bekannt.

Der Lebensrhythmus einer landwirtschaftsorientierten Gesellschaft verlangte überdies nach einer Möglichkeit, die Zeit zu messen. Die Ägypter orien-

Die große Cheops-Pyramide

Sie ist nicht nur die größte Pyramide in Giseh sondern auch die älteste, und sie wurde etwa 2560 v. Chr. erbaut. Die Konstruktion der Pyramiden in der Mitte des 3. Jahrtausends v. Chr. ist immer noch ein großes Rätsel, da zu dieser Zeit hauptsächlich Werkzeug aus Feuerstein verwendet wurde. Man nimmt an, dass die Bauphase etwa 30 Jahre dauerte, und die Arbeitskraft von 100.000 Sklaven und 2,3 Millionen Steine benötigt wurde. (Ägypten; Altes Reich/Vierte Dynastie)

tierten sich an den jährlichen Überschwemmungen des Nils sowie an den Bewegungen von Himmelskörpern. Auf diese Weise entwickelten sie einen erstaunlich genauen Kalender. In Mesopotamien konzentrierte man sich auf die Mathematik und Astronomie und erfand das Sexagesimalsystem, ein Zahlensystem mit der Zahl 60 als Basiszahl, sowie die Tierkreiszeichen. Darüber hinaus belegen zahlreiche Funde, dass man die Bahnen von Sternen, Planeten und Mond auf Lehmtafeln einritzte. Das Sonnenjahr und der Mondmonat gehen ebenso wie die Einteilung der Woche in sieben Tage auf die Mesopotamier zurück.

Töpferei

Während man Tonwaren bisher durch Abformen oder wiederholtes Aufbringen von Lehmringen gefertigt hatte, schuf die Erfindung einer einfachen Töpferscheibe etwa Mitte 4000 v. Chr. ganz neue Möglichkeiten zur Modellierung. Die Töpferscheiben bestanden aus einem drehbaren Tisch, der entweder mithilfe eines Stocks oder von Hand um eine senkrechte Achse gedreht wurde. Trotz ihrer zunächst sehr einfachen Konstruktion beschleunigte die Töpferscheibe die Fertigung von Tonwaren enorm und bahnte den Weg für Weiterentwicklungen, bis viele Jahrhunderte später die moderne Töpferscheibe eingeführt wurde.

Transport

Eine wahrhaft revolutionäre Erfindung, die ganz neue Transportmöglichkeiten eröffnete, war das Rad. Sein genauer Ursprung ist nicht bekannt, doch etwa ab 3500 v. Chr. finden sich auf Töpfereiwaren und anderen Kunstgegenständen Abbildungen von Fahrzeugen mit Rädern. Die ersten Räder bestanden aus drei zusammengesetzten Holzteilen. Da diese Bauart des Rades überall auf der Welt über viele Jahrhunderte verbreitet war, hat sie vermutlich einen gemeinsamen Ursprung, der wahrscheinlich in Mesopotamien liegt.

Erste Belege für Boote, die als Transportmittel auf Flüssen genutzt wurden, liefern zahlreiche aus Ägypten und Mesopotamien stammende Abbildungen. Die Boote waren vorwiegend aus Schilfrohr oder Papyrus gefertigt und man beförderte mit ihnen Güter und Personen. Es spricht einiges dafür, dass diese frühen Boote Segel aus Leinen besaßen. Ab 3000 v. Chr. wurden die Segel von Paddeln abgelöst, mit denen auch gesteuert wurde. Diese Boote waren leichter und auf den Flüssen besser manövrierfähig. Erst etwa 2500 v. Chr. traten in Ägypten die ersten echten Ruderboote auf.

Als Baumaterial setzte sich rasch Holz durch, denn damit ließen sich robustere Boote bauen, die mehr Güter transportieren konnten. Auch die frühen Segelboote wurden ab 2000 v. Chr. allmählich von großen eisenverstärkten Schiffen aus Holz mit hohem Bug und Heck abgelöst. Diese Schiffe waren seetauglich, was den Handel und später die Kolonisierung der Mittelmeerregionen förderte.

Nach 2000 v. Chr. beeinflussten gleich mehrere neue Errungenschaften die Gesellschaftsstruktur der Menschen. Die Imperien Mesopotamiens und Ägyptens hatten sich gefestigt und zu gut organisierten zentralisierten Sozialgefügen entwickelt. Da die Bevölkerungszahl stetig wuchs und damit der Bedarf an Rohstoffen wie Kupfer, Zinn und Holz immer größer wurde, war es notwendig geworden, mit Bewohnern anderer Gebiete Handel zu treiben, oder sich kriegerisch auseinanderzusetzen. Die Mesopotamier pflegten Kontakt mit den Nomaden der nördlichen zentralasiatischen Steppen, was zu interessanten Synergieeffekten führte. Die Nomaden hatten bereits begonnen, das Pferd zu domestizieren, und nutzten nun die Erfahrungen der Mesopotamier in der Holzverarbeitung, um einen einachsigen Karren zu erfinden. In Form des Streitwagens sollte dieser Karren fortan eine entscheidende Rolle bei der Kriegsführung spielen.

Landwirtschaft und Zivilisation

Die Zahl der Siedlungsgemeinschaften im Niltal und in Mesopotamien wuchs in dieser Zeit stark an, was zu tief greifenden Veränderungen der Organisations- und Herrschaftsstruktur der politischen Systeme führte. Die Sumerer in Mesopotamien führten ein gut organisiertes städtisches Leben: Es gab Tempel und Häuser, man lebte von Ackerbau, Viehzucht und vom Fischen. Auf diese Weise ließ sich die gesamte Bevölkerung ernähren, einschließlich Töpfer, Tischler, Schmiede, und Bedienstete und andere nicht in der Landwirtschaft tätige Mitglieder der Gesellschaft.

Ein großer Fortschritt für die lebenswichtige und intensiv betriebene Agrarwirtschaft in Mesopotamien waren die Kanalsysteme, mit denen das Wasser der Flüsse auch in weiter entfernte Regionen geleitet werden konnte. Zunächst genügten Dämme, um die nahegelegenen Felder mit dem angestauten Flusswasser zu bewässern. Doch als die Kultivierung von Feldfrüchten fortschritt, musste das Ackerland ganzjährig mit Wasser versorgt werden. Zum Wasserschöpfen verwendete man den sogenannten Schaduff. Dieses simple Schöpfsystem bestand aus einer Stange, an deren Ende ein Seil befestigt war, mit dem der Arbeiter den zu füllenden Schöpfeimer am anderen Ende der Stange nach oben ziehen konnte. Der Schaduff spielte in verschiedenen Abwandlungen über Jahrhunderte hinweg eine wichtige Rolle und trug entscheidend dazu bei, die agrarwirtschaftliche Produktivität zu steigern.

Für die Arbeit mit dem Pflug setzte man Zugtiere ein, zum Beispiel Ochsen oder die mit dem Esel verwandten Onager. Die Tiere wurden zunächst mit einem an ihren Hörnern befestigten Seil gezogen. Die Erfindung des Jochs zum Einspannen mehrerer Zugtiere erleichterte dann das Pflugen weiter. Der früheste Pflug war eine Art Haken, der an einem Seil von Menschen oder Tieren durch den Ackerboden gezogen wurde. Bei einer späteren Konstruktion fertigte man Pflugschar und Pflugsohle aus einem Bauteil, das am Zuggeschirr des Tieres befestigt wurde. Zwischen 3000 und 2000 v. Chr. hatte man in Mesopotamien die erste Sämaschine eingeführt, die an der Pflugsohle befestigt war. Damit konnte die Saat übersichtlich in Reihen eingebracht werden, was auch das Unkrautjäten erleichterte.

Gerste und Dattelpalmen wurden großflächig kultiviert und vor allem dazu verwendet, alkoholhaltige Getränke herzustellen. Zum Bierbrauen musste die Gerste zuerst auskeimen und dann vergoren werden. Der Vorgang lässt sich auf Darstellungen ägyptischer Grabmäler und mesopotami-

scher Siegel von etwa 2500 v. Chr. nachvollziehen. Seit dem 3. Jahrtausend v. Chr. kultivierten die Sumerer und Ägypter auch Weintrauben, allerdings blieb der Genuss von Wein vermutlich den wohlhabenden Familien vorbehalten.

Zur Ölgewinnung erfand man zunächst einfache Ölpressen. Das simpelste Modell bestand aus einem Sack, der zwischen zwei vertikale Pflöcke gespannt und verdreht wurde, um das Öl aus den Pflanzen zu pressen. Öle waren auch sehr beliebt als Grundsubstanz von Salben, denen man verschiedene Pflanzenextrakte und -aromen beimischte.

Ab etwa 3500 v. Chr. verwendete man in Ägypten und Mesopotamien einfache Webstühle, mit denen sich grobe Stoffe weben ließen. Allerdings bevorzugten die Ägypter zu dieser Zeit Leinenstoffe, die sie aus Flachs herstellten, während in Anatolien und Syrien auch Wolle genutzt wurde. Interessanterweise fand man im viele Tausend Kilometer entfernten China Belege für gewebte Seidenstoffe aus der Zeit um 3000 v. Chr.

Herstellung von Brot und Bier in Ägypten

Das Brotbacken war in Ägypten allgemein bekannt, und man nimmt an, dass zum Brauen von Bier ähnliche Techniken verwendet wurden. Zur Bierherstellung musste das zu Malz verarbeitete Getreide (Gerste) nach der Trocknung zunächst keimen und wurde dann zu Laiben geformt und gebacken. Nach dem Backen zerbröselte man den Brotlaib und ließ ihn mit etwas Wasser ein paar Tage lang fermentieren. Das fermentierte Bier wurde gefiltert und in Flaschen gefüllt. Das Bild aus einer Grabstätte zeigt Bäcker, die den Teig mischen, kneten und in Brotformen füllen. (Ägypten; 18. Dynastie/1550–1295 v. Chr.; Malerei auf dem Grabmal des Kenamun)

Darstellung eines Pflugs

Agrarwirtschaft bildete die Grundlage der Ägyptischen Zivilisation. Dabei diente die Nilregion als Anbaugebiet und der Fluss als Transportweg. Die frühen Hakenpflüge bestanden lediglich aus einem Balken mit zugespitzten Zähnen als Pflugschar und wurden an einem Seil von Tieren gezogen. Bei späteren Modellen wurde das Seil durch eine feste Kufe ersetzt, die am Joch befestigt war. Diese Konstruktion blieb viele Jahrhunderte in Gebrauch. Der Ausschnitt einer Zierleiste aus der 21. Dynastie zeigt Details zum Pflügen, Säen und Ernten von Weizen (Ägypten; *Totenbuch der Cheritwebeshet*; 21. Dynastie/1069–945 v. Chr.; Ägyptisches Museum, Kairo)

Die Anfänge der Eisenzeit

Zur Verarbeitung von Bronze erfanden die Menschen allerlei verbesserte Techniken. So führten sie zum Beispiel um 2000 v. Chr. den Blasebalg ein, der für größere Hitze sorgte und maßgeblich dazu beitrug, dass größere Mengen Metall verarbeitet werden konnten. Während zuvor hauptsächlich Waffen daraus hergestellt wurden, fand das Material nun auch für gewöhnliche Gebrauchsgegenstände Verwendung. Zahlreiche Funde verschiedenster Bronzeprodukte aus der Zeit belegen, dass die Gusstechniken immer ausgefeilter wurden.

Während Bronze vor allem in Mesopotamien sehr beliebt war, entdeckten die Ägypter und andere Gruppen wie die Hethiter in der Osttürkei ein anderes Metall, das sich als genauso nützlich erweisen sollte wie Kupfer und Zinn. Die Gebirge der Region bargen größere Eisenerz-Vorkommen, die von den Hethitern schon bald genutzt wurden.

Um Eisen aus dem Eisenerz zu gewinnen, mussten völlig neue technische Verfahren entwickelt werden als für die Verarbeitung von Kupfer und Bronze. Der Blasebalg war in erster Linie notwen-

Lanzenspitze aus Bronze und Gussform

Bronze wurde etwa 3000 v. Chr. entdeckt, vermutlich zufällig beim Mischen von Zinn- und Kupfererzen. Die Legierung wurde in Mesopotamien hergestellt, in Ägypten gab es zwar Kupfer, doch es fehlte der Zinn. So dauerte es hier noch ein ganzes Jahrtausend, bis Bronze verarbeitet wurde. Die Abbildung zeigt eine Lanzenspitze und die zugehörige Gussform (England; frühe keltische Epoche; Britisches Museum; London)

dig, um die Temperatur in den Schmelzöfen zu erhöhen. Doch um das Metall aus dem Erz zu lösen, spielten die Gase, die durch Verbrennung der Holzkohle entstanden, eine wichtige Rolle. Daher mussten Methoden entwickelt werden, den Schmelzprozess besser zu steuern. Da Eisen außerdem nicht so formbar ist wie Kupfer, musste es geschmiedet werden, solange es noch glühend heiß war. Dazu benötigte man Zangen, um das heiße Metall festzuhalten, schwere Hämmer und Ambosse. Aufgrund dieser Erschwernisse dauerte es noch eine ganze Weile, bis das Eisen als wichtigstes Material die Bronze abgelöst hatte.

Nach seiner Entdeckung wurde auch Eisen im gesamten 2. Jahrtausend v. Chr., vor allem in der Zeit um 1500 v. Chr., hauptsächlich dazu verwendet, Waffen zu produzieren. Erst um die Jahrtausendwende begannen die gut gefestigten Imperien Ägypten und Mesopotamien damit, Eisen auch für die Werkzeugherstellung zu nutzen. Bronze blieb damit im 2. Jahrtausend weiterhin das dominierende Material. Handwerker hatten Methoden entwickelt, auch große Gegenstände zu gießen. Beim sogenannten Wachsausschmelzverfahren wurde eine Wachsschablone geformt und mit Lehm ausgekleidet. Der Lehm wurde gebrannt, dabei schmolz das Wachs und das flüssige Metall wurde stattdessen in die Form gegossen.

DAS ANTIKE GRIECHENLAND

Die Anfänge der antiken Kultur im Mittelmeerraum liegen in der Ägäis. Zu dieser Region gehören Kreta und die Kykladen sowie das griechische Festland. Die ersten Entwicklungen in der Ägäis waren deshalb so bedeutsam, weil sie zur Blüte der klassischen griechischen Kultur im 1. Jahrtausend v. Chr. führten. Diese kann als die erste Hochkultur Europas bezeichnet werden und hatte entscheidenden Einfluss auf die Weltgeschichte.

Wie die Ägypter und Mesopotamier hatten die Bewohner des Ägäischen Raumes große technische Fortschritte errungen. Sie betrieben bereits seit 7000 v. Chr. Landwirtschaft, agrarwirtschaftlich geprägte Siedlungsgemeinschaften waren weit verbreitet. Weizen, Gerste, Hafer, Erbsen und Wein wurden hier bereits im Neolithikum angebaut.

Die Verwendung von Metall

In der Bronzezeit, etwa 3000 v. Chr., wurde Metall hier vorwiegend verwendet, um verschiedene Werkzeuge zu fertigen. Offensichtlich wurde der Schönheitspflege viel Aufmerksamkeit geschenkt. Man entfernte sich mit einem ausgeklügelten pinzettenartigen Hilfsmittel die Gesichtshaare, die Frauen zerrieben auf Steinpaletten Farben, mit denen sie sich schminkten, und trugen sehr fein gearbeiteten Schmuck aus Gold und Silber.

2000 v. Chr. erfuhr die Region einen größeren Bevölkerungszuwachs, die Ursachen sind unklar. Während einer Phase von etwa 400 Jahren stagnierte die technologische und kulturelle Entwicklung und die Metallverarbeitung ging zurück, bevor die Region ab 1600 v. Chr. wieder aufblühte. Das belegen aufwendige Grabbeigaben wie Becher aus Gold und Silber, Schmuck und Zierrat. Man fand ägyptische Perlen aus Amethyst und Bernsteinobjekte aus Nordeuropa. Das wichtigste Material für Waffen war weiterhin Bronze, die Schwertgriffe aber waren häufig mit Gold verziert.

Der Parthenon auf der Akropolis

Akropolis bedeutet wörtlich Stadtrand. Die Akropolis bestand gewöhnlich aus einer Art Zitadelle auf einer Anhöhe zur Abwehr von Feinden. Die berühmteste, die Akropolis von Athen, umfasst mehrere Gebäude. Das berühmteste noch erhaltene ist der Parthenon, Tempel der Göttin Athena, der im 5. Jahrhundert v. Chr. gebaut wurde. Der großartige Parthenon gilt als wichtigstes erhaltenes Gebäude der griechischen Klassik.

Um 500 v. Chr. war Eisen so weit verbreitet, dass man es nicht nur für Waffen, sondern auch für vielerlei Werkzeuge verwendete. Die Assyrer erfanden zu dieser Zeit den Rammbock, mit dem die aus Stein und Lehm gebauten Verteidigungswälle der Städte bezwungen werden konnten.

Architektur

Die Häuser im Ägäischen Raum besaßen oft zwei Stockwerke. Auf dem griechischen Festland wurden erstmals gebrannte Lehmziegel für die Dächer verwendet, zumindest stammen von dort die ersten Belege. Ausgrabungsstätten auf Kreta belegen, dass die Menschen bereits um 1500 v. Chr. ihre Städte nach strengen Mustern anlegten. Sie konzentrierten sich um ein Zentrum mit weitläufigen Plätzen und Straßen aus Kopfsteinpflaster. Das Abwasser wurde durch unterirdische Abflusssysteme geleitet, im Palast von Knossos zum Beispiel wurden auch Rohrleitungen aus Ton gefunden.

Töpferei

Die korinthischen Töpfer ebneten mit ihrem Erfindungsreichtum den Weg für vielfältige technische Neuerungen, die der Töpferei Aufschwung gaben. In Kreta kannte man bereits zu Beginn der frühen Bronzezeit eine schnell drehende Töpferscheibe. Diese wurde aber bald durch eine schwerere Schwungscheibe abgelöst, die sich etwa 60 cm über dem Boden befand. Von etwa 600 v. Chr. an arbeiteten die Töpfer im Sitzen und trieben dabei ein tiefer liegendes Rad mit dem Fuß an.

Handel und Transport

Dem antiken Griechenland dienten zahlreiche in Ägypten und Mesopotamien entwickelte Erfindungen als Vorbild. Man pflegte zu dieser Zeit also bereits einen regen Austausch, was zum Beispiel Abbildungen von Schiffen auf bemalten Tonvasen belegen. Die Schiffe waren offensichtlich seetüchtig und verfügten über einen Mastbaum, hohen Bug und ein niedriges Heck. Auch die im antiken Griechenland gebräuchlichen Siegel sowie einige metallverarbeitende Techniken gehen auf den Einfluss Ägyptens und Mesopotamiens zurück.

Mit den blühenden Handelsbeziehungen waren auch etliche neue Erfindungen verbunden, die den Schiffstransport im Ägäischen Meer erleichterten. Thales von Milet, der 600 v. Chr. lebte und oft als Vater der Wissenschaft bezeichnet wird, wendete erstmals das Verfahren der Triangulation an, ein Verfahren zum Messen von Abständen. Möglicherweise kannten auch schon die Phönizischen Seefahrer dieses Messverfahren, denn sie verfügten über fortgeschrittene Kenntnisse der Geometrie. Thales soll den Seefahrern empfohlen haben, sich als Navigationshilfe am Sternbild des Kleinen Wagens zu orientieren, und er sagte angeblich die Sonnenfinsternis des Jahres 585 v. Chr. voraus. Sein Schüler Anaximander entwarf eine erste geografische Karte der Welt, wie man sie damals kannte, während die Ägypter und Babylonier vor seiner Zeit nur regionale Landkarten nutzten. Als Kriegsschiff spielte die Triere eine große Rolle, die im östlichen Mittelmeer entwickelt und von den Griechen kopiert wurde. Dieses Schiff mit drei Ruderbänken trug dazu bei, den griechischen Soldaten zum Sieg über die viel größere persische Flotte zu verhelfen, der den Griechen auch die Vorherrschaft im östlichen Mittelmeer sicherte.

Keramikvase

Die Griechen brachten die Keramik-Kunst auf ein hohes Niveau. Korinthische und attische Produkte galten als die Besten der Zeit. Die Farben Schwarz und Rot erreichte man mithilfe einer ausgeklügelte Reihenfolge von Brenndurchgängen. Die Darstellung der Hydra als schwarzer Figur aus dem 6. Jahrhundert v. Chr. stellt die um Achilles trauernden Nereiden (Nymphen des Mittelmeers) dar. (Griechenland; 560–550 v. Chr.; Louvre, Paris, Frankreich)

Mathematik

336 v. Chr. wurde Alexander von Makedonien im Alter von 20 Jahren zum Herrscher der Griechen ausgerufen. Beseelt von der Idee, die Welt zu regieren, eroberte er einen Großteil der antiken Imperien, einschließlich des persischen Reiches bis zum Indus-Tal. Nach seinem Tod im Jahr 323 v. Chr. wurde Alexanders Reich in kleine Herrschaftsgebiete aufgeteilt, in denen seine Generäle das Regiment führten. Einer davon war Ptolemäus, der in Ägypten regierte und in der Hafenstadt Alexandria eine Bildungsstätte errichtete, die vor allem für ihr Museum und ihre Bibliothek berühmt wurde. Zu den Gelehrten, die dort ein und aus gingen, gehörte auch Euklid, ein Schüler des Plato. Sein Hauptwerk *Die Elemente* ging als berühmtestes Buch der Mathematik in die Geschichte ein und bildete das Fundament der Euklidischen Geometrie. Viele Theoreme darin waren nicht neu, aber Euklid erhob das logische Denken zur grundsätzlichen Methode, um mathematische Ergebnisse zu beweisen. Aristoteles, Philosoph und Begründer der Logik, ebnete mit seinem Werk den Weg für die mathematische und philosophische Forschung.

Auch Pythagoras, Eratosthenes und Archimedes leisteten wichtige Beiträge für die Geometrie und Zahlentheorie.

Andere Erfindungen

Zu den wichtigsten Exportartikeln der Griechen gehörten Olivenöl und Wein. Die einfachen Oliven- und Traubenpressen wurden etwa 600 v. Chr. von Balkenpressen abgelöst, bei denen das Hebelprinzip genutzt wurde. Im Zuge der verstärkten Handelsaktivitäten verabschiedete man sich vom alten Tauschsystem und führte das Währungssystem ein. Die ersten geprägten Münzen als Zahlungsmittel werden den Lydiern

Antike Silbermünze aus Griechenland

Erst im 6. Jahrhundert v. Chr. begann man in Griechenland Münzen zu prägen. Zuvor wurde Gold und Silber verwendet, um Becher, Teller oder Vasen herzustellen. Die Ausgrabung der Ruinen des Artemis-Tempels in Anatolien brachte Geldmünzen aus dem 6. Jahrhundert v. Chr. zum Vorschein. Die Abbildung zeigt eine Vier-Drachmen-Münze aus Athen (Tetradrachme) mit den Symbolen der Stadt, der Eule und der Statue der Stadtgöttin von Athen, Pallas Athene. (Griechenland; Klassik; Silber)

ARCHIMEDES: DAS GENIE DER GRIECHISCHEN ANTIKE

Archimedes war als führender Wissenschaftler des klassischen Griechenlands (490–323 v. Chr.) hoch geschätzt. 287 v. Chr. in Syrakus in Sizilien geboren, verbrachte er als junger Mann ein paar Jahre in Alexandria. In seiner Zeit am Hof von König Hieron II. entdeckte er das Prinzip des Auftriebs. Angeblich löste er das Problem in der Badewanne. Er stellte fest, dass sein Körper genau die Wassermenge verdrängte, die über den Badewannenrand hinauslief. Daraufhin soll er mit dem Ausruf »Heureka, Heureka« (was so viel bedeutet wie: ich hab's gefunden) nackt durch die Straßen gelaufen sein.

Als Techniker entwickelte er das Schraubenprinzip weiter, das schon den Ägyptern und Mesopotamiern geläufig war. Später wurde diese Vorrichtung mit einer sogenannten Schnecke in einem engen Gehäuse als Archimedische Schraube bekannt wurde. Sie eignete sich dazu, Wasser entgegen der Schwerkraft aus Kanälen oder Schiffen zu schöpfen.

Archimedes stellte im Auftrag des Königs auch Entwürfe zur Konstruktion von Schiffen her. Der Legende nach soll er spezielle Spiegel gebaut haben, mit denen er durch Umleitung der Sonnenstrahlen die Schiffe der Römer in Brand setzte, die im Hafen von Syrakus ankerten. Eine andere militärische Konstruktion, die ihm zugeschrieben wird, ist der Archimedische Greifer, ein kranartiges Gebilde mit einem Haken, das Schiffe packen konnte. Es bleibt unklar, ob die Geräte je wirklich gebaut wurden.

Archimedes gilt als bedeutendster Mathematiker der Antike. Er beschäftigte sich mit Geometrie, unendlichen Reihen, Kegelschnitt und Zahlentheorie. Es gelang ihm eine erstaunlich genaue Berechnung der Kreiszahl Pi, und des Werts der Quadratwurzel der Zahl drei, beides irrationale Zahlen, die keine exakten Werte haben. Archimedes berechnete Volumen und Flächen vieler verschiedener Körper, etwa von Kegeln, Zylindern oder Kegeln in Zylindern.

Die Archimedische Schraube

unter der Herrschaft ihres Königs Krösus von Lydien zugeschrieben. Die Umstellung auf Münzgeld erforderte einige neue Techniken, etwa genauere Waagen, um das Gewicht der Gold- und Silbermünzen bestimmen zu können. Außerdem mussten die Schmelzverfahren verbessert werden, um reines Gold und Silber aus den Erzen zu gewinnen.

Der Griechische Einfluss

Alexanders Eroberungsfeldzüge hatten weitreichende Folgen. Unter den neu gegründeten Königreichen in Ägypten, Syrien, Persien und Baktrien, war das ägyptische Alexandria das einflussreichste. Nach Alexanders Tod entwickelte sich unter griechischen, persischen und ägyptischen Einflüssen eine ganz neue Kultur, die als Hellenismus bekannt ist. Die Hellenistische Welt reichte bald weit über den Mittelmeerraum hinaus und erstreckte sich bis nach Indien. Bis zum Jahr 800 v. Chr. hatten die Hellenen, wie man die Gesamtheit der griechisch sprechenden Bevölkerung auch nennt, in der Ägäis Fuß gefasst. Hier erzielten sie in den nächsten acht oder neun Jahrhunderten beachtenswerte Fortschritte in Wissenschaft, Technik, Medizin und Kunst. Das Gedankengut der griechischen Antike prägte das Römische Reich und durchdrang alle Epochen bis zur Renaissance. Kunst, Kultur, Literatur, Politik und Wissenschaft zeigen deutliche Spuren des griechischen Einflusses. Beispiele sind die Tradition der Olympischen Spiele, die im Jahr 776 v. Chr. erstmals in Olympia ausgetragen wurden, oder die philosophischen Erkenntnisse Westeuropas, die über Jahrhunderte fast ausschließlich auf den Werken von Aristoteles und Plato aufbauten. Die aristotelische Theorie der Himmelsköper oder seine medizinische Theorie der Körpersäfte konnten sich fast zwei Jahrtausende gegenüber der späteren Forschung behaupten.

DAS ANTIKE ROM

In die Zeit nach Alexanders Tod fällt auch der Aufstieg des Römischen Reiches, das bis ins 5. Jahrhundert n. Chr. existierte. Seine zentrale Lage im Mittelmeerraum begünstigte die Ausdehnung bis zum Mittleren Osten und zu den Britischen Inseln. Eine Zeit lang organisierten die Römer ihr Reich in einer Art demokratischer Staatsform. Eine gut ausgebaute Infrastruktur mit gepflasterten Straßen, öffentlichen Gebäuden, Sportstätten und Aquädukten sorgte für das Allgemeinwohl der Bürger. Was den technischen und kulturellen Fortschritt angeht, waren Erfindungen eher spärlich, stattdessen entwickelte man die gebräuchlichen Techniken und Geräte weiter und machte sie in einem größeren Maßstab der allgemeinen Bevölkerung zugänglich.

Improvisationen und Innovationen

In der Tradition des Erfindergeistes Alexandrias standen Persönlichkeiten wie Hero und Ktesibios. Auf Hero gehen die Dampfturbine und die Wasseruhr zurück, die die damals gebräuchlichen Uhren an Genauigkeit weit übertraf. Zu Ktesibios´ Erfindungen gehört die Wasserorgel. Fortschritte machte man auch bei astronomischen Messgeräten.

Zur Modernisierung des Kriegsgeräts verbesserte man Katapult und Armbrust und erfand erste druckluftunterstützte Waffen. Mit der Erfindung von Blasrohren aus Eisen erfuhr auch die Glasbläserei großen Auftrieb.

Maschinen und Bauwerke

Mit verbesserten Techniken und Geräten gelang es den Römern, Häuser und Monumente erstaunlicher Größe zu errichten. Sie nutzten Erfindungen im Maschinenbau wie Flaschenzug, Zahnrad oder Hebebalken, um leistungsfähigere Kräne und andere Baumaschinen zu konstruieren, mit denen sich schwere Lasten bewegen und heben ließen.

Die enorme Ausdehnung des Römischen Reiches machte bis zum 1. Jahrhundert n. Chr. ein gigantisches Straßennetz erforderlich, um alle Teile des Imperiums miteinander zu verbinden und die Ein-

***Die Schule von Athen* (Detailansicht)**

Sokrates, Platon und Aristoteles schufen als die großen Vertreter der altgriechischen Philosophie die Grundlagen der westlichen Kultur und Philosophie. Platon gründete die erste Athener Philosophenschule, die wichtigste Lern-Akademie dieser Epoche in der westlichen Welt. Die griechischen Philosophen befassten sich neben der Philosophie auch intensiv mit Musik, Bildender Kunst, Politik, Mathematik und Naturwissenschaft. Das aus dem 16. Jahrhundert n. Chr. stammende Fresko aus dem Vatikan zeigt Platon und Aristoteles im angeregten Gespräch über philosophische Themen. (Raphael; 1510–11; Vatikanische Museen, Vatikanstadt)

heit aufrechtzuerhalten. Die Römer entwickelten viele bekannte Technologien weiter, so übertrafen auch ihre Aquädukte frühere Konstruktionen bei Weitem. Beachtenswert sind auch ihre öffentlichen Sanitäreinrichtungen, deren Rohrleitungssysteme aus Blei und Steingut bestanden. Erstmals bauten die Römer mit Zement, was später die Betonherstellung ermöglichte. Anders als bei der Bauweise der Griechen, die Säulen und Stürze bevorzugten, prägten Bögen und Gewölbe aus Ziegeln und Beton das Stadtbild im Römischen Reich.

Auch Wassermühlen waren um 100 v. Chr. schon bei den Griechen bekannt, aber erst die Römer setzten sie flächendeckend ein. Die ersten Mühlen wurden mit horizontalen Rädern konstruiert, für ihren Betrieb musste aber die Kraft des Wasserstroms sehr groß sein. Einfacher funktionierte das vertikale Wasserrad nach Vorbild der Wasserschöpfräder Ägyptens, das später eingeführt wurde.

Das Alphabet

Die Phönizier übernahmen die Keilschrift der Sumerer und die ägyptischen Hieroglyphen, später führten sie 22 Buchstaben für Laute der gesprochenen Sprache ein. Dieses System wurde von Griechen und Römern abgewandelt und bildete die Grundlage für das heutige Alphabet. Die römischen Zahlen wurden von den Etruskern übernommen.

Weitere Erfindungen

Die kreativen Römer machten eine Reihe weiterer Erfindungen, die erstaunlich modern anmuten. Ausgrabungen förderten eine Art Bodenheizung in römischen Gebäuden zutage, und in den Ruinen von Pompeii fand man eine frühe Form der Ther-

moskanne. Der Chronist Plinius berichtet auch von Seife aus Talg und Asche, womit die babylonischen Seifen aus Pflanzenölen und Alkalisalzen weiterentwickelt wurden. Statt der Balkenpresse nutzten die Römer eine Schneckenpresse, um Olivenöl zu gewinnen. In der Medizin verbesserte man chirurgische Instrumente aus hochwertigem Material, die von verfeinerten Operationstechniken zeugen.

Das römische Erbe

Das Römische Reich war trotz seiner Größe von einer erstaunlichen Einheitlichkeit geprägt. Die überall gesprochene Sprache Latein und eine gemeinsame Rechtsprechung hielten die Bevölkerungsgruppen zusammen. Nachdem Barbaren etwa 150 n. Chr. das Imperium bedrohten, verzeichnete man eine Epoche der Anarchie, bevor Konstantin ab 324 n. Chr. die gespaltene Bevölkerung wieder vereinte. Konstantin verlegte auch das Verwaltungszentrum des Reiches von Rom nach Konstantinopel und legte damit den Grundstein für das Byzantinische Reich. Die byzantinischen Gelehrten bewahrten das Erbe der Griechen. Zu ihren Meisterleistungen gehörte der Bau der Kirche Hagia Sophia im 6. Jahrhundert, für den ein hohes Niveau an mathematischem Wissen erforderlich war.

DIE ISLAMISCHE REVOLUTION

Das 7. Jahrhundert war die Geburtsstunde des Islam in der Levante, dem nordöstlichen Mittelmeerraum. Damit wurde auch das Kalifat in die Region eingeführt. Bei dieser islamischen Regierungsform ist die geistliche und weltliche Führung

Römischer Aquädukt

Bögen aus Ziegeln und Beton waren typische Merkmale römischer Architektur. Die Römer verwendeten erstmals Zement, um Beton herzustellen, der zusammen mit Ziegelsteinen als solides Baumaterial diente. Am besten spiegeln die Aquädukte diese architektonischen Leistungen wider. Die Abbildung zeigt den Pont du Gard in Frankreich, ein im 19. Jahrhundert v. Chr. von den Römern erbautes Aquädukt, das Wasser über den Fluss Gard leitete.

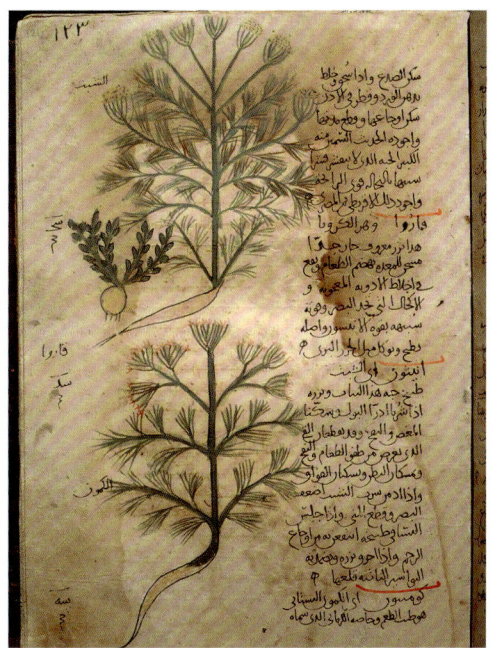

in einer Person vereint. Der islamische Herrschaftsbereich dehnte sich bis nach Spanien, Nordafrika, Persien und zum Indischen Subkontinent aus. Bagdad entwickelte sich als Hauptstadt des Kalifats Abbasid bald zum Zentrum der islamischen Lehre. Arabische Gelehrte interessierten sich für das Gedankengut früherer Zivilisationen und übersetzten zahlreiche Schriften anderer Kulturen. Nachdem sie von den Chinesen gelernt hatten, wie man Papier herstellt, konnten sie dieses Wissen in Büchern auf der ganzen Welt verbreiten. Dank ihrer Bestrebungen, das Wissen unterschiedlicher Kulturen zusammenzuführen, brach etwa 750 n. Chr. das Goldene Zeitalter des Islam an, in dem muslimische Gelehrte außerordentliche Leistungen auf den Gebieten der Wissenschaft, Mathematik, Medizin und Astronomie erbrachten. Die Blütezeit fand erst 1258 n. Chr. ein jähes Ende, als Mongolen in das Abbasidische Reich einfielen.

Medizin

Die Muslime bauten als Erste moderne Krankenhäuser in einer einfachen Form, der Ursprung liegt im 707 n. Chr. errichteten islamischen Hospital in Damaskus. Im 9. Jahrhundert öffnete die medizinische Fakultät der Universität von Jundishapur in Persien ihre Pforten und entwickelte sich bald zur wichtigsten medizinischen Lehranstalt der Islamischen Welt.

Al-Razi, persischer Physiker aus dieser Zeit, beschrieb in seinem Buch der Medizin seine Erfahrungen als Heiler. Er entwickelte neue Behandlungsmethoden gegen Windpocken und Masern und verabreichte erstmals Opium als Schmerzmittel. Das chirurgische Instrumentarium wurde um das Skalpell und chirurgische Nadeln erweitert.

Im 10. Jahrhundert schrieb Al-Zahrawi, den man auch Vater der Chirurgie nannte, ein 30-bän-

diges Werk, das für Jahrhunderte als Standardwerk medizinischen Wissens galt. Er führte die islamische Medizin und traditionelles griechisches und römisches medizinisches Wissen zusammen. Ein anderer Gelehrter, Abu Ali ibn Sina, verfasste mehr als 450 Bücher über alle möglichen Themen wie Alchemie und Philosophie. Daneben interessierte er sich für ansteckende Krankheiten wie Tuberkulose und entwickelte neue Behandlungsmethoden. Auch sein umfangreiches Lehrwerk erreichte hohen Bekanntheitsgrad. Erstmals in dieser Epoche nutzten die Mediziner Quecksilberpräparate und reinen Alkohol als Antiseptika.

Wissenschaft, Mathematik, Astronomie

Theorien zur Wissenschaft räumten die Gelehrten einen hohen Rang ein. Ibn Al-Haitham setzte sich als Erster mit experimentellen und quantitativen Methoden auseinander. In *Abhandlungen über die Optik* legte er seine neuen Ideen dar, zu denen auch eine Kamera mit Lochblende gehörte.

Der Mathematiker und Astronom Al-Chwarizmi stellte in einem Buch über Algebra neue Ansätze für Lösungen von Geradengleichungen und quadratischen Gleichungen vor. Dabei griff er die von dem griechischen Mathematiker Diophantus diskutierten Konzepte auf, entwickelte sie jedoch zu einem eigenen mathematischen Wissenszweig.

Abu Musa Jabir ibn Hayyan galt als Vater der Chemie und machte im 8. Jahrhundert viele Entdeckungen. Sein berühmtestes Forschungsergebnis ist die Synthese von Salpeter- und Salzsäure. Destillationsverfahren wurden nun auch auf Alkohol und Petroleum angewandt.

Zu den wichtigsten islamischen Astronomen zählten Al-Farghani, Al Sufi, Al-Zarqali und Al-Bitruji. Sie alle beschäftigten sich mit früheren astronomischen Theorien und fochten sie an. In diese Zeit fällt auch der Bau des ersten Observatoriums und die Erfindung des Astrolabiums, eines Geräts zur Lage-Bestimmung von Gestirnen.

Einfluss auf Europa

Das Goldene Zeitalter des Islam beeinflusste stark die Wissenschaft und Technik der späteren Jahrhunderte in Europa, das zusammengetragene Wissen erwies sich als überaus fruchtbringend. Vor allem die Übersetzungen vieler klassischer griechischer Texte, die als Original nicht mehr existierten, waren für die Gelehrten des mittelalterlichen Europa von unschätzbarem Wert.

Auch mit der Übermittlung von Gedankengut aus Indien und China leisteten die islamischen Wissenschaftler wertvolle Dienste für die spätere Forschung. Der Geist fortschrittlichen Denkens und Forschens lebte in den Jahrhunderten des 2. Jahrtausends fort, in ihm wurde auch der Grundstein für die Gründung von Universitäten gelegt.

Andere Kulturen des Altertums

China im Altertum

Weit entfernt von der Levante und Europa erblühte zwischen 4000 v. Chr. und 1000 n. Chr. in China eine völlig andere, jedoch nicht minder bedeutsame und technisch höchst fortschrittliche Kultur. Ihr Ursprung liegt in den Flusstälern des Huang Ho und des Jangtse. Die Chinesen verfügten beispielsweise bereits im 2. Jahrtausend v. Chr. über ein hoch entwickeltes Schriftsystem.

Seit dem 1. Jahrtausend v. Chr. wandten Chinesen die Akupunktur an, um Krankheiten zu heilen. Die Behandlungsmethoden ihrer Medizin wurden unabhängig von den griechischen und indischen Traditionen entwickelt, sie wurden gegen Ende des 1. Jahrtausends v. Chr. erstmals dokumentiert.

Wie in anderen Kulturen des Altertums zeigten sich auch die Gelehrten Chinas sehr interessiert an Astronomie und Astrologie. Sie entwickelten Sonnenuhren und im frühen 1. Jahrtausend v. Chr. den Abakus, ein Rechenbrett. Die ersten systematischen Kometenbeobachtungen sowie Beschreibungen von Planetenstellungen stammen aus dieser Zeit.

mischen Stoffen experimentierte, aber erst etwa 300 n. Chr. fanden genau die Bestandteile Salpeter (Kaliumnitrat), Holzkohle und Schwefel Erwähnung. Das Schießpulver gehört zusammen mit Papier, Drucktechnik und magnetischem Kompass zu den »vier großen Erfindungen« des alten Chinas.

Während die Ägypter schon sehr viel früher Papier aus Papyrus herstellten, stammt das erste echte Zellstoffpapier aus China, etwa 100 n. Chr. Sein Erfinder Cai Lun, ein Angestellter am Hof des Kaisers, nutzte dazu Maulbeerrinde, alte Tücher und andere Fasern. Diese Art von Papier wurde einige Jahrhunderte vorwiegend als Schreibmaterial genutzt. Um 600 n. Chr. verwendete man es auch, um Tüten zur Aufbewahrung von Tee herzustellen, sowie als Toilettenpapier. Im 8. Jahrhundert schließlich erreichte es ganz Zentralasien und wurde in den Kalifaten eingeführt.

Die Kunst des Druckens wurde vermutlich ursprünglich von den Japanern ins Leben gerufen, die um 760 n. Chr. ihre Gebetbücher mithilfe von Steinblöcken druckten. Die Chinesen perfektionierten dann im 9. Jahrhundert die Technik des Holztafeldrucks und experimentierten um die Jahrtausendwende sogar schon mit beweglichen Drucktypen aus Keramik. Die Drucktypen erwiesen sich aber als ungeeignet, da die chinesische Sprache zu viele Buch-

Holztafeldruck des *Diamant-Sutra*

Das *Diamant-Sutra* ist das weltweit früheste erhalten gebliebene gedruckte Werk. Es besteht aus einzelnen Textseiten und einem Deckblatt mit einer Abbildung des Buddha, umringt von Gefolgsleuten und Schülern. (China; Tang-Dynastie/ 868 n. Chr.; British Library (BL), London)

Viele Waffenarten erfanden die Chinesen einige Jahrhunderte bevor sie in der westlichen Welt auftraten. Die ersten Armbruste verwendete man in der Qin-Dynastie, einige fanden sich in den Grabanlagen des Kaisers Qin Shihuangdi bei der berühmten Terracottaarmee, von der sein Mausoleum bewacht wird.

Von herausragender Bedeutung war die Erfindung des Schießpulvers im 4. Jahrhundert n. Chr. Diese Erfindung veränderte die Art kriegerischer Auseinandersetzungen völlig und beeinflusste den weiteren Geschichtsverlauf. Frühere Texte wiesen gelegentlich schon darauf hin, dass man mit ähnlichen che-

staben enthielt. Das erste gedruckte Buch, das *Diamant-Sutra*, stammt aus dem Jahr 868 n. Chr. Die fünf Meter lange Rolle bestand aus sieben miteinander verbundenen Streifen Papier und zeigte als Deckblatt eine Illustration. Im 9. Jahrhundert n. Chr. führten die Chinesen Papiergeld ein.

Auf dem Gebiet der Metallkunde, vor allem in der Eisenherstellung, unterschieden sich die Chinesen stark von den anderen frühen Kulturen. Von Europa bis zum Nahen Osten reduzierte man das Eisenerz zunächst auf einen Vorblock, der dann zu Schmiedeeisen gehämmert wurde. Durch das Hämmern wurden Verunreinigungen aus dem Vorblock entfernt. Die Chinesen dagegen gingen den direkten Weg vom Eisenerz zum Gusseisen, d. h., sie gossen das geschmolzene Eisen in Gussformen. Dies war aus zwei Gründen möglich: Zum einen liegt bei den in China natürlich vorkommenden Eisenerzen der Schmelzpunkt relativ niedrig, zum anderen verfügte man über einen Kolbenblasebalg, mit dem sich in Brennöfen ein konstanter Luftzug hervorrufen ließ.

Die Chinesen beschäftigten sich ab 500 v. Chr. mit Magnetismus. Dabei entdeckten sie, dass sich das Eisenerz Magnetit naturgemäß in Nord-Süd-Richtung positioniert. Dieses Wissen nutzten sie schon um 1000 n. Chr., um Magnete zur Navigation auf ihren Schiffen einzusetzen. Auch auf anderen Gebieten entwickelten sie fortschrittliche Techniken: Sie konstruierten bewegliche Segel und Ruder, fertigten Porzellan und bauten Kanäle und Straßen. Die Chinesen führten auch die ersten Gasthäuser ein.

INDUS-TAL

Gegen Mitte des 3. Jahrtausends v. Chr. trat noch eine andere große Kultur in der Region östlich des Iranischen Plateaus hervor. Die Entfaltung dieser bedeutenden Zivilisation im Indus-Tal fand zwischen 2600 und 2500 v. Chr. ihren Höhepunkt. Ausgrabungen der florierenden Siedlung von Mehrgarh belegen aber, dass sich schon 5000 v. Chr. die ersten Siedlungsgruppen dort niedergelassen hatten.

Die altertümlichen Städte Harappa und Mohenjodaro, die man im frühen 20. Jahrhundert ausgegraben hat, weisen auf eine erstaunlich urbane Kultur hin. Typisch für die Städte war eine riesige Zitadelle, ein rechtwinkliges Straßennetz und Häuser mit ungewöhnlich fortschrittlichen Sanitäranlagen. Die meisten Häuser verfügten über private Brunnen und Baderäume, das Abwasser konnte in geschlossenen Kanälen entlang den Straßen ablaufen. Ziegel, gebrannt oder getrocknet, wiesen alle dieselbe Form auf und wurden in gleicher Weise angeordnet. Dieser sehr einheitliche Stil prägte viele Jahrhunderte das Stadtbild der Indus-Kultur.

Die Siedler lebten von der Landwirtschaft und kultivierten einige neue Weizen- und Gerstensorten. Sie bauten Dattelpalmen, Sesam, Melonen, Erbsen und Senf an, ebenso wie Baumwolle für Textilien und zum Export. Als Nutztiere hielten sie Buckelrinder, Schafe, Ziegen, Kamele, Katzen und Esel.

Obwohl sich die Indus-Kultur über einen großen Raum erstreckte, zeigt ihre Homogenität, dass die Kommunikation zwischen den Regionen gut funktionierte. Einen blühenden Handel belegen Funde von Siegeln im Indus-Tal, wie sie in Mesopotamien gefertigt wurden. Geschäfte mit Regionen des Mittleren Ostens wurden auf dem Land- und Seeweg abgewickelt. Die seetüchtigen Schiffe hielten sich jedoch vermutlich in Küstennähe, da sie noch nicht über präzise Navigationshilfen verfügten.

Die Bevölkerung des Indus-Tals kannte ein einheitliches System von Gewichten und Maßen. Die Menschen benutzten wohl auch eine Art Schrift, die aber bis heute nicht entziffert werden konnte. Sie wandten eine einfache Art der Zahnheilkunde an, bauten Musikinstrumente mit Saiten und allerlei

Spielzeug. Aus Bronze und Kupfer fertigten sie Geräte wie Stemmeisen und Axt, aber auch künstlerisch gearbeitete Statuetten. Andere beliebte Materialien waren Blei, Gold und Silber. Die gebräuchlichen Stoffe waren aus Baumwolle gefertigt, und die bei den Ausgrabungen entdeckten Färbebottiche sprechen für eine sehr gestalterische Textilherstellung. Als Schmuck waren Perlen beliebt, und auch die Techniken zur Keramikherstellung waren weit entwickelt. Da es viele der verarbeiteten Rohmaterialien nicht vor Ort gab, waren überregionale Handelsbeziehungen zwingend notwendig.

Die Indus-Kultur blieb etwa 1000 Jahre erhalten, dann fielen nomadische indogermanische Stämme aus Zentralasien ein und setzten ihr ein jähes Ende.

INDIEN IM ALTERTUM

Zwischen 1500 v. Chr. und 1000 n. Chr. besiedelten die Menschen den gesamten Indischen Subkontinent und erzielten große Fortschritte in der Astronomie, Grammatik, Mathematik und Medizin. Zu den wichtigsten altindischen Dynastien gehörten die Reiche der Maurya im 3. Jahrhundert v. Chr. und der Gupta im 4. Jahrhundert n. Chr. Beide zeichneten sich durch kulturelle und technische Errungenschaften, Wohlstand und blühenden Handel aus.

Viele Abhandlungen über Astronomie und Astrologie stammen aus Indien. In einem Schriftstück aus dem 9. Jahrhundert v. Chr. finden sich in den weni-

Wasserleitung von Mohenjodaro

Die Städte Mohenjodaro und Harappa am Uferlauf des Indus zeichnen sich durch ihre gut geplante Struktur und fortschrittliche Kanalsysteme aus. Für alle Bauten wurde wegen seiner Widerstandsfähigkeit getrockneter Ziegelstein verwendet. (Harappa-Kultur; 2500–2000 v. Chr.)

gen erhaltenen vedischen Sanskrit-Texten erste Nachweise eines heliozentrischen Weltbildes. Der Weise Yajnavalkya entdeckte, dass die Erde rund ist, und erklärte die Sonne zum Mittelpunkt des Universums. Er beschreibt in seinen Schriften die Bewegungen von Sonne und Mond und gibt die Dauer des Jahres mit recht guter Genauigkeit an.

Im 5. Jahrhundert n. Chr. stellte der berühmte Astronom und Mathematiker Aryabhata eine Theorie zum Sonnensystem auf und gab korrekt an, dass es sich beim Licht des Mondes um reflektiertes Sonnenlicht handelt. Er berechnete auch für seine Zeit sehr exakt das Verhältnis zwischen der Anzahl der Erdrotationen und Mondumläufen.

Auf mathematischem Gebiet etablierten die indischen Gelehrten viele neue Rechenkonzepte wie das Dezimalsystem und die Verwendung der Null. In der altindischen Zahlentheorie gibt es Hinweise auf die Quadratwurzel, die Kubikwurzel und algebraische Gleichungen. Auch die Geometrie entwickelten die altindischen Mathematiker zu einer wichtigen mathematischen Disziplin, da man für die vedischen Rituale Altäre mit genau definierter Größe und Form sowie Anzahl der Bausteine benötigte. Für das Gelingen des Opferrituals schien dies von ganz besonderer Bedeutung zu sein, was auch die *Shulba Sutras* belegen. In diesen zwischen dem 7. und 5. Jahrhundert v. Chr. verfassten Textbüchern wird die Konstruktion der Altäre genauestens beschrieben. Die Textbücher enthalten auch erste Hinweise auf den Satz des Pythagoras, außerdem Bezüge zur Kombinatorik als Theorie von Auswahlen und Anordnungen von Objekten sowie zum Pascalschen Dreieck und den Fibonacci-Zahlen. Diese Theorien beschrieb erstmals der altindische Mathematiker Pingala im 4. oder 3. Jahrhundert v. Chr.

Auch die indische Medizin war bereits weit fortgeschritten. Ayurveda, die älteste medizinische Tradition Indiens, wird schätzungsweise seit über 3000 Jahren praktiziert. Erstmals im 4. Jahrhundert aber wurden die Behandlungsmethoden in der *Charaka*, dem Standardwerk ayurvedischer Lehre, dokumentiert. Sie beruhten auf einer umfassenden Theorie und andererseits auf den Heilkräften von Kräutern und Mineralien. Bei Ausgrabungen von Mehrgarh

fand man eine Art von Zahnbohrern aus dem Jahr 7000 v. Chr., dennoch wurden Praktiken der Chirurgie erstmals im Werk von Susruta im 6. Jahrhundert v. Chr. beschrieben. Das Buch gibt Aufschluss über spezielle Instrumente und Verfahren, die zu chirurgischen Eingriffen wie Nasenoperationen oder Grauer-Star-Behandlungen dienten.

Indische Kunsthandwerker entwickelten viele neue Techniken der Kupfer-, Zinn- und Eisenverarbeitung. Ihre ersten Waffen aus Eisen stammen aus dem 5. Jahrhundert v. Chr. Ein Tiegelschmelzverfahren zur Stahlherstellung fand dann in Südindien im 4. Jahrhundert v. Chr. Anwendung. Der meistverwendete Stahl war sogenannter Wootz, den man durch Erhitzen von Eisen, Holzkohle und Glas in einem speziellen Schmelztiegel oder -ofen gewann. Dieser Stahl wurde in viele Regionen exportiert. In Damaskus wurden daraus die berühmten Damaszenerschwerter hergestellt, die aufgrund ihrer Schärfe und Widerstandsfähigkeit weltweiten Ruhm genossen. Daneben wurden Techniken zum Ausschmelzen und Veredeln anderer Metalle vorangetrieben.

AMERIKANISCHE ZIVILISATIONEN DES ALTERTUMS

Am anderen Ende der Welt in den dichten tropischen Urwäldern von Mittelamerika entwickelte sich in dieser Zeit eine weitere Kultur. Um 7000 v. Chr. begannen die dortigen Siedler, verschiedene Pflanzenarten zu kultivieren. Bis 1500 v. Chr. gab es zahlreiche landwirtschaftliche Gemeinschaften, die im Wesentlichen Mais, Bohnen, Kürbis und Baumwolle anbauten. Zwischen 1200 und 900 v. Chr. organisierten sich die Gruppen in einer zentralisierten Struktur, die sich um 500 v. Chr. allmählich auflöste und den aufblühenden Kulturen und Königreichen der Maya, Zapoteken und Totnaken wich.

Die Maya-Kultur dauerte zwar bis ins 9. Jahrhundert n. Chr. an, aber ihren Höhepunkt erlebte sie bereits im 5. Jahrhundert n. Chr. Die Maya entwickelten eine Schrift und einen sehr fortschrittlichen Kalender und erlangten bemerkenswerte astronomische Erkenntnisse. Sie berechneten die Dauer des Sonnenjahres und die Umlaufbahn der Venus. Aus unerklärlichem Grund war für die Maya die Venus bedeutender als die Sonne. Sie stellten sehr genaue Mondtabellen zusammen und sagten Sonnenuntergänge voraus. Mithilfe ihres mathematischen Wissens entwickelten sie auch Theorien zu Zahlensystemen, einschließlich der Zahl Null. Dies geschah zu einem wesentlich früheren Zeitpunkt und unabhängig von der Einführung der Null im Zahlensystem der altindischen Mathematiker.

Ab 500 n. Chr. produzierten die Maya eine Art Papier aus der inneren Rinde eines Feigenbaums, und verwendeten es für handschriftliche Aufzeichnungen. Einige dieser Schriftstücke mit astronomischen Tabellen oder Daten zur Geschichte überlebten die spanischen Eroberungskriege.

Auf dem schmalen Streifen zwischen Anden und Pazifik mit dem heutigen Peru und Ecuador münden zahlreiche Flüsse ins Meer. Hier hatten sich in den Ufergebieten bis 1000 v. Chr. viele landwirtschaftliche Gemeinschaften niedergelassen. Diese entwickelten unter anderem das Weberhandwerk weiter, um Lama- und Alpaka-Wolle zu verarbeiten.

Die Bewohner dieser Region profitierten auch von den reichen Bodenschätzen in den Anden und bauten Gold, Silber, Zinn und Kupfer ab. Belegt sind die Anfänge der Goldverarbeitung für das 7. oder 6. Jahrhundert v. Chr. Zur Jahrtausendwende schmolzen und legierten peruanische Handwerker Gold mit Silber und Kupfer, in Ecuador auch mit Platin. Die ersten Jahrhunderte des 2. Jahrtausends n. Chr. waren geprägt durch den Aufstieg des Inka-Reiches zur zweiten Hochkultur Südamerikas.

JAPAN IM ALTERTUM

Die früheste japanische Kultur entwickelte sich in der sogenannten Jomon-Zeit von 7500 v. Chr. bis etwa 250 v. Chr. Schon in der frühen Phase war vor allem die Töpferkunst sehr weit fortgeschritten, die für urnenartige Gefäße mit feinen Mustern bekannt ist. Die Menschen lebten in Gruben oder auf kreisförmigen Lehm- oder Steinböden mit einem Dach aus Bambus. Sie trugen Kleidung aus Baumrinde und Schmuckstücke aus Muschelschalen, Knochen, Stein, Ton und Horn. In der frühen Jomon-Zeit lebten die Menschen vom Jagen und Sammeln und begannen, Pflanzen wie Taro und Yams zu kultivieren, später entwickelten sich landwirtschaftliche Strukturen.

Die Yayoi-Kultur hatte ihren Ursprung während der Jomon-Zeit im 3. Jahrhundert v. Chr. In der Keramikkunst, der Landwirtschaft und auch der Technik brachte es diese Kultur recht weit. Die Keramik dieser Epoche wurde im Gegensatz zu der aus der Jo-

mon-Zeit bei viel höheren Temperaturen gebrannt und auf der Töpferscheibe geformt. Sie war mehr für den Hausgebrauch bestimmt und weniger dekorativ als die Jomon-Keramik. Als Material zur Werkzeugherstellung verwendeten die Yayoi Eisen und etwas später auch Bronze, außerdem erfanden sie Webmaschinen und Kornspeicher.

Auf die Yayoi-Zeit folgte die Tumulus-Zeit von etwa 250 bis 550 n. Chr., in der sich der Buddhismus in Japan verbreitete. Weitere wichtige Epochen waren das folgende Reformzeitalter, die Nara-Zeit sowie die Heian-Zeit bis ins 12. Jahrhundert n. Chr.

ANDERE KULTUREN

Die beschriebenen Kulturen und ihre markanten Entwicklungsschritte sind gut dokumentiert und häufig durch archäologische Ausgrabungen belegt. Es gibt aber auch ein paar andere Volksgruppen, die für die Geschichte der Menschheit bedeutende Entdeckungen machten. Hier sind als Erste die Nomaden der zentralasiatischen Steppe zu nennen. Diese Völker domestizierten das Pferd und erfanden vermutlich die ersten Fuhrwerke, die Vorläufer des Streitwagens, der in späteren Kriegen eine wichtige Rolle spielen sollte. Sie erfanden im 5. Jahrhundert v. Chr. wohl auch den Steighügel. Dieser ermöglichte es dem Reiter, seine Waffen effizienter einzusetzen, da er sich nun freihändig auf dem Pferd halten konnte.

Auch die Reiche der Etrusker, Hebräer, Phönizier, Perser und Kusch hinterließen mit ihren zukunftsweisenden Erfindungen deutliche Spuren in der Welt.

NACHKLASSISCHE EPOCHE BIS RENAISSANCE
WISSENSCHAFTLICHE FORSCHUNG (1000–1400)

Die letzten Jahrhunderte vor dem 2. Jahrtausend n. Chr. zeichneten sich durch einen imponierenden technologischen Fortschritt aus, sowohl in der islamischen Welt als auch in China. Entsprechend wurde die Epoche zwischen dem 8. Jahrhundert und der Mitte des 13. Jahrhunderts auch das Goldene Zeitalter der islamischen Wissenschaft genannt. Die Situation in China war zu dieser Zeit ähnlich, und auch in Europa gab es einige Neuentwicklungen und Veränderungen.

DAS GOLDENE ZEITALTER DES ISLAM

In der islamischen Welt waren die Zentren des Lehrens und Lernens Bagdad (als Hauptstadt des Kalifats), Spanien und Sizilien. An diesen Orten hielten sich zahlreiche Gelehrte auf, die auf vielen wissenschaftlichen Gebieten Herausragendes leisteten. Ibn Al-Haitham, ein bemerkenswerter Universalgebildeter, beschäftigte sich unter anderem mit Astronomie, Physik und Anatomie. Seine Werke über die Optik, die er in den frühen Jahren des 11. Jahrhunderts verfasste, legten einige innovative Entdeckungen offen. Er stellte eine Theorie des Sehens auf und führte zahlreiche Experimente mit Linsen und Spiegeln durch. Überraschend ist

vor allem, dass in diesem Werk von vielen optischen Phänomenen die Rede ist, die erst Jahrhunderte später empirisch nachgewiesen wurden. Dazu zählen zum Beispiel die Gesetze der Lichtbrechung und Dispersion weißen Lichts in seine Farbkomponenten. Auf dem Gebiet der Astronomie spekulierte er über die Schwerkrafttheorien und die Mängel der vorherrschenden ptolemäischen geozentrischen Sicht des Universums, möglicherweise beeinflusst von den Arbeiten indischer Astronomen, mit denen er sehr gut vertraut war.

Astronomie

Aus dem 8. Jahrhundert sind erste Astrolabien aus Persien bekannt, die aus Messing hergestellt waren. Ein Astrolabium diente Astronomen dazu, die Positionen von Himmelskörpern zu bestimmen, wurde daneben aber auch in der Vermessungskunde eingesetzt. Das erste Astrolabium wurde vermutlich von dem griechischen Astronomen Hipparchos im 1. Jahrhundert v. Chr. gebaut und zur Zeit der islamischen wissenschaftlichen Hochblüte stark verbessert. Für die Muslime war es vor allem deshalb bedeutsam, weil es half, die jeweiligen Ortszeiten festzulegen, zu denen die täglichen Gebete abgehalten werden mussten. Auch die für das Beten erforderliche Ausrichtung gen Mekka ließ sich damit bestimmen. Messing-Astrolabien waren in

Aztekischer Kalenderstein

Menschenopfer gehörten zur Aztekenkultur. Es ist überliefert, aber nicht belegt, dass zur Einweihung der Großen Pyramide von Tenochtitlán über 80.000 Menschenopfer dargebracht wurden. Die Abbildung zeigt einen Teil des großen Kalendersteins. Im Zentrum sieht man die Gottheit Tonatiuh, die nach Opferblut verlangt. Die Symbole stellen den Vulkanausbruch dar, der die Welt auslöschen wird. Am Außenrand sieht man Zeichen für die Tage des Aztekenjahres. (Große Pyramide von Tenochtitlán, Mexiko; Späte nachklassische Epoche; Nationalmuseum für Anthropologie, Mexiko-Stadt)

1000: Erich der Rote segelt nach Nordamerika. Mahmud von Ghazni beginnt mit seinen Überfällen auf Indien. Erste Wassermühlen in Europa.

1010: Ibn Sina verfasst seinen *Kanon der Medizin*, ein wichtiges medizinisches Textbuch im Iran.

1025: Die südindischen Cholas erobern südostasiatisches Territorium.

1054: Morgenländisches Schisma zwischen weströmischen Katholiken und östlichem Christentum.

1066: Schlacht von Hastings; Normannen werden Herrscher von England.

1085: Alfons VI. von Kastilien nimmt die Stadt Toledo ein.

1095: Erster Kreuzzug.

1100: Aufstieg des Inka-Reiches.

1120: Erste Windmühlen in Europa.

1160: Die Universität von Paris wird von der Domschule von Notre Dame abgespalten.

1170: Gründung der Universität Oxford.

1171: Saladin erobert Ägypten und fordert die Kreuzfahrer heraus.

1190: Einführung des Magnetkompasses in China und der islamischen Welt.

1204: Kreuzfahrer erobern Konstantinopel zurück. Arabische Zahlen lösen in Europa die römischen Zahlen ab.

1206: Dschingis Khan ergreift die Macht; Kontakt und blühender Handel zwischen China und Europa.

1215: Unterzeichnung der Magna Carta.

1250: Azteken wandern nach Zentralmexiko. Erste Gewehre werden in China gebaut.

1258: Die Mongolen erobern Bagdad.

1271: Marco Polo startet seine Seefahrt nach China.

1271: Beginn der Yuan-Dynastie in China. Erfindung der mechanischen Uhr.

1315: Die große Hungersnot in Europa tötet Millionen Menschen.

1325: Azteken gründen die Hauptstadt Tenochtitlán.

Wasserräder am Fluss Orontes in Hama, Syrien, Mittlerer Osten

1337: Hundertjähriger Krieg zwischen Engländern und Franzosen beginnt.

1347: Pest tötet unzählige Menschen in Europa.

1368: Ende der Yuan-Dynastie in China und Beginn der Ming-Dynastie.

der Lage, sehr genau zu messen, und sie konnten leicht transportiert werden. Später wurden Astrolabien von Spanien auch nach Europa importiert. Im 13. Jahrhundert entwickelte Muhammad Abi Bakr ein Exemplar, das über Zahnräder und einen Kalender verfügte.

Auch Abu Rayhan Al-Bīruni, ein berühmter Universalgelehrter des 10. und 11. Jahrhunderts, leistete erstaunliche Pionierarbeit auf dem Gebiet der Astronomie. Er führte zahlreiche Experimente durch, beschrieb detailliert Sonnen- und Mondfinsternisse und erkannte die Milchstraße als Ansammlung von Sternen. Er berechnete auch den Erdradius sehr genau, sein Ergebnis weicht nur unwesentlich von der später ermittelten, tatsächlichen Zahl ab. Mehrere Aufsätze zu unterschiedlichsten astronomischen Themen, wie Sternkarten, dem Astrolabium und der allgemeinen Astrologie, sowie eine Vergleichsstudie über die Kalender verschiedener Kulturen gehören zu seinen Werken.

Mathematik

Die Mathematiker dieser Epoche kannten die Forschungsergebnisse der Inder und der griechischen Antike bis ins Detail. Omar Chayyam, manchen vielleicht durch seine *Rubaiyat* genannten Vierzeiler bekannt, war ein Gelehrter durch und durch. Er machte sich nicht nur als Poet, sondern auch als Astronom, Mathematiker und Philosoph verdient. Im 11. Jahrhundert stellte er die von indischen Mathematikern entwickelte Lösung einer kubischen Gleichung geometrisch dar. Ferner erfand er das Dreieck der Binominalkoeffizienten, das heute als Pascalsches Dreieck bekannt ist, und er hinterfragte die von Euklid viele Jahrhunderte zuvor aufgestellten geometrischen Gesetze. Ebenso auf den Gebieten der Zahlentheorie, Geometrie und Kryptografie erzielten die muslimischen Forscher dieser Epoche wichtige Fortschritte.

Wissenschaft und Technik

Auf den Gebieten der Chemie und der Alchemie trat vor allem der Gelehrte Ibn Sina hervor, der ein medizinisches Standardwerk verfasste, das viele Jahrhunderte Gültigkeit behielt. Unter anderem entdeckte er in der ersten Hälfte des 11. Jahrhunderts den Vorgang der Destillation mithilfe von Wasserdampf. Der bereits erwähnte Al-Biruni erfand die ersten Laborfläschchen und den Pyknometer, ein Gefäß, mit dem die Dichte von Festkörpern und Flüssigkeiten gemessen werden kann. Besonderes Interesse schenkten die islamischen Gelehrten dieser Zeit auch verschiedenen Substanzen und Kräutern, aus denen sich medizinische Präparate herstellen ließen.

Mit den Entdeckungen dieser Epoche ist insbesondere ein Name verbunden: Ibn Ismail ibn Al-Razzaz Al-Jazari. Dieser lebte und wirkte im späten 12. und frühen 13. Jahrhundert und wird als Vater des Maschinenbaus bezeichnet. Seine herausragende Erfindungsgabe schlug sich in einer langen Liste interessanter Entwicklungen nieder, darunter Automaten, Antriebsmechanismen und Wasserschöpfgeräte. Er entwickelte zum Beispiel eine Kurbelwelle, mit der sich die lineare Bewegung eines Kolbens in die Drehbewegung eines Rades umsetzen lässt. Dies war sicherlich die wichtigste Innovation im Transportwesen seit der Rad-Erfindung, sie stellte die Weichen, um einige Zeit später Dampfkraft und Verbrennungsmotoren nutzen zu können.

Al-Jazari erwähnte auch als Erster eine Saugpumpe mit Ventil, die man heute wohl als zweizylindrischen Ansaug-Hubkolben-Motor bezeichnen

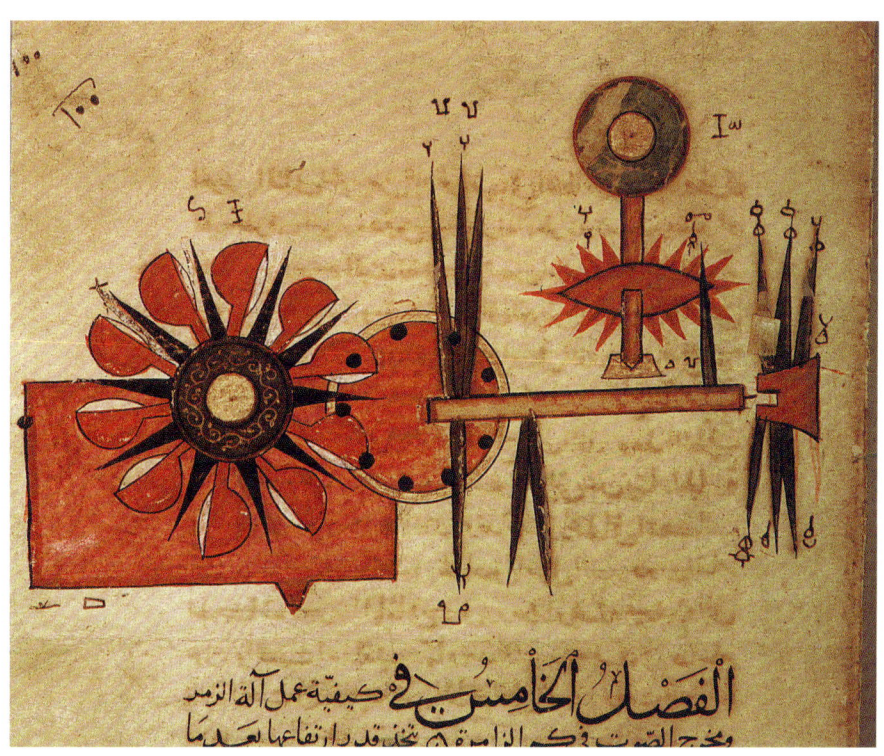

würde. Die Pumpe wurde von einem Wasserrad angetrieben, ebenso eine Reihe weiterer Maschinen, die ein System aus Nockenwellen und Zahnrädern nutzten. Bekannt ist auch Al-Jazaris Gruppe musizierender Figuren, die, angetrieben über Wasserkraft, auf Musikinstrumenten spielten. Zu seinen weiteren Erfindungen gehören eine wasserbetriebene Uhr und ein Kombinationsschloss.

Die medizinische und chirurgische Forschung baute auf den großen Errungenschaften der vergangenen Jahrhunderte auf. Man lernte, den menschlichen Körper immer besser zu verstehen und zu heilen. Eine erste Beschreibung unseres Atmungssystems findet sich in den Schriften Ibn An-Nafis Mitte des 13. Jahrhunderts. Ein Jahrhundert später setzte man sich intensiv mit dem Nervensystem auseinander und begann, sich für die Wechselwirkung zwischen Geist und Körper zu interessieren.

Wasseruhr mit automatisch bewegten Figuren

Al-Jazari werden zahlreiche Erfindungen aus der Zeit des Goldenen Islamischen Zeitalters zugeschrieben. Er beschreibt die Wasseruhr in der *Abhandlung über mechanische Verfahren* aus dem Jahr 1206. Die wasserbetriebene Uhr wurde in den späteren Jahrhunderten weiterentwickelt. (Türkei; 1206; Pergament; Museum im Topkapi-Palast, Istanbul)

DAS ENDE DES ISLAMISCHEN REICHES

Der Niedergang des Islamischen Reiches hatte in den verschiedenen Regionen seiner Verbreitung unterschiedliche Ursachen. Das Christentum breitete sich rasch in Europa aus und bedrohte das islamische Territorium vor allem in Spanien. Als im Jahr 1050 Toledo von christlichen Truppen zurückerobert wurde, kamen als Erste Mönche in die Stadt. Diese bemächtigten sich nicht nur unzähliger Originalschriften muslimischer Gelehrter, sondern auch ihrer Übersetzungen alter griechischer Texte ins Arabische. So erhielten die Europäer Zugriff auf altgriechische Lehren, die in den Reichen von Rom und Byzanz verloren gegangen waren.

Im Jahr 1206 wurde die Struktur der zivilisierten Welt von einem Ereignis erschüttert, das den Verlauf der kommenden Jahrhunderte maßgeblich bestimmen sollte: Dschingis Khan errichtete das Mongolenreich. Innerhalb weniger Jahre wurde er zum Herrscher des größten Imperiums, das es bis dahin jemals auf der Welt gegeben hatte und das sich vom nordöstlichen Zipfel Asiens bis nach Europa erstreckte.

1258 nahmen die Mongolen Bagdad ein und vernichteten mit einem Schlag das über Jahrhunderte gesammelte Wissen. Die Kalifate wurden von der Mongolischen Herrschaft abgelöst, und das Goldene Zeitalter der islamischen Kultur war urplötzlich beendet. Erst lange Zeit später lebten die islamischen Lehren wieder auf, als das Osmanische Reich im ehemaligen Byzanz den Höhepunkt seiner Blütezeit erfuhr.

DIE TECHNOLOGISCHE ENTWICKLUNG CHINAS

Das neue Jahrtausend brachte auch in China große Veränderungen mit sich. Nach einer kurzen Phase von Bürgerkriegen begann im Jahr 960 n. Chr. die Herrschaft der Song-Dynastie. Diese politisch stabile Epoche Chinas ließ Raum für neues Denken und kreative Ideen, was unter anderem einige innovative Erfindungen ermöglichte. Daneben förderten die Herrscher das Leistungsdenken und organisierten einen straff geführten, konfuzianisch geprägten Beamtenapparat. Bewerber auf ein Amt mussten sich speziellen Prüfungen unterziehen. Eine Reihe von neuen Werkzeugen und mechanischen Einrichtungen revolutionierte die Agrarwirtschaft. Neue Anbauprodukte wie Baumwolle und früh reifende Reissorten, die man aus Kambodscha importierte, wurden möglich. Außerdem erhöhte man auf diese Weise die Produktivität.

Druckkunst

Im 11. Jahrhundert n. Chr. wurden die ersten beweglichen Drucktypen eingeführt. Sie bestanden zunächst aus Keramik, ab dem 13. Jahrhundert aus Holz. Die beweglichen Lettern ebneten den Weg für den Buchdruck in großem Maßstab. Dies stärkte auch den Beamtendienst, denn die Bewerber konnten sich mithilfe von Textmaterial nun besser auf die Prüfungen vorbereiten. Die reiche Song-Dynastie verdoppelte die Münzprägeanstalten und führte darüber hinaus das Papiergeld ein.

Navigation und Transport

Der chinesische Universalwissenschaftler Shen Kuo erkannte als Erster den Unterschied zwischen dem geografischen und dem magnetischen Nordpol. In diesem Zusammenhang entwickelte er im 11. Jahrhundert den Magnetkompass, der zu einem unverzichtbaren Navigationsgerät wurde. Verschiedene Aufzeichnungen über chinesische Schiffe auf dem Weg nach Afrika weisen darauf hin, dass der Schiffsbau in der Song-Dynastie weit vorangetrieben wurde. Man führte wasserdichte Kabinen mit Schotten im Schiffsrumpf ein, verbesserte den Schaufelraddampfer und baute riesige Kriegs- und Frachtschiffe, die große Mengen Munition und Beförderungsgut aufnehmen konnten und von mehreren Hundert Seeleuten gesteuert wurden. Die für China typischen Dschunken, riesige Segelschiffe mit etwa einem Dutzend Segeln aus Bambusmatten, zeichneten sich durch hohe Geschwindigkeit und Beweglichkeit aus.

Militärtechnik

Nicht nur das Schießpulver, sondern auch viele kriegsrelevante Geräte haben ihren Ursprung in China. Schon im 10. Jahrhundert setzte man Flammenwerfer gegen Feinde aus dem Norden ein. Im 11. Jahrhundert verwendeten die Krieger der Song-Dynastie erstmals das Katapult, um »Bomben« über weite Entfernungen zu schleudern. Rohre aus Bambus dienten dazu, Bleischrotkugeln, Sand oder Steine abzufeuern. Später wurden sie aus Gusseisen gebaut, so entstanden die ersten Gewehre. Kanonen aus Bronze oder Gusseisen erlaubten den Abschuss schwerer Bleikugeln, die mit Schießpulver gefüllt waren. Auch die früheste bekannte Faustfeuerwaffe von 1288 stammt aus China. Als Landminen versteckte man Sprengfallen, die über eine Zündschnur gezündet wurden. Ab dem 13. Jahrhundert schoss man mithilfe von Schießpulver auch Raketen ab.

Andere Erfindungen

Die Kraft des Windes war den Chinesen schon bekannt, seit sie begonnen hatten, mithilfe riesiger Blasebalge die hohen Temperaturen in den Brennöfen für das Gießen von Bronze- und Eisen sicherzustellen. Nun führten sie auch Windmühlen ein, möglicherweise nach dem Vorbild der Perser.

Die Eisenherstellung wurde zu Beginn des 2. Jahrtausends stark vorangetrieben. Dazu erfand man eine neue Methode, um Eisen zu entkohlen, und schmiedete es in mehreren Phasen. Die Eisen- und Stahlproduktion florierte bald so sehr, dass sie den Waldbestand bedrohte, denn man benötigte viel Holz als Brennmaterial. Dies änderte sich dann im 11. Jahrhundert, als man dazu überging, Koks anstelle von Holzkohle zu verwenden. Das Eisen wurde verwendet, Waffen, Kochutensilien, Maschinen und Werkzeuge herzustellen.

Im Jahr 1088 baute der Universalgelehrte Su Song in der Stadt Kaifeng die erste hydraulisch betriebene astronomische Uhr. Seit vielen Jahrhunderten waren Methoden zur Zeitmessung bekannt, zunächst mithilfe des natürlichen Tagesrhythmus und der längeren jahreszeitlichen Zyklen. Später orientierte man sich an gut messbaren Phänomenen wie etwa der Geschwindigkeit fließenden Wassers oder Sandes. Su Songs Uhr wurde erstmals über eine endlose Kette betrieben. Zeitmessinstrumente bestehen immer aus drei Teilen: einer Antriebsquelle wie Wasser, Fallgewichte oder – Jahrhunderte später – einer Feder, einer sogenannten Uhrenhemmung, die die Energie langsam freigibt, und schließlich einem Zahnradsatz, der die Geschwindigkeit reguliert.

Die Erfindungsfreude der chinesischen Maschinenbauer dieser Epoche kannte kaum Grenzen. Im 11. Jahrhundert entwarfen sie den ersten Wegstreckenmesser, um die mit einem beräderten Fahrzeug zurückgelegte Entfernung zu berechnen. Die technische Neuheit bestand aus einem System ineinandergreifender Zahnräder mit unterschiedlich vielen Zähnen, kann also als das erste überlieferte Modell eines modernen Ausgleichsgetriebes angesehen werden. Dieses gleicht die unterschiedlichen Laufgeschwindigkeiten der Räder aus. Bei dem berühmten »Nach-Süden-zeigenden-Streitwagen« (einem besonderen chinesischen Streitwagen) sorgte ein komplexer Mechanismus dafür, dass die Figur auf dem Wagen immer in die gleiche Richtung schaute und die Funktion eines nichtmagnetischen Kompasses übernahm.

Austausch mit Europa

Das Ende der Song-Dynastie war besiegelt, als der große Mongolenherrscher Kublai Khan im Jahr 1271 die Yuan-Dynastie mit der Hauptstadt Beijing (Peking) gründete. Während der Herrschaft von Kublai Khan verbrachte der venezianische Forscher Marco Polo einige Jahre am kaiserlichen

Chinesischer Astronom

Astronomen aus China zeichneten schon früh Beobachtungen von Supernovae, Kometen und Sonnenfinsternissen auf. Mit ihren astronomischen Erkenntnissen führten die Chinesen sehr genaue Kalender ein. Dies waren Sonne-Mond-Kalender, die häufig berichtet werden mussten. Der Himmel war in 28 Regionen oder Konstellationen eingeteilt, detaillierte Sternenkarten dienten den Astronomen zur Orientierung. Die Abbildung zeigt ein mit Wasserfarben gemaltes Bild eines chinesischen Astronomen mit seinen Instrumenten. (Frankreich; 17. Jahrhundert; Französische Nationalbibliothek, Paris)

Marco Polos Route nach China

Im 13. Jahrhundert machte sich Marco Polo, ein junger Venezianer, mit seinem Vater und seinem Onkel auf den Weg in die Hauptstadt von China. Er benutzte dazu die Seidenstraße, die wichtigste Handelsstraße des Altertums. Kublai Khan, Mongolenherrscher von China, empfing den Besuch am königlichen Hof, und Marco Polo verbrachte die nächsten 17 Jahre mit Auftragsreisen durch Kublais Reich. Nachdem er auf dem Seeweg nach Venedig zurückgekehrt war, schrieb er ein Buch über seine Erfahrungen, das im 14. Jahrhundert zu einer wichtigen Quelle von Informationen über das Mittlere Reich Chinas wurde.

Der *Madrider Codex*

Der Maya-Kalender hatte wie alle Kalender mittelamerikanischer Kulturen 260 Tage. Andere Kalender umfassten längere Zeiträume, etwa der ungewöhnliche Venus-Kalender mit 584 Tagen, der Erscheinungszeiten der Venus verzeichnete. Die Maya bestimmten für ihre Rituale und Zeremonien Zeitpunkte, die laut Kalender glückverheißend waren. Die Abbildung zeigt eine Detailansicht des *Madrider Codex*, eines der vier erhaltenen Maya-Codices. Der Codex besteht aus einer Sammlung von Kalendern in Maya-Bildhandschrift, die dem 260-Tage-Ritualkalender entsprachen, der für Prophezeiungen verwendet wurde. (Mexiko; 13. Jahrhundert; Papier aus Feigenbaumrinde; Museo de Americas, Madrid)

Hof. Seine Berichte machten die bemerkenswerten Errungenschaften Chinas im Westen bekannt.

Kaiser Kublai Khan war bestrebt, den Handel über die Seidenstraße zu fördern. Diese Verbindung war die wichtigste zwischen China und dem Westen, viele chinesische Technologien und Produkte fanden so den Weg in die westliche Welt. Zu den gefragten Handelsgütern gehörten Porzellanwaren und gedrucktes Material. Auf dem Rückweg wurde als wichtigstes damaliges Importprodukt Chinas Hirse aus Europa transportiert.

AUFSTIEG NEUER KULTUREN IN MITTELAMERIKA

Die ersten Jahrhunderte des neuen Jahrtausends brachten auch in Mittelamerika kulturelle Umwälzungen mit sich. Die Maya-Kultur, die ungefähr im 8. und 9. Jahrhundert n. Chr. den Höhepunkt ihrer blühenden Zivilisation erreicht hatte, verlor nun stark an Einfluss. Die noch verbliebenen verstreuten Maya-Reiche in der mittelamerikanischen Region entwickelten auf technischem Gebiet kaum Neues. Sie benutzten noch Werkzeuge aus Stein, aus Metall fertigten sie nur Waffen und Zierrat.

Die Landwirtschaft florierte trotz antiquierter Stein- und Holzwerkzeuge. Die Maya bauten Reis und Mais an, ergänzt durch Bohnen zur Proteinversorgung, sowie eine Reihe weiterer Feldfrüchte wie Kürbis, Paprika, Tomaten, Maniok, Baumwolle und Tabak. Hohe landwirtschaftliche Erträge erzielte man durch das Brandrodungssystem, das nach einem Erntezyklus eine mehrjährige Brachphase für das Feld vorsah, damit sich der Boden regenerieren konnte. Im Hochland pflegte man den Terrassenbau mit künstlicher Bewässerung.

Da die Maya nicht über Zugtiere verfügten, waren sie allein auf menschliche Arbeitskraft ange-

wiesen. Pyramiden, Zeremonienstätten und andere Gebäude wurden allesamt mit menschlicher Arbeitskraft errichtet. Dabei war Stein das Material der Wahl. Daneben fertigte man auch Produkte aus Holz, gewebte Artikel und allerlei Gold- und Kupfergerät.

Die Azteken

Im 13. Jahrhundert folgte dem Verfall der Maya-Kultur unmittelbar der Aufstieg der Azteken im heutigen Mexiko. Die Azteken entwickelten neues landwirtschaftliches Gerät, das sich für ihren gebirgigen Lebensraum eignete. Der Bodenerosion auf abschüssigem Terrain wirkte man durch den Bau von Terrassenanlagen aus Stein und Erde entgegen. Die Azteken waren auch Pioniere im Trockenlegen von Sumpfgebieten. Sie verlegten ihre Felder an die großen Seen und entwarfen ein geniales System aus Entwässerungsgräben, Deichen und Schleusentoren.

Bei den technischen Entwicklungen übertrafen die Azteken die Maya kaum, wenn man einmal von dem großartigen Bau ihrer riesigen Hauptstadt Tenochtitlán absieht. Diese Stadt lag inmitten eines Sees und beherbergte etliche architektonisch interessante Bauten wie den berühmten Templo Mayor, die große Pyramide und viele prunkvolle Paläste. Mit der Belagerung von Tenochtitlán im 16. Jahrhundert durch die spanischen Konquistadoren begann der Niedergang des Azteken-Reiches.

Die Inka

Auf dem südamerikanischen Kontinent breitete sich im 13. Jahrhundert das große Anden-Reich der Inka über die heutigen Regionen Ecuador, Bolivien, Argentinien, Peru und Chile aus. Die sehr unterschiedlichen Lebensräume, angefangen bei küstennahen Wüsten bis hin zu den Hochgebirgsregionen der Anden, wurden allesamt landwirt-

schaftlich genutzt. Dies wurde vor allem durch die vielen in den Pazifik mündenden Flüsse sowie das vorteilhafte Klima ermöglicht. Unterschiedlichste Knollengewächse baute man selbst in den hohen Gebirgslagen an, wo das Ackerland regelmäßig nach einigen Jahr brach gelegt wurde, damit sich die Böden regenerieren konnten. Auf dem weitläufigen Weideland der Anden hüteten viele Hirten Lama- und Alpaka-Herden. Die kalten Nächte dieser Klimazone nutzten sie, um Fleisch und Knollengewächse auch für längere Zeiträume aufzubewahren. Die Inka legten Terrassen an den Hängen an, betrieben intensiven Landbau in den Tälern, und kanalisierten Flüsse.

Die alte Tradition der Andenregion der Weberei verfeinerten die Inka zu einem Kunsthandwerk. Für feierliche Anlässe wie Beerdigungen und Opferrituale trugen die Frauen bemalte und raffiniert gemusterte Kleider. Es gab eigens auf Frauenkleidung spezialisierte Weber, denn Kleidung hatte in der Gesellschaft der Inka einen hohen Stellenwert.

Das Kommunikationssystem des riesigen Inka-Reiches funktionierte hervorragend. Über ein ausgedehntes Straßen- und Wegenetz mussten die Lebensmittel über weite Strecken transportiert werden. Dies zum einen, um sie an die Bevölkerung

se und Bäche. Viele dieser stabilen Konstruktionen aus Seilen und Textilien sind bis heute erhalten geblieben. Hängebrücken bildeten einen wesentlichen Bestandteil der gesamten Infrastruktur, dagegen gab es keine Transportmittel mit Rädern.

zu verteilen, zum anderen, um sie in zentralen Lagerhäusern zu speichern. Das Straßennetz hatte insgesamt eine Länge von 24.000 Kilometern. Häufig überspannten Hängebrücken, eine lebenswichtige Erfindung der Inka, die zahlreichen Flüs-

Obwohl man noch keine Schriftzeichen kannte, wurde eine innovative Methode zur Dokumentation erfunden. Quipu, als Knotenschrift der Inka bekannt, bediente sich geknoteter Seile, um zum Beispiel die Bestände an Vieh, Kleidungsstücken oder Importgütern zahlenmäßig festzuhalten, ebenso wie geschichtliche Daten.

Die Architektur der Inka bestand zum allergrößten Teil aus Stein, und die beeindruckenden Bauten der Hauptstadt Cusco sowie die Ruinen von Machu Picchu zeugen von ihrer hohen Kunst in diesem Handwerk. Vor allem die Ruinenstadt Machu Picchu, die im Jahr 1911 wiederentdeckt wurde, gleicht mit ihren Bauten aus grauem, fein verarbeiteten Granit einem architektonischen Wunder. Die Steine passten so perfekt aufeinander, dass sie ohne jeglichen Mörtel oder anderes Bindematerial stabile Mauern bildeten. Für Werkzeuge und Waffen war Bronze das Material der Wahl.

Die Inka entdeckten auch, dass Kakaoblätter ein geeignetes Mittel waren, um Erschöpfung zu lindern, was vor allem den Läufern zugute kam, die königliche Botschaften im ganze Land verbreiteten. Es gibt sogar Hinweise darauf, dass mit chirurgischen Eingriffen am Schädel versucht wurde, den Hirndruck zu verringern.

Im 16. Jahrhundert schleppten die Europäer Infektionskrankheiten ein und die Inka-Bevölkerung wurde drastisch dezimiert. Als schließlich die spanischen Eroberer den Herrscher Tupac Amaru besiegten, war das Ende der Kultur besiegelt.

Inka-Architektur

Das Inka-Reich, das in der Mitte des 15. Jahrhunderts den Höhepunkt seiner Blüte erreichte, ist unter anderem für seine hoch entwickelte Bautechnik bekannt. Die Inka verfeinerten den Mauerbau derart, dass zerhauene Steine ohne Mörtel stabil verbaut wurden. Die Straßenansicht von Cusco zeigt ein Originalmauerwerk der Inka. Weitere Beispiele finden sich in Machu Picchu, einer etwa 80 km von Cusco entfernten Stadt, die von den Inka 1450 erbaut wurde. Sie liegt auf einem 2438 m hohen Gebirgskamm. Die Stadt, die die Inka nach der spanischen Eroberung verlassen hatten, wurde von Harry Bingham im Jahr 1911 wiederentdeckt.

Quipu

Quipu bezeichnet ein System aus geknoteten Seilen zur Dokumentation numerischer Bestandsaufnahmen. So wurden damit zum Beispiel Bestände von Agrarprodukten, Einwohnerzahlen und historische Daten festgehalten. Die Darstellung zeigt ein Quipu, das an einer Holzplatte aufgehängt ist. (Peru; 1430–1532; Museum für Volkerkunde, Berlin)

Räderpflug

Die Erfindung des Räderpflugs trug maßgeblich dazu bei, die Landwirtschaft im
10. Jahrhundert mächtig anzukurbeln.
Frühere Pflüge kratzten die Bodenober-
fläche nur leicht auf, während man mit
dem schweren Messer des Räderpflugs
den Ackerboden gründlich aufbrechen und
ein tieferes Saatbeet anlegen konnte. Die
Detailansicht eines Werks (Buchmalerei)
von Chretien Legouais zeigt einen der ältesten Räderpflüge. (Frankreich; Mittelalter; Pergament; Stadtbibliothek, Rouen)

ENTWICKLUNGEN IN EUROPA

Europa sah sich im neuen Jahrtausend mit großen
Herausforderungen konfrontiert. Westeuropa, das
nach Zusammenbruch des Römischen Reiches den
Aufstieg und Fall vieler kleiner Königreiche erlebte, genoss eine kurze Vereinigungsphase im
8. Jahrhundert unter Karl dem Großen, doch schon
in den nächsten beiden Jahrhunderten musste man
sich wieder gegen Bedrohungen aus verschiedenen
Richtungen zur Wehr setzen. Vom 11. bis zum
13. Jahrhundert konnte Europa wieder aufatmen,
nachdem die Invasionen aus dem Norden beendet
waren. Die Macht konzentrierte sich jetzt im Süden in der Region um Kastilien.

Die Bevölkerung wuchs nicht zuletzt als Folge
einer blühenden Agrarwirtschaft, die sich zu dieser Zeit strukturell stark veränderte. Man führte
die Dreifelder- und später die Fruchtwechselwirt-
schaft ein, was höhere Erträge brachte. Das Flur-
system, das man aus der Zeit von Karl dem Großen übernommen hatte, erlaubte den Bauern, ihren
Bestand an landwirtschaftlichem Gerät und Vieh
besser zu koordinieren. Auch der Pflug wurde weiterentwickelt und der Räderpflug nach chine-
sischem Vorbild mit einem Brett zum Abstreichen
der Erde gebräuchlich. Damit ließ sich der Boden
leichter aufbrechen und das Saatbeet verbessern.

Auch beim Pfluggeschirr für Zugtiere übernahm
man chinesische Technologie und führte das Kum-
met ein, das den Pferden die Atmung erleichterte
und eine bessere Zugkraft verlieh. Die Pferde waren so in der Lage, viel schwerere Arbeit zu leisten,
was die Produktivität der Landwirtschaft anku-
belte und den Transport beschleunigte.

Die Bauart der neuen landwirtschaftlichen Geräte ermöglichte vielfach ein effizienteres Arbei-

ten. Schöpfwerke und Wasserräder erleichterten
die Bewässerung und Windmühlen wurden eingesetzt, um das Korn zu mahlen. In Teilen des nördlichen Europas ersannen die deutschen, holländischen und französischen Siedler raffinierte
Methoden um Marschgebiete trockenzulegen und
für Landwirtschaft und Besiedelung zu nutzen.

In Spanien und anderen Teilen Südeuropas baute man unter islamischem Einfluss neue Feldfrüchte an. Dazu zählten Zitrusfrüchte, Zuckerrohr und
Reis. Schon bald nachdem man mit dem Anbau
von Baumwolle begonnen hatte, florierte in Venedig
und Deutschland die Baumwoll- und Textilherstellung. Es wurden auch neue Vieharten gezüchtet,
wie zum Beispiel die von den Mauren eingeführten
Merinos, die spanische Wolle zu einer hoch ge-
schätzten Ware in Europa machten.

Das Bevölkerungswachstum schlug sich in ganz
Europa in einer Urbanisierung nieder. Zu den bedeutendsten Städten gehörten damals Venedig,
Genua und Paris. In Nordeuropa und an der bal-
tischen Küste entstanden wichtige Handelszentren,
und man gründete Handwerkerzünfte und Kauf-
mannsgilden, die großen Einfluss auf die Entwicklung von Handel und Industrie ausübten.

Die Kreuzzüge

Gegen Ende des 11. Jahrhunderts hatten vor allem
die Kreuzzüge große Auswirkungen auf die Geschichte der Erfindungen, da sie islamisches Gedankengut nach Europa brachten. Sie dauerten bis
gegen Ende des 13. Jahrhunderts und sollten – mit
dem Segen der christlichen Kirche – Jerusalem von
den Muslimen »befreien«. Die Gruppe der Kreuzfahrer bestand zum Großteil aus Menschen, die
schon gegen die islamischen Eroberer gekämpft
hatten. Diese verschrieben sich nun angesichts der
nachlassenden Bedrohung einem leidenschaft-
lichen Vernichtungskampf. Mit dem ersten Kreuzzug wollte man das byzantinische Reich vor den
muslimischen Angreifern schützen. Auch zuvor
war es jedoch schon christlichen Kämpfern gelungen, die Kontrolle über maurisch dominierte Regionen wie Toledo zurückzugewinnen.

Die Konzentration der Macht auf den Papst war
nur eine der Folgen der Kreuzzüge. Noch wichtiger
war, dass durch sie der enorme islamische Wissens-
schatz in einem Ausmaß nach Westen gelangte wie
nie zuvor. Die Muslime hatten nicht nur fortschrittliche Techniken von den chinesischen und indischen
Kulturen übernommen, sondern auch eine Vielzahl
von Werken der altgriechischen Philosophen ins
Arabische übersetzt. Diese Texte wurden nun neben
chinesischen und indischen für Europäer verfügbar.

Auch die islamische Architektur beeinflusste
Europa in den nächsten Jahrhunderten spürbar.
Die Europäer waren gelehrige Schüler, was isla-
mische kriegstechnologische Erfindungen anging.

Man ersetzte Festungen aus Holz durch Steinkonstruktionen, erlernte verbesserte Belagerungstaktiken und benutzte Schießpulver und Kanonen.

Auf dem Gebiet der Mathematik führte man nach den Kreuzzügen das Dezimalsystem und die Algebra ein, beides Errungenschaften indischer Mathematiker. Außerdem drang nun das traditionelle medizinische Wissen nicht nur der griechischen Antike, sondern auch der islamischen und indischen Lehren nach Europa.

Das Spinnrad, möglicherweise aus Indien stammend, fand ab dem 13. Jahrhundert in Europa großen Anklang und beschleunigte die Entwicklung der Garn- und Textilproduktion. Dasselbe gilt für den Kompass, den die islamische Welt von den Chinesen übernommen hatte. Der Verwendung von Kompass, Astrolabien und Sextant bei der Navigation war es zu verdanken, dass es in den folgenden Jahrhunderten europäischen Seefahrern gelang, riesige Areale des Globus zu kolonisieren.

Eine erste mechanische Uhr wurde im Europa des 14. Jahrhunderts gebaut. Sie arbeitete mit Gewichten und einer sogenannten Ankerhemmung, die den Ablauf des Uhrwerks in exakten Schritten

gewährleistete. Die ersten mechanischen Uhren sah man in Türmen der großen italienischen Städte. Sie hatten einen einzigen Zeiger und schlugen jede Viertelstunde. Die über ein Jahrtausend üblichen Wasseruhren verloren damit an Bedeutung.

Die griechischen Arbeiten in Naturphilosophie wirkten auf die Entwicklung der Scholastik zwischen 1100 und 1500 ein. Deren Bestreben war es, die mittelalterliche christliche Theologie mit altgriechischer Philosophie zu verschmelzen.

Roger Bacon, ein im 13. Jahrhundert lebender Franziskanermönch, war ein wichtiger Vertreter der Empirie und gilt vielen als Begründer einer wissenschaftlichen Methode, die auf Experiment und Beobachtung setzte. Sein berühmtes Werk, *Opus Maius*, ist eine Enzyklopädie aller wissenschaftlichen Felder. Sie enthält Beschreibungen verschiedener optischer Phänomene, erläutert die Herstellung von Schießpulver und diskutiert die Bewegungen von Himmelskörpern. Außerdem spricht sie spätere Erfindungen an, wie die von Mikroskop, Teleskop, Flugmaschinen, Hydraulik und Dampfschiffen. Bacon propagierte auch die Verwendung von Leselupen und Brillen als Sehhilfen – eine Methode, die möglicherweise bereits im China des 10. Jahrhunderts gängig war. Es dauerte nicht lange, bis beinah die gesamte Elite Europas Brillengläser verwendete. Ein anderer einflussreicher Theologe und römisch-katholischer Priester, Thomas von Aquin, sprach sich für eine Versöhnung zwischen aristotelischem Gedankengut und der Theologie aus. Auf Grundlage aristotelischer Vorstellungen begründete er seine eigene Wahrnehmungs- und Erkenntnistheorie.

Vorherrschende christliche Philosophie des Mittelalters war die Scholastik, die in erheblichem Maße dazu beitrug, dass die intellektuelle Welt im Europa des 13. und 14. Jahrhunderts wieder erwachte. Die Scholastiker legten die Betonung auf das Lernen und förderten das Interesse an wissenschaftlichen Methoden. Die Gründung zahlreicher Universitäten als Zentren des Lernens und der Forschung ist auf den Einfluss der Scholastik zurückzuführen. Die Universitäten bestimmten in hohem Maße, wie das gewonnene Wissen in den nächsten Jahrhunderten genutzt und vermehrt wurde und wie der wissenschaftlich-technologische Fortschritt im Europa der Zukunft gestaltet sein sollte.

Mechanische Uhr

Im 14. Jahrhundert löste die mechanische Uhr, bestehend aus einem Gewicht als Antrieb und einer Ankerhemmung als Gangregulierung, die Wasseruhr ab. Dieser Ankerhemmung-Mechanismus wurde über 300 Jahre verwendet. Die Abbildung zeigt die Rekonstruktion einer mechanischen Uhr nach einem Entwurf von Leonardo da Vinci. (Italien; Museo Ideale Leonardo da Vinci, Vinci)

Roger Bacon

Der Franziskanermönch Roger Bacon lebte im 13. Jahrhundert und war einer der ersten Verfechter einer experimentellen wissenschaftlichen Methode im Westen. Der Philosoph und Wissenschaftler studierte unter anderem Alchemie und Mathematik. In einem seiner Werke erklärt er exakt die Herstellung von Schießpulver.

Universitäten als Zentren des Lernens

In Europa hatte die Bildung in den Jahrhunderten vor dem 11. Jahrhundert völlig stagniert. Die kleineren Königreiche, die sich nach Ende des Römischen Reiches etablieren konnten, waren untereinander meist zu zerstritten, um eine gemeinsame florierende Wissenschaft und Technik hervorzubringen. Zugleich konnte die Kirche ihren Einfluss ausweiten und als wichtige Institution in Europa Fuß fassen.

Die Kirche war es auch, die durch ihre Klöster eine intellektuelle Tradition pflegte. Die Klöster hatten in den vorangegangenen Jahrhunderten Macht und Reichtum errungen. Denn es entsprach der damaligen Tradition, dass die Fürsten Land verschenkten und die Klöster im Gegenzug Messen für die Adligen abhielten. Diese Ländereien garantierten den Mönchen und Nonnen ein ausreichendes Einkommen, um ihr Leben zu bestreiten und genügend

Amalrich von Bena an der Pariser Universität

Die in der zweiten Hälfte des 12. Jahrhunderts gegründete Universität von Paris erhielt erst im 14. Jahrhundert den Namen Sorbonne, nachdem Robert de Sorbon 1257 ein Universitätskolleg für arme Theologiestudenten eingerichtet hatte. 1970 umfasste die Sorbonne 13 autonome Universitäten. Amalrich von Bena unterrichtete gegen Ende des 12. Jahrhunderts Theologie und Philosophie an der Sorbonne. 1204 verdammte die Universität von Paris seine Lehren als ketzerisch. (Frankreich; *Grandes Chroniques de France;* Französische Nationalbibliothek, Paris)

Zeit zur Verfügung zu haben, sich auf theologisches und philosophisches Wissen zu konzentrieren. Auf diese Weise konnten sich Klöster zu wichtigen Zentren des Lernens entwickeln.

Die Klosterbewohner verwandten viel Zeit darauf, Manuskripte und seltene Dokumente zu kopieren und damit zu konservieren und der Nachwelt zu erhalten. Auch unterhielten manche Klöster größere Apotheken, denn die Medizin war noch kein eigenständiger Berufszweig. Die für die Apotheken verantwortlichen Mönche legten Kräutergärten an und experimentierten mit neuen Heilpflanzen. Da Wein in der christlichen Tradition eine große Rolle spielt, versuchten sich die Klöster immer häufiger im Weinbau. Sie fanden auch heraus, wie man Champagner herstellt, und produzierten erstmals den bekannten Benediktiner-Likör.

Im 11. Jahrhundert wurde diese Ordnung großen Veränderungen unterworfen, vor allem weil die Franziskaner an Einfluss gewannen, die öffentliche Diskussionen höher schätzten als das Lernen hinter Klostermauern. Doch obwohl ihre Macht schwand, spielten Klöster weiterhin eine wichtige Rolle im intellektuellen Leben Europas, und umgekehrt inspirierte das klösterliche Leben viele spätere Denker und Philosophen.

Innerhalb der Kirche lag der Schwerpunkt auf dem Studium der Liturgie, das änderte sich jedoch im 12. Jahrhundert. Von da an legte man mehr Wert auf eine berufliche Ausbildung des Klerus und ein genaueres Studium des Kirchenrechts oder Kanonischen Rechts. Vor allem die von Papst Gregor VII. eingeleitete Kirchenreform gegen Ende des 11. Jahrhunderts sprach sich für das Studium des Kirchenrechts aus. Mit Beginn der scholastischen Bewegung, einer Philosophie, die für Vereinbarkeit von Glaube und Verstand eintrat, vertraute man zunehmend auf den Rationalismus. Diese philosophische Strömung setzt auf die Vernunft als Methode, das Wesen der Welt zu erkennen und dann nach dieser Erkenntnis zu handeln.

Um das Studium des Kirchenrechts und weltlicher Wissensdisziplinen zu erleichtern, richtete man in vielen kleinen Städten Domschulen ein. Hier wurden die Geistlichen ausgebildet, die anschließend häufig in die großen Städte abwanderten, vor allem nach Paris und Bologna.

Die Universität von Bologna gilt offiziell als erste europäische Universität, sie wurde im Jahr 1080 gegründet. Als Vorläufer kann die im 9. Jahrhundert in Konstantinopel errichtete Universität angesehen werden, ein weltlich orientiertes höheres Bildungsinstitut, das Staatsdiener ausbilden sollte. Die Struktur der heutigen Universität lässt jedoch deutlich ihre Wurzeln in den ersten Universitäten Bologna und Paris erkennen.

Viele Jahrhunderte früher als in Europa etablierten sich bereits in Indien und China die ersten Universitäten. Die Chinesen richteten Akademien für die höhere Bildung ein, an denen konfuzianische Lehren und antikes Wissen unterrichtet wurden. Im Indien des 5. Jahrhunderts nahm die Universität von Nalanda ihre Arbeit auf, die aus einem traditionellen buddhistischen Lehrzentrum hervorgegangen war. Nalanda, eine Internatsuniversität mit über 10.000 Studenten und ein paar Tausend Lehrern, umfasste mehrere Tempel und Meditationsräume auf dem Campus und war von Teichanlagen umgeben. Tausende Manuskripte aus aller Welt füllten die riesige Bibliothek. Die Studenten kamen aus Indien, China, Korea und der Türkei. Nalanda entwickelte sich zum weltweit größten Lernzentrum, vor allem in Bezug auf die buddhistische Lehre. Der berühmte chinesische Reisende Xuanzang beschrieb die Institution sehr genau, angefangen bei der Verwaltung über die

Ruinen der Universität von Nalanda

Die buddhistische Universität von Nalanda, eine der ältesten Universitäten der Welt, lag etwa 100 Kilometer von der Stadt Patna im östlichen Indien entfernt. Erst im 5. Jahrhundert bekam dieses Lehr- und Lernzentrum den Rang einer Universität. Der riesige Campus beherbergte während ihrer Blütezeit mehr als 10.000 Studenten. Der chinesische Reisende Xuanzang verfasste detaillierte Beschreibungen der Universität und ihrer Arbeit. Muslimische Invasoren zerstörten sie im Jahr 1193.

Finanzierung bis zum Lehrplan. Muslimische Invasoren zerstörten die Einrichtung dann im 12. Jahrhundert völlig.

Bis zum Beginn des 12. Jahrhunderts waren bereits überall in Europa Universitäten vertreten. Sie wurden entweder von den Studenten finanziert oder von der Kirche, später auch vereinzelt vom Staat oder dem König. In Europa gab es keine Campus-Gelände, der Unterricht fand in Kirchen oder in den Wohnungen der Lehrer statt. Die frühen Universitäten genossen meist einen besonderen Ruf für ein oder zwei Disziplinen, so war zum Beispiel Bologna für seine Rechtswissenschaften berühmt, in Paris dagegen war Theologie die wichtigste Fakultät.

Ein Studium dauerte bis zu einem ersten Examen etwa sechs Jahre, in dieser Zeit wurden vor allem die freien Künste Logik, Grammatik und Musik unterrichtet. Nach dem Grundstudium folgte meist eine Weiterbildung in Theologie, Recht und Medizin. Frauen waren an Universitäten nicht zugelassen, die Studenten mussten dem Klerus angehören.

Bis zum 12. und 13. Jahrhundert hatten sich die Universitäten zu gut organisierten Institutionen entwickelt, die jeweils über eigene Statuten und Studiengänge verfügten. Man zog es jetzt allgemein vor, Kirchenämter mit Universitätsabsolventen zu besetzen. Viele Universitäten fühlten sich angespornt, nachdem manchen der angesehensten die Ehre des Studium Generale zuteil wurde. Diese Auszeichnung wurde durch eine päpstliche Bulle verliehen. Lehrende dieser Universitäten wurden dazu berufen, als Gastlehrer auch an anderen Universitäten zu unterrichten. Neben Bologna und Paris gestand man Ende des 13. Jahrhunderts auch Englands alteingesessenen Universitäten Oxford und Cambridge ein Studium Generale zu, die beiden waren im 11. und 13. Jahrhundert gegründet worden.

Es war zum großen Teil der Trennung zwischen Bildung und Kirche zuzuschreiben, dass die Welt der Geisteswissenschaften wieder auflebte. Theologie bildete in den meisten Universitäten weiterhin den Schwerpunkt, aber man gestattete den Gelehrten mehr Freiheit zum Diskurs. Wichtige Dokumente der theologischen Scholastik waren Arbeiten von Thomas von Aquin und die des Heiligen Bonaventura.

Bis Ende des 14. Jahrhunderts hatten sich Universitäten auch in Nord- und Osteuropa verbreitet. In den ersten drei Jahrhunderten ihrer Existenz machten sie sich immer unabhängiger von der Kirche und beriefen sich allein auf ihren wissenschaftlichen Anspruch. Obwohl im 15. Jahrhundert Bewegungen aufkamen, die ihre Zweifel an dem traditionsbewussten Stil der Universitäten anmeldeten, konnten sie ihre Position als die Zentren von Forschung und Lehre in Europa behaupten. Die weitere Entwicklung bis in die Gegenwart hinein bestimmten Reformation und Aufklärung, den Fundamenten der Renaissance, die in Europa auf das Mittelalter folgte.

Eine Bibliothek in Oxford

Die Universität Oxford gibt es seit dem 12. Jahrhundert, sie ist die älteste Universität der englischsprachigen Welt. 1209 verließen einige Gelehrte Oxford und gründeten die Universität von Cambridge. Nach langen Phasen der Rivalität gehören beide Universitäten heute zu den renommiertesten der Welt. Sie werden gelegentlich als Oxbridge zusammengefasst.

FRÜHE MODERNE
ENTDECKUNGSREISEN, FORSCHERDRANG (1400–1700)

RENAISSANCE

Das europäische Hochmittelalter im Europa des 13. und 14. Jahrhunderts hatte den Weg für tief greifende Veränderungen im 15. Jahrhundert freigemacht. Mit der Renaissance, was wörtlich so viel bedeutet wie Wiedergeburt, blühte das Interesse an klassischem Gedankengut wieder neu auf. Wirtschaft, Wissenschaft und Politik erfuhren in den mit der Renaissance anbrechenden 300 Jahren in Europa einen fundamentalen Wandel. Das politische und wirtschaftliche Machtzentrum, das sich in den vorangegangenen Jahrhunderten im Osten konzentriert hatte, verschob sich nun wieder nach Westen. Die Zeit der Stagnation war vorüber, und das wiedergefundene Selbstbewusstsein Europas sollte sich auch auf die späteren Epochen noch stark auswirken.

Es herrschte Aufbruchstimmung. Man begann, neue Lebensräume zu erforschen. Die Europäer entdeckten und kolonisierten die amerikanischen Kontinente und begannen, das Universum zu erkunden. Sie brillierten mit großen Erfindungen und technischen Innovationen. Gleichzeitig zerfiel die Feudalstruktur und der Handel erstarkte. Hinzu kam der Protestantismus, der zusammen mit der Reaktion der katholischen Kirche die gesellschaftlichen Grundlagen Europas erschütterte.

Während vom 12. bis zum 14. Jahrhundert der Klerus die wissenschaftliche Forschung beherrscht hatte, was zur scholastischen Philosophie führte, entwickelte die geistige Elite im 15. Jahrhundert ein humanistisches Weltbild. Der Humanismus ging von Italien aus, als Bewegung einer neuen Bildung, die das Studium der griechischen und römischen Kulturen betonte. Die Bewegung nahm das wiederentdeckte antike Gedankengut auf und eroberte in den nächsten Jahrhunderten Europa, beflügelt durch die Erfindung des Buchdrucks und die Möglichkeit, Texte großräumig zu verbreiten.

Die Humanisten befreiten Europa von einer orthodoxen Religion und vertrauten auf die menschlichen Fähigkeiten und Anstrengungen in Forschung und Technologie. Dazu propagierten sie das Lesen antiker Texte und die systematische Erforschung der physischen Welt, um diese verstehen und beherrschen zu können. Den Vertretern des Humanismus, häufig professionelle Anwälte und Notare, war das gesellschaftliche Miteinander näher als klösterlicher Rückzug.

Karte von Sao Jorge da Mina

Mit dem Auftrag, einen neuen Seeweg zum reichen Kathai (alter Name für China) zu finden, überquerte der Entdecker Christoph Kolumbus aus Genua viermal den Atlantik. Kolumbus' Expeditionen wurden von der spanischen Königin und italienischen Banken finanziert. Nach seiner ersten Reise landete er 1492 auf den heutigen Karibischen Inseln, auch Westindische Inseln genannt. Spätere Reisen zielten darauf ab, die heidnische Bevölkerung zum Christentum zu bekehren und die neue Welt zu erobern. Auf seiner vierten und letzten Reise besuchte er Sao Jorge da Mina an der portugiesisch besetzten Goldküste des heutigen Ghana.

1403: Hauptstadt der Ming-Dynastie wird von Nanjing nach Beijing verlegt.

1429: Jeanne d'Arc beendet die Belagerung von Orléans.

1453: Fall Konstantinopels und des Byzantinischen Reiches.

1455: Druck der *Gutenberg-Bibel*.

1469: Heirat von Ferdinand und Isabella von Spanien vereint Spanien.

1492: Christoph Kolumbus landet in der Neuen Welt, auf der Suche nach einem Seeweg nach Osten. Er gründet die erste spanische Kolonie Hispaniola.

1498: Vasco da Gama entdeckt den Seeweg nach Indien über das Kap der Guten Hoffnung.

1500: Die Inka beenden den Bau von Machu Picchu.

1513: Portugiesen landen während der Ming-Dynastie in der Nähe von Hongkong und gründen Macau.

1515–1518: Die Osmanen erobern Anatolien, Ägypten und Arabien.

1517: Luther veröffentlicht seine 95 Thesen; Beginn der Reformation.

1520: Der spanische Eroberer Herman Cortes landet in Mexiko. In den nächsten 60 Jahren erobern die Spanier das gesamte Mittelamerika und zerstören die alten Kulturen.

1519–22: Eine spanische Expedition, geleitet von dem Portugiesen Ferdinand Magellan, gelingt die Umsegelung der Welt, vom Ausgangspunkt Westeuropa über den Atlantik, die Südspitze Südamerikas und den Pazifik.

Alter Sextant im Arsenal von Venedig

1526: Beginn der Mogul-Herrschaft in Indien mit dem Sieg des Großmoguls Babur über die Lodi-Dynastie.

1531: Die Kirche Englands bricht mit der römisch-katholischen Kirche. Die erste Aktienbörse wird in Antwerpen gegründet.

1532: Pizarro führt den Eroberungszug gegen das Inka-Reich an. Nach fünfzigjährigem Kampf richtet Francisco Toledo 1572 die letzten Inka unter Tupac Amaru hin.

1543: Der polnische Astronom Nikolaus Kopernikus veröffentlicht seine Theorie des heliozentrischen Universums.

1556: Der Großmogul Akbar wird zum König von Indien gekrönt.

1582: Erste Landkarte mit Mercator-Projektion.

1582: Papst Gregor XIII. reformiert den Julianischen Kalender und führt den genaueren Gregorianischen Kalender ein. Dieser wird von verschiedenen europäischen Ländern übernommen.

1589: Galilei legt seine Fallgesetze dar und widerspricht damit den aristotelischen Vorstellungen von Gravitation.

1600: Die Kartoffel wird aus den Anden nach Europa importiert.

1608: Das erste Fernrohr wird gebaut. Galilei verbessert es, um Himmelskörper beobachten zu können.

1612: Die Engländer errichten ihre erste Fabrik im indischen Surat.

1613: Beginn der Romanow-Dynastie in Russland.

1614: John Napier veröffentlicht erste Logarithmentafel als Hilfsmittel für Berechnungen.

1620: Die Mayflower sticht Richtung Nordamerika in See, die Puritaner errichten die erste Kolonie in Plymouth.

1628: William Harvey erklärt den Blutkreislauf des Körpers.

1637: René Descartes begründet die analytische Geometrie.

1643: Evangelista Torricelli erfindet das Barometer zum Messen des Luftdrucks.

1652: Am Kap der Guten Hoffnung wird eine holländische Kolonie gegründet.

1656: Christiaan Huygens lässt seine Pendeluhr patentieren.

1665: Robert Hooke entdeckt die Welt der Zellen mit dem Mikroskop.

1687: Isaac Newton begründet Infinitesimalrechnung und Gravitationsgesetz.

1690: Die Engländer errichten einen Handelsstützpunkt in Kalkutta.

Viele Gelehrte zog es damals nach Italien, dem Zentrum der Renaissance, dort konzentrierte sich das antike Gedankengut. Denn viele Flüchtlinge aus Konstantinopel hatten nach dessen Eroberung im Jahr 1452 durch die Osmanen Kopien antiker Schriftstücke nach Italien gebracht, die in den Klöstern erhalten geblieben waren, Abschriften gab es darüber hinaus in der islamischen Welt. So wandte man sich mit Vorliebe der klassischen griechischen und römischen Philosophie zu, entweder in Originalsprache oder als Übersetzung, oder man studierte Geschichte, Literatur und Politik. Als die Mauren von der Iberischen Halbinsel vertrieben wurden, waren ebenfalls viele Tausend Werke altgriechischer Philosophen in den Besitz europäischer Gelehrter übergegangen.

Das Humanistische Gedankengut erschütterte die religiöse Welt in Europa. Die zunehmende Spaltung der Kirche schlug sich im sogenannten Morgenländischen Schisma (= Spaltung) nieder, als mehrere Rivalen Anspruch auf die Papstwürde erhoben. Die Unruhen wurden nur zum Teil durch das Konzil von Konstanz beigelegt, das von 1414 bis 1418 abgehalten wurde. Da sich Ablasshandel und Vetternwirtschaft fortsetzten, unternahmen verschiedene Kleriker unter dem Einfluss des Humanismus Reformversuche. Den größten Erfolg erzielte Martin Luther, dessen *95 Thesen gegen den Ablasshandel* im Jahr 1517 endgültig zur Reformation führten und die Vorherrschaft der römisch-katholischen Kirche in Europa beendeten.

Wirtschaftlich erlebte Europa einen spektakulären Aufschwung. Die zunehmende Verstädterung sorgte für ein explosionsartiges Bevölkerungswachstum in den Ballungsräumen. Gleichzeitig verstärkte man die landwirtschaftlichen Aktivitäten, um die wachsende Stadtbevölkerung ernähren zu können, und begann mit dem kommerziellen Anbau von Getreide. Technische Erfindungen und der wachsende Bedarf an Waren beflügelten die Produktion. Für die vielen kriegerischen Machtkämpfe mussten außerdem Waffen, Schiffe und Kleidung beschafft werden. Man entwickelte eine Reihe neuer Verfahren für den Bergbau und die Metallverarbeitung und erschloss in vielen Teilen Europas Eisen- und Kupferminen.

Auch die Entdeckung Amerikas brachte Bewegung in die Wirtschaft Europas. Die Entdeckungsfahrt von Christoph Kolumbus schuf die Voraussetzung dafür, dass später die Reiche der Azteken und Inka erobert und zerschlagen wurden und der Spanischen Krone die reichen Silberminen in die Hände fielen. Damit und mit den Erträgen der späteren Großplantagen in Amerika lebte man in Europa nicht nur überschwänglich, sondern konnte auch zahlreiche Kriege finanzieren.

Drucktechnik

Die Entwicklung der Drucktechnik im 15. Jahrhundert war von überragender Bedeutung, da sie eine einzigartig rasante Verbreitung der Ideen der Humanistischen Bewegung und der Renaissance in allen Teilen Europas ermöglichte. Techniken zur Papierherstellung waren im vergangenen Jahrhundert von den Kreuzfahrern und Reisenden aus China und dem Mittleren Osten nach Europa gebracht worden, sie wurden nun in größeren Papierfabriken in Italien, Deutschland und Frankreich angewendet.

Der aus China stammende Holztafeldruck wurde im 14. Jahrhundert in Europa eingeführt und vor allem dazu verwendet, die Anfangsbuchstaben in Manuskripten ornamental zu gestalten. Mit der daraus hervorgegangenen Technik des Holzschnitts fertigte man später religiöse Bilder und Kärtchen in großer Zahl an. Die Holzschneider arbeiteten mit immer größerem Geschick und brachten bald kleine Bücher mit Text und Bildern in Umlauf. Meist handelte es sich dabei um theologische Ab-

handlungen, aber auch um Handbücher zu weltlichen Themen wie lateinischer Grammatik.

Im nächsten Schritt stellte man einzelne Lettern aus Holz her, mit denen man den Text setzte. Diese Technik konnte sich aber nicht durchsetzen, da die Buchstaben des römischen Alphabets viel kleiner als die chinesischen Schriftzeichen waren und sich deshalb viel schwieriger herstellen ließen. Hinzu kam, dass Holzlettern sehr leicht zerbrachen.

Die Ablösung von Holzlettern durch Metalllettern erfolgte möglicherweise schon im 13. Jahrhundert in Korea, doch über die Entwicklung ist

Druckerpresse von 1498 und Gutenberg-Bibel

Der deutsche Handwerker Johannes Gutenberg erfand Mitte des 15. Jahrhunderts die ersten beweglichen Drucklettern. Bei der Herstellung seiner Druckerpresse ließ er sich von Wein- und Papierpressen inspirieren. Sie bestand aus einer Spindelschraube aus Holz und einem Hebelarm. Die Schraube musste auf das Papier auf dem Letternsatz gedrückt werden. Modelle der Art wurden mehr als zweihundert Jahre verwendet. (Stich aus einem 1498 gedruckten Buch)
Das erste von Gutenberg gedruckte Buch, das bewegliche Lettern verwendete, war eine 42-zeilige Bibel. Das dreibändige Werk verwendete den Schrifttyp »Gothic« und hatte weder Titelseite noch Seitenzahlen. Es ist nicht bekannt, wie viele Exemplare gedruckt wurden, aber es gibt noch heute 40 Kopien. Die Abbildung zeigt den reich verzierten Anfangsbuchstaben »A«. (Deutschland; 1455; Pergament; Universitätsbibliothek, Göttingen)

nur wenig bekannt. In Europa begannen Metallgießer und -schneider damit, Gussformen für Einzelbuchstaben und Druckplatten aus geschmolzenem Blei herzustellen. Durch diese Technik war man schneller und die Lettern waren strapazierfähiger als Holzlettern, problematisch blieb aber die Anordnung der Lettern auf den Druckplatten.

Der Durchbruch kam mit echten beweglichen Lettern und der Druckerpresse Mitte des 15. Jahrhunderts. Diese Erfindungen werden Johannes Gutenberg zugeschrieben. Da er mit Goldschmieden zusammengearbeitet hatte, kannte er sich in der Metallverarbeitung bereits aus. Bei dem von ihm entwickelten Verfahren wurde eine besonders praktikable und widerstandsfähige Legierung aus Zinn, Blei und Antimon in eine Gussform aus Kupfer gegossen, um so die verschiedenen Metalllettern herzustellen.

Gutenbergs zweite wichtige drucktechnische Erfindung war die Druckerpresse. Man nimmt an, dass er sich dabei von den in der Landwirtschaft seit Jahrhunderten genutzten Ölpressen inspirieren ließ. Seine Druckerpresse bestand aus einer unteren Trägerplatte, auf die der Satz von Lettern platziert wurde, und einem oberen beweglichen Teil, das mit der unteren Platte fest verschraubt werden konnte. Der Text, der gedruckt werden sollte, wurde zunächst auf einer Holzleiste angeordnet und gesetzt. Diese Leiste wurde in einen Metallrahmen eingepasst oder verschraubt, dann wurde Tinte aufgebracht.

Auch eine verbesserte Drucktinte beschleunigte die Verbreitung der neuen Drucktechnik. Vielleicht ließ sich Gutenberg von den berühmten flämischen Malern inspirieren, die mit Ölfarben experimentierten, als er eine ölhaltige Drucktinte einführte, die haltbarer war als die zuvor verwendeten wasserlöslichen Druckfarben. Sobald der gesetzte Text

eingefärbt war, wurde an dem Pressdeckel Papier befestigt und der Satz auf das Papier gedruckt. Mit der Druckerpresse ließen sich nun weitaus bessere Ergebnisse erzielen als mit dem Holztafeldruck. Der Druck war wesentlich schärfer und es war möglich, beide Seiten des Papiers zu bedrucken. Gutenberg druckte im Jahr 1455 mit seiner Presse 180 Exemplare seiner berühmten Bibel mit 42-zeiligem Satz.

Die Drucktechnik konnte innerhalb von ein paar Jahrzehnten auch in anderen Ländern Fuß fassen. In der Folge hatte sich bald in allen größeren Städten Europas eine blühende Druckindustrie etabliert. Wissensgut in Form neuer oder alter Texte, auch religiöser, war nun nicht mehr allein den Reichen und Geistlichen vorbehalten, sondern konnte ab sofort in Büchern und Pamphleten billig, einfach, schnell und in großen Mengen weit verbreitet werden.

Kunst

Die neue Geisteshaltung, die die Renaissance im Italien des 15. Jahrhunderts ins Leben rief, war revolutionär, nicht weniger umwälzend war ihre Kunst. Die italienischen Renaissance-Maler gingen zum Teil ganz neue Wege. So schufen sie mit der perspektivischen Darstellung im 14. Jahrhundert einen eigenen künstlerischen Stil. Sie etablierten den Realismus in der Kunst, indem sie versuchten, Gegenstände in ihren Gemälden möglichst naturgetreu wiederzugeben. Dabei bemühten sie sich, die Komplexität von Licht und Schatten, perspektivische Nuancen und – in ihren Porträts – anatomische Einzelheiten zu berücksichtigen.

Zu den berühmtesten Malern der Zeit gehörte Leonardo da Vinci. Da Vinci, der immer wieder als Genie bezeichnet wird, war durch und durch ein Mensch der Renaissance, ein Universalgelehrter,

Die Anbetung der Weisen

Im frühen 15. Jahrhundert entdeckte der italienische Architekt Filippo Brunelleschi die Gesetze der mathematisch konstruierbaren Perspektive. Einige Ideen in diese Richtung waren schon von den Griechen verfolgt, aber nicht künstlerisch umgesetzt worden. Die Maler der Renaissance eigneten sich diese Prinzipien rasch an. Erstmals erschienen gemalte Objekte so, wie sie das menschliche Auge sieht, und die Bilder vermittelten räumliche Tiefe. Die Abbildung zeigt die Skizze des perspektivischen Hintergrunds von Leonardo da Vincis *Die Anbetung der Weisen*. (Italien; 1481; Bleistift und Tinte auf Papier; Uffizien, Florenz)

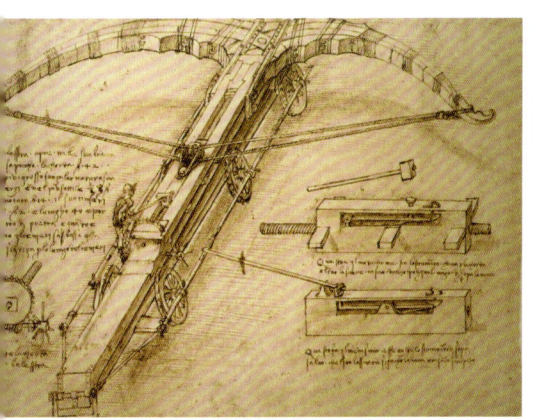

der auf verschiedensten Gebieten Hervorragendes leistete. Im Dienste der Malerei sezierte er menschliche Leichen, um die Anatomie des Menschen möglichst genau kennenzulernen. Er schuf eine große Zahl von Gemälden und experimentierte mit unterschiedlichsten Techniken und Stilen.

Neben der Malerei interessierte sich Leonardo da Vinci stark für Naturwissenschaften und Technik. In seinen Tagebüchern und Notizensammlungen hielt er eine Vielzahl von Zeichnungen und technischen Ideen fest, die ihrer Zeit oft weit voraus waren. Seine Aufzeichnungen zeugten nicht nur von außerordentlicher Erfindungsgabe, sondern demonstrierten auch sein großes Verständnis für mechanische Abläufe. Unter anderem entwarf er Maschinen mit Ausgleichsgetriebe, eine Flugmaschine, eine bewegliche Festung, eine Art Panzer und einen Hubschrauber. Er lernte auch viel über Wasserstrudel und -wirbel und stellte ihre physikalischen Grundlagen in vielen detaillierten Zeichnungen dar.

Darüber hinaus betätigte sich da Vinci auch als Architekt und Militäringenieur. Zwar wurden keine Gebäude nach seinen Plänen gebaut, doch architektonische Entwürfe fesselten ihn sein Leben lang, wie seine umfangreichen Manuskripte zu verschiedensten architektonischen und stadtplanerischen Problemen eindrucksvoll zeigen. Da Vincis Entwürfe regten nicht nur viele Architekten an, sondern prägten in der Tat den neu aufkommenden architektonischen Stil dieser Epoche mit.

Ein berühmter Zeitgenosse und Rivale von Leonardo da Vinci war Michelangelo Buonarroti. Auch er war Universalgelehrter, begnadeter Maler und Bildhauer. Er beeinflusste die Künstler der Zeit weit über seinen Tod hinaus. Seine Fresken in der Sixtinischen Kapelle und seine Skulpturen *David* und *Pietà* gehören zu den berühmtesten Werken der Kunstgeschichte.

Astronomie

Mitte des 16. Jahrhunderts brachte ein polnischer Astronom die Sicht des Menschen auf das Universum durcheinander. Nikolaus Kopernikus lag schon auf dem Totenbett, als sein Hauptwerk *De Revolu-*

tionibus Orbium Coelestium (Von den Umdrehungen der Himmelskörper) veröffentlicht wurde. Dieses Buch wird vielfach als das wichtigste wissenschaftliche Werk der Geschichte angesehen, denn es veränderte nicht nur die gültige Astronomie, sondern die gesamte Weltsicht des Menschen schlechthin.

Über Jahrhunderte hatten Astronomie und Astrologie als zwei Aspekte einer einzigen Disziplin gegolten, die sich mit der Erforschung des Universums befasste, um zukünftige Ereignisse vorauszusehen. In der abendländischen Kultur herrschte die aristotelische Weltsicht vor, nach der die Erde Mittelpunkt des Universums war und die Planeten in konzentrischen Bahnen die Erde umkreisten. Diese Sichtweise konnte zwar bestimmte Beobachtungen von Planeteneigenschaften nicht erklären, dennoch hatte sie fast zwei Jahrtausende Bestand.

So wusste man, dass die Planeten am Himmel unterschiedlich hell erschienen, was der Theorie einer feststehenden Distanz zur Erde widersprach. Auch beobachtete man gelegentlich rückläufige Bewegungen der Planeten, die ebenfalls mit der aristotelischen Theorie nicht übereinstimmten. Claudius Ptolemäus hatte mit seiner komplizierten Epizykeltheorie bereits im 1. Jahrhundert n. Chr. versucht, diese überraschenden Differenzen auszugleichen, am geozentrischen Modell hatte jedoch auch er nicht gerüttelt.

Kopernikus legte nun eine völlig neue Theorie vor, indem er behauptete, nicht die Erde, sondern die Sonne sei das Zentrum des Sonnensystems. Damit begründete er das heliozentrische Weltbild. Nach diesem rotieren die Erde sowie alle anderen

Leonardo da Vincis Riesenarmbrust

Als Maler, Ingenieur, Bildhauer und Architekt war Leonardo da Vinci wahrscheinlich die berühmteste Figur der Renaissance. Seine *Mona Lisa* und *Das letzte Abendmahl* sind zweifellos die bekanntesten Kunstwerke der Welt. Er darf wohl als Genie bezeichnet werden und war mit seinem Forschungsdrang und technischem Erfindungsgeist seiner Zeit weit voraus. Seine Skizzenbücher enthalten Zeichnungen von mechanischen Geräten, die erst viel später entwickelt wurden, beispielsweise Flugmaschinen und Hubschrauber, Fallschirm, eine Art Panzer, Katapult, Schnellfeuergewehr, Zentrifugalpumpe und Kugellager. Die Abbildung zeigt eine 1499 gefertigte Zeichnung einer Riesenarmbrust. Der Entwurf sah zwei Abschussmechanismen vor. Einer davon hatte eine Blockierung, die zum Schleudern des Geschosses mit einem Hammerschlag gelöst werden musste.

Das kopernikanische Weltbild

Nikolaus Kopernikus war ein polnischer Astronom, der 1543 erstmals ein heliozentrisches System des Universums propagierte. Seine Theorie, die das Planetensystem besser zu erklären vermochte als die aristotelische Vorstellung und die ptolemäischen Theorien, war bahnbrechend für das Denken der herausragenden Gelehrten wie Galilei, Newton und Descartes. Die Idee, das Zentrum der Welt sei nicht die Erde, sondern die Sonne, veränderte die gesamte Weltsicht. Die Abbildung zeigt das heliozentrische Weltbild von Kopernikus in einer Darstellung aus dem 17. Jahrhundert.

Galileo Galilei

Der italienische Universalgelehrte Galilei wird auch als Vater der modernen Wissenschaft bezeichnet. Er verfocht leidenschaftlich das Experiment als wissenschaftliche Methode und die Anwendung der Mathematik, um physikalische Gesetze zu formulieren. Seine Methoden verwendete er in vielen Wissensgebieten. Mit dem Teleskop erforschte er die Himmelskörper und fand die Theorie von Kopernikus bestätigt, was in einem Konflikt mit der Kirche endete. Seine Auseinandersetzung mit den Gesetzen von Bewegung bahnte den Weg für die endgültige Formulierung der Bewegungsgesetze durch Isaac Newton.

Weltkarte mit Mercator-Projektion

Gerhard Mercator war ein flämischer Kartograf aus dem 16. Jahrhundert. Er erfand eine mathematische Methode, die kugelförmige Erdoberfläche auf eine Ebene zu projizieren. Mercator-Karten ermöglichten durch ihre Winkeltreue den Seefahrern, einen gleichbleibenden Kurs zu halten. Mercator benutzte auch erstmals den Begriff *Atlas* für eine Sammlung von Karten. Die Abbildung zeigt Mercators Weltkarte aus seinem *Atlas sive Cosmographicae Meditationes de Fabrica Mundi et Fabricati Figura.* (Kultur- und Stadthistorisches Museum Duisberg, Deutschland; 1585)

bekannten Planeten um die feststehende Sonne in klar definierten Umlaufbahnen und in unterschiedlichen Abständen zur Sonne. Diese Theorie schien die Ungereimtheiten der verschiedenen Helligkeiten und der rückläufigen Bewegungen zu erklären. Allerdings musste nun eine Naturphilosophie gänzlich verworfen werden, der die westliche Welt über Jahrhunderte Glauben geschenkt hatte, ganz zu schweigen von den daraus resultierenden Konflikten mit der Weltanschauung einer übermächtigen katholischen Kirche.

Der Streit mit der Kirche spitzte sich jedoch erst mit den Theorien eines anderen Forschers zu. Galileo Galilei war als Astronom, Mathematiker und Physiker eine bekannte Persönlichkeit. Seine ungewöhnlichen Methoden, die Natur zu erforschen, veränderten die Sicht auf die Umwelt grundlegend. Um seine Fallgesetze zu erklären, ließ er der Legende nach einen Gegenstand von der Spitze des Schiefen Turms von Pisa fallen. Auch seine Bewegungsgesetze basierten auf experimentellem Vorgehen. Dass die von Galilei entdeckten Bewegungsphänomene den traditionellen aristotelischen Theorien von der Natur widersprachen, machte ihn bei seinen Kollegen unpopulär und war angeblich der Grund, warum er seinen Vertrag mit der Universität von Pisa kündigte.

Nicht nur seine berühmten Bewegungs- und Fallgesetze machten Galileis Arbeit so revolutionär. Vielmehr rückte er als Erster von einer qualitativen Beschreibung der Naturphänomene ab und war als begeisterter Experimentalist der Überzeugung, dass die Korrektheit jeglicher Theorie experimentell bestätigt werden musste.

Den meisten Ruhm brachten Galilei allerdings seine astronomischen Erfindungen und Entdeckungen ein. Er perfektionierte das Fernrohr, das ein paar Jahre früher in den Niederlanden erfunden worden war, zu einem Instrument, mit dem sich Objekte in großer Entfernung beobachten ließen.

Venezianische Kaufleute nutzten es gerne, um sich schon früh über die Ankunft der Handelsschiffe im Hafen zu unterrichten. Galilei selbst verwendete das Fernrohr, um systematisch das Universum zu erforschen, und entdeckte dabei zahlreiche Objekte wie etwa die Monde des Jupiter und die ungewöhnlichen Ringe des Saturn. Er sah darin das von Kopernikus propagierte heliozentrische Weltbild bestätigt, das jedoch von der Kirche als Ketzerei verworfen wurde. Ob Galilei seine Ideen teilweise widerrief oder ob ihn die Kirche mit einer Mahnung davonkommen ließ, ist nicht genau belegt.

Zu seinen weiteren zukunftsweisenden Erfindungen gehört ein aus dem Fernrohr entwickeltes Mikroskop, mit dem sich zum Beispiel anatomische Details von Insekten betrachten ließen. Er erforschte auch die Bewegung des Pendels, eine Pionierarbeit für die Erfindung der Pendeluhr ein paar Jahre später. Auch das erste Thermometer, das zum Messen der Temperatur die Ausdehnung der Luft heranzog, geht auf Galilei zurück.

Seefahrt

Die großen Forschungsreisen des 16. Jahrhunderts hätten nicht stattgefunden, wären nicht leistungsfähige Schiffe gebaut und eine fortschrittliche Navigationstechnik entwickelt worden. 1569 stellte der flämische Kartograf Gerhard Mercator eine neue kartografische Projektion vor, in der sowohl Breiten- als auch Längengrade parallel zueinander verliefen. Während die Meridiane gleiche Abstände aufwiesen, vergrößerten sich die Abstände zwischen den Breitengraden mit der Entfernung vom Äquator. Der Vorteil der Mercator-Projektion bestand darin, dass die kugelförmige Erde auf einer Ebene dargestellt wurde und die Seefahrer damit einen geradlinigen Kurs in die Karte einzeichnen konnten. Mercator führte auch den Begriff *Atlas* für eine Sammlung von Karten ein.

ORBIS TERRAE COMPENDIOSA DESCRIPTIO

Entwicklungen in der Nautik und im Schiffsbau

Das 15. Jahrhundert war das Jahrhundert der großen Entdeckungsreisen der Europäer. Handel und Warenaustausch mit Asien und Afrika hatten bereits eine Jahrhunderte lange Tradition. Die Handelsrouten waren, abgesehen vom Handel der Mittelmeerländer, meist Landwege – allen voran die Seidenstraße, die über Zentralasien China mit Europa verband, mit Abzweigungen nach Persien und Afghanistan. Diese Wege wurden mit Ausdehnung des Osmanischen Reiches Mitte des 15. Jahrhunderts blockiert. Nun musste man sich nach Alternativen umsehen, um in Europa die Nachfrage einer wachsenden Bevölkerung nach asiatischen Waren befriedigen zu können.

Auch Flüsse und Meere waren seit jeher ein beliebter Transportweg, angefangen bei den einfachen in Mesopotamien und Ägypten genutzten Schilfbooten bis zu den Ruderbooten der Römer und Griechen. Mit wachsenden Entfernungen mussten auch die Schiffe mit stärkerer Antriebskraft ausgerüstet werden. Es galt, die Segelflächen zu vergrößern, mehr oder größere Segel anzubringen. Dagegen konnten die kürzeren Strecken in Küstennähe mit Ruderbooten bewältigt werden, die keine Navigationsinstrumente wie für die Fahrt auf offener See benötigten.

Die Suche nach einem Seeweg nach Ostindien hatte Christoph Kolumbus nach Nord- und Südamerika geführt. Am 2. August 1492 brach Kolumbus mit seiner Mannschaft und den drei Schiffen Santa Maria, Nina und Pina von Spanien in westliche Richtung auf. Insgesamt leitete er zwischen 1493 und 1504 drei große Entdeckungsreisen nach Amerika. Dabei erschloss er den Europäern nicht nur die Neue Welt, sondern kolonisierte auch Hispaniola und landete auf dem südamerikanischen Festland.

1497 erreichte der portugiesische Entdeckungsreisende Vasco da Gama nach einer Umsegelung des afrikanischen Kontinents die Stadt Calicut an der Westküste Indiens. Im Jahr 1500 wollte ein weiterer portugiesischer Seefahrer, Pedro Cabral, ebenfalls nach Calicut reisen, um einen neuen Seeweg für die Gewürztransporte zu finden, doch er landete an der Küste Brasiliens. Innerhalb weniger Jahre hatten die Portugiesen in vielen östlichen Regionen Handelsstützpunkte errichtet, vor allem in Indien, entlang der afrikanischen Küste und bis nach Malakka.

Dem portugiesischen Seefahrer Ferdinand Magellan gelang ein wichtiger Durchbruch bei den Entdeckungsreisen. 1519 segelte er mit fünf Schiffen nach Brasilien und dann Patagonien entlang, bis er endlich eine Route nach Westen zum Pazifischen Ozean fand. Nachdem er mühevoll den Pazifik durchquert hatte, wurde er nach seiner Ankunft auf den Philippinen umgebracht. Die Besatzung führte mit den

übrig gebliebenen Schiffen die Expedition fort. Bei der Rückkehr nach Spanien 1522 konnte man der Welt verkünden, dass es tatsächlich einen Seeweg über den Westen nach Osten gab. Magellans Weltumsegelung wurde von den Europäern als große Leistung und wichtige Entdeckung gefeiert.

Die Entdeckungsreisen des 15. Jahrhundert wären kaum denkbar gewesen ohne die großen Fortschritte im Schiffsbau und der Navigation, die man zuvor erzielt hatte. Im 15. Jahrhundert baute man die erste Karavelle, ein verhältnismäßig kleines, gut manövrierbares Schiff mit zwei oder drei Masten. Die Portugiesen setzten diesen Schiffstypus vor allem für ihre Expeditionen entlang der afrikanischen

Westküste ein. Da sich die früheren großen Schiffe nur für die Fahrten auf den großen Ozeanen eigneten, für Flüsse und flache Gewässer dagegen untauglich waren, begrüßte man die Karavelle als ideales Schiffsmodell zu diesem Zweck. Aber auch das sogenannte Vollschiff mit drei oder mehr Masten erfreute sich großer Beliebtheit. Mehr Masten bedeutete aber, dass die Schiffe doppelt oder dreimal so lang gebaut werden mussten, wie ihre Deckbalken breit waren. Das erste Schiff dieses Typs, die sogenannte Karacke, ging aus den Werften Genuas hervor. Auf Karacken brachte man ausreichende Mengen Proviant für die großen Entdeckungsreisen unter, und sie waren stabil genug, um den rauen Wetterbedingungen der Ozeane standzuhalten. Auch Waffen konnten an Bord mitgeführt werden – ein unübersehbarer Vorteil, denn Handelskriege wurden nicht selten auf See ausgefochten. Kolumbus' Flaggschiff auf der ersten Fahrt, die Santa Maria, war eine Karacke, begleitet wurde sie von einigen Karavellen. Bis zum 17. Jahrhundert hatte sich das Vollschiff für

Die Flotte von Christoph Kolumbus

Die Entdeckung der Neuen Welt durch Kolumbus im Jahr 1493 darf gewiss als eines der wichtigsten Ereignisse der Geschichte Europas bezeichnet werden. Mit der späteren Kolonisierung der amerikanischen Kontinente erschlossen sich die Europäer atemberaubende Mengen an Gold- und Silbervorräten sowie riesige Plantagen, für deren Bewirtschaftung Sklaven aus Afrika geholt wurden. Außerdem gab es eine heidnische Bevölkerung, die man zu bekehren gedachte. Die Abbildung zeigt eine Replik der Flotte, die Kolumbus auf seiner ersten Reise über den Atlantik im Jahr 1492 befehligte, hier auf See bei einer Tour anlässlich des 500. Geburtstages der Entdeckung Amerikas. Zu sehen ist das Flaggschiff Santa Maria, eine Karacke, und die beiden Begleitschiffe Nina und Pinta vom Schiffstyp Karavelle. Die Schiffe waren eigens für Entdeckungsfahrten entworfen worden und spiegeln die Entwicklung des Schiffsbaus im 15. Jahrhundert wider. (NASA: Kennedy Space Center)

Das Schiff von Jacques Cartier

Der französische Seefahrer Jacques Cartier (1491–1557) leitete drei Expeditionen in den Norden von Amerika in den Jahren 1534, 1535 und 1541. Cartier segelte in den Sankt-Lorenz-Golf und ebnete damit den Franzosen den Weg, in Nordamerika Fuß zu fassen. Die Abbildung zeigt sein Flaggschiff, La Grande Hermine, aus der Chronik *Les Raretés des Indes*. Das Schiff war eine Galeone, eine Weiterentwicklung der Karacke. (Frankreich; Bleistift und Tinte auf Papier; Französische Nationalbibliothek, Paris)

fast alle größeren Seefahrten von Europa aus durchgesetzt. Auf ihnen entdeckten Christoph Kolumbus, Francis Drake, Walter Raleigh, Sebastian Cabot und viele andere Seefahrer einen Großteil der Welt.

Die Entdeckung des Seewegs nach Osten eröffnete ungeheure Möglichkeiten, den Handel auszudehnen. Europäische Kaufleute, die Indien und China besuchten, stießen immer wieder auf neue Produkte, die neben Gewürzen und Stoffen für die Europäer attraktiv waren. In den Küstenregionen richtete man Fabriken mit europäischen Arbeitskräften ein.

Auch die amerikanischen Kontinente auf der anderen Seite der Welt boten ein großes Potenzial, um die Palette der Importgüter zu erweitern. Die Europäer finanzierten mit dem hier vorgefundenen Gold und Silber den damals noch defizitären Handel mit Indien und China.

Sobald der Handel mit dem Osten zu florieren begann, verwickelten sich die europäischen Machtzentren in einen harten Konkurrenzkampf um die Vorherrschaft auf den Handelswegen. Die Holländer waren dabei im 17. Jahrhundert sehr erfolgreich und beherrschten bald den Gewürzhandel mit Ostindien. Die holländischen Fleuten, lange schmale Handelsschiffe mit drei Masten, boten den Vorteil, dass man große Ladungen unter Deck verstauen konnte.

Bald gewannen die Engländer die Oberhand, nachdem sie sich gegen Franzosen und Portugiesen durchsetzen konnten. Sie investierten große Summen in den Schiffsbau und konstruierten ein riesiges Schiff für den Ostindien-Handel, das große Entfernungen zurücklegen konnte, ohne unterwegs anlegen zu müssen. Man erließ sogar Gesetze, nach denen der englische Handel mit englischen Schiffen bestritten werden musste. Damit gab man dem Schiffsbau weiteren Auftrieb, sodass sich im späten 17. Jahrhundert die Ladekapazität fast verdoppelt hatte.

Im 15. Jahrhundert begannen die ersten Entdeckungsreisen, danach musste die Weltkarte neu gezeichnet werden. Die Eroberer zögerten nicht lange, die mittel- und südamerikanischen Reiche zu zerschlagen. Das letzte Aufbäumen der Azteken beendeten sie 1521 in einer blutigen Schlacht, das Inka-Reich verschwand 1532 von der Landkarte. Die Besatzer waren zwar in der Minderzahl, kompensierten diesen Nachteil jedoch mit dem Einsatz von Feuerwaffen. Noch verheerender wirkten sich die von den Europäern eingeschleppten Infektionskrankheiten aus. Das Immunsystem der angestammten Bevölkerung war nicht in der Lage, die Flut von Krankheitserregern zu besiegen. Die Menschen erlagen zu Tausenden großen Epidemien von Pocken und anderen ansteckenden Krankheiten.

Die Spanier brachten neue Feldfrüchte wie Tomate, Paprikaschote und Kartoffel von den amerikanischen Kontinenten mit. Vor allem die aus Peru stammenden Kartoffeln und Mais etablierten sich in Europa rasch als Grundnahrungsmittel.

Mit ihren technischen Entwicklungen im Schiffsbau und der Waffenproduktion war es den Europäern gelungen, die Seewege in den reichen Osten zu beherrschen. Doch was als Handelsbeziehung zwischen zwei Teilen der Erde begann, mündete in den militärischen Sieg über große Teile Asiens und Afrikas und führte im nächsten Jahrhundert zum Beginn der europäischen Kolonisierung.

Gregorianischer Kalender

1582 initiierte Papst Gregor XIII. eine größere Reform des Julianischen Kalenders. In letzterem besaß das Jahr 365 ¼ Tage und alle vier Jahr ein Schaltjahr, um die kalendarischen Jahreszeiten mit den tatsächlichen Jahreszeiten in Übereinstimmung zu bringen. Da aber das tatsächliche Jahr etwas von den angenommenen 365 ¼ Tagen abwich, »fehlte« pro Jahrhundert ein ganzer Tag.

Papst Gregors Reform sah vor, die sogenannte Frühjahrs-Tagundnachtgleiche wieder zurückzuverlegen. Diese war vom ursprünglichen, am 325 n. Chr. festgelegten, Datum des 21. März auf den 11. März verschoben worden. Dazu mussten im Oktober 1582 einmalig zehn Tage übersprungen werden. Nach dem Julianischen Kalender waren alle durch vier teilbaren Jahre Schaltjahre. Der Gregorianische Kalender wurde hauptsächlich dahingehend verändert, dass alle durch vier teilbaren Jahre mit Ausnahme der durch 100 teilbaren Jahre Schaltjahre waren. Darüber hinaus blieben auch die Jahre, die auf eine Jahrhundertwende fielen und durch 400 teilbar waren, als Schaltjahre erhalten. Den neuen Kalender übernahmen im Laufe der nächsten Jahrhunderte alle europäischen Länder, und er ist heute noch gültig.

Wissenschaft und Mathematik

Eine regelrechte Explosion neuer Entwicklungen und Erfindungen erfasste das 17. Jahrhundert auf unterschiedlichen Gebieten. Einige brachten unmittelbaren praktischen Nutzen, andere waren fundamentaler Natur und bereicherten medizinisches und mathematisches Grundwissen. John Napier, schottischer Mathematiker, veröffentlichte 1614 die ersten Logarithmentafeln. Die französischen Mathematiker Pierre de Fermat, René Descartes und Blaise Pascal gewannen Erkenntnisse in verschiedenen mathematischen Disziplinen.

Pierre de Fermat, von Beruf Rechtsanwalt, gilt allgemein als der Begründer der ersten modernen Zahlentheorie. Bekannt wurde er vor allem für sein »unbewiesenes« Theorem, das unter dem Begriff »Fermatsche Vermutung« in die Geschichte der Mathematik einging. Diese Vermutung konnte erst 1995 nach etlichen erfolglosen Versuchen renommierter Mathematiker bewiesen werden.

René Descartes, Zeitgenosse Fermats und wie dieser Philosoph und Mathematiker, begründete die analytische Geometrie und leistete einen wichtigen Beitrag zur Infinitesimalrechnung, die dann von Isaac Newton und Gottfried Leibniz weiterentwickelt wurde. Auch das kartesische Koordinatensystem, mit dem sich geometrische Sachverhalte darstellen lassen, geht auf Descartes zurück.

Ein weiterer brillanter Mathematiker und Philosoph war Blaise Pascal. Mit knapp 19 Jahren konstruierte er eine Rechenmaschine für seinen Vater, einen Steuereintreiber, um ihm die Arbeit zu erleichtern. Sein großes Interesse galt der Wahrscheinlichkeitsrechnung, die er stark vorantrieb, nachdem er angeblich von einem befreundeten Spieler um Hilfe gebeten worden war. Er beschäftigte sich außerdem mit hydrostatischen Gesetzen und entdeckte wichtige Eigenschaften von Flüssigkeiten.

Eine der herausragendsten Persönlichkeiten des 17. Jahrhunderts war zweifellos Isaac Newton. Als im Jahr 1665 die Pest ausbrach, verschanzte er sich in seiner Farm und widmete sich intensiv dem Studium von Schwerkraft und Bewegung. Die Ergebnisse legte er detailliert in seinem Buch *Philosophiae Naturalis Principia Mathematica* dar, das als eines der einflussreichsten Bücher des Jahrtausends gefeiert wurde und den Grundstein der klassischen Mechanik legte.

Newtons Gravitationsgesetz gehört zu den bedeutendsten Errungenschaften dieser Epoche. Mit

Pascaline

Blaise Pascal, französischer Philosoph, Physiker und Mathematiker, entwickelte 1642 eine mechanische Rechenmaschine, um seinem Vater, einem Steuereintreiber, bei den Berechnungen zu helfen. Die sogenannte Pascaline konnte addieren und subtrahieren, die Zahlen musste man auf den Metallrädchen wählen, das Ergebnis erschien in den kleinen Kästchen im oberen Teil der Maschine. Das Gerät war der Nachfolger der ersten Rechenmaschine von 1623 des deutschen Erfinders Wilhelm Schickard. (Frankreich; 1642; Holz und Metall; Musée des Arts et Métiers, Paris)

Isaac Newton

In Sir Isaac Newtons (1642–1727) Werk kulminierte die wissenschaftliche Neuausrichtung des 17. Jahrhunderts. Mit seinen bahnbrechenden Leistungen definierte er neue Gesetze in der Optik, legte den Grundstein der klassischen Mechanik und formulierte die Gravitationstheorie. Gleichzeitig mit Gottfried Leibniz begründete er die Infinitesimalrechnung. Newtons Hauptwerk *Principia* gilt allgemein als die einflussreichste wissenschaftliche Arbeit des Jahrtausends. (Großbritannien; 1702; Öl auf Leinwand; National Portrait Gallery, London)

Newtons optische Phänomene

Die Skizze aus Newtons Werk *Opticks* zeigt seine Arbeit mit Licht und Spektrum. Die Zahlen erläutern die Theorien zur Dispersion, Reflektion und Lichtbrechung. (Erstausgabe 1704, London)

Newtons Spiegelteleskop

Mitte der 1660er-Jahre führte Newton eine Reihe von Experimenten durch, um die Zusammensetzung des Lichts zu erforschen. Diese führten ihn auch zur Erfindung des Spiegelteleskops im Jahr 1668. Die früheren Fernrohre waren mit Glaslinsen versehen, die durch Brechung des Lichts einen Abbildungsfehler der Farben, die sogenannte chromatische Aberration, zur Folge hatten. Newton löste dieses Problem, indem er die Linsen im Teleskop durch Spiegel ersetzte, die das Licht so reflektierten, dass Farben korrekt dargestellt wurden. Ein ähnliches Gerät hatte der schottische Mathematiker James Gregory ein paar Jahre früher entwickelt.

diesem Gesetz erklärte er die Bewegung der Planeten und die Bewegungsabläufe auf der Erde unter Einfluss der Schwerkraft. Schon 1615 hatte der deutsche Astronom Johannes Kepler die Gesetze der Planetenbahnen aufgestellt. Aber erst Newton schuf das theoretische Grundgerüst, um die empirisch gewonnenen Keplerschen Gesetze verständlich zu machen. In seinen *Principia* legte er ausführlich dar, wie empirisch gewonnene Erkenntnisse mathematisch zu belegen sind. Newton befasste sich auch mit Theorien zur Optik und verfocht die Hypothese, dass Licht aus kleinen Lichtteilchen bestehe. Außerdem entwickelte er eine Farbentheorie.

Gleichzeitig leistete ein Zeitgenosse Newtons, der holländische Mathematiker Christiaan Huygens, ebenfalls Pionierarbeit auf dem Gebiet der Optik. Er leitete das Reflektionsgesetz aus der

Vorstellung ab, dass sich das Licht in einer Wellenbewegung durch den Äther bewege. Auf der anderen Seite bestand Huygens großer Ehrgeiz darin, genaue Uhren zu entwickeln. Diese waren im Zeitalter der Erforschung der Welt für Seefahrer unerlässlich, um die Längengrade genau lokalisieren zu können. 1656 ließ Huygens die erste Pendeluhr patentieren, deren Präzision erst hundert Jahre später überboten wurde. Huygens entwickelte auch ein Mikroskop mit einer Linse, die den Abbildungsfehler der sogenannten chromatischen Aberration ausgleichen konnte. Dieser Fehler entsteht, da die Farben im Licht unterschiedliche Wellenlängen aufweisen, und sich daher ihr Brechungswinkel unterscheidet.

Mit in die Reihe der bedeutenden französischen Mathematiker dieser Zeit gehörte Pierre Vernier. Er entwickelte 1631 die nach ihm benannte Vernier-Skala, mit der Seefahrer Navigationsinstrumente wie zum Beispiel den Sextanten genauer ablesen konnten. Auch in der Landvermessung leistete die Skala gute Dienste, denn es ließen sich sehr kleine Winkel und Abstände damit messen. Später entwickelte der englische Gerätehersteller William Gascoigne die Vernier-Skala weiter und erfand einen Mikrometer. Dieses Gerät erreichte eine nochmals höhere Präzision bei der Winkel-

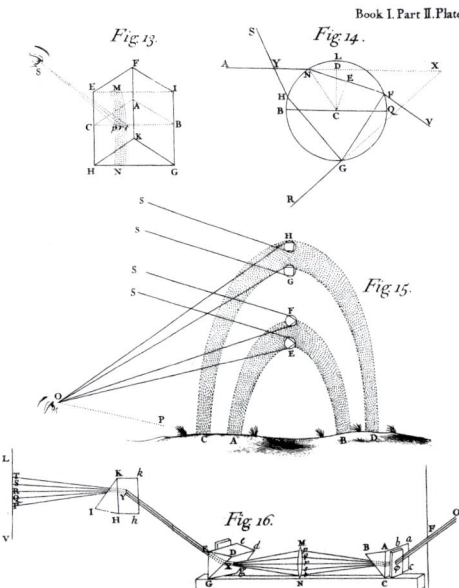

messung und erwies sich vor allem für die Nutzung in Fernrohren als äußerst hilfreich.

Die Messung des Luftdrucks mithilfe eines Quecksilberbarometers gelang erstmals dem italienischen Mathematiker Evangelista Torricelli im Jahr 1643, indem er ein Glasrohr mit Quecksilber füllte. Während das Barometer zunächst über längere Zeit keine praktische Anwendung fand, nutzten die Wissenschaftler die Erfindung, um die Natur des Vakuums genauer zu erforschen. Dies führte letztlich zur Entwicklung der Ansaugpumpe, die damit auch Torricelli zu verdanken ist.

Medizin

Ebenso experimentierfreudig war man auf dem Gebiet der Medizin. Vertreter der frühen Renaissance wie Leonardo da Vinci hatten bereits demonstriert, wie man durch Sezieren von Leichen den Aufbau des Menschen besser verstehen lernt. William Harvey, ein englischer Arzt, beschrieb als Erster den Blutkreislauf und das Herz in seiner Funktion als Pumpe. Der spanische Arzt Michael Servetus ging denselben Weg, doch sein Werk wurde nie veröffentlicht. Den Atmungsapparat hatten dagegen etliche Jahrhunderte früher islamische Wissenschafter erstmals beschrieben.

Mitte des 17. Jahrhunderts beobachtete der holländische Kaufmann Anton van Leeuwenhoek erstmals Bakterien und Samenzellen mit einem Mikroskop, das er mit speziellen, von ihm gebauten Linsen ausgestattet hatte und das eine bis zu 270-fache Vergrößerung erreichte. Wie schon das im 17. Jahrhundert entwickelte Teleskop erschloss diese Erfindung den Menschen völlig neue, zuvor unsichtbare Welten.

Gegen Ende des 17. Jahrhunderts war die Welt bereit für die Moderne. Dass das 17. Jahrhundert auch »Frühe Moderne« genannt wird, überrascht nicht, denn große Gelehrte wie Galilei, Fermat, Pascal, Descartes und Newton legten zu ihrer Zeit bereits Forschungsergebnisse vor, auf denen die moderne Wissenschaft aufbauen konnte. Der Übergang von Dogma und Tradition hin zum wissenschaftlichen Verstehen war vollzogen. Nicht zuletzt dieser Prozess leitete die technischen Innovationen der Industriellen Revolution der kommenden Jahrhunderte in die Wege.

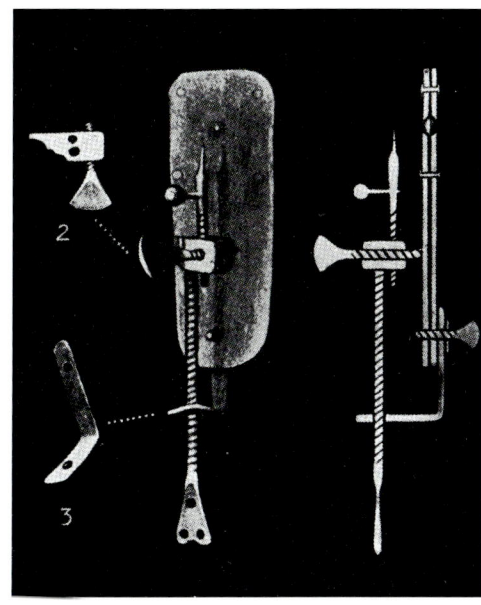

Das Mikroskop

Anton van Leeuwenhoek betrieb das Schleifen von Gläsern hobbymäßig, um sehr kleine Gegenstände zu erforschen. Er baute das erste einfache Mikroskop und beobachtete damit Bakterien und Einzeller. Seine Beobachtungen waren insofern bedeutend, als sie die herrschende Theorie widerlegten, Leben entwickle sich spontan. Zwar waren seine Mikroskope nicht sehr leistungsfähig, doch die von ihm erfundenen Linsen umso hochwertiger. Später verbesserte man die Qualität von Mikroskopen, um sie für die biologische Forschung tauglich zu machen. Die Abbildung zeigt eines von Leeuwenhoeks Mikroskopen aus dem 17. Jahrhundert.

DAS TELESKOP

Das erste Fernrohr – der Begriff Teleskop kam erst etwas später auf – wurde zu Beginn des 17. Jahrhunderts in den Niederlanden gebaut. Wer der eigentliche Erfinder war, ist unbekannt. Eine Schlüsselfigur war aber mit Sicherheit der deutsch-niederländische Brillenmacher Hans Lippershey. Das neuartige Gerät wurde in ganz Europa sehr bewundert, auch der italienische Wissenschaftler Galileo Galilei wurde auf dieses Instrument aufmerksam, mit dem man weit entfernte Gegenstände in scheinbarer Nähe betrachten konnte. Es dauerte nicht lange, bis Galilei das Lippershey-Teleskop mit entscheidenden Verbesserungen nachbaute. Bald nutzten es die venezianischen Kaufleute mit Begeisterung, um einlaufende Handelsschiffe frühzeitig anzupeilen.

Galilei arbeitete weiter daran, bessere Teleskope zu bauen, mit denen sich auch Himmelskörper beobachten ließen. Dabei entdeckte er die vier größten Monde des Jupiter – Io, Ganymed, Europa und Kallisto. Seine Beobachtungen überzeugten ihn unter anderem davon, dass die von Kopernikus vertretene heliozentrische Theorie korrekt und die geozentrische Weltsicht zu verwerfen war. Galilei verfolgte mit seinen Teleskopen auch die Phasen der Venus und entdeckte als Erster die Ringe des Saturn und sogar Sonnenflecken.

Den Astronomen des 17. Jahrhunderts bot das Teleskop neue Einblicke in das Universum. Christiaan Huygens entdeckte den Saturnmond Titan und erkannte, dass der Orion-Nebel kein begrenzter Himmelskörper ist, sondern aus vielen Sternen besteht.

Linsenteleskop mit 20-facher Vergrößerung

1609 entwickelte der italienische Wissenschaftler Galileo Galilei ein Teleskop mit 20-facher Vergrößerung, das für astronomische Beobachtungen geeignet war. Galilei hatte bereits zuvor ein Modell entwickelt, das er jedoch verbesserte, um eine aufrecht stehende Abbildung zu erhalten. Er beobachtete damit die Mondoberfläche und entdeckte 1610 die vier großen Monde des Jupiter.

DIE MODERNE
PRODUKTION UND TECHNOLOGIE (1700–1914)

DIE WELT VERÄNDERT SICH

Das T-Modell von Ford

Die Ford Motor Company stellte am 1. Oktober 1908 ihr Modell T vor, das die Automobilindustrie revolutionierte. Es galt als Amerikas Auto für jedermann, denn es war günstig und einfach zu reparieren. Ford perfektionierte die Fließbandarbeit im Automobilbau und führte Verkaufskonzessionen für Händler ein. Als 1927 die Produktion des T-Modells eingestellt wurde, waren 15 Millionen Exemplare gebaut worden, rund 23 Millionen Amerikaner besaßen ein Auto.

Obwohl im 17. Jahrhundert auf dem Gebiet wissenschaftlicher Forschung wichtige Leistungen vollbracht wurden, gelang es nur in beschränktem Umfang, die neuen Ideen und Theorien technisch umzusetzen. Die herrschenden Erziehungssysteme förderten den Geist eines technisch-innovativen Denkens kaum, sodass selbst die herausragenden Forschungsergebnisse von Wissenschaftlern wie Galilei oder Newton die Lücke zwischen theoretischem Wissen und praktischer Anwendung nicht zu schließen vermochten.

Diese Situation sollte sich im 18. und 19. Jahrhundert infolge zahlreicher technischer Neuentwicklungen eindrucksvoll verändern. Die Industrielle Revolution, die im späteren 18. Jahrhundert von England ausging, gestaltete den Produktionsablauf grundlegend um und revolutionierte damit den gesamten Herstellungssektor.

Auch Staats- und Gesellschaftsformen erfuhren weltweit einen fundamentalen Wandel. Mit den *Acts of Union* von 1707 vereinigten sich England und Schottland zum Königreich von Großbritannien. Auf dem europäischen Festland tobte zu Beginn des 18. Jahrhunderts über zehn Jahre lang der Spanische Erbfolgekrieg. Als der Krieg beendet war, sah sich Frankreich als europäische Macht geschwächt. Friedrich der Große von Preußen übernahm die Herrschaft und regierte fast ein halbes Jahrhundert. Er modernisierte das Beamtentum und propagierte religiöse Toleranz. Gegen Ende des Jahrhunderts führten schließlich verschiedene Ereignisse zur Französischen Revolution, deren Auswirkungen die politische Landschaft weltweit neu gestalten sollten.

Der indische Subkontinent verlor 1707 seinen letzten Großmogul Aurangzeb, der das Reich durch eine zentralistische Führung zusammengehalten hatte. Sein Tod schwächte die Region erheblich,

1701–1714: Spanischer Erbfolgekrieg endet 1713 mit dem Vertrag von Utrecht, in dem Philip als König von Spanien anerkannt wird. Die Engländer erhalten für 30 Jahre das Alleinrecht auf Sklavenhandel in Nord- und Südamerika.

1707: Der *Act of Union* (Vereinigungsgesetz) vereint Schottland und England zum Königreich Großbritannien.

1715: Erster Aufstand der Jakobiner.

1722: Herrschaft der Safawiden-Dynastie im Iran wird durch Eroberung von Isfahan durch aufständische Afghanen nach über zwei Jahrzehnten beendet.

1740: Friedrich der Große übernimmt die Macht in Preußen.

1756–63: Siebenjähriger Krieg zwischen europäischen Mächten.

1757: Die Briten gewinnen die Schlacht von Plassey und festigen ihre Machtstellung in Bengalen in Indien.

1762: Rousseaus *Vom Gesellschaftsvertrag oder Prinzipien des Staatsrechtes* erscheint. Das Buch trägt zu den Entwicklungen bei, die zu Französischer Revolution und amerikanischen Unabhängigkeitskriegen führen.

1773: Boston Tea Party. Amerikanische Patrioten werfen britische Teeladungen in den Hafen, sie kritisieren die britische Handelskontrolle.

1775–83: Amerikanische Unabhängigkeitskriege.

1776: Adam Smith veröffentlicht den *Wohlstand der Nationen* und legt die Grundlagen des Kapitalismus dar.

1780: Beginn der Industriellen Revolution in Großbritannien.

1788: Die ersten Europäer siedeln sich in Australien an.

1789–99: Kämpfer der Französischen Revolution stürzen die Herrschaft von Ludwig XVI. und Marie Antoinette. Die Revolution löst eine Schreckensherrschaft aus und führt zur Gründung einer Republik. Die Erklärung der Menschen- und Bürgerrechte werden der neuen französischen Verfassung vorangestellt. 1804 wird Napoleon Bonaparte zum Kaiser gekrönt.

1792–1808: Großbritannien, Nordamerika und Frankreich verbieten per Gesetz den Sklavenhandel.

1801: Großbritannien und das Königreich Irland schließen sich zum Vereinigten Königreich von Großbritannien und Nordirland zusammen.

1803: Die Franzosen verkaufen mit dem *Louisiana Purchase* ihre Territorien in Nordamerika an die Amerikaner.

1810–1825: Simon Bolivar führt Krieg gegen Spanien, um Lateinamerika von der spanischen Herrschaft zu befreien.

1815: Napoleon wird in der Schlacht von Waterloo geschlagen. Großbritannien erwirbt die Vormachtstellung über die Welt.

1840: Großbritannien führt die erste Briefmarke ein, sie heißt Penny Black.

1842: Niederlage Chinas in den Opium-Kriegen. China muss den Vertrag von Nanjing unterschreiben, der das Ausland beim Handel begünstigt und die Herrschaft über Hong Kong an Großbritannien abtritt.

Penny Black, die erste Briefmarke, herausgegeben im Jahr 1840

1846–48: Die USA erklären Mexiko den Krieg, Mexiko verliert fast die Hälfte seines Territoriums.

1848: Marx und Engels geben das *Kommunistische Manifest* heraus, das eine sozialistische Staatsform fordert.

1851: Erste Weltausstellung in London gibt einen Überblick über die Errungenschaften verschiedener Staaten.

1854: Japan gibt Forderungen des US-Admirals Matthew Perry nach und öffnet sich für den Handel mit Amerika.

1857: Im Sepoy-Aufstand revoltieren die Inder gegen die britische Kolonialherrschaft. Die Briten schlagen den Aufstand nieder, lösen aber die Ostindien-Kompanie auf und machen Britisch-Indien zu einer Kronkolonie.

1858–1869: Bau des Sueskanals, der das Mittelmeer mit dem Golf von Sues verbindet. Er verkürzt die Reisezeit zwischen Europa und dem Osten.

1860–61: Abraham Lincoln wird Präsident der USA, die Südstaaten kämpfen um ihre Unabhängigkeit.

1884: Als Lage für den Nullmeridian wird das Observatorium von Greenwich festgelegt.

1889: Während der Meiji-Zeit Japans werden verschiedene politische Reformen verwirklicht.

1896: Die Olympischen Spiele werden wieder in Athen abgehalten.

1904–05: Russisch-japanischer Krieg um die rohstoffreiche Mandschurei und Korea.

1905: Truppen des russischen Zaren Nikolaus II. töten Arbeiter und lösen die erste russische Revolution aus.

1910: Vier Kolonien schließen sich zur Südafrikanischen Union zusammen. Die politische Macht liegt weiter bei den weißen Minderheiten.

1914: Franz Ferdinand von Österreich-Este ermordet. Beginn Erster Weltkrieg.

sodass die britische Ostindien-Kompanie hier noch fester Fuß fassen konnte. Mit der entscheidenden Schlacht von Plassey im Jahr 1757 begann die zwei Jahrhunderte währende britische Herrschaft über Indien. Gegen Ende des Jahrhunderts hatten die Briten auch den bisher noch unbekannten Kontinent Australien kolonisiert und ihn gleichsam zu einem riesigen Strafgefangenenlager gemacht. Nun war mit Ausnahme der Antarktis der gesamte Globus erforscht und kartografisch erfasst.

In der Neuen Welt jenseits des Atlantiks endete der amerikanische Unabhängigkeitskrieg 1776 mit einer Loslösung der amerikanischen Kolonien von England. Noch im selben Jahr legten die Amerikaner ihre Unabhängigkeitserklärung vor, in der sie das Recht auf Leben, Freiheit und Streben nach Glück zum höchsten Gut des Menschen erklärten. Dieser Kampf um Selbstverwaltung, der mit der Unabhängigkeitserklärung siegreich beendet wurde, inspirierte das politische Denken weltweit.

INDUSTRIELLE REVOLUTION

Die neue Identität Europas hatte ihr Fundament in einer gemeinsamen Rechts- und Diplomatensprache, dem Latein, und dem allgemein gültigen römischen Recht. Die gebildete Elite zeigte sich offen für den Geist der Renaissance, der neue Horizonte eröffnete. Der Buchdruck florierte und sorgte dafür, dass sich auch revolutionäre Ideen großräumig unter das Volk bringen ließen.

Im Zeitalter der Aufklärung des 18. Jahrhunderts begann man, althergebrachte und starre Vorstellungen zu hinterfragen, und stellte die Vernunft ins Zentrum menschlichen Handelns. Dieser Rationalismus war im Renaissance-Humanismus des vorigen Jahrhunderts begründet und eroberte jetzt im Sturm Europa. Man wandte Galileis und Newtons neue wissenschaftliche Methoden an, die auf Beobachtung und Experiment beruhen, und ging zunehmend davon aus, dass die Natur sich dem Verstand erschließen könne. Diese neuen Methoden fanden auch Eingang in die Philosophie, eine Entwicklung, die mit den weit verbreiteten Ideen René Descartes in Frankreich zusammenfiel. Das Descartes'sche Denken entwickelte sich bald zu einem intellektuellen Trend, der ganz Europa in seinen Bann zog. Die herausragendsten Vertreter der Aufklärung waren François Marie Voltaire, Baron de Montesquieu, John Locke, Immanuel Kant und David Hume in Europa sowie Thomas Jefferson und Benjamin Franklin in Amerika.

Auch die europäische Wirtschaft unterlag einem raschen Wandel. Da der Handel mit den Kolonien blühte und die Reichtümer der Neuen Welt nur auf ihre Ausbeutung zu warten schienen, brachten es große Teile der Bevölkerung zu einem bemerkenswerten Wohlstand. Noch war jedoch die Kommunikation zwischen den weit voneinander entfernten Teilen der Erde nur schwach entwickelt, ebenso kam der Fortschritt im Bildungswesen nur schleppend in Gang. Dies blockierte eine weitere Verbreitung von Wissen und ließ eine kritische Betrachtungsweise der Verhältnisse nur bedingt zu.

Die Kaufleute hatten sich bereits zu einer gut organisierten gesellschaftlichen Klasse entwickelt, die vom blühenden Handel profitierte. Gebrauchsgüter stellte man zunächst noch weitgehend in den lokalen Produktionsstätten her und die landwirtschaftlichen Erzeugnisse wurden auf regionalen Märkten angeboten. Mit der Zeit bildete sich jedoch ein europäischer Markt heraus.

Landwirtschaft

Wirtschaftlich gesehen brachte die Industrielle Revolution einen Wandel nie da gewesenen Ausmaßes mit sich. Sie ergriff ab der zweiten Hälfte des 18. Jahrhunderts von Großbritannien aus ganz Europa. Die schlechte wirtschaftliche Lage im vorangegangenen Jahrhundert hatte verschiedene Ursachen. Einerseits konnte die Landwirtschaft als Folge einer Periode kühleren Klimas, der sogenannten Kleinen Eiszeit, nicht an die hohe Produktivität voriger Jahrhunderte anknüpfen. Auf der anderen Seite fielen zahllose Menschen Epidemien wie Masern, Typhus und Tuberkulose zum Opfer, da die Bevölkerung oft schlecht ernährt und von Armut geplagt war. Hinzu kamen die Pest sowie viele kriegerische Machtkämpfe. Die Epidemien gingen im 18. Jahrhundert stark zurück, dies war allerdings nicht etwa einer besseren medizinischen Versorgung zu verdanken, denn die Forschung hinkte in diesem Bereich mit ihren überalterten Theorien und Praktiken der Entwicklung stark hinterher.

Die Sämaschine von Jethro Tull

Als menschliche Arbeitskraft im England des 18. Jahrhunderts teuer wurde, erfand der Agrarpionier Jethro Tull 1701 die Sämaschine und leistete damit einen wichtigen Beitrag zur Automatisierung der Landwirtschaft. Die Sämaschine bohrte in drei Reihen nebeneinander Löcher in die Erde, gab Saatgut hinein und bedeckte es wieder mit Erde. Dies beschleunigte die Keimung und erhöhte die Ernteerträge. Tull erfand auch eine von Pferden gezogene Hacke, mit der sich Unkraut jäten und der Boden lockern ließ. Seine Erfindungen waren Meilensteine auf dem Weg zur modernen Landwirtschaft.

McCormicks Erntemaschine

Arbeitskräfte waren vor allem während der Erntezeit knapp. Der amerikanische Erfinder Cyrus Hall McCormick wirkte dem entgegen, indem er 1834 eine von Pferden gezogene Erntemaschine patentieren ließ. Auf der ersten Weltausstellung von 1851 in London wurde die Technik dieser Maschine vorgeführt. Vor allem in den großen Farmen des amerikanischen mittleren Westens nutzte man die Erntemaschine ausgiebig. Die Abbildung zeigt einen Arbeiter mit McCormicks Erntemaschine beim Ernten von Weizen.

Dampfbetriebener Traktor

1769 führte Nicolas Cugnot das erste Traktorenmodell ein. Es wurde in den 1850er-Jahren modernisiert. Die dampfkraftbetriebene Maschine hatte Räder, war schwer und langsam und ließ sich schlecht manövrieren. Sie diente hauptsächlich dazu, schwere Lasten und andere landwirtschaftliche Maschinen über einen Riemenantrieb zu bewegen. Wo es möglich war, nutzte man sie auch zum Pflügen der Felder. Die Abbildung zeigt einen Traktor bei der Arbeit auf einer Farm.

Im 17. und 18. Jahrhundert erhielt die Agrarwirtschaft eine rundum neue Struktur. Man erfand neue Geräte und forschte gezielt auf den Gebieten Ackerbau und Viehzucht, um die mit dem Landbau verbundenen Vorgänge besser zu verstehen. Dies sorgte zusammen mit neuen Anbauprodukten dafür, dass die landwirtschaftliche Produktivität stieg – was unerlässlich war, um die nun wieder wachsende Bevölkerung zu ernähren.

In Europa und Großbritannien führte man allgemein den sogenannten Rotherham-Pflug ein, eine Erfindung der Holländer. 1701 erfand der britische Agrarpionier Jethro Tull einige innovative Geräte, wie zum Beispiel eine von Pferden gezogene Hacke. Durch sie ließ sich Unkraut jäten und die Erde gut auflockern, sodass mehr Luft und Feuchtigkeit an die Pflanzenwurzeln gelangen konnten. Tull erfand außerdem eine Sämaschine,

mit der das Saatgut in drei Reihen gleichzeitig in den Boden eingebracht werden konnte. Das in dieser Maschine benutzte Rotationssystem wurde später in weiteren Geräten und Maschinen eingesetzt.

Der englische Erfinder Robert Ransome baute 1785 eine eiserne und 1803 eine selbstschärfende Pflugschar. Die eiserne Pflugschar eignete sich für alle Böden abgesehen von den harten trockenen Böden der nordamerikanischen Prärie. 1837 führte John Deere, ein Grobschmied aus Illinois, den Stahlpflug ein, der sowohl harte Prärieböden bearbeiten konnte als auch weniger Kraftaufwand der Tiere erforderte. Der neu entwickelte Maulwurfspflug diente dazu, nasse Böden zu entwässern.

Oft war es schwierig, für die Erntezeit genügend saisonale Arbeitskräfte vor Ort zu finden. Diesem Problem steuerte der schottische Mechaniker Andrew Meikle entgegen, als er 1784 eine Dreschmaschine erfand. Statt in Handarbeit mit dem Dreschflegel wurden die Körnerfrüchte darin automatisch aus den Halmen ausgedroschen. Auch die von Cyrus Hall McCormick 1831 entwickelte Mähmaschine beschleunigte die Arbeit. Und schließlich kombinierte Hiram Moore die beiden Erntevorgänge in einem Mähdrescher.

Nach Einführung der Dampfkraft ging ein Ruck durch die gesamte Landwirtschaft. In den 1860er-Jahren nahm der erste dampfbetriebene Pflug seine Arbeit auf und ermöglichte es, auch sehr weitläufige landwirtschaftliche Flächen zu bearbeiten. Die neu entdeckte Antriebskraft fand schnell in anderen agrartechnischen Geräten Anwendung. Am meisten profitierten die Landwirte aber davon, dass sich die Produkte nun schneller von Ort zu Ort und auf ferner gelegene Märkte transportieren ließen, um sie zu verkaufen. Die amerikanischen Farmer begannen, in großem Maßstab Rinder zu

züchten. Diesen agrarwirtschaftlichen Zweig bauten sie zu einem entscheidenden wirtschaftlichen Faktor aus. Mit den dampfbetriebenen Zügen und Schiffen war es dann ein Leichtes, die Tiere auf die Märkte zu schaffen. Spätestens als die in Traktoren verwendeten Dampfmaschinen durch Verbrennungsmotoren abgelöst wurden, hatte das Zugpferd in der Landwirtschaft ausgedient.

In dieser Zeit kamen die ersten Düngemittel auf, die zunächst aus verschiedenen Nitraten zusammengesetzt waren. Später importierte man in größeren Mengen Chilesalpeter und Guano aus Peru. Dieses organische Düngemittel gewann man aus den Exkrementen von Seevögeln am Pazifischen Ozean. 1842 erfand der britische Agrikulturchemiker John Lawes ein Verfahren zur Herstellung von synthetischem Phosphatdünger. Dazu wurde unlösliches pulverisiertes Calciumphosphat mithilfe von Schwefelsäure zu sogenanntem Superphosphat aufgeschlossen. Nun begann die Massenproduktion des Kunstdüngers.

Düngemittel, die dem Boden Stickstoff als wichtigen Nährstoff zuführen sollten, waren zunächst meist mineralischer Art. Es war damals noch schwierig, künstlich Ammoniak herzustellen, was aber als Vorstufe zur Herstellung von Stickstoffdünger notwendig war. 1908 entwickelte der deutsche Chemiker Fritz Haber ein Verfahren, um Ammoniak aus Stickstoff und Wasserstoff herzustellen. Dies war nicht nur ein entscheidender Schritt zur industriellen Produktion von Stickstoffdünger, sondern führte auch zum Bau von Giftgaswaffen, die das Kriegsgeschehen im Ersten Weltkrieg entscheidend beeinflussen sollten.

Aus der Neuen Welt lernte man einige neue Feldfrüchte wie Mais, Tabak, Kartoffeln und Kakao kennen. Die Kartoffel wurde zunächst nach Irland importiert und dort bald zum Hauptnahrungsmittel, wie auch etwas später in ganz Europa. Mais kam zunächst bei den Bauern Südeuropas am besten an und verbreitete sich von dort weiter.

Das Interesse an agrarwirtschaftlicher Forschung und Lehre wuchs beständig. Gegen Mitte des 19. Jahrhunderts wurden in England, Schottland, Frankreich und Deutschland erste Landwirtschaftsschulen sowie an den Universitäten eigene Fakultäten zur Ausbildung zum Landwirt gegründet. In Nordamerika kümmerte sich ab 1862 ein Landwirtschaftsministerium um die Belange der Bauern und trieb die landwirtschaftliche Forschung weiter voran.

Dampfkraft

Die Erfindung der Dampfmaschine war ein epochales Ereignis. Dampfmaschinen automatisierten nicht nur Textilproduktion und Bergbau und lösten damit die Industrielle Revolution aus, sie erneuerten auch das gesamte Transportwesen. Den Weg

dazu hatten im 17. Jahrhundert im Wesentlichen zwei Wissenschaftler gebahnt: Der irische Chemiker Robert Boyle stellte zunächst den Zusammenhang zwischen Druck und Volumen eines Gases her, und der deutsche Naturwissenschaftler Otto von Guericke erfand in den 1650er-Jahren die Vakuumluftpumpe.

Es dauerte jedoch noch geraume Zeit, bis die Dampfmaschine erfunden war. Der englische Mechaniker Thomas Newcomen wollte einen effektiven Weg finden, das Wasser aus den Kohlebergwerken zu pumpen, was bisher mithilfe von Pferden eine teure und aufwendige Prozedur war. Er experimentierte mit verschiedenen Modellen, bevor er 1712 die erste praxistaugliche Dampfmaschine baute. Sie nutzte die Kondensation von Wasserdampf durch Abkühlung. Auf diese Weise erzeugte

Newcomen ein kurzzeitiges Vakuum in einem Zylinder, das einen Kolben in diesem Zylinder in Bewegung setzte. Der Kolben war mit einer Stange verbunden, die wiederum an einer Pumpvorrichtung im Bergwerk befestigt war. Newcomens sogenannter Balancier arbeitete zwar noch nicht sehr effizient, er war aber im Bergbau dennoch von großem Nutzen, denn der Brennstoff zum Betrieb stand in Form von Kohle vor Ort zur Verfügung.

Nachdem die prinzipielle Funktionsweise der Dampfmaschine herausgefunden und ihr großes Potenzial erkannt war, galt es nun, leistungsfähigere Modelle zu entwickeln. James Watt, ein schottischer Mechaniker und Erfinder, erweiterte 1765 Newcomens Dampfmaschine um einen separaten Kondensator, mit dem sich die Prozesse des Erwärmens und Abkühlens voneinander trennen ließen, was Energie sparte. Watt verpasste seiner Dampfmaschine außerdem ein Kurbelgetriebe, das eine Stange in eine sanfte Rotationsbewegung versetzte, während Newcomens Maschine nur eine

Die Dampfmaschine von James Watt

Der schottische Ingenieur und Erfinder James Watt arbeitete an der Weiterentwicklung der Dampfmaschine, um sie energieeffizienter und vielseitiger einsetzbar zu machen. Dafür ließ Watt 1769 einen separaten Kondensator patentieren. Dieser konnte in der atmosphärischen Dampfmaschine, die Newcomen zum Abpumpen von Wasser aus Bergwerken entwickelt hatte, verwendet werden. In den nächsten Jahrzehnten nahm er weitere Verbesserungen an der Dampfmaschine vor, bis er um 1800 zusammen mit seinem Partner Matthew Boulton mehr als 500 Maschinen verkauft hatte. Die Abbildung zeigt eine Reproduktion der Wattschen Dampfmaschine von 1781. (Frankreich; 1781; Kupfer und Glas; Sammlung der Kunst- und Gewerbeschule im Musée des Arts et Métiers, Paris)

einzige Auf- und Abbewegung zuließ. Watts Konstruktion eignete sich damit nicht nur zum Abpumpen von Wasser aus den Bergwerksschächten, sondern ließ sich auch in anderen Maschinen problemlos einsetzen. 1783 fand seine Bauweise in den Textilfabriken Englands dann erstmals praktische Anwendung.

Spinning Jenny

James Hargreaves, ein Zimmermann und Weber aus England, baute im Jahr 1764 die erste industrielle Spinnmaschine. Die Konstruktion entsprach einem Spinnrad, das allerdings mit bis zu 100 Spindeln arbeitete. Damit konnte ein einziger Spinner gleichzeitig mehrere Fäden weben. Die Spinning Jenny steigerte ebenso wie die Textilwalze und der bewegliche Förderwagen die Produktivität in der Textilindustrie immens.

Textilindustrie

Watts Dampfmaschine, die durch Patentierung eine Monopolstellung erlangte, eroberte schnell im 18. Jahrhundert die industrielle Welt. Der erste Industriezweig, in dem sie Fuß fasste, war die Baumwollspinnerei, doch bald löste sie auch schon die seit Jahrhunderten mit Wasserkraft betriebenen Mühlen ab.

Aus dem einheimischen, lokal begrenzten Gewerbe der Baumwollherstellung entwickelte sich rasch ein mechanisierter und in großen Fabrikanlagen betriebener Industriezweig. Dieser Wandel markierte die Geburtsstunde der Industriellen Revolution. Kurz zuvor hatten noch ein paar wichtige Neuerungen frischen Wind in die Produktion von Textilien gebracht. So verbesserte John Kay 1733 den Webstuhl, indem er den sogenannten Schnellschützen erfand. Mit diesem automatisierten Schiffchen konnte man Stoffe weben, die so breit waren, wie es die Reichweite des Webers erlaubte, und das mit größerer Geschwindigkeit als je zuvor.

ÜBERSICHT TECHNISCHE ERFINDUNGEN

1701: Jethro Tull, Agrarpionier aus England, erfindet die Sämaschine.

1712: Der Baptistenprediger und Eisenhändler Thomas Newcomen entwickelt aus früheren Modellen den ersten mit Dampfkraft betriebenen Balancier.

1714: Der deutsche Wissenschaftler Daniel Gabriel Fahrenheit führt das Quecksilberthermometer ein, nachdem er zuvor schon die erste Temperaturskala entwickelt hatte.

1752: Der amerikanische Wissenschaftler und Politiker Benjamin Franklin erfindet den Blitzableiter.

1764: James Hargreaves führt die Spinning Jenny ein, eine Spinnmaschine mit bis zu 100 Spindeln.

1765: James Watt stellt die erste praxistaugliche Dampfmaschine vor.

1783: Die Brüder Montgolfier starten in Frankreich den ersten bemannten Flug mit einem Heißluftballon.

1784: Edmund Cartwright baut die mechanische Webmaschine Power Loom.

1793: Mit der von Eli Whitney erfundenen Baumwollentkörnungsmaschine lassen sich die Samenkörner einfach von der Baumwolle trennen.

1796: Edward Jenner verwendet einen Impfstoff gegen die zuvor tödliche Pockeninfektion.

1805: Der französische Seidenweber Joseph M. Jacquard erfindet den Jacquard-Webstuhl, mit dem sich großgemusterte Gewebe lochkartengesteuert herstellen lassen. Später

greift Charles Babbage das Lochkartensystem als Grundlage für seine Rechenmaschine auf.

1804: Der Erfinder Richard Trevithick baut die erste Dampflokomotive.

1816: Der englische Chemiker Humphry Davy erfindet die Grubenlampe und der französische Arzt René T. H. Laënnec entwickelt ein Stethoskop.

1821: Michael Faraday baut den ersten elektrischen Motor, der das Prinzip der elektromagnetischen Rotation nutzt.

1824: Joseph Aspidin aus England lässt den Portlandzement patentieren.

1831: Michael Faraday baut den ersten elektrischen Generator und nutzt dabei das von ihm entdeckte Phänomen der elektromagnetischen Induktion. Der Erfinder Cyrus Hall McCormick stellt eine Erntemaschine vor.

1834: Der blinde Franzose Louis Braille perfektioniert seine Brailleschrift, mit der Sehbehinderte lesen und schreiben können.

1837: John Deere erfindet den Stahlpflug. Samuel Morse lässt den elektromagnetischen Telegrafen patentieren.

1839: Charles Goodyear führt das Vulkanisierungsverfahren ein, mit dem sich Naturkautschuk härten und widerstandsfähiger machen lässt.

1842: Der englische Agrikulturchemiker John Lawes erhält ein Patent auf die Kunstdüngerherstellung, bei dem pulverisiertes Calciumphosphat mithilfe von Schwefelsäure zu Superphosphat aufgeschlossen wird.

1856: Henri Bessemer aus England stellt das Bessemerverfahren vor, mit

dem sich Stahl in großer Menge billig herstellen lässt. Die Zellulose wird entdeckt, die sich später als ideales Material zur Herstellung von Fotofilmen herausstellt.

1860: Jean Joseph Etienne Lenoir entwickelt den ersten Gasmotor.

1862: Der französische Chemiker Louis Pasteur erfindet ein Verfahren (Pasteurisierung) um Milch haltbar zu machen.

1865: Joseph Lister wendet erstmals Karbolsäure als Antiseptikum auf offenen Wunden an.

1867: Der schwedische Erfinder Alfred Nobel entdeckt das Dynamit. Der Amerikaner Christopher Sholes stellt die erste Schreibmaschine vor.

1876: Nikolaus Otto baut den ersten Viertakt-Verbrennungsmotor. Alexander Graham Bell erhält ein Patent für das erste Telefon.

1877: Thomas A. Edison entwickelt den Phonographen, mit dem sich Sprache aufnehmen und wiedergeben lässt.

1879: Edison bringt eine Glühlampe mit hoher Haltbarkeit und Lichtausbeute heraus.

1880: George Eastman erhält ein Patent für ein Verfahren zur Herstellung von fotografischen Trockenplatten.

1884: Gottlieb Daimler und Wilhelm Maybach entwickeln einen Viertakt-Benzinmotor. Lewis Waterman stellt den Füllfederhalter her.

1885: Daimler konstruiert ein Motorrad mit Benzinmotor.

1888: Die ersten Luftreifen werden verwendet, entwickelt von John Boyd

Dunlop. Heinrich Hertz weist elektromagnetische Wellen nach.

1895: Die Brüder Auguste und Louis Lumière stellen den von ihnen entwickelten Filmprojektor in einer öffentlichen Filmvorführung vor.

1895: Wilhelm Röntgen entdeckt die X-Strahlen (Röntgenstrahlen) und nimmt ein Röntgenbild von der Hand seiner Ehefrau auf.

1901: Der italienische Erfinder Guglielmo Marconi sendet per Funk eine Nachricht über den Atlantik.

1903: Die Flugpioniere Orville und Wilbur Wright, bekannt unter dem Namen Gebrüder Wright, absolvieren

Edisons Phonograph mit Sammlungen von Leerwalzen

den ersten Flug mit einem von ihnen konstruierten Motorflugzeug.

1904: Der Physiker und Elektroingenieur Ambrose J. Fleming erfindet die Elektronenröhre, John Holt baut den ersten Traktor zur landwirtschaftlichen Nutzung.

1910: Georges Claude entwickelt die erste Neonlampe.

1738 erfanden Lewis Paul und John Wyatt die Spinnmaschine mit rotierender Walze und Streckband- und Spulensystem. Bei ihr wurden zwei Spulen verwendet, um die Baumwollfasern in eine gleichmäßige Stärke zu ziehen. Ausgehend von diesem Modell baute später Richard Arkwrights die sogenannte Water-Frame-Spinnmaschine mit Wasserkraftantrieb. Lewis Paul ließ 1748 für die Wollverarbeitung eine handbetriebene Kardenmaschine zum Ausrichten der Fasern patentieren. Zum selben Zeitpunkt hatte auch James Watt seine Dampfmaschine perfektioniert, die fortan generell in der Textilindustrie eingesetzt wurde.

Eine weitere geniale technische Innovation war die von James Hargreaves aus England 1764 erfundene Spinning Jenny, mit der ein einziger Weber sehr viel mehr Garn weben konnte als zuvor. 1784 stellte Edmund Cartwright den ersten mechanischen Webstuhl vor, den sogenannten Power Loom. Dieser arbeitete zunächst mit Wasser-, später mit Dampfkraft, und gehörte daraufhin in den Textilfabriken Englands bald zum Standard. Der Massenproduktion, zu deren Zentrum sich allmählich die Stadt Manchester entwickelte, stand nun nichts mehr im Wege.

Als die automatisierten Baumwollfabriken nach immer mehr Rohstoff verlangten, suchte man den Engpass mit dem Anbau auf riesigen Baumwollplantagen im südlichen Teil von Nordamerika auszugleichen. Hier half die Baumwollentkörnungsmaschine, die der amerikanische Erfinder Eli Whitney 1793 patentieren ließ. Sie beschleunigte den zuvor sehr arbeits- und zeitintensiven Prozess, bei dem die Baumwollsamen aus den Fasern gelöst werden müssen. Die simple Konstruktion konnte entweder von Hand bedient oder mit Wasserkraft betrieben werden und kurbelte die Baumwollproduktion im südlichen Nordamerika deutlich an. Die Baumwollplantagen und der enorme Bedarf an Arbeitskräften leistete nicht zuletzt der Sklaverei in Amerika Vorschub.

Diesseits des Atlantiks erfand 1805 der französische Erfinder Joseph-Marie Jacquard den sogenannten Jacquardwebstuhl. Dieser eignete sich besonders gut zum Weben von Teppichen und Brokat mit groben Mustern. Durch je eine Lochkarte pro Schuss wurden die Kettfäden einzeln gemäß dem Muster hochgezogen. Die Lochkartentechnologie wurde später von dem englischen Mathematiker Charles Babbage wieder aufgegriffen, der mit ihrer Hilfe die erste Rechenmaschine baute.

Die Doppelsteppstich-Nähmaschine, die der Amerikaner Elias Howe 1846 erfand, gab der Textilindustrie weiteren Auftrieb. Dabei führte eine gebogene Nadel den Faden durch den Stoff, auf der anderen Seite wurde der erste Faden von einem zweiten aufgenommen. Die Fäden erzeugten zusammen den Doppel- oder Interlockstich. Die Maschine war so beliebt, dass in den nächsten Jahren Zehntausende Exemplare gefertigt wurden.

Zu den vielen neuartigen Verfahren in der Textilproduktion gehörte vor allem die 1850 erfundene Merzerisation, ein Veredlungsverfahren für Baumwolle, das auf den englischen Drucker John Mercer zurückgeht. Dabei wurde das Baumwollgewebe kurzzeitig einer konzentrierten Natronlauge ausgesetzt, die später wieder ausgewaschen wurde und der Baumwolle glänzende und waschbeständige Farben verlieh. 1893 etablierte sich der Reißverschluss, ein Verschluss mit ineinandergreifenden Krampen und Schieber. Fortlaufend verbessert, wurde er im 20. Jahrhundert ein fast unverzichtbarer Bestandteil von Kleidungsstücken.

Transportwesen

Nachdem die Dampfmaschine die Fabriken erobert hatte, revolutionierte sie bald auch das gesamte Transportwesen. Im späten 19. Jahrhundert krempelte dann der Verbrennungsmotor das gesamte Transportwesen noch einmal ebenso gründlich um wie die Dampfkraft ein Jahrhundert zuvor.

Baumwollentkörnungsmaschine

1794 erhielt der amerikanische Erfinder Eli Whitney ein Patent für seine Baumwollentkörnungsmaschine, mit der sich Baumwolle automatisiert von den Samen trennen ließ. Das einfache Gerät war eine Kombination aus Drahtsieb und kleinen Drahthaken, um die Baumwolle aus den Samenkapseln zu ziehen. Die Baumwollfarmer konnten damit wesentlich produktiver arbeiten, sodass täglich etwa 50 Pfund Baumwolle produziert werden konnten. Bald wurde die Maschine auf nahezu allen Plantagen Amerikas eingesetzt. Das Bild zeigt ein Modell der Maschine von 1955.

Die Nähmaschine von Elias Howe

Im 19. Jahrhundert arbeiteten mehrere Erfinder an einer automatischen Nähmaschine. Doch erst 1846 gelang es dem amerikanischen Fabrikanten Elias Howe, die erste Doppelsteppstich-Nähmaschine patentieren zu lassen. Bei seiner Maschine musste der Stoff in der Vertikalen gehalten werden, sie wurde von Isaac Singer in den 1850er-Jahren verbessert.

Watts Dampfmaschine etablierte sich zunächst im Schiffstransport. Robert Fulton, ein amerikanischer Ingenieur, steuerte 1807 seinen ersten einsatzfähigen Raddampfer. Dampfschiffe verbreiteten sich rasch in Amerika und Großbritannien, doch sie verbrauchten viel Energie und wurden deshalb zunächst nur für kürzere Strecken genutzt. In den 1830er-Jahren verkehrte der erste ozeantaugliche Dampfer im nördlichen Atlantik. Alle frühen Dampfschiffe waren Raddampfer, erst viel später kamen von Schiffsschrauben angetriebene Schiffe auf. Bis Ende des 19. Jahrhunderts waren dann Segelschiffe weltweit von Dampfschiffen zum Transport von Gütern und Personen verdrängt worden.

Der englische Erfinder Richard Trevithick entwickelte aus Watts Dampfmaschine die Hochdruckdampfmaschine und stellte 1804 die erste Dampflokomotive vor. Ihr Erfolg blieb allerdings weit hinter der berühmten Rocket zurück, die der Eisenbahnpionier George Stephenson 1829 entwickelte. Bei der Konstruktion der Rocket war neben einer horizontalen Zylinderreihe ein Kessel angeordnet, der mit Kohle beheizt wurde. 1830 wurde die Liverpool-Manchester-Eisenbahn in Betrieb genommen, die sowohl Passagiere als auch Güter mit Stephensons Lokomotiven beförderte. Die Rocket leistete viele Jahre gute Dienste.

Die Eisenbahnschienen der ersten Stunde bestanden aus Gusseisen, das aber bald durch das stabilere Schmiedeeisen und schließlich durch Stahl ersetzt wurde. Die Eisenbahn wurde rasch sehr beliebt. In den nächsten 50 Jahren eröffneten die auf allen Kontinenten angelegten Schienennetze nicht nur neue Absatzmärkte für die Produkte der Industrie, sondern sorgten auch dafür,

dass die gefräßigen Fabrikhallen des Westens laufend mit genügend Rohmaterialien gefüttert werden konnten. Darüber hinaus war die Eisenbahn unentbehrlich für die Erschließung des nordamerikanischen Westens.

Dampf als Antriebskraft war zwar den zuvor genutzten Energiequellen überlegen, aber die Dampfmaschine war schwer und verbrauchte viel Energie, die nur zu einem kleinen Teil in mechanische Kraft umgesetzt werden konnte. Die Kohle wurde zunächst in einer Brennkammer verbrannt, die das Wasser erhitzte, um so Dampf zu erzeugen. Schon zu Beginn des 19. Jahrhunderts erkannte man, dass für diesen umständlichen Weg eine effizientere Lösung gefunden werden musste.

Die Wissenschaftler James Joule und Sadi Carnot forschten intensiv auf dem Gebiet der Wärmelehre und der Thermodynamik und schufen die theoretische Basis zur Entwicklung der Wärmekraftmaschine. Carnot war französischer Militäringenieur und beschrieb 1824 die Konstruktion eines idealen Modells. Einige Ingenieure und Erfinder griffen die Ergebnisse seiner Pionierarbeit auf und experimentierten mit verschiedenen Konstruktionsformen. Diese sollten es ermöglichen, die Energie von Brennstoffen (einschließlich Schießpulver) auf direktem Weg zu nutzen. Doch zunächst blieben die Versuche erfolglos.

1860 baute der französische Ingenieur Etienne Lenoir den ersten brauchbaren Gasmotor, der eigentlich eine abgewandelte Dampfmaschine war. Obwohl Lenoirs gasbetriebene Maschine nicht sehr effizient arbeitete, wurde sie in großen Stückzahlen verkauft, um in Wasserpumpen zum Einsatz zu kommen. 1862 legte der ebenfalls aus Frankreich stammende Ingenieur Alphonse Beau de Rochas

George Stephenson baut die Rocket

Der Eisenbahningenieur George Stephenson war Erfinder etlicher Lokomotivenmodelle und Eisenbahnen. 1829 baute er zusammen mit seinem Sohn Robert die sogenannte Rocket, eine Lokomotive, die im Oktober 1829 aus dem berühmten Rennen von Rainhill als schnellste Dampflok hervorging. Die Rocket war in der Lage, 30 Passagiere zu befördern und erreichte eine Geschwindigkeit von bis zu 30 Stundenkilometern. Die Abbildung zeigt eine Replik der Lokomotive. (London; Wissenschaftsmuseum, South Kensington)

die Prinzipien eines echten Viertaktmotors dar, bei dem der Verbrennungsprozess in vier sogenannten Takten erfolgt: Im ersten Takt wird die Brennstoffmischung angesaugt und im zweiten Takt komprimiert. Im nächsten Takt wird sie gezündet, gefolgt von der Expansion des Gases zum Antrieb des Kolbens, und im vierten Takt wird das verbrannte Gas aus dem Zylinder ausgestoßen.

Es sollte noch längere Zeit dauern, bis die vielen Versuche, Rochas' Ideen praktisch umzusetzen, von Erfolg gekrönt waren. 1876 gelang es dem deutschen Ingenieur Nikolaus Otto, einen funktionsfähigen Viertaktmotor zu bauen. Obwohl dieser in den nächsten Jahren tausendfach verkauft wurde, gelang erst Ottos Mitarbeitern Gottlieb Daimler und Wilhelm Maybach 1884 der Durchbruch mit einem schnell laufenden Benzinmotor. Dazu war vor dem Brennraum ein separater Vergaser erforderlich, der ein leicht entzündliches Benzin-Luft-Gemisch bereitstellte. Dieses wurde in die Zylinder eingespritzt und dort gezündet.

Auf den deutschen Ingenieur Karl Benz geht der erste Ein-Zylinder-Motor zurück, der mit Benzin betrieben wurde. 1885 baute Benz ihn in dreirädrige Autos ein, während Daimler und Maybach zur selben Zeit das erste Zweirad mit Ottos Viertaktmotor vorstellten, dem 1889 das erste Auto folgte.

Die Auswirkungen dieser Erfindungen auf unser Leben bis zum heutigen Tag sind jedem bekannt.

Während Daimler und Benz ihre Automobile mit Ottomotoren ausstatteten, arbeitete der deutsche Ingenieur Rudolf Diesel daran, den Ottomotor weiter zu verbessern. Sein Ziel war, auf den vorgeschalteten Vergaser zu verzichten und die Zündung des Brennstoffs allein durch Kompression des Ge-

Dunlop testet einen Luftreifen

John Boyd Dunlop entwickelte 1888 den ersten aufblasbaren Reifen für das Fahrrad seines Sohnes. Diese Erfindung kam zur rechten Zeit, denn der Verbrennungsmotor war gerade dabei, den Transport auf der Straße zu revolutionieren.

ÜBERSICHT ENTWICKLUNG DES TRANSPORTWESENS

1712: Newcomen baut die erste Dampfmaschine. Sie war nur zu Auf- und Abbewegungen in der Lage. Der Balancier wurde vor allem im Bergbau eingesetzt, um Wasser aus den Gruben zu pumpen. Doch die Dampfkraft bestimmte fortan die Entwicklung des Transportwesens.

1737: John Harrison, Zimmermann aus England, baut das erste Zeitmessinstrument für die Seefahrt. Er löst damit endgültig das »Längenproblem«, denn nun konnte man die geographische Länge auf See genau bestimmen.

1765: James Watt, ein Erfinder aus Glasgow, stellt die erste Dampfmaschine für den praktischen Einsatz vor. Da die Maschine eine Drehbewegung erzeugen kann, ist sie für den Verkehr auf Rädern geeignet.

1769: Der Franzose Nicolas Cugnot baut ein dampfgetriebenes Dreirad – das erste Automobil der Geschichte.

1770: Entwicklung des Fahrrades.

1783: Die Brüder Montgolfier aus Frankreich starten den ersten bemannten Flug im Heißluftballon. Der Ballon bestand aus Papier und wurde mit heißer Luft gefüllt.

1798: John McAdam entwickelt einen revolutionären Straßenbelag, der heute noch als Makadam bezeichnet wird. Er ist billig und widerstandsfähig.

1804: Richard Trevithick stellt die erste Dampflokomotive der Welt vor.

1807: Isaac de Rivaz entwickelt ein Fahrzeug mit Explosionsmotor.

1807: Der Amerikaner Robert Fulton baut den ersten Raddampfer. Er verkehrt zwischen New York und Albany.

1829: Die Rocket gewinnt als schnellste Dampflok das Rennen von Rainhill. Erfinder sind George Stephenson und sein Sohn. Die wesentlichen Maschinenteile werden noch lange in anderen Lokomotiven eingesetzt.

1839: Charles Goodyear führt das Vulkanisierungsverfahren ein, um Naturkautschuk fester und widerstandsfähiger gegen Chemikalien zu machen.

1843: Isambard Kingdom Brunel lässt die Great Britain vom Stapel, den ersten propellergetriebenen Ozeandampfer mit eisernem Rumpf. Das Schiff bleibt fast drei Jahrzehnte in Betrieb. 1858 folgt die Great Eastern, mit kombiniertem Schaufelrad-, Schrauben- und Segelantrieb.

1860: John Lenoir baut den ersten brauchbaren Gasmotor.

1862: Alphonse Beau de Rochas macht die Funktionsweise des Viertakt-Verbrennungsmotors bekannt.

1876: Nikolaus Otto setzt das theoretische Wissen von Beau de Rochas um und baut den ersten Viertakt-Verbrennungsmotor.

1869: George Westinghouse lässt eine Druckluftbremse für Lokomotiven bauen. Als Sicherheits-Druckluftbremse gehört sie zum Teil noch heute in Bahnen und LKW zum Standard.

1873: Andrew Hallidie erfindet die Kabelstraßenbahn.

W. Maybach auf einer Testfahrt mit Daimlers Automobil mit Stahlrädern

1881: In Paris nimmt das erste elektrische Dreirad seine Fahrt auf.

1884: Gottlieb Daimler und Wilhelm Maybach entwickeln einen schnellen Viertakt-Benzinmotor. Er ist mit einem Vergaser ausgestattet, der das notwendige Luft-Treibstoff-Gemisch herstellt.

1885: Daimler baut das erste Motorrad, Karl Benz das erste nutzbare Auto, ein Dreirad mit Stahlrahmen.

1886: Das erste Automobil mit vier Rädern, entwickelt von Daimler, wird von einem Viertaktmotor angetrieben.

1888: John Boyd Dunlop entwickelt den Luftreifen.

1889: Daimlers Auto mit Hinterradantrieb und vier Gängen wird vorgestellt.

1900: Der deutsche Kavallerieoffizier Ferdinand von Zeppelin absolviert den ersten Flug mit dem von ihm erfundenen Luftschiff. Die sogenannten Zeppeline erreichen große Popularität und werden trotz modernerer Flugzeuge bis in die späten 1930er-Jahre eingesetzt. Der berühmteste Zeppelin, Hindenburg, explodiert 1937.

1903: Die Gebrüder Wright absolvieren den ersten Flug in dem von ihnen entwickelten Motorflugzeug, einem Doppeldecker mit 12 Metern Spannweite, angetrieben von einer 12-PS-Maschine.

1906: Die Brüder Francis und Freelan Stanley aus Amerika bauen einen Dampfwagen, der mit einer Geschwindigkeit von 193 Stundenkilometern einen Weltrekord erreicht.

1907: Der Flugpionier Louis Charles Breguet und sein Bruder Jacques heben erstmals mit einem Tragschrauber (Gyrocopter) ab. Das Flugzeug besitzt vier Rotoren und gilt als Vorläufer des modernen Hubschraubers.

1908: Der amerikanische Unternehmer Henry Ford bringt ein Auto für die breite Masse auf den Markt. Das Modell T erlangt großen Erfolg, ist billig, vielseitig und einfach zu warten.

1909: Graham Bell und Casey Baldwin erfinden das Tragflügelboot.

mischs durch den Kolben auszulösen. Seine Versuche mit Kohlenstaub führten nicht zum Ziel, Erfolg hatte er schließlich mit Flüssiggas. Schon bald wurden Dieselmotoren vor allem im Schiffs- und U-Boot-Bau kommerziell genutzt.

Für den großen Erfolg des Automobils waren noch andere wichtige Faktoren verantwortlich, zum Beispiel die Entwicklung des Luftreifens. 1845 erfand Robert Thompson in England einen luftgefüllten Lederreifen, der nie kommerziell genutzt wurde. Erst 1888 stellte der Tierarzt John Boyd Dunlop den ersten Luftreifen für Fahrräder vor. Die unter Druck stehende Luft im Reifen eignete sich hervorragend dazu, das Fahrzeuggewicht zu halten und Bodenunebenheiten auszugleichen. Der Reifen wurde deshalb dankbar von der Automobilindustrie aufgenommen.

Auto und Eisenbahn veränderten den Blick der Menschen auf Entfernungen fundamental. Sie konnten nun erstmals sehr weite Räume erschließen und Personen und Materialien über große Strecken transportieren. Doch man wollte sich nicht nur auf der Erde fortbewegen und suchte nach Möglichkeiten, den Luftraum zu erobern.

Der Doppeldecker Flyer II der Gebrüder Wright

1903 absolvieren die Wright-Brüder Orville und Wilbur ihren ersten erfolgreichen Flug mit einem steuerbaren Motorflugzeug. Diese Glanzleistung gelang ihnen nach jahrelangem Experimentieren mit Gleitflugzeugen und verschiedenen Steuermechanismen. Sie entwickelten ihre Flugzeugmodelle stetig weiter und blieben 1905 mit ihrem erfolgreichsten Flugzeug etwa 30 Minuten in der Luft.

Schon immer hatte den zivilisierten Menschen die Möglichkeit des Fliegens fasziniert. Der Mythos von Ikarus, der es den Vögeln gleichtun wollte, ist nur eines, wenn auch das bekannteste frühe Beispiel dieser menschlichen Sehnsucht. 1783 hoben die ersten Luftfahrer in Frankreich mit einem Heißluftballon vom Boden ab, den die Brüder Montgolfier gebaut hatten. Danach tüftelte man an der Verbesserung des Ballonflugs und verwendete zum Beispiel Wasserstoff, um den Auftrieb des Ballons zu erhöhen. Schließlich ersetzte Ferdinand von Zeppelin den Ballon durch ein starres Aluminiumgerüst, das sich gut steuern ließ. Die Zeppelin genannten Luftschiffe dienten viele Jahre der Personenbeförderung und spielten auch im Ersten Weltkrieg eine nicht unwesentliche Rolle.

Auch die Technik des Segelflugs erkundeten die Flugpioniere im 19. Jahrhundert. 1891 baute Otto Lilienthal in Deutschland das erste Gleitflugzeug, das er auch selbst flog. Die amerikanischen Brüder Orville und Wilbur Wright, von Beruf Fahrradkonstrukteure, experimentierten ebenfalls mit Gleitflügen. Ihren ersten erfolgreichen Gleitsegler bauten sie im Jahr 1902. Orville Wright war außerdem der erste Mensch, der einen Flugapparat steuerte, der nach dem Prinzip »schwerer als Luft« konstruiert war. Der Doppeldecker besaß eine Spannweite von rund 12 Metern, er wurde von einem Benzinmotor angetrieben und konnte sich für etwa 12 Sekunden in der Luft halten. In den darauffolgenden Jahren verbesserten die Wright-Brüder kontinuierlich die Steuermechanik ihrer Apparate und erhielten schließlich 1905 Patente auf die Erfindungen.

Metallverarbeitung, Bergbau und neue Rohstoffe

Zweifellos verdankt die Industrielle Revolution ihre Anfänge der Dampfkraft und der damit einhergehenden Automatisierung. Es gibt jedoch eine Reihe weiterer wichtiger Innovationen, die sie in Gang hielten. Im Bergbau und in der Metallverarbeitung profitierte man von neuen Erkenntnissen und Technologien und verarbeitete neue Rohstoffe. Man entwickelte effiziente Verfahren zur Herstellung von Stahl und Zement – die mit Sicherheit zu den bedeutsamsten Fortschritten der Werkstoff- und Bauindustrie zählen.

Bis zum Ende des 17. Jahrhunderts war in Großbritannien der natürliche Baumbestand drastisch reduziert worden, da man große Mengen Holz und Holzkohle benötigte, um Eisen aus Eisenerz auszuschmelzen und Stahl herzustellen. 1709 beschickte der Eisenschmied Abraham Darby die Hochöfen erstmals mit Koks, das aus den riesigen Kohlevorräten Großbritanniens erzeugt werden konnte. 1740 entwickelte Benjamin Huntsman ein Verfahren, mit dem sich Gussstahl herstellen ließ, und legte damit den Grundstein zum Stahlveredelungsverfahren. Zunächst galt es, eine Methode zu finden, große Mengen Stahl schnell und billig produzieren zu können.

1856 versuchte der Engländer Henry Bessemer, ein Fachmann der Metallverarbeitung, ein robusteres Gusseisen herzustellen. Dabei entdeckte er unter anderem, dass man mithilfe von Sauerstoff in der Lage war, das Roheisen zu entkohlen. Der Sauerstoff war in den Gasen enthalten, die beim Schmelzprozess aus den Hochöfen entwichen. Bessemer aber entwickelte eine Technik, Luft oder Dampf einzublasen, um das Gusseisen zu reinigen. Daneben machte er das Produkt durch zusätzliches Erhitzen dünnflüssiger, damit es leichter gegossen werden konnte.

Bessemer perfektionierte diese Techniken und entwickelte das nach ihm benannte Bessemerverfahren, mit dem sich nun große Mengen gereinigtes Schmiedeeisen erzeugen ließen. Außerdem baute er einen Konverter, die sogenannte Bessemerbirne. Dieser birnenförmige Stahlbehälter war mit feuerfesten Ziegeln ausgekleidet und an Zapfen eines riesigen Gestells aufgehängt. Das Eisen wurde von oben eingefüllt, gleichzeitig wurde durch Düsen im Boden der Birne Luft eingepumpt. Die Bessemerbirne verbrauchte nur wenig Koks und warf innerhalb kurzer Zeit große Mengen Stahl ab. Spätere Verfahren hatten zum Ziel, auch Verunreinigungen durch Schwefel und Phosphor zu entfernen, bis man reinen, hochwertigen Stahl erhielt. Dieser wurde bald zum wichtigsten Werkstoff und seine Massenproduktion kurbelte die Wirtschaft an. Vor allem der Maschinenbau florierte in den kommenden Jahrzehnten wie nie zuvor. Eine dampfbetriebene Drehbank, die genauer und schneller arbeitete als frühere Modelle, der von James Nasmyth erfundene Dampfhammer sowie

verbesserte Bohrmaschinen ergänzten den Maschinenbestand der Fabriken.

1815 erfand der englische Chemiker Humphry Davy die Sicherheitsgrubenlampe. Da in Bergwerken immer wieder hochexplosive Gase wie Methan austreten können, lebten die Bergmänner ständig mit hohem Risiko, solange sie Lampen mit offener Flamme benutzten. Die Sicherheitsgrubenlampe war so konstruiert, dass die Lampe eine explosive Atmosphäre nicht entzünden konnte.

Auch die Entwicklungen im Hoch- und Tiefbau profitierten vom Einsatz der Dampfkraft. Mit neuen hydraulischen oder mit Pressluft arbeitenden

Werkzeugen konnte man schneller und gewinnbringender zu Werke gehen. Im Brückenbau wurde Gusseisen zunächst von Schmiedeeisen und dann von Stahl verdrängt. Der von Joseph Aspidin 1824 eingeführte sogenannte Portlandzement gab der Bautechnik weiteren Rückenwind. Mit diesem Material ließ sich Beton herstellen, der den Gebäuden eine nie zuvor erreichte Stabilität verlieh, wenn er zusammen mit Stahl verbaut wurde.

Für eine einschneidende Veränderung im Bauwesen sorgte auch die Erfindung von Dynamit. Der schwedische Physiker Alfred Nobel arbeitete mit Nitroglyzerin, einer gefährlichen und hochexplosiven Chemikalie. 1867 erkannte er bei seinen Experimenten, dass dieser Stoff handhabbar gemacht werden konnte, wenn man ihn mit Kieselgur, einer porösen und pulvrigen Substanz, vermischte. In dieser Form war er deutlich sicherer und ließ sich hervorragend im Hoch- und Tiefbau sowie zu militärischen Zwecken nutzen.

Auch Gummi entwickelte sich im 18. Jahrhundert zu einem wichtigen Baumaterial, nachdem die Franzosen in den Urwäldern Südamerikas Naturkautschuk entdeckt hatten. Um ihn weiter nutzen zu können, war das von dem Amerikaner Charles Goodyear 1839 entwickelte Vulkanisierungsverfahren entscheidend. Dabei wurde dem Kautschuk unter großer Hitze Schwefel beigemischt, was ihn in erster Linie härter machte. Das Vulkanisieren ließ den Kautschuk aber auch anderen Chemikalien gegenüber widerstandsfähiger werden und machte das Gummi schließlich zu einem vielseitig verwendbaren Werkstoff.

Alfred Nobel

Der schwedische Erfinder, Chemiker und Menschenfreund Alfred Nobel erfand die Initialzündung, die eine sichere Zündung der Sprengung zu friedlichen Zwecken bewirken sollte. Außerdem mischte er flüchtiges Nitroglyzerin mit Kieselgur und stellte so Dynamit her. Dieser Stoff, der wesentlich sicherer und einfacher zu handhaben war als andere Sprengstoffe, machte Nobel zu einem reichen Mann.

Dampfhammer

Der Dampfhammer wurde 1839 von dem Ingenieur James Nasmyth aus England erfunden, um schwere Metallteile zu schmieden. Ursprünglich wurde er für die Produktion der Antriebswellen für die Schaufelräder des Raddampfers Great Britain gebaut, doch später kam er in allen größeren Produktionsbetrieben zum Einsatz. Nasmyth konstruierte mehr als 100 Lokomotiven, eine Dampframme, eine hydraulische Presse und weitere Maschinen. (*Cyclopedia of Useful Arts*, Band II)

Kommunikation

Die Fortschritte auf dem Gebiet der Kommunikation im 19. Jahrhundert waren revolutionär. Nachdem Gutenberg bewegliche Drucklettern und die Druckerpresse erfunden hatte, trieben jetzt neue Druck- und Papierherstellungsverfahren die Entwicklung und Verbreitung gedruckter Produkte weiter voran. Dazu gehörte vor allem die Rotationsschnellpresse und die 1884 von Ottmar Mergenthaler in den USA patentierte Zeilensetzmaschine, mit der sich ganze Zeilen statt einzelner Buchstaben auf einmal setzen ließen, was den Druckprozess drastisch beschleunigte.

Der Amerikaner Christopher Sholes brachte 1867 die erste Schreibmaschine heraus und erlangte mit einem verbesserten Modell 1868 dafür ein Patent. Mit der Firma E. Remington & Sons begann er 1873, die Schreibmaschine in großem Stil zu vermarkten, was in den USA auch gelang.

Doch auch das Schreiben von Hand wurde durch neue Techniken erleichtert. 1884 erfand man den Füllfederhalter, der die fruheren Geräte zum Eintauchen in ein Tintenfass ablöste. Er wurde von Lewis Waterman entwickelt und nutzte die Kapilarwirkung, über die Tinte in die Schreibspitze floss. 1895 folgten erste Modelle des Kugelschreibers, der aber erst 1931 von dem Ungarn László Biró zu einem allgemein gebräuchlichen Schreibgerät weiterentwickelt wurde.

Bahnbrechend waren auch die Neuerungen in der Bildverarbeitung. Die Erfindung der Fotografie kann als ähnlich revolutionär angesehen werden wie die der beweglichen Drucklettern ein paar Jahrhunderte früher. In den 1820er-Jahren nahm Joseph Nicéphore Niépce das erste Foto mithilfe einer mit Asphaltlack beschichteten Zinnplatte auf. In den kommenden Jahren verbesserte sein Partner Louis Daguerre den fotografischen Prozess, indem er lichtempfindliche versilberte Platten verwendete. Die nach seinem Namen bekannt gewordene Daguerreotypie verbreitete sich in den 1850er-Jahren rasch.

1880 ließ der amerikanische Erfinder George Eastman die fotografische Trockenplatte patentieren. 1888 führte er die Kodak Nr. 1 ein, einen Handapparat mit einem Rollfilm als Aufnahmemedium. Dieser Schritt machte die Fotografie erst richtig populär. Das Filmmaterial bestand aus Zelluloid, das der Engländer Alexander Parkes bereits 1856 hergestellt hatte, für das aber erst in den 1870er-Jahren Verwendung gefunden wurde.

Eine weitere zukunftsweisende Erfindung war die Telegrafie. Als die elektrische Telegrafie eingeführt wurde, war bereits die optische Telegrafie,

etwa das im 18. Jahrhundert in Frankreich erfundene Winksignalsystem, entwickelt worden. Dank den Forschungen auf dem Gebiet der Elektrizität

Die erste Schreibmaschine

Nachdem im 19. Jahrhundert viele Versuche gestartet wurden, eine brauchbare Schreibmaschine zu konstruieren, gelang es dem amerikanischen Erfinder Christopher Sholes, ein Exemplar zu bauen, mit dem man schneller schreiben konnte als von Hand. Sie war noch sehr schlicht und wurde mehrmals verbessert, bevor 1874 die ersten kommerziellen Schreibmaschinen auf den Markt kamen. Das gezeigte Modell von 1866 war der Vorläufer der Maschine, die Sholes 1868 patentieren ließ.

Morsecode

Samuel Morse erfand ein System aus Punkten und Strichen, den Morsecode, der sich in der Telegrafie als äußerst erfolgreich erwies. Die erste Nachricht wurde 1844 von Baltimore nach Washington telegrafiert und enthielt die Worte: »What hath God wrought!« (Was hat Gott bewirkt). Die Abbildung zeigt einen Telegrafenempfänger, der Morsecode auf einen Lochstreifen druckt, sowie eine Schieferplatte mit dem Morsealphabet.

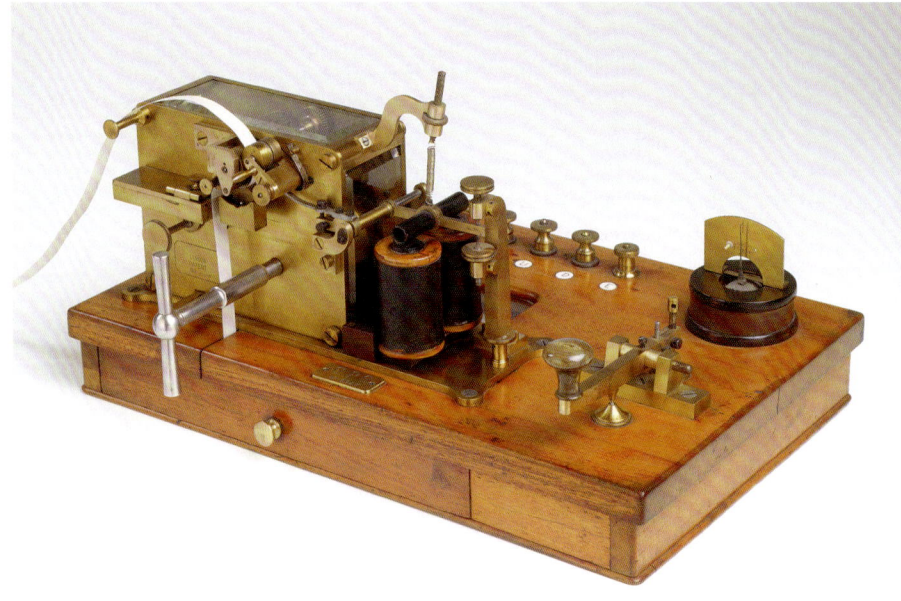

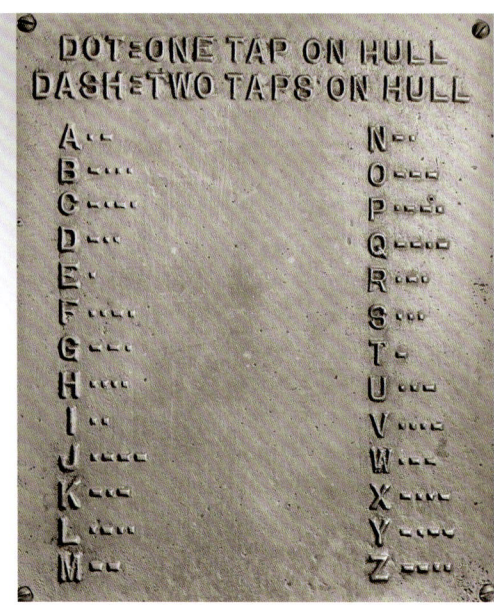

und ihrer magnetischen Eigenschaften gelang es den britischen Wissenschaftlern William Fothergill Cooke und Charles Wheatstone 1837, den ersten funktionsfähigen Telegrafen zu entwickeln. Im selben Jahr erhielt Samuel Morse, ein amerikanischer Kunstprofessor, ein Patent auf seinen elektromagnetischen Telegrafen. Auch sein neuartiges System zur Darstellung von Buchstaben mithilfe von Punkten und Strichen, das als Morsecode bekannt wurde, ließ er schützen. Nachdem er sein erstes Telegrafenmodell weiterentwickelt hatte, telegrafierte er 1844 die erste Nachricht, geschrieben im Morsecode, über eine Distanz von 60 Kilometern zwischen Washington DC und Baltimore. Die Telegrafie wurde zu einem Symbol schneller Kommunikation und fand rasche Verbreitung im Bahnwesen, in der Zeitungsindustrie und auf den Aktienmärkten.

Nach diesem Durchbruch bei der Kommunikation geschriebener Sprache revolutionierte das Telefon 1876 die Welt der Sprachnachrichten. Alexander Graham Bell war ein aus Schottland stammender amerikanischer Erfinder. Er erhielt als Erster ein Patent für die Übertragung gesprochener Nachrichten über eine Kabelverbindung, die auf den Prinzipien der elektrischen Übertragung von Tönen beruhte. Sein Patent gilt als eines der einflussreichsten überhaupt.

Verschiedene Erfinder wie Thomas Watson und Thomas Edison entwickelten das Telefon weiter, und zum Ende des Jahrhunderts wurde ein Modell eingeführt, das während der nächsten 50 Jahre Standard blieb. 1878 richtete man in Connecticut das erste Fernsprechamt mit 21 Fernsprechteilnehmern ein. Die Vermittlung erfolgte von Hand, erst 1889 nahm der erste automatisierte Vermittlungsdienst seine Arbeit auf.

1877 stellte der erfolgreiche amerikanische Erfinder Thomas Alva Edison seinen Phonographen vor. Dieses akustisch-mechanische Gerät war in der Lage, auf elektrischem Wege Klang aufzunehmen und wiederzugeben. Dazu wurde eine Walze mit einem Blatt Stanniolpapier umwickelt, auf dem ein Stift bei langsamem Drehen der Walze unterschiedlich tiefe, von den Schallschwingungen abhängige Eindrücke hinterließ. Mit einer anderen Nadel ließen sich diese Vertiefungen dann wieder in Klang umwandeln.

Die Telegrafie und das Telefon beeinflussten das Leben der Menschen zweifellos stark. Mindestens ebenso revolutionär war im 20. Jahrhundert die Entdeckung, dass sich Schall mithilfe von Radiowellen übertragen ließ. Sie ergab sich unmittelbar aus den theoretischen Forschungsergebnissen auf den Gebieten der Elektrizität und des Magnetismus. Der englische Wissenschaftler James Clerk Maxwell stellte 1864 seine umfassenden Theorien über Elektrizität und Magnetismus vor, die bereits

nahelegten, dass sich elektromagnetische Wellen in einem Vakuum mit Lichtgeschwindigkeit fortbewegen können. Licht war demnach nur eine bestimmte Form elektromagnetischer Wellen.

1888 bewies der deutsche Wissenschaftler Heinrich Hertz, dass diese Wellen tatsächlich existierten, indem er ihre Fortbewegung über eine kurze Strecke im Labor demonstrierte. Der junge italienische Erfinder Guglielmo Marconi griff die Ergebnisse von Hertz auf und konnte zeigen, wie sich die Signale auch über größere Distanzen übertragen ließen. Seine Forschungen gipfelten 1901 in einer kabellose Nachrichtenübermittlung über den Atlantik. Dies war die Geburtsstunde der Funktechnik.

Die weitere Entwicklung der Funktechnik hing unmittelbar mit den Fortschritten zusammen, die man auf dem Gebiet elektronischer Schaltkreise und Geräte erzielte. Als der britische Elektroingenieur John A. Fleming 1904 die Röhrendiode als Patent anmeldete, war ein weiterer Vorstoß möglich. Flemings Apparat bestand aus einer Art Ventil, das den Strom nur in eine Richtung weiterleitete. 1906 revolutionierte Lee de Forest mit der sogenannten Triode die Funktechnik, denn damit war es erstmals möglich, schwache Signale zu verstärken und zu übertragen.

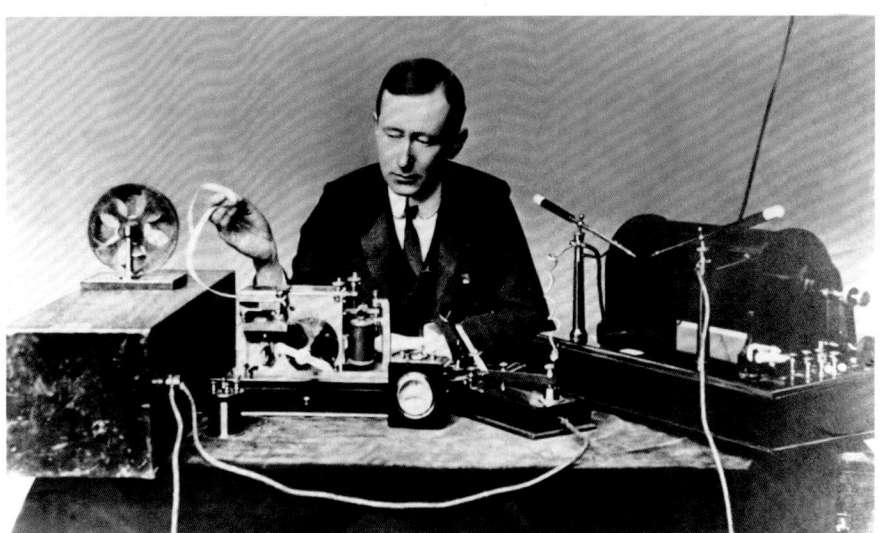

Das Radio wurde ursprünglich vorwiegend zur Telegrafie verwendet. Dass es funktionierte, demonstrierte eindrucksvoll das SOS-Signal, das 1912 von der untergehenden Titanic gesendet wurde. 1915 zeigte die amerikanische Telefon- und Telegrafengesellschaft AT&T zum ersten Mal, dass auch Sprache per Funk übermittelt werden konnte. Damit war der Damm gebrochen und die Radiotechnik begann die Welt zu erobern.

Elektrizität

Im ausklingenden 18. Jahrhundert hatte sich die Dampfkraft als die treibende Kraft der Industriellen Revolution erwiesen. Die Elektrizität sollte die Welt allerdings noch viel stärker und nachhaltiger

Marconi sendet Funksignale

Der italienische Ingenieur und Physiker Guglielmo Marconi verbesserte den Hertz'schen Oszillator zum Erzeugen und Empfangen von Radiowellen. 1901 gelang es Marconi, Nachrichten in Morsecode per Funk über den Atlantik zu schicken. Er arbeitete weiter an der Verbesserung der Funkstation, bis 1906 Reginald Fessenden die erste Radioübertragung gelang. Das Gerät auf der Abbildung ähnelt dem Modell, mit dem Marconi die ersten Signale über den Atlantik schickte.

Franklin experimentiert mit Blitzen

Als Erfinder, Wissenschaftler, Diplomat, Drucker und Herausgeber leistete Benjamin Franklin eine Vielzahl wertvoller Beiträge zu Wissenschaft und Technik, vor allem auf dem Gebiet der Elektrotechnik. Er bewies als Erster, dass Blitze nichts anderes sind als Elektrizität, indem er einen elektrischen Drachen bei Gewitter steigen ließ, wie in der Lithographie gezeigt.

Elektromagnetische Induktion

Der Dynamo und der erste elektrische Motor wurden von Michael Faraday erfunden, der sich auf den Gebieten des Elektromagnetismus und der Elektrochemie verdient machte. Er verwendete ein einfaches stromübertragendes Gerät, um die Prinzipien der elektromagnetischen Induktion erklären zu können. Dies war Voraussetzung dafür, dass später der elektrische Generator und der Elektromotor erfunden werden konnten.

beeinflussen. Schon im 17. Jahrhundert konnte der englische Wissenschaftler William Gilbert demonstrieren, dass sich Objekte, die man aneinander rieb, gegenseitig anzogen. 1750 führte dann der amerikanische Erfinder und Politiker Benjamin Franklin seine berühmten Experimente mit Blitzen durch und bewies, dass es sich dabei um ein elektrisches Phänomen handelt.

Verschiedene Wissenschaftler befassten sich im späten 18. Jahrhundert intensiv mit dem Studium der Elektrizität und ihrer Wirkungsweise. Der italienische Physiker Luigi Galvani fand 1766 heraus, dass bei der Übertragung von Signalen im Nervensystem elektrische Prozesse abliefen. Ein anderer Italiener, Alessandro Volta, konstruierte 1800 die Voltasäule. Dieser Vorläufer der modernen Batterie bestand aus übereinandergestapelten Plättchen aus zwei unterschiedlichen Metallen, die durch elektrolytgetränkte Papp- oder Lederstücke voneinander getrennt waren.

Schließlich gelang es dem Buchbinderlehrling Michael Faraday, einige der wichtigsten Eigenschaften der Elektrizität aufzuzeigen. Sein in den 1820er-Jahren gebauter elektrischer Motor setzte Elektrizität in mechanische Bewegung um und nutzte dazu die Wechselwirkung von elektrischem Strom und Magnetkraft. Im Laufe seiner weiteren Forschungsaktivitäten entdeckte er das Phänomen der elektromagnetischen Induktion, dabei wird durch Veränderung des magnetischen Flusses elektrische Spannung erzeugt. 1831 entwickelte er den ersten Dynamo, mit dem sich Bewegungsenergie in elektrische Energie umwandeln ließ.

Elektrischer Motor und Dynamo wurden in den nächsten Jahren stark verbessert. Im Ergebnis entstanden größere Motoren, die in der Lage wa-

ren, Dampfmaschinen zu ersetzen, sowie riesige Generatoren, mit denen sich elektrischer Strom erzeugen ließ. Die Elektrizität veränderte das Leben der Menschen ein weiteres Mal von Grund auf. Noch vor Ende des 19. Jahrhunderts waren elektrisches Licht und Elektrizität in der Industrie selbstverständlich geworden.

Elektrisches Licht nutzte man bereits im frühen 19. Jahrhundert. Die ersten Lampen waren Bogenlampen, die den Lichtbogen zwischen zwei Kohle-

elektroden nutzten, um Licht zu erzeugen. Sie waren zwar umständlich zu bedienen, erfreuten sich aber großer Beliebtheit, vor allem in Straßenlaternen. Gegen Mitte des 19. Jahrhunderts testeten Wissenschaftler verschiedene Materialien als

Glühfäden, um Licht zu erzeugen. So experimentierte der Engländer Joseph Swan etwa mit Kohlefäden und in Säure getränktem Baumwollgarn.

Dem Amerikaner Thomas Alva Edison gelang es schließlich, all diese Ideen erfolgreich in einer brauchbaren Glühlampe zu realisieren, die er auch patentieren ließ. Mithilfe einer Vakuumpumpe erzeugte er in einem Glaskolben, in dem ein Kohleglühfaden befestigt war, ein Vakuum, um den Faden länger glühend zu halten. Auch Swan hatte, wie erwähnt, mit verschiedenen Materialien experimentiert, die als Glühfaden dienen sollten, und es bleibt unsicher, wem von beiden die erste weißglühende Glühlampe zuzuschreiben ist. 1879 stellte Edison die erste langlebige Glühbirne mit Kohlefaden vor, die zwei Tage lang Licht abgab. Nachdem die erste für die kommerzielle Nutzung hergestellte Glühbirne auf dem Schiff Columbia 1880 für Beleuchtung gesorgt hatte, etablierte sich die neue Lichtquelle rasch in Fabriken, Handel und

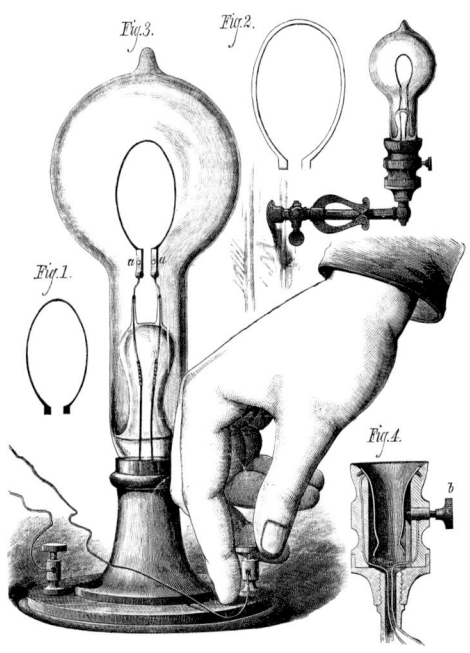

Haushalt. Von nun an mussten sich die Menschen nicht mehr streng an den Tag-Nacht-Zyklus halten, um ihrer Arbeit nachzugehen.

1907 führte Franjo Hannaman eine Glühlampe mit einem Glühfaden aus dem Stoff Wolfram ein. Sie war heller und von längerer Lebensdauer als die Kohlefäden-Lampen. Glühlampen dieser Art werden noch heute hergestellt. Zu den vielen in den nächsten Jahren entwickelten Varianten gehören auch Lichtquellen, bei denen ein Gas zugeführt wird, um die Glühlampe noch langlebiger zu machen, und solche mit gewendeltem Glühfaden.

Eine etwas anders geartete Lichttechnik wurde bei der Hochdruck-Entladungslampe angewandt. Die Funktionsweise dieser Lichtquelle basiert auf zwei Elektroden, zwischen denen ein elektrisches Feld aufgebaut und eine Gasentladung entflammt

wird. Eine Art von Gasentladungslampe ist zum Beispiel die Quecksilberdampflampe. Sie nutzt für die Gasentladung Quecksilberdämpfe und wurde nach ihrer Einführung 1901 rasch populär. Schließlich erfand Georges Claude 1910 eine mit Neongas befüllte Leuchtröhre, die rotes Licht erzeugt, wenn eine hohe Spannung angelegt wird. Man erkannte rasch das Potenzial dieser Neonröhre für die kommerzielle Nutzung und setzte sie fortan auf der ganzen Welt für Leuchtreklame ein.

Medizin

Auf dem Gebiet der Medizin wandte man im Westen noch immer vorwiegend empirische Methoden an. Während des Goldenen Zeitalters des Islam hatte die medizinische Wissenschaft und Praxis im Mittleren Osten zwar große Fortschritte errungen, doch die theoretische Basis fehlte weitgehend. Die medizinische Forschung des 18. und 19. Jahrhunderts sorgte nun mit neuen Erkenntnissen für einige zukunftsweisende Verbesserungen.

1796 injizierte Edward Jenner, ein Arzt aus England, einem Patienten erstmals einen Impfstoff, der aus Absonderungen einer Kuhpocken-Wunde bestand. Der Patient zeigte daraufhin keinerlei Symptome einer Pockeninfektion, obwohl sein Körper dem gefährlichen Erreger ausgesetzt worden war. Das Experiment hatte weitreichende Folgen. Von nun an bekämpfte man erfolgreich verschiedene Infektionskrankheiten durch Impfung und rettete so Millionen von Menschenleben.

Dem französischen Arzt René T. H. Laënnec gelang es 1819 erstmals, den Herzgeräuschen eines Patienten mithilfe eins hölzernen Hörrohrs zu lauschen, das als das erste Stethoskop bezeichnet werden kann. Spätere Modelle, die aus einem Gummischlauch bestanden und über einen Hörbügel die Geräusche direkt ins Ohr des Untersuchenden leiteten, gleichen im Wesentlichen denen, die auch heute noch gebräuchlich sind.

Dem französischen Chemiker Louis Pasteur gelang Mitte des 19. Jahrhunderts ein weiterer Durchbruch bei der Bekämpfung von Krankheitserregern. Pasteur beschäftigte sich ursprünglich mit der Fermentierung von Wein, was für die Weinindustrie Frankreichs von großer Bedeutung war. Dabei konnte er beobachten, dass bestimmte Mikroorganismen im Wein oder in Milch den Prozess der Gärung in Gang setzen. Würde es also gelingen, die Mikroorganismen zu entfernen, käme es nicht zur Gärung. Pasteur ging der Frage nach, ob sich die Mikroorganismen spontan oder aus Verunreinigungen entwickelten, und konnte nachweisen, dass sie nur bei Kontakt mit Luft entstehen. Durch diese Erkenntnis lernte man die Verbreitung von Keimen besser zu kontrollieren. Pasteurs Verfahren, Milch zu erhitzen, um sie keimfrei zu machen, wurde als Pasteurisierung bekannt.

Edisons hell leuchtende Glühlampe

Als Thomas Edison seine Experimente mit der elektrischen Glühlampe begann, hatten andere Erfinder schon seit mehr als 50 Jahren versucht, eine nutzbare, billige und langlebige Glühlampe auf den Weg zu bringen. Edison entwarf verschiedene Modelle, zusammen mit seinem Assistenten Francis Uption, bevor er 1880 auf die Idee kam, als Glühfaden eine verkohlte Bambusfaser zu verwenden. Die elektrische Glühbirne ersetzte mehrere Jahrzehnte die Gaslampe, die bis dahin in Privathaushalten und gewerblichen Räumen genutzt worden war.

Pasteur führte auch Edward Jenners Forschungserkenntnisse weiter und impfte Schafe und Rinder erfolgreich gegen den tödlichen Milzbrand. Sein größter Erfolg war die Entwicklung eines Impfstoffs gegen Tollwut, eine durch Tierbisse verursachte Infektionskrankheit.

Die mikrobiologische Forschung führte dazu, dass man die Zusammenhänge zwischen Keimen und bestimmten Krankheiten besser verstand. 1865 behandelte der schottische Chirurg Joseph Lister offene Wunden mit Karbolsäure, um eine Infektion zu verhindern, was faktisch der ersten Anwendung eines Antiseptikums gleichkam. Der deutsche Arzt Robert Koch isolierte 1882 erstmals erfolgreich Tuberkulose- und Cholerabakterien. Eine Reihe weiterer Krankheiten ließen sich ebenfalls auf Mikroorganismen zurückführen. 1846 wandte man in den USA erstmals Äther an, um Patienten während chirurgischer Eingriffe zu betäuben. Er wurde 1847 weitgehend von dem weniger gefährlichen Chloroform abgelöst, das für einige Zeit das gebräuchlichste Narkotikum blieb.

Gegen Ende des Jahrhunderts entdeckte der britische Militärarzt Ronald Ross, der in Indien arbeitete, dass sich Malaria über einen Erreger verbreitete, der sich im Magen der Anopheles-Stechmücke einnistete. Es galt also, einen Schutz

die Handknochen von Röntgens Frau. Röntgenstrahlen erwiesen sich als überaus nützlich für Diagnose und Behandlung, vor allem in der Orthopädie, und auch, um die Struktur verschiedener Materialien zu erkennen.

Insgesamt entwickelte man im 19. Jahrhundert viele neue Theorien und praktische Anwendungen. Der Kampf gegen Epidemien schärfte den Blick der Mediziner für die Volksgesundheit und trug entscheidend dazu bei, die Sterblichkeitsrate und die Zahl der Krankheitsfälle drastisch zu reduzieren. Mit dem Wissen um Krankheitsursachen und -verläufe, der Entwicklung von Impfstoffen gegen Infektionskrankheiten und dem besseren Einblick in die physische Struktur des Menschen hatte man den Weg für die revolutionären Entwicklungen des kommenden Jahrhunderts bereitet.

Entdeckungen und Erfindungen als Wegbereiter

Ein typisches Merkmal des Zeitabschnitts zwischen dem 18. und 20. Jahrhundert waren eine Reihe von Forschungsergebnissen und erfinderischen Aktivitäten, die insofern eine Schlüsselfunktion hatten, als spätere bedeutsame Entdeckungen auf ihnen aufbauten. So entwickelte etwa der deutsche Physiker Daniel Gabriel Fahrenheit im Jahr 1714 die erste Skala, um die Temperatur zu beschreiben. Wenig später verwendete er auch erstmals Quecksilber in einem Thermometer. Seine Skala und Messgeräte spielten für die weitere Forschung auf dem Gebiet der Thermodynamik eine große Rolle, die ihrerseits den Weg zu Dampfkraft und Verbrennungsmotor ebnete.

Ähnlich verhielt es sich mit den im 19. Jahrhundert erzielten Fortschritten auf dem Gebiet von Elektrizität und Magnetismus. Zuerst mussten die elektromagnetischen Phänomene theoretisch durchdrungen und verstanden werden, um später Straßen und Häuser beleuchten, schnelle Transportmedien bauen und über Telegrafen, Telefon oder per Funk kommunizieren zu können.

Nachdem man die Prinzipien des Elektromagnetismus auf eine theoretische Basis gestellt hatte, versuchte man, die Beschaffenheit der Materie auf mikroskopischer und atomarer Ebene zu verstehen. Der englische Lehrer John Dalton legte zu Beginn des 19. Jahrhunderts eine schlüssige Theorie zur atomaren Struktur der Materie vor. Seine Atomhypothese erläuterte er in seinem wichtigsten Werk *A New System of Chemical Philosophy*. Theorien zur Atomstruktur schenkte man weit mehr Beachtung als den Vorstellungen über unsichtbare Teilchen in der Materie, wie sie griechische und indische Philosophen verbreitet hatten.

Die Erkenntnisse von Faraday und Maxwell aus der Mitte des 19. Jahrhunderts ließen viele Wissenschaftler mutmaßen, dass sich Elektrizität aus

gegen die Stiche dieser Mücke zu entwickeln, um die in Sumpfgebieten weit verbreitete Krankheit in den Griff zu bekommen.

Der deutsche Physiker Wilhelm C. Röntgen ging auf dem Gebiet der medizinischen Diagnostik neue Wege. Er entdeckte 1895 zufällig die sogenannten X-Strahlen und ihre Möglichkeit, Knochen sichtbar zu machen. Die erste Röntgenaufnahme zeigt

Marie Curie in ihrem Labor

Im Jahr 1903 war die polnische Chemikerin Marie Sklodowska Curie die erste Frau, die einen Nobelpreis gewann. Mit ihrem Beitrag zur Erforschung von Radioaktivität und Radium half sie, das durch Krankheiten verursachte Leid vieler Menschen wie zum Beispiel Krebs zu lindern. An sie wurde erstmals ein Nobelpreis zweimal verliehen, und noch dazu in zwei verschiedenen wissenschaftlichen Disziplinen. Im Ersten Weltkrieg ließ Marie Curie mobile Röntgenstationen aufbauen und bildete 150 Frauen aus, die dafür zu sorgen hatten, dass die Röntgenwagen, die liebevoll »Kleine Curies« genannt wurden, rechtzeitig die Verwundeten erreichten. Das Gold ihrer Medaillen stiftete sie für einen guten Zweck.

eigenständigen Einheiten zusammensetze. 1897 entdeckte der an der Universität von Cambridge lehrende Wissenschaftler Joseph John Thomson erstmals ein Teilchen, das kleiner war als ein Atom, das Elektron. Damit offenbarte sich der Wissenschaft die Welt der Elementarteilchen.

1896 fand Henri Becquerel heraus, dass bestimmte Mineralien eine sonderbare Strahlung abgaben, die eine Fotoplatte schwarz färben konnte. Durch seine Entdeckung der Radioaktivität war man in der Lage, die Struktur des Atoms zu verstehen. Später gelang es der polnischen Chemikerin Marie Curie und ihrem französischen Ehemann Pierre Curie, ebenso wie dem Neuseeländer Ernest Rutherford, die Natur der Radioaktivität und somit das Atom und seine Zusammensetzung zu erklären. Mit ihrer Arbeit leistete Marie Curie außerdem einen nicht unwesentlichen Beitrag zur Heilung von Krankheiten wie zum Beispiel Krebs.

Albert Einsteins Relativitätstheorie legte im ersten Jahrzehnt des 20. Jahrhunderts den Grundstein der modernen Physik. Einsteins berühmte Formel $E = mc^2$ (Energie = Masse x Lichtgeschwindigkeit zum Quadrat) griffen andere Wissenschaftler später auf, um die Atombombe zu entwickeln. Einstein, der in einer Patentanwaltskanzlei arbeitete, verfasste 1905 grundlegende Schriften zur Physik. Eine davon enthielt eine völlig neue Theorie über Raum und Zeit. In einer anderen erklärte er die fotoelektrische Wirkung und entwarf eine neue Sichtweise auf die Beschaffenheit des Lichts. Damit nahm er die Ideen von Max Planck auf, der schon 1900 dargelegt hatte, dass Energie – und damit auch Licht – immer in bestimmten Portionen, sogenannten Quanten, an Materie abgegeben wird. Relativitätstheorie und Quantenphysik präg-

ten die weitere Entwicklung der Physik. Sie konnten Zusammenhänge zwischen Materie, Energie und Raum erklären, viele Innovationen des 20. Jahrhunderts wären ohne sie undenkbar.

In der Zeit zwischen 1700 und 1914 trugen die Industrielle Revolution, die Beschleunigung des Transports und der Nachrichtenübermittlung sowie Erfindungen auf den Gebieten der Medizin und Landwirtschaft allesamt dazu bei, das Leben der Weltbevölkerung drastisch zu wandeln.

Dennoch war das Tempo der Entwicklung in diesen beiden Jahrhunderten vergleichsweise langsam im Hinblick auf die Umwälzungen im 20. Jahrhundert. Diese waren fast ebenso radikal wie der Übergang zur Landwirtschaft oder zur Entdeckung der Dampfkraft.

Albert Einstein

Der vielleicht bekannteste Wissenschaftler des 20. Jahrhunderts, Albert Einstein, löste eine Sensation aus, als er mit seiner Relativitätstheorie die Newtonschen Gesetze widerlegte. Als er die Gleichung $E = mc^2$ aufstellte, ahnte er noch nicht, dass sie einmal Menschen dazu dienen würde, die Atombombe zu bauen. Als er später fürchtete, die Deutschen könnten die Atombombe bauen, beschwor er in einem Brief an den amerikanischen Präsidenten Roosevelt vom August 1939 die Gefährlichkeit der Kernenergie und legte ihm nahe, die Bombe zu bauen, bevor es die Feinde tun. Er bedauerte sehr, dass die Amerikaner schließlich die Bombe gegen Japan einsetzten.

Grosse Erfinder der Epoche

Selten sind Entwicklungen in Wissenschaft und Technik auf die Leistungen Einzelner zurückzuführen, da die Arbeit meist auf früher gewonnenen Erkenntnissen aufbaut. Dennoch gibt es einzelne Persönlichkeiten, deren Errungenschaften insofern bahnbrechend sind, als sie völlig neue Horizonte auf dem jeweiligen Fachgebiet eröffneten. Die Zahl derer, die zu diesen brillanten Köpfen gehörten, war im 18. und 19. Jahrhundert nicht gerade gering, was zu einem außergewöhnlich hohen Grad an technischem Fortschritt führte.

Eine der wegweisenden Erfindungen des 18. Jahrhunderts war die Dampfmaschine, denn sie revolutionierte nicht nur den Bergbau, sondern auch das Transportwesen und den Maschinenbau. Der geniale Geist hinter dieser Erfindung war James Watt aus Glasgow, der die erste praktisch nutzbare Dampfmaschine entwickelte. Mit ihr verbesserte Watt die von Newcomen ein paar Jahrzehnte früher gebaute Dampfmaschine entscheidend. Watts Konstruktion wies einen separaten Kondensator auf und war in der Lage, eine drehbare Welle in Rotationsbewegung zu versetzen. Zunächst verfügte Watt nicht über genug Geld, um seine Maschinen oder deren Entwürfe patentieren zu lassen. Erst nachdem er sich mit dem Gießereibesitzer Matthew Boulton zusammengetan

Michael Faraday

Faraday, einer der herausragendsten Wissenschaftler des 19. Jahrhunderts, begann seine Karriere während einer Buchbinderlehre. Beim Lesen zahlreicher Bücher fing er an, sich für Chemie und Elektrizität zu interessieren. Seine Leistungen auf diesen Gebieten hatten großen Einfluss auf zukünftige Entwicklungen. Er ist vermutlich der einzige Erfinder, dessen Porträt auf einer Banknote abgebildet ist.

hatte, konnte er seine Maschinen bauen und verkaufen. Darin war er sehr erfolgreich, denn die Maschinen erwiesen sich vor allem im Bergbau und später auch in Textilfabriken äußerst nützlich.

So wie die Dampfmaschine die Industrielle Revolution auf den Weg brachte, legte Michael Faraday mit seiner Forschung auf dem Gebiet von Elektrizität und Magnetismus den Grundstein für eine neue Energiequelle. Faraday, Sohn eines armen Grobschmieds, musste die Schule verlassen und erlernte die Buchbinderei. Dies gab ihm die Möglichkeit, viele Bücher zu lesen, vor allem über Chemie. Eine Zeit lang arbeitete er als Assistent des berühmten Chemikers Humphry Davy, doch nachdem er von den Experimenten des dänischen Wissenschaftlers Hans Christian Ørsted gehört hatte, die sich mit Elektrizität und Magnetismus befassten, widmete er sich ganz dieser Disziplin. 1821 entwickelte er den ersten Elektromotor, der den Beweis lieferte, dass man Elektrizität dazu nutzen konnte, Arbeit zu leisten. Später entdeckte er die elektromagnetische Induktion, die insofern zukunftsweisend war, als sie den Weg zu einer zuverlässigen und kontinuierlichen Gewinnung von Strom bahnte. Während Strom bisher nur mithilfe primitiver Batterien erzeugt werden konnte, war nach Faradays Entdeckung klar, dass dazu jede mechanische Kraft in der Lage war. Dies bewies Faraday mit der Erfindung des Dynamos. Ein anderer Engländer, James Maxwell, griff auf Faradays Erkenntnisse zurück. Maxwell formulierte eine schlüssige Theorie des Elektromagnetismus, die schließlich zur Entwicklung des Radios führte.

Kaum ein anderer verkörperte den im späten 19. und frühen 20. Jahrhundert herrschenden Geist der Erneuerung drastischer als Thomas Alva Edison, den man voller Hochachtung auch den »Wizard of Menlo Park« nannte (»Zauberkünstler vom Menlo Park«, so hieß sein Laboratorium in New Jersey). Er wuchs in einer bescheidenen Familie in Ohio auf und verkaufte als Kind Zeitungen in der Eisenbahn. Als Jugendlicher arbeitete er als Telegrafist und zeigte bereits sein Erfindungstalent, als er einige Geräte rund um die Telegrafie entwickelte. 1869 verbesserte er den Börsentelegrafen und erhielt dafür von der Gold and Stock Telegraph Company 40.000 Dollar.

Nach seinem Umzug nach New Jersey begann er, sich ganz der Ausarbeitung und Umsetzung seiner Erfindungen zu widmen. Seine erste große Errungenschaft war 1877 der Phonograph. Das einfache Gerät machte vor allem aufgrund seiner Neuartigkeit Furore. Edison richtete ein eigenes Forschungslabor mit Namen Menlo Park ein, stellte einige Ingenieure ein und arbeitete mit ihnen intensiv an der Umsetzung seiner Ideen.

Zu den ersten Geräten gehörte unter anderem das Kohlekörnermikrofon, das in den Sprechmuscheln der Telefone fortan Verwendung fand. Bald folgte seine berühmte Glühlampe. Sie unterschied sich von früheren Modellen vor allem durch ihre Langlebigkeit. Diese erreichte er nach zahlreichen Experimenten mit verschiedenen Materialien dadurch, dass er 1879 erstmals als Glühfaden einen verkohlten Bambusfaden verwendete. Daraufhin gründete er die Edison Electric Light Company und propagierte die Verwendung elektrischen Lichts in den Städten und

Haushalten. Er arbeitete an verschiedenen Systemen für elektrische Generatoren und der breiten Verteilung von Elektrizität.

Edison erhielt zu Lebzeiten über 1000 Patente. Nicht nur deshalb galt er auf der ganzen Welt als Genie. Noch entscheidender war, dass sich seine Erfindungen direkt auf das Leben der Menschen auswirkten. Phonograph, Glühlampe, Kinetoskop (erster einfacher Filmbetrachter) und viele andere waren allesamt technische Erfindungen, die die Menschen begeisterten, weil sie ihnen unmittelbar nutzten.

Ähnlich starken Widerhall in der Öffentlichkeit fanden die Erfindungen des amerikanischen Großunternehmers Alexander Graham Bell. Er wurde in Edinburgh geboren, wanderte aber bereits im Alter von 24 Jahren in die USA aus und begann dort, mit Taubstummen zu arbeiten. Später konzentrierte er sich darauf, den zur damaligen Zeit gebräuchlichen Telegrafen weiterzuentwickeln.

Der Telegraf hatte bis zum Ende des 19. Jahrhunderts für Industrie und Handel eine Bedeutung erlangt, die größer kaum hätte sein können. Als Kommunikationsmedium griff er ebenso stark in die Abläufe der Geschäftswelt ein, wie das Internet in heutiger Zeit. Doch es bedurfte noch einiger Verbesserungen, und einige Erfinder, darunter auch Edison, arbeiteten fieberhaft an der Möglichkeit, mehrere Nachrichten gleichzeitig durch eine Leitung zu schicken. Bell konzentrierte sich zusammen mit seinem Assistenten Thomas Watson zunächst darauf, eine Methode zu entwickeln, Sprachnachrichten via Telegraf zu übermitteln. 1876 sandte Bell seinem Assistenten die erste, berühmt gewordene Nachricht »Mr. Watson, come here, I want to see you« in dessen Zimmer nebenan. Diese Worte verankerten gleichsam die unumkehrbare Entwicklung des Telefons. Bald konnte Bell zeigen, dass dieses Gerät auch über größere Entfernungen funktionierte, und bot der

Western Union Telegraph Company sein Patent zum Kauf an. Das Unternehmen lehnte mit dem Kommentar ab, die Erfindung sei ja nur ein Spielzeug. Bell und Watson behielten schließlich das Patent und gründeten die Bell Telephone Company, die zu einem der erfolgreichsten Unternehmen werden sollte.

Der nächste revolutionäre Schritt auf dem Gebiet der Kommunikation ist hauptsächlich dem italienisch-irischen Erfinder Guglielmo Marconi zu verdanken. Marconi entdeckte schon als Jugendlicher sein Interesse an Elektrizität und begann mit »Hertz-Wellen« zu experimentieren, wie man zu dieser Zeit elektromagnetische Wellen nannte. 1897 demonstrierte er mit 23 Jahren die drahtlose Übertragung telegrafischer Nachrichten über eine Distanz von etwa sechs Kilometern. Mit der ersten drahtlosen Nachricht über den Atlantik versetzte er 1902 die Fachwelt in Erstaunen, bewies sie doch, dass sich die teure leitungsgebundene Telegrafie durch die Übertragung via Radiowellen ersetzen ließ. Gleichzeitig bahnte sie den Weg für die Erfindung des Radios. 1909 erhielten Marconi und Karl Ferdinand Braun den Nobelpreis für Physik, der sie für ihre Pionierleistung auf dem Gebiet der drahtlosen Nachrichtenübermittlung ehrte.

Wir haben gesehen, dass die Epoche zwischen 1700 und 1914 zu Recht als Zeitalter der großen Erfindungen bezeichnet wird. Meist waren es einzelne geniale Persönlichkeiten, die entweder mit ihren innovativen Ideen neue Horizonte erschlossen oder erkannten, dass sich existierende Forschungsergebnisse so umsetzen ließen, dass sie der Menschheit unmittelbar großen praktischen Nutzen brachten. Viele von ihnen wie Bell, Edison, die Wright-Brüder, Bessemer und James Watt brachten es mit ihren Erfindungen als Unternehmer zu beträchtlichem Reichtum. Doch die Zeit für erfolgreiche Individualisten, die in kleinen Werkstätten ihrem Erfindungsdrang nachgingen, sollte bald zu Ende gehen. Riesige industrielle Forschungslabors an staatlich geförderten Instituten oder Universitäten lösten im 20. Jahrhundert die private Kreativwerkstatt ab. In dieser Hinsicht kann Edisons Menlo Park als Wegweiser angesehen werden, der die Zukunft innovativen Schaffens vorwegnahm.

Thomas Alva Edison

Edison, mit 1093 Patenten Rekordhalter unter den Patentinhabern, wurde vor allem für eine Anzahl praktischer Erfindungen für die Menschheit berühmt, darunter die Glühbirne, der Phonograph, ein erstes Filmvorführgerät und das Mikrofon. Er errichtete das weltweit erste gewerbliche Laboratorium für Erfindungen, genannt Menlo Park. Die Abbildung zeigt Edison mit einer seiner wichtigsten Erfindungen, dem Phonographen.

Alexander Graham Bell

Der schottische Gehörspezialist und Taubstummenlehrer Alexander Graham Bell befasste sich intensiv mit Möglichkeiten, Taubstumme zu unterrichten, bevor er 1876 das Telefon erfand. Danach führte er seine Experimente fort und erfand 1880 das Photophon, ein Vorläufer der modernen Richtfunkgeräte. Das Bild zeigt Bell bei der Einweihung der Telefonverbindung zwischen New York und Chicago.

DIE PERIODE DES KRIEGES

DIE BEIDEN WELTKRIEGE

Im 19. Jahrhundert beschleunigte die Industrielle Revolution in Europa das Aufkommen neuer Erfindungen. Der rasante technische Fortschritt – neue Energiequellen und Transportmittel, schnellere Kommunikationsmittel und effektivere medizinische Methoden – verlieh Europa die uneingeschränkte wirtschaftliche und militärische Vormachtstellung. Aufstrebende Wirtschaftsmächte wie die USA und Japan stellten diese Position jedoch bald infrage, und Autonomiebestrebungen im Vielvölkerstaat Österreich-Ungarn sowie Spannungen auf dem Balkan führten schließlich zum Ausbruch des Ersten Weltkrieges.

Eine Auswirkung des Ersten Weltkrieges war die Große Depression im Amerika der 1930er-Jahre. Während die europäischen Länder noch einen Weg aus dem wirtschaftlichen Tal suchten, entwickelten sich die USA, die Sowjetunion und Japan zu neuen Großmächten und setzten so der europäischen Dominanz ein Ende. Diese Phase der Verschiebung der Kräfteverhältnisse nach Ende des Ersten Weltkrieges wurde vor allem durch den Aufstieg der USA zum industriellen Machtzentrum geprägt.

Im 20. Jahrhundert, das manchmal auch als das »amerikanische Jahrhundert« gepriesen wird, stiegen die USA in der Zeit zwischen den Weltkriegen endgültig zur führenden Industrie-, Wirtschafts- und Militärmacht auf. Die USA waren möglicherweise als einzige Großmacht relativ unbeschadet aus dem Ersten Weltkrieg hervorgegangen und die europäischen Volkswirtschaften mussten sich noch von den immensen Kosten des vier Jahre währenden Krieges erholen. Zwei weitere Faktoren, die den Aufstieg Amerikas begünstigten, waren die großen Rohstoffvorräte des Landes und ein massiver Anstieg der landwirtschaftlichen und der industriellen Produktion. Amerikanische Unternehmer erwiesen sich besonders geschickt darin, neue

Beginn des Nuklearzeitalters

Nachdem die USA im Jahr 1945 eine Kernspaltungsbombe entwickelt und auch eingesetzt hatten, veränderten sich die Perspektiven der Kriegsführung. In den folgenden Jahren wurden immer größere Nuklearwaffen sowie Trägersysteme entwickelt. Das politische Weltklima war vom Kalten Krieg und dem Wettrüsten zwischen den Supermächten USA und Sowjetunion geprägt. Das Bild zeigt den weißen Atompilz, der 1952 bei der Operation »Ivy Mike«, dem ersten Wasserstoffbombentest, in die Atmosphäre stieg.

1913: Thermisches Cracken wird zur Raffinierung von Rohöl eingesetzt.

1914: Der Erste Weltkrieg bricht aus. Zunächst sind nur die europäischen Großmächte verwickelt, schließlich jedoch fast die ganze Welt.

1916: Einstein veröffentlicht seine allgemeine Relativitätstheorie.

1917: Oktoberrevolution in Russland. Die Romanov-Dynastie wird gestürzt, es beginnt die Errichtung des Sowjetstaates. Amerika tritt in den Ersten Weltkrieg ein.

1918: Ende Erster Weltkrieg mit Niederlage Deutschlands. Die Weimarer Republik wird ausgerufen.

1920: Die großen Mächte gründen den sogenannten Völkerbund, um den Frieden sichern zu können. In den USA erhalten Frauen das Wahlrecht.

1921: Gründung der Kommunistischen Partei Chinas. Durch einen Staatsstreich wird Reza Khan der neue Schah von Persien. Das Insulin wird entdeckt.

1922: In der Filmindustrie wird das Technicolor-Verfahren eingeführt.

1922: Benito Mussolini kommt in Italien an die Macht. James Joyce veröffentlicht *Ulysses*. Irland wird unabhängig.

1923: Kemal Atatürk gründet die türkische Republik. De Broglie formuliert seine Theorie von der Welle-Teilchen-Dualität der Materie.

1925: Hitler veröffentlicht *Mein Kampf*.

1926: Schrödinger formuliert eine in sich folgerichtige Theorie der Quantenmechanik. Goddard startet die erste Rakete mit Flüssigbrennstoff. Der erste Tonfilm kommt in die Kinos.

1927: Lindberg überquert alleine im Nonstop-Flug den Atlantik. Heisenberg formuliert die Heisenbergsche Unschärferelation der Quantenmechanik.

1928: Das Penizillin wird entdeckt.

1929: Edwin Hubble weist nach, dass sich das Universum ausdehnt. Die New Yorker Börse bricht zusammen, und die Große Depression beginnt.

1930: Der Planet Pluto wird entdeckt.

1931: Einweihung des Empire State Buildings in New York (höchstes Gebäude).

1932: Gründung des Königreiches Saudi Arabien. Aldous Huxley veröffentlicht *Schöne neue Welt*.

1933: Die Nationalsozialisten ergreifen die Macht in Deutschland und starten die Vernichtung ihrer jüdischen Mitbürger. Roosevelt wird Präsident der USA, Beginn des New Deal.

1934: Der sogenannte Lange Marsch beginnt, bei dem sich die Armee der Kommunistischen Partei Chinas vor der offiziellen Armee Chiang Kai-sheks zurückzieht.

1935: Mussolini überfällt Äthiopien.

1936: Ausbruch des spanischen Bürgerkriegs. Beginn der stalinistischen Säuberungen.

1937: Japanische Truppen greifen China an, Japan besetzt China.

1938: Britische, französische, deutsche und italienische Politiker unterzeichnen das Münchner Abkommen. Volkswagen baut den ersten VW-Käfer.

Der Volkswagen Käfer aus dem Jahr 1938 war ein Bestseller.

1939: Deutschland überfällt Polen, der Zweite Weltkrieg bricht aus. Russland und Deutschland schließen Nichtangriffspakt. Russland überfällt Finnland.

1940: Schlacht um Großbritannien. Deutschland erobert Dänemark, Belgien und Frankreich.

1941: Japan greift Pearl Harbor an, die USA treten in den Krieg ein. Großbritannien und die USA unterzeichnen Atlantik-Charta. Deutschland greift Sowjetunion an. Belagerung von Leningrad.

1942: Japan erobert Indonesien (damals noch Niederländisch-Indien) und die Philippinen. In Indien beginnt die Quit-India-Bewegung, mit der die britische Fremdherrschaft beendet werden soll. Japanische Truppen greifen Burma an. Deutsche Armee wird bei Stalingrad besiegt. Die erste selbstständige, kontrollierte nukleare Kettenreaktion wird in Gang gesetzt.

1943: Italien kapituliert. Roosevelt, Churchill und Stalin treffen sich zur Konferenz von Teheran, um den Sieg über Hitler-Deutschland zu planen.

1944: Alliierte Truppen landen in der Normandie. Deutschland greift London mit V-2 Raketen an.

1945: Auf der Konferenz von Jalta wird über die Zukunft Europas beraten. Bombennächte von Dresden. Die USA werfen Atombomben auf Hiroshima und Nagasaki. Mit der Kapitulation Japans und Deutschlands endet der Zweite Weltkrieg. Beginn der Entwicklung moderner Nuklearwaffensysteme.

1946: Erstes Zusammentreffen der UNO. Bau des ersten Computers.

1947: Indien wird unabhängig. Das ehemalige Britisch-Indien wird in Indien und Pakistan aufgeteilt. Polaroid-Kamera und Transistor werden erfunden.

1948: Beginn des Marshal-Plans zum Wiederaufbau Europas. Gründung des Staates Israel.

1949: Gründung der NATO und der Volksrepublik China. Jungfernflug des ersten zivilen Düsenflugzeug.

Erfindungen zu übernehmen und gewinnbringend einzusetzen. Die für die militärische Aufrüstung während der Weltkriege nötige Infrastruktur war von diesen nicht betroffen und blieb intakt.

Was in den Jahrzehnten nach dem Ersten Weltkrieg im Bereich der Erfindungen geschah, war bis dahin einzigartig in der Geschichte. Die Fortschritte auf sämtlichen Gebieten waren so groß, dass sie sich fundamental auf die Gesellschaft auswirkten. Neben all den technischen Innovationen und Erfindungen wuchs auch das Wissen über die Natur enorm. Das Modell der Quantenmechanik, eine Theorie, die versucht, das Verhalten der Materie auf atomarer und subatomarer Ebene zu erklären, war eine der größten Errungenschaften der 1920er- und 1930er-Jahre. Einsteins allgemeine Relativitätstheorie, eine Beschreibung des Verhaltens von Raum und Zeit im Universum, war eine weitere Glanzleistung der Zeit.

Ebenfalls als wesentliche Veränderung stellte sich der Übergang von der »kleinen« zur »großen« Wissenschaft dar. In den vorangegangenen Jahrhunderten hatten Wissenschaftler meist alleine und abgeschieden gearbeitet. Dies änderte sich im 20. Jahrhundert radikal. Edison hatte gegen Ende des 19. Jahrhunderts bereits den Weg gewiesen, indem er ein industrielles Labor in Menlo Park einrichtete. Im 20. Jahrhundert kamen (hauptsächlich in den USA) Forschungsuniversitäten auf, und gleichzeitig wurde eine große Anzahl industrieller und staatlicher Laboratorien eingerichtet. Diese funktionierten von nun an als Triebfeder wissenschaftlicher und technologischer Entwicklung.

Güterproduktion

In der Zeit zwischen den beiden Weltkriegen veränderten sich auch die Produktionsabläufe gewaltig. Die Fließbandherstellung, eine Idee Henry Fords, wurde zum Standard in vielen Industriezweigen, was die Produktivität erheblich steigerte. Im Jahr 1911 formulierte der amerikanische Ingenieur Frederick Taylor sein Prinzip des »Scientific Management«. Dabei wurden alle Arbeitsvorgänge überwacht und analysiert, um sie zunehmend effektiver gestalten zu können. In den folgenden Jahrzehnten führten viele amerikanische Industrielle Taylors Prinzipien in ihren Betrieben ein und gestalteten die Produktion dadurch effizienter.

Landwirtschaft

Schon vor Beginn des 20. Jahrhunderts waren die Erträge in der Landwirtschaft durch Einführung von Landwirtschaftsmaschinen und Düngemitteln gewaltig gestiegen. Traktoren und Mähdrescher, die bis dahin von Dampfmaschinen angetrieben worden waren, wurden jetzt mit Verbrennungsmotoren ausgerüstet, was sie leistungsstärker machte. Besonders auf den großen Farmen in den USA waren die Maschinen weit verbreitet.

In der ersten Hälfte des 20. Jahrhunderts wurden künstliche Düngemittel, meist auf Mineralölbasis, eingeführt. Als Folge von Weiterentwicklungen in der chemischen Industrie setzte man immer mehr chemische Schädlings- und Unkrautbekämpfungsmittel ein. Eines der bekanntesten und bis in die 1960er-Jahre weit verbreiteten Insektenschutzmittel war DDT (Dichlordiphenyltrichlorethan). Obwohl DDT bereits seit dem späten 19. Jahrhundert bekannt war, fand der Schweizer Chemiker Paul Müller erst 1939 heraus, dass es sich gegen eine Vielzahl von Insekten einsetzen ließ. Während des Zweiten Weltkrieges wurde es erfolgreich gegen Moskitos und damit gegen die von ihnen übertragenen Krankheiten eingesetzt, bald darauf verwendete man es auch in der Landwirtschaft.

Textilverarbeitung

Textilien, die früher fast ausschließlich aus Naturfasern wie Baumwolle, Flachs oder Seide gefertigt worden waren, wurden jetzt immer öfter aus Kunstfasern hergestellt. Bei den zahlreichen Versuchen, Seide künstlich herzustellen, entstand eine Faser, die unter dem Namen Rayon bekannt wurde – sie war die erste künstlich hergestellte Faser, die in Textilien verwendet wurde. Die zu dieser Zeit bekannteste Kunstfaser war jedoch Nylon, das der Chemiekonzern DuPont in den 1930er-Jahren entwickelte. Zu seiner Herstellung waren einige Verfahren übernommen worden, mit denen man aus Erdölprodukten Kunststoff herstellte. Nylon war sehr leicht und strapazierfähig und wurde deshalb in unterschiedlichsten Produkten verarbeitet – von Strumpfwaren bis hin zu Fallschirmen.

Erdöl

Benzinbetriebene Verbrennungsmotoren begannen sich allgemein durchzusetzen, dies führte zwangsläufig zu einer größeren Abhängigkeit vom Erdöl. Die Verfahren zur Erdölraffinierung wurden immer weiter verfeinert, was es schließlich ermöglichte, Plastik und andere auf Mineralöl basierende Stoffe herzustellen. Ein 1913 entwickeltes Verfahren, das thermische Cracken, stellte einen technologischen Durchbruch dar und wurde von nun an zur Raffinierung von Rohöl eingesetzt. Dabei werden unter Hitze und erhöhtem Druck die schwereren der im Rohöl vorhandenen Moleküle in leichtere, wie Benzin, aufgespalten (»gecrackt«). 1936 trat an die Stelle des thermischen Crackens das katalytische Cracken, bei dem man den chemischen Prozess der Aufspaltung des Rohöls durch einen Katalysator – in diesem Fall durch den Stoff Zeolith – beschleunigte.

Kunststoff und andere Materialien

Die Erfindung des Kunststoffs war eine der größten Errungenschaften dieser Zeit, sie wurde durch Weiterentwicklungen und ein besseres Verständnis der chemischen Zusammensetzung von Rohöl möglich. Kunststoffe wie Zelluloid und Parkesin hatte man bereits im 19. Jahrhundert aus organischen Materialien hergestellt. Die Mengen waren aber sehr gering und die Stoffe fanden keine besonders weite Verbreitung. Im Jahre 1908 jedoch ließ Leo Baekeland, ein in Belgien geborener Chemie-Unternehmer, ein Material namens Bakelit patentieren. Es wurde aus Formaldehyd und anderen Chemikalien hergestellt und verfügte über hervorragende Isolierungseigenschaften, die es für alle Anwendungen im Bereich Elektrizität interessant machte.

Nach der Entdeckung des Crackens boomte die Kunststoffindustrie. Die völlig neuen, zumeist aus Erdöl hergestellten Kunststoffe, wurden in unterschiedlichsten Bereichen verwendet: In Farben, Rohren, Filmen und vielen anderen Produkten ersetzten sie die althergebrachten Materialien.

Obwohl Kunststoff als »Wundermaterial« dieser Zeit galt, gab es auch noch weitere Materialentwicklungen. 1913 stellte man aus einer Legierung von Stahl und Chrom erstmals rostfreien Edelstahl her. Gleichzeitig spezialisierte sich die Metallindustrie auf die Entwicklung von Spezialstählen für besondere Einsatzzwecke, so zum Beispiel zur Verwendung in Werkzeugen, Drähten, Verbrennungsmotoren sowie Düsentriebwerken.

Aluminium war zwar bereits zu Beginn des 19. Jahrhunderts entdeckt worden, konnte aber nur in sehr kleinen Mengen hergestellt werden. 1886 fand man heraus, dass sich mithilfe von Strom weit größere Mengen gewinnen ließen. Als nun zu Beginn des 20. Jahrhunderts zunehmend mehr Strom produziert wurde, machte das die industrielle Herstellung von Aluminium möglich. In vielen Bereichen stellte das leichtere Aluminium eine Alternative zu Stahl oder Kupfer dar und es wurde für Haushaltsgeräte, in der Elektroindustrie und beim Flugzeugbau verwendet.

Da im Ersten Weltkrieg die Nachschubwege für Naturkautschuk unterbrochen waren, entwickelten deutsche Wissenschaftler ein industrielles Verfahren zur Herstellung von synthetischem Kautschuk. Die Produktion war zum ersten Mal in den 1890er-Jahren geglückt, nun experimentierten die deutschen Wissenschaftler mit Butadien, einem Nebenprodukt aus der Ölraffinierung. Nach dem Krieg wurden die Experimente fortgeführt, obwohl die Nachfrage zurückging. 1933 schließlich entwickelte man in Deutschland aus Butadien und Styrol den synthetischen Kautschuk namens Buna, der ein großer kommerzieller Erfolg wurde.

Erdölraffinierung

Mit steigendem Erdölbedarf im 20. Jahrhundert wurden auch die Techniken zur Erdölraffinierung verbessert, und die Erfindung des thermischen Crackens im Jahr 1913 war die eigentliche Geburtsstunde der petrochemischen Industrie. Durch das thermische und später das katalytische Cracken wurde es möglich, die verwertbaren Bestandteile des Rohöls in großen Mengen zu produzieren.

Elektrizität

Die Dampfkraft hatte die Industrielle Revolution mit auf den Weg gebracht und war auch während des 19. Jahrhunderts die Hauptenergiequelle gewesen. Im 20. Jahrhundert wurde sie von der Elektrizität abgelöst. Als zu Beginn des Jahrhunderts immer mehr Haushalte in Europa und den USA elektrische Energie verbrauchten, stiegen Strombedarf und -erzeugung enorm. In der produzierenden Industrie wie auch in anderen Wirtschaftszweigen wurde die Dampfkraft fast vollständig durch Strom- und Verbrennungsenergie ersetzt. Zunächst wurde hauptsächlich Gleichstrom verwendet, doch bald erkannte man, dass sich Wechselstrom viel leichter und fast völlig verlustfrei über größere Strecken transportieren lässt.

Den Strom erzeugte man hauptsächlich in Dampfturbinen, die mit Kohle oder Öl befeuert wurden, oder man nutzte die Energie von Wasser. Ein Beispiel ist das Wasserkraftwerk an den Niagarafällen, das erste seiner Art. In den 1930er-Jahren wurden riesige Thermalkraftwerke gebaut, ebenso wie Überlandleitungen und Umspannwerke, um den Strom im Land zu verteilen.

Die Atombombe

Eine weitere Erfindung dieser Zeit war die Entfesselung der Energie in den Atomkernen. An den theoretischen Grundlagen, Atomkerne als unerschöpfliche Energiequelle zu nutzen, arbeitete man bereits seit den 1920er-Jahren, von einer praktischen Umsetzung war man aber noch weit entfernt. Die Quantenmechanik und Fortschritte in der Kernphysik führten jedoch zu einem weit besseren Verständnis von der Beschaffenheit der Atomkerne. 1932 wurde das Neutron, ein subatomarer Bestandteil des Atoms, entdeckt. Weltweit begannen Wissenschaftler nun Experimente anzustellen, bei denen sie Materie mit Neutronen beschossen. In Deutschland entdeckte Otto Hahn 1939 mit seinen Mitarbeitern, dass man schwere Atomkerne mithilfe bestimmter Neutronen spalten konnte. Auch Enrico Fermi, ein italienischer Wissenschaftler, hatte verschiedene Experimente mit Neutronen und radioaktivem Uran durchgeführt.

1938 floh Fermi vor dem italienischen Faschismus in die USA, ein Jahr später begann er seine Arbeit am Manhattan-Projekt. In diesem Projekt wollten die USA eine eigene Atomwaffe entwickeln, aus Angst vor der Möglichkeit, dass das nationalsozialistische Deutschland eine Atombombe bauen könnte. Fermis Aufgabe war es, eine kontrollierte, selbsterhaltende Kernreaktion zu erzeugen, was 1942 in einem Forschungsreaktor der Universität von Chicago gelang. Der Geist des Atoms war aus seiner Flasche entwichen, was Weltpolitik und Geschichte der nächsten Jahrzehnte entscheidend beeinflussen sollte.

Transportwesen

Die Erfindung des Verbrennungsmotors und des Flugzeugs hatte den Menschen- und Gütertransport bereits vor Beginn des Ersten Weltkrieges revolutioniert. Beide Technologien wurden jedoch in der Zeit zwischen den Weltkriegen verbessert. Insbesondere nach Einführung der Fließbandproduktion durch Henry Ford verbreitete sich das Automobil immer schneller. Zahlreiche Innovationen verbesserten die Qualität und Belastbarkeit der Fahrzeuge. Dazu gehörten der elektrische Anlasser

(statt den Motor mit einer Kurbel in Gang setzen zu müssen), verbesserte Fahrwerke, hydraulische Bremsen und synchronisierte Getriebe.

Der erste Flug der Gebrüder Wright markierte einen großen Fortschritt im bemannten Flug, doch der Erste Weltkrieg verhinderte entscheidende Fortentwicklungen. Nach dem Krieg wurden bessere Flugzeuge konstruiert, die länger in der Luft bleiben konnten, und im Jahr 1919 gelang der erste Nonstop-Transatlantikflug. Eine der wichtigsten Erkenntnisse in der frühen Geschichte des Flugzeugbaus war, mehrere Antriebsmotoren zu verwenden. Mit einem einzelnen Motor konnten die Flugzeuge nicht genug Auftrieb erzeugen, um Treibstoff, Passagiere und Fracht zu transportieren.

1913 baute der in der heutigen Ukraine geborene amerikanische Luftfahrtpionier Igor Sikorsky das erste viermotorige Flugzeug. Bis das erste dieser Bauart in der kommerziellen Luftfahrt eingesetzt werden konnte, sollte es jedoch noch viele Jahre dauern. Im Jahr 1935 fand die erste Pazifiküberquerung in einem viermotorigen Flugzeug statt – von Kalifornien zu den Philippinen. Dieses Ereignis markiert zugleich den eigentlichen Beginn der zivilen Luftfahrt. Der Ausbruch des Zwei-

Bau der Atombombe

Mit der Entdeckung der Radioaktivität und später der Kernspaltung stieg auch das Interesse an der Zusammensetzung der Materie. Gerade die Theorie der Quantenmechanik brachte hier entscheidende Fortschritte. Auf praktischem Gebiet erwiesen sich Geräte wie das Zyklotron als unverzichtbar, um das Wissen über die Beschaffenheit der Materie weiter zu vertiefen. Hier arbeitet Dr. Ernest O. Lawrence bei der Entwicklung der Atombombe an einem solchen Gerät.

Sikorsky und sein Helikopter

In einem Notizbuch des Renaissance-Genies Leonardo da Vinci finden sich bereits gezeichnete Entwürfe eines Helikopters. Während des 18. und 19. Jahrhunderts wurden zahlreiche Versuche unternommen, einen Hubschrauber zu bauen, aber keiner davon war erfolgreich. Igor Sikorsky, ein in der heutigen Ukraine geborener amerikanischer Luftfahrtingenieur, führte nach langer Entwicklungsphase von 1939 bis 1940 mehrere erfolgreiche Testflüge mit seinem Helikopter durch.

V-2 Rakete

Zum Bau der V-2 nutzte Deutschland die von Robert H. Goddard entwickelte Raketentechnik und setzte sie 1944 zum ersten Mal im Krieg ein. Goddard hatte zunächst mit Feststoffraketen experimentiert, der erste Testflug gelang jedoch 1926 mit einer von Flüssigtreibstoff angetriebenen Rakete. Die V-2 war die erste ballistische Rakete, sie erreichte Überschallgeschwindigkeit und 80 Kilometer Flughöhe.

ten Weltkrieges beschleunigte die Entwicklung schnellerer und leistungsfähigerer Flugzeuge, und es wurden neue Typen wie zum Beispiel Truppentransporter entwickelt und eingesetzt.

Das Düsentriebwerk war eine weitere revolutionäre Erfindung der Zeit. Die Idee, das Rückstoßprinzip als Antriebskraft zu verwenden, war zwar nicht neu, aber erst in den 1920er-Jahren wurde ernsthaft daran gearbeitet. Im Jahre 1930 meldete Frank Whittle, Ingenieur und Offizier der Britischen Luftwaffe, ein Patent für ein Strahltriebwerk an. Bis ein solcher Antrieb aber gebaut und getestet werden konnte, dauerte es weitere sieben Jahre. Auch deutsche Ingenieure arbeiteten an einem Düsenantrieb und im Jahr 1939 baute die Firma Heinkel in Eigeninitiative die düsengetriebene He 178. Danach wurden verschiedene Düsenjets im Krieg eingesetzt, im Jahr 1949 startete das erste zivile Düsenflugzeug.

Nachdem die Gebrüder Wright ihren ersten Doppeldecker gebaut hatten, wurde das Flugzeug ständig weiterentwickelt. Man arbeitete jedoch auch an einer anderen Erfindung – dem Helikopter, einem Fluggerät, das senkrecht starten und in der Luft stehen bleiben konnte. Leonardo da Vinci hatte eine solche Maschine bereits in Grundzügen entworfen. Für ihren Bau mussten aber erst geeignete Antriebsmaschinen und Materialien erfunden werden. Zu Beginn des 20. Jahrhunderts arbeiteten Ingenieure in aller Herren Länder an unterschiedlichen Entwürfen. 1912 entwickelte dann der dänische Erfinder Jacob Christian Ellehammer einen Antrieb mit gegenläufigen Rotoren und

verstellbaren Rotorblättern. In Deutschland entwarfen Ingenieure 1936 einen Prototyp mit drei Rotoren. Drei Jahre später baute Igor Sikorsky einen Helikopter mit einem Hauptrotor und einem senkrecht stehenden Nebenrotor am Heck. Mit ihrem ersten erfolgreichen Testflug im Jahr 1939 wurde die VS-300 zum Prototypen aller Einrotorhubschrauber, denn Sikorskys Konstruktion war überaus gelungen. Die meisten späteren Modelle waren lediglich Modifikationen des Grundmodells.

Raketen

In dieser Boomphase der Fluggeräte wurde noch eine andere Antriebsform entscheidend weiterentwickelt: Raketen, die in China bereits seit der Jahrtausendwende bekannt waren, weckten neuerliches Interesse bei Technikern und Ingenieuren. Als Motivation diente nicht zuletzt die Faszination für die Möglichkeit, den Weltraum zu bereisen, wie es etwa in Jules Vernes *Von der Erde zum Mond* beschrieben wurde. Die theoretischen Grundlagen zur Fortbewegung mit Raketenantrieb hatte der russische Forscher Konstantin Ziolkowsky bereits zur Jahrhundertwende ausgearbeitet.

Die größten Fortschritte in dieser Hinsicht stammten jedoch vom amerikanischen Erfinder Robert Goddard. Er arbeitete an zahlreichen Problemen der Beschleunigung und Fortbewegung von Raketen und experimentierte unter anderem auch mit Flüssigbrennstoff- und Feststoffantrieben. 1926 wurde die erste mit Flüssigbrennstoff angetriebene Rakete in Auburn, Massachusetts, testweise gezündet. Sie war nur 2,5 Sekunden lang in der Luft und erreichte eine Höhe von 12,5 Metern. Goddard, der auch als Vater der modernen Raketentechnik bezeichnet wird, konnte die meisten seiner Raketenmodelle aus Geldmangel nie bauen. Im Jahr 1919 veröffentlichte er die Grundlagen der Raketentechnik in einer Abhandlung. Die deutschen Raketenbauer studierten Goddards Arbeiten genau und setzten gegen Ende des Zweiten Weltkrieges die berüchtigten V-2 Raketen ein.

Medizin

Im 19. Jahrhundert hatten sich Praxis und Theorie der Medizin grundlegend verändert. Die wissenschaftliche Erkenntnis, dass Krankheiten mit Bakterien und Keimen eine stoffliche Ursache haben und durch entsprechende Behandlung geheilt werden können, setzte sich immer mehr durch. Man entdeckte krankheitserregende Mikroben und entwickelte entsprechende Medikamente. Dadurch verliefen viele Krankheiten bei Weitem nicht mehr so oft tödlich wie zuvor. Die Häufigkeit von Infektionen wurde durch Antiseptika stark verringert.

Die neue, wissenschaftliche Herangehensweise in der Medizin bereitete den Weg für die großen medizinischen Entdeckungen des 20. Jahrhunderts, speziell was die Arzneimittel betrifft. Mit Röntgenstrahlen war bisher nur aus wissenschaftlicher Neugierde experimentiert worden, sie wurden nun auch zu Diagnosezwecken eingesetzt – die schädliche Wirkung größerer Dosen dieser potenziell tödlichen Strahlen erkannte man erst viel später.

Durch die Erfahrungen mit Verwundeten im Ersten Weltkrieg wurden viele Operationstechniken entscheidend verbessert, dennoch starben Millionen Menschen, weil man Wundinfektionen nicht ausreichend behandeln konnte. Ein ganzes Heer von Wissenschaftlern suchte fieberhaft nach einem Antibiotikum. Der britische Bakteriologe Alexander Fleming entdeckte 1922, dass Lysozym, ein in der Tränenflüssigkeit enthaltenes Enzym, Bakterien tötet, weitere Untersuchungen zeigten jedoch, dass es gegen die meisten Infektionen wirkungslos ist.

Im Jahr 1928 entdeckte Fleming durch Zufall während eines Experiments, dass ein bestimmter Schimmelpilz der Gattung Penicillium das Wachstum von Bakterienkolonien verhinderte – das erste Antibiotikum war gefunden. Fleming extrahierte den antibakteriellen Wirkstoff und wies seine Wirksamkeit gegen verschiedene Bakterien nach. Es gelang ihm jedoch nicht, ausreichend große Mengen der Substanz zu produzieren, weshalb seine Arbeit zunächst in Vergessenheit geriet.

1938 schließlich nahmen Howard Florey und Ernst Chain, zwei Chemiker von der Oxford Universität, Flemings Arbeit wieder auf. Mithilfe einiger sehr einfallsreicher Verfahren gelang es ihnen, die Substanz zu reinigen und zu testen. In anderen Ländern entdeckten Wissenschaftler zum Beispiel ein antibiotisches Mittel, das gegen Tuberkulosebakterien wirkte, sowie eines gegen bakterielle Halsentzündungen. Man hatte also ein effektives Mittel gefunden um Bakterien zu bekämpfen, und stand jetzt vor dem Problem, die sogenannten Antibiotika in großer Menge herzustellen.

Den nötigen Anstoß dazu gab der Zweite Weltkrieg: Sowohl die britische als auch die amerikanische Regierung hatten den dringenden Bedarf an ausreichenden Antibiotikavorräten zur Behandlung der Verwundeten erkannt. Ab 1942 wurden Antibiotika industriell hergestellt, ihre Anwendung verhinderte Millionen von Todesfällen.

Auch viele Vitamine wurden in dieser Zeit entdeckt und man begann zu verstehen, wie wichtig sie für den menschlichen Organismus sind. Durch Vitaminmangel verursachte Krankheiten wie Skorbut waren seit langem bekannt, und über die Jahre waren entsprechende Vorbeugungsmaßnahmen entwickelt worden. So wusste man seit über einem Jahrhundert, dass es gegen Skorbut half, wenn

man ausreichend Zitrusfrüchte aß. Durch welchen Mangel die Krankheit aber genau verursacht wurde, war noch nicht entdeckt worden. 1912 stieß der polnische Chemiker Casimir Funk auf einen ganzen Komplex von Wirkstoffen, die einige der bekannten Mangelerscheinungen verhindern konnten – er nannte diese Wirkstoffe Vitamine. In den darauffolgenden Jahren arbeiteten viele Forscher an der Entdeckung dieser krankheitsvorbeugenden Wirkstoffe, und auch sie gaben ihnen den Gattungsnamen Vitamin, die spezielle Unterart wurde durch einen Zusatz angegeben. 1943 waren fast alle bekannten Vitamine entdeckt und ihre Funktion im menschlichen Organismus erforscht.

Im Jahr 1922 wurde die erste Insulinspritze an einen Diabetiker verabreicht. Die Wirkung war sensationell. Dem kanadischen Arzt Frederick Banting war es gelungen, Insulin aus der Bauchspeicheldrüse eines Kalbs zu extrahieren. Von nun an wurde Diabetes standardmäßig mit tierischem Insulin behandelt.

In der Diagnostik benutzte man bereits Röntgenapparate, 1920 begann der deutsche Neurologe Hans Berger, die im menschlichen Gehirn auftretenden elektrischen Ströme zu untersuchen. Er verwendete dafür ein bereits bekanntes Gerät, das nie einen Namen erhalten hatte. Berger zeichnete die elektrische Aktivität im Gehirn auf und nannte das Gerät Elektroenzephalograf, besser bekannt als EEG. Im Lauf der Jahre wurde das Gerät modifiziert und noch heute werden Aufbau und Funktionsweise des Gehirns damit erforscht.

Kommunikation und Medien

Das Radio, der Telegraf, das Telefon, die Fotografie und das Grammophon machten das 19. Jahrhundert zum Goldenen Zeitalter der Kommunikation. Durch diese Erfindungen wurden Raum und Zeit in einer zuvor ungeahnten Art und Weise überwunden. Die Phase zwischen den Weltkriegen brachte hier weit weniger Fortschritte.

Im frühen 20. Jahrhundert kam man auf die Idee, Bilder zusammen mit dem dazugehörigen Ton zu übertragen. Zahlreiche Versuche hierzu verliefen aber zunächst erfolglos. 1907 hatte Boris Rosing in Sankt Petersburg die theoretischen Grundlagen ausgearbeitet, wie ein solches Gerät über eine Kathodenstrahlröhre funktionieren könnte.

1923 meldete Vladimir Zworykin, einer von Rosings Schülern, der in den USA arbeitete, ein Fernsehgerät zum Patent an, das mit einer Kathodenstrahlröhre ausgerüstet war. Nach vielen Jahren Arbeit und hohem finanziellen Aufwand seitens seines Arbeitgebers konnte Zworykin im Jahr 1931 den ersten funktionierenden Fernsehapparat bauen. Es folgte ein Streit um das Patentrecht, der aber 1939 beigelegt werden konnte, und noch im selben Jahr wurde die erste Fernsehsendung über die Weltausstellung in New York ausgestrahlt.

Neben Telefongeräten selbst wurden auch Übertragungssysteme und -qualität sowie Radioempfänger entscheidend verbessert. Das Radio wurde zu einem wichtigen Medium sowohl im Bereich der Nachrichten und Unterhaltung als auch zu Propagandazwecken. Die wichtigste Erfindung für Radio und Fernsehen erfolgte im Jahr 1947, als in den Bell-Laboratorien ein Team um die drei Wissenschaftler William Shockley, John Bardeen und Walter Brattain den Transistor erfand. Lange Jahre hatte man versucht, eine bessere und leichter zu transportierende Alternative zu den sperrigen Elektronenröhren zu finden, die in Radio- und Fernsehgeräten verwendet wurden. Doch erst mit dem Beginn des Zweiten Weltkrieges wurde viel Geld zur Entwicklung des Radars zur Verfügung gestellt. Die Erfindung des Transistors zog viele Erfindungen auf dem Gebiet der Elektronik nach sich. Nachdem das ursprüngliche Modell 1947 in Serie gegangen war, entwickelten die Bell-Laboratorien weitere Transistortypen.

Auch das Militär bediente sich der neuen Radiotechnik, und zwar bei der Entwicklung des Radars. Seit der Entdeckung der Radiowellen hatte man mit dem Gedanken gespielt, mit diesen Strahlen Hindernisse aufzuspüren und sie zur Navigation zu verwenden. Schon vor dem Krieg verfügten einige Länder über Radarsysteme, aber erst 1939 erfanden britische Wissenschaftler die Vakuum-Magnetfeldröhre. Dank dieses neuen Bauteils konnten Techniker am Massachusetts Institute for Technology im Jahr 1940 ein Mikrowellenradar entwickeln, das während des Krieges eingesetzt wurde.

Nachrichten- und Unterhaltungsfilme waren bereits ab Anfang des 20. Jahrhunderts sehr beliebt. Tonfilme gab es noch nicht, denn es war schwierig, den Ton mit den Bildern zu synchronisieren. Zum anderen hatte man noch nicht die technischen Mittel, den Ton zur Hörbarkeit zu verstärken. Beide Probleme wurden in den 1920er-Jahren gelöst. Ungefähr zur selben Zeit wurde auch das Technicolor Verfahren eingeführt, und von nun an revolutionierten Ton und Farbe das Kinoerlebnis.

Charlie Chaplin's *Der große Diktator*

Nach der Einführung des Ton- und Farbfilms in den 1920er-Jahren wurde das Kino zu einem wichtigen Industriezweig. Zu dieser Zeit wurde auch das Studio-System in Hollywood eingeführt. *Jazz Singer* von Al Jolson aus dem Jahr 1927 markierte den Beginn der Tonfilmära. Charlie Chaplin, dessen Tramp vor allem auch für seine Pantomimik berühmt war, zögerte lange, bis er seinen ersten Tonfilm aufnahm. *Der große Diktator* kam 1940 in die Kinos und war ein großer Erfolg bei Publikum und Kritikern.

Computer

Eine der wichtigsten Errungenschaften in den Jahren zwischen 1914 und 1950 war die Entwicklung des Computers. Er stand in der Tradition von mechanischen Rechenmaschinen wie Abakus, der Differenzmaschine von Charles Babbage, Rechenschiebern oder der Auswertungsmaschinen von Herrmann Hollerith, mit deren Hilfe nur Addition, Subtraktion und Multiplikation durchgeführt werden konnten. Mit der Entwicklung des ersten elektronischen Universalcomputers schlug jedoch die Geburtsstunde des modernen Computers.

Im Jahr 1930 entwickelte Vannevar Bush am Massachusetts Institute for Technology einen Differenzen-Summator, der Differentialgleichungen lösen konnte. Es handelte sich zwar immer noch um ein analoges, mechanisches Gerät, das sich aber speziell in der Luft- und Raumfahrtindustrie als sehr nützlich erwies. Bush patentierte das Gerät 1935, und während des Zweiten Weltkrieges setzte man es zur Berechnung von Flugbahnen ein.

1937 begann der Erfinder Howard Aiken riesige Computer zu bauen, die aus vielen mechanischen Teilen, aber auch aus elektromagnetischen Relais und Vakuumröhren bestanden. Zur gleichen Zeit arbeitete der britische Mathematikprofessor Alan Turing an den theoretischen Grundlagen für einen Universalcomputer.

Der Krieg beschleunigte die Entwicklung von Rechenmaschinen, denn beispielsweise zur Erstellung von Schusstafeln oder zum Entschlüsseln von Codes wurde vor allem Rechenkapazität benötigt. 1943 entwickelte man in Großbritannien eine Maschine namens Colossus, die deutsche Codes knacken sollte, während die Deutschen an der sogenannten Z4-Dechiffriermaschine arbeiteten.

Der erste programmierbare, elektronische, digitale Universalrechner, genannt ENIAC (Electronic Numerical Integrator And Computer), wurde 1946 in den USA gebaut. Der ENIAC war sehr leistungsfähig und berechnete Geschossflugbahnen für das Ballistic Research Laboratory der US-Armee. Der geistige Vater der Maschine war John von Neumann, ein ungarischer Emigrant. Auf ihn geht auch das Konzept zurück, Programme im Computer abzuspeichern, was einen bedeutenden technologischen Fortschritt darstellte. In den Folgejahren wurden mehrere Rechenmaschinen gebaut, die auf dem gleichen Prinzip beruhten, auf diesen Grundlagen entwickelte man im Laufe der Zeit zahlreiche Computer und Programmiersprachen.

Entdeckungen und Erfindungen als Wegbereiter

In der Zeit zwischen dem Ausbruch des Ersten Weltkrieges und dem Jahr 1950 fanden viele bahnbrechende technologische Entwicklungen statt. Es wurden zum Beispiel Fernsehen, Kunst-

stoffe, Antibiotika, Raketen mit Flüssigtreibstoff und das Düsentriebwerk erfunden. Noch wichtiger waren jedoch die Fortschritte in den Naturwissenschaften. Die Quantenmechanik hatte sich bereits als Theorie für Vorgänge auf atomarer und subatomarer Ebene durchgesetzt. Sie war aus den Ideen von Max Planck, Albert Einstein, Niels Bohr und anderen entstanden, und in den 1930er-Jahren zweifelte niemand mehr an den wichtigsten Grundlagen der Theorie.

Eine weitere Errungenschaft war Albert Einsteins allgemeine Relativitätstheorie. Astronomen wie Fritz Zwicky und Edwin Hubble verhalfen mit ihrer Arbeit der Vorstellung zu allgemeiner Akzeptanz, dass sich unser Universum ausdehnt. Zugleich wuchs auch das Wissen über andere Eigenschaften und Bestandteile des Universums.

In der Phase zwischen den beiden Weltkriegen waren die USA zu einer der führenden Mächte auf dem Gebiet der Wirtschaft und der Wissenschaften aufgestiegen. Nach Ende des Zweiten Weltkrieges bauten die Vereinigten Staaten ihren Vorsprung weiter aus. Was die Wissenschaften anging, war der einzige echte Mitbewerber die Sowjetunion, die nach dem Zweiten Weltkrieg als zweite Supermacht neben den USA übrig geblieben war. Die folgenden Jahrzehnte waren von dem Wettlauf der Supermächte um die militärische und wissenschaftliche Vormachtstellung geprägt. Dabei ging es nicht nur um Atomwaffen, sondern auch darum, wer als Erster den Weltraum erobern würde.

Eine Schalttafel des ENIAC-Computers von IBM

1946 wurde der ENIAC, eine für ihre Zeit sehr leistungsfähige Rechenmaschine, in Betrieb genommen. Der Koloss war zwar technologisch nicht sehr fortgeschritten, stellte jedoch gegenüber seinen Vorgängern eine gewaltige Verbesserung dar und konnte über 5000 Additionen pro Sekunde durchführen. Er beanspruchte ein ganzes Kellergeschoss von 15 mal neun Metern Größe und bestand aus Tausenden von Vakuumröhren, Kondensatoren und Relais. Obwohl er noch während des Krieges zum Einsatz kommen sollte, konnte er erst nach der deutschen Kapitulation fertiggestellt werden. Frühe Berechnungen des ENIAC wurden für den Bau der ersten Wasserstoffbombe benötigt.

R. Oppenheimer – Erfindungen beeinflussen Geschichte

J. Robert Oppenheimer

Der brillante Physiker Robert Oppenheimer leitete das sogenannte Manhattan-Projekt, in dessen Rahmen die erste Atombombe entwickelt wurde. Für das Projekt musste die Arbeit von hunderten von Wissenschaftlern und Tausenden von Ingenieuren koordiniert werden, die über das ganze Land verteilt waren.

Die 1930er-Jahre waren ein ereignisreiches Jahrzehnt in der Geschichte der Physik. 1934 entdeckten Irène und Frédéric Joliot-Curie, dass Radioaktivität (Strahlung und Teilchen, die spontan bestimmte schwere Elemente aussenden) mithilfe von Alphateilchen auch künstlich in Gang gesetzt werden kann. Der italienische Wissenschaftler Enrico Fermi bewies dann als Erster, dass zu diesem Zweck Neutronen eingesetzt werden können. 1938 erzeugten die deutschen Wissenschaftler Otto Hahn und Fritz Strassmann das Element Barium, indem sie Uran mit Neutronen beschossen. Der Physiker Otto Frisch schloss daraus, dass das Uran mithilfe von Neutronen unter Freisetzung von Energie in kleinere Bestandteile aufgespalten wurde. So wurde die Möglichkeit der Kernspaltung bewiesen.

Viele Wissenschaftler waren sich der Bedeutung dieser Entwicklung bewusst. Um einer Verfolgung durch das Naziregime zu entgehen, mussten zahlreiche Forscher in die USA und nach Großbritannien fliehen. Im Jahr 1938 schließlich waren die meisten fest davon überzeugt, dass die Nazis bereits daran arbeiteten, die zerstörerische Wirkung der Kernspaltung als Waffe einzusetzen. Einige dieser Wissenschaftler schrieben einen Brief an den amerikanischen Präsidenten Roosevelt, in dem sie ihn vor den verheerenden Konsequenzen warnten, falls es Deutschland gelingen sollte, eine Atombombe zu bauen. Daraufhin wurde in den USA das Manhattan-Projekt gestartet, ein gewaltiges Unterfangen, an dem über einhunderttausend Menschen beteiligt waren. Ziel war es, den Nazis zuvorzukommen.

Der wissenschaftliche Leiter dieses Projekts war der brillante theoretische Physiker J. Robert Oppenheimer. Oppenheimer koordinierte fünf Jahre lang die Arbeit einer über das ganze Land verstreuten wissenschaftlichen Elite, deren Ziel es war, die erste Kernspaltungs- oder Atombombe zu bauen. Zwar gab es bereits die theoretischen Grundlagen, doch Entwicklung und Bau einer solchen Waffe stellten eine enorme Herausforderung dar.

Nach vielen Fehlversuchen wurden im Sommer 1945 zwei verschiedene Typen fertiggestellt: eine Bombe, die auf Uran basierte, und eine mit Plutonium. Die Uranbombe konnte nicht getestet werden, weil das Uran nur für diese eine Bombe gereicht hatte. Die Plutoniumbombe aber, Trinity genannt, wurde am Morgen des 16. Juli 1945 auf einem abgelegenen Testgelände in New Mexico getestet. Dieser Tag sollte die Welt für immer verändern.

Von wissenschaftlicher Seite betrachtet war der Test ein immenser Erfolg. Die Explosion stellte alles in den Schatten, was je ein Mensch gesehen hatte. Die Bombe hatte die Sprengkraft von zwanzig Kilotonnen TNT und hinterließ einen drei Meter tiefen Krater mit dreihundert Meter Durchmesser. Für ein paar Sekunden leuchtete die Explosion heller als die Sonne, und die pilzförmige Wolke stieg fast zwölf Kilometer hoch in den Himmel. Der Eindruck dieses Schauspiels veranlasste den belesenen Wissenschaftler Oppenheimer dazu, aus der heiligen Hindu-Schrift *Bhagavad Gita* den Satz zu zitieren: »Ich bin der Tod geworden, der Zerstörer der Welten«.

Innerhalb eines Monats nach dem Test wurde auch die Welt Zeuge der Zerstörungskraft der neuen Waffen, als die USA die japanischen Städte Hiroshima und Nagasaki mit Atombomben auslöschte. Das Ausmaß der Zerstörung übertraf alles bisher Dagewesene: Die Städte wurden vollkommen dem Erdboden gleichgemacht, weit über einhunderttausend Menschen fanden sofort den Tod, noch Jahrzehnte später starben Menschen an den Folgen der Strahlung.

Erfindung und der erste Einsatz von Atomwaffen waren entscheidende Ereignisse für das 20. Jahrhundert. Europa war zwischen den USA und der Sowjetunion in Einflusssphären aufgeteilt worden. Die Tatsache, dass Amerika die Bombe bereits besaß, veranlasste die Sowjetunion, ihre Anstrengungen zum Bau einer eigenen Bombe zu erhöhen. Im Jahr 1949 gelang dies auch, aber zu diesem Zeitpunkt bauten die USA bereits an einer noch zerstörerischen Waffe, die auf dem Prinzip der Kernfusion basierte.

1952 testeten die Vereinigten Staaten die erste Wasserstoffbombe, ein paar Monate später zog die Sowjetunion nach. Das nukleare Wettrüsten der beiden militärischen Blöcke war in vollem Gang, und Geschichte und Politik der zweiten Hälfte des Jahrhunderts wurden entscheidend davon geprägt.

Wissenschaftliche und technologische Entwicklungen waren schon immer ein bestimmender Faktor der Geschichte. Aus dieser Sicht war die vielleicht größte Erfindung der gesamten Menschheitsgeschichte die Domestizierung von Pflanzen im Neolithikum. Sie machte den Ackerbau möglich, der wiederum dazu führte, dass die Menschen sesshaft wurden und Zivilisationen gründeten, die auf einem Überangebot von Nahrung basierten. In kleinerem Maßstab könnte man Metallbearbeitung, Erfindung des Rades, Entwicklung der Schrift und später die Erfindung von Schießpulver, Buchdruck, Dampfmaschine, Telegrafen und Radios als Schlüsselmomente in verschiedenen Phasen der Menschheitsgeschichte bezeichnen. Diese und andere Erfindungen haben den Umgang der Menschen miteinander und mit der Natur entscheidend beeinflusst, was wiederum zu gewaltigen geschichtlichen, sozialen und politischen Veränderungen führte. Die Erfindung des Buchdrucks im 15. Jahrhundert trug wesentlich zur Verbesserung der Bildung bei, die bis dahin das Monopol der Priesterschaft gewesen war, und die Verbreitung von Druckerzeugnissen führte mit zur Reformation der Kirche. Auf ähnliche Weise ermöglichte die Dampfmaschine die Industrielle Revolution, und mit Erfindungen wie Telegrafen und Telefon konnten riesige Entfernungen überwunden werden.

Doch all diese Erfindungen waren nicht allein für den Gang der Geschichte verantwortlich. Wie wichtig eine neue Entwicklung wird, hängt letztendlich von den äußeren Faktoren ab: Die Offenheit der Gesellschaft gegenüber einer Neuerung entscheidet darüber, ob und wie weit diese überhaupt verwendet wird, soziale Strukturen beeinflussen ihre Verbreitung. So blieb in vielen alten Zivilisationen das Schreiben ausschließlich den Adligen und Priestern vorbehalten. Es kommt aber auch vor, dass eine Ent-

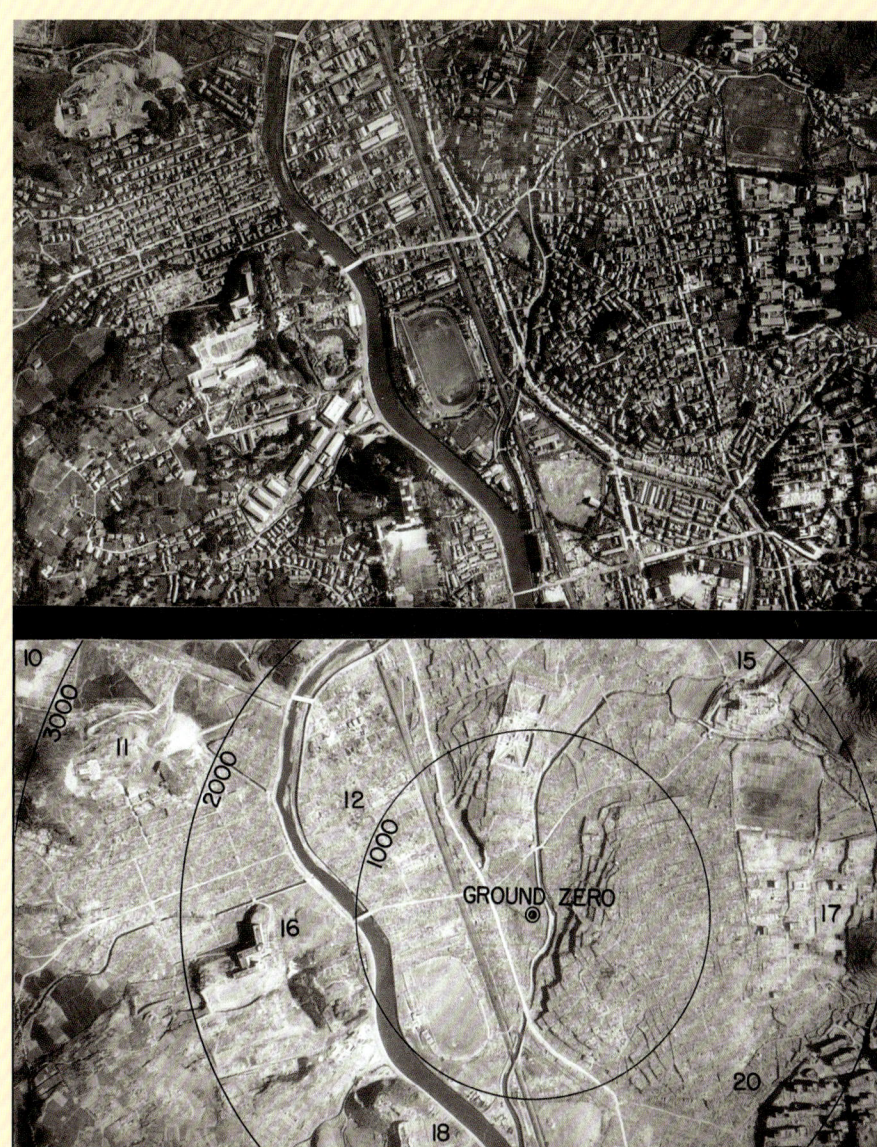

wicklung eine Gesellschaft völlig umgestaltet, wie es zum Beispiel im Zuge der Industriellen Revolution in Form zunehmender Verstädterung geschehen ist.

Die wechselseitige Beziehung zwischen Technologie und Gesellschaft ist also eine historisch belegte Tatsache. Im Fall der Atomwaffen war es diese eine neue Technologie, die das Grundmotiv des Kalten Krieges in der zweiten Hälfte des 20. Jahrhunderts bildete. Einer der Hauptgründe für die Entwicklung von Atomwaffen jedoch war das Aufkommen des Faschismus und der Zweite Weltkrieg in Europa.

Schon bald nach den Katastrophen von Hiroshima und Nagasaki erkannten viele Wissenschaftler und Personen des öffentlichen Lebens die ungeheure Bedrohung, die Atomwaffen darstellen. Dies führte zur Gründung verschiedener Bewegungen und Organisationen, die Abkommen wie den Atomwaffensperrvertrag und den Atomteststoppvertrag mit auf den Weg brachten. Heute scheint die Menschheit gelernt zu haben, mit der Bedrohung durch Atomwaffen zu leben. Ihre Stellung in der Geschichte ist jedoch einzigartig – genauso wie ihre Wirkung, die zum großen Teil auf Abschreckung beruht.

Nagasaki, vor und nach dem Abwurf der Atombombe

Am 9. August 1945 wurde die zweite Atombombe auf Japan über der Werftstadt Nagasaki abgeworfen. Der Atompilz stieg über 18.000 Meter hoch in die Atmosphäre, in einem Radius von über 3,2 Kilometern wurde alles dem Erdboden gleichgemacht. Noch nie in der Geschichte der Menschheit hatte es Zerstörungen von diesem Ausmaß gegeben. Die Luftaufnahmen zeigen den Teil der Stadt, über dem die Bombe abgeworfen wurde, vor und nach der Explosion.

Anti-Atomwaffenproteste

Nicht zuletzt an den Beispielen von Hiroshima und Nagasaki erkannten einige Wissenschaftler und Politiker schon bald nach Ende des Zweiten Weltkrieges die Gefahren, die von Atomwaffen ausgehen. So bildete sich während des Kalten Krieges in den 1950er- und 1960er-Jahren die Anti-Atomwaffenbewegung, die sich in den 1970er-Jahren ausbreitete. Das Bild zeigt einen südkoreanischen Demonstranten, der in Seoul gegen das Nuklearwaffenprogramm Nordkoreas protestiert.

DAS 20. JAHRHUNDERT NACH DEN WELTKRIEGEN

ERFORSCHUNG DES WELTRAUMS (1950–2000)

Der Mann auf dem Mond

Am 20. Juli 1969 betrat der Apollo-11-Astronaut Neil Armstrong als erster Mensch den Mond, sein Begleiter Edwin »Buzz« Aldrin folgte kurz darauf. Die beiden sammelten Gesteinsproben von der Mondoberfläche, machten Aufnahmen, führten Experimente durch und stellten eine amerikanische Flagge auf. Innerhalb der nächsten drei Jahre landeten insgesamt sechs Raumschiffe und zwölf Astronauten auf dem Erdtrabanten.

DIE RIVALITÄT ZWISCHEN DEN SUPERMÄCHTEN

Die zweite Hälfte des 20. Jahrhunderts war eine der ereignisreichsten Perioden der Weltgeschichte. Einerseits geprägt vom Wiederaufbau nach dem Zweiten Weltkrieg, erreichte andererseits der Kalte Krieg, eine Phase starker Rivalität zwischen Sowjetunion und USA, seinen Höhepunkt. Der Kalte Krieg

beschränkte sich nicht auf militärische und politische Belange, sondern ragte auch in technologische Bereiche hinein. Bis zum Zerfall der Sowjetunion im Jahr 1989 war der Fortschritt des jeweils anderen Staates der Maßstab, an dem alle größeren Entwicklungen gemessen wurden.

Durch den Krieg waren Europa, Japan und zu einem gewissen Grad die Sowjetunion von verheerenden Zerstörungen betroffen. Die politischen

1950: Der Koreakrieg bricht aus. Nach Ende des Palästinakrieges annektiert Jordanien das Westjordanland.

1951: Australien und Neuseeland treten der US-geführten Allianz ANZUS bei.

1952: In Kenia beginnt die Mau-Mau-Rebellion gegen die britische Fremdherrschaft. Jonas Salk entwickelt einen Impfstoff gegen Polio. Die USA zünden die erste Wasserstoffbombe.

1953: Korea wird in Nord- und Südkorea aufgeteilt. In Russland stirbt Josef Stalin. Edmund Hillary und Tenzing Norgay besteigen als Erste den Mount Everest. James Watson und Francis Crick entschlüsseln die DNS-Struktur.

1954: Vietnam wird aufgeteilt. Die USA unterstützen den Militärputsch in Guatemala. Daryl Chaplin, Calvin Fuller und Gerald Pearson erfinden die Solarzelle.

1955: In Indonesien findet die Bandung-Konferenz statt, um eine Vereinigung von blockfreien Staaten zu bilden. Die Glasfaser wird erfunden.

1956: Nasser verstaatlicht den Suez-kanal, was zu einem Krieg mit Großbritannien, Frankreich und Israel führt. Volksaufstand in Ungarn. Christopher Cockerel erfindet das Luftkissenboot.

1957: Vertrag zur Gründung der Europäischen Gemeinschaft (EG). Die Sowjetunion startet den ersten Sputnik-Satelliten. Die Computersprache FORTRAN wird entwickelt.

1958: Gründung der NASA. Gordon Gould erfindet den Laser. Jack Kilby und Robert Noyce entwickeln den integrierten Schaltkreis.

1959: China schlägt eine Rebellion in Tibet nieder, der Dalai Lama flieht ins Exil. Die sowjetische Sonde Luna 2 erreicht den Mond. Wilson Greatbach erfindet den Herzschrittmacher.

1960: Siebzehn afrikanische Länder erringen die Unabhängigkeit.

1961: Bau der Berliner Mauer. Juri Gagarin ist der erste Mensch im Weltraum.

1962: Wegen Grenzstreitigkeiten bricht der Indochinakrieg aus. Die USA starten die Mariner-2-Mission zur Venus. Die Kubakrise bringt die USA und die Sowjetunion an den Rand des Atomkrieges. Erfindung der Audiokassette.

1963: John F. Kennedy wird ermordet. USA, Sowjetunion und Großbritannien unterzeichen das Atomteststopp-Abkommen. Erfindung der Videodisc.

1964: In den USA wird das *Civil Rights Act* gegen Diskriminierung verabschiedet. Erfindung der Acrylfarbe, Entwicklung der Programmiersprache BASIC.

1965: Der Vietnamkrieg eskaliert. Intelsat 1 wird erster Kommunikations-Satellit auf geostationärer Umlaufbahn. James Russell erfindet die CD.

1966: Kulturrevolution in China.

1967: Ausbruch des Sechstagekrieges zwischen Israel und den Staaten Ägypten, Syrien und Jordanien. Erfindung des ersten Taschenrechners.

1968: Martin Luther King fällt einem Attentat zum Opfer. Christiaan Bernard führt in Südafrika die erste Herztransplantation an einem Menschen durch. Der erste Computer mit integrierten Schaltkreisen wird gebaut.

1969: Apollo 11 landet auf dem Mond. Arpanet, Vorläufer des Internet, startet. Barcodescanner werden erfunden.

1970: Alan Shugart erfindet die Floppy-Disk.

1971: Bangladesch erringt die Unabhängigkeit von Pakistan. Die Sowjetunion richtet die Raumstation Saljut I ein. Intel bringt den ersten Mikroprozessor auf den Markt. Erfindung von Nadeldrucker, Videorekorder und LCD.

1973: Der Jom-Kippur-Krieg führt zum Ölembargo. Pinochet putscht gegen

die sozialistische Regierung in Chile. Beginn der Gentechnik. Robert Metcalfe erfindet das Ethernet.

1974: Richard Nixon tritt nach der Watergate-Affäre zurück. Erfindung der Fettabsaugung.

1975: Unterzeichnung der Schlussakte von Helsinki zur Entschärfung des Kalten Krieges in Europa. Erfindung von Personal-Computer und Laserdrucker.

1976: Soweto-Aufstand in Südafrika. Viking 1 und 2 landen auf dem Mars. Erfindung des Tintenstrahldruckers.

1977: Leonid Breschnew wird sowjetischer Staatschef. Magnetresonanztomografie von Raymond Damadian.

1978: Sowjetunion marschiert in Afghanistan ein. Karol Wojtyla wird Papst Johannes Paul II. Geburt des ersten Retortenbabys.

Ein Mobiltelefon und ein Palmtop

1979: Reaktorunglück von Harrisburg. Islamische Revolution im Iran. Margaret Thatcher wird britische Premierministerin. Erfindung des Mobiltelefons und des Walkman.

1980: Beginn des Iran-Irakkriegs. Mugabe wird zum Anführer des Unab-

hängigkeitskrieges in Simbabwe. Impfstoff gegen Hepatitis B wird entwickelt.

1981: Die USA starten das erste wiederverwendbare Spaceshuttle Columbia. Anwar Sadat wird in Kairo ermordet. Entwicklung von IBM-PCs und MS DOS.

1982: Israel marschiert in den Libanon ein. Falkland-Konflikt zwischen Großbritannien und Argentinien.

1983: Amerikanische Invasion in Grenada. Entdeckung des AIDS-Virus. Apple bringt den Computer Lisa heraus.

1984: Giftgasunglück von Bhopal. Erfindung der CD-ROM.

1985: Microsoft bringt das Betriebssystem Windows auf den Markt.

1986: Reaktorunglück von Tschernobyl. Beginn der Glasnost-Politik. Das Spaceshuttle Challenger explodiert, die Sowjetunion startet die Raumstation Mir. Entdeckung der Supraleiter.

1989: Fall der Berliner Mauer.

1990: Nelson Mandela wird aus dem Gefängnis entlassen. Die NASA bringt das Hubble-Raumteleskop ins All. Das World Wide Web wird geplant.

1991: Boris Jelzin wird Präsident der Sowjetunion. Erster Golfkrieg zwischen Irak und USA. Zerfall der Sowjetunion.

1993: Die PLO und Israel unterzeichnen das erste Osloer Abkommen. In den USA wird Mosaic, der erste Web-Browser, entwickelt. Entwicklung des Pentium-Prozessors.

1994: Nelson Mandela wird Präsident der Republik Südafrika.

1995: Erfindung der DVD.

1997: Hongkong fällt zurück an China. Schaf Dolly wird geklont. NASA-Raumsonde landet auf dem Mars.

1999: Macao fällt zurück an China.

Führungen der USA und der Sowjetunion waren übereingekommen, Europa in Einflussgebiete aufzuteilen. In der Nachkriegsperiode gehörten deshalb die meisten Staaten in Europa entweder dem westlichen oder dem östlichen Bündnis an. Obwohl die Aufteilung Europa am stärksten betraf, galt sie im Prinzip ebenso für den Rest der Welt.

Auch in dieser Periode fanden langjährige militärische Konflikte statt. In Asien und Afrika ging die Zeit der Kolonialherrschaft endgültig zu Ende, in den meisten Fällen wurde diese Unabhängigkeit durch Befreiungskriege erreicht. 1950 begann mit dem Koreakrieg der erste große militärische Konflikt der Nachkriegszeit, in dem sich die beiden Supermächte gegenüberstanden. Er dauerte drei Jahre und war der erste Krieg, der im Schatten der Atombombe geführt wurde.

In den USA fand in den 1950er-Jahren eine regelrechte Hexenjagd auf fortschrittlich denkende Mitglieder der Gesellschaft statt. Dies betraf vor allem Personen des öffentlichen Lebens, Akademiker und Menschen aus der Unterhaltungsindustrie. Die vorherrschende Ideologie war antikommunistisch, und jedes Anzeichen von Protest gegen die etablierte Ordnung wurde rigoros unterdrückt. Zu dieser Zeit erlebten die USA aber auch einen starken Wirtschaftsboom, nach drei Jahrzehnten hatte die amerikanische Wirtschaft wieder den Stand von vor der Großen Depression erreicht.

Das Wettrüsten hielt unvermindert an. Beide Seiten entwickelten immer zerstörerischere Atomwaffen und Trägersysteme, außerdem begann die Erforschung des Weltraums. Auf den Start der sowjetischen Sputnik-Satelliten folgte die Entwicklung der bemannten Raumfahrt, die zu den größten Errungenschaften dieser Periode gehört.

In der zweiten Hälfte des 20. Jahrhunderts wurden viele der Technologien entwickelt, die den Übergang von der industriellen zur postindustriellen Gesellschaft kennzeichnen. Darunter fallen Raumfahrt, Mikroelektronik, Computer, Internet, digitale Unterhaltungsmedien, Atomkraft und ertragreichere Getreidesorten. Einige dieser Innovationen waren so revolutionär, dass ein weiterer Paradigmenwechsel in der Wirtschaft stattfand. Während die Landwirtschaft als Haupt-Wirtschaftsfaktor schon vor dieser Periode von der produzierenden Industrie verdrängt worden war, wuchs jetzt die Dienstleistungsindustrie.

Das zunehmende Konsumverhalten der westlichen Welt, verbunden mit dem wirtschaftlichen Wachstum der Entwicklungsländer, zog jedoch auch immense Umweltschäden nach sich. Dies wurde den Menschen gegen Ende des 20. Jahrhunderts immer deutlicher bewusst und führte zur Entwicklung umweltfreundlicher Technologien.

Die Erkundung des Weltraums

1957 begann das Internationale Geophysikalische Jahr, und die Menschheit unternahm ihre ersten Versuche, den Weltraum zu erkunden. Die USA hatten bereits zwei Jahre zuvor angekündigt, dass sie 1957 einen künstlichen Satelliten auf eine Umlaufbahn um die Erde bringen wollten. Am 4. Oktober des Jahres verkündete die Sowjetunion jedoch, dass sie Amerika zuvorgekommen war. Der sowjetische Satellit hieß Sputnik I und war mit einer abgewandelten Interkontinentalrakete auf seine Umlaufbahn geschossen worden. Drei Monate lang umkreiste er die Erde, bevor er beim Wiedereintritt in die Atmosphäre verglühte.

Sputnik I erschreckte die westliche Welt, hatte man doch bisher geglaubt, die Sowjetunion besäße nicht die nötigen technologischen Mittel für ein so kompliziertes Vorhaben. Auf Sputnik I folgte im November des gleichen Jahres der noch größere Sputnik II mit der Hündin Laika an Bord. Im Dezember 1957 schlug dann ein Versuch der Amerikaner fehl, als die Vanguard-Trägerrakete auf ihrer Startrampe explodierte. Erst am 31. Januar 1958 gelang es den Amerikanern, mit Explorer 1 den ersten westlichen Satelliten in den Orbit zu bringen. Der Wettlauf ins All hatte begonnen.

Zur Zeit des Kalten Krieges verstand man die sowjetischen Erfolge als Niederlage des Westens. In den USA rief man ein Programm zur Förderung der wissenschaftlichen Ausbildung und Forschung ins Leben. Für die Raumfahrt wurde 1958 die NASA geschaffen, eine eigene Behörde, die sich schnell zu einer großen Organisation entwickelte.

1961 musste der Westen einen weiteren Tiefschlag einstecken, als der sowjetische Kosmonaut

Sputnik III

Während des Sputnik-Programms schoss die Sowjetunion zu Forschungszwecken mehrere unbemannte Satelliten in den Weltraum. Am 4. Oktober 1957 wurde Sputnik I als erstes von Menschen hergestelltes Raumfahrzeug in eine Umlaufbahn um die Erde gebracht. An Bord von Sputnik II, der noch im selben Jahr gestartet wurde, flog die Hündin Laika als erstes Lebewesen in den Weltraum. Zu sehen ist ein Modell von Sputnik III, der am 15. Mai 1958 zu seiner Forschungsmission startete.

Juri Gagarin

Den Sowjets gelang es als Ersten, einen Menschen in den Weltraum zu schicken. Am 12. April 1961 flog der sowjetische Kosmonaut Juri Gagarin an Bord von Wostok I in den Weltraum. Als erster Mensch im All wurde Gagarin in der ganzen Welt berühmt und erhielt Auszeichnungen und Orden von vielen Ländern. Gagarins Raumflug bewies, dass Menschen sich im All aufhalten können. Es folgte zahlreiche weitere Versuche, Menschen in den Weltraum zu schicken, darunter auch die Apollo-Missionen.

Der Start von Apollo 11

Um die Apollo-Astronauten zum Mond zu bringen, war eine gewaltige Antriebskraft nötig, und so war die Saturn V die leistungsstärkste Rakete, die jemals gebaut wurde. Sie bestand aus drei Antriebsstufen, in einer vierten Stufe befanden sich die Steuerungsinstrumente. Ihre Triebwerke beschleunigten die Rakete auf über 24.000 Kilometer pro Stunde. Die Abbildung zeigt die ersten Sekunden, in denen Apollo 11 von Cape Kennedy abhebt.

Juri Gagarin mit einer Raumkapsel in eine Umlaufbahn um die Erde gebracht wurde. Gagarin blieb zwei Stunden im Orbit und kehrte dann zur Erde zurück – die Menschheit hatte den ersten Schritt in den Weltraum gemacht. Als Reaktion darauf verkündete der US-amerikanische Präsident John F. Kennedy, dass die USA noch vor 1970 auf dem Mond landen würden – angesichts der technischen Möglichkeiten ein höchst ehrgeiziges Ziel.

In den folgenden Jahren wurde unter Hochdruck an den für eine Mondlandung erforderlichen Systemen gearbeitet: Man benötigte eine Trägerrakete, eine Mondlandefähre sowie eine Kapsel für die Rückkehr zur Erde. Ende des Jahres 1968 umrundete Apollo 8 dann als erstes bemanntes Raumschiff den Mond und kehrte wohlbehalten zurück.

Am 20. Juli 1969 landete Neil Armstrong als erster Mensch auf dem Mond, was er mit den berühmten Worten »dies ist ein kleiner Schritt für den Menschen, aber ein großer Sprung für die Menschheit« kommentierte. Die USA hatten beim Wettlauf im Weltraum einen Vorsprung erreicht, und die politische Signalwirkung war enorm.

In den 1960er-Jahren legten die Supermächte den Schwerpunkt ihrer Anstrengungen auf die bemannte Raumfahrt und weitere Mondlandungen, schickten aber auch Sonden in den Weltraum, um andere Planeten und Objekte im Sonnensystem zu erforschen, etwa Mars und Venus. In den Jahren 1974–75 flog die Raumsonde Mariner mehrere Male am Merkur, dem innersten Planeten unseres Sonnensystems, vorbei. 1976 landete eine Viking-Sonde auf dem Mars.

Es folgten weitere Missionen, um andere Planeten und sogar Asteroiden und Kometen zu erforschen. Die Sonden machten nicht nur Aufnahmen von der Oberfläche der Himmelskörper, sondern

setzten ihrerseits weitere Sonden ab, die dann – wie bei Mars und Venus – auf deren Oberfläche landeten oder – wie im Fall von Jupiter – in die Atmosphäre des Planeten eintauchten.

Das Interesse der Amerikaner verlagerte sich bald von Mondlandungen weg, hin zu den äußeren Planeten und der Einrichtung einer Raumstation in der Erdumlaufbahn. 1971 schoss die Sowjetunion ihre erste Raumstation, Saljut I, ins All. Die USA folgten 1973 mit dem Skylab. 1975 dockte das amerikanische Apollo- an das sowjetische Sojus-Raumschiff an – die rivalisierenden Weltraummächte begannen, zumindest teilweise zusammenzuarbeiten.

Die Sowjetunion startete mehrere Saljut-Raumstationen zu Testzwecken, bis sie 1986 die aus verschiedenen Modulen zusammengesetzte Raumstation Mir auf ihre Umlaufbahn brachte. Die Mir wurde in mehreren Bauphasen vervollständigt und war äußerst erfolgreich. Sie überstieg ihre erwartete Lebensdauer von fünf Jahren bei Weitem und blieb über 14 Jahre im All. 1998 wurde die Internationale Raumstation ISS gestartet, die immer noch im Orbit ist. Die ISS ist eine Gemeinschaftsunternehmung von 16 Ländern und eines der bisher ehrgeizigsten wissenschaftlichen Projekte.

Nach der Apollo-Mission war das nächste Projekt der NASA die Entwicklung einer wiederverwendbaren Raumfähre. Es sollte ein kostengünstiges Transportmittel zur Versorgung der geplanten Raumstationen werden und auch Satelliten ins Weltall bringen. Es vergingen neun Jahre, bis 1981 das erste Spaceshuttle mit zwei Astronauten an Bord auf eine erdnahe Umlaufbahn flog. Über die nächsten zwei Jahrzehnte entwickelte sich das Shuttle zur wichtigsten Stütze des amerikanischen Raumfahrtprogramms, wenngleich es nicht so günstig war, wie ursprünglich erhofft.

DER WETTLAUF INS ALL

Die Konkurrenz zwischen den USA und der Sowjetunion trieb die Erforschung des Weltraums entscheidend voran. Das Rennen begann 1957, als die Sowjets den Satelliten Sputnik I auf seine Umlaufbahn schossen. Der Wettkampf spitzte sich weiter zu, als Juri Gagarin im Jahr 1961 an Bord von Wostok 1 als erster Mensch den Weltraum besuchte. Die USA reagierten sofort: Präsident Kennedy kündigte an, dass die Vereinigten Staaten noch vor Ende des Jahrzehnts auf dem Mond landen würden. Ein gigantisches Forschungs- und Entwicklungsprojekt wurde ins Leben gerufen – das Apollo-Projekt – und der Etat der NASA entsprechend erhöht.

In den frühen 1960er-Jahren plante man nun den grundlegenden Ablauf der angestrebten Mondlandung. Dazu gehörten die leistungsstarke Saturn-V-Rakete, die das Apollo-Raumschiff ins All bringen sollte. Das Raumschiff selbst bestand aus zwei Hauptmodulen, dem Kommandomodul für Start und Landung auf der Erde, und dem Mondlandemodul. Mit diesem würden die Astronauten auf dem Mond landen und wieder am Kommandomodul andocken.

In den folgenden Jahren war man vollauf damit beschäftigt, das für das ehrgeizige Projekt notwendige technische Equipment zu entwickeln. Bei der NASA selbst arbeiteten über 30.000 Menschen daran, mehr als 300.000 waren bei den zahlreichen Zulieferfirmen beschäftigt. Nach anfänglichen Rückschlägen wurde im Jahr 1968 die Apollo-8-Mission gestartet. Der Flug verlief überaus erfolgreich, die drei Astronauten an Bord des Raumschiffes umkreisten den Mond, machten Aufnahmen von der Oberfläche und auch vom »Erdaufgang« über dem Mond. Bei den nächsten beiden Apollo-Missionen, Apollo 9 und Apollo 10, wurde die Belastbarkeit aller kritischen Bauteile während Flug, Start und Landung getestet. Apollo 10 war eine Art Generalprobe, das Raumschiff kam der Mondoberfläche bereits sehr nahe.

Am 16. Juli 1969 schließlich startete Apollo 11 von Cape Canaveral mit den drei Astronauten Neil Armstrong, Edwin Aldrin und Michael Collins an Bord. Vier Tage später, am 20. Juli, landeten Armstrong und Aldrin mit der Mondlandefähre in der Nähe des *Mare Tranquillitatis* (Lat. für Meer der Ruhe) auf der Oberfläche des Erdtrabanten. In den nächsten Stunden verließ Armstrong das Mondlandemodul und betrat als erster Mensch einen anderen Himmelskörper.

Die Astronauten sammelten Gesteinsproben und kehrten nach zwölf Stunden zum Kommandomodul zurück. Vier Tage später landeten sie sicher und wohlbehalten im Pazifik, die erste Mondlandemission war zu einem glücklichen Abschluss gekommen. Mehrere hundert Millionen Menschen auf der ganzen Welt hatten das Ereignis im Fernsehen oder über Radio verfolgt. Armstrongs Fußabdruck auf dem Mond wurde zum Symbol für den Mut und die Tatkraft, die menschlicher Forscherdrang entwickelt.

Auf Apollo 11 folgten noch sechs weitere Mondmissionen. Die Apollo-13-Mission wäre um ein Haar in einem Desaster geendet, als einer der Sauerstofftanks explodierte. Es gelang jedoch, die Besatzung sicher zur Erde zurückzubringen. Die letzten vier Missionen waren mit Mondfahrzeugen ausgerüstet, mit denen die Astronauten die Oberfläche erkunden konnten. Ihre Proben und Aufnahmen wurden dann von Wissenschaftlern auf der Erde ausgewertet. Die Ergebnisse sollten Aufschluss über die Entstehung des Mondes geben. Im Dezember 1972 schließlich startete Apollo 17 als letzte Mondmission.

Neil Armstrong

Wie Juri Gagarin beflügelte auch Neil Armstrong die Fantasie einer ganzen Generation. Armstrong absolvierte seinen ersten Raumflug im Jahr 1966 an Bord von Gemini 8, in dessen Verlauf er auch das erste Andockmanöver in der Geschichte der Raumfahrt durchführte. 1969 hatte er das Kommando der Apollo-11-Mission und betrat als erster Mensch den Mond. Armstrong und andere nach ihm untersuchten die Mondoberfläche und ließen Instrumente zurück, die weitere Daten sammeln sollten.

Nach dem Erfolg der Apollo-Missionen verlagerten sowohl die USA als auch die Sowjetunion ihre Bemühungen und versuchten, die Erforschung des Weltalls voranzutreiben. Die Sowjets hatten bereits begonnen, feste Raumstationen zu entwickeln, auf denen die Kosmonauten über einen längeren Zeitraum bleiben und Experimente durchführen konnten. Solche festen Stationen waren auch ein weiterer Schritt in Richtung bemannter Erkundungsflüge zu entfernten Planeten. Sie sollten als Zwischenstopp auf dem Weg ins tiefe All dienen.

Im Jahr 1971 startete die sowjetische Raumstation Saljut I. Im selben Jahr folgte das amerikanische Skylab. Im Rahmen des Saljut-Programms brachte die Sowjetunion weitere Raumstationen auf eine Umlaufbahn, bis 1986 die Raumstation Mir gebaut wurde. Im Laufe der nächsten Jahre wurde das Kernmodul um zahlreiche Module erweitert, Astronauten und Kosmonauten aus vielen Ländern besuchten die Mir. Das Unternehmen war ein großer Erfolg, die Mir umkreiste mehr als 14 Jahre lang die Erde, bevor sie 2001 bei einem kontrollierten Absturz während des Wiedereintritts in die Atmosphäre verglühte.

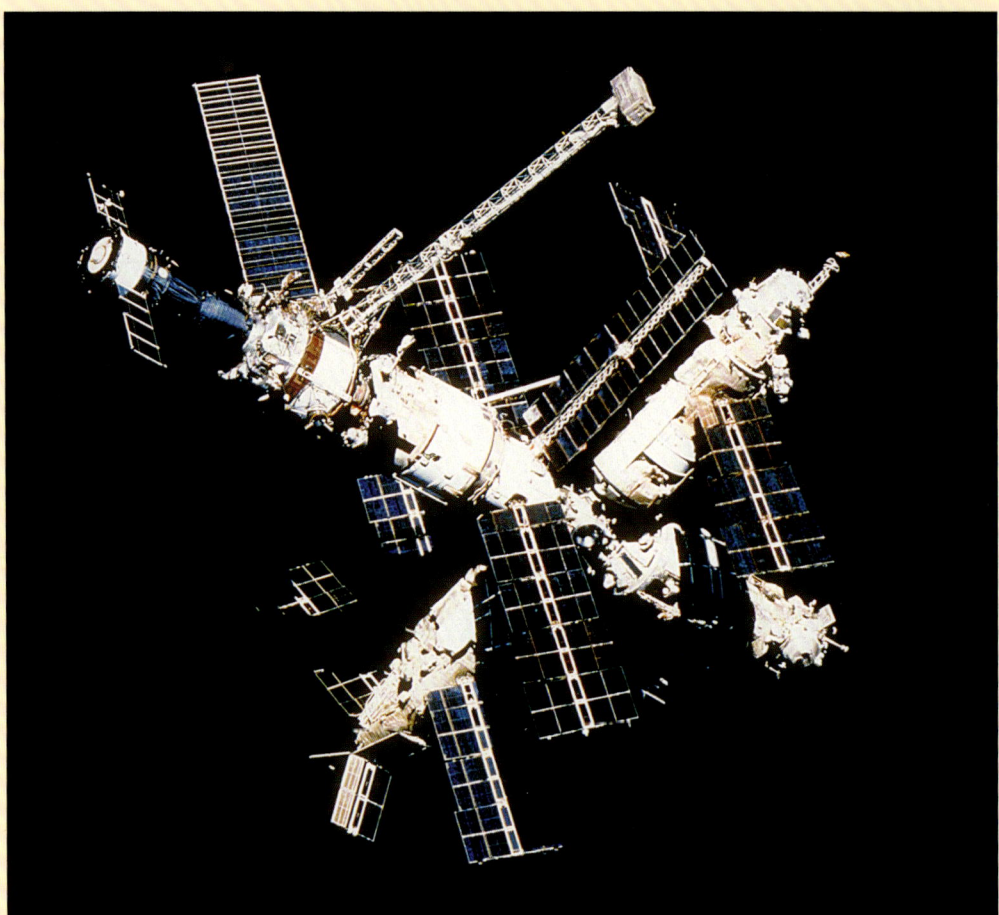

Die Raumstation Mir

1971 brachte die Sowjetunion die erste Raumstation auf ihre Umlaufbahn. Mit der Saljut sollten Experimente im All durchgeführt werden. Im Jahr 1986 folgte die modernere Raumstation Mir. Teile der Mir sollten in die Internationale Raumstation ISS eingebaut werden. Die ISS besteht aus mehreren verschiedenen Modulen und wird in internationaler Zusammenarbeit seit dem Jahr 1990 immer weiter ausgebaut.

1984 riefen die USA ein internationales Projekt ins Leben, mit dem eine Raumstation eingerichtet werden sollte. Die Entwicklung der wiederverwendbaren Raumfähre Spaceshuttle war der erste Schritt auf dem Weg, eine große und mit allen technischen Möglichkeiten ausgerüstete Raumstation ins All zu bringen, auf der sich Menschen über einen längeren Zeitraum aufhalten konnten. Mit dem Spaceshuttle war es möglich, Baumaterial und technisches Gerät weit billiger ins Weltall zu bringen als mit den nicht wiederverwendbaren Raketenträgersystemen. Bisher wurden sechs solcher Raumfähren gebaut, nach 2010 soll das Spaceshuttle von dem neuen Modell Orion abgelöst werden.

Nach dem Zerfall der Sowjetunion im Jahr 1989 lag das sowjetische Raumfahrtprogramm eine Zeit lang auf Eis. 1991 luden die USA Russland dazu ein, sich an der Internationalen Raumstation ISS zu beteiligen, die zur Hauptstütze der Raumfahrt im nächsten Jahrhundert werden sollte. Die ersten Module der ISS wurden schließlich 1998 auf ihre Umlaufbahn gebracht. In den folgenden Jahren wurde die Raumstation immer weiter ausgebaut und noch heute wird daran gearbeitet.

Die Apollo-Missionen zeigten sowohl die Möglichkeiten als auch die Grenzen der bemannten Raumfahrt auf. Die Landung auf dem Mond war ein ehrgeiziges Unterfangen, aber verglichen mit einem bemannten Flug zu einem der Planeten unseres Sonnensystems war sie sozusagen ein Kinderspiel. Die technischen Probleme sind so gewaltig, dass es im Augenblick nicht einmal Pläne für ein derart waghalsiges Unternehmen gibt.

Die bemannte Raumfahrt hatte schon immer Vor- und Nachteile. Einen Menschen in den Weltraum zu schicken ist um ein Vielfaches kostspieliger als eine Forschungsmission mit einem unbemannten Raumschiff. Die Sicherheit der Astronauten während des Fluges zu gewährleisten ist eine schwierige Aufgabe. Dasselbe gilt für längere Aufenthalte im Weltraum, die bei Reisen zu anderen Planeten unumgänglich wären. Wie gefährlich die bemannte Raumfahrt ist, haben die vielen Unfälle seit Gagarins Erdumrundung deutlich gezeigt. Das jüngste Unglück, bei dem am 1. Februar 2003 sieben Astronauten ums Leben kamen, ist vielleicht das tragischste Beispiel von allen: Die Raumfähre Columbia explodierte beim Wiedereintritt in die Atmosphäre. Ein häufig vorgebrachtes Argument für bemannte Missionen ist die Tatsache, dass Menschen bei Experimenten und Reparaturarbeiten selbst den kompliziertesten Maschinen weit überlegen sind.

In Anbetracht der Tatsache, dass die Ressourcen der Erde langsam zur Neige gehen, wäre es denkbar, dass die Zukunft der Menschheit in der Besiedelung anderer Planeten oder Himmelskörper liegt. Bodenschätze auf dem Mond und menschliche Kolonien im Weltraum mögen zu Jules Vernes Zeiten noch eine fantastische Vorstellung gewesen sein, heutzutage scheint die Vision nicht mehr ganz so unmöglich.

Transportwesen

1955 erfand der britische Ingenieur Christopher Cockerel das Luftkissenboot, ein Fahrzeug, das sich über Land und über Wasser bewegen kann, ohne die Oberfläche zu berühren. Im Jahr 1959 überquerte die SR-N1 den Ärmelkanal, kurz darauf wurde ein regelmäßiger Fährverkehr eingerichtet.

Die Einführung düsengetriebener Verkehrsflugzeuge in den 1950er-Jahren war bereits ein großer Schritt für die zivile Luftfahrt. Das Militär entwickelte Überschallflugzeuge, die zu Aufklärung und anderen Zwecken eingesetzt wurden. Im Jahr 1975 hielt die Überschalltechnik Einzug in die zivile Luftfahrt. Das erste überschallschnelle Passagierflugzeug war die russische Tupolew 144, ein Jahr später folgte die französisch-britische Concorde.

Auch das Automobil wurde in dieser Zeit erheblich weiterentwickelt. In den 1950er- und 1960er-Jahren dominierten PS-starke Motoren, die viel Benzin verbrauchten, den Markt. In Verbindung mit der Ölkrise in den 1970er-Jahren führte der Druck von Umweltorganisationen jedoch bald dazu, sparsamere Modelle zu entwickeln. Immer mehr Motorfunktionen wurden von Elektronik und Mikroprozessoren gesteuert. Es wurden nicht nur die Antriebstechniken, sondern auch die Materialien für Motor und Karosserie verbessert, und es kamen verschiedenste Werkstoffe zum Einsatz. Aluminium, Kohlefaser und Kunststoffe zum Beispiel machten die Autos leichter.

Molekularbiologie

Die Entdeckungen im Bereich der Molekularbiologie in der zweiten Hälfte des 20. Jahrhunderts hatten einen weitreichenden Einfluss auf das Leben der Menschen. 1953 entdeckten die beiden Cambridge-Wissenschaftler James Watson und Francis Crick die Struktur der Desoxyribonukleinsäure (DNS, engl. DNA). Schon in den Jahren zuvor war viel Arbeit investiert worden, um herauszufinden, wie Vererbung in den Zellen funktioniert, aber erst mit der genialen Entdeckung von Watson und Crick fügten sich die Puzzlestücke zusammen.

Obwohl nun die grundlegende Struktur des Erbguts entschlüsselt war, wusste man noch recht wenig darüber, wie die Zellen funktionieren. Insbesondere über die Bildung von Proteinen war wenig

bekannt. Im Jahr 1957 formulierte Crick seinen zentralen Lehrsatz der Biologie, der die Beziehung zwischen den wichtigsten Elementen DNS, RNS (Ribonukleinsäure, engl. RNA) und Proteinen erklären half. Entschlüsselt wurde das Genom erst mit der Arbeit von Marshall Nirenberg und Har Gobind Khorana. Sie zeigten in den 1960er-Jahren, wie die Abfolge der Nukleotide auf den DNS-Strängen die Bildung von Aminosäuren steuert.

Die Prinzipien der Vererbung hatte man also gegen Ende der 1960er-Jahre verstanden. Erst später fand man heraus, wie das genetische Material verändert werden kann. 1970 entdeckten die amerikanischen Mikrobiologen Daniel Nathans und Hamilton O. Smith einige Enzyme, die in der Lage sind, ein DNS-Molekül an einer vorher markierten Stelle zu zerschneiden. Diese sogenannten Restriktionsenzyme waren eine der wichtigsten Entdeckungen für die Zukunft von Gentechnik und Molekularbiologie. Mit ihrer Hilfe gelang es Paul Berg im Jahr 1972, DNS-Stücke, die von verschiedenen Organismen stammten, zu einem neuen, »künstlichen« DNS-Molekül zusammenzufügen. Nun entwickelte man verschiedenste Techniken, um die Abfolge der Nukleotide auf einem DNS-Strang schneller entschlüsseln zu können. Die Biotechnologie war geboren, deren vorrangiges Ziel lautet, mithilfe manipulierter DNS nützliche Substanzen und Organismen herzustellen.

Der nächste große Durchbruch folgte 1983, als der amerikanische Biochemiker Kary Mullis die Polymerase-Kettenreaktion (PCR) erfand, ein Verfahren, mit dem man in kürzester Zeit eine bestimmte DNS-Sequenz entschlüsseln und kopieren kann. Der Startschuss für das rasante Wachstum der biotechnischen Industrie war gefallen.

Eines der spektakulärsten Ergebnisse der biotechnischen Forschung ist das Klonen. Frösche konnte man bereits seit den 1950er- und Mäuse

Dolly, das geklonte Schaf

Das erste Tier, das aus den Zellen eines erwachsenen Tieres geklont wurde, war das Schaf Dolly. Das erfolgreiche Klonen aus Euterzellen war ein eindrucksvoller Beleg für die Möglichkeiten des Zellklonens, setzte aber auch eine Debatte über ethische Fragen in Gang. Dolly wurde am Roslin-Institut in Schottland geklont und wurde knapp sieben Jahr alt, bevor sie 2003 eingeschläfert werden musste.

SR-N1 Luftkissenboot

Einige hatten bereits versucht, mithilfe eines Luftkissens den Wasserwiderstand von Schiffen zu reduzieren, bis es 1952 dem britischen Erfinder Christopher Cockerel gelang, das erste funktionsfähige Luftkissenboot zu konstruieren. Der erste Prototyp SR-N1 (Saunders Roe Nautical 1) wurde 1959 gebaut. Er funktionierte hervorragend und ein paar Jahre später nahmen Luftkissenboote den Fährverkehr über den Ärmelkanal auf. Die Abbildung zeigt die SR-N1 auf der Themse bei Westminster.

seit den 1980er-Jahren konen, aber nur aus sogenannten Embryonalzellen. Der erste große Erfolg
beim Klonen eines erwachsenen Tieres gelang
1996, als Forscher des Roslin-Instituts in Schottland das Lamm Dolly aus Zellen eines erwachsenen Schafs klonten. Das Thema Klonen wirft viele
ethische Fragen auf, doch die Technik könnte sich
als hilfreich für Tierzucht oder Medizin erweisen.

Landwirtschaft

Obwohl die Molekularbiologie den Horizont des
menschlichen Wissens beträchtlich erweiterte,
dauerte es bis in die 1990er-Jahre, das neu ge-
schaffene Potenzial in Landwirtschaft, Pharma-
Industrie und Medizin umsetzen zu können. In der
Zwischenzeit war es bei einem einzigartigen, von
der Ford- und der Rockefellerstiftung unterstütz-
ten Experiment in Mexiko gelungen, neue ertrag-
reiche und krankheitsresistente Mais- und Weizensorten zu züchten. Es war der amerikanische
Agrarwissenschaftler Norman Borlaug, der diese
Züchtungen entscheidend vorantrieb. Die neuen
Sorten breiteten sich schnell über den Weltmarkt
aus, vor allem auf dem indischen Subkontinent, wo
die landwirtschaftliche Erzeugung gesteigert und
die Gefahr von Hungersnöten verringert werden
konnte. Der große Fortschritt in der Getreide-
produktion war durch neue Saaten, Dünge- und
Schädlingsbekämpfungsmittel sowie Mechanisie-
rung erzielt worden, er leitete die sogenannte Grüne Revolution der 1960er- und 1970er-Jahre ein.

Danach erkannten Agrarwissenschaftler das
enorme Potenzial genmanipulierter Pflanzen, die
krankheitsresistenter und unempfindlicher gegenüber Schädlings- und Unkrautbekämpfungsmittel

gemacht werden konnten. Diese sogenannten GVO
(gentechnisch veränderte Organismen) werden hergestellt, indem man ihnen Gene von anderen Pflanzen einsetzt, die über die gewünschten Eigenschaften verfügen. Über die Gefahren, die solche
transgenen Saaten für Gesundheit und Umwelt bedeuten, wurde und wird heftig debattiert.

Medizin

Auf die enormen Fortschritte, die in der Medizin
während des Zweiten Weltkrieges insbesondere im
Bereich der Orthopädie und der Chirurgie gemacht
wurden, folgten noch radikalere Neuentwicklungen auf dem Gebiet der Arzneimittel, der Diagnose und der Chirurgie. So fand man beispielsweise
neue Antibiotika, die gegen eine große Bandbreite
von Erregern wirkten. Impfstoffe gegen bakterielle Erkrankungen wie Tetanus und Typhus konnten
noch sicherer und wirksamer gemacht werden. Zusätzlich wurden Impfstoffe gegen Viruserkran-
kungen wie Polio, Grippe und Masern entwickelt.
So fand Jonas Salk 1954 den ersten Impfstoff gegen Polio, 1960 entwickelte Albert Sabin die ora-
le Polio-Impfung. Durch Impfkampagnen konnte
die Sterblichkeitsrate in der westlichen Welt deutlich gesenkt werden.

Obwohl man also gegen Ende des 20. Jahrhunderts die meisten Infektionskrankheiten im Griff
hatte, gab es noch eine weitere ungelöste Aufgabe
für die Medizin: die der Krebsbehandlung. Bösar-
tige Tumore wurden schon seit langem mit radio-
aktiver Strahlung und auch mit Röntgenstrahlen
behandelt. Nachdem die ersten Kernreaktoren in
Betrieb gegangen waren, stand bald eine ganze
Reihe von neuen radioaktiven Elementen zur Ver-

CT und MRI

Im 20. Jahrhundert machte die medizinische Diagnostik enorme Fortschritte.
Im Jahr 1971 erfanden Godfrey Hounsfield und Allan Cormack die Computertomografie (CT). 1973 folgte die von Edward Hoffman, Michael Ter-Pogossian
und Michael Phelps entwickelte Positro-
nen-Emissions-Tomografie (PET), und
1974 schließlich die von Raymond
Damadian zum Patent angemeldete
Magnetresonanztomografie (MRT).
Diese neuen Techniken lieferten Ärzten
und Wissenschaftlern ein viel genaueres
Bild des menschlichen Körpers als die bis
dahin üblichen Röntgenbilder. Ermöglicht
wurden die Erfindungen durch die riesigen Fortschritte auf dem Gebiet der
Computer und Elektronik. Die Aufnahme zeigt CT- und MRT-Aufnahmen des
menschlichen Herzens, des Gehirns und
der Wirbelsäule.

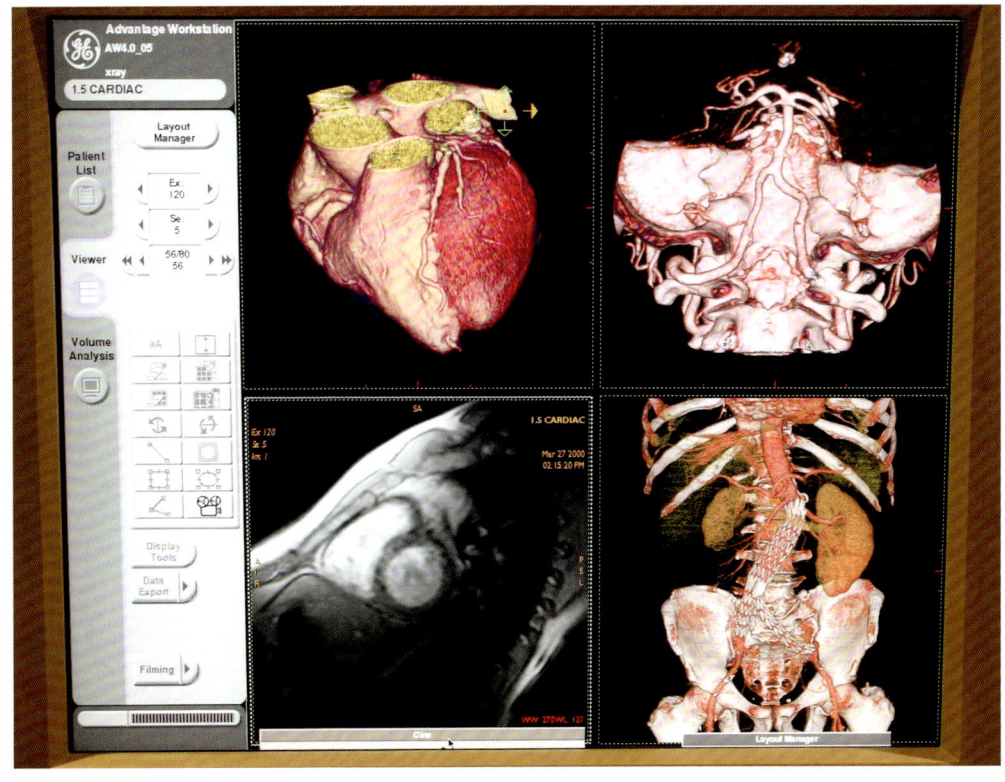

fügung, mit denen die Strahlentherapie effektiver gemacht werden konnte. Daneben erwies sich die Chemotherapie als äußerst erfolgreich bei der Tumorbehandlung. Es gibt noch immer kein Heilmittel im klassischen Sinn, außer in Fällen, in denen der Tumor chirurgisch entfernt werden kann. Es wurden aber zumindest so große Fortschritte in der Behandlung dieser Krankheit erzielt, dass die Überlebenschancen von Krebspatienten heutzutage um ein Vielfaches höher liegen.

In der Chirurgie fanden zwei große Entwicklungen statt: Zum einen gab es in vielen Bereichen neue Materialien – von besseren Fäden zum Vernähen von Wunden über neue Augenlinsen für Patienten mit grauem Star bis hin zu Herzklappen und Prothesen aus Kunststoff. Zum anderen konnte durch den Einsatz sogenannter minimalinvasiver Operationstechniken die Häufigkeit von Komplikationen deutlich verringert werden. Mit der Herz-Lungen-Maschine war es erstmals möglich, Patienten am offenen Herzen zu operieren, ohne dabei ein erhöhtes Risiko einzugehen. Mithilfe von sogenannten Stents (kleine Röhrchen, die die Gefäßwände abstützen) konnten Herzkrankheiten relativ einfach chirurgisch behandelt werden. Die Idee eines künstlichen Herzschrittmachers, der den Rhythmus des Herzschlags kontrolliert, war zwar schon einige Jahre alt, aber erst die Erfindung des Transistors machte tragbare Herzschrittmacher in den späten 1950er-Jahren möglich.

Auch auf dem Gebiet der Diagnose wurden entscheidende Fortschritte erzielt. In den 1970er-Jahren erfanden Godfrey N. Hounsfield und Allan M. Cormack unabhängig voneinander die Computertomografie (CT), mit der sich die inneren Organe eines Patienten dreidimensional abbilden lassen. Dazu werden zweidimensionale Röntgenaufnahmen aus verschiedenen Perspektiven gemacht, die ein Computer zu einer dreidimensionalen Abbildung zusammensetzt. Besonders eignet sich das Verfahren zur Untersuchung des Gehirns.

1970 entwickelte Raymond Damadian die Magnetresonanztomografie (MRT, engl. MRI). Bei diesem Verfahren werden die Atomkerne elektromagnetisch angeregt, um die inneren Strukturen des Körpers in einzelnen Abschnitten darstellen zu können. Ursprünglich wurde die Methode in der Chemie angewandt, um die Moleküle zu untersuchen, aus denen eine Substanz besteht. Dasselbe Prinzip nutzte man nun in der Medizin um dreidimensionale Aufnahmen von den weichen Geweben im Körper, speziell des Nervensystems im Gehirn und Rückenmark, zu machen. Im Vergleich zur CT liefert die MRT detailliertere Aufnahmen und das Verfahren weist beinahe keine Nebenwirkungen auf.

Die Entwicklungen konnten die Sterblichkeitsrate stark senken. Herausforderungen wie HIV, Malaria und die multiresistente Tuberkulose gilt es

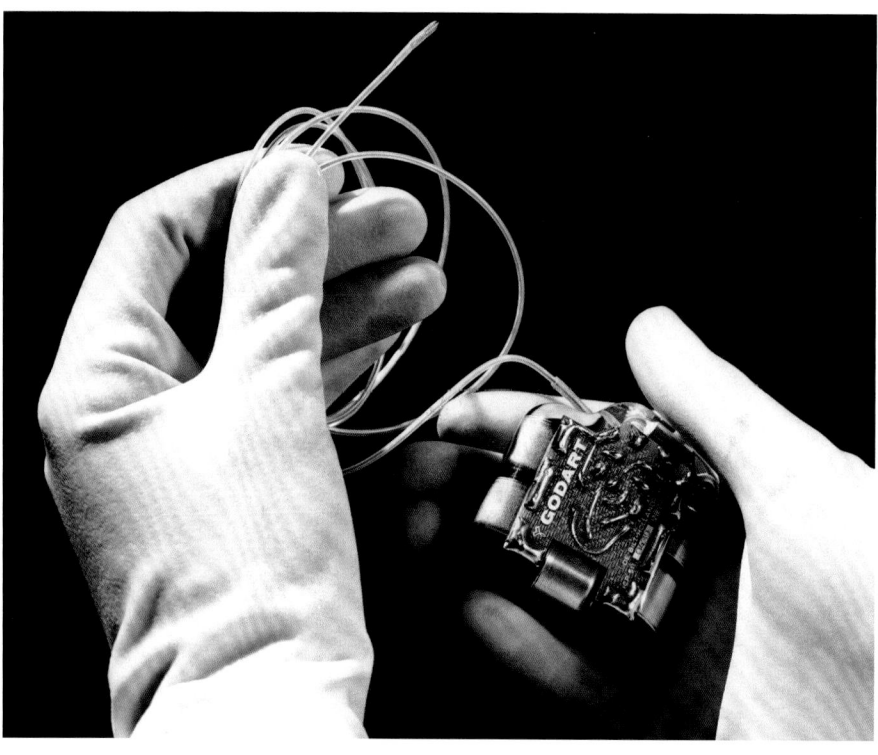

jedoch noch in den Griff zu bekommen. Vor allem in der westlichen Welt haben sich außerdem die Folgen einer ungesunden Lebensführung, wie zum Beispiel manche Herzerkrankungen, zu einer der häufigsten Todesursachen entwickelt.

Kunststoffe und neue Materialien

Auch Kunststoffe wurden, zum Beispiel für medizinische Zwecke, weiterentwickelt. Die Wissenschaft entdeckte völlig neue Materialien, vielleicht die wichtigsten unter ihnen waren die Kohlenstoff-Fullerene. 1985 fanden zwei Gruppen von Wissenschaftlern unabhängig voneinander bei ihren Experimenten mit Molekülstrahlen eine neue Form von Kohlenstoff (neben den zuvor bekannten Formen Kohle, Graphit und Diamant). Diese Verbindungen haben eine ungewöhnliche Struktur, die den geodätischen Kuppeln des Architekten Richard Buckminster Fuller ähnelt, daher der Name Fullerene.

Bei weiteren Experimenten wurden verschiedene Arten von Fullerenen entdeckt, angefangen beim sogenannten Buckminsterfulleren bis hin zu Kohlenstoff-Nanoröhrchen. Diese Stoffe haben bemerkenswerte Eigenschaften, die bereits in Bereichen der Nanotechnologie, Elektronik, Kosmetik, Optik und der Materialwissenschaft eingesetzt werden. Die Entdeckung der Kohlenstoff-Fullerene eröffnete die Möglichkeit, Materie in Bereichen von wenigen Nanometern (ein Nanometer entspricht einem Milliardstel eines Meters) zu untersuchen und zu manipulieren.

Auch die Halbleitertechnik machte in dieser Zeit sprunghafte Entwicklungen. So wurden bessere und effizientere Halbleiter zum Bau von elektronischen Geräten entwickelt, auch in Foto- und Solarzellen kamen sie zum Einsatz. Die Elektronik

Herzschrittmacher

Mithilfe des erst kurz zuvor entwickelten Transistors gelang es Earl Bakken im Jahr 1957, den ersten tragbaren externen Herzschrittmacher zu bauen. Der Herzschrittmacher war ein Segen für Menschen mit schweren Herzerkrankungen. Das Gerät benutzt elektronische Impulse, um den Herzschlag zu regulieren. Innerhalb weniger Jahre wurden auch implantierte Herzschrittmacher entwickelt, die wesentlich länger funktionierten. Die Abbildung zeigt ein frühes Modell eines Herzschrittmachers, das aus Epoxydharz hergestellt und mit Quecksilberbatterien betrieben wurde. Das Gerät hatte eine Lebensdauer von drei Jahren.

von Weltraumgeräten benötigte eine zuverlässige Stromversorgung, die über Solarzellen sichergestellt wurde. Obwohl die Photovoltaik (die Gewinnung von elektrischer Energie aus Sonnenenergie) bereits seit über einem Jahrhundert bekannt war, gelang es erst im Satellitenzeitalter praxistaugliche Solarzellen zu entwickeln.

Kernkraft

Die zivile Kernkraft war die große Neuerung auf dem Energiesektor. Nach der Entwicklung der Atombombe kamen Wissenschaftler auf die Idee, die Energie, die bei einer kontrollierten Kernspaltung freigesetzt wird, zu verwenden, um Dampf zu erzeugen. Mit dem Dampf ließen sich Turbinen antreiben, die wiederum elektrischen Strom erzeugten. 1953 wurde in den USA das Atoms-for-Peace-Programm (Atome für den Frieden) ins Leben gerufen, damit war der erste Schritt für eine friedliche Nutzung der Atomenergie getan.

Die grundlegenden Prinzipien, mit denen man die enorme Energiefreisetzung bei einer Kernspaltung unter Kontrolle halten konnte, waren zwar bekannt. In der Praxis erwies es sich jedoch als äußerst schwierig, einen Reaktor zu bauen, der die Sicherheitsansprüche erfüllte. In den späten 1950er- und 1960er-Jahren experimentierte man mit verschiedenen Reaktortypen, zahlreiche Atomkraftwerke gingen in Betrieb. Bei den verschiedenen Typen handelt es sich um Druck- und Leichtwasserreaktoren sowie solche, die mit Gas gekühlt werden. Mit der Ölkrise in den 1970er-Jahren schien die Energieversorgung des gesamten Westens plötzlich bedroht, was der Atomindustrie weiteren Auftrieb verlieh. Eine Reihe von Unfällen – allen voran das Unglück von 1979 in dem US-amerikanischen Kernkraftwerk Three Mile Island bei Harris-

burg und die Reaktorkatastrophe von Tschernobyl im Jahr 1986 – machte die Welt auf die Gefahren der Atomkraft aufmerksam.

Kernspaltungsreaktoren waren gegen Ende des 20. Jahrhunderts bereits voll etabliert, auf dem Gebiet der Fusionsreaktoren gab es bislang jedoch keinen wirklichen Durchbruch. Bei der Kernfusion werden zwei leichte Atomkerne miteinander verschmolzen, wobei große Mengen Energie freigesetzt werden (im Gegensatz zur Kernspaltung, bei der ein schwerer Kern in mehrere leichte aufgespalten wird). Die Kernfusion wäre als Energiequelle praktisch unerschöpflich und vor allem sauber. Die technischen Schwierigkeiten bei ihrer friedlichen Nutzung sind jedoch weiterhin groß, obwohl man bereits enorme Fortschritte in der Erforschung der Technologie gemacht hat.

Rüstung

Im Krieg war das Zerstörungspotenzial neuer Erfindungen und Technologien deutlich geworden – V-2-Raketen, Flugzeuge, die mehr Bombenlast tragen konnten, und nicht zuletzt die Atombombe waren verheerende neue Waffen. Dem Ende des Zweiten Weltkrieges folgte das Wettrüsten zwischen den USA und der Sowjetunion, das bis zum Ende des Kalten Krieges anhielt.

Noch während des Zweiten Weltkrieges hatten die USA eine Atombombe entwickelt, im Jahr 1952 testete man bereits die erste Wasserstoffbombe, die über eine noch höhere Sprengkraft verfügte. Bald darauf entwickelte auch die Sowjetunion eine Kernfusionswaffe. Als das Prinzip dieser vernichtenden Waffen ausgereift war, begann man damit, immer größere Bomben zu bauen. Die Sprengköpfe

und zugehörigen Waffensysteme verteilte man auf Flugzeuge, Raketenbasen und Schiffe, um auf jeden Fall ausgerüstet zu sein, falls der Feind zuerst angreifen sollte. Diese Abschreckungstaktik führte dazu, dass immer mehr und immer vernichtendere Waffen entwickelt wurden. Sie versetzte die Welt in einen permanenten Alarmzustand.

Um das Arsenal zu vervollständigen, suchte man zuverlässige und zielgenaue Trägersysteme. Direkt nach dem Krieg waren ungelenkte Raketen entwickelt worden, die feindliche Stellungen angreifen konnten. In den 1950er-Jahren wurden diese auf beiden Seiten des Eisernen Vorhangs in West- und Osteuropa stationiert. Dann begann man, Fortentwicklungen der Elektronik und der Navigationssysteme auch für Raketensysteme zu verwenden. Sowohl die USA als auch die Sowjetunion entwickelten taktische Lenkraketen. Die meisten waren mit Nuklearsprengköpfen bestückt, die beide Seiten zu dieser Zeit in großer Zahl produzierten.

Eine qualitative Veränderung kam mit den beiden Typen strategischer Langstreckenraketen, die weit entfernte Ziele angreifen und überall stationiert werden konnten. Ballistische Raketen, die in sehr großer Höhe flogen, damit sie nicht so leicht aufzuspüren waren, verfügten über einen Raketenantrieb. Der zweite Typ waren tieffliegende Marschflugkörper mit Düsentriebwerken.

Nach dem Zweiten Weltkrieg benutzten die US-Amerikaner die gleiche Raketentechnik, die Deutschland für die gefürchteten V-2-Raketen entwickelt hatte. Man setzte sich das Ziel, Langstreckenraketen zu entwickeln, die schwere Atomsprengköpfe tragen konnten. 1959 schließlich wurden die ersten Interkontinentalraketen in den USA stationiert. Sie flogen mit Flüssigbrennstoff und waren in Bezug auf Nutzlast und Reichweite begrenzt. Die USA wollten unbedingt die sowjetische Raketentechnologie übertreffen, deren Überlegenheit sich mit dem Start des Sputnik im Jahr 1957 gezeigt hatte. Also setzte man alles daran, eine Interkontinentalrakete mit Feststoffantrieb zu entwickeln, was schließlich zur Minuteman-Rakete führte. Feststoffraketen hatten eine größere Reichweite, waren sicherer und günstiger. In den 1970er-Jahren entwickelten beide Seiten Raketen, die mit mehreren Sprengköpfen bestückt waren, um gleichzeitig verschiedene Ziele angreifen zu können und über ein noch größeres Vernichtungspotenzial zu verfügen.

In den 1980er-Jahren riefen die USA das sogenannte SDI-Programm (SDI = Strategic Defense Initiative) ins Leben, mit dem Ziel, anfliegende Atomraketen bereits in der Luft zerstören zu können. 1991 endete mit dem Zerfall der Sowjetunion der Kalte Krieg. Die Waffensysteme wurden nie ausgeliefert, wenn auch wahrscheinlich weiter an ihnen gearbeitet wird.

Kommunikationstechnik

1947 brachte die Erfindung des Transistors in den Bell-Laboratorien die elektronische Halbleiter-Revolution auf den Weg. In den folgenden Jahren wurden mithilfe von Halbleitern Kondensatoren und Widerstände entwickelt, die man dann zusammen mit Dioden auf einer Siliziumplatte anordnete. So konnte man komplexe elektronische Geräte in Miniaturgröße bauen, zunächst aber bestand das Problem, sie untereinander zu verbinden.

1958 erzielten Jack Kilby und Robert Noyce unabhängig voneinander einen entscheidenden Durchbruch. Es gelang ihnen, extrem dünne Metallbahnen auf eine Siliziumplatte aufzubringen, auf der sich auch die anderen Teile der Schaltung befanden. Auf diese Weise war es möglich, den gesamten Schaltkreis mit allen Verschaltungen in

einem winzigen Bauteil unterzubringen. Diese sogenannten integrierten Schaltkreise (IS) waren der Schlüssel zur Entwicklung der Mikroelektronik.

In den vorangegangenen Jahren waren auch im Bereich der Tonaufnahme und -wiedergabe große Fortschritte erzielt worden, Schallplattenaufnahmen hatten jetzt eine wesentlich höhere Qualität. In den 1950er-Jahren kam jedoch ein neues Medium auf den Markt, das dem Plattenspieler große Konkurrenz machte: das magnetische Tonband. Ursprünglich während des Zweiten Weltkrieges von deutschen Ingenieuren entwickelt, übernahmen die Briten und Amerikaner diese Technik und verbesserten sie zu einem Klangaufnahme- und Wiedergabesystem von höchster Qualität. Die neuen Tonbandgeräte waren äußerst beliebt und hielten in vielen Haushalten Einzug.

Die Filmtechnik war in den vorangegangenen Jahrzehnten beträchtlich weiterentwickelt worden, zum Beispiel durch Ton- und Farbfilme. Doch es

Videorekorder

1951 erfanden Charles Ginsburg und sein Team den Videorekorder. Das Gerät wandelte die Fernsehbilder in elektrische Impulse um und speicherte sie auf ein magnetisches Band. Das erste derartige Gerät wurde 1956 verkauft. Mit ihm konnte man Fernsehsendungen viel billiger aufzeichnen, als das mit Filmmaterial möglich war. Zunächst waren die Geräte für Privatpersonen jedoch zu teuer und die Technik blieb Fernsehsendern und Produktionsfirmen vorbehalten. Erst in den späten 1970er-Jahren wurde ein günstigeres Modell für den privaten Gebrauch entwickelt. Videokassetten erfreuten sich größter Beliebtheit, bis sie von den DVDs verdrängt wurden.

gab noch immer keine Möglichkeit, Fernsehsendungen aufzuzeichnen und erst später auszustrahlen, weshalb alle Sendungen nach wie vor live übertragen wurden. 1956 erfanden Charles Ginsburg und Ray Dolby ein Aufzeichnungssystem für Filme, das ebenfalls mit Magnetbändern arbeitete. Diese Erfindung war ein großer Schritt für die Fernsehindustrie, denn jetzt konnte man genauso

Ein Stapel CDs und DVDs

Die Compact Disc war zwar schon 1965 von James Russell erfunden worden, die Massenproduktion begann aber erst in den 1980er-Jahren. Die neue Technologie kam gut an, denn mit Laser digital aufgenommene und wiedergegebene Musik bedeutete einen echten Quantensprung in der Qualität der Klangwiedergabe. Später sollten Digitale Video Discs (DVDs) folgen, wodurch sich auch die Qualität von Videoaufnahmen entscheidend verbesserte.

wie im Radio Sendungen aufzeichnen und sie zu einem beliebigen Zeitpunkt ausstrahlen. Nach den professionellen Video-Aufzeichnungsgeräten wurden auch kleinere und billigere Geräte für den privaten Gebrauch entwickelt. Während der 1970er- und 1980er-Jahre wurde der Videorekorder immer beliebter und bald waren Videokassetten aus der Unterhaltungsbranche nicht mehr wegzudenken.

Sowohl Video- als auch Audiotechnik arbeitete mit magnetischen Bändern, auf denen Bild und Ton analog aufgezeichnet wurden. Im Jahr 1980 brachten Phillips und Sony dann ein neues, digitales System auf den Markt. Bei diesem System wurden keine Magnetbänder mehr benutzt, sondern mit Laser beschriebene Scheiben aus Kunststoff, die Compact Discs (CDs). Sie waren bereits 1957 von James Russell erfunden worden, verbreiteten sich aber erst in den 1980er-Jahren mit Beginn der Massenproduktion. Die CD war wohl die wichtigste Entwicklung bei der Ton- und Datenspeicherung seit Erfindung des Phonographen.

Ab 1982 verwendete man CDs zur digitalen Tonaufzeichnung. Die neue Technik war ein immenser Erfolg, da sie bei weitaus besserer Klangqualität viel mehr Speicherplatz bot. Außerdem ließ die Qualität der Aufnahme im Laufe der Zeit nicht nach. Im Verlauf der nächsten Jahre kamen auch digitale Videos auf den Markt. Sie nutzten diesel-

be Technologie wie die Musik-CDs. Video-CDs konnten sich aber ncht durchsetzen, weil die für eine gute Filmwiedergabe benötigte Datenmenge für eine CD zu groß ist.

Und so waren es im Jahr 1995 wiederum Phillips und Sony, die ein digitales Video-Medium auf den Markt brachten: die Digital Video Disc (DVD). Auf diesem Format konnten viel größere Datenmengen gespeichert werden als auf einer Laserdisc oder einer CD. So wurde es erstmals möglich, digitale Film- und Tonaufnahmen von hoher Qualität zu machen und abzuspielen. Der Schlüssel zu dieser Technologie waren Hochleistungslaser, die mehr Daten auf dasselbe Medium schreiben konnten.

Auch die Fotografie machte große Fortschritte, die Farben wurden lebendiger und die Bilder schärfer. Die Technik blieb jedoch zunächst dieselbe — ein Film wurde belichtet und im Labor entwickelt. Dies änderte sich erst mit der nächsten digitalen Revolution, der Einführung der Digitalkamera.

Die erste filmlose Digitalkamera wurde 1975 von Steven Sasson bei der Eastman Kodak Company gebaut. Dieses Modell war jedoch zu groß, zu schwer und auch zu langsam, sodass sie nie in Produktion ging. Bis die erste Digitalkamera auf den Markt kam, sollte es noch bis 1990 dauern. Als Speichermedium verwendete die erste Digitalkamera ein sogenanntes CCD-Element (= Charge Coupled Device). Die Daten wurden dort digital gespeichert und dann von einem Computer ausgelesen. Bald kamen auch die ersten digitalen Spiegelreflexkameras auf den Markt.

Auch im Bereich der Telefonie gab es in dieser Zeit einige radikale Neuerungen. In den 1950er-Jahren verfügten die meisten Industrieländer bereits über ein relativ gut ausgebautes Telekommunikationsnetz. Die Schalt- und Vermittlungsstellen und auch die Telefongeräte selbst wurden immer weiter verbessert, aber mit dem Beginn des Weltraumzeitalters merkte man schnell, welches Potenzial in der Datenübertragung via Satellit lag.

1962 wurde Telstar 1, der erste Kommunikationssatellit, auf eine erdnahe Umlaufbahn gebracht. Er war der erste Satellit, der Fernsehsendungen und Telefonate über den Atlantik übertrug. Syncom 2 dagegen war im Jahr 1963 der erste Kommunikationssatellit auf einer geostationären Umlaufbahn. In einer Höhe von 35.400 Kilometern umkreiste er die Erde mit exakt derselben Geschwindigkeit, mit der sich unser Planet um seine eigene Achse dreht — deshalb scheinen geostationäre Satelliten immer an demselben Punkt über der Erde stillzustehen. Dies ermöglicht eine ununterbrochene Kommunikation zwischen Bodenstation und Satellit. Die Zahl derartiger Satelliten stieg in den nächsten Jahrzehnten auf über 300, und jeder davon war mit modernster Technik zur Übermittlung riesiger Datenmengen bestückt.

Die andere große Innovation in der Datenübermittlung war die Einführung von Glasfaserkabeln. Dass man Licht durch eine entsprechend aufgebaute einzelne Glasfaser senden kann, war seit dem 19. Jahrhundert bekannt. Es fehlten jedoch die technischen Möglichkeiten, um sich diese Eigenschaft zunutze zu machen. In den 1950er-Jahren experimentierten Forscher mit einem neuen, flexiblen Gerät für Magenspiegelungen, am Ende dieses Jahrzehnts stellten sie die ersten glasummantelten Fasern her, die noch für viele weitere Anwendungen eingesetzt werden würde.

Durch die Erfindung des Lasers im Jahr 1957 kamen Forscher auf die Idee, Fasern zur Datenübermittlung einzusetzen. In den 1960er-Jahren verringerte man die Datenverluste auf diesem Weg, zehn Jahre später kamen verbesserte optische Verstärker hinzu, mit denen Signale über große Entfernungen übertragen werden konnten. Die Menge der zu übermittelnden Daten stieg kontinuierlich an. Anfang der 1990er-Jahre wurden daher vielerorts Glasfaserkabel speziell für diesen Zweck verlegt.

Schon während des Zweiten Weltkrieges hatte man für spezielle Einsatzzwecke mit einer Kombination aus Radio und Telefon experimentiert, 1946 wurde das erste mobile Telefonnetz MTS in den USA eingerichtet. Es basierte auf Radiosende- und Empfangsgeräten, die mit Festnetztelefonen kommunizierten. 1964 verbesserte man dieses sehr einfache System und führte den Improved Mobile Telephone Service IMTS ein. Dieses System bedeutete einen großen Fortschritt, die übertragbare Datenmenge blieb jedoch sehr begrenzt.

1973 baute Motorola das erste Mobiltelefon, ein noch sehr großes und unhandliches Gerät. Im Jahr 1984 schließlich entwickelten die Bell-Labo-

ratorien das sogenannte Call-Handoff-System, welches das Spektrum der Radiowellen effektiv nutzte und damit mobiles Telefonieren möglich machte. 1991 nahm in Finnland das erste Mobilfunknetz der zweiten Generation seinen Dienst auf. Kurz darauf konnten durch digitale Techniken weitere Fortschritte erzielt werden. Gegen Ende des 20. Jahrhunderts war in manchen Ländern Europas das Mobilfunknetz bereits ähnlich gut ausgebaut wie das Festnetz.

Seit den späten 1920er-Jahren hatte man versucht, bewegte Bilder zusammen mit Ton über das Telefonnetz zu übermitteln, doch die Fortschritte waren gering und kamen nie über das Experimentalstadium hinaus. Im Jahr 1956 entwickelten die Bell-Laboratorien ein sogenanntes Videofon, das an das normale Telefonnetz angeschlossen werden konnte, 1971 kamen dann die ersten Bildtelefone der zweiten Generation auf den Markt. Schließlich konnte das Unternehmen AT&T im Jahr 1992 aufgrund von Bildkomprimierungsverfahren und sowohl schnellerer als auch billigerer Rechenleistung das erste digitale Videofon vorstellen. Mit ihm ließen sich erstmals bewegte Bilder in Echtzeit übertragen, was eine deutliche Verbesserung gegenüber der bisherigen Technologie bedeutete.

Computer

Der gesamte Bereich der Computer- und Elektronikindustrie expandierte enorm. Die wichtigste Erfindung war die des integrierten Schaltkreises, durch den viele Bauteile verkleinert werden konnten. Nach dem erfolgreichen ENIAC-Projekt in den 1940er-Jahren galt es jetzt, Computer leistungsfähiger und vielseitiger zu machen.

Die theoretischen Grundlagen hatte bereits der ungarischstämmige amerikanische Mathematiker

Mobiltelefone

1947 entwickelte Bell die ersten batteriebetriebenen Telefone für den Einsatz in den Streifenwagen der Polizei. 1973 bediente sich Motorola derselben Technologie und entwickelte das erste tragbare Telefon. Obwohl Mobiltelefone bereits Anfang der 1990er-Jahre im Handel erhältlich waren, begann der wahre Boom erst zum Ende des 20. Jahrhunderts. Die Revolution, die diese Geräte auslösten, ist einzigartig in der Geschichte der Telekommunikation, mittlerweile gibt es auf der Welt mehr Mobil- als Festnetzanschlüsse. Die Technik entwickelte sich rasend schnell – heute ist es zum Beispiel möglich, mit dem Handy Videos anzusehen oder im Internet zu surfen.

Die ersten Computer

Die ersten Großrechner waren gigantische Maschinen mit einem Gewicht von mehreren Tonnen. 1951 wurde der UNIVAC I (Universal Automatic Computer I) gebaut. Er war eher für Verwaltungs- und betriebswirtschaftliche Aufgaben gedacht als für die Wissenschaft. Die Abbildung zeigt, wie ein UNIVAC I bei der US Air Force getestet wird. Die Maschine hatte einen Platzbedarf von über 28 Kubikmetern und war mit zwei Megahertz getaktet.

Lochkarten

Die ersten Lochkarten wurden im frühen 19. Jahrhundert in automatischen Web-stühlen verwendet, noch im selben Jahr-hundert kamen sie in Rechenmaschinen zum Einsatz. Die ersten digitalen Compu-ter verwendeten ebenfalls Lochkarten zur Ein- und Ausgabe von Daten und zur Pro-grammierung. Das Verfahren wurde von IBM entwickelt und bald waren IBM-Ma-schinen zur Datenspeicherung auf Loch-karten allgegenwärtig. Die Abbildung zeigt eine Frau an einer IBM-Übersetzungsmaschine.

Intel-Pentium-Prozessor

1993 brachte Intel die Pentium- oder P5-Mikroprozessoren auf den Markt, die die bis dahin übliche 486er-Serie ablöste. Der Pentium war vollkommen anders aufge-baut und arbeitete viel schneller als sein Vorgänger. Die Pentium-Baureihe dominierte den Computermarkt für fast ein ganzes Jahrzehnt.

John von Neumann ausgearbeitet, der auch am ENIAC und dem Manhattan-Projekt zum Bau der ersten Atombombe beteiligt gewesen war. 1946 verfasste von Neumann mit seinen Kollegen eine Abhandlung, mit der sie die Basis für die Entwick-lung moderner Computer schufen. Von Neumanns Verdienst war die Idee, Daten zusammen mit den Arbeitsanweisungen im selben Speicher abzulegen, was einen schnelleren Zugriff ermöglichte.

Der erste Computer mit gespeichertem Programm wurde 1949 in Großbritannien entwickelt, er wur-de aber nie in großer Zahl produziert. Das erste wirklich gelungene Modell ging 1951 im statisti-schen Bundesbüro der US-Regierung in Betrieb. Der UNIVAC I (Universal Automatic Computer I) war ein Datenverarbeitungs-Computer mit Tasta-tur. Sowohl Ein- als auch Ausgabedaten wurden auf Magnetbändern gespeichert, das Gerät war die schnellste Büromaschine seiner Zeit. Er war zwar schon viel kleiner als der ENIAC, beanspruchte aber immer noch 24 Kubikmeter Raum.

In den nächsten Jahren begannen mehrere Her-steller, Maschinen mit der von J. von Neumann entwickelten Speicherarchitektur zu entwickeln. Unter ihnen waren Firmen wie Remington Rand, Burroughs und vor allem IBM. Computer wurden jedoch nur sehr begrenzt eingesetzt – ihr Betrieb war eine Aufgabe für Spezialisten und die An-schaffung der Geräte sehr kostspielig. Außerdem arbeiteten die damaligen Computer noch sehr lang-sam und eingeschränkt, weil man immer nur ein Programm laufen lassen konnte.

Ein weiterer Faktor, der die Entwicklung und Verbreitung von Computern bremste, war das Feh-len von Programmiersprachen. Alle Arbeitsanwei-sungen für den Computer mussten in einer soge-nannten Maschinensprache geschrieben werden, was sehr langwierig war. Deshalb suchte man schon seit längerem nach einer Art Übersetzer, einem Programm, das mathematische Rechenope-rationen in Maschinensprache übertragen konnte, die auch der Computer »versteht«. Doch bisher wur-den auf dem Gebiet nie echte Fortschritte erzielt.

1952 entwickelte Alick Glennie, ein Student an der Universität von Manchester, den Prototypen eines solchen Programms, den er Autocode nannte. 1954 entwarfen IBM-Ingenieure die erste hoch entwickelte Computersprache FORTRAN, die sich schnell verbreiten sollte. Drei Jahre später brachte IBM auch den zugehörigen Compiler (ebenfalls ein Übersetzungsprogramm) auf den Markt. Zum ers-ten Mal konnten nun auch Nichtspezialisten Pro-gramme für Computer schreiben. Im Laufe der nächsten Jahre wurden weitere Computersprachen entwickelt, FORTRAN blieb aber vor allem bei Wissenschaftlern und Ingenieuren sehr beliebt.

Fortentwicklungen von IBM gestalteten Compu-ter zunehmend leistungsfähiger und nutzerfreund-licher. Die magnetische Speicherplatte und der Kettendrucker waren zwei solcher Erfindungen. IBM bediente sich auch der neuen Technologie der integrierten Schaltkreise, um die Maschinen viel-seitiger zu machen. Ein Beispiel für ihren Erfolg ist die 360er-Serie von IBM, die den Computer-markt in den späten 1960er-Jahren dominierte.

Ein weiterer wichtiger Schritt war die Einfüh-rung von Time-Sharing, mit dessen Hilfe mehrere Programme gleichzeitig auf demselben Computer laufen konnten. Es musste viel theoretische und praktische Forschungsarbeit geleistet werden, be-vor das System wirklich einsatzbereit war. Ein bedeutender Schritt in diese Richtung war das neue Betriebssystem UNIX, das die beiden Bell-Mitarbeiter Dennis Ritchie und Ken Thompson entwickelten. UNIX war sehr leistungsfähig und ließ Programmierern viele Möglichkeiten. Den Universitäten wurde es kostenlos zur Verfügung gestellt, was entscheidend zu seiner Popularität beitrug. Im Laufe der Zeit wurden für unterschied-liche Einsatzzwecke neue UNIX-Versionen entwi-ckelt. Auch heute noch ist UNIX das Server-Be-triebssystem schlechthin.

1965 wurden neue Geräte vorgestellt, die sogenannten Mikrocomputer. Bei ihnen handelte es sich um »abgespeckte« Versionen ihrer großen Brüder, die man jetzt Großrechner nannte, sie erfüllten aber dieselben Grundfunktionen. Mikrocomputer waren billiger als Großrechner und hielten bald Einzug in Universitäten und Firmen, wo sie bis Mitte der 1970er-Jahre eingesetzt wurden.

Nun revolutionierte jedoch die Entwicklung des Mikroprozessors den Computer. Die integrierten Schaltkreise waren zunehmend komplexer geworden und verfügten über immer mehr Bauteile auf immer kleinerem Raum. Die Firma Intel entwickelte 1971 einen integrierten Schaltkreis, der Steuerungsanweisungen verarbeiten konnte. Das Gerät hieß 4004 und verkaufte sich gut, unter anderem wurde es in den Taschenrechnern einer japanischen Firma verwendet. Der erste echte Mikroprozessor war jedoch der 8008, der im Gegensatz zu dem 4-bit-Modell 4004 bereits über eine 8-bit-Technologie verfügte. Er kam 1972 auf den Markt, im Jahr 1974 folgte das verbesserte Modell 8080. Zu dieser Zeit ahnte noch niemand, welche Revolution die winzigen elektronischen Bauteile einmal auslösen würden.

Der 1973-74 in Frankreich entwickelte Micral war der erste Mikrocomputer, der mit dem 8080 ausgerüstet wurde. Außerhalb Frankreichs war er jedoch kaum bekannt. 1975 produzierte die Firma MITS einen Bausatz für einen Computer namens Altair, der sich bei Hobbyprogrammierern und Computerpionieren größter Beliebtheit erfreute.

1974 brachte Gary Kildall das erste Betriebssystem für Mikrocomputer auf den Markt, das CP/M (Control Program for Microcomputers), ein paar Jahre später folgte das erste Tabellenkalkulationsprogramm VisiCalc von Dan Bricklin und Bob Frankston. Zwei Altair-Hobbyprogrammierer – Bill Gates und Paul Allen – gründeten die Microsoft Corporation, um Software für Mikrocomputer zu entwickeln. Zwei weitere Programmierer, Steve Jobs und Stephen Wozniak, bündelten ebenfalls ihre Kräfte und begannen in Jobs' Garage Computer zu bauen. Das Ergebnis war der erste Apple-Computer, von dem sie aber nur eine sehr geringe Stückzahl verkauften. Bald gründeten die beiden eine Firma und landeten mit Folgemodellen wie dem Apple III einen riesigen Erfolg. 1982 brachten sie den ersten Computer mit grafischer Benutzeroberfläche heraus (engl. Graphical User Interface/GUI). Dieser Computer mit dem Namen Lisa war zwar revolutionär, kommerziell aber nicht besonders erfolgreich. Neben der grafischen Benutzeroberfläche waren auch viele andere Neuerungen wie Maus und Laserdrucker schon früher im Xerox Forschungszentrum in Palo Alto (PARC) erfunden worden, Xerox hatte es aber versäumt, die neuen Technologien kommerziell zu verwerten.

1984 produzierte Apple eine einfachere Version des Lisa-Computers, den Macintosh. Er hatte ein ansprechendes Design, war leicht zu bedienen und wurde der erste kommerziell erfolgreiche Personal-Computer. Kurz zuvor war auch IBM in das Mikrocomputer-Geschäft eingestiegen. IBMs Version war mit einem 8088-Prozessor von Intel ausgestattet, das Betriebssystem stammte von Microsoft und nannte sich Disk Operating System (DOS). Das Gerät von IBM verkaufte sich in den ersten zwei Jahren über eine halbe Million Mal.

In den nächsten Jahren gab es viele Neuentwicklungen im Bereich der Personal Computer, sowohl

Steve Jobs und Apple Computer

1976 bauten Steve Jobs und Steve Wozniak den ersten Apple-Computer Lisa, später entwickelten sie den Macintosh. Er war der erste Computer mit einer grafischen Benutzeroberfläche, was die Arbeit an einem Macintosh im Vergleich zu den IBM-Personal-Computern wesentlich vereinfachte. Jobs verließ Apple vorübergehend, als er ein paar Jahre später zurückkehrte, gab er der Firma mit Ideen wie dem iPod neuen Aufschwung.

im Hardware- wie auch Softwarebereich. Die Geräte wurden dank verbesserter Prozessoren zunehmend leistungsfähiger und auf magnetischen Speicherplatten mit immer höherer Dichte konnten mehr und mehr Daten abgespeichert werden.

Ab den 1980er-Jahren erfreuten sich tragbare Computer und Handgeräte zunehmender Beliebtheit. Mit den ersten dieser sogenannten Handhelds wurde versucht, alle Funktionen eines Computers in einem stark verkleinerten Gerät unterzubringen, auf dem Markt jedoch kam dies nicht gut an.

1996 brachte Palm Computing Inc. den Palm Pilot heraus, ein bis dahin einzigartiges Handgerät, das nicht darauf abzielte, einen Computer zu ersetzen, sondern dem Benutzer einfachen und schnellen Zugang zu gespeicherten Daten ermöglichte. Der Palm Pilot war klein und ließ sich ohne großen Aufwand mit einem Computer verbinden, mit einem speziellen Eingabestift konnte man bereits auf das Display schreiben. Ende des 20. Jahrhunderts versuchten einige Computerhersteller am kommerziellen Erfolg des Palm Pilot teilzuhaben und brachten eigene mobile Geräte heraus.

World Wide Web

Das World Wide Web wurde 1988 am Forschungszentrum CERN in Genf entwickelt. Es sollte den Daten- und Informationsaustausch zwischen Wissenschaftlern erleichtern, die über mehrere Länder verteilt arbeiten. Mit der Einführung des ersten Browsers Mosaic wurde das Web für jedermann zugänglich. In Verbindung mit dem Internet revolutionierte das World Wide Web den Informationsaustausch. Diese aus Internetseiten zusammengesetzte Weltkugel auf dieser Abbildung symbolisiert die durch das Web in Gang gesetzte Globalisierung von Information.

Mikrowellenherd

Während des Zweiten Weltkrieges entdeckten Wissenschaftler bei ihren Experimenten mit einem Mikrowellenradar, dass man mit denselben Wellen auch Wasser zum Kochen bringen konnte. Das Verfahren wurde zwar bereits 1945 patentiert, konnte sich aber nie durchsetzen. Erst in den späten 1970er-Jahren war die Technik so ausgereift und die Geräte wurden so billig, dass der Mikrowellenherd auch in private Haushalte Einzug hielt.

Internet

Gegen Ende der 1980er-Jahre waren Personal Computer in der westlichen Welt bereits weit verbreitet und wurden vor allem im Geschäftsbereich und in den Wissenschaften eingesetzt. Sie wurden immer leistungsfähiger und vielseitiger, wozu auch Peripheriegeräte wie Drucker, CD-ROM-Laufwerke oder Audiogeräte gehörten.

Schon lange bevor sich der Personal Computer etabliert hatte, finanzierte eine Behörde der US-Regierung, die Defense Advanced Research Projects Agency, ein Projekt zur Entwicklung eines Systems, mit dessen Hilfe Computer miteinander kommunizieren sollten. Die Idee hinter dem Projekt war ein weitverzweigtes Netz von miteinander verbundenen Computern, das auch einen Nuklearschlag überstehen würde. 1969 ging das erste Netz dieser Art in Betrieb. Es hieß Arpanet und verband Regierungsbehörden und einige Universitäten. Arpanet war ein Vorläufer des Internet. Über das System konnten Daten zwischen Computern ausgetauscht werden, ansonsten waren die Möglichkeiten beschränkt. Nutzern standen nur einfache Anwendungen wie E-Mail zur Verfügung.

1973 entwickelten die beiden Informatiker Vinton Cerf und Robert Kahn ein Protokoll, mit dem man Informationen schnell und fehlerfrei übertragen konnte. Das Transmission Control Protocol (TCP) übermittelte die Daten in kleinen »Paketen« und wurde bald zum Standard in allen Netzwerken. 1985 gab es bereits eine Reihe solcher Netzwerke, sowohl kommerzielle als auch staatliche, und die meisten von ihnen arbeiteten mit TCP/IP (Internet Protocol). TCP teilt die großen Daten-

mengen in kleinere Einheiten auf und verschickt sie über verschiedene Routen an den Bestimmungsort, wo sie dann wieder zusammengesetzt werden. Das Adresssystem, das dies ermöglicht und die Route der »Pakete« überwacht, ist das Internet Protocol IP. Das Internet, ein Zusammenschluss aus mehreren großen Netzwerken, wurde immer beliebter, blieb aber großen Firmen, Regierungen und der Wissenschaft vorbehalten.

Dies änderte sich im Jahr 1991. Der Wissenschaftler Tim Berners-Lee arbeitete für die Forschungseinrichtung der Europäischen Organisation für Kernforschung CERN in Genf. Er entwickelte ein System, mit dem die Mitarbeiter des CERN, die über viele Länder verteilt arbeiten, untereinander Informationen austauschen konnten. Sein auf Hypertext basierendes Protokoll nannte er HTTP, und schaffte damit die Grundlage für das World Wide Web im Internet.

1993 veröffentlichte das amerikanische National Center for Superconducting Applications (NCSA) den ersten Web-Browser. Mosaic, so sein Name, wurde von der Firma Netscape vermarktet, die damit den ersten kommerziellen Browser herausbrachte und eine neue Informationswelt zugänglich machte. Mit der steigenden Nutzerzahl wuchs das World Wide Web explosionsartig.

Mitte der 1990er-Jahre waren World Wide Web und Internet bereits nicht mehr aus dem täglichen Leben wegzudenken. Gegen Ende des Jahrhunderts hatten etwa sechs Prozent der Weltbevölkerung Zugang zum Internet. Es wurde zu einem der wichtigsten Werkzeuge in den Bereichen von Information, Handel, Bildung, Kommunikation und vielen weiteren Aktivitäten.

Laser

1916 formulierte Albert Einstein seine Theorie der angeregten Emission. Diese Theorie besagte, dass Atome unter bestimmten Bedingungen dazu gebracht werden könnten, Licht auszusenden – ein Phänomen, das entweder spontan auftreten konnte oder durch Stimulation mit Licht. Einsteins These blieb eine rein theoretische Möglichkeit, bis der junge Physiker Charles Townes sie an der amerikanischen Columbia Universität im Jahr 1951 auf

Mikrowellen anwendete. Während des Zweiten Weltkrieges war die Mikrowellenforschung weit vorangetrieben worden, nun standen einige der entwickelten Technologien auch für zivile Zwecke zur Verfügung. 1953 baute Townes einen Apparat, der mithilfe von Ammoniakmolekülen in einem Mikrowellenresonator kohärente Mikrowellen erzeugte. Das Gerät nannte er MASER (Microwave Amplification by Simulated Emission of Radiation). Unabhängig davon entwickelten Alexander Prokhorov und Nikolai G. Basov zur gleichen Zeit am Lebedev-Institut in Moskau dasselbe Gerät.

In den 1950er-Jahren wurde viel mit MASERN experimentiert, bis Townes und sein Kollege Arthur Schawlow 1958 vorschlugen, denselben Vorgang mit sichtbarem Licht anstelle von Mikrowellen einzuleiten. Theodore Maiman gelang es dann 1960, mithilfe eines Rubins den ersten Laser zu bauen. Sechs Monate später stellten Ali Javan und Kollegen den ersten Gas-Laser her, auf den zwei Jahre darauf der erste Halbleiter-Laser folgte.

nungsmessung. So wurde etwa die Entfernung zum Mond mit einem Laserstrahl gemessen, den man von einem Spiegel auf der Mondoberfläche reflektieren ließ.

Diese und andere Erfindungen zeigen die rasante Entwicklung der Wissenschaften und Technologien in der zweiten Hälfte des 20. Jahrhunderts. Die Menschheit vergrößerte ihren Aktionsradius und bereiste erstmals den Weltraum. Neue Technologien ermöglichten einerseits immer zerstörerischere Waffensysteme, wurden aber auch für zivile Zwecke eingesetzt, technische Entwicklungen führten zu einer regelrechten elektronischen Revolution in den privaten Haushalten.

Bahnbrechende Entwicklungen im Transport- und Kommunikationswesen ließen die Distanzen zwischen den Ländern schrumpfen, wenngleich das nicht immer zu einem besseren Verständnis zwischen den Völkern führte. Vor allem in den letzten beiden Jahrzehnten des Jahrhunderts machte die Informationstechnologie gewaltige Fortschritte.

Barcodescanner

Der Strichcode wurde in den späten 1940er-Jahren erfunden, kam aber erst in den späten 1960er-Jahren zur Anwendung. Strichcodes werden größtenteils zur Kennzeichnung von Gegenständen benutzt und haben sich vor allem in der Herstellung und für Inventuren bewährt. Es gibt unterschiedliche Arten von Barcodescannern, die meisten vo ihnen arbeiten mit Lasern.

Die Entwicklung des Lasers war ein großer technologischer Durchbruch, aber auch hier dauerte es ein paar Jahre, bis die ersten praktischen Anwendungen für die neue Technik folgten. 1963 wurde mithilfe eines Lasers das erste Hologramm hergestellt und in den 1970er-Jahren führte man in Supermärkten Barcodescanner ein. In der Augenchirurgie konnte man mit einem Laser abgelöste Netzhaut wieder fixieren, ohne ein Skalpell benützen zu müssen. Auch CDs und DVDs, die die Unterhaltungsindustrie revolutionieren sollten, wurden erst durch die Lasertechnologie möglich.

In der Kernforschung werden riesige Laser verwendet, um die hohen Temperaturen zu erzielen, die für eine Kernschmelze nötig sind. Weil sie auf einen sehr kleinen Punkt fokussiert werden können und sich auch über große Distanzen nicht zerstreuen, ermöglichen Laser eine sehr genaue Entfer-

Die Verbreitung des Internet veränderte die Gesellschaften, denn Informationen waren jetzt leichter zugänglich. Dies führte zu einer größeren Demokratisierung des Marktes und der Gesellschaft.

Die rasende Geschwindigkeit des technologischen Fortschritts und die ebenso schnelle Verbreitung der entsprechenden Produkte führten zu einer stärkeren Ausbeutung der natürlichen Ressourcen, von Rohstoffen wie Erzen und Erdöl bis hin zu Wasser und Luft. Die Auswirkungen auf die Umwelt waren enorm und wurden zur Bedrohung für den Planeten und kommende Generationen. Während der letzten Jahrzehnte des 20. Jahrhunderts wurde es daher immer dringlicher, eine Balance zwischen wirtschaftlichem Wachstum und dem Schutz der Umwelt zu finden. Dies führte im 21. Jahrhundert zur vermehrten Entwicklung umweltfreundlicher Technologien.

TECHNOLOGIE UND UMWELT

Technologischer Fortschritt hat sich schon immer auch auf die Umwelt ausgewirkt. In der Vergangenheit waren diese Effekte aber kaum spürbar gewesen: Es gab weit weniger Menschen und ausreichend Rohstoffe, neue Technologien verbreiteten sich nur lokal und Veränderungen gingen nur langsam über Jahre und Jahrzehnte vonstatten. Mit der Industriellen Revolution änderte sich dies grundlegend.

Die Industrielle Revolution brachte tief greifende technologische Veränderungen mit sich, die soziale, wirtschaftliche und sogar politische Verhältnisse entscheidend beeinflussten. Bis ins 19. Jahrhundert hinein wurden Technik und Technologie fast ausschließlich als etwas Gutes angesehen. Technik galt als Faktor, der die Wirtschaft ankurbelte und somit für Wohlstand sorgte – wenn auch nicht bei allen Bürgern, wie die furchtbaren Zustände in den ersten Tuchfabriken Englands zeigten. Technologie weckte Stolz und Neugierde. Auf den großen Messen des späten 19. Jahrhunderts, auf denen neue, industriell

Abschmelzende Gletscher

In der zweiten Hälfte des 20. Jahrhunderts stieg der Verbrauch von fossilen Brennstoffen enorm, gleichzeitig auch der Ausstoß der sogenannten Treibhausgase. Heute nimmt man an, dass sich aufgrund dieser Entwicklung der Temperaturdurchschnitt weltweit erhöht. Wissenschaftler befürchten, dass die globale Erwärmung zu einem kompletten Abschmelzen der Polarkappen führen könnte, was unweigerlich zu einem Anstieg der Weltmeere führen würde.

hergestellte Produkte ausgestellt wurden, ließen sich Tausende in Staunen und Ehrfurcht versetzen, was Maschinen möglich machten.

Natürlich gab es auch andere Stimmen, unter ihnen der amerikanische Schriftsteller Ralph Waldo Emerson, der – inmitten all der technikbegeisterten Euphorie – technologischen Fortschritt als eine Bedrohung ansah. Er stellte den Grundsatz infrage, der Mensch müsse die Natur beherrschen, der seit der Renaissance das westliche Denken dominiert hatte. Später wiesen auch viele andere einflussreiche Denker wie Herbert G. Wells, Henry James oder Aldous Huxley auf die Gefahr einer Entmenschlichung durch

ungezügelten technologischen Fortschritt hin. Trotz aller warnenden Stimmen hielt dieser jedoch unvermindert an. Das galt sowohl für den kapitalistischen Westen als auch für den zunächst sozialistischen Osten. Umweltschäden wurden als ein Preis für den Fortschritt abgetan. Man glaubte, die Natur sei robust und könne alle durch die Industrie verursachten Belastungen überwinden. Die Überzeugung von ihrer Unerschöpflichkeit erreichte in den 1950er- und 1960er-Jahren ihren Höhepunkt und schien durch die Entdeckung der Kernkraft als nahezu unbegrenzter Energiequelle bestätigt.

Die Große Depression von 1929 hatte dem technologischen Fortschritt etwas von seinem Glanz genommen, und man hatte festgestellt, dass Fortschritt allein kein Allheilmittel für die Anliegen der Menschen war – auch die sozioökonomischen Verhältnisse spielten eine große Rolle. Das Ausmaß der Zerstörungen durch den Zweiten Weltkrieg, insbesondere der Abwurf der Atombomben, führten dazu, dass man die Rolle neuer Technologien in der Geschichte stärker hinterfragte.

Das Anbrechen des nuklearen Zeitalters veranlasste viele führende Wissenschaftler und Philosophen, die Entwicklung von Kernwaffen und anderen Waffensystemen öffentlich anzuprangern. Doch führte der Kalte Krieg schon bald dazu, dass vor allem in den USA solche Stimmen unterdrückt wurden. Die vorherrschende Haltung war die einer stillschweigenden Übereinkunft darüber, dass der technologische Fortschritt vorangetrieben werden müsse, um der Sowjetunion militärisch die Stirn bieten zu können. Das Wirtschaftswunder, das auf den Zweiten Weltkrieg folgte, führte zu steigendem Wohlstand in den westlichen Ländern, vor allem in den USA.

Die negativen Folgen der technologischen Entwicklung wurden den Menschen nun zunehmend bewusster. Wissenschaftliche Studien über die Auswirkungen verschiedener Chemikalien und Industriezweige auf den Lebensraum von Mensch und Tier überzeugten viele, dass nicht jede neue Technologie automatisch auch gut und umweltverträglich ist. Einige Intellektuelle begannen zu fragen, wie lange unser Planet den rohstoffverschlingenden Lebensstil des Westens noch aushalten würde. Die Umweltschutzbewegung war eine direkte Konsequenz aus diesen Bedenken. Der sogenannte ökologische Fußabdruck, den ein durchschnittlicher Bewohner der westlichen Hemisphäre hinterließ, war so groß, dass man befürchtete, das ökologische Gleichgewicht des Planeten könnte zerstört werden, noch lange bevor die anderen Länder der Erde diesen Entwicklungsstand überhaupt erreichten.

In den 1980er-Jahren zeigten wissenschaftliche Studien, wie verheerend die Langzeitwirkungen des blinden Wachstums sein können. 1985 entdeckten britische Wissenschaftler ein Loch in der Ozonschicht der Erde, das so groß war wie der austra-

lische Kontinent. Dieses Loch stand direkt mit der Verwendung von Fluorchlorkohlenwasserstoffen (FCKW) in Spraydosen, Kühlschränken und anderen Geräten in Verbindung. Die Ozonschicht in der Atmosphäre schützt die Erde vor der schädlichen ultravioletten Strahlung der Sonne. Eine Zerstörung dieser Schicht würde unweigerlich zu einem Anstieg von Hautkrebs und anderen Erkrankungen führen. Die Erkenntnis führte schließlich dazu, dass 1987 das Montreal-Protokoll ausgearbeitet wurde. Viele Länder unterzeichneten dieses internationale Abkommen, durch das der Ausstoß der Chemikalien stufenweise reduziert werden sollte.

Die Ergebnisse, die die Umweltbewegung in den Ländern der westlichen Welt erzielte, unterschieden sich stark. In Teilen Europas nahm sie großen Einfluss auf die Politik. In Deutschland wurden »Die Grünen« zu einer wichtigen politischen Partei mit stark an den Belangen der Umwelt orientiertem Programm. In vielen Ländern gab es nichtstaatliche Organisationen, die versuchten, ein Bewusstsein für Abfall und schädliche Substanzen zu schaffen.

In manchen Ländern wurden Bürger und Firmen dazu verpflichtet, die Umwelt weniger zu belasten. Es wurden niedrigere Grenzwerte für Abgase festgelegt und härtere Gesetze für die Müllentsorgung erlassen. Manche Menschen änderten ihren Lebensstil grundlegend, um die Umwelt zu schonen. Firmen erkannten, welch großes kommerzielles Potenzial darin lag, Produkte als umweltfreundlich zu vermarkten, einige starteten Umweltkampagnen, um ihrem negativen Image entgegenzuwirken.

Dieser Trend machte sich auch in den Entwicklungsländern bemerkbar, wenngleich die Probleme hier anders gelagert waren. Es bildete sich ein Bewusstsein heraus, dass der bisherige Weg der Industrienationen auf lange Sicht nicht zukunftsfähig ist. Initiativen gegen große Bauvorhaben wie Mega-Staudämme zur Stromerzeugung rückten die Gefahren ins öffentliche Bewusstsein, die von solchen Projekten für Umwelt und Anwohner ausgehen.

Etwa zur selben Zeit begannen viele Wissenschaftler, die Auswirkungen menschlichen Handelns – speziell den Ausstoß von Kohlendioxid und anderen Abfallprodukten aus der Verbrennung fossiler Brennstoffe – auf die Atmosphäre zu untersuchen. Der Anstieg des Gehalts an Kohlendioxid und anderen Treibhausgasen wie Methan, Ozon und Stickstoffoxyd in der Atmosphäre ist mitverantwortlich für die Erderwärmung. Diese wiederum führt zum Abschmelzen der Eiskappen an Nord- und Südpol und damit zum Anstieg der Meeresspiegel sowie weiteren gefährlichen Veränderungen.

Gegen Ende des 20. Jahrhunderts herrschte unter den Wissenschaftlern zwar keine Einigkeit über das Ausmaß der Klimaerwärmung, doch es gab einen Konsens darüber, dass das Phänomen eine ernsthafte Bedrohung darstellen könnte. Auf der Konferenz der Vereinten Nationen über Umwelt und Entwicklung 1992 beschlossen Wissenschaftler sowie Verantwortliche aus der Politik, dieser Entwicklung entgegenzusteuern. Fünf Jahre später unterzeichneten viele Länder das Kyoto-Protokoll zur Reduzierung des Ausstoßes von Treibhausgasen.

Der Ruf nach einer nachhaltigen Entwicklung, die gegenwärtigen Generationen den Fortschritt ermöglicht, dabei aber die Bedürfnisse der zukünftigen Generationen berücksichtigt, wurde immer lauter. Um eine Balance zwischen den Bedürfnissen von Mensch und Umwelt zu erreichen, muss der weltweite Ausstoß von Treibhausgasen um mehr als 50 Prozent reduziert werden. Dabei müssen die Entwicklungsländer die Möglichkeit haben, sich zu entfalten, während die Industrienationen die negativen Auswirkungen ihrer Technologien bremsen.

Treibhausgase

Der Ausstoß von Kohlendioxid durch Industrie, Verkehrsmittel und Stromerzeugung spielt eine wesentliche Rolle beim Fortschreiten des Treibhauseffekts. Obwohl sich Wissenschaftler noch nicht einig sind, wie stark und wie schnell sich die Temperatur auf der Erde erwärmt, gibt es doch einen Konsens, dass das Phänomen eine ernst zu nehmende Bedrohung für die Menschheit darstellt. Eine Klimaveränderung würde katastrophale Auswirkungen auf die Lebensgrundlage von Milliarden von Menschen insbesondere in den Entwicklungsländern haben. Dies hat die Industrienationen dazu veranlasst, nach Wegen zu suchen, wie der Ausstoß von Treibhausgasen verringert werden kann.

Das Kyoto-Protokoll

1998 wurde ein internationaler Vertrag zur Reduzierung des Ausstoßes von Treibhausgasen abgeschlossen. In den darauffolgenden Jahren unterzeichneten viele Länder das Kyoto-Protokoll, mit Ausnahme zum Beispiel des größten Produzenten von Treibhausgasen, den USA. Das Bild zeigt David Merrill, Geschäftsführer der National Global Warming Coalition, der einen an George W. Bush gerichteten Aufruf verliest, das Kyoto-Protokoll zu unterzeichnen. Die Aufnahme stammt vom 14. Februar 2005 während einer Protestkundgebung hinter dem Weißen Haus.

EIN NEUES JAHRTAUSEND
TECHNOLOGIEN DER ZUKUNFT (AB 2000)

DER AUFSTIEG CHINAS

Das X-43A Hyperschall-Testflugzeug der NASA

Schon seit langem träumten Luftfahrtingenieure von Hyperschallflugzeugen, die fünffache Schallgeschwindigkeit erreichen. Doch allein die Entwicklung eines Prototyps stellte eine enorme technische Herausforderung dar. 2007 gab die US Army den erfolgreichen Testflug der X-43A der NASA bekannt. Dieses Hyperschall-Testflugzeug mit Scramjetantrieb soll einmal zehnfache Schallgeschwindigkeit erreichen. Scramjets nutzen den Sauerstoff aus der Atmosphäre für ihre Triebwerke – im Gegensatz zu Raketen, die Sauerstofftanks mitführen. So könnte die Flugzeit von San Francisco nach Washington DC von etwa sieben Stunden auf 20 Minuten verkürzt werden.

Wissenschaft und Technik machten im 20. Jahrhundert Fortschritte wie nie zuvor. Zwar hatte es in der Menschheitsgeschichte immer wieder revolutionäre Entdeckungen und Entwicklungen gegeben. Ackerbau, die Domestizierung von Tieren, das Rad, Schießpulver oder die Dampfkraft – all diese Erfindungen veränderten das Leben der Menschen genauso nachhaltig wie das Automobil, die Gentechnik, Computer und Raumfahrt. Zwei Dinge stechen in diesem Zusammenhang jedoch besonders hervor: Erstens ging der Fortschritt im 20. Jahrhundert schneller vonstatten als je zuvor, und zweitens spielen technische Errungenschaften seither eine zentrale Rolle im Leben des größten Teils der Weltbevölkerung. Technik und Technologie durchdrangen nicht nur alle Lebensbereiche, sondern waren auch für viele Menschen verfügbar und erschwinglich.

Doch wie für ein Jahrhundert anzunehmen ist, das hauptsächlich von Wissenschaft und Technik geprägt war, lauerte an dessen Ende ein gigantisches technisches Problem: das sogenannte Jahr-2000-Problem (Y2K-bug), das die Welt in Aufruhr und Chaos zu versetzen drohte. Sein Ursprung lag in den veralteten Großrechnern, mit denen die meisten großen Konzerne und Regierungsbehörden nach wie vor arbeiteten. Diese Computer, die noch aus der Zeit vor der Erfindung des Mikroprozessors stammten, waren mittlerweile – mit nur kleinen technischen Veränderungen – seit Jahrzehnten im Einsatz, denn die Kosten und der Aufwand, den eine Umrüstung auf modernere Systeme mit sich gebracht hätte, wären immens gewesen.

Diese etwas in die Jahre gekommenen Computer waren – wenn auch meist nicht sichtbar – nach wie vor in zentrale Abläufe der modernen Industriegesellschaft eingebunden. Das Problem bestand nun darin, dass sie als Jahreszahlen nur die letzten beiden Ziffern verarbeiten konnten, also nur das Jahrzehnt, und nicht die vierstellige Jahresangabe. Computerspezialisten befürchteten nun, dass alle datumsabhängigen Vorgänge, wie zum Beispiel Renten- und Zinszahlungen, für die diese Computer verantwortlich waren, falsch berechnet werden könnten, weil die Rechner das Jahr 2000 für das Jahr 1900 halten würden. Also investierte man

2000: George W. Bush wird Präsident der Vereinigten Staaten, Vincent Fox wird Präsident von Mexiko. Das Genom der Blütenpflanze Arabidopsis (dt. Ackerschmalwand) wird veröffentlicht. Das sogenannte Humangenomprojekt stellt einen vorläufigen Entwurf des vollständigen Genoms des Menschen fertig.

2001: In Israel wird Ariel Sharon zum Premierminister gewählt. Slobodan Milosevic wird verhaftet und wegen Kriegsverbrechen vor Gericht gestellt. Terroristen verüben mit gekaperten Flugzeugen Anschläge auf New York, Washington und Pennsylvania, im World Trade Center sterben dadurch über 3000 Menschen. Terroristen stürmen das indische Parlament. Die USA greifen mit Verbündeten Afghanistan an und stürzen das Talibanregime. Der Gaur, eine vom Aussterben bedrohte Rinderart, wird geklont. Erste Transplantation eines künstlichen Herzens. Apple bringt den iPod auf den Markt. Microsoft entwickelt die Spielekonsole Xbox, und Nintendo bringt den GameCube als Konkurrenzprodukt zu Sonys PlayStation auf den Markt.

2002: Hu Jin Tao wird Generalsekretär der Kommunistischen Partei Chinas. In vielen Ländern Europas wird der Euro eingeführt. Die amerikanische Raumsonde Mars Odyssey macht Aufnahmen von der Oberfläche des Mars und entdeckt dabei Eis.

2003: Eine von den USA geführte Militärkoalition marschiert im Irak ein und stürzt das Regime von Saddam Hussein, der später von US-Truppen verhaftet wird. Vladimir Putin wird als Präsident Russlands wiedergewählt. SARS – eine tödliche Lungenkrankheit, die möglicherweise mit der Vogelgrippe in Verbindung steht – breitet sich in Südostasien aus. Das Humangenomprojekt beendet erfolgreich seine Arbeit. China schickt einen Taikonauten ins Weltall.

2004: Im Zuge der EU-Osterweiterung treten mehrere ehemalige Mitgliedstaaten der Sowjetunion der Europäischen Union bei. George W. Bush wird als Präsident der USA wiedergewählt. Ein schweres Seebeben vor der Küste Indonesiens löst einen verheerenden Tsunami aus, der Hunderttausende das Leben kostet. Eine amerikanische Sonde landet auf dem Mars und bestätigt die Vermutung, dass es auf dem Planeten einmal Wasser gegeben haben muss. SpaceShipOne, das erste privat finanzierte Raumschiff, absolviert den Jungfernflug. Die Raumsonde Cassini-Huygens erreicht den Saturn, um dort Ringe und Monde des Planeten zu erforschen.

2005: Joseph Ratzinger wird zum 265. Papst gewählt, Benedikt XVI. Die NASA-Sonde Deep Impact untersucht den Kometen Tempel 1. Cassini-Huygens landet auf Titan, dem größten der Saturnmonde. Das Kyoto-Protokoll tritt in Kraft, ein internationales Abkommen zur Reduzierung des Ausstoßes von Treibhausgasen.

2006: Saddam Hussein wird in Bagdad verurteilt und hingerichtet. Die amerikanische Raumsonde Stardust bringt Partikel eines Kometen zur Untersuchung auf die Erde. Ein Scramjet erreicht bei einem Testflug siebenfache Schallgeschwindigkeit. Tibet weiht die Bahnlinie nach Lhasa ein.

2007: Gordon Brown wird nach Tony Blair der nächste Premierminister Großbritanniens. Frankreich wählt Nicolas Sarkozy zum Präsidenten.

Sunetra Sunray, ein in den 1990er-Jahren in Hawaii gebauter Prototyp eines Zwei-Personen-Autos mit Solarantrieb

Milliarden von Dollar und viele Jahre Arbeit, um das Problem abzuwenden. Als dann der Uhrzeiger am 31. Dezember 1999 auf Mitternacht vorrückte, wartete alle Welt mit angehaltenem Atem auf die große Finanz- und Verwaltungskatastrophe. Es ereignete sich jedoch nichts Schlimmes und das neue Jahrtausend konnte beginnen.

Die Ereignisse gegen Ende des vergangenen Jahrhunderts bestimmten die Rahmenbedingungen für die ersten Jahre des 21. Jahrhunderts. Nach dem Zerfall der Sowjetunion und der darauffolgenden Situation in Osteuropa verblieben die USA als einzige wirtschaftliche und militärische Supermacht. Ein bis dahin eher unterentwickeltes Land arbeitete sich jedoch stetig zu einem potenziellen Konkurrenten empor: Die Regierung der Volksrepublik China hatte das Land auf einen ökonomischen Reformkurs gebracht und die Wirtschaft des Landes wuchs in den letzten fünfzehn bis zwanzig Jahren kontinuierlich mit rasanter Geschwindigkeit. Eine solche Entwicklung war in der bisherigen Geschichte ohne Beispiel. China ist zum Herstellerland Nummer eins geworden, hier werden die meisten Konsumgüter produziert. Zusammen mit der Tatsache, dass China über 15 Prozent der Weltbevölkerung stellt, zog diese Entwicklung weitreichende Konsequenzen nach sich.

Die Globalisierung war und ist ein wichtiger Trend in der Weltwirtschaft. Durch Innovationen in der Kommunikationstechnik, allen voran dem Internet, verlieren geografische Grenzen zunehmend an Bedeutung. Deshalb versuchen Staaten immer stärker, Wettbewerbsvorteile im internationalen Handel für sich zu nutzen. Transportwege, Koordinierung und Logistik stellen die Unternehmen vor große Herausforderungen, mit den modernen Kommunikations- und Transportmitteln lässt sich diese Aufgabe jedoch bewältigen. Neben der Güterproduktion unterliegt der Finanzsektor ebenfalls der Globalisierung, hier ging die Entwicklung noch schneller und vollständiger vonstatten.

Und auch die technologische Entwicklung ist von der Globalisierung betroffen. Der internationale Wettbewerb nahm beständig zu, und neue Entwicklungen im Hard- und Softwarebereich sowie bei der Geschäftsabwicklung machten die Herstellungsabläufe effizienter und die Produkte kontinuierlich günstiger. Innovationsfreude entwickelte sich so zum Konkurrenzfaktor zwischen den Konzernen und entschied in nicht unerheblichem Ausmaß darüber, welche Firmen und Produktionszweige überlebten und welche nicht.

Die USA behaupteten ihre technologische und wissenschaftliche Führungsstellung gegenüber Europa und Japan, amerikanische Universitäten blieben auch weiterhin weltweite Spitzenreiter, was

neue technologische Entwicklungen betraf. Auch die Weltkonzerne investierten weiterhin viel Geld in Forschung und Entwicklung. Über Risikokapital, eine neue Anlageform, ermöglichten sie es kleinen Unternehmen, ihre innovativen Ideen in die Tat umzusetzen. Dieser Trend machte sich vor allem in der Bio- und der Informationstechnologie deutlich bemerkbar.

Noch ist das 21. Jahrhundert weniger als ein Jahrzehnt alt. Zwar gab es bisher nur wenige bemerkenswerte Innovationen, aber auf vielen Gebieten wird intensive Forschung betrieben. Dies wird

in den kommenden Jahren sicherlich für einige Neuerungen sorgen. Die folgenden Abschnitte sollen wichtige Trends beschreiben und einen Überblick geben, mit welchen Erfindungen in der nahen Zukunft zu rechnen ist. Natürlich werden auch die Innovationen aufgelistet, die bereits stattgefunden haben. Der Schwerpunkt liegt jedoch auf den Bereichen Ernährung und Landwirtschaft, Energie, Transportwesen, Kommunikationstechnik und Informationstechnologie, Medizin, Materialien und Werkstoffe sowie Forschung und Entwicklung.

Ernährung und Landwirtschaft

Seit 1990 griffen immer mehr Landwirte auf genmanipulierte Saaten zurück, da diese höhere Erträge ermöglichen und meist resistenter gegenüber Krankheiten und Schädlinge sind. Der Hauptanteil entfällt auf Soja, Baumwolle, Weizen und Mais, im Jahr 2006 wurden auf einer Fläche von über 100 Millionen Hektar, verteilt auf 20 Länder dieser Erde, genveränderte Saaten angebaut.

Gentechnisch veränderte Organismen (GVO)

Im ersten Jahrzehnt des 21. Jahrhunderts spielten genveränderte Saaten eine immer größere Rolle. Statt verwandte Sorten miteinander zu kreuzen, werden dabei die Gene direkt in die Erbinformation der Pflanze eingeschleust. Derzeit versucht man, genveränderte Reis- und Weizensorten zu züchten – die Grundnahrungsmittel für den größten Teil der Weltbevölkerung. Hier inspiziert ein Wissenschaftler des International Rice Research Institute (IRRI) auf den Philippinen eine genveränderte Reissorte, die unter dem Namen Goldener Reis weltweit bekannt wurde.

Forschungsgewächshaus

Durch die Anwendung biotechnologischer Verfahren wurden viele neue Saaten gezüchtet, die resistenter gegen Unkraut- und Schädlingsbekämpfungsmittel sind. Obwohl es Befürchtungen gibt, dass genveränderte Saaten die natürlichen und ökologisch unbedenklichen Sorten verdrängen könnten, hat der Anbau von GVOs enorm zugenommen. Das Bild zeigt Wissenschaftler in einem Gewächshaus, die Experimente mit gentechnisch veränderten Saaten durchführen.

Die Agrarforschung bemühte sich in den vergangenen Jahren verstärkt, neue kommerziell verwertbare Pflanzengene zu finden. Im Jahr 2006 beispielsweise entdeckten Forscher in Australien eine Gruppe von Genen, die eine in der Antarktis wachsende Grassorte resistent gegen Frost macht. Diese Sorte verfügt über ein Protein, das Eiskristalle daran hindert, sich auszudehnen, sie kann deshalb Temperaturen von bis zu -30 °C überstehen. Wenn es gelänge, dieses Gen auch in Weizen und Gerste einzuschleusen, könnte das von großem Nutzen sein. In einer Reissorte fand man ein Gen, das es den Pflanzen ermöglicht, über zwei Wochen unter Wasser zu stehen, ohne Schaden zu nehmen. Wenn es gelänge, diese Genvariante auf kommerzielle Reissorten zu übertragen, könnte sich das hilfreich für reisproduzierende Länder erweisen.

Möglicherweise werden zunehmend genveränderte Sorten eingeführt, die widerstandsfähiger gegen Schädlinge sind. Der Einsatz von Pestiziden, die Wasser und Boden belasten, wird zurückgehen. Forscher versuchen außerdem, Gene in Reis und andere Getreidesorten einzusetzen, damit die Pflanzen mehr Mikronährstoffe und lebenswichtige Vitamine produzieren. Dies wäre ein großer Schritt im Kampf gegen Unternährung und Mangelkrankheiten.

In den kommenden Jahrzehnten wird viel unternommen werden, um mit ertragreicheren Reis- und Weizensorten die weltweite Produktion zu steigern. Neben der Biotechnologie wird sich die Forschung jedoch auch weiterhin mit konventionellem

Weltbevölkerung wächst – und mit ihr der Nahrungsbedarf. Zwar wird genügend Nahrung für alle Menschen auf der Erde erzeugt, aber der weltweit ansteigende Fleischkonsum führt zu einer ungleichen Verteilung der Güter.

Wasser wird sich als einer der größten limitierenden Faktoren in der Landwirtschaft erweisen. Wenn auch 70 Prozent des Planeten mit Wasser bedeckt sind handelt es sich nur bei 2,5 Prozent davon um Trinkwasser. Und von diesem kleinen Anteil ist wiederum das meiste in den polaren Eiskappen gebunden oder es befindet sich tief unter der Erde. Ein großer Teil der verwertbaren Wasservorräte in Flüssen, Seen und den zugänglichen wasserführenden Schichten im Erdboden, wird für die Landwirtschaft benötigt. Deshalb werden Technologien, die das Wasser optimal nutzen, in Zukunft immer wichtiger. Tröpfchenbewässerung ist bereits weltweit verbreitet, und es wird an weiteren Verfahren gearbeitet, die Pflanzen nur dann mit Wasser versorgen, wenn diese es benötigen.

Versuche mit Hülsenfrüchten wie Bohnen und Erbsen haben ergeben, dass es möglich sein könnte, mit genveränderten Pflanzen den in der Atmosphäre vorhandenen Stickstoff zu binden. Hülsenfrüchte bilden mithilfe von Wurzelstockbakterien Knoten an ihren Wurzeln aus. Die Bakterien bilden den Stickstoff so um, dass die Pflanze ihn verwerten kann. Man baut deshalb auf einem Acker auch abwechselnd Getreide und Hülsenfrüchte an, um die Fruchtbarkeit des Bodens zu erhöhen. Hülsenfrüchte konnten nun genetisch so manipuliert werden, dass sie ohne die Hilfe von Bakterien Knoten ausbilden. Wenn dasselbe mit Pflanzen wie Reis oder Weizen gelänge, könnte der Einsatz künstlicher Düngemittel reduziert werden.

Ackerbau und verbesserten Bewirtschaftungsmethoden befassen. Eine Steigerung der Erträge ist deshalb so wichtig, weil es unmöglich ist, die Anbauflächen ebenso schnell zu vergrößern, wie die

Obwohl mittlerweile das Genom zahlreicher Tierarten entschlüsselt wurde, ist dies bei Pflanzen bisher nur in drei Fällen gelungen: bei der Arabidopsis (dt. Ackerschmalwand, ein krautartiges Gewächs mit kleinen weißen Blüten), dem Reis und der amerikanischen Schwarzpappel. Forscher hoffen, die Gene der schnellwachsenden Schwarzpappel so verändern zu können, dass die Pflanze hochwertigere Zellulose produziert, aus der dann Äthylalkohol für die Herstellung von Treibstoff gewonnen werden könnte.

Energie

Fossile Brennstoffe waren der wichtigste Energielieferant für die stetig wachsende Wirtschaft des 20. Jahrhunderts. Die Verbreitung von Automobilen und Flugzeugen als Transportmittel bedeutete gleichzeitig einen sprunghaften Anstieg des Ölverbrauchs. Der Stromverbrauch nahm ähnlich stark zu, wobei Strom hauptsächlich in Kohle- und Gaskraftwerken produziert wurde. Zwar haben die Industrienationen bisher einen weit höheren Anteil der weltweit erzeugten Energie verbraucht als die Entwicklungsländer, aber durch ihr schnelles Wirtschaftswachstum holen Länder wie Indien und China nun auf. Im 21. Jahrhundert wird der Energieverbrauch weltweit drastisch ansteigen, da viele Entwicklungs- und Schwellenländer derzeit einen Weg einschlagen, wie ihn auch die Industrienationen beschritten haben.

Obwohl immer wieder neue Vorkommen fossiler Brennstoffe entdeckt werden, ist die Gesamtmenge der weltweiten Reserven doch begrenzt. Seit in den vergangenen Jahren viele der ergiebigsten Quellen versiegt sind, ist es mit verbesserter Technik gelungen, auch aus bisher unwirtschaftlichen Vorkommen Öl und Gas zu fördern. Die Verfahren, mit denen Öl aus Teersand gewonnen wird, erfuhren ebenfalls entscheidende Verbesserungen. Trotzdem können all diese Entwicklungen das Ende der natürlichen Öl- und Gasvorkommen nur hinauszögern, sie können es nicht verhindern. Auf lange Sicht ist die Menschheit gezwungen, sich nach alternativen Energiequellen für Autos, Maschinen und Haushalte umzusehen. Die Zukunft gehört daher den erneuerbaren Energien – aus Gründen der Nachhaltigkeit wie auch zum Schutze der Umwelt.

Da der Ausstoß an Treibhausgasen durch die Energieproduktion immer noch steigt, bezweifelt mittlerweile kaum jemand mehr, dass ein Klimawandel unvermeidlich ist. Zwar wurden einige internationale Initiativen zur Reduzierung des Ausstoßes auf den Weg gebracht, darunter das Kyoto-Protokoll. Bisher hat aber keine davon zu einer spürbaren Verbesserung geführt. Erneuerbare Energiequellen wie Solar-, Wind- und Wasserkraft könnten sich deshalb als wichtiger Faktor im Kampf gegen den Klimawandel erweisen.

Photovoltaikzellen wandeln mithilfe des fotoelektrischen Effekts die Energie der Sonnenstrahlen direkt in Strom um. Diese Technologie entdeckte der französische Physiker Edmond Becquerel bereits 1839, sie beschäftigte jahrzehntelang die Neugierde der Wissenschaft. Aber erst mit der Entwicklung der Halbleitertechnik in der Mitte des 20. Jahrhunderts wurde die Photovoltaik langsam lukrativ. In den 1940er- und frühen 1950er-Jahren wurde das Czochralski-Verfahren entwickelt, mit dem man reines kristallines Silizium herstellen konnte. Man kam auf die Idee, mithilfe der Halbleitertechnik Solarzellen zu bauen. Die Bell-Laboratorien entwickelten schließlich 1954 eine Photovoltaikzelle aus kristallinem Silizium, allerdings mit einem Wirkungsgrad von nur 6 Prozent.

In der zweiten Hälfte des 20. Jahrhunderts wurden Solarzellen meist für sehr spezielle Aufgaben eingesetzt, etwa zur Stromversorgung von Weltraumsonden. Außerdem verwendete man sie in Gegenden, in denen es keine Stromversorgung gab und das Verlegen von Kabeln zu teuer oder zu

schwierig war. Im alltäglichen Gebrauch konnten sie sich nicht durchsetzen, denn der Solarstrom war deutlich teurer als konventionell erzeugter.

In den vergangenen Jahren gab es jedoch viele Innovationen sowohl im Aufbau als auch in der Herstellung von Solarzellen, wodurch die Kosten drastisch gesenkt und der Wirkungsgrad erhöht werden konnte. Hierzu trugen auch die Verwendung neuer Materialien und die Entwicklung der sogenannten Dünnschichtsolarzelle bei. Diese lassen sich vielseitig einsetzen, etwa zur Stromproduktion auf Hausdächern.

Durch verbesserte Konstruktion und neue Materialien wurden auch die sogenannten Solarerhitzer entscheidend weiterentwickelt, mit denen man Gebäude beheizen und Wasser erhitzen kann.

Solarenergieturm

Schon seit langem wird versucht, Solarenergie effizient in elektrischen Strom umzuwandeln, doch bis vor kurzem hatten Solarzellen noch einen sehr niedrigen Wirkungsgrad. In den vergangenen Jahren wurden in der Halbleitertechnik jedoch enorme Fortschritte erzielt, dieser Solarturm im spanischen Sevilla etwa versorgt über 6000 Haushalte mit elektrischer Energie.

Windkraft

Windmühlen gibt es bereits seit vielen Jahrhunderten, doch erst in den vergangenen Jahrzehnten hat man begonnen, mithilfe der Windkraft auch elektrischen Strom zu erzeugen. Windturbinen wurden kontinuierlich weiterentwickelt und erbringen Spitzenleistungen im Megawattbereich. Heutzutage gibt es mehr und mehr Windparks, sowohl vor der Küste als auch im Landesinneren, wie hier auf einem Feld in Oregon in den USA.

Brennstoffzellen

Brennstoffzellen kamen bisher nur in der Raumfahrt und in sehr abgelegenen Gegenden zum Einsatz. Heute denkt man vor allem im Transportwesen vermehrt über Verwendungsmöglichkeiten dieser alternativen Energiequelle nach. Brennstoffzellen haben keine beweglichen Teile und verbrauchen keine fossilen Treibstoffe, jedoch gibt es noch Probleme bezüglich der Bauart und der Kosteneffizienz. Diese müssen erst gelöst werden, um die Technik praxistauglich zu machen. Das Bild zeigt den Prototypen eines winzigen Hybrid-Wasserstoffspeichers, der 2007 auf der Internationalen Wasserstoff und Brennstoffzellen-Expo mit über 500 Ausstellern in Tokio gezeigt wurde.

Das Potenzial der Windkraft wurde bisher noch nicht voll ausgeschöpft. Obwohl sich die Nutzung von Windkraft als Energiequelle zwischen 2000 und 2006 vervierfachte, deckt sie weniger als ein

Prozent des weltweiten Strombedarfs. Aufgrund der anhaltenden Debatte über die globale Erwärmung verstärken mittlerweile viele Regierungen den Ausbau der Windenergie als alternative »grüne« Energiequelle.

Bei den meisten modernen Windkraftanlagen treibt der Wind eine Turbine an, die an einen Stromgenerator angeschlossen ist. Die erzeugte elektrische Energie kann direkt vor Ort verwendet oder ins Stromnetz eingespeist werden. Dank moderner Turbinen ist es heute möglich, selbst bei geringen Windgeschwindigkeiten Strom zu erzeugen. Sogenannte Offshore-Windparks sind ebenfalls eine Entwicklung aus jüngerer Zeit. Hier stehen die Anlagen mehrere Kilometer vor der Küstenlinie im Meer und speisen ihre Energie ins Stromnetz ein. Die geplanten Offshore-Anlagen haben mehrere Vorteile: Sie liegen meist in der Nähe von größeren Städten, was die Übertragungswege verkürzt und somit Energie spart. Außerdem bläst der Wind auf See stärker und regelmäßiger, ein Offshore-Windpark erzeugt also mehr Energie.

Durch verbesserte Turbinen kann ebenfalls mehr Energie produziert werden, was den Strom billiger macht. Die größten Anlagen erzeugen mehrere Megawatt. Die Kosten für die Nutzung der Windkraft beschränken sich größtenteils auf die Errichtung der Anlage, und sind damit geringer als bei der Stromerzeugung mit Kohle oder Gas.

Die Windkraft bietet ein enormes Potenzial, denn die Betriebskosten sind minimal und bei der Stromerzeugung fallen keinerlei Abgase an – ganz im Gegensatz zu konventionell erzeugtem Strom.

Selbst wenn nur ein geringer Anteil der verfügbaren Windenergie zur Stromerzeugung genutzt würde, könnte das den Ausstoß von Treibhausgasen bereits deutlich reduzieren.

In den nächsten Jahren wird es wahrscheinlich auch vermehrt Geothermal- und Gezeitenkraftwerke geben. Obwohl diese erneuerbaren Energiequellen bisher nur an wenigen Orten in Island und Frankreich genutzt werden, zeigen viele Länder Interesse an der umweltfreundlichen Technologie.

Auch Brennstoffzellen wurden in den letzten Jahren entscheidend weiterentwickelt und erscheinen durchaus vielversprechend. Brennstoffzellen wandeln chemische direkt in elektrische Energie um. Sie funktionieren ähnlich wie Batterien, die meisten Typen lassen sich jedoch wiederbefüllen, was sie viel langlebiger als Batterien macht.

Die ersten Brennstoffzellen wurden bereits im späten 19. Jahrhundert entwickelt. Doch erst viel später, in der Raumfahrt, fanden sie tatsächlich Einsatz. Raumschiffe und Satelliten benötigten neben der Solarenergie noch eine andere, zuverlässige Stromversorgung. Deshalb wurde in den 1960er-Jahren großer Aufwand betrieben, um kleinere, effektivere und langlebigere Brennstoffzellen zu entwickeln. Im Zuge des Umweltschutzes arbeitete man in den vergangenen Jahren verstärkt an Kraftfahrzeugen mit Brennstoffzellenantrieb, einige davon sind bereits auf dem Markt.

Es gibt verschiedene Typen von Brennstoffzellen, derzeit sind Wasserstoff-Brennstoffzellen am weitesten verbreitet. Diese »verbrennen« Wasserstoff mithilfe von Sauerstoff und einem Katalysator. Da der Katalysator das teuerste an der Brennstoffzelle ist, hängt die wirtschaftliche Zukunft dieser Technologie entscheidend davon ab, ob es gelingt, billigere und effektivere Katalysatoren zu entwickeln. Um ein Kilowatt Strom zu erzeugen, beliefen sich die Kosten für den Katalysator im Jahr 2002 noch auf 700 Euro, mittlerweile konnten sie aber bereits gesenkt werden.

In den vergangenen Jahren war vielfach von Wasserstoffautos die Rede, die als Abgas lediglich Wasserdampf erzeugen. Es müssen jedoch noch

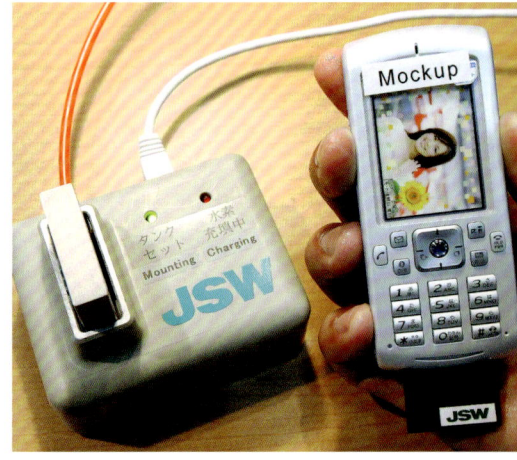

einige Probleme gelöst werden, um sie kommerziell interessant zu machen. Dazu gehören die nach wie vor hohen Kosten für die Brennstoffzelle sowie die Herstellung und Lagerung von Wasserstoff. Da auf der Erde reiner Wasserstoff nicht natürlich vorkommt, muss er aus Kohlenwasserstoffen wie Methan oder Erdgas gewonnen werden. Andere Methoden wären die Elektrolyse von Wasser oder die chemische Herstellung aus Wasserstoffverbindungen. Um Methan in Wasserstoff umzuwandeln, wird jedoch, wie auch zur Elektrolyse, Energie benötigt. Bei deren Produktion werden wiederum Abgase erzeugt, was die Umweltbilanz der Zelle verschlechtert. Eine chemische Herstellung mittels Katalyse wäre von Vorteil, da keine Energie von außen zugeführt werden muss.

motor zum ersten Mal in seiner über hundertjährigen Geschichte ernst zu nehmende Konkurrenz bekommen. Billigere Brennstoffzellen könnten nicht nur zur lokalen Stromversorgung genutzt werden, etwa wenn kein Anschluss an das Stromnetz besteht, sie könnten auch Strom in das Netz einspeisen. Aufgrund der durch Treibhausgase verursachten globalen Erwärmung herrscht reges Interesse an alternativen Energiequellen. Viele Staaten fördern daher die Brennstoffzellenentwicklung für die Bereich Energie und Transport.

Auf längere Sicht hat die Atomenergie das Potenzial, den Energiebedarf der Menschheit zu decken. Momentan steht jedoch nur die Kernspaltung zur Verfügung und das Verfahren wirft einige technologische Probleme auf. Dazu gehören sowohl die

Alternative Transporttechnologien

Über ein Jahrhundert lang war der Verbrennungsmotor das Antriebsmittel schlechthin. Auf Drängen der Gesetzgeber und der Käufer hin investieren die Automobilhersteller mittlerweile jedoch viel Geld in die Entwicklung alternativer Antriebe. Die Brennstoffzellentechnologie ist mittlerweile so weit fortgeschritten, dass es wahrscheinlich nur noch wenige Jahre dauern wird, bis solcherart angetriebene Autos den benzingetriebenen Konkurrenz machen. Das Foto zeigt Peter Forster, den Präsidenten von General Motors Europe, bei einem Fototermin mit einem Prototypen während des Genfer Auto-Salons im Jahr 2007.

Zahlreiche Innovationen haben den Bau von Wasserstoffautos dennoch in greifbare Nähe gerückt. Dazu gehören sicherere Wasserstofftanks sowie eine billigere Gewinnung des Wasserstoffs aus Wasser und Zuckerwasserlösungen. Zwar gibt es bereits einige Prototypen, die mit Wasserstoff angetrieben werden. Solange aber die Frage der ausreichenden Versorgung mit Wasserstoff nicht geklärt ist, werden sich diese Fahrzeuge kaum durchsetzen können. Dennoch wollen mehrere Autohersteller in naher Zukunft Wasserstoffautos auf den Markt bringen, für Motorräder und Schiffe gibt es Prototypen. Boeing experimentiert sogar mit einem Flugzeug, das mit Brennstoffzellen und wiederaufladbaren Batterien angetrieben wird.

Wenn schließlich die Probleme der Herstellung, der Lagerung sowie des Transports gelöst sein werden und ein entsprechendes Versorgungsnetz für Wasserstoff bereitsteht, wird der Verbrennungs-

sichere Entsorgung des radioaktiven Abfalls als auch die Sicherheit der Reaktoren selbst. Die Unglücke von Harrisburg und Tschernobyl haben die Welt nachdrücklich an die Gefahren der Kernenergie erinnert. Gelingt es nicht, die Risiken durch neue Technologien in den Griff zu bekommen, wird die Kernkraft in der Öffentlichkeit nie voll und ganz als unbedenkliche Energiequelle akzeptiert werden und sich daher nicht durchsetzen können.

Seit vielen Jahren arbeitet die Wissenschaft daran, auch die Kernfusion für zivile Zwecke nutzbar zu machen. Im Gegensatz zur Kernspaltung ist die Kernfusion eine sehr saubere Energie, da keine radioaktiven Abfallprodukte entstehen. Die technischen Schwierigkeiten sind jedoch immens. Trotz großer Anstrengungen über fünf Jahrzehnte scheint ein Durchbruch in naher Zukunft fraglich. So bleibt die zivile Nutzung der Kernfusion fürs Erste ein Ziel in weiter Ferne.

Transport- und Kommunikationstechnik

Im 20. Jahrhundert wurden die Transportmittel zu Lande, zu Wasser und in der Luft geradezu revolutioniert. Zu Lande wurde der Verbrennungsmotor eingeführt, der bis zum Ende des Jahrtausends stetig modifiziert und verbessert wurde. Man entwickelte neue Eisenbahnschienen, auf denen die Züge, die heutzutage ausschließlich von Strom oder Dieselkraftstoff angetrieben werden, wesentlich schneller, komfortabler und sicherer fahren.

Auch die Luftfahrt hat sich rasant verändert. In den vergangenen 100 Jahren wurden die Flugzeuge kontinuierlich größer und schneller. Die Erfindung des Düsenantriebs und alle darauffolgenden Verbesserungen führten zu einem enormen Anstieg des Luftverkehrs, bis das Flugzeug Bahn und Schiff als Langstrecken-Verkehrsmittel fast verdrängt hatte. Man baute überschallschnelle Zivil- und Militärflugzeuge sowie Frachtmaschinen, die riesige Lasten transportieren können.

Im Bereich der Schiffe, U-Boote und anderer Wasserfahrzeuge gab es ebenfalls viele Verbesserungen. Die Dampfmaschine wurde von Diesel- oder Elektromotoren abgelöst, manche Marineschiffe werden sogar von Atomkraft angetrieben. Die Schiffe wurden größer, schneller und sicherer konstruiert und ihre Elektronik verbessert. Die Einführung von Computern und Elektronik in den 1980er-Jahren war ein entscheidender Fortschritt. Verbesserte Kommunikations- und Navigationssysteme ließen Luft- und Seefahrt sicherer werden, beispielsweise durch die Satellitennavigation. Auch die Verwendung von neuen, leichteren Materialien wie Kohlefasern und Verbundwerkstoffen trug zu dieser Entwicklung bei und ermöglichte es, größere und komfortablere Flugzeuge, Autos und Schiffe zu bauen.

Daneben hat sich die Raumfahrt, eine der wichtigsten technologischen Errungenschaften des späten 20. Jahrhunderts, seit den Zeiten des ersten Sputnik-Satelliten entscheidend weiterentwickelt.

Gegen Ende des letzten Jahrtausends waren interplanetare Sonden nichts Ungewöhnliches mehr. Ihre technische Ausrüstung, mit der entfernte Planeten und andere Objekte erforscht werden, war nicht mehr zu vergleichen mit jener aus den ersten Tagen der Raumfahrt. Die Internationale Raumstation ISS befindet sich auf dem besten Weg, eine Basis für längere Weltraumflüge und weiterführende Experimente zu werden.

Viele Innovationen im Bereich des Transportwesens wird man im 21. Jahrhundert noch weiterentwickeln. Motoren in Automobilen werden schon heute zu einem großen Teil von Computern und Mikroprozessoren gesteuert – ein Trend, der nach und nach auch in den anderen Bauteilen der Fahrzeuge Einzug hält und sie sicherer macht. Wie schnell sich Hybridautos mit Verbrennungs- und Elektromotor auf dem Markt etablieren können, hängt größtenteils von den Fortschritten in der Brennstoffzellentechnologie (Kosten und Wirkungsgrad) ab. Neben den Hybriden werden sich auch rein elektrisch angetriebene Fahrzeuge zunehmend verbreiten, vorausgesetzt, es werden die nötigen wirtschaftlichen Anreize geschaffen.

Im Schienenverkehr wird es zunehmend mehr Hochgeschwindigkeitszüge und Magnetschwebebahnen geben. Da diese Fahrzeuge die Schienen nicht berühren, solange sie in Bewegung sind, können Magnetschwebebahnen besonders hohe Geschwindigkeiten erreichen. Zu diesem Zweck wird zwischen Trasse und Zug ein sehr starkes Magnetfeld erzeugt. Hochtemperatur-Supraleiter, die sich in Schienen oder Trassen integrieren lassen, könnten Magnetschwebebahnen billiger machen und damit leichter zu verwirklichen.

Auch in der Luftfahrt sind weiterhin viele Neuentwicklungen zu erwarten. Zivile Überschallflugzeuge gibt es bereits, doch führten Umweltargumente wie Lärm- und Schadstoffbelastung dazu, ihren Betrieb zeitweilig einzustellen. Hyperschallflugzeuge, die mehr als fünffache Schallgeschwin-

Der deutsche Transrapid

Die Idee, einen Zug magnetisch zu beschleunigen, ist nicht neu, bis vor kurzem stand aber keine geeignete Technologie zur Verfügung. Das hat sich in den vergangenen Jahren geändert, heute ist man in der Lage, ausreichend starke magnetische Felder zu erzeugen, sodass Magnetschwebebahnen Realität geworden sind.

SpaceShipOne, ein Privatraumschiff

1996 wurde als Belohnung für das erste
aus privaten Mitteln finanzierte Raumfahrzeug, das eine Höhe von 100 Kilometern (die Grenze zum Weltraum) erreicht,
der sogenannte X-Prize ausgeschrieben.
Im Jahr 2004 gingen die zehn Millionen
Dollar Preisgeld an das von Scaled Com-
posites entwickelte SpaceShipOne. Auf
dem Foto ist Pilot Michael Melvill nach
Abschluss aller Testflüge zu sehen.

digkeit erreichen, wären die nächste Stufe der
Entwicklung. Am besten geeignet scheint hier die
Scramjet-Technologie. Scramjets sind eine Varia-
tion des herkömmlichen Düsenantriebs und erzeugen enorm hohe Schübe. Dazu müssen sie jedoch
erst einmal mit einem Hilfsantrieb auf mehrfache
Schallgeschwindigkeit gebracht werden. Es gab
bereits einige vielversprechende experimentelle
Scramjetprojekte, doch bleibt die Technik aufgrund der hohen Kosten und der ungelösten technischen Schwierigkeiten umstritten.

Weltraum

Eine Revolution durch neue Technologien steht in
diesem Jahrhundert außerdem der Raumfahrt bevor. Während sich staatliche Raumfahrtagenturen
wie NASA, ESA und RSA auf Projekte wie die
Internationale Raumstation ISS und die Entsen-
dung von Raumsonden konzentrieren, um unser
Sonnensystem und seine entlegensten Winkel zu
erforschen, spielen nun auch private Firmen eine
immer größer werdende Rolle.

So gibt es beispielsweise bereits Pläne für ein
Weltraumhotel und man experimentierte mit
einem aufblasbaren Raum im All, in dem sich Be-
sucher aufhalten könnten. Es wurde auch darüber
nachgedacht, eine Raumstation für Weltraumtou-
risten umzufunktionieren. Mehrere Menschen haben bereits aus eigenen Mitteln finanzierte Flüge
ins Weltall unternommen – dieser Trend wird sich
wahrscheinlich fortsetzen: Eine Reihe von Firmen
plant Flüge bis zu einer Höhe von 100 Kilometern,
um auch Privatpersonen das Erlebnis eines Welt-
raumflugs zu ermöglichen. 2004 erhielten die
Konstrukteure des SpaceShipOne von der amerikanischen X-Prize Foundation zehn Millionen Dollar Preisgeld für ihren Flug in diese Höhe, das
heißt bis an die Grenze zum Weltraum. Neuer-
dings wurde der mit 50 Millionen Dollar dotierte
America's Space Prize für amerikanische Firmen
ausgeschrieben. Die Aufgabe lautet, eine wiederverwendbare Raumfähre zu entwickeln, mit der
Passagiere und Fracht zu einer Raumstation transportiert werden können.

Kommunikation

Seit Beginn des 21. Jahrhunderts hat die Zahl der
Mobiltelefongespräche phänomenal zugenommen,
mittlerweile gibt es beinahe doppelt so viele Mobil-
wie Festnetzanschlüsse. Und der Markt für Mobiltelefone scheint noch nicht erschöpft. Neue Technologien wie etwa UMTS werden sich zunehmend
durchsetzen. Sie ermöglichen weit höhere Datenü-
bertragungsraten und machen dadurch zum Beispiel Videodownloads interessant. Mit Voice over
IP lassen sich Telefongespräche über das Internet
übertragen, was weitaus billiger ist als die herkömmlichen Methoden. Verlustfreiere Datenkom-
pressionsmethoden werden die Übertragung von
Audio- und Videodateien weiter verbessern.

Eine Technologie, die das Kommunikationswesen in der nahen Zukunft revolutionieren könnte,
ist WiMAX (Worldwide Interoperability for Microwave Access). Mit dieser Technologie können Tele-
fon- und Internetdaten über große Entfernungen
drahtlos übertragen werden. WiMAX hat aber eine
viel größere Reichweite als die aktuelle WLAN-
Technologie und könnte ganze Städte versorgen.
Dies macht WiMAX vor allem für solche Gegenden
interessant, in denen der Zugang zu modernen
Kommunikationsmitteln immer noch begrenzt ist.

Mobile Computer

Die Einrichtung drahtloser Netzwerke
war ein regelrechter Quantensprung in
der Internettechnik, heutzutage sind sie
fast allgegenwärtig. WiMAX ist die kommende Generation des drahtlosen
Zugangs, die eine größere Reichweite
innerhalb von Städten und sogar darüber
hinaus ermöglicht. Hier präsentiert Sean
Maloney von Intel auf dem Intel Develo-
per Forum 2006 einen WiMAX-fähigen
Mini-PC.

CLEVERE GERÄTE

Mit dem englischen Ausdruck »Gadget« bezeichnet man clevere Geräte und technische Spielereien, die modernste Technologie und Funktionalität miteinander verbinden. Auch wenn es diesen Ausdruck erst seit kurzem gibt, haben solche Geräte seit Anbeginn der Geschichte eine wichtige Rolle gespielt. In gewisser Hinsicht waren auch die Waffen der steinzeitlichen Jäger eine Art Gadget. Der Pflug, das Rad, die Töpferei, der Abakus – fast alle Erfindungen könnte man als Gadgets der jeweiligen Epoche bezeichnen.

Während die meisten dieser Geräte einen praktischen Nutzen haben, gibt es auch solche, die zwar durchaus einen bestimmten Zweck erfüllen, aber gleichzeitig so außergewöhnlich und raffiniert sind, dass sie etwas seltsam erscheinen. Auch solche Konstruktionen hat es wahrscheinlich schon immer gegeben, nur haben wir keine Beweise für ihre Existenz. Nichtsdestotrotz ist es kaum vorstellbar, dass der verspielte menschliche Erfindungsgeist nicht zu allen Zeiten derlei Dinge hervorgebracht hat.

Zur Blütezeit der arabischen Kultur ersann der geniale islamische Ingenieur Al-Jazari zahlreiche raffinierte mechanische Apparaturen, wie zum Beispiel einen Automaten, der zur Unterhaltung hoher Gäste diente. Hierbei handelte es sich um ein Boot mit vier mechanischen Puppen, die auf Instrumenten Musik spielten. Die Instrumente waren mechanisch »programmiert« – mit Zahnrädern, Riemen und Nockenwellen. Einige seiner Erfindungen wurden später nochmals erfunden; so verwendete Al-Jazari in einer seiner Apparaturen einen Durchflussregler, der über fünf Jahrhunderte später in der

Dampfmaschine wieder zum Einsatz kommen sollte, doch wurde ihm die Erfindung nicht zugeschrieben.

Auch die Chinesen taten sich darin hervor, seltsame und scheinbar sinnlose Apparate zu konstruieren. Im 3. Jahrhundert v. Chr. baute der brillante Ingenieur Ma Jun für den Kaiser ein hydraulisches Puppentheater. Die Puppen waren auf einem Rad befestigt, das von fließendem Wasser in Rotation versetzt wurde. Sie bewegten sich, spielten Instru-

mente und konnten sogar Schwerter werfen. Qu Zhi, ein anderer chinesischer Erfinder, baute einen Puppenmarkt mit automatisch schließenden Türen und beweglichen Figuren. Er konstruierte auch ein Puppenhaus mit Figuren, die sich verneigen konnten.

Auch im Mittelalter, der Renaissance sowie zu Zeiten der Industriellen Revolution und danach gab es geniale Erfinder und absonderliche Erfindungen. 1924 wurde beispielsweise eine Klammer erfunden, die dem Träger eine gebogene Oberlippe verlieh, ohne dass er sich operieren lassen musste. 1980 wurde in den USA ein spezieller »Autolatz« patentiert, der die Krümel auffangen sollte, wenn man im Auto aß.

Spaghettigabel

Der amerikanische Hobby-Erfinder Russell E. Oakes erfand eine spezielle Gabel zum Aufwickeln von italienischen Spaghetti.

Gadgets haben eine lange Tradition. Bis zur Zeit der industriellen Produktion waren sie jedoch in erster Linie Spielzeuge der Reichen.

Im 20. Jahrhundert begann die Massenproduktion, durch die industriell hergestellte Produkte auch für weniger betuchte Menschen erschwinglich wurden. Mit der kontinuierlichen Verbreitung von elektronischen Geräten und Computern bediente man sich bei der Entwicklung von Gadgets zunehmend der Elektronik und Mikroprozessortechnik. Aber auch mechanische Apparaturen, die so raffiniert sind, dass sie ein Patent benötigen, werden weiterhin entworfen – auch wenn ihr praktischer Nutzen fraglich erscheint. So wurde erst im Jahr 2000 eine Art »Endlich-Ruhe-Schnuller« erfunden, der mit zwei elastischen Riemchen versehen ist. Diese werden an den Ohren des Babys befestigt, damit es den Sauger nicht ausspucken und dann umso lauter schreien kann. Auch ein Glühbirnenwechsler wurde entworfen. Diese komplizierte Apparatur mit Federn, Zahnrädern und Motoren kann tatsächlich eine durchgebrannte Glühbirne wechseln – sie wurde in den USA im Jahr 2004 patentiert. 1976 erfand ebenfalls ein US-Amerikaner die »Pogo-Schuhe«, eine waghalsige Kombination aus Einrad, Sprungfedern und Schuhen für Gefahrensucher und Stuntmen.

Andere verrückte Erfindungen sind die motorisierte Eiswaffel, die das Eis vor dem Mund des Naschenden dreht, oder der Wecker, der dem Benutzer die Essensdauer vorgibt. Den Regenmantel für Hunde hat ein Erfinder mit Öffnungen für die Nasenlöcher versehen, ein »Kuss-Schild« aus einer dünnen Latexmembran dient als Schutz vor Infektionen.

Zwar handelt es sich bei den meisten dieser sonderbaren Gerätschaften und Vorrichtungen lediglich um Spielereien, doch manche davon könnten sich auch im Alltag behaupten. 1992 wurde beispielsweise ein Helm für Schlaflose patentiert. Dieser Helm hat auf der Innenseite bewegliche Polster, die, von kleinen Elektromotoren angetrieben, sanft die Kopfhaut massieren. Die Massage soll den Stress abbauen helfen, der eventuell die Schlaflosigkeit verursacht. 1980 erfand jemand den »Windelalarm«, der über Sensoren feststellt, wann Babys Windel gewechselt werden muss. Ein Patent für eine Fingerzahnbürste – eine Gummikappe mit Borsten, die auf eine Finger passt – wurde 1999 erteilt. Diese und andere Erfindungen könnten, wenn sie über das Prototypstadium hinaus entwickelt und vermarktet würden, zu kommerziellen Erfolgen werden.

Es gibt auch Beispiele für außergewöhnliche Erfindungen, die tatsächlich hergestellt und verkauft werden. In der Zeit nach dem 11. September 2001 sorgten sich vielen Menschen in den USA vor Anschlägen mit biologischen und chemischen Kampfstoffen. Daher verkaufte sich ein attentatsicheres Bett gut, das den Schläfer für 160.000 Dollar vor eben jenen Kampfstoffen schützen sollte. Außerdem

sollte es vor Kugeln, Sprengkörpern und Entführungen bewahren. Auch das sogenannte »NosePouch«, ein spezielles Taschentuch mit einem Säckchen, das den nasalen Ausfluss auffängt, ist käuflich zu erwer-

ben. Auch eine Brille ohne Bügel, die auf einem Gesichtspiercing verankert wird, ist erhältlich.

Für spezielle Bedürfnisse mancher Zielgruppen gibt es ebenso erstaunliche Erfindungen. Hier wären das Auto für Muslime zu nennen, das dem Fahrer die Richtung nach Mekka weist, oder das koschere Mobiltelefon, das Sex-Hotlines blockiert und das Telefonieren am Sabbat extrem teuer macht.

Die Liste der sonderbaren Erfindungen könnte noch weit fortgeführt werden, aber der Preis für das unglaublichste Patent aller Zeiten dürfte wohl an folgendes Verfahren gehen: Im Jahr 1975 patentierte die amerikanische Patentbehörde eine Methode zum Haarekämmen. Bei dieser Technik wird das Haar in drei verschiedene Richtungen gekämmt, um eine Stirnglatze zu überdecken. Die einzelnen Haarschichten müssen dann mit einem Spray fixiert werden. Dies ist zweifellos ein Patent, das bei Männern mit Haarausfall großen Anklang finden könnte.

Es liegt nahe, zu erwarten, dass es sonderbare Erfindungen auch in Zukunft geben wird. Trotz des zweifellos großen gesellschaftlichen Konformitätsdrucks wird es immer Querdenker geben, die sich Dinge einfallen lassen, die dem Durchschnittsmenschen eher absonderlich und verrückt erscheinen.

Wasserdichte Zigarette

Eine Frau raucht unter laufendem Wasserhahn eine wasserfeste Zigarette.

Internet

Alle Zeichen deuten darauf hin, dass das Internet, wie schon in den vergangenen Jahren exponentiell wachsen wird. Die physische Infrastruktur des Netzes (wie zum Beispiel Server und Kabelverbindungen) stößt jedoch bereits jetzt an ihre Grenzen. Steigt die Zahl der Teilnehmer weiterhin derart an, könnte das zu ernsthaften Problemen bei der Datenübertragung führen. Auch Mobiltelefone und -netze werden immer ausgereifter. Die Möglichkeit, Videodateien aus dem Internet zu übertragen, könnte bald zu einer Überlastung der Kapazität führen. Wenn aktuelle Prognosen zutreffen, werden in den nächsten Jahren noch mehr Produkte wie Autos oder Fernsehgeräte mit Mikroprozessoren ausgestattet, die sich in das Internet einloggen. Eine Überlastung des Internet-Datenverkehrs erscheint deshalb durchaus naheliegend.

Das bisherige Internetprotokoll wird bereits schrittweise durch ein neues ersetzt, das viele angeschlossene Geräte mehr verwalten kann. Die physische Infrastruktur zu erneuern, ist jedoch weit schwieriger. Wird nicht bald eine neue Technologie gefunden, könnte die Kapazität des Netzes den zukünftigen Anforderungen und Möglichkeiten wohl stets hinterherhinken.

Computer

Mit den stetig verbesserten Mikroprozessoren wird sich auch die Computertechnik entsprechend weiterentwickeln. Durch Fortschritte in der Herstellung können mittlerweile viel mehr Bauteile als zu Beginn der Entwicklung in einem Prozessor untergebracht werden. Durch den Bau von Doppel- und sogar Vierfachprozessoren konnte die Rechenleistung von Computern enorm gesteigert werden, und auch die Arbeitsspeicher wurden immer schneller. Bemerkenswerterweise folgte die zunehmend dichtere Bestückung der Chips bei gleichzeitig sinkenden Herstellungskosten sehr genau dem sogenannten Mooreschen Gesetz. Dieser von Gordon Moore 1965 aufgestellte Leitsatz besagt, dass sich die Anzahl der elektronischen Bauteile auf einem Chip alle 18 Monate verdoppeln wird. Wenn jedoch keine vollkommen neue Technologie gefunden werden sollte, scheinen bald die physikalischen Grenzen erreicht. Dies betrifft insbesondere die immer weiter zunehmende Verkleinerung der Geräte. Bereits heute stellt beispielsweise die Hitzeentwicklung moderner, mit vielen Bauteilen bestückter Prozessoren ein großes Problem dar.

Ein weiterer Bereich, der sich stark gewandelt hat, ist die Datenspeicherung. Neue Technologien ermöglichen es, mehr Daten auf einer magnetischen Festplatte zu speichern als je zuvor. Auch optische Speichermedien wie High-Density-DVDs gibt es bereits – und mit weiteren Entwicklungen ist zu rechnen.

Eine sehr vielversprechende Neuentwicklung wären Quantencomputer. Die Idee ist zwar schon recht alt, aber erst in den 1990er-Jahren gelang ein erster Schritt in Richtung praktischer Umsetzung. Quantencomputer könnten die Leistung von herkömmlichen Rechnern bei weitem übertreffen. Sie speichern ihre Daten nicht in Bits, sondern in sogenannten Qubits (Quantenbits) und nutzen beim Verarbeiten quantenmechanische Effekte wie Superposition und Verschränkung. Experimente mit verschiedenen Technologien haben in den letzten Jahren gezeigt, dass Quantencomputer durchaus Realität werden könnten.

Medizin

Es scheint ziemlich sicher, dass die Fortschritte auf dem Gebiet der Medizin sogar die revolutionären Entwicklungen des letzten Jahrhunderts in den Schatten stellen werden. Im 20. Jahrhundert gelangen sowohl der Forschung als auch der praktischen Medizin derart große Innovationen, dass die durchschnittliche Lebenserwartung von Millionen von Menschen deutlich gestiegen ist. Für die meisten Krankheiten konnten wirksame Arzneien und Impfungen entwickelt werden, es stehen heute deutlich genauere Diagnosemethoden und -techniken zur Verfügung und auch das staatliche Gesundheitswesen wurde vielerorts verbessert.

In vielen Ländern wird intensive Stammzellenforschung betrieben. Stammzellen sind Zellen, deren Funktion noch nicht festgelegt ist (sogenannte undifferenzierte Zellen). Sie lassen sich in verschiedenste Zellen ausdifferenzieren, die den menschlichen Organismus ausmachen. Mit Stammzellen können möglicherweise angeborene, entwicklungsbedingte und degenerative Krankheiten behandelt werden, gegen die der Körper nicht selbst ankommen kann. Dazu werden Stammzellen zunächst in die gewünschten Zellen ausdifferenziert und dem Patienten dann anstelle des erkrankten Gewebes eingepflanzt.

Quad-Core-Prozessoren

In den letzten Jahren wurden Mikroprozessoren immer leistungsfähiger. Die heutige Technik ermöglicht es, mehrere Rechenkerne auf demselben Chip unterzubringen, was die Arbeitsgeschwindigkeit des Prozessors drastisch erhöht. Der Stromverbrauch steigt jedoch ebenfalls beträchtlich, und das nächste Ziel wird sein, die Energieeffizienz insbesondere bei Server-Prozessoren zu erhöhen. Paul Otellini, Hauptgeschäftsführer von Intel, stellt hier die Intel Core 2 Extreme-Serie vor. Dabei handelt es sich um die ersten Quad-Core-Prozessoren für PCs und Hochleistungs-Server.

Es gibt zwei Arten von Stammzellen: embryonale, die einem Embryo im Frühstadium seiner Entwicklung entnommen werden, und adulte, die aus dem Gewebe eines erwachsenen Organismus stammen. Embryonale Stammzellen eignen sich besonders gut für die Zelltherapie, da sie aus Keimbläschen gewonnen werden. Diese können in jede der rund 200 verschiedenen Zellarten des menschlichen Körpers ausdifferenziert werden, und lassen sich unendlich vervielfältigen. 1998 gelang es James Thomson und seinem Team an der Universität von Wisconsin-Madison zum ersten Mal, menschliche embryonale Stammzellen zu isolieren und zu züchten.

Im Jahr 2002 wurde die Stammzellenforschung bereits heiß diskutiert, und das nicht nur in den USA. An der Debatte beteiligten sich Wissenschaftler, Theologen, Politiker und nicht zuletzt die breite Öffentlichkeit. Den Kern des Anstoßes bildete die Tatsache, dass bei der Gewinnung embryonaler Stammzellen menschliche Embryos zerstört werden. Auch das therapeutische Klonen muss bei dem Verfahren angewendet werden. Viele Menschen halten den Vorgang aus ethischen oder religiösen Gründen für nicht akzeptabel. In den USA wurde die staatliche Finanzierung jeder Art embryonaler Stammzellenforschung verboten, andere Länder schränkten die Forschung ein.

Adulte Stammzellen sind für die Medizin ebenfalls von größtem Interesse. In Laboren wurden adulte Stammzellen aus verschiedenen Geweben des menschlichen Körpers gewonnen. Dies gelang zum Beispiel mit Zellen aus dem Dünndarm, der Haut und dem Knochenmark, die zur Wiederherstellung erkrankter oder verletzter Organe verwendet werden könnten. Weist ein Patient etwa eine Rückenmarksverletzung auf, könnte man Stammzellen aus einem anderen Gewebe des Patienten

entnehmen und sie im Labor kultivieren. In das verletzte Gewebe transplantiert, könnten sie dort die zerstörten Nervenzellen ersetzen. Ähnliche Therapieformen wären für Patienten mit Diabetes oder Mukoviszidose denkbar.

Ein weiteres wichtiges Forschungsgebiet der Medizin im 21. Jahrhundert wird die Gentherapie darstellen. Hierbei werden körpereigene Gene in die Zellen und Gewebe eines Patienten eingesetzt, um Erbkrankheiten zu behandeln. Die Techniken sind zwar noch nicht sehr ausgereift, doch konnte man in den letzten Jahren bereits große Erfolge erzielen. So ist es beispielsweise gelungen, Gene an der Blut-Hirn-Schranke (die normalerweise das Eindringen von Fremdkörpern in das Gehirn verhindert) vorbei in das menschliche Gehirn einzufügen. Des Weiteren konnten einige Formen von

Stammzellenforschung

Die Stammzellenforschung ist ein kontrovers diskutiertes Thema und ruft sowohl bei Politikern als auch bei Ethikern und religiösen Führern – und nicht zuletzt in der öffentlichen Meinung – immer wieder starke Reaktionen hervor. Der Vorwurf, das menschliche Leben zu missachten, zog in einigen Ländern, vor allem in den USA, strenge Auflagen für die Stammzellenforschung nach sich.

Humangenomprojekt

2003 wurde das Humangenomprojekt, ein multinationales Forschungsprojekt zur vollständigen Entschlüsselung des menschlichen Genoms, erfolgreich beendet. Das Projekt stellt einen Meilenstein der biologischen Forschung dar und ermöglicht Wissenschaftlern, die genetischen Ursachen vieler Erkrankungen zu bestimmen und entsprechende Therapien zu entwickeln. Die US-amerikanische Firma Celera Genomics arbeitete etwa zur gleichen Zeit an einem ähnlichen Projekt.

Insulin-Inhalationsgerät

Immer öfter wird die sogenannte rekombinante Biotechnologie eingesetzt, um Arzneimittel herzustellen. Als Beispiel kann dieses inhalierbare Insulinpräparat dienen. Das pulverförmige, gentechnisch hergestellte Humaninsulin muss nicht mehr gespritzt werden. 2006 von der Firma Exubera entwickelt, erwies es sich als medizinisch unbedenklich und ebenso wirksam wie Insulinspritzen. Da es jedoch nicht gewinnbringend verkauft werden konnte, wurde es 2007 wieder vom Markt genommen.

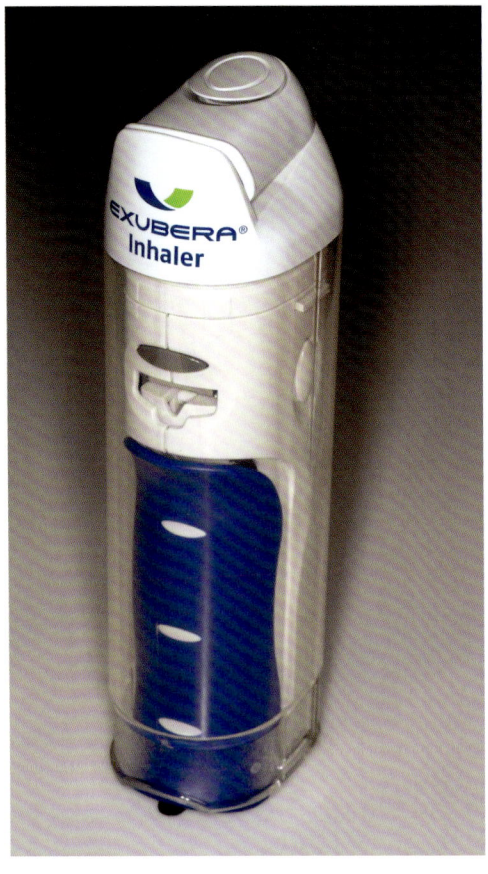

Hautkrebs erfolgreich mit sogenannten Killer-T-Zellen behandelt werden. Große Fortschritte gab es auch bei der Therapie von erblichen Netzhauterkrankungen. Daneben wurden Verfahren entwickelt, über die Gene in den Körper eingeschleust werden können, ohne dass sie das Immunsystem wieder abstößt. Eine weitere Entschlüsselung des menschlichen Genoms könnte zu vielen effektiven und unbedenklichen Methoden der Gentherapie führen und die Medizin revolutionieren.

Obwohl heutzutage für die meisten Infektionskrankheiten Impfstoffe zur Verfügung stehen, gibt es unter ihnen immer noch solche, die tödlich verlaufen. Dazu gehören die Malaria und AIDS sowie manche Formen von Tuberkulose und Grippe. An Impfungen gegen diese Krankheiten wird intensiv geforscht. Im Jahr 2006 konnte so zum Beispiel ein Impfstoff gegen eine bestimmte, von einem Virus verursachte Form des Gebärmutterhalskrebses entwickelt werden. Die Forschung arbeitet ebenso an Impfstoffen gegen neue Krankheiten wie die Vogelgrippe. Es laufen auch Testreihen mit Malaria-Impfstoffen, doch die Ergebnisse stellen sich bisher nicht sehr vielversprechend dar.

Auch in der Arzneimittelforschung und Medizintechnik stehen neue Lösungen bevor. Bereits erhältliche Medikamente werden verbessert, wodurch diese wohl wirksamer und günstiger werden. Insulin gibt es heute als Spray zum Inhalieren, für Diabetiker viel leichter anzuwenden als die bisher üblichen Spritzen. Medizinische Geräte werden durch neue und unbedenkliche Materialien, etwa

aus der Nanotechnologie, stetig verbessert. In der Chirurgie könnten immer kleinere Eingriffe mit optimierten Laparoskopen einen entscheidenden Fortschritt bringen. So kommen manche Methoden bereits heute völlig ohne Operation aus. Durch Fortschritte in der Biotechnologie rücken Heilmittel für schwer behandelbare Erkrankungen wie Krebs in greifbare Nähe.

Zumindest in den Industrieländern sind schnellere und genauere Diagnosen mithilfe von sogenannten Lab-on-a-Chip-Geräten denkbar. Verbesserte Diagnosemethoden werden ein tieferes Verständnis für Krankheitsursachen sowie eine effektivere und schnellere Behandlung ermöglichen. Schon jetzt liefert eine Weiterentwicklung, die funktionelle MRT (fMRT), insbesondere in der Gehirnforschung vielversprechende Ergebnisse.

NANOTECHNOLOGIE: DIE TECHNOLOGIE DER ZUKUNFT

Nanotechnologie beschäftigt sich mit der Manipulation von Materie in der Größenordnung von wenigen Milliardsteln eines Meters (1 Nanometer = 1 Milliardstel Meter). In den vergangenen Jahren wurden auf diesem Gebiet enorme Fortschritte erzielt, und im 21. Jahrhundert steht – so die Erwartung der Fachwelt – der entscheidende Durchbruch bevor. Denn mittlerweile stehen zahlreiche neue Verfahren und Technologien zur Verfügung, die die Nanotechnologie weiter voranbringen. Obwohl das Potenzial bei Weitem nicht ausgeschöpft ist, sind bereits erste Produkte mit Nanotechnologie erhältlich. Dazu zählen Textilien aus schmutzabweisenden und knitterfreien Fasern oder Glas- und Keramikprodukte mit nicht haftenden Oberflächen.

In den nächsten Jahren wird die Nanotechnologie wahrscheinlich in fast allen Bereichen des menschlichen Lebens Einzug halten. Leichtere und strapazierfähigere Materialien sind denkbar, mit denen sich beispielsweise sicherere und verbrauchsärmere Autos, Schiffe und Flugzeuge bauen lassen. Die Materialien könnten sogar mit völlig neuen Eigenschaften »vorprogrammiert« werden. Das würde die althergebrachten Herstellungsabläufe, und auch die Produkte selbst, völlig verändern. Eine weitere Möglichkeit wäre, mithilfe von Nanotechnologie effizientere und kostengünstigere Solarzellen herzustellen, was dieser erneuerbaren Energie eventuell zum Durchbruch verhilft.

Da Nanopartikel extrem klein sind, könnte man mit ihnen winzige Sensoren und Prozessoren konstruieren. Vorstellbar wäre, mit Nanosensoren Luftverschmutzung und Temperaturschwankungen zu überwachen oder in der chemischen Zusammensetzung von Substanzen geringste Verunreinigungen auf Molekülebene aufzuspüren. Zusätzlich könnten Nanosensoren technisch so ausgerüstet werden, dass sie in der Lage sind, ihre Messdaten drahtlos ins Internet und von dort an jeden beliebigen Ort der Erde zu übertragen.

In der Medizin sind ebenfalls viele Einsatzmöglichkeiten denkbar. Vielleicht lassen sich Nanosensoren so programmieren, dass sie bereits die allerersten Krebszellen aufspüren, die sich im Körper bilden. Damit könnte eventuell verhindert werden, dass sich die Krankheit ausbreitet. Die Anwendung von Medikamenten könnte ebenfalls mithilfe von Nanopartikeln revolutioniert werden, die sich nur an bestimmte Zellen (zum Beispiel an Krebszellen) heften und so das Medikament genau an die Stelle bringen, an der es gebraucht wird.

Im Bereich der Diagnosemethoden wären Nanopartikel denkbar, die an bestimmte Gewebe oder Rezeptoren im menschlichen Körper andocken und dann mithilfe von Fluoreszenz oder magnetischen Effekten wieder aufgespürt werden. Auch sogenannte Lab-on-a-Chip-Produkte, die zur biochemischen Analyse extrem kleiner Proben verwendet werden, ließen sich durch Nanotechnologie entscheidend verbessern.

Die Nanotechnologie könnte auch Menschen mit bestimmten körperlichen Einschränkungen helfen. So ist es denkbar, blinden Menschen lichtempfindliche Sensoren in die Netzhaut einzusetzen, die dann Informationen an das Gehirn senden. Es ließen sich Geräte aus biologisch unbedenklichen Materialien herstellen, die neurologische und motorische Funktionsstörungen beheben helfen. Nanomotoren und andere Nanogeräte könnten bestimmte Organe reparieren oder sogar ersetzen, wenn sie geschädigt sind, und damit die Medizin revolutionieren.

In der Informationstechnik erhofft man sich große Fortschritte im Bereich der Datenspeicherung. Zwar haben bereits Speichermedien, die den sogenannten Riesenmagnetwiderstands- oder GMR-Effekt nutzen, eine sehr viel höhere Kapazität, als noch vor ein paar Jahren denkbar gewesen wäre. Die Kapazität könnte jedoch mithilfe der Nanotechnologie um ein Vielfaches gesteigert werden. Es existieren sogar schon Prototypen – es scheint also nur noch eine Frage der Zeit, bis die ersten Geräte Marktreife erlangen. Ein neuer Typus von Computer-Arbeitsspeichern befindet sich ebenfalls in Entwicklung: Das sogenannte Magnetic Random Access Memory (MRAM) arbeitet mit

iPod Nano

Im Oktober 2001 brachte Apple den tragbaren mp3-Player iPod auf den Markt. Er ersetzte viele der bis dahin üblichen großen und unhandlichen Player und besaß ein unverkennbares Design, das viele Nachahmungen fand. Das Gerät hatte eine interne Festplatte und eine eigene, fest installierte Software. Apple legte noch verschiedene andere Versionen des iPod nach und etablierte das Programm iTunes, ein Online-Musicstore, in dem man sowohl einzelne Musikstücke als auch ganze Alben kaufen und herunterladen kann.

nur wenigen Nanometer dicken Schichten eines magnetischen Materials und ist ein großer Schritt in Richtung leistungsfähigerer Speichermedien.

Trotz all dieser verlockenden Möglichkeiten birgt die Nanotechnologie, wie alle Technologien, auch Risiken. Die größten Bedenken bestehen bezüglich der möglichen Auswirkungen auf Gesundheit und Umwelt. Die schädigende Wirkung von besonders kleinen Partikeln, die über die Atemwege in den Körper gelangen, ist bereits belegt. Nanopartikel bergen hier ein besonders hohes Gefahrenpotenzial, das noch genauestens untersucht werden muss: Aufgrund ihrer Winzigkeit könnten sie den menschlichen Körper sogar auf zellulärer Ebene schädigen. Es wäre möglich, dass Nanopartikel in Farben und Lacken krebserregend sind. Man befürchtet auch, dass Kohlenstoff-Nanoröhrchen und -fäden in die Nahrungskette gelangen und dort verheerenden Schaden anrichten.

MEMS-Geräte

Die Verwendung von Nanotechnologie in elektromechanischen Geräten führte zur Entwicklung sogenannter MEMS-Geräte (Micro-Electro-Mechanical Systems). Sie werden in der Medizin, der Herstellung oder auch der Unterhaltungselektronik verwendet. Das Bild zeigt einen MEMS-Laserscanner für Barcodeleser. Das Gerät ist 40 Mal schneller als Standard-Laserscanner und weist dabei nur einen Bruchteil ihrer Größe auf.

Science-Fiction — Heute und Morgen

Science-Fiction in Literatur und Film ist ein relativ junges Genre. Der Name geht auf die 1920er-Jahre und den amerikanischen Verleger Hugo Gernsback zurück, der damit jede Form von Literatur bezeichnete, die sich mit den Auswirkungen von Wissenschaft und Technologie auf die menschliche Gesellschaft beschäftigt. In vielen der besten Science-Fiction-Geschichten spielen zukünftige Technologien eine entscheidende Rolle.

Manche Motive der Science-Fiction wurden bereits in der Antike aufgegriffen. So diente bereits im 2. Jahrhundert v. Chr. eine Reise zum Mond als Rahmenhandlung für eine Satire. Später, im 18. Jahrhundert, bedienten sich Jonathan Swift, François M. A. Voltaire und andere Visionäre fantastischer Themen und Schauplätze. Sie stellten damit die Gesellschaft und ihre Versuche, mit den gravierenden Veränderungen durch die Industrielle Revolution zurechtzukommen, satirisch dar.

Der Pionier der Science-Fiction im eigentlichen Sinn war jedoch der französische Schriftsteller Jules Verne. Seine bekanntesten Werke sind *Zwanzigtausend Meilen unter dem Meer* (1870) und *In achtzig Tagen um die Welt* (1873). Verne schrieb eine Reihe von Romanen, in denen Technologien eine zentrale Rolle spielten. Flugzeuge, U-Boote und sogar Raumschiffe konnte man sich zur damaligen Zeit – wenn überhaupt – nur mit viel Fantasie vorstellen. Seine Bücher waren sehr beliebt und machten Verne international bekannt. Markenzeichen seiner Geschichten waren die außerordentlich genauen Beschreibungen von futuristischen Technologien und Maschinen. Seine Werke finden nach wie vor großen Anklang, so gehört er wahrscheinlich zu den drei meistübersetzten Autoren der Welt. Dies kann als Beleg dafür gelten, welch große Faszination die Science-Fiction auch in anderen Kulturkreisen ausübt.

Gegen Ende des 19. Jahrhunderts schrieb Herbert G. Wells drei faszinierende Bücher zu Themen, die die Literatur viele Jahre lang beschäftigen sollten. *Die Zeitmaschine*, *Der Unsichtbare* und *Der Krieg der Welten* waren Meisterwerke, die unter anderem von Reisen durch Raum und Zeit sowie Begegnungen mit Außerirdischen handelten. Andere Science-Fiction-Autoren dieser Zeit waren Clive S. Lewis, Aldous Huxley, George Orwell und Edgar R. Burroughs.

Der Boom der Science-Fiction begann in den 1920er-Jahren, als Hugo Gernsback, bis dahin Verleger von Magazinen für Amateurfunker und Hobby-Elektriker, mehrere Science-Fiction-Magazine ins Leben rief. Sie erschienen in regelmäßigen Abständen und gaben so vielen aufstrebenden Autoren die Möglichkeit, ihre Geschichten zu veröffentlichen. In den 1930er-Jahren erfreute sich die Gattung bereits größter Beliebtheit und es gab Fanclubs in den USA und in Europa.

Mit der wachsenden Beliebtheit veränderte sich das Genre. Viele Science-Fiction-Autoren und -Verleger waren Wissenschaftler oder ausgebildete Ingenieure und legten großen Wert auf wissenschaftliche Genauigkeit. Die meisten der Leser waren Teenager, die sich von dem Genre inspirieren ließen. Vielleicht entschieden sich manche von ihnen aufgrund ihrer

Jules Verne

Neben Hugo Gernsback und Herbert G. Wells trug auch der französische Schriftsteller Jules Verne entscheidend zur Etablierung der Science-Fiction bei. Er schrieb Geschichten, in denen sowohl U-Boote als auch Luft- und Raumfahrzeuge vorkamen, noch bevor sie erfunden waren. Einer seiner berühmtesten Romane ist *Die Reise zum Mittelpunkt der Erde* aus dem Jahr 1864.

2001: Odyssee im Weltraum

Stanley Kubricks Film *2001: Odyssee im Weltraum* basiert auf einem Science-Fiction-Roman von Arthur C. Clarke und thematisiert die möglichen Gefahren künstlicher Intelligenz. Der Film war gespickt mit bahnbrechenden Spezialeffekten und wurde ein Blockbuster.

Faszination von Science-Fiction, eine wissenschaftlich-technische Karriere einzuschlagen.

Der Abwurf der ersten beiden Atombomben und der Start des Sputnik in den späten 1950er-Jahren hatten einen enormen Einfluss auf die Science-Fiction-Literatur. Die Menschheit erkannte die verheerenden Auswirkungen eines Atomkriegs, und eine von Nuklearwaffen verwüstete Welt gab ein gängiges Szenario für Kurzgeschichten und Romane ab. In dieser Zeit verschob sich der Fokus weg von futuristischer Technik hin zu den Auswirkungen von Wissenschaft und Technologie auf die Zukunft der Gesellschaft. Auch der Kalte Krieg war bis in die Science-Fiction-Szene hinein spürbar, häufiges Thema wurde die Angst vor dem Kommunismus oder dem perfekten Überwachungsstaat.

Die wohl bekanntesten Science-Fiction-Autoren dieser Zeit waren Robert Heinlein, Isaac Asimov, Ray Bradbury und Arthur C. Clarke. In der nicht englischsprachigen Welt faszinierten der Pole Stanislaw Lem, der Italiener Italo Calvino und einige sowjetische Autoren wie beispielsweise die Strugatsky-Brüder ihre Leser.

In den 1960er-Jahren wurde die Fernsehserie *Star Trek* berühmt. Es gab einen regelrechten Star-Trek-Kult, die Serie prägte die Vorstellungswelt einer ganzen Generation. Kinofilme brachten völlig neue Zukunftsvisionen auf die Leinwand. Zu den berühmtesten zählen *2001: Odyssee im Weltraum* und *Fahrenheit 451*. Der Erfolg der Filme und Fernsehserien veranlasste Hollywood, das Genre weiter auszubauen. *Unheimliche Begegnungen der dritten Art, Krieg der Sterne* und *E. T.* zählten zu den größten Blockbustern der 1970er- und 1980er-Jahre. Ihr Erfolg begründete eine Industrie von Fortsetzungen und Merchandising-Produkten.

Auch die großflächige und schnelle Verbreitung von Computern während den späten 1970er- und 1980er-Jahren schlug sich in den Science-Fiction-Themen nieder. Während es in den 1950er- und 1960er-Jahren meist um außerirdische Lebensformen und Reisen durch den Weltraum ging, betraten in den 1980er-Jahren Cyberpunks und künstliche Intelligenzen die literarische und filmische Bühne. *Blade Runner*, ein großer Kinoerfolg aus dem Jahr 1982, ist ein Beispiel dieses Genres, das bis heute über eine treue Fangemeinde verfügt.

Die Computertechnologie veränderte die Science-Fiction aber auch noch in einer anderen Hinsicht: Gegen Ende des 20. Jahrhunderts waren die Spezialeffekte so weit ausgereift, dass man mit ihnen die fantastischsten Wesen und Maschinen auf Bildschirm und Leinwand zaubern konnte, was die Anziehungskraft des Genres noch weiter erhöhte. *Jurassic Park*, ebenfalls ein Blockbuster, der von mittels Gentechnik wieder ins Leben gerufene Dinosaurier handelt, stellt einen Meilenstein der digitalen Tricktechnik dar. Auch Filme wie *Terminator*, *Matrix* und *Transformers* lebten nicht zuletzt von ihren äußerst realistischen Computeranimationen.

Das Leben des 21. Jahrhunderts ist hoch technologisiert, Raumfahrt, Satelliten, Atomkraft, Computer und sogar Roboter sind nichts Ungewöhnliches mehr. Manche befürchten deshalb, die Faszination der Science-Fiction könnte verlorengehen. Der technologische und wissenschaftliche Fortschritt wird sich jedoch noch stärker beschleunigen als in all den Jahrzehnten davor. Auf sämtlichen Gebieten aus Wissenschaft und Technik eröffnen sich immer wieder neue Forschungsfelder, die wohl auch in Zukunft die Fantasie der Science-Fiction-Autoren weiter beflügeln werden.

LABORE UND THINK-TANKS

Lange Zeit stammten technische Innovationen ausschließlich von Personen, die allein und ohne fremde Hilfe oder Unterstützung an ihren Erfindungen herumbastelten und -experimentierten. Dabei konnte es sich um Handwerker, Bauern, Jäger, Priester, Höflinge oder Adlige handeln. Als sich nach dem 11. Jahrhundert die Universitäten immer mehr verbreiteten, wurden sie nach und nach auch zu den neuen Bildungs- und Innovationszentren. Bis zur vollkommenen Institutionalisierung von Innovationen dauerte es aber noch bis ins 20. Jahrhundert.

Bell-Laboratorien

Die Bell Telephone Laboratories zählen zu den erfolgreichsten industriellen Forschungslaboren. Ursprünglich nur für rein zweckgerichtete Forschung auf dem Gebiet der Telefonperipherie geplant, wurde dort später auch Grundlagenforschung auf verschiedenen Gebieten betrieben. Viele Mitarbeiter der Bell-Laboratorien erhielten einen Nobelpreis. Das Bild zeigt einen Bell-Wissenschaftler bei der Arbeit an einem Oszillographen.

NASA

Die US-Raumfahrtbehörde NASA wurde 1958 gegründet. Sie wuchs schnell zu einem riesigen wissenschaftlichen Unternehmen, von dem viele Entwicklungen in der modernen Raumfahrttechnik ausgingen. Eine ihrer größten Errungenschaften ist die wiederverwendbare Raumfähre Spaceshuttle, die der Weltraumforschung gute Dienste geleistet hat – wenn auch zu wesentlich höheren Kosten als ursprünglich erhofft.

Thomas Edison richtete gegen Ende des 19. Jahrhunderts in Menlo Park das erste Industrielabor ein. Er hatte die Vorstellung, möglichst viele Ingenieure und Techniker am selben Ort an neuen Ideen und Technologien arbeiten zu lassen. Die nötige Infrastruktur und Laborausrüstung, die für einen Einzelnen so gut wie unmöglich zu beschaffen gewesen wäre, stand allen Mitarbeitern offen. Das Modell zeigte sich sehr erfolgreich, in wenigen Jahre wurden Phonograph, Glühbirne und andere Geräte erfunden.

AT&T übernahm diese Idee und richtete im Jahr 1925 ein Forschungslabor mit dem Namen Bell Telephone Laboratories ein. Die Bell-Laboratorien wurden zum bisher erfolgreichsten Forschungslabor. Über viele Standorte in den USA verteilt, entstanden in den »Bell-Labs« Tausende von Erfindungen, darunter so revolutionäre wie der Transistor und die Solarzelle. Man betrieb aber auch Grundlagenwissenschaft: Entdeckungen wie die Elektronenbeugung oder der fraktionierte Quanten-Hall-Effekt sowie die Entwicklung der Radioastronomie oder der Informationstheorie gehen alle auf die Bell-Laboratorien zurück. Bis heute erhielten sechs Projekte aus dem Hause Bell einen Nobelpreis.

Auch andere Firmen richteten erfolgreiche Forschungslabore ein. Dazu gehören beispielsweise IBM oder auch Xerox mit dem Palo Alto Research Center (PARC). 1970 gegründet, entwickelte PARC Technologien wie den Laserdruck, das Ethernet, die grafische Benutzeroberfläche (engl. Abkürzung GUI) und das Konzept für Laptops. Die Einrichtungen von IBM und Xerox wurden ebenfalls von der Idee getragen, Wissenschaftlern und Ingenieuren die Gelegenheit zu geben, ihre kreativen Einfälle ohne wirtschaftlichen Druck weiterverfolgen zu können. Natürlich wurde mit den Patenten auf die jeweiligen Erfindungen viel Geld verdient, doch man förderte auch kommerziell weniger interessante Projekte.

Neben Firmen betreiben auch die meisten Regierungen derartige Think-Tanks. In den USA gibt es ein Netzwerk nationaler Labore, die sich meist in unmittelbarer Nähe von Forschungsuniversitäten befinden. Manche davon arbeiten an geheimen militärischen Projekten, aber die meisten widmen sich sowohl der Grundlagen- als auch der zweckgebundenen Forschung auf fast allen Gebieten.

Einige Universitäten haben Institute gegründet, die als eine Art unabhängige gemeinnützige Einrichtungen Forschungsaufträge übernehmen. Ein herausragendes Beispiel ist das 1946 von der Stanford Universität gegründete Stanford Research Institute (SRI). Hier gelangen Wissenschaftlern einige wichtige Erfindungen in den Bereichen Kommunikation, Netzwerk und Computer.

Die Wissenschaft und Technologie des 21. Jahrhunderts ist ein sehr umfangreiches Gebiet. Dies führt zu einer zunehmenden Spezialisierung in den unterschiedlichen Disziplinen. In vielen Fachbereichen ist es für den Einzelnen nicht mehr möglich, alle Teilaspekte einer bestimmten Problemstellung so zu überschauen, wie das noch vor der Industriellen Revolution der Fall war. Außerdem stehen einem einzelnen Forscher in den seltensten Fällen die nötigen Geräte zur Verfügung, weshalb praktisch alle Neuentwicklungen in Einrichtungen erfolgen, die vom Staat oder von Unternehmen gesponsert sind. Aufgrund der zunehmenden Komplexität der Themen steht zu erwarten, dass die Zahl hoch spezialisierter Labore weiter zunimmt, während allgemeine Forschungseinrichtungen seltener werden.

EINE FUTURISTISCHE WELT?

Seit vor Millionen von Jahren in Afrika die ersten Hominiden auf Nahrungssuche gingen, hat sich die Menschheit gewaltig weiterentwickelt. Die Technologie, die zweckgerichtete Verwendung natürlicher und künstlicher Materialien und Objekte, hat dem Menschen seit der Altsteinzeit enorme Fortschritte ermöglicht. Zwar wäre es verlockend, die bahnbrechenden Errungenschaften des letzten Jahrhunderts als einzigartig anzusehen, doch ist es wichtig, eine historische Perspektive zu wahren.

In den vergangenen 12.000 Jahren gab es immer wieder revolutionäre Entwicklungen und Erfindungen, die das Leben der Menschen entscheidend erleichterten. Die erste Jagdwaffe muss für einen Steinzeitmenschen genauso revolutionär gewesen sein, wie uns heute ferngesteuerte Raketen erscheinen. Die erstmalige Kultivierung von Getreide im Mittleren Osten war wahrscheinlich wesentlich bedeutender als die heutige Züchtung von

und staatlichen Laboren statt. Dieser Trend trat vor allem ab der zweiten Hälfte des 20. Jahrhunderts zutage, als Forschung institutionalisiert wurde.

Es ist zu erwarten, dass sich die Art und Weise, wie technischer Fortschritt vonstatten geht, im 21. Jahrhundert abermals verändern wird. Durch das Internet sowie schnelle und günstige Kommunikationsmittel können Mitarbeiter über den gesamten Globus verteilt an ein und demselben Projekt forschen, und dieser Trend wird sich fortsetzen. Auf ähnliche Weise werden sich technische Neuerungen, vor allem im Bereich der Konsumgüter, noch schneller als bisher verbreiten.

Eine Vorhersage, welche neuen Technologien das 21. Jahrhundert zeitigen wird, fällt nicht leicht. Die Kreativität des menschlichen Geistes scheint schier unbegrenzt, daher liegen solche Voraussagen öfter falsch als richtig. Wie die Technik der Zukunft aussieht und wie sie das Leben der Menschen verändern wird, kann niemand mit Sicherheit sagen. Selbst der genialste Wissenschaft-

Gensaaten, denn sie beeinflusste den Verlauf der Menschheitsgeschichte entscheidend. Die Erfindung der Schrift in Mesopotamien könnte vielleicht wichtiger gewesen sein als die Entwicklung des Computers. Es ließen sich noch viele Beispiele wichtiger Erfindungen und Innovationen aufzählen, die den Lauf der Geschichte verändert haben.

Was die Zeit nach der Industriellen Revolution jedoch so einzigartig macht, ist die Geschwindigkeit, mit der sich der technische Fortschritt in der Gesellschaft verbreitet hat. Im 20. Jahrhundert veränderte sich grundlegend die Art, wie Erfindungen und Entwicklungen gemacht wurden. Erfinder waren nicht länger einzelne Personen, die still und abgeschieden vor sich hin experimentierten. Die entscheidenden Entdeckungen fanden nun vielmehr in großen Forschungs- und Entwicklungseinrichtungen wie Industrie-, Universitäts-

ler hätte im frühen 19. Jahrhundert nicht die Raumfahrt oder die Erfindung des Mikroprozessors vorhersehen können. Gewiss ist jedoch, dass der Fortschritt in den kommenden Jahren jedoch nochmals an Tempo zulegen wird. Wahrscheinlich werden Entwicklungen in Medizin und Kommunikationstechnik für einen Großteil der Menschheit das Leben weiter erleichtern.

Allerdings beginnt die Natur bereits zu rebellieren. Dies zeigt sich an der Klimaerwärmung und dem Schwinden der Ozonschicht. Aus Rücksicht auf kommende Generationen ist es daher von größter Bedeutung, die Geschwindigkeit der Entwicklung etwas zu verlangsamen. Zwar hat die Arbeit an alternativen Technologien zum Schutz der Umwelt bereits begonnen, die Anstrengungen müssen in den kommenden Jahren des frühen 21. Jahrhunderts jedoch noch weiter verstärkt werden.

Was wird die Zukunft bringen?

Betrachtet man die Geschwindigkeit des technischen Fortschritts im 21. Jahrhundert, scheint es so gut wie sicher, dass sowohl in der Medizin als auch im Kommunikations- und Transportwesen zahlreiche sprunghafte Entwicklungen stattfinden werden. Doch von nun an werden auch Umweltbelange stets eine große Rolle bei den Entwicklungen spielen.

GLOSSAR

Abwasserkanalsystem: Erste künstliche Abwassersysteme sind aus den architektonisch geplanten und rund 2600 v. Chr. gebauten Städten Mohenjodaro und Harappa im Indus-Tal bekannt. Mit ihnen hielt man Unrat von Wohngebieten fern.

Addiermaschine: 1888 erhielt der amerikanische Bankangestellte William Burroughs (1857–1898) ein Patent für eine Addiermaschine, mit der sich wiederholt auszuführende Rechnungen schneller bewerkstelligen ließen. Burroughs stellte die Geräte später im eigenen Unternehmen her.

Aeolipile (Heronsball): Heron von Alexandria (10–70 n. Chr.) lieferte mit der sogenannten Aeolipile die erste Wärmekraftmaschine der Geschichte. Außerdem erfand er eine Waffe, die über Druckluft funktionierte.

Antibabypille: 1951 stellten die Chemiker Carl Djerassi (*1923), Luis Miramontes (1925–2004) und George Rosenkranz (*1916) in Mexiko die erste Antibabypille her. Es sollte aber noch fast zehn Jahre dauern, bis das völlig neue Verhütungsmittel eine Arzneimittelzulassung erhielt.

Armbrust: Wie chinesische Quellen aus dem 4. Jahrhundert v. Chr. belegen, war man zu dieser Zeit bereits mit der Armbrust als Waffe vertraut.

Astrolabium: Hipparchos (190–120 v. Chr.) erfand das Astrolab oder Astrolabium, das für astronomische Berechnungen und bei der Navigation sehr nützlich war. Man setzte es viele Jahrhunderte lang in abgewandelter Form ein.

Atomuhr: Die erste Atomuhr, ein Gerät, das mithilfe der Strahlungsübergänge der Elektronen freier Atome die Zeit misst, wurde 1949 vom amerikanischen National Bureau of Standards gebaut. Atomuhren werden weltweit zur Festlegung der Standardzeit eingesetzt und gehen äußerst genau.

Auftriebsprinzip: Archimedes von Syrakus (287–212 v. Chr.) entdeckte das Auftriebsprinzip (Archimedisches Prinzip).

Aufzüge, Absturzsicherung für: 1853 erfand der amerikanische Mechanikermeister Elisha Otis (1811–1861) eine Bremsvorrichtung, die einen Aufzug abfangen konnte, falls die Kabel rissen. Die größere Sicherheit sorgte dafür, dass Aufzüge nun allgemein in Hochhäusern eingesetzt wurden.

Bakelit: Der amerikanische Chemiker Leo Baekeland (1863–1944) stellte 1908 den ersten Kunststoff her, der ausschließlich aus synthetischen Komponenten bestand. Das sogenannte Bakelit hatte hervorragende Isolierungseigenschaften und wurde in elektrischen Bauteilen, in Spielzeug, Küchengeräten und Schmuck verwendet.

Baumwollentkörnungsmaschine: Die einfache Maschine, mit der sich die Baumwolle von den Samen trennen ließ, wurde 1793 von Eli Whitney (1765–1825) erfunden. Durch ihren Einsatz ließ sich die Baumwollproduktion immens steigern, und damit auch die Zahl der Baumwollplantagen.

Bessemerverfahren: Henry Bessemer (1813–1898) war ein englischer Erfinder, der ein Verfahren zur schnellen und kostengünstigen Stahlproduktion patentieren ließ. Das Bessemerverfahren erlaubte es, Stahl in vielen Bereichen in weit größerem Maßstab zu verwenden als zuvor, zum Beispiel beim Hoch- und Tiefbau, Maschinenbau, bei der Waffenproduktion und auch bei der Herstellung von Essbesteck.

Blitzableiter: Benjamin Franklin (1706–1790), Staatsmann und Wissenschaftler, erfand 1752 den Blitzableiter. Er hatte zuvor schon ausgiebig mit atmosphärischer Elektrizität experimentiert und nachgewiesen, dass ein Blitz nichts anderes ist als ein elektrischer Funke.

Bogenlampe: Anfang des 19. Jahrhunderts baute der englische Wissenschaftler Sir Humphry Davy (1778–1829) die erste Bogenlampe, indem er von Luft umgebene Kohlestäbe an eine Voltasäule anschloss. Später füllte man die Lampen mit Gasen, die in unterschiedlichen Farben leuchteten.

Braille: Der französische Erfinder Louis Braille (1809–1852) führte 1821 die Blindenschrift ein. Das System zum Lesen und Schreiben für Sehbehinderte setzte sich weltweit durch.

Brille: Der vermutliche Erfinder der Brille war der Italiener Salvino degli Armati. Zwar wurden im Iran des 9. Jahrhunderts n. Chr. schon Lesegläser genutzt, doch Armati erfand 1284 die erste tragbare Sehhilfe für beide Augen.

Bronze: Bereits um 3000 v. Chr. stellte man in Mesopotamien durch Erhitzen von Kupfer zusammen mit Zinn Bronze her, ein Material, das härter war als reines Kupfer und sich deshalb für viele Zwecke besser eignete, etwa zur Herstellung von Waffen und Werkzeugen.

Chronometer: Der britische Uhrmacher John Harrison (1693–1776) erfand 1737 eine sehr exakte Uhr zur Zeitbestimmung auf See. Das Gerät erlaubte es Seefahrern erstmals, die geografische Länge zu bestimmen, es wurde auf den Entdeckungsreisen des 18. Jahrhunderts eingesetzt.

Cochlea-Implantat: Ein Cochlea-Implantat ist ein elektronisches Gerät, mit dem sogar taube Menschen hören können. Es wird chirurgisch in die Hörschnecke eingesetzt, eine Operation, die der amerikanische Arzt William House (1923-2012) im Jahr 1961 erstmals durchführte.

Colt-Revolver: 1835 baute der amerikanische Erfinder Samuel Colt (1814–1862) einen Revolver, bei dem sich die Trommel automatisch mit jedem Schuss weiterdreht. Die erste halbautomatische Feuerwaffe verbreitete sich schnell im »wilden« Westen Amerikas.

Compact Disc (CD): Von James Russell (*1931) bereits im Jahr 1965 erfunden, setzte sich das Prinzip erst durch, als es 1982 von Phillips in Form von Musik-CDs auf den Markt gebracht wurde. Aufgrund ihrer höheren Klangqualität verdrängte die CD in kurzer Zeit magnetische Tonbandkassetten aus der Musikindustrie.

Computer: Der ENIAC war der erste elektronische, digitale Universalcomputer und wurde 1946 von der US-Armee gebaut. Er arbeitete noch mit Vakuumröhren und war nicht programmierbar.

Computer-Maus: Der amerikanische Ingenieur Douglas Engelbart (*1925) baute 1963 die erste Computer-Maus mit Kugelmechanismus. Nach der Einführung der grafischen Benutzeroberfläche (GUI) in den 1980er-Jahren wurde die Maus zum festen Bestandteil der Computer-Peripherie.

Computertomografie (CT): 1972 erfand der britische Ingenieur Godfrey Hounsfield (1919–2004) die Computertomografie, bei der aus mehreren Röntgenaufnahmen ein dreidimensionales Abbild der inneren Strukturen des menschlichen Körpers erstellt wird. Seither ist die CT in der Diagnostik unverzichtbar.

Dampfdruck-Kochtopf: Denis Papin (1647–1712), ein Physiker aus Frankreich, erfand 1679 den ersten einfachen Dampfdruck-Kochtopf. Sein Zweck war ursprünglich, mithilfe von Dampfdruck Fett aus den Knochen zu ziehen. Seine Pionierarbeit in der Dampfdruck-Technik inspirierte die späteren Erfinder der Dampfmaschine.

Dampflokomotive: 1801 baute Richard Trevithick (1771–1833), ein englischer Bergbauingenieur, die erste Dampflokomotive. Sie nutzte eine Kurbelwelle, um die Auf- und Abbwegung der Pleuelstange in eine Rotationsbewegung umzuwandeln. Sie wurde im 19. Jahrhundert mehrmals von fortschrittlicheren Modellen abgelöst.

Dampfmaschine: Die erste einsetzbare Dampfmaschine geht auf den englischen Grobschmied Thomas Newcomen (1663–1729) zurück. Sie wurde erstmals 1712 in einem Kohlebergwerk installiert, wo sie erfolgreich zum Abpumpen des eindringenden Grundwassers eingesetzt wurde. Der schottische Erfinder James Watt (1736–1819) baute 1769 ein verbessertes, leistungsfähigeres Modell der Newcomen-Maschine.

Datenpaketvermittlung: Der amerikanische Ingenieur Paul Baran (1926-2011) kam 1962 auf die Idee, Daten in einem Netzwerk als kleine Pakete über Vermittlungsstellen, sogenannte Knoten, zu verschicken. Heute kommt diese Technik im Internet zum Einsatz.

Dieselmotor: Rudolf Diesel (1858–1913) erfand 1893 einen Verbrennungsmotor, der die heiße Verbrennungsluft komprimiert und so die Selbstzündung des Kraftstoffs auslöst. Dieselmotoren erzielen einen günstigeren Wirkungsgrad und verbrauchen weniger Kraftstoff als Benzinmotoren.

Digitalkamera: 1975 baute Steven Sasson (*1950) die erste Digitalkamera.

DNS-Sequenzierung: Der britische Biochemiker Frederick Sanger (*1918) fand 1975 eine Methode, mit der er die Reihenfolge der Nukleinsäuren auf den Doppelhelix-Molekülen der DNS bestimmen konnte. Sangers Verfahren trug entscheidend zum Verständnis der Funktionsweise der DNS bei.

DNS-Struktur: 1953 entschlüsselten die beiden Cambridge-Wissenschaftler James Watson (*1928) und Francis Crick (1916–2004) die Struktur der DNS, des genetischen Materials aller lebenden Organismen.

Dreschmaschine: Eine Maschine, die automatisch das Korn aus den Ähren und Schoten ausdrosch, wurde zuerst 1784 von dem schottischen Mechaniker Andrew Meikle (1719–1811) vorgestellt. Durch Reduzierung der Arbeitskräfte für den Dreschvorgang trug sie entscheidend zur britischen Agrarrevolution im späten 18. Jahrhundert bei.

Druckerpresse und bewegliche Lettern: Im 15. Jahrhundert revolutionierte Johannes Gutenberg (1400–1468) die Drucktechnik, indem er die ersten beweglichen Metall-Lettern und eine neuartige Druckerpresse erfand. Die Erfindungen spielten nicht zuletzt bei der Verbreitung des Protestantismus eine große Rolle, da man nun gedrucktes Material rasch und in großen Auflagen verteilen konnte.

Düsentriebwerk: Der britische Ingenieur und Offizier der Luftwaffe Frank Whittle (1907–1996) erhielt 1932 ein Patent auf ein Strahltriebwerk. Bis zum tatsächlichen Bau dauerte es noch bis 1937. Erst viele Jahre später konnten Düsentriebwerke den Propellerantrieb verdrängen.

Dynamit: 1866 entdeckte der schwedische Chemiker Alfred Nobel (1833–1896) ein Verfahren, mit dem sich hochexplosives Nitroglyzerin entschärfen ließ. Dynamit ist eine Mischung aus Nitroglyzerin und anderen Substanzen.

Dynamo: Michael Faraday (1791–1867) erfand 1831 den ersten Dynamo, das Gegenstück zum Elektromotor. Er kann als erster Generator bezeichnet werden, mit dem sich aus mechanischer Energie Elektrizität erzeugen ließ.

Eisen: Zwischen 2000 und 1500 v. Chr. entdeckten die Hethiter in der Osttürkei die ersten Eisenvorkommen. Während der nächsten Jahrhunderte verbreitete sich Eisen als Werkstoff rasch in Mesopotamien und Ägypten.

Elektrobatterie: Der italienische Wissenschaftler Alessandro Volta (1745–1827) erfand im Jahr 1800 die Voltasche Säule. Über eine chemische Reaktion baute sie zwischen ihren Enden eine elektrische Spannung auf. Nach Volta ist die Maßeinheit für elektrische Spannung, Volt, benannt.

Elektroenzephalogramm (EEG): Der deutsche Neurologe Hans Berger (1873–1941) erfand das EEG, ein Verfahren, mit dem man die elektrischen Hirnströme des Menschen aufzeichnen kann. Das EEG wird für Diagnosen und für Untersuchungen der Funktionsweise des Gehirns verwendet.

Elektrokardiograf (EKG): Der niederländische Physiologe Willem Einthoven (1860–1927) entwickelte 1903 den ersten funktionsfähigen Elektrokardiografen. Dieses Gerät, das die elektrische Aktivität des Herzens aufzeichnet, spielt bei der Diagnose von Herzerkrankungen eine große Rolle.

Erdumfang: Der Erdumfang wurde erstmals von Eratosthenes (276–194 v. Chr.), einem griechischen Mathematiker, berechnet. Eratosthenes orientierte sich am unterschiedlichen Schattenwurf an verschiedenen Orten. Sein Ergebnis stimmt mit heutigen Rechnungen um 99 Prozent überein.

Ethernet: 1973 von Robert Metcalfe (*1946) und David Boggs erfunden, diente das Ethernet zur Vernetzung von Computern und wurde in den 1980er-Jahren zum Standard.

Faustfeuerwaffen: Erstmals 1288 n. Chr. in China gebaut.

Fernsehen: 1925 führte der schottische Erfinder John Logie Baird (1888–1946) das erste Fernsehgerät öffentlich vor, das Bilder über eine gewisse Distanz übertragen konnte.

Feststoffraketen: Im 9. Jahrhundert fanden chinesische Alchimisten heraus, dass man mit Schießpulver auch Pfeile abschießen konnte, es waren sozusagen die ersten Feststoffraketen. Die Technik wurde auch in den Mongolenkriegen eingesetzt.

Flugzeug: Die Brüder Orville (1871–1948) und Wilbur (1867–1912) Wright bauten 1903 das erste Fluggerät mit dynamischem Auftrieb (Schwerer-als-Luft-Prinzip).

Flüssigkristallanzeige (LCD): 1970 ließ der Schweizer Konzern Hoffman-LaRoche die Ausnutzung des nematischen Effekts bei Flüssigkristallen patentieren und begann mit der Herstellung von Flüssigkeitskristallanzeigen. Sie wurden bald zum Standard in vielen elektronischen Geräten.

Flüssigtreibstoffrakete: Der amerikanische Raumfahrtwissenschaftler Robert H. Goddard (1882–1945) erhielt 1913 ein Patent für eine Rakete, die als Treibstoff eine Mischung aus Benzin und flüssigem Distickstoffoxid verwendete. Die

Entwicklung der Flüssigtreibstoffrakete war ein wichtiger Meilenstein in der Raketentechnik.

Fotografie: Der Franzose Nicéphore Niépce (1765–1863) nahm 1826 mithilfe eines chemischen Verfahrens das erste Foto auf. Sein Mitarbeiter Luis Daguerre brachte die Fotografie 1839 mit der Daguerreotypie zur Marktreife.

Fullerene: 1985 entdeckten die drei Wissenschaftler Robert Curl (*1933), Richard Smalley (1943–2005) und Harold Kroto (*1939) eine neue Form des Kohlenstoffs, die Fullerene. Kohlenstoff-Nanoröhrchen und Buckminsterfullerene eröffneten nun mit ihren Eigenschaften neue technologische Möglichkeiten.

Füllfederhalter: Der erste Füllfederhalter, der per Kapillarwirkung Tinte aus einer Patrone in die Spitze saugt, wurde 1884 von dem amerikanischen Versicherungsmakler Lewis Waterman (1837–1901) erfunden.

Geigerzähler: Dieses Gerät zeigt radioaktive Strahlung an. Es wurde 1908 von dem deutschen Wissenschaftler Hans Geiger (1882–1945) zusammen mit Ernest Rutherford (1871–1937), einem Physiker aus Neuseeland, entwickelt.

Genmanipulation: Dem amerikanischen Biochemiker Paul Berg (*1926) gelang es 1972 zum ersten Mal, zwei DNS-Stränge zu zerschneiden und neu zusammenzufügen, was den Startschuss für die Biotechnologie bedeutete.

Geometrie: Etwa 300 v. Chr. legte Euklid von Alexandria seine geometrischen Prinzipien dar und schrieb das Buch *Elemente*, eine Sammlung von Lehrsätzen. Das Buch gilt als eines der Schlüsselwerke der Mathematik.

Getränke, Vergorene: In Mesopotamien hergestellte Siegel zeigen, dass 2500 v. Chr. Datteln und Hafer vergoren wurden, um alkoholische Getränke daraus zu machen.

Glühlampe, Langlebige: 1880 demonstrierte Thomas Alva Edison (1847–1931), dass die Verwendung eines Kohlefadens die Glühlampe viel langlebiger machte.

GPS: Das amerikanische Verteidigungsministerium richtete 1995 ein weltweites, satellitenbasiertes Navigationssystem ein, das Global Positioning System oder GPS. Mit GPS lässt sich die Position von jedem Punkt der Erde mit großer Genauigkeit bestimmen, mittlerweile wird es auch in zivilen Navigationssystemen eingesetzt.

Gregorianischer Kalender: Am 24. Februar 1582 gab Papst Gregor XIII. (1502–1585) eine päpstliche Bulle heraus, die ein neues Kalendersystem einführte, das die Diskrepanz zwischen den Jahreszeiten und den Kalenderdaten berücksichtigte. Dazu wurden einige Tage aus dem Kalenderjahr gestrichen und Regeln für das Schaltjahr eingeführt.

Grubenlampe, Sicherheits-: Sir Humphry Davy (1778–1829) verbesserte 1815 die in Kohlebergwerken gebräuchliche Lampe, die häufig Explosionen der frei gewordenen Gase verursachte. Davys Lampe war wesentlich sicherer und rettete vielen Bergleuten das Leben.

Hängebrücke: Das ausgedehnte Inka-Reich des 14. Jahrhunderts verfügte über ein gutes Verkehrs- und Kommunikationsnetz. Die Flüsse und Schluchten der Anden wurden mithilfe von Hängebrücken überwunden, sehr stabilen Konstruktionen aus Seilen und Textilien.

Heißluftballon: Das erste Fluggerät war der von den beiden Brüdern Joseph (1740–1810) und Jacques (1745–1799) Montgolfier 1783 konstruierte Heißluftballon.

Helikopter: 1939 entwickelte der in der heutigen Ukraine geborene amerikanische Luftfahrtingenieur Igor Sikorsky (1889–1972) den Helikopter, ein Fluggerät, das mithilfe von Rotoren senkrecht starten und landen kann. Zwar waren davor schon andere Konzepte erprobt worden, aber Sikorskys Konstruktion war die erste, die sich als praxistauglich erwies. Seit dem Zweiten Weltkrieg werden Helikopter für viele Zwecke eingesetzt.

Holographie: Im Jahr 1947 entwickelte der ungarische Physiker Dennis Gábor (1900–1979) ein Verfahren, um dreidimensionale Abbilder von Gegenständen herzustellen. Die Erfindung des Lasers in den späten 1960er-Jahren vereinfachte die Herstellung von Hologrammen erheblich.

Holztafeldruck: Die Chinesen erfanden im 9. Jahrhundert n. Chr. den Holztafeldruck, um die buddhistische Lehre des Diamant-Sutras zu verbreiten. Im 10. Jahrhundert wurden die ersten beweglichen Lettern aus Keramik eingeführt.

Impfung: 1796 impfte der englische Landarzt Edward Jenner (1749–1823) einen Patienten mit Kuhpockenviren und erfand damit die Schutzimpfung gegen Pocken.

Insulin: 1920 isolierte der kanadische Arzt Frederick Banting (1891–1941) das Insulin aus der Bauchspeicheldrüse eines Schweins. Insulin hat eine wichtige Funktion für den Blutzuckerspiegel, durch Bantings Entdeckung ließen sich auch schwere Formen von Diabetes erfolgreich behandeln.

Internet: Robert Kahn (*1938) und Vinton Cerf (*1943) entwickelten im Jahr 1983 das TCP/IP-Protokoll. Nach den Regeln, die dieses Protokoll festlegt, werden Informationen über das Internet übermittelt.

Kanal: Etwa 4000 v. Chr. bauten die Menschen in Mesopotamien die ersten Kanäle, um das Wasser aus den Flüssen Euphrat und Tigris auf ihre Felder zu leiten.

Kanone: Im 11. Jahrhundert verwendete man in China mit Schießpulver gefüllte Bambusrohre, um mit ihnen kleine Bleikugeln und Metallteile zu verschießen. Später wurde der Bambus durch Rohre aus gegossenem Metall ersetzt.

Kinetoskop und Kinematograf: 1893 stellte Thomas Alva Edison (1847–1931) zwei bahnbrechende Erfindungen vor, mit denen sich bewegte Bilder aufnehmen und betrachten ließen. Diese Apparate wurden laufend verbessert und sie ebneten letztlich den Weg zur heutigen Filmindustrie.

Klimaanlage: Die erste elektrische Klimaanlage wurde 1902 von dem amerikanischen Ingenieur Willis Carrier (1876–1950) gebaut. Das Gerät kontrollierte Temperatur und Luftfeuchtigkeit und wurde in Fabriken eingesetzt, in denen diese Werte wichtig für die Produktion waren. Später hielten Klimaanlagen Einzug in Büros und Privathäuser.

Kugelschreiber: 1938 ließ der ungarische Journalist László Biró (1899–1985) den ersten Kugelschreiber patentieren, der die Tinte mithilfe einer Kugel an seiner Spitze aus der Patrone sog. Der Kugelschreiber verdrängte den Füllfederhalter nahezu, da er einfacher in der Handhabung war.

Kupfer: Etwa 3500 v. Chr. gewann man im Mittleren Osten erstmals Kupfer aus Kupfererz. Es wurde in steinernen Tiegeln ausgeschmolzen und dann in Formen gegossen.

Kurbelwelle: Der muslimische Universalgebildete Ibn Ismail Ibn Al-Razzaz Al-Jazari (1136–1206) erfand gegen Ende des 12. Jahrhunderts eine Art Kurbelwelle, die nach der Entdeckung der Dampfkraft zentrale Bedeutung gewann.

LASER: Der amerikanische Physiker Theodore Maiman (1927–2007) stellte 1960 den ersten funktionsfähigen Laser (Light Amplification by Stimulated Emission of Radiation) her. Laser werden vor allem in der Kommunikationstechnik, Landvermessung und Unterhaltungselektronik eingesetzt.

Leuchtdiode (LED): 1962 entwickelte der amerikanische Wissenschaftler Nick Holonyak Jr. die erste Leuchtdiode. LEDs werden in der Kommunikationstechnik, in Bildschirmen und elektronischen Schaltkreisen verwendet.

Lithografie: Die Technik, Text oder Bilder mit einem Steindruckverfahren auf Papier zu drucken, wurde 1798 von dem deutschen Autor Alois Senefelder (1771–1834) vorgestellt. Lithografie basiert auf einem chemischen Verfahren, das zur Verwendung in der Kunst verfeinert wurde.

Logarithmus: John Napier (1550–1617), ein englischer Mathematiker, erfand Anfang des 17. Jahrhunderts die Logarithmentafel. Damit ließen sich komplizierte Berechnungen anstellen, bis schließlich Computer aufkamen.

Luftkissenboot: 1952 entwickelte der britische Ingenieur Christopher Cockerel (1910–1999) ein praxistaugliches Gefährt, das sich auf einem Luftpolster fortbewegen konnte, den Vorläufer der heutigen Luftkissenboote.

Luftreifen: Den ersten luftgefüllten Reifen stellte 1888 der schottische Tierarzt John Boyd Dunlop (1840–1921) vor. Erst der Luftreifen verhalf der Entwicklung des Automobils zum entscheidenden Durchbruch.

Magnetkompass: Shen Kuo (1031–1095 v. Chr.), ein bedeutender chinesischer Naturwissenschaftler des 11. Jahrhunderts, gilt als Erfinder des Kompasses. Er benutzte dafür eine in Wasser schwimmende Kompassnadel. Seine Erfindung war überaus bedeutsam für die Navigation.

Magnetresonanztomografie (MRT): 1971 entwickelte der amerikanische Wissenschaftler Raymond Damadian (*1936) die Magnetresonanztomografie, mit der sich detaillierte Aufnahmen des Körpers machen lassen.

Mähdrescher: 1834 baute der amerikanische Erfinder Hiram Moore (1798–1858) eine Maschine, die gleichzeitig die Arbeit des Erntens und des Ausdreschens von Getreide übernahm. Der Mähdrescher war vor allem auf den großen nordamerikanischen Farmen nützlich, wo es nicht genug Arbeitskräfte gab. Die ersten Erntemaschinen dieser Art wurden von Tieren gezogen, später mit Dampfmaschinen und danach mit Verbrennungsmotoren betrieben.

MASER: 1953 erfand der amerikanische Physiker Charles Townes (*1915) den sogenannten MASER (Microwave Amplification by Stimulated Emission of Radiation). Der MASER erzeugte äußerst kohärente elektromagnetische Wellen und führte später zur Entwicklung des Lasers.

Mikrofon: Eine der vielen Erfindungen, die Thomas Alva Edison (1847–1931) weiterentwickelte, war das Kohlemikrofon. Seine Ausführung des Mikrofons blieb seit ihres Erscheinens 1876 jahrelang das Standardmodell in der Fernmeldetechnik, da es billig herzustellen war.

Mikroprozessor: 1971 meldete die amerikanische Firma Texas Instruments den Mikroprozessor zum Patent an, ein Bauteil, das heute Herzstück eines jeden Computers ist.

Mikroskop: Man weiß nicht genau, wer das Mikroskop zu Beginn des 17. Jahrhunderts erfand, aber allgemein bekannt wurde erstmals das von Hans Lippershey (1570–1619) entwickelte Gerät. Es verwendete zwei Linsen in einer bestimmten Anordnung.

Mikroskop, Rastertunnel-: 1981 erfanden Gerd Binnig (*1947) und Heinrich Rohrer (*1933) das Rastertunnelmikroskop, mit dem sich Strukturen bis in den Nanobereich hinein abbilden lassen.

Mikrowellenherd: Der amerikanische Ingenieur Percy Spenser (1894–1970) entdeckte 1945 durch Zufall, dass man Mikrowellen zum Kochen verwenden kann. 1946 ließ er sich den Mikrowellenherd patentieren, aber erst in den 1980er-Jahren waren die Geräte billig und klein genug, um sich auf dem Markt zu etablieren.

Morsecode: Samuel Morse (1791–1872), ein amerikanischer Kunstprofessor, entwickelte den Telegrafen, sowie 1836 auch einen speziellen, in der Telegrafie verwendbaren und später nach ihm benannten, Code, der sich zum Standard in der Nachrichtenübermittlung entwickelte.

Motor, Elektro-: Der erste elektrisch betriebene Motor geht auf den englischen Wissenschaftler Michael Faraday (1791–1867) zurück, der ihn 1821 entwickelte. Der Motor basiert auf Magnetkraft, die elektrische Energie in mechanische Energie umwandelt.

Nähmaschine: Der amerikanische Erfinder Elias Howe (1819–1867) erhielt 1844 als Erster ein Patent auf eine Nähmaschine, die das Nähen stark beschleunigte und auch geeignet war, Näharbeiten zu Hause zu verrichten.

Nukleare Kettenreaktion: 1942 setzte der italienischstämmige amerikanische Physiker Enrico Fermi (1901–1954) im Manhattan-Projekt zum Bau der Atombombe die erste kontrollierte nukleare Kettenreaktion in Gang. Heutige Atomkraftwerke basieren auf dieser Technologie.

Nuklearwaffen: Während des Manhattan Projekts wurden in Amerika 1945 zwei auf Kernspaltung basierende Atombomben hergestellt. Sie waren die verheerendsten Waffen der Geschichte und wurden gegen Japan eingesetzt.

Papier: Die Chinesen führten im 1. Jahrhundert n. Chr. Papier aus Zellstoff ein. Vorher wurden die Schriftzeichen auf Papyrus oder Pergament aufgebracht.

Pasteurisation: Der französische Chemiker Louis Pasteur (1822–1895) entwickelte 1862 ein Verfahren, mit dem sich Flüssigkeiten durch Erhitzen haltbar machen ließen. Das Pasteurisationsverfahren vernichtet zwar nicht alle Bakterien, lässt aber den Geschmack unangetastet und wird deshalb, vor allem für Milch, bis heute angewandt.

Penduluhr: 1656 erfand der holländische Wissenschaftler Christiaan Huygens (1629–1695) die Penduluhr. Spätere Präzisionspenduluhren wurden erst von den Quarzuhren übertroffen, die im 20. Jahrhundert erfunden wurden.

Penizillin: Der britische Mikrobiologe Sir Alexander Fleming (1881–1955) entdeckte 1928 durch Zufall, dass ein bestimmter Schimmelpilz Bakterien abtöten konnte. Seitdem haben Antibiotika vor allem während des Zweiten Weltkrieges Millionen von Menschen das Leben gerettet.

Personalcomputer: 1972 entwickelte Xerox den ersten Personalcomputer, den Xerox Alto, der nie auf den Markt kam. Der erste käufliche PC wurde von IBM produziert.

Pflug: Etwa 3000 v. Chr. baute man in Mesopotamien die ersten Pflüge. Pflugschar und Pflugsohle bestanden aus einem Bauteil und wurden von Tieren gezogen.

Phonograph: 1877 stellte Thomas Alva Edison (1847–1931) erstmals ein Gerät vor, mit dem sich Klang aufnehmen und wiedergeben ließ. Der Phonograph arbeitete mit einer Walze, die mit Stanniolblatt überzogen war, erst später wurde dazu eine flache Platte verwendet.

Plastische Chirurgie: Im 6. Jahrhundert v. Chr. praktizierte der indische Arzt Susruta eine Art plastischer Chirurgie, die er in seinem Buch *Susruta Samhita* beschrieb.

Polio-Impfstoff: Der erste Impfstoff gegen Kinderlähmung wurde von dem amerikanischen Biologen Jonas Salk (1914–95) entwickelt. Durch diesen Impfstoff wurde Polio in den westlichen Ländern fast völlig ausgeschaltet, auch im Rest der Welt trug er zur Eindämmung bei.

Polymerase-Kettenreaktion: 1983 entwickelte der amerikanische Biochemiker Kary Mullis (*1944) die Polymerase-Kettenreaktion. Mit ihr ließen sich kurze DNS-Stränge vervielfältigen, was die Analyse und Manipulation von DNS möglich machte und die Biotechnologie beflügelte.

Quecksilberthermometer: Die Idee, Quecksilber in einem Thermometer zu verwenden, setzte 1724 erstmals der deutsche Physiker Daniel Fahrenheit (1686–1736) um. Die Temperatur wurde mithilfe der Fahrenheit-Skala gemessen, einer standardisierten Eichung zum Messen.

Rad: Die ersten Abbildungen eines Rades sind auf mesopotamischen Keramiken von etwa 3500 v. Chr. zu sehen. Es waren aus drei Bauteilen bestehende Holzräder.

Radio: 1893 stellte der serbische Elektroingenieur Nikola Tesla (1856 1943) sein System der drahtlosen Telegrafie vor, das auf Heinrich Hertz' Arbeit aufbaute. So schuf er die Grundlage für die weitere Entwicklung des Radios.

Radioteleskop: Der amerikanische Radiotechniker Karl Jansky (1905–1950) erfand 1930 das Radioteleskop, für die Astronomie eine Erfindung von unschätzbarem Wert.

Rechenschieber: William Oughtred (1575–1660), englischer Mathematiker und Cambridge-Absolvent, wurde vor allem für seinen 1630 erfundenen Rechenschieber bekannt. Er diente fortan vielen Ingenieuren und Wissenschaftlern als unverzichtbares Rechenhilfsmittel.

Röhrendiode (Elektronenröhre): Der Physiker John A. Fleming (1849–1945) aus England meldete 1904 ein Patent auf die Elektronenröhre an.

Röntgenstrahlen (X-Strahlen): Der deutsche Physiker Wilhelm Conrad Röntgen (1845–1923) nahm 1895 das erste Röntgenbild auf, das die Hand seiner Frau zeigte. Röntgenstrahlen sind unverzichtbar in der medizinischen Diagnostik und der Materialkunde.

Rostfreier Stahl: 1913 entwickelte der britische Stahlproduzent Harry Brearley (1871–1948) ein Verfahren zur Herstellung von nicht rostendem Stahl. Brearley legierte den Stahl mit Chrom, was ihn unempfindlich gegen Rost und Chemikalien machte. Daher wurde er vor allem für Waffen, Maschinen und auch für Besteck verwendet.

Sämaschine: Einfache Sämaschinen waren schon gebräuchlich, bevor der englische Agrar-Pionier Jethro Tull (1674–1741) 1701 die erste erweiterte Sämaschine erfand. Sie leistete einen Beitrag zur Industriellen Revolution, da sich mit ihr nicht nur der Ertrag steigern, sondern auch die Arbeitskräfte zum Säen des Korns reduzieren ließen.

Satelliten: Der sowjetische Sputnik I war der erste künstliche Satellit. Sein Start im Jahr 1957 war gleichzeitig der erste Schritt auf dem Weg zur modernen Raumfahrt.

Sattel: Ein Sattel wurde in Zentralasien seit 800 v. Chr. benutzt. Für die Menschen wurde es damit sehr viel einfacher, das Pferd als Transportmittel zu nutzen.

Schaltkreis, Integrierter: 1959 erhielt der amerikanische Ingenieur Jack Kilby (1923–2005) ein Patent auf einen elektronischen Schaltkreis, der auf einem kleinen Plättchen aus Germanium untergebracht war. Der Integrierte Schaltkreis, so der Name der Erfindung, ermöglichte den Bau von zunehmend kleineren elektronischen Geräten, wie wir sie heute vor allem aus der Computer- und Unterhaltungsindustrie kennen.

Schießpulver: Eine der wichtigsten Erfindungen des alten Chinas war das Schießpulver, das seit dem 9. Jahrhundert verwendet wurde. Im Laufe der nächsten Jahrhunderte fand es auch in Persien und später in Europa Verbreitung.

Schrapnell-Granate: 1784 entwickelte der britische Offizier Henry Shrapnel (1761–1842) das nach ihm benannte Schrapnell. Diese Granate bestand aus einem Hohlgeschoss, das mit Bleikugeln und Sprengstoff samt Zünder gefüllt wurde. Die Sprengladung wurde erst kurz vor dem Ziel gezündet, die Kugeln waren extrem schnell.

Schreibmaschine: Der amerikanische Journalist Christopher Sholes (1819–1890) meldete 1867 ein Patent für die erste Schreibmaschine an. Sie war mit der QWERTY-Tastatur ausgestattet, die noch heute gebräuchlich ist.

Schrift: Schon um 3500 v. Chr. ritzten die Sumerer Bildzeichen in feuchten Ton, der danach gebrannt oder getrocknet wurde, um die Zeichen zu konservieren und z. B. Güterbestände zu dokumentieren.

Schubkarre: Einrädrige Schubkarren zum Transport von Materialien waren in Europa seit dem frühen Mittelalter bekannt und im Baugewerbe von großem Nutzen.

Seide: Von etwa 3000 v. Chr. stammen die ersten Belege, dass in China zu dieser Zeit Tücher aus Seide gewebt wurden. Viele Jahrhunderte lang behielt China das Monopol auf die Seidenfabrikation.

Sextant: Der Sextant ist ein wichtiges Instrument zur Höhenmessung von Gestirnen. Der englische Mathematiker John Hadley (1682–1744) erfand 1730 einen Vorläufer des Sextanten, den Oktanten. Auch bei der Navigation war er von großem Nutzen, denn mit ihm ließ sich sehr genau die geografische Breite eines Orts bestimmen.

Sicherheitsnadel: Schon die antiken Kulturen nutzten ähnliche Nadeln, die moderne Sicherheitsnadel wurde jedoch von dem amerikanischen Mechaniker Walter Hunt (1796–1859) im Jahr 1849 erfunden.

Siegel: Etwa 4000 v. Chr. stellten die Bewohner Mesopotamiens erste Siegel her. Sie ritzten dazu geometrische Muster oder Zeichen in Stein oder gebrannten Lehm. Siegel dienten damals dazu, jemanden als den Besitzer einer Ware oder eines Gegenstandes zu identifizieren.

Sofortbildkamera: 1947 erfand der amerikanische Wissenschaftler Edwin Land (1909–1994) einen sich selbst entwickelnden Film, seine Firma, Polaroid, stellte auch die dazugehörigen Kameras her. Die neue Technik fand schnell zu großer Beliebtheit – bis heute ist der Name Polaroid fast ein Synonym für Sofortbildkamera.

Sonar: Das erste Patent für Unterwasser-Entfernungsmessung mit Ultraschall wurde dem britischen Meteorologen Lewis Richardson (1881–1953) im Jahr 1912 erteilt. Das Gerät wurde als Sonar bekannt und wird zur Navigation und zur Ortung von U-Booten eingesetzt.

Spinning Jenny: Der Name bezeichnet eine 1764 vom englischen Weber James Hargreaves (1720–1778) erfundene Spinnmaschine. Die Maschine beschleunigte den Webevorgang, denn sie arbeitete mit bis zu 100 Spindeln.

Stahlpflug: 1837 erfand der amerikanische Grobschmied John Deere (1804–1886) den ersten Stahlpflug. Er taugte auch zum Pflügen von Böden, die für die zuvor gebräuchlichen Eisenpflüge zu hart waren. In der Folge wurde die kultivierbare Landfläche der USA immens vergrößert.

Steigbügel: In China wurden Steigbügel seit dem 4. Jahrhundert benutzt, ähnliche Vorrichtungen für Reiter gab es schon früher. Bei der Kriegführung erwiesen sich Steigbügel als sehr vorteilhaft, da der Reiter sicherer auf dem Pferd saß und mehr Bewegungsfreiheit hatte.

Stethoskop: Der französische Mediziner René T. H. Laënnec (1781–1826) entwickelte 1816 das Stethoskop, ein einfaches akustisches Gerät, mit dem man im Körperinneren erzeugte menschliche Geräusche hörbar machen konnte. Es ersetzte das Hörrohr und wurde zu einem unverzichtbaren Gerät der medizinischen Praxis.

Streichholz, Reibungs-: 1827 entdeckte der englische Chemiker John Walker (1781–1859), dass sich eine Mischung aus Antimonsulfid, Kaliumchlorat, Gummi und Stärke durch Reiben an einer rauen Oberfläche entzündet.

Streitwagen: Um 2000 v. Chr. bauten die Mesopotamier den von Pferden gezogenen Streitwagen. Sie waren inspiriert von den nördlichen Nachbarn aus zentralasiatischen Steppenregionen, die das Pferd domestiziert hatten.

Tabellenkalkulation: 1978 entwickelte Dan Bricklin (*1951) das erste Tabellenkalkulationsprogramm VisiCalc. Tabellenkalkulationsprogramme trugen im Geschäftsbereich zur Verbreitung der Computer bei.

Taschenuhr: Der deutsche Schlossermeister Peter Henlein (1480–1542) erfand 1504 die Taschenuhr.

Telefon: Eines der bedeutsamsten Patente der Geschichte wurde 1876 dem schottisch-amerikanischen Erfinder Alexander Graham Bell (1847–1922) für die Erfindung des Telefons erteilt. Das Telefon entwickelte sich zum wichtigsten Kommunikationsmedium des 20. Jahrhunderts.

Telegraf, Elektrischer: 1837 ließen die beiden englischen Erfinder William Cooke (1806–1879) und Charles Wheatstone (1802–1875) den ersten kommerziellen Telegrafen patentieren. Der Telegraf revolutionierte die Kommunikationstechnik, vor allem im Geschäftsleben, da er über Hunderte von Kilometern Nachrichten versenden konnte, die fast zeitgleich empfangen wurden.

Teleskop: 1608 baute der deutsch-holländische Brillenhersteller Hans Lippershey (1570–1619) das erste Teleskop, bestehend aus zwei Linsen, angeordnet in einem Rohr. Das Modell von Lippershey wurde von dem italienischen Wissenschaftler Galilei weiterentwickelt, der damit die Gestirne beobachtete.

Tonfilm: 1926 entwickelten die Warner-Brothers-Filmstudios das sogenannte Vitaphone-System. Mit diesem Verfahren war es möglich, Musik und andere Geräusche in die Filmspur hineinzukopieren. Von nun an entwickelte sich der Tonfilm weiter.

Traktor: 1892 baute der Amerikaner John Froelich (1849–1933) den ersten benzinbetriebenen Traktor. Die zuvor gebräuchlichen dampfkraftbetriebenen Traktoren waren bei Weitem nicht so leistungsfähig. Der Benzintraktor wird bis heute als vielseitige landwirtschaftliche Maschine eingesetzt.

Transistor: 1947 erfanden die drei Wissenschaftler William Shockley (1910–1989), John Bardeen (1908–1991) und Walter Brattain (1902–1987) in den Bell-Laboratorien den Transistor, was den gesamten Bereich der Elektronik revolutionieren sollte.

Triode: Der Amerikaner Lee de Forest (1873–1961) ließ 1907 die Triode (auch Audion genannt) patentieren. Sie war eine Weiterentwicklung der Röhrendiode, zu der er eine dritte Elektrode, das sogenannte Gitter, hinzufügte. Die Triode konnte elektromagnetische Signale verstärken – ein großer Gewinn für die Radiotechnologie.

Vakuumluftpumpe: Otto von Guericke (1602–86), ein deutscher Wissenschaftler und Ingenieur, gilt als Begründer der Vakuumtechnik. 1649 erfand er die Vakuumluftpumpe. In einer weiterentwickelten Form spielte sie eine große Rolle bei der Industriellen Revolution.

Verbrennungsmotor: Der deutsche Automobilpionier Karl Benz (1844–1929) baute 1885 das erste Automobil, das von einem Benzin-Viertaktmotor angetrieben wurde. Benz und andere Ingenieure wie Daimler und Maybach entwickelten in der Folgezeit den Verbrennungsmotor kontinuierlich weiter.

Vergaser: 1893 erfand der ungarische Ingenieur Donát Bánki (1859–1922) eine ebenso einfache wie nützliche Vorrichtung, die den Kraftstoff im richtigen Verhältnis mit Luft mischte und so eine bessere Verbrennung gewährleistete. Der Vergaser bedeutete einen entscheidenden Fortschritt für die Automobiltechnik.

Videorekorder (VCR): 1956 baute des amerikanische Unternehmen Ampex den ersten Videorekorder, der Fernsehsendungen auf Magnetband aufzeichnen konnte.

Vulkanisierung: Vulkanisierung bezeichnet ein Verfahren, das unter Einfluss von Hitze und Zugabe von Schwefel Naturkautschuk härter und gegen Chemikalien widerstandsfähiger macht. Es wurde 1839 vom amerikanischen Erfinder Charles Goodyear (1800–1860) entwickelt.

Wasserstoffbombe: 1952 konstruierten der ungarisch-stämmige amerikanische Physiker Edward Teller (1908–2003) und der polnische Mathematiker Stanislaw Ulam (1909–1984) die erste Wasserstoff- oder auch Kernfusionsbombe.

Web-Browser: 1993 entwickelte Marc Andreessen (*1971) den ersten Browser und nannte ihn Mosaic. Mosaic ermöglichte dem Benutzer einen leichten Zugang zum World Wide Web und trug so entscheidend zu dessen enormer Verbreitung bei.

Webmaschine: Edmund Cartwright (1743–1823), ein Geistlicher aus England, führte 1784 den ersten Webstuhl mit Kraftantrieb ein. Die als Power Loom bekannte Webmaschine, die zunächst Wasserkraft und später Dampfkraft nutzte, wurde zum Fundament der Textilindustrie in England und beschleunigte damit die Industrielle Revolution in hohem Maße.

Webstuhl: Im alten Ägypten und Mesopotamien webten die Menschen bereits um 3000 v. Chr. mit einem einfachen Webstuhl Kleidung aus grobem Baumwollgewebe.

Windmühle: Windmühlen wurden schon im 9. Jahrhundert von den Persern gebaut. Die Windkraft wurde genutzt, um Korn zu mahlen und Wasser zu schöpfen.

Wolframglühfaden: 1906 benutzte der Kroate Franjo Hannaman (1878–1941) erstmals einen Wolframglühfaden für Glühlampen. Wolframglühfäden haben eine längere Lebensdauer und schwärzen – im Gegensatz zu Kohlefäden – das Glas der Glühbirne nicht.

World Wide Web: Tim Berners-Lee (*1955), ein britischer Informatiker, entwickelte 1990 das World Wide Web. Das Web ist in den letzten zehn Jahren exponentiell gewachsen und hat so weltweit den schnellen Zugang zu Informationen revolutioniert.

Zeppelin: Im Jahr 1900 stieg der erste Zeppelin in die Luft. Das Starrluftschiff, benannt nach seinem Erfinder Ferdinand von Zeppelin (1838–1917), wurde jahrzehntelang sowohl in der zivilen Luftfahrt als auch militärisch eingesetzt, bevor es durch das Flugzeug abgelöst wurde.

REGISTER

Kursiv gedruckte Seitenzahlen verweisen auf Abbildungen

Milch-Schaum-Getränke 59

Cocktails (mit Alkohol) 63

Vorwort

Herzlich Willkommen zu diesem Rezeptbuch. In diesem Buch möchten wir euch eine Sammlung von Entsafter-Rezepten vorstellen. Sie sehen nicht nur lecker aus, sondern schmecken auch. Alle Rezepte sind dem Grunde nach für 2 normale Portionen ausgelegt. Allerdings gilt es zu beachten, dass bei den einzelnen Zutaten die Saftausbeute unterschiedlich ausfällt und somit auch durchaus einmal mehr als 2 Portionen herauskommen können oder eben auch mal weniger. Die ungefähren Milliliter Angaben sind immer genannt und sollen einen Anhaltspunkt geben. Wir wünschen viel Spaß beim Nachmachen und Ausprobieren.

Guten Durst und lassen Sie es sich schmecken!

MaMa Verlag Greenprint

MaMa Verlag steht für Umweltbewusstsein und Nachhaltigkeit. Mit unserem Greenprint Büchern werden nur so viele Bücher gedruckt, wie auch tatsächlich verkauft werden. Durch die Verwendung von QR-Codes reduzieren wir unseren Papier- und Tintenverbrauch um bis zu 40%, dies spart rund 72% Co2 im Vergleich zu mit Farbe gedruckten Büchern.

Lassen Sie uns gemeinsam die Umwelt schützen ohne damit auf tolle Bilder zu verzichten!

Ihr Bonus

Über den folgenden QR-Code können Sie sich kostenlos unser aktuelles eBook 110 Entsafter Rezepte für mehr Kraft, Vitalität und Stärkung des Immunsystems herunterladen.

Bild anzeigen - *umweltfreundlich, nachhaltig, easy!*

Halten Sie Ihre Smartphone-Kamera fur einen kurzen Moment auf diesen QR-Code.

Wir drucken in kleinsten Auflagen.

Durch die Verwendung von QR Codes reduzieren wir unseren Papier- und Tintenverbrauch um bis zu 40% - Und Sie sparen mit!

Der MaMa Verlag wünscht viel Spaß beim Entsaften!

Gründe für einen Saft

Warum wieder ein Buch über Säfte? Weil es unserer Meinung nach nicht genug geben kann. Säfte sind so variantenreich und wenn man die Rezepte nicht niederschreibt geraten sie schnell in Vergessenheit. Deshalb haben wir hier unsere Favoriten in einer Sammlung zusammengefasst und geben sie an unsere Leser weiter. Natürlich sind hier einige altbewährte Klassiker mit dabei, aber auch ganz neue Variationen warten darauf, getestet zu werden.

Es gibt auch rationale Gründe. Man kann mit ihnen Krankheiten vorbeugen. Sie unterstützen die eigene Gesundheit und fördern das Wohlbefinden. Der Vorteil ist, dass die Vitamine und Mineralien bei der Zubereitung voll erhalten bleiben. Die Säfte lassen sich leicht und einfach selbst herstellen und man weiß, was alles darin enthalten ist.

Weitere Gründe für die eigene Saftherstellung mit einem Entsafter:

- Sie führen alle wichtigen Vitamine, Mineralien und Heilstoffe zu.

- Die Stoffwechselfunktion wird angeregt.

- Die Verdauung wird angeregt und unterstützt die Regeneration des Darms.

- Unterstützt die Ausscheidung von Giftstoffen und die intensive Entschlackung.

- Stärkt das Immunsystem.

- Aktiviert die Selbstheilungskräfte.

- Wirkt der Übersäuerung des Körpers entgegen.

- Steigert die Leistungsfähigkeit.

- Macht vitaler und fitter.

- Beugt chronische Erkrankungen wir Rheuma und Gicht vor.

Sie werden sehen, es ist nicht nur gesund, sondern macht auch Spaß.

Zutaten auf einem Blick

Tomaten haben einen hohen Saftgehalt. Verwenden Sie jedoch Cherry-Tomaten, so ist ihre Saftausbeute noch höher, da diese mehr Saft besitzen.

Knoblauch ist anti-bakteriell und wirkt wahre Wunder gegen Viren. Es ist eine der wirkungsvollsten natürlichen Heilmittel gegen Erkältungen. Es verkürzt sogar deren Dauer. Gegen den typischen Knoblauchatem hilft hingegen etwas Petersilie.

Kartoffeln stärken Ihr Immunsystem. Achten Sie jedoch darauf keine grünen Kartoffeln zu verwenden, nicht mal kleine Stellen. Diese sind giftig. Da Kartoffelsaft sehr wirkungsvoll ist, sollten Sie ihn nicht öfters als 1 Mal pro Woche trinken. Kartoffeln braucht man nicht schälen, jedoch sollte der Schmutz gut entfernt werden. Bei Bedarf kann dieser auch abgerieben werden.

Meerrettichsaft wirkt bekanntlich gut gegen Keime, nicht nur bei Erkältungen. Er hilft auch bei viralen Infekten. Allerdings sollte er nur langsam verzehrt werden. Er hat eine stark reinigende Wirkung und wenn er dem Körper zu schnell zugeführt wird, kann er zu Kopfschmerzen führen. Je nach Belieben und Schärfegrad kann hier mit der Menge variiert werden.

Weißkraut enthält sehr viel Vitamin C und K, und eignet sich daher im Winter gut als Vitamin-Lieferant.

Birnen sind nur dezent süß und samtweich im Geschmack. Sie eignen sich daher gut für empfindliche Mägen, enthalten aber auch verschiedene Mineralstoffe, wie z.B. Kalzium und Magnesium. Ebenso sind Birnen ein guter Spender für Vitamine, insbesondere Vitamin C und Vitamin E.

Kurkuma hat eine zellerneuernde Wirkung, wirkt entgiftend, und regt den Gallenfluss an, reinigt und regeneriert die Leber, ist darmregulierend, senkt den Blutzucker, und hemmt Entzündungen.

Chicoree ist ein guter Lieferant für Bitterstoffe.

Granatapfel gibt eine sehr schöne rote Farbe und ist reich an Vitamin C.

Ingwer hat viele ätherische Öle und ist mit seiner Schärfe kreislaufanregend.

Koriander enthält viel wertvolles Linalool.

Ananas ist eine Frucht, die insbesondere Eisen, Kalium und Magnesium bereitstellt. Hinzu kommen verschiedene Vitamine, insbesondere Vitamin C, Provitamin A sowie diverse B Vitamine.

Limetten weisen einen hohen Gehalt an Vitamin C auf und sind damit sehr gut für das Immunsystem. Außerdem in größerer Menge sind Kalium und Kalzium enthalten. Kalium trägt zur Regeneration der Muskeln bei, Kalzium u.a. zur Stabilität der Knochen.

Mandeln enthalten besonders viel Kalium, Magnesium, Kalzium sowie Vitamin B1, B2, B6 und E auf. Zugleich sind sie ein hervorragender Proteinlieferant.

Nüsse generell sollte man vorher ca. 12 Std. in Wasser einlegen, damit sie sich gut entsaften lassen. Sie sind dann nicht so hart.

Melonen sind zwar keine Nährstoffbomben, stellen aber dennoch diverse Spurenelemente und Vitamine bereit.

Äpfel enthalten mitunter viel Kalium, Eisen sowie die Vitamine B1, B2, B6, E, C, Folsäuren und Provitamin A.

Staudensellerie ist reich an Kalium, Natrium, Magnesium, Kalzium, Vitamin C und Beta Carotin. Er hilft beim Entschlacken, spült Harnsäure aus dem Körper und hilft beim Entwässern. Staudensellerie ist gut für den gesamten Verdauungstrakt. Er ist Magen schonend und reguliert die Magensäurebildung, greift dabei nicht die Magenschleimhaut an. Außerdem sagt man ihm eine entzündungshemmende Wirkung nach. Wer allerdings von einer Nierenerkrankung oder von Allergien betroffen ist, sollte vorsichtig sein. Dann bitte zuerst informieren, wie es sich mit der Ernährung und dem Sellerie verhält.

Spinat versorgt den Körper mit Chlorophyll. Er stellt nicht nur die Vitamine B1, B2, B6, C und E bereit, sondern enthält außerdem Eisen und Ballaststoffe. Spinat sollte möglichst frisch verwendet werden, damit ein möglichst hoher Nährstoffgehalt verwendet wird.

Salatgurke besteht nicht nur aus Wasser, sie enthält außerdem zahlreiche Mineralstoffe und Vitamine. Nicht viel, aber dafür vielfältig. Zudem gilt die Salatgurke als leicht verdaulich.

Fenchel hält mehrere ätherische Öle bereit. Sie wirken entzündungshemmend und zugleich fördern sie die Durchblutung. Ergänzend sind verschiedene Vitamine enthalten, besonders die B-Vitamine sind hier vertreten.

Kurkuma enthält Curcuming, welches in den Trieben der Pflanze vorkommt. Im Körper kann es sowohl antioxidativ als auch entzündungshemmend wirken. Außerdem unterstützt Kurkuma bei Magen-Darm-Beschwerden. Es ist jedoch nicht wasserlöslich, weshalb man es mit ein wenig Öl zu sich nehmen sollte.

Orangen sind für ihren hohen Gehalt an natürlichem Vitamin C bekannt. Dieses Vitamin stärkt die Abwehrkräfte des Körpers. Daneben stellen sie außerdem größere Mengen an Kalium und Kalzium bereit.

Brennnessel wird den Wildkräutern zugeschrieben. Sie enthält verschiedene Mineralstoffe (insbesondere Kalzium und Natrium) sowie diverse Vitamine. Hinzu kommt ihr hoher Gehalt an Chlorophyll.

Zentrifugenentsafter

Mit einem Zentrifugenentsafter bekommen Sie schnell einen frischen Saft. Selbst bei einer hohen Menge an Zutaten. Dabei presst er Ihnen mühelos verschiedenste Obst- und Gemüsesorten. Bei diesem Modell entfällt häufig auch das Schnippeln. Das Obst und Gemüse wird dabei einfach in ganzen Stücken in den Zentrifugenentsafter gegeben.

Bild anzeigen - *umweltfreundlich, nachhaltig, easy!*

Halten Sie Ihre Smartphone-Kamera fur einen kurzen Moment auf diesen QR-Code.

Wir drucken in kleinsten Auflagen.

Durch die Verwendung von QR Codes reduzieren wir unseren Papier- und Tintenverbrauch um bis zu 40% - Und Sie sparen mit!

Slow Juicer

Der Slow Juicer verarbeitet langsamer, aber dafür besonders schonend Obst und Gemüse. Selbst faserhaltige Zutaten wie Blätter und Kräuter verwandelt er einfach in wunderbare Säfte. Dabei bleiben auch noch Mikronährstoffe erhalten. Außerdem bekommen Sie hier besonders viel Saft mit intensivem Aroma.

Bild anzeigen - *umweltfreundlich, nachhaltig, easy!*

Halten Sie Ihre Smartphone-Kamera fur einen kurzen Moment auf diesen QR-Code.

Wir drucken in kleinsten Auflagen.

Durch die Verwendung von QR Codes reduzieren wir unseren Papier- und Tintenverbrauch um bis zu 40% - Und Sie sparen mit!

Obstsäfte

Karotten Zitronen Saft

Was benötigen wir:

- 8 Karotten
- ½ Zitrone

Voraussichtliche Menge:

- 400 ml

Nährwerte:

- 320 kcal, Kohlenhydrate: 56 g, Eiweiß: 8 g, Fett: 1.6 g

Zubereitung:

1. Karotten schälen. Zitrone schälen und das Weiße entfernen, kann sonst dem Saft eine bittere Note verleihen.
2. Solange den Entsafter betätigen und nachstopfen, bis kein Saft mehr herauskommt.
3. Am besten sofort genießen, kann aber bis zu 24 Stunden im Kühlschrank aufbewahrt werden.

Rote Beete Erdbeere Orangen Ingwer Saft

Was benötigen wir:

- 200 g Rote Beete frisch
- 50 g Rote Beete-Blätter mit Stängel
- 250 g Erdbeeren mit Stielen
- 300 g Orangen
- 5 g Ingwer

Voraussichtliche Menge:

- 400 ml

Nährwerte:

- 318 kcal, Kohlenhydrate: 60 g, Eiweiß: 8 g, Fett: 1.8 g

Zubereitung:

1. Alles gut waschen, Erdbeeren von dem grünen Stiel und Blätter befreien. Ingwer kann, muss aber nicht geschält werden. Orangen schälen und auch das Weiße entfernen, kann sonst dem Saft eine bittere Note verleihen.
2. Zutaten in Schachtgröße für den Entsafter zerkleinern.
3. Solange den Entsafter betätigen und nachstopfen, bis kein Saft mehr herauskommt.
4. Am besten sofort genießen, kann aber bis zu 24 Stunden im Kühlschrank aufbewahrt werden.

Wassermelone Erdbeere Saft

Was benötigen wir:

- 500 g Wassermelone
- 125 g Erdbeeren

Voraussichtliche Menge:

- 500 ml

Nährwerte:

- 237.7 kcal, Kohlenhydrate: 50 g, Eiweiß: 4 g, Fett: 1.5 g

Zubereitung:

1. Melone in 4 oder mehr Teile schneiden. Fruchtfleisch mit einem Messer oder einem Löffel entnehmen. Erdbeeren waschen und das Grüne entfernen.
2. Zutaten in Schachtgröße für den Entsafter zerkleinern.
3. Solange den Entsafter betätigen und nachstopfen, bis kein Saft mehr herauskommt.
4. Am besten sofort genießen, kann aber bis zu 24 Stunden im Kühlschrank aufbewahrt werden.

Granatapfel Kirsch Saft

Was benötigen wir:

- 2 Tasse Granatapfelkerne
- 500g Kirschen

Voraussichtliche Menge:

- 400 ml

Nährwerte:

- 461 kcal, Kohlenhydrate: 93.2 g, Eiweiß: 7.2 g, Fett: 3 g

Zubereitung:

1. Kirschen waschen entsteinen und Stiel entfernen.
2. Zutaten in Schachtgröße für den Entsafter zerkleinern.
3. Solange den Entsafter betätigen und nachstopfen, bis kein Saft mehr herauskommt.
4. Am besten sofort auf Eis genießen, kann aber bis zu 24 Stunden im Kühlschrank aufbewahrt werden.

Spinat Karotten Zitronen Ingwer Saft

Was benötigen wir:

- 2 Tassen Spinat
- 15-30g Ingwer (je nach gewünschter Schärfe)
- 10 Karotten
- 1 Zitrone

Voraussichtliche Menge:

- 500 ml

Nährwerte:

- 454.5 kcal, Kohlenhydrate: 73 g, Eiweiß: 11.8 g, Fett: 3.8 g

Zubereitung:

1. Spinat, Karotten und Ingwer gut waschen und gut abtropfen lassen. Zitrone schälen. Ingwer kann, muss aber nicht geschält werden.
2. Zutaten in Schachtgröße für den Entsafter zerkleinern.
3. Solange den Entsafter betätigen und nachstopfen, bis kein Saft mehr herauskommt.
4. Am besten sofort genießen, kann aber bis zu 24 Stunden im Kühlschrank aufbewahrt werden.

Cherry Tomaten Paprika Chili Sellerie Saft

Was benötigen wir:

- 200g Cherry Tomaten
- ½ - 1 Chilischote (je nach gewünschter Schärfe)
- 2 rote Paprika
- 3 Stangen Sellerie

Voraussichtliche Menge:

- 450 ml

Nährwerte:

- 189.4 kcal, Kohlenhydrate: 26.2 g, Eiweiß: 6 g, Fett: 2 g

Zubereitung:

1. Zutaten waschen.
2. Zutaten in Schachtgröße für den Entsafter zerkleinern.
3. Solange den Entsafter betätigen und nachstopfen, bis kein Saft mehr herauskommt.
4. Am besten sofort genießen, kann aber bis zu 24 Stunden im Kühlschrank aufbewahrt werden.

Orangen Apfel Karotten Saft

Was benötigen wir:
- 4 Karotten
- 1 Apfel
- 1 Orange

Voraussichtliche Menge:
- 500 ml

Nährwerte:
- 232.9 kcal, Kohlenhydrate: 44.2 g, Eiweiß: 4.4 g, Fett: 1.0 g

Zubereitung:
1. Karotten schälen. Orange schälen und das Weiße entfernen, kann sonst dem Saft eine bittere Note verleihen. Apfel waschen, muss aber nicht geschält werden.
2. Zutaten in Schachtgröße für den Entsafter zerkleinern.
3. Solange den Entsafter betätigen und nachstopfen, bis kein Saft mehr herauskommt.
4. Am besten sofort genießen, kann aber bis zu 24 Stunden im Kühlschrank aufbewahrt werden.

Ananas Birne Orange Limette Ingwer Saft

Was benötigen wir:
- 200 g Ananas
- 180 g Birne
- 150 g Orange
- 20 g Limette
- 5 g Ingwer

Voraussichtliche Menge:
- 1500 ml

Nährwerte:
- 285.4 kcal, Kohlenhydrate: 58.3 g, Eiweiß: 3.4 g, Fett: 1.8 g

Zubereitung:
1. Orange und Ananas schälen. Bei der Orange darauf achten, dass auch möglichst viel von dem Weißen mit abgeschält wird. Dies verleiht dem Saft sonst eine bittere Note. Birne und Ingwer können geschält werden, braucht man aber nicht, da beide auch mit Schale gegessen werden können. Aber auf jeden Fall vorher waschen.
2. Zutaten in Schachtgröße für den Entsafter zerkleinern.
3. Solange den Entsafter betätigen und nachstopfen, bis kein Saft mehr herauskommt.
4. Je nach Belieben, die Limette in 2 Hälften schneiden und jeweils über dem Glas auspressen. Am besten sofort genießen, kann aber bis zu 24 Stunden im Kühlschrank aufbewahrt werden.

Apfel Zucchini Minze Zitronen Saft

Was benötigen wir:
- 150 g Apfel
- 250 g Zucchini
- 10 g Minze (ungefähr 4 Zweige)
- 20 g Zitrone

Voraussichtliche Menge:
- 400 ml

Nährwerte:
- 156,7 kcal, Kohlenhydrate: 26,3 g, Eiweiß: 5 g, Fett: 1,3 g

Zubereitung:
1. Apfel, Zucchini, Zitronen und Minze gut waschen.
2. Alle Zutaten klein schneiden. Zutaten sind so zu schneiden, sodass sie gut in den Einfüllschacht passen.
3. Solange den Entsafter betätigen und nachstopfen, bis kein Saft mehr herauskommt.
4. Am besten sofort genießen, kann aber bis zu 24 Stunden im Kühlschrank aufbewahrt werden.

Knoblauch Tomaten Paprika Saft

Was benötigen wir:
- 200 g Cherry Tomaten
- 2 Paprika
- 1 – 2 Knoblauchzehen

Voraussichtliche Menge:
- 400 ml

Nährwerte:
- 167 kcal, Kohlenhydrate: 26,2 g, Eiweiß: 6 g, Fett: 2 g

Zubereitung:
1. Cherry Tomaten und Paprika gut waschen. Knoblauch schälen.
2. Zutaten in Schachtgröße für den Entsafter zerkleinern.
3. Solange den Entsafter betätigen und nachstopfen, bis kein Saft mehr herauskommt.
4. Am besten sofort genießen, kann aber bis zu 24 Stunden im Kühlschrank aufbewahrt werden.

Kartoffel Karotten Birnen Petersilie Saft

Was benötigen wir:

- 1 Kartoffel
- 1 Birne
- 4 große Karotten
- 1 Handvoll Petersilie

Voraussichtliche Menge:

- 450 ml

Nährwerte:

- 342.5 kcal, Kohlenhydrate: 66 g, Eiweiß: 6.4 g, Fett: 1.5 g

Zubereitung:

1. Alle Zutaten gut waschen. Karotten schälen. Die Kartoffeln und Birnen können, müssen aber nicht geschält werden.
2. Zutaten in Schachtgröße für den Entsafter zerkleinern.
3. Solange den Entsafter betätigen und nachstopfen, bis kein Saft mehr herauskommt.
4. Am besten sofort genießen, kann aber bis zu 24 Stunden im Kühlschrank aufbewahrt werden.

Meerrettich Roter-Rüben Apfel Karotten Saft

Was benötigen wir:

- 1 rote Bete
- 3 Karotten
- 1 Apfel
- 1 cm Stück Meerrettich

Voraussichtliche Menge:

- 400 ml

Nährwerte:

- 328.9 kcal, Kohlenhydrate: 62.3 g, Eiweiß: 7.8 g, Fett: 1.1 g

Zubereitung:

1. Allee Zutaten gut waschen. Meerrettich und Karotten schälen.
2. Zutaten in Schachtgröße für den Entsafter zerkleinern.
3. Solange den Entsafter betätigen und nachstopfen, bis kein Saft mehr herauskommt.
4. Am besten sofort genießen, kann aber bis zu 24 Stunden im Kühlschrank aufbewahrt werden.

Zwiebel Apfel Honig Saft

Was benötigen wir:

- 4 Äpfel
- 1 - 2 Teelöffel Honig
- 1 kleine Zwiebel

Voraussichtliche Menge:

- 450 ml

Nährwerte:

- 421.4 kcal, Kohlenhydrate: 71.9 g, Eiweiß: 1.4 g, Fett: 0.9 g

Zubereitung:

1. Äpfel gut waschen, damit evtl. oberflächliche Rückstände entfernt werden.
2. Äpfel und Zwiebel in Schachtgröße für den Entsafter zerkleinern.
3. Solange den Entsafter betätigen und nachstopfen, bis kein Saft mehr herauskommt.
4. Am besten sofort genießen, kann aber bis zu 24 Stunden im Kühlschrank aufbewahrt werden.

Birnen Zimt/Sternanis Saft

Was benötigen wir:

- 5 Birnen
- Optional: Zimt, Sternanis

Voraussichtliche Menge:

- 500 ml

Nährwerte:

- 587 kcal, Kohlenhydrate: 122 g, Eiweiß: 4 g, Fett: 3 g

Zubereitung:

1. S tiel von den Birnen entfernen, gut waschen, können, müssen aber nicht geschält werden.
2. Birnen in Schachtgröße für den Entsafter zerkleinern.
3. Solange den Entsafter betätigen und nachstopfen, bis kein Saft mehr herauskommt.
4. Am besten sofort genießen, kann aber bis zu 24 Stunden im Kühlschrank aufbewahrt werden.
5. Je nach Belieben kann der Birnensaft noch mit Gewürzen verfeinert werten, z. B. mit Zimt oder Sternanis.

Zwiebel Karotten Apfel Petersilie Saft

Was benötigen wir:

- 4 Karotten
- 1 Apfel
- ½ mittlere Zwiebel
- 1 Handvoll Petersilie

Voraussichtliche Menge:

- 400 ml

Nährwerte:

- 286.1 kcal, Kohlenhydrate: 44.1 g, Eiweiß: 4.3 g, Fett: 1 g

Zubereitung:

1. Karotten und Zwiebel schälen. Apfel und Petersilie waschen. Der Apfel kann, muss aber nicht geschält werden.
2. Zutaten in Schachtgröße für den Entsafter zerkleinern.
3. Solange den Entsafter betätigen und nachstopfen, bis kein Saft mehr herauskommt.
4. Am besten sofort genießen, kann aber bis zu 24 Stunden im Kühlschrank aufbewahrt werden.

Rote Beete Mandarinen Apfel Saft

Was benötigen wir:

- 2 Knollen Rote Beete
- 1 Apfel
- 4 Mandarinen

Voraussichtliche Menge:

- 400 ml

Nährwerte:

- 434 kcal, Kohlenhydrate: 84.7 g, Eiweiß: 10.6 g, Fett: 1.4 g

Zubereitung:

1. Mandarinen schälen. Äpfel können, müssen aber nicht geschält werden.
2. Zutaten in Schachtgröße für den Entsafter zerkleinern.
3. Solange den Entsafter betätigen und nachstopfen, bis kein Saft mehr herauskommt.
4. Am besten sofort genießen, kann aber bis zu 24 Stunden im Kühlschrank aufbewahrt werden.

Mango Orangen Saft

Was benötigen wir:

- 3 Mangos
- 2 Orangen

Voraussichtliche Menge:

- 450 ml

Nährwerte:

- 511.3 kcal, Kohlenhydrate: 104.4 g, Eiweiß: 6.6 g, Fett: 3.7 g

Zubereitung:

1. Mangos waschen, Orangen schälen. Auch das Weiße entfernen, gibt dem Saft sonst eine bittere Note.
2. Zutaten in Schachtgröße für den Entsafter zerkleinern.
3. Solange den Entsafter betätigen und nachstopfen, bis kein Saft mehr herauskommt.
4. Am besten sofort genießen, kann aber bis zu 24 Stunden im Kühlschrank aufbewahrt werden.

Fenchel Ingwer Orangen Saft

Was benötigen wir:

- 100 Gramm Ingwer
- 1 Fenchelknolle
- 2 Orange

Voraussichtliche Menge:

- 400 ml

Nährwerte:

- 254.9 kcal, Kohlenhydrate: 40.5 g, Eiweiß: 9.7 g, Fett: 2.3 g

Zubereitung:

1. Ingwer und Fenchel waschen. Ingwer kann, muss aber nicht geschält werden. Orange schälen. Auch das Weiße entfernen, verleiht dem Saft sonst eine bittere Note.
2. Zutaten in Schachtgröße für den Entsafter zerkleinern.
3. Solange den Entsafter betätigen und nachstopfen, bis kein Saft mehr herauskommt.
4. Am besten sofort genießen, kann aber bis zu 24 Stunden im Kühlschrank aufbewahrt werden.

Staudensellerie Grapefruit Orange Rosmarin Saft

Was benötigen wir:

- 2-3 Stangen Staudensellerie
- 1 Orange
- 1 Grapefruit
- 2-4 Nadeln Rosmarin

Voraussichtliche Menge:

- 400 ml

Nährwerte:

- 142.5 kcal, Kohlenhydrate: 28.1 g, Eiweiß: 3.3 g, Fett: 0.8 g

Zubereitung:

1. Selleriestangen waschen und die Enden abschneiden. Grapefruit und Orangen schälen und das Weiße entfernen,kann sonst dem Saft eine bittere Note verleihen.
2. Zutaten in Schachtgröße für den Entsafter zerkleinern.
3. Solange den Entsafter betätigen und nachstopfen, bis kein Saft mehr herauskommt.
4. Am besten sofort genießen, kann aber bis zu 24 Stunden im Kühlschrank aufbewahrt werden.

Weizengras Saft

Was benötigen wir:

- 720g Weizengras, frisch

Voraussichtliche Menge:

- 540 ml

Nährwerte:

- 85 kcal, Kohlenhydrate: 16.5 g, Eiweiß: 8.5 g, Fett: 0.5 g

Zubereitung:

1. Das Weizengras gut waschen.
2. Zutaten in Schachtgröße für den Entsafter zerkleinern.
3. S olange den Entsafter betätigen und nachstopfen, bis kein Saft mehr herauskommt.
4. Am besten sofort genießen, kann aber bis zu 24 Stunden im Kühlschrank aufbewahrt werden.

Erdbeere Rhabarber Zitronen saft

Was benötigen wir:

- 300g Erdbeeren
- 1 Zitrone
- 3 Stangen Rhabarber

Voraussichtliche Menge:

- 450 ml

Nährwerte:

- 136.6 kcal, Kohlenhydrate: 23.1 g, Eiweiß: 3.3 g, Fett: 1.3 g

Zubereitung:

1. Rhabarber gut waschen. Erdbeeren waschen und vom Strunk befreien. Zitrone schälen und das Weiße entfernen, kann sonst dem Saft eine bittere Note verleihen.
2. Zutaten in Schachtgröße für den Entsafter zerkleinern.
3. Solange den Entsafter betätigen und nachstopfen, bis kein Saft mehr herauskommt.
4. Am besten sofort auf Eis genießen, kann aber bis zu 24 Stunden im Kühlschrank aufbewahrt werden.

Staudensellerie Birne Kurkuma Vanille Saft

Was benötigen wir:

- 6-8 Stangen Staudensellerie
- ca. 30 Gramm Kurkuma
- 2 Birnen
- 2 Prise Vanille

Voraussichtliche Menge:

- 400 ml

Nährwerte:

- 485.9 kcal, Kohlenhydrate: 77 g, Eiweiß: 12.1 g, Fett: 3.9 g

Zubereitung:

1. Stangensellerie waschen und die Enden abschneiden. Birne waschen, kann, aber muss nicht geschält werden.
2. Zutaten in Schachtgröße für den Entsafter zerkleinern.
3. Solange den Entsafter betätigen und nachstopfen, bis kein Saft mehr herauskommt.
4. Am besten sofort genießen, kann aber bis zu 24 Stunden im Kühlschrank aufbewahrt werden.
5. Nach Belieben kann hier noch mit einer Prise Pfeffer gewürzt werden.

Staudensellerie Granatapfel Orange Ingwer Saft

Was benötigen wir:

- 6-8 Stangen Staudensellerie
- 2 Orangen
- 2 Granatapfel
- 5 - 10 Gramm Ingwer (je nach gewünschter Schärfe)

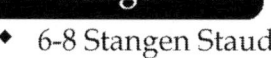

Voraussichtliche Menge:

- 400 ml

Nährwerte:

- 503.1, Kohlenhydrate: 81.3 g, Eiweiß: 12.5 g, Fett: 4.2 g

Zubereitung:

1. Granatapfel entkernen. Orangen schälen und das Weiße entfernen, kann sonst dem Saft eine bittere Note verleihen. Staudensellerie waschen und die Enden entfernen. Ingwer waschen, kann, muss aber nicht geschält werden.
2. Zutaten in Schachtgröße für den Entsafter zerkleinern.
3. Solange den Entsafter betätigen und nachstopfen, bis kein Saft mehr herauskommt.
4. Am besten sofort genießen, kann aber bis zu 24 Stunden im Kühlschrank aufbewahrt werden.

Brombeere Himbeere Erdbeere Heidelbeere Melonen Saft

Was benötigen wir:

- 250g Himbeeren
- 250g Brombeeren
- 500g Erdbeeren
- 1/2 Melone
- 250g Heidelbeeren

Voraussichtliche Menge:

- 1500 ml

Nährwerte:

- 668.5 kcal, Kohlenhydrate: 113.3 g, Eiweiß: 12.5 g, Fett: 6 g

Zubereitung:

1. Melone schälen. Beeren waschen und vom Strunk befreien.
2. Zutaten in Schachtgröße für den Entsafter zerkleinern.
3. Solange den Entsafter betätigen und nachstopfen, bis kein Saft mehr herauskommt.
4. Am besten sofort auf Eis genießen, kann aber bis zu 24 Stunden im Kühlschrank aufbewahrt werden.

Granatapfel Mangold Zitronen Karotten Vanille Saft

Was benötigen wir:

- 4 Blätter roter Mangold
- 4 Blätter gelber Mangold (bei fehlender Wahlmöglichkeit eine Sorte nehmen)
- 10 kleine Karotten oder 4 - 6 Große Karotten
- 2 Granatapfel
- 2 Zitrone
- 1 - 2 Prisen Vanille

Voraussichtliche Menge:

- 500 ml

Nährwerte:

- 465 kcal, Kohlenhydrate: 82.4 g, Eiweiß: 12.7 g, Fett: 2.9 g

Zubereitung:

1. Karotten schälen, Granatapfel entkernen, Mangold waschen. Zitrone schälen und das Weiße entfernen, kann sonst dem Saft eine bittere Note verleihen.
2. Zutaten in Schachtgröße für den Entsafter zerkleinern.
3. Solange den Entsafter betätigen und nachstopfen, bis kein Saft mehr herauskommt.
4. Vanille jetzt einrühren und am besten sofort genießen, kann aber bis zu 24 Stunden im Kühlschrank aufbewahrt werden.

Kürbis Birne Alfalfasprossen Orange Birne Basilikum Saft

Was benötigen wir:

- 1 Kürbis
- 2 Handvoll Alfalfa Sprossen
- 1 Orange
- 2 Birnen
- 6 große Blätter Basilikum

Voraussichtliche Menge:

- 500 ml

Nährwerte:

- 878.3 kcal, Kohlenhydrate: 177.8 g, Eiweiß: 19.4 g, Fett: 6 g

Zubereitung:

1. Schale und Kerne vom Kürbis entfernen. Orange schälen und das Weiße entfernen, kann sonst dem Saft eine bittere Note verleihen. Birnen waschen und Stiel entfernen.
2. Zutaten in Schachtgröße für den Entsafter zerkleinern.
3. Solange den Entsafter betätigen und nachstopfen, bis kein Saft mehr herauskommt.
4. Am besten sofort genießen, kann aber bis zu 24 Stunden im Kühlschrank aufbewahrt werden.

Mandel Haselnuss Datteln Kakao Kokos Zimt Saft

Was benötigen wir:

- 100g Mandeln
- 5 Datteln
- 100 ml Wasser
- 100g Haselnüsse
- 100 ml Kokosmilch
- 3 TL Roh-Kakaopulver
- 1 Prise Zimt

Voraussichtliche Menge:

- 400 ml

Nährwerte:

- 172.9 kcal, Kohlenhydrate: 43.5 g, Eiweiß: 41.9 g, Fett: 140.3 g

Zubereitung:

1. Nüsse vorher einweichen, danach Wasser abgießen. Kakao und Zimt in das Wasser einrühren.
2. Zutaten in Schachtgröße für den Entsafter zerkleinern.
3. Solange den Entsafter betätigen und nachstopfen, bis kein Saft mehr herauskommt.
4. Am besten sofort auf Eis genießen, kann aber bis zu 24 Stunden im Kühlschrank aufbewahrt werden.

Ingwer Kürbis Staudensellerie Apfel Limetten Saft

Was benötigen wir:

- 1/2 Kürbis (geschält und entkernt)
- 2 Äpfel
- 1 Selleriestange
- 1 Stück Limette
- 50 - 100 Gramm Ingwer
- (je nach gewünschter Schärfe)

Voraussichtliche Menge:

- 450 ml

Nährwerte:

- 538.8 kcal, Kohlenhydrate: 108.2 g, Eiweiß: 11 g, Fett: 3.5 g

Zubereitung:

1. Schale und Kerne vom Kürbis entfernen. Apfel und Ingwer waschen, können, aber müssen nicht geschält werden. Limette schälen.
2. Zutaten in Schachtgröße für den Entsafter zerkleinern.
3. Solange den Entsafter betätigen und nachstopfen, bis kein Saft mehr herauskommt.
4. Am besten sofort genießen, kann aber bis zu 24 Stunden im Kühlschrank aufbewahrt werden.

Papaya Staudensellerie Apfel Saft

Was benötigen wir:

- 2 Papayas
- 2 Äpfel
- 4 Stangen Staudensellerie

Voraussichtliche Menge:

- 500 ml

Nährwerte:

- 428.3 kcal, Kohlenhydrate: 74.8 g, Eiweiß: 8.9 g, Fett: 2.7 g

Zubereitung:

1. Alles gut waschen und beim Stangensellerie die Enden entfernen. Apfel kann, muss aber nicht geschält werden. Papaya entkernen.
2. Zutaten in Schachtgröße für den Entsafter zerkleinern.
3. Solange den Entsafter betätigen und nachstopfen, bis kein Saft mehr herauskommt.
4. Am besten sofort genießen, kann aber bis zu 24 Stunden im Kühlschrank aufbewahrt werden.

Papaya Gurke Grünkohl Limetten Vanille Saft

Was benötigen wir:

- 1 Papaya
- 4 Blätter Grünkohl
- 1 Gurke
- 2 Limetten
- 1 – 2 Prisen Vanille

Voraussichtliche Menge:

- 400 ml

Nährwerte:

- 133 kcal, Kohlenhydrate: 15.4 g, Eiweiß: 2 g, Fett: 5.9 g

Zubereitung:

1. Papaya entkernen, Gurke und Grünkohl gut waschen. Limette schälen. Gurke kann, muss aber nicht geschält werden.
2. Zutaten in Schachtgröße für den Entsafter zerkleinern. Papayastücke mit Vanille bestreuen.
3. Solange den Entsafter betätigen und nachstopfen, bis kein Saft mehr herauskommt.
4. Am besten sofort genießen, kann aber bis zu 24 Stunden im Kühlschrank aufbewahrt werden.

Rote Beete Gurke Sellerie Apfel Zitrone Grapefruit Ingwer Saft

Was benötigen wir:

- 1 Knolle Rote Beete
- 1 Stange Staudensellerie
- 1/2 Apfel
- 1/4 Gurke
- 1/2 Grapefruit
- 1 Scheibe / Stück Ingwer
- 1 Zitrone

Voraussichtliche Menge:

- 500 ml

Nährwerte:

- 94.3 kcal, Kohlenhydrate: 16.1 g, Eiweiß: 2 g, Fett: 0.6 g

Zubereitung:

1. Zutaten gut waschen, Zitrone und Grapefruit schälen und das Weiße entfernen, kann sonst dem Saft eine bittere Note verleihen. Gurke und Apfel können, müssen aber nicht geschält werden. Die Enden des Staudenselleries entfernen.
2. Zutaten in Schachtgröße für den Entsafter zerkleinern.
3. Solange den Entsafter betätigen und nachstopfen, bis kein Saft mehr herauskommt.
4. Am besten sofort genießen, kann aber bis zu 24 Stunden im Kühlschrank aufbewahrt werden.

Ananas Staudensellerie Apfel Zitronen Papaya-Kerne Saft

Was benötigen wir:

- 1/2 kleine, geschälte Ananas
- 2 Stangen Staudensellerie
- 1 Apfel
- Halber bis ganzer Teelöffel Papaya-Kerne
- 1 Zitrone

Voraussichtliche Menge:

- 550 ml

Nährwerte:

- 386.9 kcal, Kohlenhydrate: 61.4 g, Eiweiß: 5.4 g, Fett: 1.8 g

Zubereitung:

1. Ananas schälen, Staudensellerie waschen und die Enden entfernen. Apfel waschen, kann, muss aber nicht geschält werden. Zitrone schälen, das Weiße entfernen, kann dem Saft sonst eine bitter Note verleihen.
2. Zutaten in Schachtgröße für den Entsafter zerkleinern.
3. Solange den Entsafter betätigen und nachstopfen, bis kein Saft mehr herauskommt.
4. Am besten sofort genießen, kann aber bis zu 24 Stunden im Kühlschrank aufbewahrt werden.

Sellerie Gurke Karotte Apfel Goji Saft

Was benötigen wir:

- 2 Selleriestangen
- 5 Karotten
- ½ Gurke
- 2 EL getrocknete Gojibeeren
- 1 Apfel

Voraussichtliche Menge:

- 500 ml

Nährwerte:

- 412.9 kcal, Kohlenhydrate: 76.5 g, Eiweiß: 11 g, Fett: 2.5 g

Zubereitung:

1. Sellerie waschen und die Enden entfernen. Apfel und Gurke waschen, können, müssen aber nicht geschält werden. Karotten schälen.
2. Zutaten in Schachtgröße für den Entsafter zerkleinern.
3. Solange den Entsafter betätigen und nachstopfen, bis kein Saft mehr herauskommt.
4. Am besten sofort auf Eis genießen, kann aber bis zu 24 Stunden im Kühlschrank aufbewahrt werden.

Fenchel Orange Zitrone Pfeffer Saft

Was benötigen wir:

- 430 g Fenchel
- 1/2 Zitrone
- 3 Orangen
- 1 Prise Cayennepfeffer

Voraussichtliche Menge:

- 500 ml

Nährwerte:

- 141.9 kcal, Kohlenhydrate: 12.7 g, Eiweiß: 10.8 g, Fett: 1.3 g

Zubereitung:

1. Fenchel gut waschen. Zitrone und Orangen schälen und das Weiße entfernen, kann sonst dem Saft eine bittere Note verleihen.
2. Zutaten in Schachtgröße für den Entsafter zerkleinern.
3. Solange den Entsafter betätigen und nachstopfen, bis kein Saft mehr herauskommt.
4. Am besten sofort auf Eis genießen, kann aber bis zu 24 Stunden im Kühlschrank aufbewahrt werden.

Brombeeren Heidelbeeren Weintrauben Erdbeer Orangen Saft

Was benötigen wir:

- 1 Schale Brombeeren
- 1 Schale Heidelbeeren
- 6 Erdbeeren
- 300 g Weintrauben Dunkel
- 1 Orange

Voraussichtliche Menge:

- 600 ml

Nährwerte:

- 372.8 kcal, Kohlenhydrate: 73.9 g, Eiweiß: 4.5 g, Fett: 2.4 g

Zubereitung:

1. Beeren gut waschen und vom Strunk befreien. Orangen schälen und das Weiße entfernen, kann sonst dem Saft eine bittere Note verleihen.
2. Zutaten in Schachtgröße für den Entsafter zerkleinern.
3. Solange den Entsafter betätigen und nachstopfen, bis kein Saft mehr herauskommt.
4. Am besten sofort auf Eis genießen, kann aber bis zu 24 Stunden im Kühlschrank aufbewahrt werden.

Erdbeer Kiwi Apfel Zitrone Weizen Saft

Was benötigen wir:

- 200g Erdbeeren
- 1 Apfel
- 2 Kiwis
- EL Weizengraspulver
- ½ Zitrone

Voraussichtliche Menge:

- 450 ml

Nährwerte:

- 230.2 kcal, Kohlenhydrate: 39.8 g, Eiweiß: 2.9 g, Fett: 1.6 g

Zubereitung:

1. Erdbeeren waschen und das Grüne entfernen. Zitrone schälen und das Weiße entfernen, kann sonst dem Saft eine bittere Note verleihen. Apfel waschen. Kiwi waschen und schälen.
2. Zutaten in Schachtgröße für den Entsafter zerkleinern.
3. Solange den Entsafter betätigen und nachstopfen, bis kein Saft mehr herauskommt.
4. Am besten sofort auf Eis genießen, kann aber bis zu 24 Stunden im Kühlschrank aufbewahrt werden.

Ananas Gurke Rosmarin Grapefruit Ingwer Saft

Was benötigen wir:

- 1/2 kleine, geschälte Ananas
- 2 Nadeln Rosmarin
- 1/2 Gurke
- 1/4 Grapefruit, geschält
- 1 dünne Scheibe Ingwer

Voraussichtliche Menge:

- 400 ml

Nährwerte:

- 175.8 kcal, Kohlenhydrate: 29.4 g, Eiweiß: 1.3 g, Fett: 0.5 g

Zubereitung:

1. Ananas schälen. Gurke und Ingwer waschen, können, müssen aber nicht geschält werden. Grapefruit schälen und das Weiße entfernen, kann dem Saft sonst eine bittere Note verleihen.
2. Zutaten in Schachtgröße für den Entsafter zerkleinern.
3. Solange den Entsafter betätigen und nachstopfen, bis kein Saft mehr herauskommt.
4. Am besten sofort genießen, kann aber bis zu 24 Stunden im Kühlschrank aufbewahrt werden.

Apfel Karotte Ingwer Zitronen Saft

Was benötigen wir:

- 4 Karotten
- 3 Äpfel
- 1/2 Zitrone
- 1 Stück Ingwer (ca. 1cm, je nach Wunsch der Schärfe)

Voraussichtliche Menge:

- 450 ml

Nährwerte:

- 393.2 kcal, Kohlenhydrate: 76.3 g, Eiweiß: 5 g, Fett: 1.5 g

Zubereitung:

1. Karotten schälen. Äpfel und Ingwer waschen, können, müssen aber nicht geschält werden. Zitrone schälen und das Weiße entfernen, kann sonst dem Saft eine bittere Note verleihen.
2. Zutaten in Schachtgröße für den Entsafter zerkleinern.
3. Solange den Entsafter betätigen und nachstopfen, bis kein Saft mehr herauskommt.
4. Am besten sofort genießen, kann aber bis zu 24 Stunden im Kühlschrank aufbewahrt werden.

Ananas Limette Spinat Saft

Was benötigen wir:

- 1/2 Ananas
- 1 Handvoll Blattspinat
- 1 Limette

Voraussichtliche Menge:

- 450 ml

Nährwerte:

- 160.3 kcal, Kohlenhydrate: 31.9 g, Eiweiß: 2.8 g, Fett: 2 g

Zubereitung:

1. Ananas schälen. Limette schälen und das Weiße entfernen, kann sonst dem Saft eine bittere Note verleihen.
2. Zutaten in Schachtgröße für den Entsafter zerkleinern.
3. Solange den Entsafter betätigen und nachstopfen, bis kein Saft mehr herauskommt.
4. Am besten sofort genießen, kann aber bis zu 24 Stunden im Kühlschrank aufbewahrt werden.

Chicoree Granatapfel Koriander Ingwer Saft

Was benötigen wir:

- 1 Bund Chicoree
- 2 Granatapfel
- 1 Stängel frischer Koriander
- 1 Stück Ingwer (ca. 1cm, je nach Wunsch der Schärfe)

Voraussichtliche Menge:

- 500 ml

Nährwerte:

- 178.3 kcal, Kohlenhydrate: 35.8 g, Eiweiß: 3 g, Fett: 1.2 g

Zubereitung:

1. Granatäpfel entkernen. Chicoree waschen.
2. Zutaten in Schachtgröße für den Entsafter zerkleinern.
3. Solange den Entsafter betätigen und nachstopfen, bis kein Saft mehr herauskommt.
4. Am besten sofort genießen, kann aber bis zu 24 Stunden im Kühlschrank aufbewahrt werden.

Karotte Mandel Walnuss Saft

Was benötigen wir:

- 8 Karotten
- 60 g Mandeln
- 60 g Walnüsse

Voraussichtliche Menge:

- 350 ml

Nährwerte:

- 1105.7 kcal, Kohlenhydrate: 64.4 g, Eiweiß: 30.8 g, Fett: 72.7 g

Zubereitung:

1. Nüsse über Nacht in Wasser einweichen (mindestens 12 Stunden), dann abgießen. Karotten schälen.
2. Zutaten in Schachtgröße für den Entsafter zerkleinern.
3. Solange den Entsafter betätigen und nachstopfen, bis kein Saft mehr herauskommt.
4. Am besten sofort genießen, kann aber bis zu 24 Stunden im Kühlschrank aufbewahrt werden.

Birne Limette Staudensellerie Saft

Was benötigen wir:

- 2 Birnen
- 1 Limette
- 4 - 6 Stangen Sellerie

Voraussichtliche Menge:

- 450 ml

Nährwerte:

- 256.4 kcal, Kohlenhydrate: 32 g, Eiweiß: 7.4 g, Fett: 2.1 g

Zubereitung:

1. Birnen waschen und Stiel entfernen. Sellerie waschen und die Enden entfernen. Limette schälen.
2. Zutaten in Schachtgröße für den Entsafter zerkleinern.
3. Solange den Entsafter betätigen und nachstopfen, bis kein Saft mehr herauskommt.
4. Am besten sofort genießen, kann aber bis zu 24 Stunden im Kühlschrank aufbewahrt werden.

Apfel Karotte Orange Saft

Was benötigen wir:

- 5 Karotten
- 3 Äpfel
- 3 Orangen

Voraussichtliche Menge:

- 500 ml

Nährwerte:

- 611.4 kcal, Kohlenhydrate: 120.7 g, Eiweiß: 10.4 g, Fett: 2.6 g

Zubereitung:

1. Karotten und Äpfel waschen. Karotten schälen. Äpfel können, aber müssen nicht geschält werden. Orangen schälen und das Weiße entfernen, kann sonst dem Saft eine bittere Note verleihen.
2. Zutaten in Schachtgröße für den Entsafter zerkleinern.
3. Solange den Entsafter betätigen und nachstopfen, bis kein Saft mehr herauskommt.
4. Am besten sofort genießen, kann aber bis zu 24 Stunden im Kühlschrank aufbewahrt werden.

Tomate Karotte Sellerie Zitrone Saft

Was benötigen wir:

- 5 Tomaten
- 2 Karotten
- 4 Stangen Sellerie
- 1 Zitrone

Voraussichtliche Menge:

- 500 ml

Nährwerte:

- 371.5 kcal, Kohlenhydrate: 55.4 g, Eiweiß: 12.4 g, Fett: 3.1 g

Zubereitung:

1. Tomaten, Karotten und Sellerie waschen. Beim Sellerie die Enden entfernen. Karotten schälen. Zitrone schälen und das Weiße entfernen, kann sonst dem Saft eine bittere Note verleihen.
2. Zutaten in Schachtgröße für den Entsafter zerkleinern.
3. Solange den Entsafter betätigen und nachstopfen, bis kein Saft mehr herauskommt.
4. Am besten sofort genießen, kann aber bis zu 24 Stunden im Kühlschrank aufbewahrt werden.

Apfel Rote Bete Salatgurke Saft

Was benötigen wir:

- 1 rote Bete, roh
- 1/2 Salatgurke
- 2 Äpfel

Voraussichtliche Menge:

- 450 ml

Nährwerte:

- 281.4 kcal, Kohlenhydrate: 57.4 g, Eiweiß: 5.2 g, Fett: 0.8 g

Zubereitung:

1. Zutaten gut waschen. Äpfel und Gurke können, müssen aber nicht geschnitten werden.
2. Zutaten in Schachtgröße für den Entsafter zerkleinern.
3. Solange den Entsafter betätigen und nachstopfen, bis kein Saft mehr herauskommt.
4. Am besten sofort genießen, kann aber bis zu 24 Stunden im Kühlschrank aufbewahrt werden.

Apfel Staudensellerie Spinat Saft

Was benötigen wir:

- 4 Äpfel
- 2 Stangen Staudensellerie
- 200 g Spinat

Voraussichtliche Menge:

- 450 ml

Nährwerte:

- 533.1 kcal, Kohlenhydrate 90.3 g, Eiweiß: 11.1 g, Fett: 8 g

Zubereitung:

1. Zutaten waschen, beim Sellerie die Enden abschneiden.
2. Zutaten in Schachtgröße für den Entsafter zerkleinern.
3. Solange den Entsafter betätigen und nachstopfen, bis kein Saft mehr herauskommt.
4. Am besten sofort genießen, kann aber bis zu 24 Stunden im Kühlschrank aufbewahrt werden.

Fenchel Kurkuma Orange Saft

Was benötigen wir:
- 1 Knolle Fenchel
- 2 Orangen
- 6 - 8 cm langes Kurkumastück

Voraussichtliche Menge:
- 400 ml

Nährwerte:
- 173,5 kcal, Kohlenhydrate: 28,9 g, Eiweiß: 6,3 g, Fett: 1 g

Zubereitung:
1. Fenchel waschen. Orangen schälen und das Weiße entfernen, sonst kann dem Saft eine bittere Note verleihen.
2. Kurkuma in ca. 1cm große Stücke, Fenchel in Streifen und Orangen in Stücke schneiden, sodass alles in Schachtgröße für den Entsafter zerkleinert ist.
3. Solange den Entsafter betätigen und nachstopfen, bis kein Saft mehr herauskommt.
4. Am besten sofort genießen, kann aber bis zu 24 Stunden im Kühlschrank aufbewahrt werden. Je nach Belieben kann der Saft noch mit einer Prise Pfeffer gewürzt werden. Zur besseren Verträglichkeit des Kurkuma können noch ein paar Tropfen Öl hinzugefügt werden.

Brennnessel Wassermelone Saft

Was benötigen wir:
- Wassermelone
- 1 Handvoll Brennnesseln

Voraussichtliche Menge:
- Je nach Größe der Melone (ca. 350 – 450 ml)

Nährwerte:
- Ca. 200 kcal (je nach Größe der Melone), Kohlenhydrate: 41,5 g, Eiweiß: 3 g, Fett: 1 g

Zubereitung:
1. Fruchtfleisch aus der Melone holen. Brennnessel waschen.
2. Zutaten in Schachtgröße für den Entsafter zerkleinern.
3. Solange den Entsafter betätigen und nachstopfen, bis kein Saft mehr herauskommt.
4. Am besten sofort genießen, kann aber bis zu 24 Stunden im Kühlschrank aufbewahrt werden.

Brennnessel Honigmelone Saft

Was benötigen wir:
- Honigmelone
- 1 Handvoll Brennnessel

Voraussichtliche Menge:
- Je nach Größe der Melone (ca. 300 – 400 ml)

Nährwerte:
- Ca. 230 kcal (je nach Größe der Melone), Kohlenhydrate: 46.4 g, Eiweiß: 4.1 g, Fett: 0.6 g

Zubereitung:
1. Fruchtfleisch aus der Melone holen. Brennnessel waschen.
2. Zutaten in Schachtgröße für den Entsafter zerkleinern.
3. Solange den Entsafter betätigen und nachstopfen, bis kein Saft mehr herauskommt.
4. Am besten sofort genießen, kann aber bis zu 24 Stunden im Kühlschrank aufbewahrt werden.

Zucchini Melone Saft

Was benötigen wir:
- 3 Zucchini
- die doppelte Menge an Melone (auf Basis der Saftmenge)

Voraussichtliche Menge:
- 450 ml

Nährwerte:
- 221.1 kcal, Kohlenhydrate: 54.3 g, Eiweiß: 10.8 g, Fett: 2.1 g

Zubereitung:
1. Zucchini waschen, können aber nicht geschält werden. Melone schälen und entkernen.
2. Zutaten in Schachtgröße für den Entsafter zerkleinern.
3. Solange den Entsafter betätigen und nachstopfen, bis kein Saft mehr herauskommt.
4. Am besten sofort genießen, kann aber bis zu 24 Stunden im Kühlschrank aufbewahrt werden.

Apfel Ananas Mango Kiwi Saft

Was benötigen wir:

- 150 g Äpfel
- ½ Ananas
- ½ Mango
- 2 Tropfen Speiseöl
- 2 Kiwis

Voraussichtliche Menge:

- 450 ml

Nährwerte:

- 300 kcal, Kohlenhydrate: 60.2 g, Eiweiß: 2.7 g, Fett: 3.2 g

Zubereitung:

1. Ananas schälen. Mango, Kiwis und Äpfel waschen. Kiwis und Mango schälen. Äpfel können, müssen aber nicht geschält werden.
2. Zutaten in Schachtgröße für den Entsafter zerkleinern.
3. Solange den Entsafter betätigen und nachstopfen, bis kein Saft mehr herauskommt.
4. Am besten sofort genießen, kann aber bis zu 24 Stunden im Kühlschrank aufbewahrt werden.

Ananas Honigmelone Orange Kaki Limette Ingwer Kurkuma Saft

Was benötigen wir:

- 1 große. Scheibe Ananas
- 1 Honigmelone
- ½ Orange
- 1 Kaki
- ½ Stück Kurkuma
- 0,5 EL Leinöl
- ½ Limette
- 1 Ingwer

Voraussichtliche Menge:

- 550 ml

Nährwerte:

- 434.3 kcal, Kohlenhydrate: 79.1 g, Eiweiß: 6 g, Fett: 8.1 g

Zubereitung:

1. Melone schälen und entkernen. Orange und Limette schälen und das Weiße entfernen, kann sonst dem Saft eine bittere Note verleihen. Kaki und Ingwer waschen, kann, muss aber nicht geschält werden.
2. Zutaten in Schachtgröße für den Entsafter zerkleinern.
3. Alle Zutaten nacheinander in den Entsafter geben, auch das Leinöl.
4. Solange den Entsafter betätigen und nachstopfen, bis kein Saft mehr herauskommt.
5. Am besten sofort genießen, kann aber bis zu 24 Stunden im Kühlschrank aufbewahrt werden.

Rote Bete Petersilie Zitrone Karotten Saft

Was benötigen wir:

- 1 1/2 Rote Bete
- Handvoll Petersilie
- 1 ganze Zitrone
- 2 Karotten

Voraussichtliche Menge:

- 350 ml

Nährwerte:

- 262 kcal, Kohlenhydrate: 47.6 g, Eiweiß: 8 g, Fett: 0.8 g

Zubereitung:

1. Karotten schälen. Zitrone schälen und das Weiße entfernen, kann sonst dem Saft eine bittere Note verleihen.
2. Zutaten in Schachtgröße für den Entsafter zerkleinern.
3. Solange den Entsafter betätigen und nachstopfen, bis kein Saft mehr herauskommt.
4. Am besten sofort auf Eis genießen, kann aber bis zu 24 Stunden im Kühlschrank aufbewahrt werden.

Ananas Mango Pfirsich Orange Limette Ingwer Minze Saft

Was benötigen wir:

- ½ Ananas
- 1 Mango
- 2 Pfirsiche
- 2 Orangen
- 1/2 Limette
- 2 cm Ingwer
- 1 TL frische Minze

Voraussichtliche Menge:

- 550 ml

Nährwerte:

- 524 kcal, Kohlenhydrate: 103.8 g, Eiweiß: 6.6 g, Fett: 2.8 g

Zubereitung:

1. Ananas, Mango und Pfirsich schälen. Pfirsich entsteinen. Orangen und Limetten schälen und das Weiße entfernen, kann sonst dem Saft eine bittere Note verleihen. Ingwer waschen, kann, muss aber nicht geschält werden.
2. Zutaten in Schachtgröße für den Entsafter zerkleinern.
3. Solange den Entsafter betätigen und nachstopfen, bis kein Saft mehr herauskommt.
4. Am besten sofort auf Eis genießen, kann aber bis zu 24 Stunden im Kühlschrank aufbewahrt werden.

Tomaten Oregano Limetten Basilikum Saft

Was benötigen wir:

- 4 große Fleischtomaten
- 10-15 Cocktailtomaten
- 5 Basilikumblätter
- Prise Cayennepfeffer
- 1 TL Oregano
- 1 Limette

Voraussichtliche Menge:

- 350 ml

Nährwerte:

- 246 kcal, Kohlenhydrate: 38.4 g, Eiweiß: 12 g, Fett: 2.4 g

Zubereitung:

1. Tomaten und Basilikum waschen. Limette schälen und das Weiße entfernen, kann sonst dem Saft eine bittere Note verleihen.
2. Zutaten in Schachtgröße für den Entsafter zerkleinern.
3. Solange den Entsafter betätigen und nachstopfen, bis kein Saft mehr herauskommt.
4. Am besten sofort auf Eis genießen, kann aber bis zu 24 Stunden im Kühlschrank aufbewahrt werden.

Mango Himbeer Limetten Basilikum Saft

Was benötigen wir:

- 2 Mangos
- 200g Himbeeren
- 1 Limette
- 5 Basilikum Blätter

Voraussichtliche Menge:

- 450 ml

Nährwerte:

- 387.5 kcal, Kohlenhydrate: 67.2 g, Eiweiß: 4.9 g, Fett: 3.3 g

Zubereitung:

1. Mangos schälen. Himbeeren waschen und Strunke entfernen. Limette schälen, das Weiße entfernen, kann dem Saft sonst eine bittere Note verleihen.
2. Zutaten in Schachtgröße für den Entsafter zerkleinern.
3. Solange den Entsafter betätigen und nachstopfen, bis kein Saft mehr herauskommt.
4. Am besten sofort auf Eis genießen, kann aber bis zu 24 Stunden im Kühlschrank aufbewahrt werden.

Erdbeer Kiwi Apfel Zitrone Gersten Saft

Was benötigen wir:

- 200g Erdbeeren
- 2 Kiwis
- 1 Apfel
- 1 EL Gerstengraspulver
- ½ Zitrone

Voraussichtliche Menge:

- 450 ml

Nährwerte:

- 230.5 kcal, Kohlenhydrate: 39.5 g, Eiweiß: 3 g, Fett: 1.6 g

Zubereitung:

1. Erdbeeren waschen und das Grüne entfernen. Zitrone schälen und das Weiße entfernen, kann sonst dem Saft eine bittere Note verleihen. Apfel waschen. Kiwi waschen und schälen.
2. Zutaten in Schachtgröße für den Entsafter zerkleinern.
3. Solange den Entsafter betätigen und nachstopfen, bis kein Saft mehr herauskommt.
4. Am besten sofort auf Eis genießen, kann aber bis zu 24 Stunden im Kühlschrank aufbewahrt werden.

Pfirsich Apfel Zimt Saft

Was benötigen wir:

- 2 Äpfel
- 2 Pfirsiche
- 1 Prise Zimt

Voraussichtliche Menge:

- 450 ml

Nährwerte:

- 266.6 kcal, Kohlenhydrate: 55.2 g, Eiweiß: 1.8 g, Fett: 1.2 g

Zubereitung:

1. Pfirsiche und Äpfel waschen, können, aber müssen nicht geschält werden.
2. Zutaten in Schachtgröße für den Entsafter zerkleinern.
3. Solange den Entsafter betätigen und nachstopfen, bis kein Saft mehr herauskommt.
4. Am besten sofort genießen, kann aber bis zu 24 Stunden im Kühlschrank aufbewahrt werden.
5. Je nach Belieben ein wenig Zimt als Topping verwenden.

Erdbeere Kiwi Aprikosen Apfel Saft

Was benötigen wir:

- 2 Äpfel
- 2 Kiwi
- 200g Erdbeeren
- 1 Aprikose

Voraussichtliche Menge:

- 450 ml

Nährwerte:

- 299 kcal, Kohlenhydrate: 60.4 g, Eiweiß: 3.7 g, Fett: 1.8 g

Zubereitung:

1. Apfel und Aprikosen waschen, können, müssen aber nicht geschält werden. Kiwis schälen. Erdbeeren vom Stunk befreien.
2. Zutaten in Schachtgröße für den Entsafter zerkleinern.
3. Solange den Entsafter betätigen und nachstopfen, bis kein Saft mehr herauskommt.
4. Am besten sofort genießen, kann aber bis zu 24 Stunden im Kühlschrank aufbewahrt werden.

Erdbeere Apfel Paprika Kiwi Saft

Was benötigen wir:

- 300g Erdbeeren
- 1 Paprika
- 1 Apfel
- 1 Kiwi

Voraussichtliche Menge:

- 450 ml

Nährwerte:

- 267.8 kcal, Kohlenhydrate: 51.9 g, Eiweiß: 5.3 g, Fett: 2.5 g

Zubereitung:

1. Erdbeeren vom Strunk befreien. Paprika waschen. Apfel waschen, kann, muss aber nicht geschält werden. Kiwi schälen.
2. Zutaten in Schachtgröße für den Entsafter zerkleinern.
3. Solange den Entsafter betätigen und nachstopfen, bis kein Saft mehr herauskommt.
4. Am besten sofort genießen, kann aber bis zu 24 Stunden im Kühlschrank aufbewahrt werden.

Mango Apfel Aprikosen Saft

Was benötigen wir:

- 3 Äpfel
- 3 Aprikosen
- 1 Mango

Voraussichtliche Menge:

- 500 ml

Nährwerte:

- 409.9 kcal, Kohlenhydrate: 88.3 g, Eiweiß: 3.5 g, Fett: 1.9 g

Zubereitung:

1. Apfel und Aprikosen waschen, können, müssen aber nicht geschält werden. Mango waschen.
2. Zutaten in Schachtgröße für den Entsafter zerkleinern.
3. Solange den Entsafter betätigen und nachstopfen, bis kein Saft mehr herauskommt.
4. Am besten sofort genießen, kann aber bis zu 24 Stunden im Kühlschrank aufbewahrt werden.

Heidelbeeren Himbeeren Kiwi Apfel Saft

Was benötigen wir:

- 200 g Heidelbeeren
- 200 g Himbeeren
- 5 Kiwis
- 3 Äpfel

Voraussichtliche Menge:

- 550 ml

Nährwerte:

- 581.9 kcal, Kohlenhydrate: 109.4 g, Eiweiß: 7.1 g, Fett: 4.2 g

Zubereitung:

1. Heidelbeeren und Himbeeren waschen und vom Strunk befreien. Kiwis schälen. Äpfel waschen, können, müssen aber nicht geschält werden.
2. Zutaten in Schachtgröße für den Entsafter zerkleinern.
3. Solange den Entsafter betätigen und nachstopfen, bis kein Saft mehr herauskommt.
4. Am besten sofort genießen, kann aber bis zu 24 Stunden im Kühlschrank aufbewahrt werden.

Karotte Ananas Chili Limette Saft

Was benötigen wir:

- 6 Karotten
- 1/4 Ananas
- 1/2 kleine Chili
- 1/2 Limette

Voraussichtliche Menge:

- 450 ml

Nährwerte:

- 319.2 kcal, Kohlenhydrate: 56.7 g, Eiweiß: 6.7 g, Fett: 1.5 g

Zubereitung:

1. Karotten und Ananas schälen. Limette schälen und das Weiße entfernen, kann sonst dem Saft eine bittere Note verleihen.
2. Zutaten in Schachtgröße für den Entsafter zerkleinern.
3. Solange den Entsafter betätigen und nachstopfen, bis kein Saft mehr herauskommt.
4. Am besten sofort auf Eis genießen, kann aber bis zu 24 Stunden im Kühlschrank aufbewahrt werden.

Apfel Kiwi Kopfsalat Saft

Was benötigen wir:

- 400 g Äpfel
- 3 Kiwis
- 150 g Kopfsalat

Voraussichtliche Menge:

- 500 ml

Nährwerte:

- 359 kcal, Kohlenhydrate: 72.5 g, Eiweiß: 4.9 g, Fett: 2 g

Zubereitung:

1. Äpfel und Salat waschen. Äpfel können, müssen aber nicht geschält werden. Kiwi schälen.
2. Zutaten in Schachtgröße für den Entsafter zerkleinern.
3. Solange den Entsafter betätigen und nachstopfen, bis kein Saft mehr herauskommt.
4. Am besten sofort genießen, kann aber bis zu 24 Stunden im Kühlschrank aufbewahrt werden.

Johannisbeer Saft

Was benötigen wir:

- 1 kg rote Johannisbeeren
- 250 g schwarze Johannisbeeren
- Zucker
- 350 ml Wasser

Voraussichtliche Menge:

- 700 ml

Nährwerte:

- 753.8 kcal, Kohlenhydrate: 112.5 g, Eiweiß: 16.3 g, Fett: 3.8 g

Zubereitung:

1. Johannisbeeren waschen.
2. Zutaten in Schachtgröße für den Entsafter zerkleinern.
3. Alle Zutaten nacheinander in den Entsafter geben, bis auf Wasser und Zucker.
4. Solange den Entsafter betätigen und nachstopfen, bis kein Saft mehr herauskommt.
5. In Gläser füllen und Wasser hinzugeben.
6. Am besten sofort auf Eis genießen, kann aber bis zu 24 Stunden im Kühlschrank aufbewahrt werden.
7. Je nach Bedarf mit Zucker etwas süßen, da Johannisbeersaft recht sauer ist.

Bananen Orangen Maracuja Cashewkerne Saft

Was benötigen wir:

- 1 Banane
- 2 Orangen
- 2 Maracuja
- 2EL Cashewkerne
- 250ml Wasser

Voraussichtliche Menge:

- 500 ml

Nährwerte:

- 509.6 kcal, Kohlenhydrate: 73.9 g, Eiweiß: 12.3 g, Fett: 15.8 g

Zubereitung:

1. Orangen schälen, das Weiße entfernen, kann sonst dem Saft eine bittere Note verleihen. Bananen schälen.
2. Zutaten in Schachtgröße für den Entsafter zerkleinern.
3. Alle Zutaten nacheinander in den Entsafter geben, bis auf das Wasser.
4. Solange den Entsafter betätigen und nachstopfen, bis kein Saft mehr herauskommt.
5. In Gläser füllen, Wasser hinzufügen.
6. Am besten sofort auf Eis genießen, kann aber bis zu 24 Stunden im Kühlschrank aufbewahrt werden.

Apfel Ananas Papaya Mango Saft

Was benötigen wir:

- 200 g Äpfel
- 1/4 Ananas
- 1/2 Papaya
- 2 Tropfen Speiseöl
- 1 Mango

Voraussichtliche Menge:

- 500 ml

Nährwerte:

- 374.9 kcal, Kohlenhydrate: 71.9 g, Eiweiß: 2.7 g, Fett: 3.5 g

Zubereitung:

1. Ananas schälen. Mango, Äpfel und Papaya waschen. Äpfel können, müssen aber nicht geschält werden. Papaya und Mango schälen.
2. Zutaten in Schachtgröße für den Entsafter zerkleinern.
3. Alle Zutaten nacheinander in den Entsafter geben, auch das Speiseöl.
4. Solange den Entsafter betätigen und nachstopfen, bis kein Saft mehr herauskommt.
5. Am besten sofort genießen, kann aber bis zu 24 Stunden im Kühlschrank aufbewahrt werden.

Paprika Orange Minze Saft

Was benötigen wir:

- 1 grüne Paprika
- 1 gelbe Paprika
- 1 Orange
- 1 Minze

Voraussichtliche Menge:

- 400 ml

Nährwerte:

- 168.8 kcal, Kohlenhydrate: 32.3 g, Eiweiß 5.5 g, Fett: 1.8 g

Zubereitung:

1. Paprika waschen. Orange schälen und das Weiße entfernen, kann sonst dem Saft eine bittere Note verleihen.
2. Zutaten in Schachtgröße für den Entsafter zerkleinern.
3. Solange den Entsafter betätigen und nachstopfen, bis kein Saft mehr herauskommt.
4. Am besten sofort auf Eis genießen, kann aber bis zu 24 Stunden im Kühlschrank aufbewahrt werden.

Banane Kirsch Saft

Was benötigen wir:

- 2 Bananen
- 300g Kirschen

Voraussichtliche Menge:

- 450 ml

Nährwerte:

- 495.8 kcal, Kohlenhydrate: 104.7 g, Eiweiß: 7 g, Fett: 2.3 g

Zubereitung:

1. Bananen schälen. Kirschen waschen, entsteinen und Stiele entfernen.
2. Zutaten in Schachtgröße für den Entsafter zerkleinern.
3. Solange den Entsafter betätigen und nachstopfen, bis kein Saft mehr herauskommt.
4. Am besten sofort auf Eis genießen, kann aber bis zu 24 Stunden im Kühlschrank aufbewahrt werden.

Apfel Weintraube Zitrone Saft

Was benötigen wir:

- 3 Äpfel
- 125g Weintrauben, hell
- ½ Zitrone

Voraussichtliche Menge:

- 450 ml

Nährwerte:

- 310 kcal, Kohlenhydrate: 67.8 g, Eiweiß: 1.9 g, Fett: 1.1 g

Zubereitung:

1. Weinrauben waschen und Strunk entfernen. Äpfel waschen, können, aber müssen nicht geschält werden. Zitrone schälen und das Weiße entfernen, kann sonst dem Saft eine bittere Note verleihen.
2. Zutaten in Schachtgröße für den Entsafter zerkleinern.
3. Solange den Entsafter betätigen und nachstopfen, bis kein Saft mehr herauskommt.
4. Am besten sofort genießen, kann aber bis zu 24 Stunden im Kühlschrank aufbewahrt werden.

Ingwer Fenchel Orangen Saft

Was benötigen wir:

- 1 Stück Ingwer 2 cm
- 1 Fenchelknolle
- 2 Orangen

Voraussichtliche Menge:

- 400 ml

Nährwerte:

- 213.3 kcal, Kohlenhydrate: 31.5 g, Eiweiß: 8.5 g, Fett: 1.3 g

Zubereitung:

1. Orangen schälen und das Weiße entfernen, kann sonst dem Saft eine bittere Note verleihen. Fenchel gut waschen. Ingwer waschen, kann, muss aber nicht geschält werden.
2. Zutaten in Schachtgröße für den Entsafter zerkleinern.
3. Solange den Entsafter betätigen und nachstopfen, bis kein Saft mehr herauskommt.
4. Am besten sofort auf Eis genießen, kann aber bis zu 24 Stunden im Kühlschrank aufbewahrt werden.

Rote Beete Birne Zitrone Ingwer Saft

Was benötigen wir:

- 2 Rote Beete
- 2 Birnen
- 1 Zitrone
- 5- 10 g Ingwer
- 1 EL Leinöl

Voraussichtliche Menge:

- 550 ml

Nährwerte:

- 435.9 kcal, Kohlenhydrate: 59.4 g, Eiweiß: 5.6 g, Fett: 16.1 g

Zubereitung:

1. Birnen vom Stiel befreien, waschen, Schale kann, muss aber nicht entfernt werden. Zitrone schälen und das Weiße entfernen, kann dem Saft sonst eine bittere Note verleihen.
2. Zutaten in Schachtgröße für den Entsafter zerkleinern.
3. Alle Zutaten nacheinander in den Entsafter geben, auch das Leinöl.
4. Solange den Entsafter betätigen und nachstopfen, bis kein Saft mehr herauskommt.
5. Am besten sofort genießen, kann aber bis zu 24 Stunden im Kühlschrank aufbewahrt werden.

Trauben Tomaten Basilikum Oregano Limetten Saft

Was benötigen wir:

- 1kg Trauben
- 10-15 Cocktailtomaten
- 5 Basilikumblätter
- Cayennepfeffer
- 1 TL Oregano
- 1 Limette

Voraussichtliche Menge:

- 750 ml

Nährwerte:

- 768.4 kcal, Kohlenhydrate: 161.8 g, Eiweiß: 8.8 g, Fett: 3.4 g

Zubereitung:

1. Tomaten und Basilikum waschen. Trauben waschen und vom Strunk befreien.
2. Zutaten in Schachtgröße für den Entsafter zerkleinern.
3. Solange den Entsafter betätigen und nachstopfen, bis kein Saft mehr herauskommt.
4. Am besten sofort auf Eis genießen, kann aber bis zu 24 Stunden im Kühlschrank aufbewahrt werden.

Gurke Tomate Paprika Schalotten Knoblauch Saft

Was benötigen wir:

- 1 Salatgurke
- 1 grüne Paprika
- 1 Schalotte
- 1 Knoblauchzehe
- 750 g Rispentomaten
- 1 Tl extra natives Olivenöl

Voraussichtliche Menge:

- 550 ml

Nährwerte:

- 296.8 kcal, Kohlenhydrate: 35.7 g, Eiweiß: 10.1 g, Fett: 8.9 g

Zubereitung:

1. Schalotte und Knoblauch schälen. Tomaten waschen und vom Strunk befreien. Paprika waschen.
2. Zutaten in Schachtgröße für den Entsafter zerkleinern.
3. Solange den Entsafter betätigen und nachstopfen, bis kein Saft mehr herauskommt.
4. Am besten sofort auf Eis genießen, kann aber bis zu 24 Stunden im Kühlschrank aufbewahrt werden.

Rote Beete Limette Karotte Apfel Cranberry Ingwer Kokos Saft

Was benötigen wir:

- 1 Rote Beete
- ½ Limette
- 1 TL Kokosöl
- 4 Karotten
- 2 Äpfel
- 1 cm Ingwer
- 100g Cranberries

Voraussichtliche Menge:

- 400 ml

Nährwerte:

- 678.3 kcal, Kohlenhydrate: 144.6 g, Eiweiß: 6.5 g, Fett: 3.3 g

Zubereitung:

1. Cranberries waschen. Äpfel und Ingwer waschen, können, müssen aber nicht geschält werden. Karotten schälen. Limette schälen und das Weiße entfernen, kann sonst dem Saft eine bittere Note verleihen.
2. Zutaten in Schachtgröße für den Entsafter zerkleinern.
3. Solange den Entsafter betätigen und nachstopfen, bis kein Saft mehr herauskommt.
4. Am besten sofort auf Eis genießen, kann aber bis zu 24 Stunden im Kühlschrank aufbewahrt werden.

Banane Heidelbeeren Hanf Kakao Kokos Saft

Was benötigen wir:

- 1 Banane
- 100g Heidelbeeren
- 200 ml Kokosmilch
- 1 EL Roher Kakao
- 1 EL Hanfsamen

Voraussichtliche Menge:

- 400 ml

Nährwerte:

- 705.9 kcal, Kohlenhydrate: 52.8 g, Eiweiß: 6.9 g, Fett: 49.1 g

Zubereitung:

1. Banane schälen. Heidelbeeren waschen.
2. Zutaten in Schachtgröße für den Entsafter zerkleinern.
3. Solange den Entsafter betätigen und nachstopfen, bis kein Saft mehr herauskommt.
4. Am besten sofort auf Eis genießen, kann aber bis zu 24 Stunden im Kühlschrank aufbewahrt werden.

Sanddornbeeren Apfel Saft

Was benötigen wir:

- 1 Kilogramm Sanddornbeeren
- 3 Äpfel
- 200 Gramm Rohrzucker

Voraussichtliche Menge:

- 450 ml

Nährwerte:

- 1980 kcal, Kohlenhydrate: 300.3 g, Eiweiß: 15 g, Fett: 71.7 g

Zubereitung:

1. Sanddornbeeren gut waschen, und vom Stielen befreien. Äpfel waschen, können, müssen aber nicht geschält werden.
2. Zutaten in Schachtgröße für den Entsafter zerkleinern.
3. Solange den Entsafter betätigen und nachstopfen, bis kein Saft mehr herauskommt.
4. Am besten sofort genießen, kann aber bis zu 24 Stunden im Kühlschrank aufbewahrt werden.

Erdbeere Cranberries Himbeer Birnen Saft

Was benötigen wir:

- 100g Erdbeeren
- 50g Cranberries
- 50g Himbeeren
- 1/2 Birne

Voraussichtliche Menge:

- 400 ml

Nährwerte:

- 266.9 kcal, Kohlenhydrate: 57.1 g, Eiweiß: 1.8 g, Fett: 1.4 g

Zubereitung:

1. Zutaten waschen und vom Strunk und Stiel befreien.
2. Zutaten in Schachtgröße für den Entsafter zerkleinern.
3. Solange den Entsafter betätigen und nachstopfen, bis kein Saft mehr herauskommt.
4. Am besten sofort auf Eis genießen, kann aber bis zu 24 Stunden im Kühlschrank aufbewahrt werden.

Birne Banane Saft

- 3 Birnen
- 1 Banane

Voraussichtliche Menge:

- 450 ml

Nährwerte:

- 379.7 kcal, Kohlenhydrate: 80.6 g, Eiweiß: 3.2 g, Fett: 1.7 g

Zubereitung:

1. Bananen schälen. Birnen waschen und den Stiel entfernen.

2. Zutaten in Schachtgröße für den Entsafter zerkleinern.

3. Solange den Entsafter betätigen und nachstopfen, bis kein Saft mehr herauskommt.

4. Am besten sofort genießen, kann aber bis zu 24 Stunden im Kühlschrank aufbewahrt werden.

Grüne und Gemüse Säfte

Rote Beete Grünkohl Birne Zitrone Zimt Saft

Was benötigen wir:

- 6 kleine Blätter Grünkohl
- 2 große Knollen rote Beete
- 1 - 2 Prisen Zimt
- 2 Birnen
- 2 Stück Zitrone

Voraussichtliche Menge:

- 500 ml

Nährwerte:

- 318 kcal, Kohlenhydrate: 59.4 g, Eiweiß: 5.6 g, Fett: 1.1 g

Zubereitung:

1. Alles gut waschen, Zitrone schälen, auch das Weiße entfernen, kann sonst dem Saft eine bittere Note verleihen. Birne waschen, kann, muss aber nicht geschält werden.
2. Zutaten in Schachtgröße für den Entsafter zerkleinern. Grünkohl und Birne mit Zimt bestreuen.
3. Solange den Entsafter betätigen und nachstopfen, bis kein Saft mehr herauskommt.
4. Am besten sofort genießen, kann aber bis zu 24 Stunden im Kühlschrank aufbewahrt werden.

Grünkohl Granatapfel Orange Koriander Kurkuma Saft

Was benötigen wir:

- 3 große Blätter Grünkohl
- 1 Granatapfel
- 1 Orange
- 2 Stängel frischen Koriander
- 1 kleines Stück Kurkuma

Voraussichtliche Menge:

- 500 ml

Nährwerte:

- 202.8 kcal, Kohlenhydrate: 34.8 g, Eiweiß: 6.8 g, Fett: 1.8 g

Zubereitung:

1. Granatapfel entkernen, Orange schälen und das Weiße entfernen, kann sonst dem Saft eine bittere Note verleihen.
2. Zutaten in Schachtgröße für den Entsafter zerkleinern.
3. Solange den Entsafter betätigen und nachstopfen, bis kein Saft mehr herauskommt.
4. Am besten sofort genießen, kann aber bis zu 24 Stunden im Kühlschrank aufbewahrt werden.

Sellerie Saft

Was benötigen wir:

- 590g Staudensellerie

Voraussichtliche Menge:

- 350 ml

Nährwerte:

- 120.3 kcal, Kohlenhydrate: 17.7 g, Eiweiß: 4.1 g, Fett: 1.2 g

Zubereitung:

1. Stangen gut waschen, vorher allerdings die Enden abschneiden.
2. Stangen in ca. 4-6 cm lange Stücke schneiden.
3. Solange den Entsafter betätigen und nachstopfen, bis kein Saft mehr herauskommt.
4. Am besten sofort genießen, kann aber ein paar Stunden im Kühlschrank aufbewahrt werden.

Sauerkraut Saft

Was benötigen wir:

- 750 g Sauerkraut, roh

Voraussichtliche Menge:

- 550 ml

Nährwerte:

- 142.5 kcal, Kohlenhydrate: 6 g, Eiweiß: 11.1 g, Fett: 0 g

Zubereitung:

1. Wenn nicht schon geschehen, dann das Sauerkraut waschen. Nicht zu lange, sonst wird es zu wässrig.
2. Wenn nicht schon geschehen, dann das Sauerkraut klein schneiden, sodass es in den Schacht des Entsafters passt.
3. Solange den Entsafter betätigen und nachstopfen, bis kein Saft mehr herauskommt.
4. Am besten sofort genießen, kann aber bis zu 24 Stunden im Kühlschrank aufbewahrt werden.

Grüner Kohl Spinat Sellerie Gurke Zitronen Ingwer Saft

Was benötigen wir:

- 50 g Palmkohl alternativ geht auch Grünkoh
- 50 g Spinat
- 150 g Stangensellerie
- 150 g Salatgurke
- 50 g Zitrone
- 5 g Ingwer

Voraussichtliche Menge:

- 400 ml

Nährwerte:

- 111.2 kcal, Kohlenhydrate: 21.5 g, Eiweiß: 8.1 g, Fett: 3.3 g

Zubereitung:

1. Alle Zutaten waschen.
2. Zutaten in Schachtgröße für den Entsafter zerkleinern.
3. Solange den Entsafter betätigen und nachstopfen, bis kein Saft mehr herauskommt.
4. Am besten sofort genießen, kann aber bis zu 24 Stunden im Kühlschrank aufbewahrt werden.

Kürbis Grünkohl Birne Zitronen Koriander Saft

Was benötigen wir:

- 1/2 Kürbis
- 4 kleine Blätter Grünkohl
- 2 Birnen
- 2 Zitronen
- 6 Blätter Koriander

Voraussichtliche Menge:

- 450 ml

Nährwerte:

- 332.6 kcal, Kohlenhydrate: 68.2 g, Eiweiß: 5.4 g, Fett: 2.1 g

Zubereitung:

1. Schale und Kerne vom Kürbis entfernen. Grünkohl gut waschen und abtropfen lassen. Birne gut waschen, kann, muss aber nicht geschält werden. Zitronen schälen. Möglichst das Weiße auch entfernen, kann dem Saft sonst eine bittere Note verleihen.
2. Zutaten in Schachtgröße für den Entsafter zerkleinern.
3. Solange den Entsafter betätigen und nachstopfen, bis kein Saft mehr herauskommt.
4. Am besten sofort genießen, kann aber bis zu 24 Stunden im Kühlschrank aufbewahrt werden.

Weisskraut Sellerie Karotten Apfel Gurken Ingwer Saft

Was benötigen wir:

- 3 Weißkraut-Blätter
- 2 Selleriestangen
- 2 Karotten

- 1 cm Ingwer am Stück
- 1 Apfel
- ½ Gurke

Voraussichtliche Menge:

- 500 ml

Nährwerte:

- 252.4 kcal, Kohlenhydrate: 46 g, Eiweiß: 6.1 g, Fett: 1.7 g

Zubereitung:

1. Alle Zutaten gut waschen. Enden der Selleriestangen abschneiden. Karotten schälen. Äpfel, Gurke und Ingwer können, müssen aber nicht geschält werden.
2. Zutaten in Schachtgröße für den Entsafter zerkleinern.
3. Solange den Entsafter betätigen und nachstopfen, bis kein Saft mehr herauskommt.
4. Am besten sofort genießen, kann aber bis zu 24 Stunden im Kühlschrank aufbewahrt werden.

Karotten Spinat Rote Bete gurken Saft

Was benötigen wir:

- 6 Karotten
- 1 Tasse Spinat

- 1/2 Rote-Bete
- 2 Gurken

Voraussichtliche Menge:

- 400 ml

Nährwerte:

- 319.8 kcal, Kohlenhydrate: 57.1 g, Eiweiß: 9.8 g, Fett: 2.9 g

Zubereitung:

1. Karotten und Ananas schälen. Gurken waschen, können, müssen aber nicht geschält werden.
2. Zutaten in Schachtgröße für den Entsafter zerkleinern.
3. Solange den Entsafter betätigen und nachstopfen, bis kein Saft mehr herauskommt.
4. Am besten sofort auf Eis genießen, kann aber bis zu 24 Stunden im Kühlschrank aufbewahrt werden.

Orange Karotte Sellerie Rote Rübe Zitrone Ingwer Saft

Was benötigen wir:

- 2 Orangen
- 2 Karotten
- 2 Stangen Sellerie
- 1 Rote Bete
- 1 Zitrone geschält
- 2 cm Stück Ingwer

Voraussichtliche Menge:

- 500 ml

Nährwerte:

- 305 kcal, Kohlenhydrate: 55.3 g, Eiweiß: 10.2 g, Fett: 1.8 g

Zubereitung:

1. Orangen und Zitrone schälen, das Weiße entfernen, kann sonst dem Saft eine bittere Note verleihen. Karotten schälen. Sellerie waschen und die Enden entfernen. Rote Rübe waschen. Ingwer waschen, kann, muss aber nicht geschält werden.
2. Zutaten in Schachtgröße für den Entsafter zerkleinern.
3. Solange den Entsafter betätigen und nachstopfen, bis kein Saft mehr herauskommt.
4. Am besten sofort genießen, kann aber bis zu 24 Stunden im Kühlschrank aufbewahrt werden.

Rote Beete Pfirsich Orange Apfel Saft

Was benötigen wir:

- 2 Orangen
- 2 Pfirsiche
- 2 Äpfel
- 1 Rote Bete
- 1TL Leinöl

Voraussichtliche Menge:

- 500 ml

Nährwerte:

- 496.7 kcal, Kohlenhydrate: 92.7 g, Eiweiß: 7 g, Fett: 8.9 g

Zubereitung:

1. Orangen schälen und das Weiße entfernen, kann sonst dem Saft eine bittere Note verleihen. Pfirsiche und Äpfel waschen, können, aber müssen nicht geschält werden.
2. Zutaten in Schachtgröße für den Entsafter zerkleinern.
3. Alle Zutaten nacheinander in den Entsafter geben, auch das Leinöl.
4. Solange den Entsafter betätigen und nachstopfen, bis kein Saft mehr herauskommt.
5. Am besten sofort genießen, kann aber bis zu 24 Stunden im Kühlschrank aufbewahrt werden.

Grünkohl Birne Zitrone Ingwer Saft

Was benötigen wir:

- ca. 2 cm Stück Ingwer
- 1 Birne
- 1/2 Zitrone
- 2 Stängel Grünkohl

Voraussichtliche Menge:

- 400 ml

Nährwerte:

- 120.2 kcal, Kohlenhydrate: 19.7 g, Eiweiß: 4.9 g, Fett: 1.3 g

Zubereitung:

1. Grünkohl gut waschen. Zitrone schälen und das Weiße entfernen, kann sonst dem Saft eine bittere Note verleihen. Birne waschen und den Stiel entfernen. Ingwer waschen, kann, muss aber nicht geschält werden.
2. Zutaten in Schachtgröße für den Entsafter zerkleinern.
3. Solange den Entsafter betätigen und nachstopfen, bis kein Saft mehr herauskommt.
4. Am besten sofort auf Eis genießen, kann aber bis zu 24 Stunden im Kühlschrank aufbewahrt werden.

Orange Gurke Spinat Kokos Saft

Was benötigen wir:

- 2 Orangen
- 1 Gurke
- 2 große Handvoll Spinat
- 1 kleine Tasse Kokoswasser

Voraussichtliche Menge:

- 450 ml

Nährwerte:

- 191.2 kcal, Kohlenhydrate: 33.4 g, Eiweiß: 6.2 g, Fett: 4.6 g

Zubereitung:

1. Spinat gut waschen. Gurke waschen, kann, muss aber nicht geschält werden. Orangen schälen und das Weiße entfernen, kann sonst dem Saft eine bittere Note verleihen.
2. Zutaten in Schachtgröße für den Entsafter zerkleinern.
3. Solange den Entsafter betätigen und nachstopfen, bis kein Saft mehr herauskommt.
4. Am besten sofort auf Eis genießen, kann aber bis zu 24 Stunden im Kühlschrank aufbewahrt werden.

Apfel Orange Erdbeere Grünkohl Ingwer Saft

Was benötigen wir:

- 1 Apfel
- 1 Orange
- 4 Blätter vom Grünkohl
- 200g Erdbeeren
- 2 cm Stück Ingwer

Voraussichtliche Menge:

- 500 ml

Nährwerte:

- 238.4 kcal, Kohlenhydrate: 45.2 g, Eiweiß: 7.7 g, Fett: 2.2 g

Zubereitung:

1. Apfel und Ingwer waschen, kann, muss aber nicht geschält werden. Orange schälen und das Weiße entfernen, kann sonst dem Saft eine bittere Note verleihen. Erdbeeren waschen und das Grüne entfernen. Grünkohl gut waschen.
2. Zutaten in Schachtgröße für den Entsafter zerkleinern.
3. Solange den Entsafter betätigen und nachstopfen, bis kein Saft mehr herauskommt.
4. Am besten sofort auf Eis genießen, kann aber bis zu 24 Stunden im Kühlschrank aufbewahrt werden.

Karotte Rote Bete Orange Gurke Dill Saft

Was benötigen wir:

- 8 Karotten
- 2 Rote Beete
- 1 Orange
- ½ Gurke
- 5 Stängel Dill

Voraussichtliche Menge:

- 550 ml

Nährwerte:

- 442.6 kcal, Kohlenhydrate: 85.3 g, Eiweiß: 12.4 g, Fett: 2.1g

Zubereitung:

1. Orange schälen und das Weiße entfernen, kann sonst dem Saft eine bittere Note verleihen. Karotten schälen. Gurke waschen, kann, muss aber nicht geschält werden.
2. Zutaten in Schachtgröße für den Entsafter zerkleinern.
3. Solange den Entsafter betätigen und nachstopfen, bis kein Saft mehr herauskommt.
4. Am besten sofort auf Eis genießen, kann aber bis zu 24 Stunden im Kühlschrank aufbewahrt werden.

Apfel Sellerie Kirschen Saft

Was benötigen wir:

- 1 Apfel
- 2 Stangen Staudensellerie
- 300g Kirschen

Voraussichtliche Menge:

- 500 ml

Nährwerte:

- 417 kcal, Kohlenhydrate: 77.9 g, Eiweiß: 8 g, Fett: 2.8g

Zubereitung:

1. Apfel waschen, kann, muss aber nicht geschält werden. Sellerie waschen und die Enden entfernen. Kirschen waschen, entsteinen und Stiel entfernen.
2. Zutaten in Schachtgröße für den Entsafter zerkleinern.
3. Solange den Entsafter betätigen und nachstopfen, bis kein Saft mehr herauskommt.
4. Am besten sofort auf Eis genießen, kann aber bis zu 24 Stunden im Kühlschrank aufbewahrt werden.

Broccoli Kohl Blumenkohl Apfel Zitrone Grünkohl Saf

Was benötigen wir:

- 1 Broccolistange
- ¼ Kohlkopf
- ¼ Blumenkohl
- 2 Äpfel
- ½ Zitrone
- 2 Grünkohlblätter

Voraussichtliche Menge:

- 400 ml

Nährwerte:

- 372 kcal, Kohlenhydrate: 53.2 g, Eiweiß: 19.5 g, Fett: 2 g

Zubereitung:

1. Äpfel waschen, können, müssen aber nicht geschält werden. Zitrone schälen, das Weiße entfernen, kann dem Saft sonst eine bitter Note verleihen. Gemüse waschen.
2. Zutaten in Schachtgröße für den Entsafter zerkleinern.
3. Solange den Entsafter betätigen und nachstopfen, bis kein Saft mehr herauskommt.
4. Am besten sofort genießen, kann aber bis zu 24 Stunden im Kühlschrank aufbewahrt werden.

Spargel Kartoffel Petersilie Grapefruit Saft

Was benötigen wir:

- 750 Gramm weißer Spargel
- 2 große Kartoffeln
- Ein Stängel frische Petersilie
- Prise Salz
- Prise Pfeffer
- 4 Grapefruits

Voraussichtliche Menge:

- 1000 ml

Nährwerte:

- 613.9 kcal, Kohlenhydrate: 105.5 g, Eiweiß: 24.9 g, Fett: 3.8 g

Zubereitung:

1. Spargel gut schälen. Kartoffeln waschen. Grapefruits schälen und das Weiße entfernen, kann sonst dem Saft eine bittere Note verleihen.
2. Zutaten in Schachtgröße für den Entsafter zerkleinern.
3. Solange den Entsafter betätigen und nachstopfen, bis kein Saft mehr herauskommt.
4. Am besten sofort auf Eis genießen, kann aber bis zu 24 Stunden im Kühlschrank aufbewahrt werden.
5. Mit Salz und Pfeffer abschmecken.

Erdbeere Spargel Basilikum Saft

Was benötigen wir:

- 300g Erdbeeren
- 6 Stangen Spargel
- 6 Blätter Basilikum

Voraussichtliche Menge:

- 450 ml

Nährwerte:

- 165.7 kcal, Kohlenhydrate: 29.2 g, Eiweiß: 9.8 g, Fett: 2 g

Zubereitung:

1. Erdbeeren waschen und vom Strunk befreien. Spargel gut schälen.
2. Zutaten in Schachtgröße für den Entsafter zerkleinern.
3. Solange den Entsafter betätigen und nachstopfen, bis kein Saft mehr herauskommt.
4. Am besten sofort auf Eis genießen, kann aber bis zu 24 Stunden im Kühlschrank aufbewahrt werden.

Spinat Avocado Chiasamen Hanfsamen Walnuss Kokos Saft

Was benötigen wir:

- 100g Spinat
- 1 Avocado
- 100g Walnüsse
- 2 TL Chiasamen
- 2 TL Hanfsamen
- 2 Gläser Kokoswasser

Voraussichtliche Menge:

- 500 ml

Nährwerte:

- 1322.9 kcal, Kohlenhydrate: 20.6 g, Eiweiß: 26.3 g, Fett: 117.6 g

Zubereitung:

1. Nüsse in Wasser einlegen, danach abgießen. Avocado entsteinen.
2. Zutaten in Schachtgröße für den Entsafter zerkleinern.
3. Solange den Entsafter betätigen und nachstopfen, bis kein Saft mehr herauskommt.
4. Am besten sofort auf Eis genießen, kann aber bis zu 24 Stunden im Kühlschrank aufbewahrt werden.

Weisskohl Apfel Karotten Fenchel Ingwer Petersilien Saft

Was benötigen wir:

- 1/4 Weißkohl
- 2 Äpfel
- 3 Karotten
- 1/4 Fenchel
- 2 cm Ingwer
- 2 Stängel Petersilie

Voraussichtliche Menge:

- 500 ml

Nährwerte:

- 348.8 kcal, Kohlenhydrate: 63 g, Eiweiß: 7.8 g, Fett: 1.6 g

Zubereitung:

1. Apfel waschen, kann, muss aber nicht geschält werden. Fenchel gut waschen. Karotten schälen. Weißkohl gut waschen. Petersilie waschen. Ingwer waschen, kann, muss aber nicht geschält werden.
2. Zutaten in Schachtgröße für den Entsafter zerkleinern.
3. Solange den Entsafter betätigen und nachstopfen, bis kein Saft mehr herauskommt.
4. Am besten sofort auf Eis genießen, kann aber bis zu 24 Stunden im Kühlschrank aufbewahrt werden.

Milch-Schaum-Getränke

Heildelbeere Bananen Milchschaum

Was benötigen wir:

- 300g Heidelbeeren
- 2 Bananen
- Milchschaum
- 1TL Honig

Voraussichtliche Menge:

- 500 ml

Nährwerte:

- 481.9 kcal, Kohlenhydrate: 100.2 g, Eiweiß: 4.9 g, Fett: 2.3 g

Zubereitung:

1. Heidelbeeren gut waschen. Bananen schälen.
2. Zutaten in Schachtgröße für den Entsafter zerkleinern.
3. Solange den Entsafter betätigen und nachstopfen, bis kein Saft mehr herauskommt.
4. Am besten sofort genießen.

Avocado Banane Milchschaum

Was benötigen wir:

- 1 Avocado
- 2 Bananen
- 1 Tasse Milchschaum
- 3/4Tasse Naturjoghurt
- Agavensirup

Voraussichtliche Menge:

- 500 ml

Nährwerte:

- 791.6 kcal, Kohlenhydrate: 67.8 g, Eiweiß: 12.6 g, Fett: 48 g

Zubereitung:

1. Bananen schälen. Avocado entsteinen.
2. Zutaten in Schachtgröße für den Entsafter zerkleinern.
3. Alle Zutaten nacheinander in den Entsafter geben, bis auf den Milchschaum.
4. Solange den Entsafter betätigen und nachstopfen, bis kein Saft mehr herauskommt.
5. In Gläser füllen
6. Michschaum hinzufügen und am besten sofort genießen.

Bananen Honig Milchschaum

Was benötigen wir:

- 3 Bananen
- 3EL Honig
- 200 ml heißen Milchschaum

Voraussichtliche Menge:

- 450 ml

Nährwerte:

- 579.4 kcal, Kohlenhydrate: 133.2 g, Eiweiß: 4.6 g, Fett: 1.3 g

Zubereitung:

1. Bananen schälen.
2. Zutaten in Schachtgröße für den Entsafter zerkleinern.
3. Solange den Entsafter betätigen und nachstopfen, bis kein Saft mehr herauskommt.
4. In Gläser füllen und den heißen Milchschaum hinzufügen.
5. Am besten sofort genießen.

Himbeer Erdbeer Milchschaum

Was benötigen wir:

- 200 g Erdbeeren
- 200g Brombeeren
- 200 ml heißen Milchschaum

Voraussichtliche Menge:

- 500 ml

Nährwerte:

- 168.8 kcal, Kohlenhydrate: 26.4 g, Eiweiß: 3.6 g, Fett: 1.6 g

Zubereitung:

1. Brombeeren und Erdbeeren waschen und vom Strunk befreien.
2. Zutaten in Schachtgröße für den Entsafter zerkleinern.
3. Solange den Entsafter betätigen und nachstopfen, bis kein Saft mehr herauskommt.
4. Am besten sofort genießen.

Ingwer Honig Karotte Milchschaum

Was benötigen wir:

- 200 ml heißen Milchschaum
- 2 Karotten
- 1 Stück Ingwer
- 2 EL Honig

Voraussichtliche Menge:

- 400 ml

Nährwerte:

- 200 kcal, Kohlenhydrate: 44 g, Eiweiß: 2 g, Fett: 0.4 g

Zubereitung:

1. Karotten waschen und schälen. Ingwer waschen, kann, muss aber nicht geschält werden.
2. Zutaten in Schachtgröße für den Entsafter zerkleinern.
3. Alle Zutaten nacheinander in den Entsafter geben, bis auf den Honig.
4. Solange den Entsafter betätigen und nachstopfen, bis kein Saft mehr herauskommt.
5. In Gläser füllen und heißen Milchschaum hinzugeben, je nach Geschmack mit Honig verfeinern.
6. Am besten sofort genießen.

Himbeer Erdbeer Milchschaum

Was benötigen wir:

- 200 g Erdbeeren
- 200g Himbeeren
- 200 ml heißen Milchschaum

Voraussichtliche Menge:

- 500 ml

Nährwerte:

- 181.6 kcal, Kohlenhydrate: 28.2 g, Eiweiß: 4.0 g, Fett: 2.0 g

Zubereitung:

1. Himbeeren und Erdbeeren waschen und vom Strunk befreien.
2. Zutaten in Schachtgröße für den Entsafter zerkleinern.
3. Solange den Entsafter betätigen und nachstopfen, bis kein Saft mehr herauskommt.
4. In Gläser füllen und heißen Milchschaum hinzufügen.
5. Am besten sofort genießen.

Cocktails (mit Alkohol)

Blaubeere Himbeere Cocktail

Was benötigen wir:

- 150 g Blaubeeren
- 150 g Himbeeren
- 6 cl Batida de Coco
- 6 cl Joghurt-Likör

Voraussichtliche Menge:

- 400 ml

Nährwerte:

- 202.1 kcal, Kohlenhydrate: 35.4 g, Eiweiß: 2.7 g, Fett: 1.6 g

Zubereitung:

1. Blaubeeren und Himbeeren waschen und vom Strunk befreien.
2. Zutaten in Schachtgröße für den Entsafter zerkleinern.
3. Solange den Entsafter betätigen und nachstopfen, bis kein Saft mehr herauskommt.
4. In Gläser füllen und Batida de Coco und den Joghurt-Likör hinzugeben.
5. Am besten sofort auf Eis genießen.

Kirsch Zitrone Himbeer Minz Cocktail

Was benötigen wir:

- 200 g Kirschen
- 1/2 Zitrone
- 300 ml Sodawasser
- 3 cl Wodka
- 4 Blätter Minze
- 200g Himbeeren

Voraussichtliche Menge:

- 500 ml

Nährwerte:

- 327 kcal, Kohlenhydrate: 44.8 g, Eiweiß: 5 g, Fett: 2.2 g

Zubereitung:

1. Kirschen waschen und entsteinen. Zitrone schälen und das Weiße entfernen, kann sonst dem Cocktail eine bittere Note verleihen. Himbeeren waschen.
2. Zutaten in Schachtgröße für den Entsafter zerkleinern.
3. Alle Zutaten nacheinander in den Entsafter geben, bis auf das Wasser.
4. Solange den Entsafter betätigen und nachstopfen, bis kein Saft mehr herauskommt.
5. In Gläser füllen und das Wasser hinzugeben.
6. Am besten sofort auf Eis genießen, kann aber bis zu 24 Stunden im Kühlschrank aufbewahrt werden.

Zwetschgen Vanille Zimt Cocktail

Was benötigen wir:

- 2 kg Zwetschgen
- Zucker
- 2 Päckchen Vanillezucker
- 1TL Zimt
- 1 Msp Nelken (gemahlen)
- 2cl Rum

Voraussichtliche Menge:

- 500 ml

Nährwerte:

- 581.8 kcal, Kohlenhydrate: 107.7 g, Eiweiß: 6 g, Fett: 2 g

Zubereitung:

1. Zwetschgen gut waschen.
2. Zutaten in Schachtgröße für den Entsafter zerkleinern.
3. Alle Zutaten nacheinander in den Entsafter geben, bis auf den Rum und den Zucker.
4. Solange den Entsafter betätigen und nachstopfen, bis kein Saft mehr herauskommt.
5. In Gläser füllen und den Rum hinzufügen.
6. Am besten sofort auf Eis genießen, kann aber bis zu 24 Stunden im Kühlschrank aufbewahrt werden.
7. Je nach Belieben noch den Zucker hinzufügen.

Erdbeeren Minze Zitrone Cocktail

Was benötigen wir:

- 300g Erdbeeren
- 3 Blätter Minze
- 2 Zitronen
- 5cl Batida de Coco

Voraussichtliche Menge:

- 400 ml

Nährwerte:

- 129.4 kcal, Kohlenhydrate: 24.3 g, Eiweiß: 2.4 g, Fett: 1.2 g

Zubereitung:

1. Erdbeeren waschen und vom Strunk befreien. Zitrone schälen und vom Weißen befreien, kann sonst dem Cocktail eine bittere Note verleihen.
2. Zutaten in Schachtgröße für den Entsafter zerkleinern.
3. Solange den Entsafter betätigen und nachstopfen, bis kein Saft mehr herauskommt.
4. Am besten sofort auf Eis genießen, kann aber bis zu 24 Stunden im Kühlschrank aufbewahrt werden.

Ananas Maracuja Erdbeere Sahne Cocktail

Was benötigen wir:

- 1 Ananas
- 2 Maracujas
- 100g Erdbeeren
- 50 ml Sahne
- 50 ml Batida de Coco

Voraussichtliche Menge:

- 450 ml

Nährwerte:

- 557.2 kcal, Kohlenhydrate: 91.8 g, Eiweiß: 8.5g, Fett: 15 g

Zubereitung:

1. Ananas und Maracuja Schälen. Erdbeeren waschen und vom Strunk befreien.
2. Zutaten in Schachtgröße für den Entsafter zerkleinern.
3. Solange den Entsafter betätigen und nachstopfen, bis kein Saft mehr herauskommt.
4. Am besten sofort auf Eis genießen, kann aber bis zu 24 Stunden im Kühlschrank aufbewahrt werden.

Maracuja Zitrone Aprikose Cocktail

Was benötigen wir:

- 2 Maracujas
- 1 Zitrone
- 2 Aprikosen
- 4cl Wodka

Voraussichtliche Menge:

- 400 ml

Nährwerte:

- 280.2 kcal, Kohlenhydrate: 30.2 g, Eiweiß: 4.8 g, Fett: 1 g

Zubereitung:

1. Zitrone schälen und das Weiße entfernen, kann sonst dem Cocktail eine bittere Note verleihen. Aprikose und Maracujas können, müssen aber nicht geschält werden.
2. Zutaten in Schachtgröße für den Entsafter zerkleinern.
3. Solange den Entsafter betätigen und nachstopfen, bis kein Saft mehr herauskommt.
4. Am besten sofort auf Eis genießen, kann aber bis zu 24 Stunden im Kühlschrank aufbewahrt werden.

Schlusswort

Ich hoffe wir konnten Ihnen die Welt der Säfte mit dem Entsafter ein wenig näherbringen und ich hoffe auch, dass wir Sie zum Nachmachen angeregt haben. Vielleicht probieren Sie den einen oder anderen Saft aus und haben noch eine Idee für eine Verfeinerung? Nur zu. Der Fantasie des Entsaftens sind keine Grenzen gesetzt. Erlaubt ist, was einem schmeckt. Und Geschmäcker sind ja bekanntlich verschieden. Wir würden uns auf jeden Fall freuen, wenn Sie hierunter ein Highlight für sich entdeckt haben. In diesem Sinne wünschen wir Ihnen alles Gute und bleiben Sie gesund.

Haftungsausschluss

Die Umsetzung aller enthaltenen Informationen, Anleitungen und Strategien dieses Buches erfolgen auf eigenes Risiko. Für etwaige Schäden jeglicher Art kann der Autor aus keinem Rechtsgrund eine Haftung übernehmen. Für Schäden materieller oder ideeller Art, die durch die Nutzung oder Nichtnutzung der Informationen bzw. durch die Nutzung fehlerhafter und/oder unvollständiger Informationen verursacht wurden, sind Haftungsansprüche gegen den Autor grundsätzlich ausgeschlossen. Ausgeschlossen sind daher auch jegliche Rechts- und Schadensersatzansprüche. Dieses Werk wurde mit größter Sorgfalt nach bestem Wissen und Gewissen erarbeitet und niedergeschrieben. Für die Aktualität, Vollständigkeit und Qualität der Informationen übernimmt der Autor jedoch keinerlei Gewähr. Auch können Druckfehler und Falschinformationen nicht vollständig ausgeschlossen werden. Für fehlerhafte Angaben vom Autor, kann keine juristische Verantwortung sowie Haftung in irgendeiner Form übernommen werden.

Urheberrecht

Alle Inhalte dieses Werkes sowie Informationen, Strategien und Tipps sind urheberrechtlich geschützt. Alle Rechte sind vorbehalten. Jeglicher Nachdruck oder jegliche Reproduktion – auch nur auszugsweise – in irgendeiner Form wie Fotokopie oder ähnlichen Verfahren, Einspeicherung, Verarbeitung, Vervielfältigung und Verbreitung mit Hilfe von elektronischen Systemen jeglicher Art (gesamt oder nur auszugsweise) ist ohne ausdrückliche schriftliche Genehmigung des Autors strengstens untersagt. Alle Übersetzungsrechte vorbehalten. Die Inhalte dürfen keinesfalls veröffentlicht werden. Bei Missachtung behält sich der Autor, Verlag rechtliche Schritte vor.

Impressum

© Claudia Müller

©MaMa Verlag

2021

1. Auflage

Autor & MaMa Verlag wird vertreten durch:

Marius Hirscher, Robert-Koch-Weg 14, 88239 Wangen

Quellen

Bilder von Depositphotos.com

Printed in Poland
by Amazon Fulfillment
Poland Sp. z o.o., Wrocław

74435821R00043

⚜ INHALT

111 Super Säfte

Für mehr Energie und Power im Alltag

ISBN: 9798501437579

Claudia Müller

[x]		vor *e/i*: ***G**erona* [xeˈrona], ***g**itano* [xiˈtano]

A Iи der Buchstabenkombination *gu* vor *e/i* wird das *u* nicht ausgesprochen; ansonsten gelten die genannten Regeln: ***gu**itarra* [giˈtarra], ***gu**erra* [ˈgerra]; aber *una **gu**itarra* [unaɣiˈtarra], *a**gu**a* [ˈaɣwa]

h	[ ]	***H**olanda* [oˈlanda], *el **h**otel* [eloˈtel]
j	[x]	*espe**j**o* [esˈpexo], ***J**osé* [xoˈse]
k	[k]	***k**ilo* [ˈkilo], ***k**ilómetro* [kiˈlometro], ***k**iwi* [ˈkiwi]
l	[l]	***L**o**l**a* [ˈlola], *hote**l*** [oˈtel]
ll	[ʎ]	*Sevi**ll**a* [seˈβiʎa], *ca**ll**e* [ˈkaʎe], ***ll**orar* [ʎoˈrar]
m	[m]	***M**álaga* [ˈmalaɣa], ***m**a**m**á* [maˈma]
n	[n]	außer vor den im folgenden genannten Konsonanten: *A**n**a* [ˈana], *A**n**to**n**io* [anˈtonjo].
	[ŋ]	vor [k], [g], [x] und [w]: *Cue**n**ca* [ˈkweŋka], *le**n**gua* [ˈleŋgwa], *e**n** casa* [eŋˈkasa], *fi**n**gir* [fiŋˈxir], *u**n** huerto* [uŋˈwerto]
	[m]	vor [p], [b], [f]: *e**n** pie* [emˈpje], *u**n** baile* [umˈbaile], *u**n** vino* [umˈbino], *co**n**fuso*, [komˈfuso], *u**n** favor* [umfaˈβor]

A Ein *n* am Wortende wird kurz ausgesprochen: *pa**n**, alemá**n***

ñ	[ɲ]	*Espa**ñ**a* [esˈpaɲa], *se**ñ**ora* [seˈɲora]
p	[p]	***P**ablo* [ˈpablo], *rá**p**ido* [ˈrrapido], ***p**adre* [ˈpadre]
qu	[k]	*par**qu**e* [ˈparke], ***Qu**ito* [ˈkito], ***qu**eso* [ˈkeso]
r	[r]	außer im Anlaut und nach *n*, *l*, *s*: *pe**r**o* [ˈpero], *ma**r*** [mar],
	[rr]	im absoluten Anlaut und nach *n*, *l*, *s*: ***r**ápido* [ˈrrapiðo], *en**r**edo* [enˈrreðo], *al**r**ededor* [alrreðeˈðor], *is**r**aelí* [isrraeˈli]
rr	[rr]	*ca**rr**o* [ˈkarro], *bu**rr**o* [ˈburro], *pe**rr**o* [ˈperro]

A Vgl. *pero* [ˈpero] und *perro* [ˈperro], *cero* [ˈθero] und *cerro* [ˈθerro].

s	[s]	außer vor stimmhaften Konsonanten: *Ro**s**a* [ˈrrosa], *se**ñ**ora* [seˈɲora], *E**s**teban* [esˈteβan], *pe**s**ca* [ˈpeska].
	[z]	vor stimmhaften Konsonanten: *mi**s**mo* [ˈmizmo], *ra**s**go* [ˈrrazɣo], *i**s**la* [ˈizla]

t	[t]	***T**oledo* [toˈleðo], *pan**t**alón* [pantaˈlon]
v	[b]/[β]	Vgl. *b*
w	[w]	kommt nur in wenige Fremdwörtern vor: ***w**indsurf* [ˈwindsurf], ***w**isky* [ˈwiski]
x	[ɣs]	*te**x**to* [ˈteɣsto], *e**x**plicación* [eɣsplikaˈθjon], *e**x**amen* [eɣˈsamen], *e**x**celente* [eɣsθeˈlente]

A *x* wird oft nur [s] ausgesprochen: *te**x**to* [ˈtesto]. Diese Aussprachevariante gilt jedoch nur zwischen Vokal und Konsonant und am Wortanfang als korrekt.

y	[i]	nur in einigen Eigennamen und Fremdwörtern sowie bei der Konjunktion *y* zwischen Konsonanten: *wisk**y*** [ˈwiski], *pan **y** vino* [ˈpaniˈβino]

A Steht die Konjunktion *y* vor oder nach einem Vokal, so verschmilzt sie mit diesem zu einem Diphthong: *hablan **y** escriben* [ˈaβlanjesˈkriβen], *padre **y** madre* [ˈpadreiˈmadre], *este **y** aquel* [ˈestejaˈkel]

	[j]	***y**o* [jo], *ma**y**o* [ˈmajo], *Paragua**y*** [paraˈɣwaj]
z	[θ]	*ta**z**a* [ˈtaθa], ***z**apato* [θaˈpato].

3 Schreibweise bei bestimmten Lauten

Laut	Schreibung	Regel	Beispiele
[θ]	*c*	vor *e, i*	**Cecilia, ciento**
	z	vor *a, o, u*	**Zaragoza, lazo, azul**
		und am Wortende	**Beatriz, luz**
[g]/[ɣ]	*gu*	vor *e, i*	**gu**erra, **guí**a
	g	vor *a, o,* u	**g**alante, **g**orila, **g**usto
		und vor einem	
		Konsonanten	**Granada**
[k]	*qu*	vor *e, i*	**qué, Qui**jote
	c	vor *a, o,* u	**c**aso, **c**osta, **C**uba
		und vor einem	
		Konsonanten	**c**risis
[x]	*g* (manchmal *j*)	vor *e, i*	**g**ente, **G**iro, **J**esús, **J**erez
	j	vor *a, o, u*	**j**amás, **J**uan, **J**osé

4 Betonung und Akzent

1 Bei Wörtern, die auf einen Vokal oder *-n* oder *-s* enden, wird die vorletzte Silbe betont:

Granada familia examen zapatos

2 Bei Wörtern, die auf einen Konsonanten, außer *-n* oder *-s*, enden, wird die letzte Silbe betont:

Portugal comer ineficaz Madrid

3 Wenn die Betonung eines Wortes von den unter 1 und 2 genannten Regeln abweicht, so wird der betonte Vokal mit einem geschriebenen Akzent versehen. Das gilt insbesondere:

a wenn ein Wort, das auf Vokal, *-n* oder *-s* endet, auf der letzten Silbe betont wird:

José camión francés detrás

b wenn ein Wort, das auf Konsonant (außer *-n* oder *-s*) endet, auf der vorletzten Silbe betont wird:

fácil azúcar télex automóvil

c bei allen Wörtern, die weder auf der letzten noch der vorletzten Silbe betont werden:

Málaga América lúgubre automático

A1 Im Spanischen gibt es nur eine Akzentform: .

A2 Diphthonge werden wie einzelne Vokale behandelt: erhält ein Diphthong einen Akzent, steht dieser auf dem starken Vokal (vg. § 2.3): *tenéis, cuádruple, huérfano*

A3 Der Akzent muß auch auf Großbuchstaben geschrieben werden: *NÚMERO, AMÉRICA.* (Diese Regel wird jedoch nicht immer befolgt.)

A4 Im Plural werden die Wörter in der Regel auf der gleichen Lautgruppe betont wie im Singular. Dies führt dazu, daß Substantive, die im Singular einen Akzent auf der letzten Silbe tragen, diesen (nach Regel 1) verlieren: *francés – franceses, camión – camiones*

A5 Einige Substantive werden im Singular und Plural auf unterschiedlichen Silben betont, was auch durch die unterschiedliche Akzentsetzung ausgedrückt wird: carácter – caracteres, régimen – regímenes

5 Sonstiger Gebrauch der Akzents

Der geschriebene Akzent wird auch gebraucht:

1 um Wörter mit der gleichen Lautform aber mit unterschiedlicher Bedeutung voneinander zu unterscheiden:

él	er	el	der, die, das	sé	ich weiß	se	sich
mí	mir, mich	mi	mein	sólo	nur	solo	einzeln, allein
sí	ja, sich selbst	si	wenn, ob	(Adv)		(Adj.)	
té	Tee	te	dir, dich	más	mehr	mas	aber
tú	du	tu	dein				

2 bei allen Fragewörtern, auch in indirekten Fragen. Dies unterscheidet sie von gleichlautenden Konjunktionen, Relativpronomen, usw.:

¿cómo?	wie?	como	(so) wie, da; ich esse
¿cuál?/¿cuáles?	welche/r/s?		
¿dónde?	wo?	donde	(dort) wo (Relativadverb)
¿por qué?	warum?	porque	weil
¿qué?	was (für eine/r/s)?	que	daß, der/welcher (Relativpron.)
¿quién?	wer?	quien	derjenige, der

3 bei abgeleiteten Adverbien, wenn auch das Adjektiv einen Akzent trägt:

fácil   fácilmente

4 wahlweise bei Demonstrativpronomina, mit Ausnahme von *esto, eso* und *aquello*:

¿Quién es éste?	Wer ist das?
Tengo dos fotos de mi novia:	Ich habe zwei Fotos von meiner Freundin:
ésa es menos clara que ésta.	jenes ist weniger deutlich als dieses.
Aber: ¿Qué es eso?	Was ist das (da)?

A Der Akzent ist nur dann notwendig, wenn Verwechselung mit dem Demonstrativbegleiter möglich ist:

Todos llevan cosas: *éstos* libros,	Jeder hat etwas dabei: diese (haben) Bücher,
ésos periódicos. (= éstos llevan libros,	jene (haben) Zeitungen.
ésos llevan periódicos)	

5 bei *o* (= ‚oder‘) zwischen Zahlwörtern:

20 ó 25 años   20 oder 25 Jahre

6 Der Gebrauch von Großbuchstaben

1 Großbuchstaben werden wie im Deutschen am Satzanfang und bei Eigennamen (Namen von Ländern, Personen, Institutionen) gebraucht. Bei Titeln von Romanen, Filmen, u.ä. wird der Anfangsbuchstabe groß geschrieben:

El coche está listo.	Das Auto ist fertig.
Alemania	Deutschland
Europa	Europa

Juan	Juan
la señora **Martínez**	Frau **Martínez**
Ministerio de Justicia	**Justizministerium**
Partido Popular	**Volkspartei**
La novela «Cien años de soledad» de	Die Roman „**H**undert Jahre Einsamkeit"
García Márquez es muy conocida.	von García Márquez ist sehr bekannt.

2   Andere Substantive werden im Spanischen kleingeschrieben:

un **z**apato	ein **S**chuh
la próxima **s**emana	nächste **W**oche

Dazu gehören auch

a Monatsnamen, Jahreszeiten, Wochentage und Himmelsrichtungen:

enero, **f**ebrero	Januar, Februar
verano, **i**nvierno	**S**ommer, **W**inter
lunes, **m**artes	**M**ontag, **D**ienstag
el **n**orte, el **s**ur	der **N**orden, der **S**üden

b die Namen von Religionen und deren Anhänger:

el **c**ristianismo	das **C**hristentum
el **i**slam	der Islam
los **m**usulmanes	die **M**uslime

c Wörter, die von Eigennamen abgeleitet werden, und Namen geografischer Herkunft:

un **m**adrileño	ein **M**adrider
una **e**spañola	eine **S**panierin
una pintura **g**oyesca	ein Bild in der Art von Goya

7   Zeichensetzung

In der Regel werden die Satzzeichen im Spanischen ähnlich wie im Deutschen gebraucht. Die wichtigsten Unterschiede sind:

1   Fragezeichen und Ausrufezeichen

a Im Spanischen müssen Fragen und Ausrufe von einem umgekehrten Fragezeichen bzw. Ausrufezeichen eingeleitet werden. Sie werden mit einem normalen Fragezeichen bzw. Ausrufezeichen abgeschlossen:

¿Quieres un zumo?	Möchtest du einen Saft?
¡Dame el bolígrafo!	Gib mir den Kugelschreiber!

b Nur der eigentliche Frage- bzw. Ausrufesatz steht zwischen den beiden Frage- bzw. Ausrufezeichen. Das bedeutet, daß diese Satzzeichen nicht immer am Anfang und am Ende eines ganzen Satzes stehen:

Pablo, ¿quieres una cerveza?	Pablo, möchtest du ein Bier?
¡Hombre!, ¿qué tal?	Menschenkind, wie geht's dir?
El tiempo es bueno, ¿no?	Das Wetter ist gut, nicht wahr?

2   Gedankenstrich

Statt der im Deutschen üblichen Anführungszeichen stehen zur Kennzeichnung der direkten Rede im Spanischen lange Gedankenstriche.

a Ein einzelner Gedankenstrich steht am Anfang der direkten Rede, wenn kein Begleitsatz folgt:

—¿Quieres ir conmigo al cine?   ”Willst du mit mir ins Kino gehen?”

b Die direkte Rede oder Frage steht zwischen zwei Gedankenstrichen, wenn ihr der Begleitsatz folgt:

—¿Quieres ir conmigo al cine?   ”Willst du mit mir ins Kino gehen?”
—me preguntó Juan.   fragte mich Juan.

c Wenn die direkte Rede nach dem Begleitsatz weitergeht, wird dieser Begleitsatz ebenfalls mit einem Gedankenstrich abgeschlossen:

—No sé si tengo tiempo —le contesté.   „Ich weiß nicht, ob ich Zeit habe", antwortete ich
—Mi padre me necesita.   ihm. „Mein Vater braucht mich."

3   Komma

Das Komma wird gebraucht:

a bei Anreden:

Juan, díme.   Juan, sag mal.

b oft nach Nebensätzen, die dem Hauptsatz vorausgehen:

Cuando llegó el médico,   Als der Arzt ankam, war es
fue ya demasiado tarde.   schon zu spät.

Kein Komma steht jedoch vor *que*-Sätzen und den meisten sonstigen Nebensätzen, die dem Hauptsatz folgen:

Me alegro de que hayas vuelto.   Ich bin froh, daß du zurückgekommen bist.
Llámame tan pronto como llegues.   Ruf mich an, sobald du ankommst.

c Relativsätze stehen zwischen Kommata, wenn sie nicht wesentlich zum Verständnis des Hauptsatzes beitragen (= sog. „nicht notwendige Relativsätze"):

El coche de mi tío, que te   Das Auto meines Onkels, das dir so gut
gusta tanto, fue robado ayer.   gefällt, wurde gestern gestohlen.

Sie werden nicht durch Komma abgetrennt, wenn der Satz ohne sie nicht vollständig oder nicht verständlich wäre (= sog. „notwendige Relativsätze")

El coche que mi tío tiene ahora   Das Auto, das mein Onkel jetzt
es de mi abuelo.   hat, gehört meinem Opa.

A Die gleichen Regeln gelten auch für verkürzte Relativsätze:

La radio, instalada por mi tío,   Das Radio, das von meinem Onkel eingebaut
la encontraron en la playa.   worden war, wurde am Strand gefunden.
Me gusta más la sopa preparada   Am Liebsten mag ich die Suppe,
por mi abuela.   die meine Oma kocht.

d in Aufzählungen zur Abtrennung von nicht mit *y* abgeschlossenen Elementen und in Auflistungen:

Llegué, vi y vencí.   Ich kam, sah und siegte.
Allí venden camisas, blusas, pantalones   Dort verkauft man Hemden, Blusen, Hosen,
   faldas, bueno... ropa.   Röcke, also ... Kleidung.

e vor *etc.* bei Aufzählungen:

Necesitamos bebidas: limón,   Wir brauchen Getränke: Limonade,
   naranja, etc.   Orangeade usw.

f vor *y, o* oder *ni*, wenn sie Sätze mit unterschiedlichen Subjekten verbinden:

Yo hago la compra, y tú friegas los platos.   Ich kaufe ein, und du spülst das Geschirr.
Decide si haces el trabajo solo,   Entscheide, ob du die Arbeit allein machen willst,
   o si te ayudo yo.   oder ob ich dir helfen soll.
Ni él sabe si va a venir, ni yo si   Weder weiß er, ob er kommt, noch ich, ob
   voy a estar aquí.   ich da sein werde.

g nach satzeinleitenden Adverbien und adverbialen Ausdrücken wie *sin embargo, en cambio, en fin, por consiguiente, por último, entonces, en realidad, además, por eso* usw.

Sin embargo, no estoy de acuerdo contigo.   Dennoch bin ich nicht mit dir einverstanden.

h zur Abtrennung von verkürzten Nebensätzen (*gerundio* oder *al + infinitivo*):

Pensándolo bien, creo que no lo voy   Wenn ich es mir recht überlege, glaube ich,
   a hacer.   daß ich es nicht machen werde.
Al oír esto, se dio la vuelta y se fue.   Als er das hörte, drehte er sich um und
                              verschwand.

A Vor einem Infinitiv, der dem Verb folgt, steht jedoch im Gegensatz zum Deutschen kein Komma:
Vengo a despedirme.   Ich komme, um mich zu verabschieden.

8 Silbentrennung

Für die Silbentrennung gelten im Spanischen folgende Regeln:

1 ein einzelner Konsonant zwischen zwei Vokalen tritt zusammen mit dem folgenden Vokal in die nächste Zeile: *ri- co, da- do, ro- jo:*

2 *ch, ll, rr* werden nicht getrennt: *co- che, ca- lle, ca- rro*

3 Kombinationen von *b, c, f, g, d, t* mit *r* oder *l* werden nicht getrennt:
a- brir, Ma- drid, a- trás, ha- blar, a- grio

4 zwei aufeinanderfolgende silbenbildende Vokale können getrennt werden:
a- é- re- o, ca- o- ba, le- er

5 Diphthonge werden nie getrennt:
rui- do, nue- vo

2 Der Artikel
El artículo

9 Die Formen des bestimmten und unbestimmten Artikels

1 Wie im Deutschen gibt es im Spanischen den bestimmten Artikel, der auf etwas Bekanntes oder bereits Genanntes verweist und den unbestimmten Artikel, der auf etwas Unbekanntes oder noch nicht Genanntes verweist.

2 Der Artikel richtet sich in Genus (Maskulinum und Femininum) und Numerus (Singular und Plural) nach dem Substantiv, zu dem er gehört:

	der bestimmte Artikel *(el artículo determinado)*		der unbestimmte Artikel *(el artículo indeterminado)*	
	m.	f.	m.	f.
Sg.	*el*	*la*	*un*	*una*
Pl.	*los*	*las*	*(unos)*	*(unas)*

el amigo	**der** Freund	**un** amigo	**ein** Freund
la señora	**die** Frau	**una** señora	**eine** Frau
los amigos	**die** Freunde	**(unos)** amigos	**(einige)** Freunde
las señoras	**die** Frauen	**(unas)** señoras	**(einige)** Frauen

A In der Form entsprechen *unos / unas* dem Plural des unbestimmten Artikels, in der Bedeutung jedoch meist einem indefiniten Begleiter (vgl. § 12). Wie das Deutsche verwendet auch das Spanische für den Plural gewöhnlich keinen Artikel:

unos marcos	**einige** Mark	**unas** cosas	**einige** Sachen
Tengo un problema.	Ich habe ein Problem.	Tengo problemas.	Ich habe Probleme.

3 Neben den maskulinen und femininen Formen des bestimmten Artikels gibt es die neutrale Form *lo* (vgl. § 11).

4 Neben dem unbestimmten Artikel *un* gibt es auch die Form *uno*. Diese kann ein Zahlwort oder ein indefinites Pronomen sein. (vgl. § 101 und § 97).

5 *El* verschmilzt mit den Präpositionen *a* und *de* zu *al* bzw. *del:*

Vamos **al** centro.	*(a + el* —> *al)*	Wir gehen ins Zentrum.
Tomamos el menú **del** día.	*(de + el* —> *del)*	Wir nehmen das Tagesgericht.

A Wenn *el* Teil eines Eigennamens ist, wird es – zumindest in der Schriftsprache – nicht mit den Präpositionen verschmolzen:

Este cuadro es **de El Greco.** Dieses Gemälde ist von El Greco.

Fuimos en tren **a El Cairo.** Wir sind mit dem Zug nach Kairo gefahren.

10 *El* statt *la*, *un* statt *una*

Vor femininen Substantiven, die mit einem betonten *a* oder *ha* anfangen, wird im Singular *el* oder *un* statt *la* oder *una* gebraucht:

el agua del mar	das Meerwasser
Es **el habla** de los jóvenes.	Das ist die Sprache der Jugend.
un alma de Dios	eine Seele von Mensch

A1 Die anderen Begleiter und die Adjektive behalten jedoch immer die feminine Form (mit Ausnahme von *algún* und *ningún* – vgl. § 86.2):

Esta agua es muy **buena.**	Dieses Wasser ist sehr gut.

A2 Vor Eigennamen oder Ableitungen aus Eigennamen, die mit *a* oder *ha* anfangen, bleibt die feminine Form des Artikels unverändert: *la árabe, La Haya.*

11 Der Gebrauch von *lo*

Lo wird gebraucht:

1 um einen Sachverhalt zu bezeichnen, der als bekannt vorausgesetzt wird:

Lo de Juan no es verdad.	Die Sache mit Juan ist nicht wahr.

2 zur Substantivierung von Adjektiven, Perfektpartizipien, Possessiva und Ordinalzahlen. Das Deutsche stellt dann meistens ‚das' voran:

Lo curioso es que no lo sabemos.	Das Merkwürdige ist, daß wir es nicht wissen.
Lo referido por los periódicos no es cierto.	Das, was die Zeitungen berichtet haben, stimmt nicht.
Lo mío no es tan importante como el tuyo.	Meine Sache ist nicht so wichtig wie deine.
Lo primero que hay que hacer es informarse.	Das erste, was man tun muß, ist, sich zu informieren.

3 in der Verbindung *lo que* zur Wiedergabe des deutschen Relativpronomens ‚(das) was':

Esto es **lo que** yo no creo.	Das glaube ich nicht.
Lo que dices no es cierto.	Das, was du sagst, ist nicht wahr.
Te daré todo **lo que** necesitas.	Ich werde dir alles geben, was du brauchst.

4 in den folgenden restlichen Fällen:

a in Nebensätzen vor Adjektiv/Adverb + *que*, um einen Grad zu bezeichnen:

Así ves **lo** difícil **que** es.	Da siehst du, wie schwierig es ist.

b in emphatischen Konstruktionen wie *lo bastante, lo suficiente(mente)* + *(como) para:*

Es **lo bastante** tarde **(como) para** arrepentirse.	Es ist ziemlich spät, Reue zu empfinden.

c in der Verbindung *lo (+ más/menos)* + Adv. + *posible* zur Wiedergabe von *so .... wie möglich:*

Ven **lo** antes **posible.**	Komm so bald wie möglich.
Lo he formulado **lo más** fácilmente **posible.**	Ich habe es so einfach wie möglich formuliert.

d in einigen feststehenden Ausdrücken:

a **lo** español/ francés/...	auf spanische/ französische/...Art	a **lo** mejor	vielleicht
a **lo** lejos	in der Ferne	por **lo** demás	übrigens
a **lo** largo de	entlang	por **lo** menos	zumindest, wenigstens
		por **lo** visto	wie man sieht, offensichtlich

2 Unos/unas

Unos/unas werden gebraucht:

1 als unbestimmte Artikel vor Substantiven, die im Spanischen nur im Plural vorkommen, z.B:

¿Ha encontrado usted **unas** gafas?	Haben Sie **eine** Brille gefunden?
Quisiera **unos** guantes, por favor.	Ich hätte gerne **ein Paar** Handschuhe.

2 in der Bedeutung *einige, ein paar:*

He mirado por encima ya **unos** capítulos del nuevo manual.	Ich habe schon **einige** Kapitel des neuen Handbuches durchgesehen.
Hay una diferencia de **unos** marcos.	Es besteht ein Unterschied von **ein paar** Mark.

3 in der Bedeutung *ungefähr* vor Zahlwörtern:

En España hay **unas** cincuenta provincias.	In Spanien gibt es **ungefähr** fünfzig Provinzen.

4 zur Bezeichnung einer nicht näher bestimmten Menge von Personen oder Gegenständen. Im Deutschen steht hier kein Artikel:

Estas son **unas** joyas preciosas.	Das sind kostbare Juwelen.
En el centro hay **unas** tiendas muy caras.	Im Zentrum gibt es sehr teure Läden.

A Meist schwingt beim Gebrauch von *unos/unas* die Bedeutung ‚einige‘ noch mit:

El profesor Sánchez tiene libros interesantes.	Professor Sánchez hat interessante Bücher.
El profesor Sánchez tiene **unos** libros interesantes.	Professor Sánchez hat (einige) interessante Bücher.

3 Bestimmter Artikel im Spanischen, kein Artikel im Deutschen

Anders als im Deutschen gebraucht das Spanische einen bestimmten Artikel:

1 bei Gattungsbezeichnungen, Stoffnamen und Abstrakta, wenn die Gesamtheit gemeint ist:

Los niños son muy vivos.	Kinder sind sehr lebhaft.
¿Te gusta **el** chocolate?	Magst du gerne Schokolade?
El español es una lengua románica.	Spanisch ist eine romanische Sprache.

2 vor Titeln, Berufsbezeichnungen und den Anredeformen *señor* und *señora* zusammen mit dem Familiennamen, sowie bei Sportvereinen:

El doctor Barros ha dado una conferencia interesante.	Herr Doktor Barros hat einen interessanten Vortrag gehalten.
La señora García no está aquí.	Frau García ist nicht da.

Der Artikel

el Real Madrid	Real Madrid
el Inter de Milán	Inter Mailand

A1 Der bestimmte Artikel steht in der familiären Umgangssprache auch vor Verwandschaftsbezeichnungen + Vornamen:

La tía Ana llega mañana.	Tante Anna kommt morgen.

A2 Es wird kein bestimmter Artikel gebraucht
– bei direkter Anrede:

¡Pase, señor Buyo!   Kommen Sie herein, Herr Buyo.

– in Anschriften:

Señor Don Jaime Sánchez Romeralo
c/ Santa Engracia, 71

3 bei einigen Zeitangaben, vor allem solchen, die einen kommenden oder vergangenen Zeitabschnitt bezeichnen, sowie bei der Uhrzeit und in Altersangaben:

La semana que viene, iré a Castelló.	Nächste Woche werde ich nach Castelló fahren.
El año pasado estuve en Los Angeles.	Letztes Jahr war ich in Los Angeles.
Vamos **los** lunes al mercado.	Wie fahren montags zum Markt.
Es **la** una.	Es ist ein Uhr.
Dan **las** cinco.	Es schlägt fünf.
A **las** tres y media voy a visitar a mi tío.	Um halb vier werde ich meinen Onkel besuchen.
Mi suegro murió a **los** 65 años.	Mein Schwiegervater starb mit 65 Jahren.
Rosario cumplió **los** 18 años el mes pasado.	Rosario ist im vergangenen Monat 18 Jahre alt geworden.

A1 **Aber:** tener 18 años   18 Jahre alt sein.

A2 Beachten Sie den Unterschied:

Vamos **los** lunes al mercado.	Wir fahren montags (d. h. jeden Montag) zum Markt.
Vamos **el** lunes al mercado.	Wir fahren am (kommenden) Montag zum Markt.

A3 Das Spanische gebraucht keinen Artikel in Zeitangaben mit *de ... a* (‚von ... bis‘). Der Artikel ist jedoch notwendig bei *de ... hasta:*

La representación dura de ocho a doce.	Die Vorstellung dauert von acht bis zwölf Uhr.
Aber: ... de **las** ocho hasta **las** doce.	

4 bei der Beschreibung vom körperlichen Merkmalen, vor allem nach dem Verb *tener:*

El abuelo tiene **el** pelo gris.	Opa hat graue Haare.
Mi perro tiene **las** patas cortas.	Mein Hund hat kurze Beine.

5 als Entsprechung zum Deutschen *wir/ihr* vor einem Substantiv im Plural zur Bezeichnung einer Gruppenzugehörigkeit:

Los profesores de español somos muy entusiastas de las culturas de España e Hispanoamérica.	Wir Spanischlehrer schwärmen sehr für die Kulturen Spaniens und Hispanoamerikas.

6 bei Ausdrücken mit *jugar a* + Sportart und *tocar* + Instrument:

Mi novia sabe bien jugar **al** tenis.	Meine Freundin kann gut Tennis spielen.
Toca **la** flauta en una orquesta.	Er spielt Flöte in einem Orchester.

7   in einigen feststehenden Ausdrücken:

a **la** derecha	rechts
a **la** izquierda	links
dar **los** buenos días a alguien	jdn. begrüßen
dar **las** gracias a alguien	sich bei jdm. bedanken
hacer **la** guerra	Krieg führen
hacerse **el** sordo / hacerse **el** sueco	sich taub stellen
pagar **al** contado	bar zahlen

14   Der bestimmte Artikel bei geographischen Namen

1   Im Spanischen werden die Namen von Städten, Gegenden, Ländern und Kontinenten wie im Deutschen normalerweise ohne Artikel gebraucht:

Madrid es la capital de España. — Madrid ist die Hauptstadt Spaniens.
Andalucía es una región muy seca. — Andalusien ist eine sehr trockene Region.

A1   Bei den Namen einiger Länder oder Gegenden *kann*, bei anderen *muß* ein bestimmter Artikel gebraucht werden:

la India	Indien	**(la)** Argentina	Argentinien
el Japón	Japan	**(el)** Brasil	Brasilien
los Países Bajos	die Niederlande	**(el)** Canadá	Kanada
la Rioja	die Rioja	**(la)** China	China
		(los) Estados Unidos (EE UU.)	die Vereinigten Staaten (USA)

A2   Bei den Namen einiger Städte muß der bestimmte Artikel im Spanischen gebraucht werden:

El Ferrol	El Ferrol		**El** Cairo	Kairo
La Paz	La Paz		**Las** Palmas	Las Palmas
La Coruña	La Coruña		**El** Escorial	El Escorial
La Haya	Den Haag	**Aber**:	**(La)** Habana	Havanna

2   Der bestimmte Artikel muß wie im Deutschen stehen, wenn ein geographischer Name näher bestimmt ist:

la Francia de hoy — das heutige Frankreich
En **la** España moderna las mujeres desempeñan otros papeles. — Im modernen Spanien spielen die Frauen andere Rollen.

5   Bestimmter Artikel im Deutschen, kein Artikel im Spanischen

Anders als im Deutschen wird im Spanischen kein bestimmter Artikel gebraucht:

1   bei Appositionen:

Juan Carlos, rey de España, impidió el golpe de Estado. — Juan Carlos, **der** König von Spanien, verhinderte den Staatsstreich.
Juan Rulfo, autor de la novela «Pedro Páramo», publicó sólo dos libros en toda su vida. — Juan Rulfo, **der** Autor des Romans "Pedro Páramo", hat in seinem ganzen Leben nur zwei Bücher veröffentlicht.

2   bei Zahlwörtern nach Herrschernamen:

Felipe II (segundo)   Philip **der** Zweite

3   bei Monatsnamen und bei *en* + Jahreszeiten (außer wenn die Jahreszeit näher bestimmt ist):

En Alemania, **noviembre** es un mes ˙ lluvioso.	In Deutschland ist **der November** ein regnerischer Monat.
Empecé en el instituto **en septiembre** de 1980.	Ich kam **im September** 1980 ins Gymnasium.
Me gusta ir a España **en** primavera.	Ich fahre gern **im** Frühling nach Spanien.
Aber: Estuve en España en **la primavera de 1994.**	Ich war **im Frühling 1994** in Spanien.

4   zur Angabe von Transportmitteln mit der Präposition *en*:

Siempre voy al colegio **en bicicleta.**   Ich fahre immer **mit dem Fahrrad** in die Schule.

5   in einigen feststehenden Ausdrücken mit Präposition und in Ausdrücken mit *arriba* und *abajo*:

a finales de siglo	**am** Ende des Jahrhunderts
a mediodía	**am** Mittag
condenar a muerte	**zum** Tode verurteilen
estar en casa de alguien	bei jdm. (**im** Haus) sein
encogerse de hombros	mit **den** Achseln zucken
en verano	**im** Sommer
ir a misa	**zur** Messe gehen
dormir boca arriba	auf **dem** Rücken schlafen
ir a correos	**zur** Post gehen
ir calle abajo	**die** Straße hinunter gehen

16 Unbestimmter Artikel im Deutschen, kein Artikel im Spanischen

1   Das Spanische gebraucht keinen unbestimmten Artikel:

a vor *otro* (,noch ein', ,ein anderer') und *igual* (,ein ähnlicher'):

¿Quieres **otro** bocadillo?	Möchtest du **noch ein** Brötchen?
¿Vive ahora en **otro** sitio?	Wohnt er jetzt an **einem anderen** Ort?
En **igual** situación me encontré el año pasado.	In **einer ähnlichen** Situation befand ich mich letztes Jahr.

b vor *medio* (,ein halber'), *tal, semejante, parecido* (,ein solcher') und *cierto* (,ein gewisser'):

Tuvimos que esperar **media** hora.	Wir mußten **eine halbe** Stunde warten.
Marisol bebió **medio** vaso de agua.	Marisol trank **ein halbes** Glas Wasser.
¿Quién tuvo **semejante** idea.	Wer hatte **eine solche** Idee?
Esta ciudad tiene **cierto** encanto.	Diese Stadt hat **einen gewissen** Reiz.

2   Oft steht kein Artikel vor *parte, cantidad, número* und anderen Ausdrücken einer unbestimmten Menge, wenn darauf *de* + Substantiv folgt:

parte del público	**ein Teil** des Publikum
gran número de personas	**eine große Anzahl** von Personen

A Der Gebrauch des Artikels ist jedoch zulässig: *una parte del público.*

3 Bei einer Apposition steht oft kein Artikel:

Viajamos en un Seat, **(un)** coche fabricado en España.

Wir sind in einem Seat gefahren, **einem** in Spanien hergestellten Auto.

4 Kein Artikel steht meist in Verbindung mit den Verben *tener* und *llevar*, wenn diese eine allgemeine Aussage beinhalten:

¿Tienes ordenador?
Nunca lleva corbata.

Hast du **einen** Computer?
Er trägt nie **eine** Krawatte.

A Man gebraucht jedoch einen unbestimmten Artikel, wenn das Substantiv näher bestimmt wird:

Tienen **un** coche **grande.**
Hoy lleva **una** camisa **blanca.**

Sie haben **ein großes** Auto.
Er trägt heute **ein weißes** Hemd.

5 In Fragen und Ausrufen mit *qué* + Substantiv steht kein Artikel vor dem Substantiv:

¿Qué libro lees?
¡Qué día!
¡Qué plaza más/tan bonita!

Was für ein/welches Buch liest du?
Was für ein Tag!
Was für ein schöner Platz

3 Das Substantiv
El sustantivo

17 Genus

Im Spanischen sind Substantive entweder maskulin oder feminin. Es gibt keine Substantive im Neutrum.

1 a Substantive, die auf -*o* enden, sind im allgemeinen maskulin:

el caso	der Fall
el mundo	die Welt

A Ausnahmen von dieser Regel sind z. B.:

la foto(grafía)	das Foto
la moto(cicleta)	das Motorrad
la mano	die Hand
la radio	das Radio

b Substantive, die auf -*a* enden, sind im allgemeinen feminin:

la casa	das Haus
la mesa	der Tisch

el mapa	die (Land-) Karte
el día	der Tag
el tranvía	die Straßenbahn
el planeta	der Planet
el clima	das Klima

Ebenso weitere Wörter auf -*ma*, die aus dem Griechischen stammen: **el** *idioma*, **el** *problema*, **el** *programa*, **el** *sistema*, **el** *tema*

2 Substantive, die auf -*e* enden, können maskulin oder feminin sein:

el coche	das Auto
el diente	der Zahn

la calle	die Straße
la llave	der Schlüssel

3 Substantive, die auf einen Konsonanten enden, können maskulin oder feminin sein.

a Maskulin sind meistens die Substantive -auf -*r* und -*l*, -*ón*, -*aje*, -*n*, -*j*:

el olor	der Geruch
el hotel	das Hotel
el corazón	das Herz
el viaje	die Reise
el examen	das Examen, die Prüfung
el reloj	die Uhr

A Ausnahmen von dieser Regel sind z. B:

la flor	die Blume
la señal	das Zeichen, das Signal
la catedral	die Kathedrale
la sal	das Salz
la piel	die Haut

b Feminin sind meistens die Substantive auf -*dad*, -*ción*, -*sión* und -*ez*:

la nacionalidad	die Nationalität
la maldad	die Schlechtigkeit
la solución	die Lösung
la confesión	das Geständnis
la vejez	das Alter
la rojez	die Röte

el avión	das Flugzeug
el camión	der LKW
el pez	der Fisch

4 Für das Genus zusammengesetzter Substantive gilt:

a Substantive, die aus einem Verb und einem Substantiv zusammengesetzt sind, sind maskulin:

cumplir + años —> **el** cumpleaños		der Geburtstag	
el abrelatas	der Dosenöffner	**el** pasatiempo	der Zeitvertreib, das Hobby
el rompecabezas	das Puzzle, das Rätsel	**el** sacacorchos	der Korkenzieher

b Substantive, die aus zwei Substantiven zusammengesetzt sind, haben das Genus des Grundwortes (d. h. des Wortes, das die Gattung angibt):

el hombre + **la** rana —> **el** hombre rana		der Froschmann
el coche patrulla	der Streifenwagen	**la** silla tijera	der Klappstuhl

18 Das Genus bei Personen und Tieren: das natürliche Geschlecht

1 Für Personenbezeichnungen gilt ungeachtet der Endung, daß Bezeichnungen für ein männliches Wesen maskulin und Bezeichnungen für ein weibliches Wesen feminin sind:

el padre	der Vater	**la** madre	die Mutter
el abuelo	der Großvater	**la** abuela	die Großmutter
el poeta	der Dichter	**la** soprano	die Sopranistin

A Einige Wörter sind ungeachtet des Geschlechts der Person, auf die sie sich beziehen, immer feminin:

Juan es **una *persona*** muy simpática.   Juan ist ein sehr sympathischer Mensch.

doscient**as** *víctimas* en un accidente de aviación   200 Opfer bei einem Flugzeugunglück

2 Das Genus dieser Personenbezeichnungen wird durch den Begleiter und teilweise auch noch zusätzlich durch die Endung ausgedrückt.

a Endet die männliche Bezeichnung auf Konsonant, wird für die weibliche Bezeichnung ein *-a* angefügt:

el director	der Direktor	—>	la director**a**	.	die Direktorin
el profesor	der Lehrer	—>	la profesor**a**		die Lehrerin
un señor	ein Herr	—>	una señor**a**		ein Dame
un alemán	ein Deutscher	—>	una aleman**a**		eine Deutsche

b Endet die männliche Bezeichnung auf *-o* oder *-e*, wird dieses im Feminin durch *-a* ersetzt:

un hijo	ein Sohn	—>	una hij**a**	eine Tochter
un tío	ein Onkel	—>	una tí**a**	eine Tante
un camarero	ein Kellner	—>	una camarer**a**	eine Kellnerin
un jefe	ein*f* Chef	—>	una jef**a**	eine Chefin

A Einige Substantive auf *-e* haben im Maskulin und Feminin die gleiche Form:

el intérprete	der Dolmetscher	**la** intérprete	die Dolmetscherin
el estudiante	der Student	**la** estudiante	die Studentin

c Für eine Reihe von Personenbezeichnungen gibt es nur eine Form für Maskulinum und Femininum. Das gilt insbesondere für Substantive auf *-a*, *-ista* und *-ante*, aber auch für einige Substantive auf *-o*:

el belga/**la** belga	der Belgier/die Belgierin
el guardia/**la** guardia	der Polizist/die Polizistin
el guía/**la** guía	der Stadtführer/die Stadtführerin
	(**la** guía *auch*: der Reiseführer als Buch)
el compatriota/**la** compatriota	der Landsmann/die Landsmännin
el periodista/**la** periodista	der Journalist/die Journalistin

el artist**a**/**la** artista	der Artist/die Artistin
el model**o**/la modelo	das (Foto-)Modell
el reo/**la** reo	der/die Angeklagte
el testig**o**/**la** testig**o**	der Zeuge/die Zeugin

d Bei einigen Berufsbezeichnungen kann für das Femininum die gleiche Form benutzt werden wie für das Maskulinum, oder es kann eine eigene Form gemäß Regel *b* gebildet werden:

el abogado	der Anwalt	la abogad**o** *oder*	la abogad**a**	die Anwältin
el fotógrafo	der Fotograf	la fotógraf**o** *oder*	la fotógraf**a**	die Fotografin
el médico	der Arzt	la médic**o** *oder*	la médic**a**	die Ärztin
el ministro	der Minister	la ministr**o** *oder*	la ministr**a**	die Ministerin
el presidente	der Präsident	la president**e** *oder*	la president**a**	die Präsidentin

e Eine Reihe von Bezeichnungen haben für Maskulinum und Femininum unterschiedliche Formen, z. T. sogar ganz andere Wörter:

el hombre	der Mann	la mujer	die Frau
el padre	der Vater	la madre	die Mutter
el actor	der Schauspieler	la actriz	die Schauspielerin
el héroe	der Held	la heroína	die Heldin
el príncipe	der Prinz	la princesa	die Prinzessin
el rey	der König	la reina	die Königin
el poeta	der Dichter	la poetisa	die Dichterin

3 Tierbezeichnungen

Auch bei Tierbezeichnungen entsprechen sich normalerweise natürliches und grammatisches Geschlecht. Dabei gelten die gleichen Regeln wie für Personenbezeichnungen.

a Anfügen von *-a* für die weibliche Form:

un león/una leon**a**	ein Löwe/eine Löwin

b Ersetzen von *-o* oder *-e* durch *-a*:

un perr**o**/una perr**a**	ein Hund/eine Hündin
un elefant**e**/una elefant**a**	ein Elefantenbulle/eine Elefantenkuh

c Unterschiedliche Formen:

un gallo/una gallina	ein Hahn/ein Huhn
un toro/una vaca	ein Stier/eine Kuh

d Sehr häufig gibt es wie im Deutschen nur eine Bezeichnung für männliche und weibliche Tiere. Auch durch den Begleiter wird das Geschlecht nicht erkennbar:

un hipopótamo	ein Nilpferd
una hiena	eine Hyäne

A1 Will man bei diesen Bezeichnungen betonen, daß es sich um ein männliches oder um ein weibliches Tier handelt, fügt man *macho* oder *hembra* hinzu:

un hipopótamo **macho**/un hipopótamo **hembra**	ein **männliches/weibliches** Nilpferd

A2 Auch wenn eine weibliche Bezeichnung existiert, wird ähnlich wie im Deutschen häufig die männliche Bezeichnung verwendet, wenn das Geschlecht nicht besonders betont werden soll:

un caballo	ein Pferd/ein Hengst
una yegua	eine Stute

19 Besonderheiten beim Genus von Sachbezeichnungen

1 Einige Substantive haben ein doppeltes Genus. Meist verwendet man das Maskulinum; das Femininum wird manchmal in regionalem und dichterischem Sprachgebrauch bevorzugt:

el arte/las bellas artes	die Kunst/die schönen Künste
el color/la color	die Farbe
el mar/la mar	das Meer
el puente/la puente	die Brücke

A *El arte* ist im Plural immer feminin: *las artes.*

2 Einige Substantive haben unterschiedliche Bedeutung, je nachdem, ob sie Maskulinum oder Femininum sind:

el barco	das Schiff	la barca	das (Ruder)boot
el bolso	die Handtasche	la bolsa	die Einkaufstasche
el puerto	der Hafen	la puerta	die Tür
el capital	das Kapital	la capital	die Hauptstadt
el frente	die Front	la frente	die Stirn
el guardia civil	der Polizist (der Guardia Civil)	la Guardia Civil	die Guardia Civil (als Institution)
el orden	die Reihenfolge, die Ordnung	la orden	der Befehl, der Orden
el policía	der Polizist	la policía	die Polizei

20 Das Genus bei bestimmten Klassen von Substantiven

1 Maskulinum sind

a die Windrichtungen und die meisten Berge und Gebirge, Flüsse, Seen und Meere:

el norte (der Norden), **el** sur (der Süden), **el** este (der Osten), **el** oeste (der Westen)
el Mont Blanc (der Mont Blanc), **los** Andes (die Anden), **los** Pirineos (die Pyrenäen)
el Amazonas (der Amazonas), **el** Ebro (der Ebro), **el** Guadalquivir (der Guadalquivir)
el lago de Constanza (der Bodensee)
el Atlántico (der Atlantik), **el** Mediterráneo (das Mittelmeer)

b die meisten Namen von Kinos, Hotels und Theatern:

el Avenida, **el** Luxor;   **el** Gran Vía, **el** Hilton;   **el** María Guerrero

c Automarken, Flugzeugtypen, Schiffe und Computer:

un Seat, **un** Volvo	ein Seat, ein Volvo
un Boeing	eine Boeing
El naufragio **del** Exxon Valdéz causó una catástrofe ecológica.	Der Schiffbruch der Exxon Valdéz verursachte eine Umweltkatastrophe.
un Macintosh, **un** IBM	ein Macintosh, ein IBM

d Farben und Zahlen:

el rojo	(die Farbe) Rot	**el** amarillo	(die Farbe) Gelb
un tres	eine Drei	**un** diez	eine Zehn

e Wochentage:

el sábado   der Samstag   **los** martes   dienstags

A Das Genus der unter *a–e* genannten Substantive ist abzuleiten vom Genus des nicht mitgenannten Gattungsnamens/Oberbegriffs:

el Mediterráneo <— **el** mar   das Meer   **el** Hilton   <— **el** hotel   das Hotel
el Mont Blanc   <— **el** monte   der Berg   **el** Maria Guerrero <— **el** teatro   das Theater
el Ebro   <— **el** río   der Fluß   **el** Seat   <— **el** coche   das Auto
el Luxor   <— **el** cine   das Kino   usw.

2 Feminin sind

a die meisten Inseln:

las Baleares   die Balearen   **las** Canarias   die Canarischen Inseln

b die Buchstaben des Alphabets:

una b   ein B   **la** l   das L

A Auch das Genus dieser Substantive ist abzuleiten aus dem weggelassenen Oberbegriff/Gattungsnamen: *la isla* (das Insel), *la letra* (der Buchstabe).

3 Städte- und Ländernamen sind meist maskulin, wenn sie auf *-o* und feminin, wenn sie auf *-a* enden:

la España modern**a**   das moderne Spanien
Salamanca es bonit**a**.   Salamanca ist schön.
Toledo es precios**o**.   Toledo ist wunderschön.

A Enden sie auf einen anderen Buchstaben, sind sie meist maskulin:
el Marruecos turístic**o**   das touristische Marokko

4 Die Bezeichnungen für Bäume und Sträucher sind häufig maskulin, ihre Früchte feminin:

un manzano   ein Apfelbaum   **una** manzana   ein Apfel
un naranjo   ein Orangenbaum   **una** naranja   eine Orange
un frambueso   ein Himbeerstrauch   **una** frambuesa eine Himbeere

A Die Bezeichnungen für Bäume und Sträucher können auch durch Suffixe von den Bezeichnungen der Früchte abgeleitet sein. Auch dann sind häufig die Pflanzen maskulin, die Früchte feminin:

un fresal   ein Erdbeerstrauch   **una** fresa   eine Erdbeere
un moral   ein Maulbeerbaum   **una** mora   eine Maulbeere
un grosellero   ein Johannisbeerstrauch   **una** grosella eine Johannisbeere

Aber: **un** platanero ein Bananenbaum   **un** plátano   eine Banane
un limonero   ein Zitronenbaum   **un** limón   eine Zitrone

1 Pluralbildung

Übersicht

Endung des Substantivs auf	Pluralbildung durch Anhängen von	Beispiele	
Vokal (außer betontem -*i*)	-*s*	las camisa**s**	die Hemden
		los sombrero**s**	die Hüte
		los café**s**	die Cafés
		los pie**s**	die Füße
		las sofá**s**	die Sofas
		los menú**s**	die Menüs, die Speisekarten
betontes -*i* Konsonant (außer -*s*, aber einschließlich Halbvokal -*y*)	-*es*	los israelí**es**	die Israelis
		los avion**es**	die Flugzeuge
		los olor**es**	die Gerüche
		los rey**es**	die Könige
-*s*	unveränderlich	los lunes	montags
		los martes	dienstags
Aber: einsilbige Wörter und Wörter auf betonten Vokal + -*s*	-*es*	**Aber:**	
		los mes**es**	die Monate
		los entremes**es**	die Vorspeisen

2 Besonderheiten bei der Pluralbildung

1 Zusammengesetzte Substantive bilden den Plural nach den gleichen Regeln wie einfache Substantive.

la bocacalle	die Seitenstraße	las bocacalle**s**	die Seitenstraßen
el cumpleaños	der Geburtstag	los cumpleaños	die Geburtstage
el paraguas	der Regenschirm	los paraguas	die Regenschirme
el sordomudo	der Taubstumme	los sordomudo**s**	die Taubstummen

A Wenn das Kompositum aus zwei nicht zusammengeschriebenen Substantiven besteht, so bekommt das Grundwort die Pluralendung:

la silla tijera	der Klappstuhl	las silla**s** tijera	die Klappstühle
el hombre rana	der Froschmann	los hombre**s** rana	die Froschmänner

2 Einige maskuline Substantive können im Plural auch das Femininum einschließen:

los hermanos	die Geschwister (auch: die Brüder)
mis hijos	meine Kinder (auch: meine Söhne)
los padres	die Eltern (auch: die Väter)
los reyes	der König und die Königin (auch: die Könige)

3 Nachnamen bekommen keine Pluralform, wenn sie eine bestimmte Familie bezeichnen:

los Cela	Celas/die Familie Cela

A1 Wenn mehrere Leute mit demselben Nachnamen gemeint sind, wird die Pluralform benutzt:

En mi clase hay dos Cela**s**.   In meiner Klasse gibt es zwei Celas.

A2 Familiennamen auf *-s* oder *-z,* wie *Mustarós, González,* bleiben immer unverändert.

4 Singular und Plural haben normalerweise die Betonung auf derselben Silbe. Entsprechend den Regeln zur Setzung des *acento ortográfico* (vgl. § 4) kann daher durch die Anfügung von *-e(s)* der Akzent im Plural entfallen oder umgekehrt die Setzung eines Akzent nötig werden:

el avi**ó**n	das Flugzeug	los avi**o**nes	die Flugzeuge
el **jo**ven	der Jugendliche	los **jó**venes	die Jugendlichen

A In Einzelfällen ändert sich die Betonung des Wortes, und daher auch die Schreibweise:

el car**á**cter	der Charakter	los caract**e**res	die Charaktere
el r**é**gimen	das Regime, die Diät	los reg**í**menes	die Regime, die Diäten

5 Entsprechend den Schreibregeln ändert sich das *-z* am Wortende bei der Anfügung der Pluralendung zu *-c-* (vgl. § 3):

la ve**z**	das Mal	las ve**c**es	die Male
el lápi**z**	der Bleistift	los lápi**c**es	die Bleistifte

6 Es gibt im Spanischen Substantive, die nur im Plural gebraucht werden:

las gafas	die Brille	las matemáticas	die Mathematik

Das Adjektiv
El adjetivo

23 Bildung der femininen Formen

1 Übersicht Gruppe 1

Sg. auf	maskulin	feminin
-o /-a	un cuadro bonit**o**	una escritura bonit**a**
-ete/-eta	un niño morenet**e**	una niña morenet**a**
ote /-ota	un edificio grandot**e**	una casa grandot**a**

Adjektive, die in der männlichen Form auf *-o*, *-ete* oder *-ote* enden, haben in der femininen Form die Endung *-a*, *-eta* oder *-ota*.

A Einige *gerundio*-Formen, die als Adjektiv verwendet werden, werden nicht verändert:

agua hirviend**o**	kochendes Wasser
una casa ardiend**o**	ein brennendes Haus

2 Übersicht Gruppe 2

Sg. auf	maskulin	feminin
-or/-ora	un muchacho encantad**or**	una muchacha encantad**ora**
-án/-ana	un bosque alem**án**	una novela alem**ana**
-és/-esa	un queso franc**és**	una película franc**esa**
-ín/-ina	un perro chiquit**ín**	una oveja chiquit**ina**
-ón/-ona	un hombre gord**ón**	una mujer gord**ona**

Adjektive, die in der männlichen Form auf *-or*, *-án*, *-és*, *-ín* oder *-ón* enden, fügen der weiblichen Form die Endung *-a* an. Dabei verlieren sie ihren Akzent (vgl. § 4).

A Komparative auf *-or* haben im Singular für Maskulinum und Femininum die gleiche Form:

La Plaza **Mayor** de Salamanca es muy famosa.	Der Plaza Mayor von Salamanca ist sehr schön.
Pilar y Rosa son las **peores** alumnas.	Pilar und Rosa sind die schlechtesten Schülerinnen.
Julia es buena en matemáticas, pero Irene es **mejor**.	Julia ist gut in Mathematik, aber Irene ist besser.

3 Übersicht Gruppe 3

Sg. auf	maskulin	feminin
-e	un campesino pobre	una campesina pobre
-a	un producto belga	una cerveza belga
-í	un político israelí	una naranja israelí
-ú	un escudo zulú	una lanza zulú
-ista	un panfleto socialista	una obra socialista
Konsonant	el cielo azul	una pelota azul

Adjektive die auf *-e, -a, -í, -ú, -ista* oder Konsonant enden, haben in der maskulinen und in der femininen Form die gleiche Endung.

24 Pluralbildung

Adjektive bilden ihre Pluralform auf die gleiche Weise wie Substantive:

1 Wenn sie im Singular auf einen Vokal – außer *-í* – enden, fügen sie im Plural die Endung *-s* an:

El edificio es alto.   Los edificios son alto**s**.
La tortilla está caliente.   Las tortillas están caliente**s**.

2 Wenn sie im Singular auf einen Konsonanten oder *-í* enden, fügen sie im Plural die Endung *-es* an:

El ordenador es útil.   Los ordenadores son útil**es**.
Este hombre es marroquí.   Estos hombres son marroquí**es**.

A Adjekive, die auf *-í* enden, konnen den Plural auch auf *-ís* bilden: *marroquíes* oder *marroquís*.

25 Die Konkordanz zwischen Adjektiv und Substantiv

1 Wie im Deutschen kann das Adjektiv im Spanischen attributiv (als Begleiter eines Substantivs = *adjetivo atributivo*) oder prädikativ (als Ergänzung zu den Verben *ser*, *estar*, *parecer* = *adjetivo predicativo*) gebraucht werden. In jedem Fall richtet es sich in Numerus und Genus nach dem Substantiv, auf das es sich bezieht:

una camisa bonit**a**   ein schönes Hemd
La camisa es bonit**a**.   Das Hemd ist schön.
plaz**as** llen**as** de gente   Plätze voll mit Leuten
Las plaz**as** están llen**as** de gente. Die Plätze sind voll mit Leuten.

2 Einige Farbadjektive sind unveränderlich:

a Adjektive, die ursprünglich Substantive sind, wie z.B. *rosa* (rosa), *naranja* (orange), *violeta* (violett), *lila* (lila):

Necesito unos zapatos violet**a**.   Ich brauche ein Paar violettfarbene Schuhe.
La niña lleva un traje lil**a**.   Das Mädchen trägt ein lila Kleid.

b Zusammensetzungen mit *claro* (hell) oder *oscuro* (dunkel) oder mit einem anderen Substantiv, das die Farbe genauer beschreibt:

Me he comprado una camisa roj**o** *oscuro*. Ich habe mir ein dunkelrotes Hemd gekauft.
María tiene los ojos azul *claro*.   María hat hellblaue Augen.
una mariposa amarill**o** *limón*   ein zitrongelber Schmetterling

3 Bezieht sich ein Adjektiv auf mehrere Substantive, steht es im Plural.

a Es richtet sich im Genus nach diesen Substantiven, wenn diese das gleiche Genus haben:

Lleva un jersey y un pantalón negr**os**. Sie trägt einen schwarzen Pullover
                                  und eine schwarze Hose.

Llegaron mi amiga y su madre español**as**.   Es kamen meine spanische Freundin
                                                                               und ihre Mutter.

palabras y frases complicad**as**   schwierige Wörter und Sätze
perros y gatos mans**os**   zahme Hunde und Katzen

b Bei Substantiven mit unterschiedlichem Genus steht das Adjektiv in der Regel im Maskulinum:

El hombre llevaba pantalón y camisa negr**os**.   Der Mann trug eine schwarze Hose und ein
                                                                               schwarzes Hemd.

En La Rioja las verduras y el vino son barat**os**.   In der Rioja-Gegend sind Gemüse und Wein billig.

A1 Die feminine Form des Adjektivs muß verwendet werden, wenn das Adjektiv direkt vor einem femininen
Substantiv steht:

Estimad**as** señor**as** y señores   Sehr geehrte Damen und Herren
amen**as** revist**as** y diarios   schöne Magazine und Zeitungen

A2 Das direkte Aufeinandertreffen von femininem Substantiv und maskulinem Adjektiv wird vermieden:

Tengo aquí una casete y un libro nuev**os**.   Ich habe hier eine neue Kassette und ein neues
Nicht: Tengo aquí un libro y una casete nuev**os**.   Buch.

26 *Apócope* – der Wegfall eines auslautenden Vokals, bzw. einer auslautenden Silbe

1 *Bueno* und *malo* verlieren die Endung *-o* vor einem maskulinen Substantiv im Singular:

Es un **mal** bicho.   Das ist ein Schuft.
Hace **buen** tiempo.   Das Wetter ist schön.

2 Das Adjektiv *grande* (groß) verliert die Endung *-de* vor einem maskulinen oder femininen Substantiv im Singular:

el **gran** puerto de Rotterdam   der große Hafen von Rotterdam
Su **gran** ilusión es viajar a Latinoamérica.   Sein großer Traum ist, nach Lateinamerika
                                                                               zu fahren.

3 Das Adjektiv *santo* verliert die Endung *-to*, wenn es vor einem maskulinen Eigennamen steht:

San José   der heilige Joseph
Aber: Santa Teresa   die heilige Theresia
el **Santo** Espíritu   der Heilige Geist
el día de los **santos** inocentes   der Tag der unschuldigen Kinder

A1 *Santo* wird nicht apokopiert, wenn der Eigenname mit *Do-* oder *To-* anfängt:
Santo Domingo   der heilige Dominikus
Santo Tomás   der heilige Thomas

A2 Zur Apócope bei *alguno, ninguno, cualquiera* sowie bei *uno, primero, tercero, ciento* vgl. § 86.3-4,
§ 101.1+3 und 103.2.

27 Die Stellung des attributiven Adjektivs

Für die Stellung der attributiven Adjektive nach oder vor dem Substantiv gibt es keine hun-
dertprozentig sicheren Regeln. Es gelten aber folgende Grundprinzipien:

1 Anders als im Deutschen stehen Adjektive meist nach dem Substantiv. Dies gilt vor allem für Adjektive, die eine unterscheidende oder spezifizierende Eigenschaft bezeichnen (z.B. Form, Farbe, Größe, Nationalität usw.):

Ésta es una ciudad **pequeña.**	Dies ist eine kleine Stadt.
¿Quién es la chica **rubia?**	Wer ist das blonde Mädchen?
Buscamos un hotel **económico.**	Wir suchen ein billiges Hotel.
La hospitalidad **española** es conocida.	Die spanische Gastfreundlichkeit ist bekannt.
No le gusta la pintura **moderna.**	Er mag moderne Malerei nicht.
Llevas una falda **bonita.**	Du hast einen schönen Rock an.
Algunos dicen que España ya no es un país **católico.**	Manche sagen, daß Spanien kein katholisches Land mehr sei.

2 Vor dem Substantiv stehen:

a Adjektive, die nicht zur Unterscheidung oder Spezifizierung dienen, sondern eine für das Substantiv grundsätzlich typische Eigenschaft bezeichnen:

la **blanca** nieve	der weiße Schnee (Schnee ist grundsätzlich weiß.)
la **dulce** miel	der süße Honig (Honig ist immer süß.)

A Auch diese Adjektive werden nachgestellt, wenn sie näher bestimmt sind:

una miel muy **dulce**	ein sehr süßer Honig

b emphatisch gebrauchte Adjektive, oder Adjektive, die eine subjektive Bewertung ausdrücken:

una **rica** ensalada	ein leckerer Salat
Es una **bonita** faena.	Das ist eine schöne Arbeit.

3 Einige Adjektive haben unterschiedliche Bedeutung bei Voran- und Nachstellung. Bei Voranstellung haben sie oft übertragene Bedeutung:

un **nuevo** coche de segunda mano	ein **neuer** Gebrauchtwagen
un coche **nuevo**	ein **(fabrik)neuer** Wagen
un **viejo** amigo	ein **alter (= langjähriger)** Freund
un hombre **viejo**	ein **alter (= betagter)** Mann
un **alto** cargo	ein **hoher (= wichtiger)** Posten
un edificio **alto**	ein **hohes** Gebäude
un **buen** libro	ein **(qualitätsmäßig) gutes** Buch
un niño **bueno**	ein **braver** Junge
un **cierto** tiempo	eine **gewisse** Zeit
una declaración **cierta**	eine **wahre/glaubhafte** Aussage
la **pobre** muchacha	das **arme (= bedauernswerte)** Mädchen
una muchacha **pobre**	ein **armes (=mittelloses)** Mädchen
una **simple** tarea	eine **einfache (= leichte)** Aufgabe
un comentario **simple**	ein **einfältiger** Kommentar
un **triste** sueldo	ein **erbärmliches** Gehalt
una cara **triste**	ein **trauriges** Gesicht

5 Das Adverb
El adverbio

Funktionen und Bedeutungen

1 Adverbien bestimmen ein Verb, ein Adjektiv, ein anderes Adverb oder einen ganzen Satz näher:

Nuestra profesora *explica* detalladamente la gramática.	Unsere Lehrerin *erklärt* die Grammatik **ausführlich**.
Nuestra profesora da una explicación **muy** *detallada* de la gramática.	Unsere Lehrerin gibt eine **sehr** *ausführliche* Erklärung der Grammatik.
Nuestra profesora explica **muy** *detalladamente* la gramática.	Unsere Lehrerin erklärt **sehr** *ausführlich* die Grammatik.
Afortunadamente nuestra profesora explica muy bien la gramática.	**Zum Glück** erklärt unsere Lehrerin die Grammatik sehr gut.

A Im Spanischen kann auch ein Substantiv durch das Adverb *así* näher bestimmt werden, z.B.:

Nunca he visto *una cosa* **así**.   Ich habe **so** *etwas* noch nie gesehen.

2 Adverbien bezeichnen

a die Art und Weise:

El público espera **pacientemente**.   Das Publikum wartet **geduldig**.
El ascensor funciona **bien**.   Der Aufzug funktioniert **gut**.

b den Ort:

¿Qué tienes **ahí**?   Was hast du **da**?
Allí, enfrente, está el cine.   **Dort, gegenüber,** ist das Kino.

c die Zeit:

Ahora no tengo ganas.   **Jetzt** habe ich keine Lust.
Entonces lo supe.   **Dann** habe ich es erfahren.

d die Intensität oder den Grad:

El tiempo es **bastante** bueno.   Das Wetter ist **ziemlich** gut.
El problema es **enormemente** complicado.   Das Problem ist **höchst** kompliziert.

e Verneinung, Bestätigung oder Zweifel:

¿**No** le has ayudado a él?   Hast du ihm **nicht** geholfen?
—**Sí, sí** le he ayudado.   – **Doch**, ich habe ihm **schon** geholfen.
Quizás venga mañana.   **Vielleicht** kommt er morgen.

f eine persönliche Bewertung:

Desgraciadamente, no lo he visto.   **Leider** habe ich ihn nicht gesehen.

29 Formen

1 Abgeleitete Adverbien werden durch Anhängen von *-mente* an die feminine Form des Adjektivs gebildet: *degraciado/-a —> degraciadamente, feliz —> felizmente.*

Desgraciadamente se cayó el florero.	**Unglücklicherweise** ist die Vase heruntergefallen.
Felizmente no se rompió.	**Glücklicherweise** ist sie nicht zerbrochen.

A1 *Akzentzeichen der Adjektive bleiben erhalten:* **rá**pido —> **rá**pidamente

A2 Wenn sich mehrere Adverbien mit der Endung *-mente* auf ein einziges Verb oder Adjektiv beziehen, so bekommt nur das letzte Adverb die Endung *-mente*. Die anderen Adverbien behalten allerdings ihre weibliche Form:

El autobús avanza **lent**a pero **segur**amente.	Der Bus kommt langsam aber sicher voran.
Dalí es famoso **nacional** e **internacional**mente.	Dalí ist national und international berühmt.

A3 Vor einem Partizip wird *recientemente* zu *recién* verkürzt:

los **recién** casados	das frisch verheiratete Paar
el **recién** nacido	das Neugeborene

2a Den Adjektiven *bueno* und *malo* entsprechen die Adverbien *bien* und *mal:*

El chico trabaja **bien**.	Der Junge arbeitet **gut**.

b Keine entsprechenden Adjektive gibt es zu einigen Orts- und Zeitadverbien wie *aquí, allá, encima, hoy, ayer, entonces* usw.:

El periódico está **aquí**.	Die Zeitung ist **hier**.

3 Einige Adjektive werden in der Form des maskulinen Singulars – oft in veränderter Bedeutung – als Adverbien verwendet, z.B.: *alto, bajo, caro, barato, pronto:*

Adjektiv:		**Adverb:**	
una torre **alta**	ein **hoher** Turm	hablar **alto**	**laut** sprechen
una casa **baja**	ein **niedriges** Haus	hablar **bajo**	**leise** sprechen
una falda **cara**	ein **teurer** Rock	comprar **caro**	**teuer** kaufen
un pantalón **barato**	eine **billige** Hose	comprar **barato**	**billig** kaufen
su **pronta** llegada	seine **baldige** Ankunft	llegar **pronto**	**bald** ankommen

A In einigen Fällen kann sowohl das abgeleitete Adverb als auch das adverbial gebrauchte Adjektiv verwendet werden, z.B: *claro – claramente, duro – duramente, rápido – rápidamente:*

Los mineros trabajan **duro/duramente**.	Die Bergarbeiter arbeiten **hart**.

4 In einigen Fällen werden (veränderliche) Adjektive anstelle von Adverbien verwendet:

Y vivían **felices**...	Und sie lebten **glücklich** ...

30 Adverbien im Deutschen, andere Konstruktionen im Spanischen

1 Einige deutsche Adverbien werden im Spanischen durch eine Verbalkonstruktion ausgedrückt:

acabar de hacer algo	etwas gerade getan haben
Acabamos de llegar.	Wir sind **gerade** angekommen.

acabar por hacer algo	etwas schließlich tun
Acabaron por contestar.	**Schließlich** antworteten sie.
es de suponer que...	... vermutlich ...
Es de suponer que no lo sabe.	**Vermutlich** weiß er es nicht.
espero/esperamos que...	... hoffentlich ...
Espero que no me olvides.	**Hoffentlich** vergißt du mich nicht.
estar haciendo algo	etwas gerade tun
Estaba lloviendo cuando salí.	Es regnete **gerade** als ich hinausging.
me gusta hacer algo	ich tue etwas gerne
Me gusta ir al cine.	Ich gehe **gerne** ins Kino.
haber dejado de hacer algo	etwas nicht mehr tun
Ha dejado de llover.	Es regnet **nicht mehr**.
no cesar de hacer algo	etwas ständig/immer wieder tun
Los empresarios **no cesan de** decir que hay que invertir.	Unternehmer sagen **immer wieder**, daß investiert werden muß.
no dejar de hacer algo	etwas ganz sicher /unbedingt tun
Aprender lenguas extranjeras **no deja de** ser importante.	Das Lernen von Fremdsprachen ist **ganz sicher** wichtig.
no tardar en hacer algo	etwas bald tun
El tren **no tardó** en llegar.	Der Zug kam **bald** an.
preferir (hacer) algo	etwas lieber tun/mögen
Prefiero ir a pie.	Ich gehe **lieber** zu Fuß.
sabemos/se sabe que	... bekanntlich ...
Se sabe que hubo un atentado allí.	**Bekanntlich** wurde dort ein Attentat begangen.
seguir haciendo algo	etwas immer noch tun
Sigue lloviendo.	Es regnet **immer noch**.
según parece	... anscheinend ...
Según parece lo ha hecho él.	**Anscheinend** hat er es getan.
soler hacer algo	etwas gewöhnlich tun
Suelen ir al mercado los sábados.	Sie gehen samstags **gewöhnlich** zum Markt.
volver a hacer algo	etwas wieder tun
¡**Vuelvo a** decir que no!	Ich sage **wieder** nein!

2 Anstelle eines Adverbs wird oft eine Umschreibung verwendet ...

a mit *con/sin* + Substantiv:

Esperamos **con paciencia**.	Wir warten **geduldig**.
El atleta llegó **sin aliento**.	Der Athlet kam **atemlos** an.

b mit den sogenannten adverbialen Ausdrücken, in denen meistens ebenfalls eine Präposition verwendet wird:

a lo sumo	höchstens	en vano	vergeblich
a lo mejor	vielleicht	una vez	einmal
a menudo	oft, häufig	alguna vez	irgendwann, manchmal

por lo/al menos	wenigstens	a veces	manchmal
al principio	anfangs	de vez en cuando	manchmal
a tiempo	rechtzeitig	muchas veces	oft
dentro de poco	demnächst	otra vez	nochmals
poco a poco	allmählich	pocas veces	selten
de prisa	eilig	raras veces	selten
de pronto	plötzlich	varias veces	mehrmals, öfter
de repente	plötzlich	no obstante	trotzdem
de tal manera	so	sin duda	zweifellos
de todos modos	unbedingt	sin embargo	jedoch
en cambio	aber, dagegen	por cierto	übrigens
en conclusión	schließlich	por lo visto	anscheinend
en efecto	tatsächlich	por supuesto	selbstverständlich
en seguida	sofort	lo más pronto	schnellstmöglich
en serio	im Ernst	posible	
en total	insgesamt		

31   *Muy* und *mucho*/*tan* und *tanto*

Übersicht

vor Adjektiven und Adverbien		nach Verben und vor Komparativen von Adjektiven und Adverbien	
muy	sehr	**mucho**	sehr, viel
tan	so	**tanto**	so sehr, soviel, um so

1   Vor Adjektiven oder Adverbien stehen

a *muy* in der Bedeutung ‚sehr':

Este plato está **muy** rico.	Dieses Gericht ist **sehr** lecker.
El tiempo cambia **muy** rápidamente.	Das Wetter schlägt **sehr** schnell um.

b *tan* in der Bedeutung ‚so':

La situación no es **tan** grave.	Die Lage ist nicht **so** schlimm.
Ella habla **tan** alto.	Sie spricht **so** laut.

2   Bei Verben und bei Adjektiven und Adverbien im Komparativ verwendet man

a *mucho* in der Bedeutung ‚sehr', ‚viel':

Te quiero **mucho.**	Ich liebe dich **sehr.**
El perro duerme **mucho.**	Der Hund schläft **viel.**
Ella es **mucho** mayor.	Sie ist **viel** älter.
Ir en avión es **mucho** más cómodo.	Fliegen ist **viel** komfortabler.

b *tanto* in der Bedeutung von ‚so(viel), ‚um so':

Me alegro **tanto.**	Ich freue mich **so (sehr).**
¡No hables **tanto**!	Rede nicht **soviel**!

Tanto más interesante será si viene el catedrático.	Es wird **um so** interessanter, wenn der Professor kommt.
Y si él no participa es **tanto** mejor.	Und wenn er nicht teilnimmt, ist es **um so** besser.

32 *Aquí/ahí/allí*

Für das deutsche ‚hier'/‚dort' verwendet man im Spanischen:

1 *aquí* (‚hier') für Personen oder Dinge in der Nähe des Sprechenden:

Aquí tengo la carta.	**Hier** habe ich den Brief.

2 *ahí* (‚dort') für Personen oder Dinge in der Nähe des Angesprochenen:

¿Qué hacéis **ahí**?	Was macht ihr **da**?

3 *allí* (‚dort') für Personen oder Dinge, die sich weder in der Nähe des Sprechenden noch in der Nähe des Angesprochenen befinden:

Veo **allí** la entrada.	Ich sehe **dort** den Eingang.

33 *También/tampoco*

Dem deutschen *auch* entspricht im Spanischen das Adverb *también*. Die Verneinung *auch nicht* hat eine eigene Form, *tampoco:*

Yo estudio español. —Yo **también**.	Ich studiere Spanisch. – Ich **auch**.
No me gusta la gramática.	Ich mag Grammatik nicht.
—A mí **tampoco**.	Ich **auch nicht**.

34 Einige häufig gebrauchte Adverbien mit eigener Form

Zeit

ahora (mismo)	jetzt (gleich)	luego	dann, danach
antes	vorher, früher	mañana	morgen
anteayer	vorgestern	pasado mañana	übermorgen
aún	noch	pronto	bald
ayer	gestern	siempre	immer
despacio	langsam	tarde	(zu) spät
después	nachher, später	temprano	früh
entonces	damals, dann	todavía	noch
hoy	heute	ya	schon, bereits

Ort

abajo	unten	ahí	dort (bei dir)
acá	hier	allá	dort
adelante	vorwärts	allí	dort
adentro	herein	aquí	hier
afuera	heraus	arriba	oben

atrás	hinten, zurück	detrás	hinten, dahinter
cerca	nahe, in der Nähe	encima	oben(drauf)
debajo	unten	enfrente	gegenüber
donde	wo	fuera	außen, draußen
delante	vorn	lejos	weit
dentro	innen, drinnen		

Art und Weise

así	so	mal	schlecht
bien	gut		

Verneinung

jamás	nie	nunca	nie
nada	überhaupt nicht	tampoco	auch nicht
no	nicht	ya no	nicht mehr

Zweifel

quizá(s)	vielleicht	acaso	vielleicht

Grad, Maß, Menge

algo	etwas, ein wenig	menos	weniger
apenas	kaum	muy	viel, sehr
bastante	ziemlich, genug	mucho	viel, sehr
casi	beinahe, fast	poco	wenig
demasiado	zu (viel)	sólo	nur, erst
más	mehr	tan(to)	so(sehr)
medio	halb	todo	ganz

A Das Adverb *demasiado*, das einen hohen Grad angibt, wird im Spanischen nicht so oft verwendet wie das deutsche Adverb *zu*. *Zu* wird häufig nicht ins Spanische übersetzt:

Siempre llega **tarde**.	Er kommt immer **zu spät**.
Ha bebido **mucho**.	Er hat **zuviel** getrunken.

Die Formen des Vergleichs
Los grados de comparación

Die Steigerungsstufen beziehen sich auf das Adjektiv, das Adverb, das Substantiv und das Verb. Adjektive und Adverbien haben manchmal besondere Formen (vgl. § 38-39).

Positiv – Stufe der Gleichheit *(comparativo de igualdad)*

Um einen gleichen Grad oder eine gleiche Anzahl oder Menge auszudrücken, verwendet das Spanische

1 *tan* + Adjektiv/Adverb + *como*:

Carmen es **tan** *lista* **como** Pablo.	Carmen ist **genauso** *schlau* **wie** Pablo.
Concha toca **tan** *bien* **como** tú.	Concha spielt **genauso** *gut* **wie** du.

A Statt *tan ... como* kann man auch die Konstruktion *igual de* + Adjektiv/Adverb + *que* benutzen. Diese Konstruktion wird vorgezogen, wenn der zweite Teil des Vergleichs entfällt:

Es **igual de** *caro* y me gusta más.	Es ist **genauso** *teuer* und gefällt mir besser.
Ella es **igual de** *alta* que él.	Sie ist **genauso** *groß* **wie** er.

2 *tanto/-a/-os/-as* + Substantiv + *como*:

Yo gano **tanto** *dinero* **como** ella.	Ich verdiene **genausoviel** *Geld* **wie** sie.
Abril tiene **tantos** *días* **como** septiembre.	Der April hat **genauso viele** *Tage* **wie** der September.

A Statt *tanto/-a/-os/-as ... como* kann man auch folgende Konstruktion verwenden:

la misma cantidad de + nicht zählbares Substantiv + *que*
el mismo número de + zählbares Substantiv + *que*

Hay que poner **la misma cantidad de** *agua* que en la sopa.	Man muß **genausoviel** *Wasser* hineintun **wie** in die Suppe.
Este curso tiene **el mismo número de** *alumnos* que el anterior.	Dieser Kurs hat **genauso viele** *Schüler* **wie** der vorherige.

3 Verb + *tanto como*:

Merche *gana* **tanto como** su hermana.	Merche *verdient* **genausoviel wie** ihre Schwester.

A1 Wenn der Vergleich sich nicht auf eine Menge sondern auf die Art und Weise bezieht, sagt man nur *como* (ohne *tanto*) oder *igual que*:

Marisa *habla* **como** su padre./	Marisa *spricht* **wie** ihr Vater.
Marisa *habla* **igual que** su padre.	

A2 *Como* oder *igual que* benutzt man auch, um einen Nebensatz des Vergleichs einzuleiten:

Ocurrió **como** *nos lo habían dicho.*/	Es geschah, **wie** *man es uns gesagt hatte*.
Ocurrió **igual que** *nos lo habían dicho.*	

36 Komparativ höheren/niedrigeren Grades
(comparativo de superioridad/inferioridad)

1 Der Komparativ höheren Grades wird in der Regel mit *más* gebildet. Der zweite Teil des Vergleichs wird durch *que* eingeleitet.

a *Más* steht vor dem Adjektiv, dem Adverb oder dem Substantiv:

Carmen es **más** *lista* **que** Pablo.   Carmen ist *schlau*er als Pablo.
Laura aprende **más** *fácilmente* **que** Paloma.   Laura lernt *leicht*er als Paloma.
Tenemos **más** *pesetas* **que** marcos.   Wir haben **mehr** *Peseten* als Mark.

b *Más* steht nach dem Verb:

Este jersey *cuesta* **más que** aquel.   Dieser Pullover *kostet* **mehr als** der dort.

2 Der Komparativ niedrigeren Grades wird mit *menos* gebildet. Der zweite Teil des Vergleichs wird durch *que* eingeleitet:

a *Menos* steht vor dem Adjektiv, dem Adverb oder dem Substantiv:

Pablo es **menos** *listo* **que** Carmen.   Pablo ist **weniger** *schlau* als Carmen.
Él nada **menos** *rápidamente* **que** tú.   Er schwimmt **weniger** *schnell* als du.
Tenemos **menos** *marcos* **que** pesetas.   Wir haben **weniger** *Mark* als Peseten.

b *Menos* steht nach dem Verb:

Antes *leía* **menos que** ahora.   Früher *las* sie **weniger als** jetzt.
Ahora ella *come* **menos que** antes.   Jetzt *ißt* sie **weniger als** früher.

A Der zweite Teil des Vergleichs kann auch weggelassen werden, wenn der Kontext eindeutig ist:
Ahora *lee* **más** (que antes).   Jetzt liest sie **mehr** (als früher).
Antes *leía* **menos** (que ahora).   Früher las sie **weniger** (als jetzt).

37 Superlativ (superlativo)

Der Superlativ wird wie der Komparativ mit *más* oder *menos* gebildet.

1 Bei Adjektiven tritt der Superlativ in folgenden Strukturen auf:

a bestimmter Artikel + *más/menos* + Adjektiv:

Este libro es *el* **más/menos** *interesante*   Dieses Buch ist *das interessant*este /am
de todos.   **wenigsten** *interessante* von allen.
Se probó varias gafas de sol y compró   Er probierte verschiedene Sonnenbrillen an
las **más** *caras*.   und kaufte *die teuer*ste.
Esto es *lo* **más/menos** *sorprendente*.   Dies ist *das Erstaunlich*ste / am wenigsten
     Erstaunliche.

A Wenn der Kontext eindeutig ist, kann der bestimmte Artikel auch weggelassen werden:
Este libro es *(el)* **mejor**.   Dieses Buch ist *das* **beste**.

b bestimmter Artikel + Substantiv + *más/menos* + Adjektiv:

¿Quién ha hecho *la foto* **más** *bonita*?   Wer hat **das** *hübsche*ste *Foto* gemacht?

¿Cuáles son *los productos* más *típicos* de Austria?	Was sind *die typisch*sten *Produkte* Österreichs?
Fue *el día* más *hermoso* de su vida.	Es war *der schön*ste *Tag* seines Lebens.

A1 Im Spanischen wird der bestimmte Artikel nicht, wie im Französichen, nach dem Substantiv wiederholt. Vergleiche:

la vida **más** agradable	<—>	**la** vie **la plus** agréable

A2 Statt des bestimmten Artikels kann vor dem Substantiv auch ein Possessivbegleiter stehen:

su vestido **más** elegante	**ihr** elegant**estes** Kleid

A3 Bei emphatischer Betonung können Possessivbegleiter + *más* + Adjektiv auch vor dem Substantiv stehen:

mi más querida amiga	**meine** allerlieb**ste** Freundin

2 Bei Adverbien, Substantiven und Verben hat der Superlativ dieselbe Form wie der Komparativ. Die genaue Bedeutung ergibt sich normalerweise aus dem Zusammenhang. Es gibt folgende Konstruktionen (alle ohne Artikel!):

a *más/menos* + Adverb:

Así llegaremos **más** *rápidamente*.	So kommen wir **am s***chnell***sten** (oder: *schnell***er**) an.

b *más/menos* + Substantiv:

Pedro gana **menos** *dinero*.	Pedro verdient **am wenigsten** *Geld* (oder: **weniger** *Geld*).

c Verb + *más/menos*:

Este chico es el que *trabaja* **menos**.	Dieser Junge *arbeitet* **am wenigsten** (oder: **weniger**).

A1 Neben dem relativen Superlativ, der den höchsten/geringsten Grad innerhalb einer Gruppe ausdrückt, gibt es im Spanischen auch den sogenannten absoluten Superlativ, der einfach einen sehr hohen Grad ausdrückt und in der Bedeutung dem Adverb *muy* (sehr) entspricht. Er wird normalerweise gebildet, indem man die Endung *-ísimo* an ein Adjektiv anhängt. Dabei fällt ein eventueller Endvokal des Adjektivs weg:

Éste ejercicio es **facilísimo**.	Diese Übung ist **kinderleicht.**
El agua está **clarísima**.	Das Wasser ist **kristallklar.**
Estás **guapísima** hoy.	Du siehst heute **bildhübsch** aus.

A2 Bei einigen Adjektiven hat der absolute Superlativ eine unregelmäßige Form, z. B.
pobre – paupérrimo (sehr arm), *libre – libérrimo* (absolut frei), *fuerte – fortísimo* (sehr stark).

8 Besondere Formen bei Adjektiven

Eine Reihe von Adjektiven hat sowohl einen regelmäßig gebildeten als auch einen unregelmäßig gebildeten Komparativ höheren Grades. Die regelmäßigen Bildungen haben im allgemeinen eine stärker wörtliche Bedeutung. Dies gilt besonders für *más grande* im Vergleich zu *mayor* und *más pequeño* im Vergleich zu *menor*:

1a *más bueno*	,artiger', ,braver' (= charakterlich) ,besser' (= häufig bei Speisen und Getränken)
Este niño es **más bueno** que su hermano.	Dieses Kind ist **artiger** als sein Bruder.

b *mejor*   ‚besser'

Las fotos de Carmen son **mejores**.   Die Fotos von Carmen sind **besser**.

2a *más malo*   ‚ungezogener', ‚böser'

Carlitos es el **más malo** de todos.   Carlitos ist der **ungezogenste** von allen.

b *peor*   ‚schlechter', ‚schlimmer'

Ésta es la **peor** hora del día.   Dies ist die **schlimmste** Stunde des Tages.

3a *más grande*   ‚größer' (= konkret: an Umfang, Rauminhalt, Oberfläche)

Tu coche es **más grande** que el mío.   Dein Auto ist **größer** als meines.

b *mayor*   ‚größer' (= im übertragenen Sinne)

Es la **mayor** empresa de Cataluña.   Es ist das **größte** Unternehmen Kataloniens.

4a *más pequeño*   ‚kleiner' (= konkret: an Umfang, Rauminhalt, Oberfläche)

Mi casa es **más pequeña** que la tuya.   Mein Haus ist **kleiner** als deines.

b *menor*   ‚kleiner' (im übertragenen Sinne), ‚geringer'

El incidente es de **menor** importancia.   Der Vorfall ist von **geringerer** Bedeutung.

A *Mayor* und *menor* werden häufig in Zusammenhang mit dem Alter verwendet und bedeuten dann: ‚älter', ‚älteste(r)', bzw. ‚jünger', ‚jüngste(r)':

su hija **mayor/menor**   ihre **älteste/jüngste** Tochter

5a *más alto*   ‚höher' (= konkret)

El Aneto es **más alto** que el Almazor.   Der Aneto ist **höher** als der Almazor.

b *superior*   ‚besser', ‚von höheren Qualität', ‚überlegen'

La calidad del vino de la Sonsierra es
   superior a la de otros vinos de la Rioja.   Die Qualität des Sonsierraweins ist **besser** als die
                                                                anderer Riojaweine.

A Zu beachten ist die Präposition *a* bei *superior*, die übrigens auch bei *inferior* verwendet wird:

Este vino es superior/inferior **a** aquel.   Dieser Wein ist besser/schlechter **als** der da.

6a *más bajo*   ‚niedriger' (= konkret)

Antes las puertas eran **más bajas** que ahora.   Früher waren die Türen **niedriger** als heute.

b *inferior*   ‚schlechter', ‚geringerer Qualität', ‚unterlegen'

Este tabaco es de calidad **inferior**
   (a este otro).   Dieser Tabak ist von **geringerer** Qualität
                                                                (als dieser andere).

39 Besondere Formen bei Adverbien

Die folgenden Adverbien haben einen unregelmäßigen Komparativ und Superlativ:

bien	gut	*mejor*	besser/am besten
mal	schlecht	*peor*	schlechter/am schlechtesten
mucho, *muy*	viel/sehr	*más*	mehr/am meisten
poco	wenig	*menos*	weniger/am wenigsten

Este aparato funciona **mejor**.
Dieser Apparat funktioniert **besser/am besten**.
Conocemos **peor** el oeste del país.
Wir kennen den Westen des Landes **schlechter/ am schlechtesten**.

Me gusta **más** el café que el té.
Ich mag Kaffee **lieber** als Tee.
Así es **menos** complicado.
So ist es **weniger/am wenigsten** kompliziert.

A *Más bien* bedeutet ‚eher‘, ‚lieber‘:
No quiero verle; **más bien** preferería que desapareciera.
Ich will ihn nicht sehen; **lieber** hätte ich, daß er verschwindet.

40 ‚Als‘ in Vergleichen

1 ‚Als‘ in Vergleichen wird im Spanischen wiedergegeben durch

a *que*, wenn der zweite Teil des Vergleichs kein eigenes finites Verb hat:

Francia es más grande **que** España.
Frankreich ist größer **als** Spanien.
Hoy se come menos **que** antes.
Heute ißt man weniger **als** früher.

b *de* + bestimmter Artikel + *que*, wenn ein Substantiv vorangeht und ein Nebensatz des Vergleichs folgt. Der bestimmte Artikel richtet sich nach dem vorangehenden Substantiv:

¿Por qué cambias *más pesetas* **de las que** vas a gastar?
Warum wechselst du *mehr Peseten,* **als** du ausgeben wirst?
Hay *más leche* **de la que** puedo beber.
Es ist *mehr Milch* da, **als** ich trinken kann.

A *De* verschmilzt mit *el* zu *del* (Vgl. §9.5):
México produce *más petróleo* **del que** necesita.
Mexiko produziert *mehr Öl,* **als** es nötig hat.

c *de lo que*, wenn ein Adjektiv, Adverb oder Verb vorangeht und ein Nebensatz des Vergleichs folgt:

El vino es *más fuerte* **de lo que** creía.
Der Wein ist *stärker,* **als** ich dachte.
El avión llegó *más rápido* **de lo que** habíamos esperado.
Das Flugzeug kam *schneller* an, **als** wir erwartet hatten.
Ella aprende *mejor* **de lo que** habíamos pensado.
Sie lernt *besser,* **als** wir gedacht hatten.

A Übrigens gibt es im modernen Spanisch die Tendenz, auch in Vergleichen mit einem Substantiv *de lo que* zu verwenden:
Había más gente **de lo que** se esperaba.
Es waren mehr Leute da, **als** man erwartet hatte.

d *a* nach *superior/inferior* und nach *preferir*:

El número de aprobados es *superior* **al** del año pasado.
Die Zahl derjenigen, die bestanden haben, ist *größer* **als** letztes Jahr.

Sus notas son *superiores* a las de su hermana.	Ihre Noten sind *besser* **als** die ihrer Schwester.
Este chocolate es *inferior* a aquel.	Diese Schokolade ist *schlechter* **als** die da.
Prefiero té **a** café.	Ich *mag lieber* Tee **als** Kaffee.

2   Vor Zahlwörtern oder Mengenangaben steht

a in bejahten Sätzen *más de* (‚mehr als', ‚über')/*menos de (*‚weniger als', ‚unter'):

Lo he dicho **más de** *cien* veces.	Ich habe es **mehr als** *hundert*mal gesagt.
¿Quién tiene **menos de** *quince* faltas?	Wer hat **weniger als** *fünfzehn* Fehler?
Bebió **más de** *la mitad* de la botella.	Er trank **mehr als** *die Hälfte* der Flasche.
Gana **más del** *doble* que yo.	Er verdient **mehr als** *das Doppelte* wie ich.

A Wenn *mehr als/weniger als* nicht im Sinn von ‚über'/‚unter' gemeint sind, benutzt man im Spanischen *más que/menos que:*

Esta mujer trabaja **más que** dos hombres.	Diese Frau arbeitet **mehr als** zwei Männer.

b in verneinten Sätzen *más que* (‚nur'), *más de* (‚höchstens'), *menos de* (‚mindestens'):

No tengo **más que** *dos mil* pesetas.	Ich habe **nur** *zweitausend* Peseten.
No tengo **más de** *dos mil* pesetas.	Ich habe **höchstens** *zweitausend* Peseten.
No tengo **menos de** *dos mil* pesetas.	Ich habe **mindestens** *zweitausend* Peseten.

7 Das Personalpronomen
El pronombre personal

1 Formen und Bedeutungen

	als Subjekt		als Präpositionalobjekt		als indirektes Objekt		als direktes Objekt	
Sg. 1	**yo**	ich	para **mí**	für mich	**me**	mir	**me**	mich
2	**tú**	du	a **ti**	an dich	**te**	dir	**te**	dich
3	**él**	er	con **él**	mit ihm	**le**	ihm	**lo/le**	ihn
	ella	sie	de **ella**	von ihr	**le**	ihr	**la**	sie
	ello	es	por **ello**	dadurch	**le**	ihm	**lo**	es
	usted	Sie	sin **usted**	ohne Sie	**le** **se***	Ihnen	**lo/le/la**	Sie
Pl. 1	**nosotros**	wir	sobre **nosotros**	über uns	**nos**	uns	**nos**	uns
	nosotras	wir	entre **nosotras**	zwischen uns	**nos**	uns	**nos**	uns
2	**vosotros**	ihr	contra **vosotros**	gegen euch	**os**	euch	**os**	euch
	vosotras	ihr	tras **vosotras**	nach euch	**os**	euch	**os**	euch
3	**ellos**	sie	según **ellos**	ihnen zufolge	**les**	ihnen	**los/les**	sie
	ellas	sie	hacia **ellas**	ihnen gegenüber	**les**	ihnen	**las**	sie
	ustedes	Sie	ante **ustedes**	vor Ihnen	**les** **se***	Ihnen	**los/les/las**	Sie

*vor einem Pronomen in der 3. Person als direktes Objekt (vgl. § 47.2)

1 Im Spanischen trifft man für die höfliche Anredeform ‚Sie' eine Unterscheidung zwischen

a *usted* (häufig abgekürzt zu *Vd.* oder *Ud.*), das dazu dient, eine einzelne Person anzureden, und mit der 3. Person Singular des Verbs konjugiert wird:

¿**Sabe usted** dónde es la fiesta?   **Wissen Sie,** wo das Fest ist?

b *ustedes* (häufig abgekürzt zu *Vds.* oder *Uds.*), das dazu dient, mehrere Personen anzureden, und mit der 3. Person Plural des Verbs konjugiert wird:

Ustedes tienen toda la razón.   **Sie haben** ganz recht.

A1 In bestimmten Ländern Lateinamerikas verwendet man die Form *ustedes* auch für ‚ihr' (= 2. Person Plural) mit den entsprechenden Formen *sus, les, las* usw.:

Para todos **ustedes** un fuerte abrazo   **Euch** allen eine herzliche Umarmung
de **sus** amigos.   von **euren** Freunden.

A2 Statt *tú* wird in bestimmten Ländern Lateinamerikas *vos* mit einer zusammengezogenen Form der 2. Person Plural des Verbs verwendet.

Vos imaginás que el paisaje allí   **Du kannst dir** vorstellen, daß die Landschaft dort
es impresionante.   eindrucksvoll ist.

2a Die maskulinen Formen *nosotros* und *vosotros* bezeichnen entweder männliche Personen oder männliche und weibliche Personen zusammen; die maskuline Form *ellos* bezeichnet männliche Personen oder männliche und weibliche Personen zusammen sowie Sachen.

b Die femininen Formen *nosotras* und *vosotras* bezeichnen ausschließlich weibliche Personen; die feminine Form *ellas* bezeichnet weibliche Personen und Sachen.

3 Der Akzent auf *mí* und *tú* dient zur Unterscheidung dieser Personalpronomen von den Possessivbegleitern *mi* (‚mein‘) und *tu* (‚dein‘); der Akzent auf *él* dient zur Unterscheidung vom Artikel *el* (‚der‘/‚die‘/‚das‘).

4 Die Personalpronomen der 3. Person, *él, ella, ellos* und *ellas*, richten sich nach dem Genus und Numerus der Substantive, auf die sie sich beziehen:

La catedral está en el centro.	Die Kathedrale steht im Zentrum.
Delante de **ella** hay una plaza.	Vor ihr liegt ein Platz.
Las chicas han salido y Pablo está con **ellas**.	Die Mädchen sind ausgegangen und Pablo ist bei ihnen.
¿Los lápices? He pagado 100 ptas por **ellos**.	Die Bleistifte? Ich habe 100 Peseten dafür/für sie bezahlt.

5 Das neutrale Personalpronomen *ello* verweist nicht auf ein bestimmtes Substantiv sondern auf einen ganzen Satz oder einen Sachverhalt:

Me siento muy abatido pero no quiero hablar de **ello**.	Ich fühle mich sehr niedergeschlagen, aber ich will nicht darüber sprechen (d.h. darüber, daß ich mich niedergeschlagen fühle).

42 Verwendung als Subjekt

1 Das Personalpronomen als Subjekt wird im Spanischen meist weggelassen, da die Endung des Verbs bereits angibt, um welche Person es geht:

Vamos a casa.	**Wir gehen** nach Hause.
¿**Tienes** tiempo?	**Hast du** Zeit?
No lo **creo.**	**Ich glaube** es nicht.
¿**Estáis** contentos?	**Seid ihr** zufrieden?

2 In folgenden Fällen wird das Personalpronomen als Subjekt jedoch verwendet:

a oft bei *usted/ustedes*:

¿**Sabe (usted)** la hora?	**Wissen Sie,** wie spät es ist?
¿**Toman (ustedes)** un taxi?	**Nehmen Sie** ein Taxi?

b um die Person zu betonen oder einen Gegensatz hervorzuheben:

Yo te digo que es así.	*Ich* sage dir, daß es so ist.
¿Qué pensáis *vosotros*?	Was denkt *ihr*?
Ella escribe con frecuencia, pero *él* no.	*Sie* schreibt oft, aber *er* nicht.

A Als weitere Verstärkung wird dem Personalpronomen häufig *incluso*, *mismo*, *también* oder *tampoco* hinzugefügt. *Mismo* steht immer nach dem Pronomen, die anderen können davor oder dahinter stehen:

Ella misma nos ha llamado.	**Sie selbst** hat uns angerufen.
¿Incluso tú estás enterado? /	**Selbst du** weißt davon?
¿Estás enterado **incluso tú?**	
Nosotros tampoco/Tampoco nosotros	**Wir** haben **auch keine** Zeit.
tenemos tiempo.	
También él/Él también nos lo ha dicho.	**Auch er** hat es uns gesagt.

c zur Vermeidung von Uneindeutigkeiten:

Pablo y María entran. **Ella** saluda.	Pablo und Maria kommen herein. **Sie** sagt Guten Tag.

d bei *ello*, das sich auf einen vorangehenden Satz oder Sachverhalt bezieht; seine Bedeutung unterscheidet sich nicht sehr von der des Demonstrativpronomens *esto*. Häufig kann man statt *ello* auch *esto* sagen:

Dicen que se acaba el petróleo en el mundo, pero **ello/esto** no es cierto.	Man sagt, daß das Öl in der Welt zu Ende geht, aber **das** ist nicht wahr.

13 Verwendung als Präpositionalobjekt

1 Die als Präpositionalobjekt verwendeten Formen sind fast alle die gleichen wie die als Subjekt verwendeten. Ausnahmen sind *mí* und *ti*:

Contamos **con vosotros**.	Wir zählen **auf euch**.
Para ella todo está bien.	**Für sie** ist alles gut.
Está sentada **frente a mí**.	Sie sitzt **mir gegenüber**.
No se interesan **por ti**.	Sie interessieren sich nicht **für dich**.

A Nach den Präpositionen *entre* und *según* sowie nach *excepto*, *menos* und *salvo* werden auch in der 1. und 2. Person die Subjektformen *yo* und *tú* verwendet:

Según tú esto no es cierto.	**Dir zufolge** ist das nicht sicher.
Entre tú y **yo** hay una enorme diferencia.	**Zwischen dir** und **mir** besteht ein enormer Unterschied.
Lo hemos hecho todos **excepto/menos/salvo tú**.	Wir haben es alle getan, **außer dir**.

2 Präpositionen werden im Spanischen meistens vor jedem Pronomen wiederholt:

Esto es **para ti** y **para mí**.	Dies ist **für dich** und **mich**.

3 *Con + mí* wird zu *conmigo*, *con + ti* wird zu *contigo*. Ansonsten: *con él*, *con ella* usw.:

Contamos **contigo**.	Wir zählen **auf dich**.

14 Verwendung als indirektes Objekt

1 Die als indirektes Objekt verwendeten Formen entsprechen deutschen Dativformen (*mir*, *dir*, *ihm* usw.):

¿Cuándo **me** darás las entradas?	Wann gibst du **mir** die Karten?
Te escribiré una carta.	Ich werde **dir** einen Brief schreiben.
Os entregaré las notas mañana.	Ich gebe **euch** die Noten morgen.

2 Wie die Tabelle in § 41 zeigt, haben die Formen *le* und *les* mehrere Bedeutungen:

Le dije la verdad.   Ich sagte **ihm/ihr/Ihnen** die Wahrheit.
No **les** prometí nada.   Ich versprach **ihnen/Ihnen** nichts.

A Bei möglicher Uneindeutigkeit können *le* und *les* durch Hinzufügen von *a él/a ella/a usted* oder *a ellos/a ellas/a ustedes* näher erklärt werden:

Le dije **a usted** la verdad.   Ich sagte **Ihnen** die Wahrheit.
A ellos no **les** prometí nada.   Ich versprach **ihnen** nichts.

45 Verwendung als direktes Objekt

1 Die Personalpronomen der 1. und 2. Person Singular und Plural haben als direktes Objekt dieselben Formen wie als indirektes Objekt, nämlich *me, te, nos* und *os:*

Ya no **me** conoce.   Er kennt **mich** nicht mehr.
Mañana **te** llamaré.   Morgen rufe ich **dich** an.
Ese hombre **nos** odia.   Dieser Mann haßt **uns.**
No **os** olvidaremos nunca.   Wir werden **euch** nie vergessen.

2 Die Personalpronomen der 3. Person Singular und Plural haben als direktes Objekt unterschiedliche Genusformen:
lo/los für männliche Personen und für Sachen;
le/les für männliche Personen;
la/las für weibliche Personen und für Sachen.
Auch hier gilt, daß diese Formen unterschiedliche Bedeutungen haben können:

No **lo** veo.   Ich sehe **ihn/es/Sie** nicht.
Le conozco.   Ich kenne **ihn/Sie.**
La admiramos.   Wir bewundern **sie/Sie.**
Les/Los/Las hemos invitado.   Wir haben **sie/Sie** eingeladen.

A Der Gebrauch von *le* und *les* anstelle von *lo* und *los* für männliche Personen ist nur in bestimmten Gegenden Spaniens verbreitet.

3 Für *usted/ustedes* wird als direktes Objekt bei männlichen Personen *lo/los* – in Spanien auch *le/les* – und bei weiblichen Personen *la/las* verwendet:

¿**Lo/Le** llamo mañana, señor?   Soll ich **Sie** morgen anrufen(, mein Herr)?
¡Qué alegría ver**la**, señora!   Wie ich mich freue **Sie** zu sehen (, meine Dame)!
Señores, **los/les** espero aquí.   Meine Herren, ich warte hier auf **Sie.**
Yo **las** invito, señoras.   Ich lade **Sie** ein(, meine Damen).

46 Die Stellung des indirekten oder direkten Objekts

1 Ein Personalpronomen als indirektes oder direktes Objekt steht **vor** dem finiten Verb:

Hoy **te** escribo una carta.   Heute schreibe ich **dir** einen Brief.
La escribo en seguida.   Ich schreibe **ihn** sofort.

2 In den folgenden drei Fällen steht das Personalpronomen als indirektes oder direktes Objekt **nach** dem Verb und wird dann mit diesem zusammengeschrieben:

a bei einem Infinitiv:

Hay que saber**lo**.   Man muß **es** wissen.
Hay que dar**le** el libro.   Man muß **ihm** das Buch geben.

b bei einem *gerundio:*

Estamos buscándo**te**.   Wir suchen **dich.**
¿Habéis leído la carta?   Habt ihr den Brief gelesen?
  —Estamos leyéndo**la**.   – Wir lesen **ihn** gerade.

c bei einem bejahten Imperativ:

Espére**nos** a la salida.   Warten Sie auf **uns** am Ausgang.
Da**le** la entrada, por favor.   Gib **ihm** bitte die Eintrittskarte.

A1 Man beachte, daß die Position des Wortakzents unverändert bleiben muß. Beim Anhängen des Pronomens kann deshalb ein Akzentzeichen nötig werden (vgl. § 4):
buscando – buscándo**te**, espere – espére**nos**

A2 Bei Modalverben und *perífrasis verbales* wie *deber, querer, estar* und *ir a*, denen ein Infinitiv oder *gerundio* folgt, können die Personalpronomen als Objekt auch **vor** der konjugierten Verbform stehen:
Debes decir**lo**./**Lo** debes decir.   Du mußt **es** sagen.
¿Quieres ayudar**me**?/¿**Me** quieres ayudar?   Willst du **mir** helfen?
Estamos buscándo**te**./**Te** estamos buscando.   Wir suchen **dich.**

7 Verwendung von indirektem und direktem Objekt zusammen

1a Stehen zwei Personalpronomen in einem Satz, das eine als indirektes Objekt und das andere als direktes Objekt, so geht das indirekte Objekt dem direkten Objekt voran. Die Satzstellung ist also im Spanischen anders als im Deutschen:

Spanisch				Deutsch	
Indir. O.	*Dir. O.*			*Akk.*	*Dat.*
1	2		<—>	2	1
Te	**lo**	doy.		Ich gebe **es**	**dir.**

b Beide Pronomen stehen entweder vor dem Verb, oder sie werden an einen Infiniv, ein *gerundio* oder einen bejahten Imperativ angehängt (vgl. § 46.2):

¿**Me** das el libro?   Gibst du mir das Buch?
 – Sí, **te lo** doy ahora mismo.   – Ja, ich gebe **es dir** sofort.
Voy a poner**melo**./**Me lo** voy a poner.   Ich werde **es (mir)** anziehen.
Dí**melo**, por favor.   Sag **es mir**, bitte.

2 Bei der Kombination eines indirektes Objekts in der dritten Person mit einem direkten Objekt in der dritten Person wird das indirekte Objekt zu *se*:

Indir. O.	*Dir. O.*		*Indir. O.*	*Dir. O.*
le/les	lo/la/los/las	—>	**se**	lo/la/los/las

¿ **Les** perdonas *estas palabras*? Vergibst du **ihnen** *diese Worte*?
– No, nunca **se** *las* perdonaré. – Nein, ich werde *sie* **ihnen** nie vergeben.
¿**Le** decimos *la verdad*? Sagen wir **ihm/ihr** *die Wahrheit*?
– Sí, **se** *la* decimos. – Ja, wir sagen *sie* **ihm/ihr.**

A ‚**Se** *lo* digo' kann also bedeuten:

	ihm/ihr.	(Singular maskulin oder feminin)
Ich sage *es*	**ihnen.**	(Plural maskulin oder feminin)
	Ihnen.	(höfliche Anrede, Singular oder Plural)

Zur Vermeidung von Uneindeutigkeiten kann man hinzufügen:

	a él/a ella.
Se *lo* digo	**a ellos/a ellas.**
	a usted/a ustedes.

48 Verdoppelung von direktem und indirektem Objekt

1 Wenn das direkte Objekt (a) oder das indirekte Objekt (b) der finiten Verbform vorangeht (emphatische Wortstellung), so muß es in Form eines Personalpronomens wiederholt werden. Häufig steht nach einem vorangestellten Objekt ein Komma:

a **A la abuela,** no **la** entiendo. **Großmutter** verstehe ich nicht.
Esas palabras, no **las** conozco. **Diese Worte** kenne ich nicht.

b **A mi vecino** no **le** pregunto esto. **Meinen Nachbarn** frage ich das nicht.
A estos señores no **les** doy la razón. **Diesen Herren** gebe ich nicht recht.

A Das vorangestellte Objekt wird nicht in Form eines Personalpronomens wiederholt, wenn es keine nähere Bestimmung wie den bestimmten Artikel oder einen Possessivbegleiter hat:
Dinero no tengo. **Geld** habe ich nicht.

2 Wenn das direkte oder indirekte Objekt **nach** dem Verb steht, wird es häufig durch ein Personalpronomen angekündigt:

La vi **a tu novia** en la discoteca. Ich habe **deine Freundin** in der Diskothek gesehen.
No **se** lo digas **a nadie.** Sage es **niemandem.**

3 Wenn *todo* direktes Objekt ist, so steht oft das Personalpronomen *lo* beim Verb:

Quiero saber(**lo**) **todo.** Ich will **alles** wissen.
(**Lo**) cuenta **todo.** Er erzählt **alles.**

49 Verstärkung und Verdeutlichung des Personalpronomens als Objekt

Ein Personalpronomen als indirektes oder direktes Objekt kann, wenn es Personen bezeichnet, durch die Präposition *a* und die Form des Personalpronomens nach Präpositionen verstärkt (a) oder verdeutlicht (b) werden:

1 **A mí me** parece muy bien. **Mir** erscheint das ganz prima.
¿Qué **te** importa **a ti**? Was geht **dich** das an?
A nosotros no **nos** han visto. **Uns** haben sie nicht gesehen.

2 **Le** he dado el dinero **a ella** (no **a él**). Ich habe **ihr** das Geld gegeben.
A él le dijo la verdad (y no **a ella**). **Ihm** sagte sie die Wahrheit.

8 Das Reflexivpronomen und das Reziprokpronomen
El pronombre reflexivo y recíproco

50 Die Formen des Reflexivpronomens

1 Das Reflexivpronomen ist ein Objekt, das dieselbe Person oder Sache bezeichnet, wie das Subjekt des Satzes:

Juanita se mira en el espejo.

Juanita schaut **sich** im Spiegel an.

2 Die Formen des Reflexivpronomens:

		indirektes Objekt	direktes Objekt	Präpositional-objekt	
Sg	1	**me** lavo los dientes	**me** lavo	hablo *de* **mí**	mir/mich
	2	**te** lavas los dientes	**te** lavas	hablas *de* **ti**	dir/dich
	3	**se** lava los dientes	**se** lava	habla *de* **sí**	sich
Pl.	1	**nos** lavamos los dientes	**nos** lavamos	hablamos *de* **nosotros/nosotras**	uns
	2	**os** laváis los dientes	**os** laváis	habláis *de* **vosotros/vosotras**	euch
	3	**se** lavan los dientes	**se** lavan	hablan *de* **sí**	sich

Die Formen des Reflexivpronomens sind in der 1. und 2. Person (Singular und Plural) die gleichen wie die der Personalpronomen als Objekte (vgl. § 41). In der 3. Person Singular und Plural verwendet man als indirektes und direktes Objekt *se*, als Präpositionalobjekt *sí*. *Se* und *sí* entsprechen auch der *usted*- und *ustedes*-Form:

¿No **te** lavas los dientes?	Putzt du **dir** nicht die Zähne?
¿**Se** acuerda(n) usted(es) de eso?	Erinnern Sie **sich** daran?
No **se** reconoce a **sí** misma.	Sie erkennt **sich selbst** nicht wieder.

51 Die Stellung des Reflexivpronomens

1 Für die Stellung des Reflexivpronomens gelten die gleichen Regeln wie für das Personalpronomen als indirektes oder direktes Objekt (vgl. § 46-47). Es steht

a vor dem finiten Verb:

Rosa **se** divirtió con la película.	Rosa amüsierte **sich** bei dem Film.
¿**Os** dáis prisa?	Beeilt ihr **euch**?

b bei Infinitiv, *gerundio* und positivem Imperativ nach diesen Formen und mit diesen zusammengeschrieben:

Hay que comportar**se** bien.	Man muß **sich** gut benehmen.
Estamos aburriéndo**nos**.	Wir langweilen **uns**.
¡Láva**te** los dientes!	Putz **dir** die Zähne!

A1 In der 1. und 2. Person verliert der Imperativ vor dem angehängten Reflexivpronomen das Endungs-*s* bzw. -*d* (vgl. § 112.2 A1):

Sentém**onos**.	Setzen wir uns.	Sent**áos**.	Setzt euch.

A2 Bei Modalverben und *perífrasis verbales* wie *deber, querer, estar, ir a*, denen ein Infinitiv oder eine *gerundio* folgt, kann das Reflexivpronomen auch vor der konjugierten Verbform stehen:

Se debe comportar bien./Debe comportar**se** bien.	Er muß **sich** gut benehmen.
Nos estamos aburriendo./Estamos aburriéndo**nos**.	Wir langweilen **uns**.

A3 Man beachte, daß die Position des Wortakzents unverändert bleiben muß. Deshalb kann ein Akzentzeichen nötig werden: *aburriéndonos, lávate*.

2 Das Reflexivpronomen als indirektes Objekt steht vor einem Personalpronomen in der Funktion eines direkten Objekts:

Conchita no **se** *lo* puede permitir/	Conchita kann *es* **sich** nicht leisten.
Conchita no puede permitír**se*lo*.**	
El traje no le gustó y no **se** *lo* probó.	Der Anzug gefiehl ihm nicht, und er probierte ***ihn*** nicht an.

52 Das Reflexivpronomen nach Präpositionen

1 Nach Präpositionen wird für die 3. Person Singular und Plural *sí* verwendet:

Ramón está seguro *de* sí.	Ramón ist **sich** *seiner selbst* sicher.
Se lo guardan todo *para* sí.	Sie bewahren alles *für* **sich**.

2 Für die übrigen Personen verwendet man die Personalpronomen als Präpositionalobjekt: *mí, ti* usw.:

Siempre hablas *de* ti.	Du redest immer ***über*** dich selbst.
¿Estáis contentos *con* vosotros?	Seid ihr zufrieden *mit* euch?

A1 Das Reflexivpronomen kann durch Hinzufügen von *mismo* (*misma, mismos, mismas*) verstärkt werden:
Ella tiene confianza en **sí misma**.   Sie hat Selbstvertrauen.

A2 *Con + sí* wird zu *consigo* (vgl. *conmigo, contigo*, § 43.3):
A veces sueña **consigo** mismo.   Manchmal träumt er ***von*** sich selbst.

53 Verben, die im Gegensatz zum Deutschen im Spanischen reflexiv sind

Viele Verben sind sowohl im Spanischen als auch im Deutschen reflexiv, z.B. *lavarse* (,sich waschen'), *mirarse* (,sich ansehen'). Es gibt jedoch auch eine Reihe von Verben, die im Spanischen reflexiv und im Deutschen nicht reflexiv sind:

acostar**se**	zu Bett gehen	caer**se**	fallen

callar**se**	schweigen	llamar**se**	heißen
casar**se**	heiraten	llevar**se**	mitnehmen
despertar**se**	wach werden	marchar**se**	weggehen
levantar**se**	aufstehen	traer**se**	mitbringen, mitnehmen

¿Cómo **te** llamas? Wie heißt du?
Cristina **se** levanta temprano. Cristina steht früh auf.
Siempre **nos** acostamos tarde. Wir gehen immer spät zu Bett.

54 Verben, die im Gegensatz zum Deutschen im Spanischen nicht reflexiv sind

Im Spanischen gibt es aber auch nicht reflexive Verben, die im Deutschen reflexiv sind, zum Beispiel:

cambiar **sich** (ver)ändern
celebrar que ... **sich** darüber freuen, daß ...

Ha cambiado mucho en estos dos años. Sie **hat sich** in den letzten zwei Jahren sehr **verändert.**

Celebramos que haya llegado la mercancía en buen estado. Wir **freuen uns** darüber, daß die Sendung in gutem Zustand angekommen ist.

55 Verben, die nicht reflexiv oder reflexiv verwendet werden können

1 Es gibt Verben, die ohne Änderung der Grundbedeutung mit einem normalen direkten Objekt oder mit einem Reflexivpronomen als direktem Objekt verwendet werden können:

acostar a una persona	jdn. zu Bett bringen	acostar**se**	zu Bett gehen
colgar una cosa	etw. aufhängen	colgar**se**	sich erhängen
despertar a u.p.	jdn. wecken	despertar**se**	wach werden
incorporar a u.p.	jdn. aufrichten	incorporar**se**	sich aufrichten
levantar u.c./a u.p.	etw./jdn. aufheben	levantar**se**	aufstehen
llamar u.c./a u.p.	etw./jdn.nennen/rufen	llamar**se**	heißen
sentar a u.p.	jdn. setzen	sentar**se**	sich (hin)setzen

La madre **sienta** al niño en el cochecito. Die Mutter **setzt** das Kind in den Kinderwagen.
Pedro **se sienta** en el sillón. Pedro **setzt sich** in den Sessel.

2 Bei einigen Verben ändert sich die Bedeutung, je nachdem, ob sie reflexiv oder nicht reflexiv verwendet werden:

beber u.c	etw. trinken	beber**se** u.c.	etw. **aus**trinken
comer u.c.	etw. essen	comer**se** u.c.	etw. **auf**essen
dormir	schlafen	dormir**se**	**ein**schlafen
ir/marchar	gehen, marschieren	ir**se**/marchar**se**	**weg**gehen
poner u.c.	etw. legen/stellen	poner**se** u.c.	etw. **an**ziehen
quedar	übrigbleiben	quedar**se**	**(da)**bleiben
quitar u.c.	etw. wegnehmen/entfernen	quitar**se** u.c.	etw. **aus**ziehen

Me voy. Ich gehe **weg.**
Se lo ha comido todo. Sie hat alles **auf**gegessen.
Se durmió en seguida. Er schlief sofort **ein.**

A Zu reflexiven Konstruktionen als Passiversatz und in der Bedeutung ‚sich machen lassen' vgl. §§ 146 und 155.

56 Das Reziprokpronomen

1 Im Spanischen stimmen die Formen des Reziprokpronomens (‚einander') mit den Pluralformen des Reflexivpronomens überein. Sie haben auch die gleiche Stellung wie das Reflexivpronomen:

Siempre **nos** saludamos.	Wir grüßen **uns/einander** immer.
¿Dónde **os** habéis encontrado?	Wo habt ihr **euch/einander** getroffen?
Se quieren mucho.	Sie lieben **sich/einander** sehr.

2 Um das Reziprokpronomen zu verstärken oder zu verdeutlichen, fügt man hinzu:

– *(el) uno a(l) otro, (la) una a (la) otra* (usw.);
– *entre nosotros/-as, entre vosotros/-as, entre sí;*
– *mutuamente*

Paco y Rosita **se** odian **(el uno a la otra/ mutuamente).**	Paco und Rosita hassen **einander.**
Podemos hablar**nos** honestamente **entre nosotros.**	Wir können **uns** ehrlich **miteinander** unterhalten.
Nos respetamos **(los unos a los otros/ mutuamente).**	Wir respektieren **einander**.
Debéis decir**os** la verdad **(unos a otros/ mutuamente).**	Ihr müßt **einander** die Wahrheit sagen.

3 Als Präpositionalobjekt benutzt man

(el)	*uno*	+	Präposition +	*(el)*	*otro*
			bzw.		
(la/los/las)	*una/-os/-as*	+	Präposition +	*(la/los/las)*	*otra/-os/-as*

Los dos piensan mucho **el uno** *en* **la otra.**	Die beiden denken viel *an***einander.**
Dependemos **los unos** *de* **los otros.**	Wir sind *auf***einander** angewiesen.
En clase hablaban **las unas** *con* **las otras** constantemente.	Während des Unterrichts redeten sie ständig *mit***einander.**

Possessivpronomen und -begleiter
El pronombre y el determinante posesivo

9

Formen und Bedeutungen

	Possessivbegleiter		Possessivpronomen		
	unbetont	**betont**			
Sg. 1	**mi** libro	un libro **mío**	**el mío**	mein(e/-r/-s)
	mi carta	una carta **mía**	**la mía**	
	mis libros	unos libros **míos**	**los míos**	
	mis cartas	unas cartas **mías**	**las mías**	
2	**tu** libro	un libro **tuyo**	**el tuyo**	dein(e/-r/-s)
	tu carta	una carta **tuya**	**la tuya**	
	tus libros	unos libros **tuyos**	**los tuyos**	
	tus cartas	unas cartas **tuyas**	**las tuyas**	
3	**su** libro	un libro **suyo**	**el suyo**	sein(e/-r/-s)/
	su carta	una carta **suya**	**la suya**	ihr(e/-r/-s)/
	sus libros	unos libros **suyos**	**los suyos**	Ihr(e/-r/-s)
	sus cartas	unas cartas **suyas**	**las suyas**	
Pl. 1	**nuestro** libro	un libro **nuestro**	**el nuestro**	unser(e/-r/-s)
	nuestra carta	una carta **nuestra**	**la nuestra**	
	nuestros libros	unos libros **nuestros**	**los nuestros**	
	nuestras cartas	unas cartas **nuestras**	**las nuestras**	
2	**vuestro** libro	un libro **vuestro**	**el vuestro**	euer(e/-r/-s)
	vuestra carta	una carta **vuestra**	**la vuestra**	
	vuestros libros	unos libros **vuestros**	**los vuestros**	
	vuestras cartas	unas cartas **vuestras**	**las vuestras**	
3	**su** libro	un libro **suyo**	**el suyo**	ihr(e/-r/-s)/
	su carta	una carta **suya**	**la suya**	Ihr(e/-r/-s)
	sus libros	unos libros **suyos**	**los suyos**	
	sus cartas	una carta **suya**	**las suyas**	

1 a Possessivbegleiter werden zusammen mit einem Substantiv benutzt. Sie haben unbetonte und betonte Formen:

mi libro	**mein** Buch	un libro **mío**	ein Buch **von mir**
mi carta	**mein** Brief	una carta **mía**	ein Brief **von mir**

b Possessivpronomen werden mit dem bestimmten Artikel, aber ohne Substantiv benutzt. Sie haben dieselbe Form wie die betonten Formen der Possessivbegleiter.

2 Die Possessivbegleiter und -pronomen werden konjugiert wie Adjektive:

– *mi*, *tu* und *su* haben dieselben Formen für Maskulinum und Femininum;

– *mío*, *tuyo*, *suyo*, *nuestro* und *vuestro* haben verschiedene Formen für Maskulinum und Femininum;
– Der Plural wird gebildet, indem an die obenstehenden Formen ein *-s* angehängt wird.

3 Achtung: *su* und *suyo* werden sowohl für die 3. Person Singular als auch Plural verwendet. Auch wird kein Unterschied zwischen männlichen und weiblichen Besitzern gemacht. *Su* und *suya* werden auch für die *usted-* und *ustedes*-Form verwendet. Vergleiche:

su casa	(la de él)	**sein** Haus	*(Sg. mask.)*
	(la de ella)	**ihr** Haus	*(Sg. fem.)*
	(la de usted)	**Ihr** Haus	*(Sg.)*
	(la de ellos)	**ihr** Haus	*(Pl. mask.)*
	(la de ellas)	**ihr** Haus	*(Pl. fem.)*
	(la de ustedes)	**Ihr** Haus	*(Pl.)*

4 In Lateinamerika ist *su/suyo* sowohl die formelle (‚Ihr‘) als auch die informelle Form (‚euer‘). (Vgl. § 201.1.)

Recuerdos de **sus** amigos Grüße von **euren/Ihren** Freunden

---

58 **Stellung und Gebrauch der Possessivbegleiter**

Die Possessivbegleiter richten sich in Genus und Numerus nach dem Substantiv, zu dem sie gehören.

1 Die unbetonten Formen stehen vor dem Substantiv:

Mi *bebida preferida* es la leche. **Mein** *Lieblingsgetränk* ist Milch.
No encuentro **mis** *zapatillas.* Ich finde **meine** *Pantoffeln* nicht.
Vuestros *días* están contados. **Eure** *Tage* sind gezählt.
Su *idea* fue muy buena. **Ihre** *Idee* war sehr gut.

2 Die betonten Formen stehen nach dem Substantiv. Sie werden vor allem verwendet:

a wenn das Possessivpronomen besonders betont wird:

Esas son *palabras* **tuyas**, no **mías**. Das sind **deine** *Worte*, nicht **meine**.
No me interesan esos *proyectos* **vuestros**. **Eure** *Pläne* interessieren mich nicht.

b nach dem unbestimmten Artikel + Substantiv, um auszudrücken, daß eine(r) unter mehreren und nicht der/die einzige gemeint ist:

Encontré ayer a *un pariente* **tuyo**. Ich traf gestern *einen Verwandten* von dir / *einen* deiner *Verwandten*.

Vgl.: Ayer encontré a **tu** *padre.* Gestern traf ich **deinen** *Vater.*

A Mit ähnlichem Bedeutungsunterschied gegenüber der unbetonten Form kann die betonte Form auch nach Zahlen oder indefiniten Begleitern verwendet werden:

dos libros **suyos** zwei Bücher **von ihm**/zwei **seiner** Bücher
unos amigos **míos** ein Paar Freunde **von mir**
Vgl. dagegen: **mis** dos hermanas **meine** beiden Schwestern

c in bestimmten Ausrufen, in der brieflichen Anrede sowie in Interjektionen wie *hijo mío* (‚mein Junge‘), *amigo mío* (‚mein Freund‘):

¡Diós **mío**!	**Mein** Gott!
Muy señor **nuestro**:	Sehr geehrter Herr, (Briefanrede)

3 Die betonten Formen können auch als prädikative Ergänzung zum Subjekt nach dem Verb *ser* stehen. *Ser* + Possessivbegleiter entspricht dem deutschen ‚jdm. gehören':

Este bolígrafo **es mío.**	Dieser Kugelschreiber **gehört mir.**

59 De + Personalpronomen statt *su/suyo*

Im Falle der Uneindeutigkeit ersetzt man *su/sus* und *suyo/suya/suyos/suyas* durch *de* + *él/ ella/usted/ellos/ellas/ustedes*:

El chico y la chica se escriben con frecuencia. Las cartas **de ella** son más largas. Las cartas **de él** son muy breves.	Der Junge und das Mädchen schreiben einander oft. **Ihre** Briefe sind länger. **Seine** Briefe sind sehr kurz.

60 Bestimmter Artikel statt Possessivbegleiter

Wenn klar ist, wer der Besitzer ist, z.B. bei Körperteilen, Kleidungstücken und anderen persönlichen Gebrauchsgegenständen, benutzt man im Spanischen – wie oft auch im Deutschen, aber noch konsequenter – den bestimmten Artikel statt eines Possessivbegleiters.

1 Wenn der Besitzer Subjekt des Satzes ist, benutzt man

a einfach den bestimmten Artikel:

Dejó **la** cartera sobre la mesa.	Er ließ **seine/die** Brieftasche auf dem Tisch liegen.

b ein reflexives indirektes Objekt und den bestimmten Artikel:

Se sacó **las** manos **del** bolsillo.	Er holte **seine/die** Hände aus **seiner/der** Hosentasche.
Se puso **el** sombrero.	Er setzte **seinen/den** Hut auf.

2 Wenn der Besitzer nicht Subjekt des Satzes ist, benutzt man oft ein Personalpronomen als indirektes Objekt und den bestimmten Artikel:

Me duele **la** pierna.	**Mein** Bein tut weh.
Nos robaron **el** coche.	Man hat **uns den** Wagen gestohlen.
¿**Te** pago **la** entrada?	Soll ich **dir den** Eintritt bezahlen?

61 Gebrauch der Possessivpronomen

Possessivpronomen werden verwendet, um die Wiederholung eines bereits genannten Substantivs zu vermeiden. Sie richten sich in Genus und Numerus nach diesem Substantiv und stehen immer nach einem bestimmten Artikel:

Estas fotos son mejores que **las tuyas** (= que **tus fotos**).	Diese Fotos sind besser als **deine.**
Me gusta más tu vestido que **el mío** (= que **mi vestido**).	Mir gefällt dein Kleid besser als **meines.**

A Der Possessivbegleiter kann auch verwendet werden, wenn das Substantiv zwar nicht vorher genannt wurde, aber stillschweigend mitverstanden wird:

Los nuestros han ganado. **Unsere (Leute)** haben gewonnen.

62 *Lo* + Possessivpronomen

Das Possessivpronomen kann auch zusammen mit dem neutralen Artikel *lo* verwendet werden. Die Kombination *lo* + Possessivpronomen verweist nicht auf ein bestimmtes Substantiv. Sie kann verschiedene Bedeutungen haben:

1 Sie kann jemandes Eigentum bezeichnen:

Coge **lo tuyo**. Nimm, **was dir gehört**.

2 Sie kann auf einen bestimmten Sachverhalt verweisen, der nicht näher beschrieben werden soll:

Paco está en **lo suyo**. Paco ist in **seinem Element**.
Todos están enterados de **lo nuestro**. Jeder weiß von **der Sache mit uns**.

3 Es gibt eine Reihe feststehender Ausdrücke mit *lo* + Possessivpronomen:

ir a **lo suyo**	auf seinen Vorteil aus sein
hacer de **las suyas**	seine üblichen Mätzchen machen
salirse con **la suya**	seinen Kopf durchsetzen
de suyo (unveränderlich):	an sich, von Natur aus
Es buena **de suyo**.	Sie ist von Natur aus gut.

10 Demonstrativpronomen und -begleiter
Pronombres y determinantes demostrativos

Formen und Bedeutungen

	dieser/diese/dieses/ das hier	der/die/das da	der/die/das dort
Sg. m.	**este** (centro)	**ese** (centro)	**aquel** (centro)
f.	**esta** (plaza)	**esa** (plaza)	**aquella** (plaza)
Pl. m.	**estos** (centros)	**esos** (centros)	**aquellos** (centros)
f.	**estas** (plazas)	**esas** (plazas)	**aquellas** (plazas)
Sg. n.	**esto**	**eso**	**aquello**

1 Die Demonstrativpronomina *este*, *ese* und *aquel* haben dieselben Formen wie die Demonstrativbegleiter. Sie haben unterschiedliche Formen für den maskulinen und femininen Singular und Plural und richten sich nach dem Substantiv, vor dem sie stehen oder auf das sie sich beziehen.

A Zum Akzentzeichen beim Demonstrativpronomen vgl. § 66.1.

2 Neben diesen Formen kennt das Spanischen die neutralen Demonstrativpronomina *esto*, *eso* und *aquello*, die sich nicht spezifisch auf ein maskulines oder ein feminines Substantiv beziehen, sondern auf einen Sachverhalt oder eine nicht näher benannte Sache.

Gebrauch

Für den Gebrauch von *este*, *ese* und *aquel* gelten folgende Regeln:

1 *Este* (,dieser', ,diese', ,dieses', ,das hier') bezieht sich auf alles, was sich örtlich oder zeitlich in unmittelbarer Nähe des Sprechenden befindet. Es kommt oft in Zusammenhang vor mit
– der 1. Person (Singular und Plural) des Personalpronomens und des Verbs;
– den Adverbien *aquí* (,hier' = bei mir) und *ahora* (,jetzt'):

Esta paella que estoy comiendo ***aquí*** está muy rica.	**Diese** Paella, die ich **hier** gerade esse, ist sehr lecker.
¿Qué ha ocurrido en **estas** semanas?	Was ist in **den letzten** Wochen passiert?

2 *Ese* (,der dort', ,die dort', ,das dort') bezieht sich auf alles, was sich in der Nähe des Angesprochenen befindet. Es kommt oft in Zusammenhang vor mit
– der 2. Person (Singular und Plural) des Personalpronomens und des Verbs sowie mit der *usted / ustedes*-Form;
– dem Adverb *ahí* (,da', ,dort' = bei dir, bei Ihnen):

¿De dónde tienes **esas** ideas?	Woher hast du **diese** Ideen?
Esa de ***ahí*** es mi chaqueta.	**Das *da (bei dir)*** ist meine Jacke.

3 *Aquel* (‚der dort‘, ‚die dort‘, ‚das dort‘) bezieht sich auf alles, was sowohl vom Sprechenden als auch vom Angesprochenen entfernt ist. Es kommt oft in Zusammenhang vor mit
– der 3. Person (Singular und Plural) des Personalpronomens und des Verbs;
– dem Adverb *allí* (‚dort drüben‘):

En **aquel** país había tigres y elefantes.	In **jenem** Land gab es Tiger und Elephanten.
El chico **aquel** que está *allí* sentado vende entradas.	**Der** Junge (**dort**), der *da drüben* sitzt, verkauft Eintrittskarten.

4 **Schematische Zusammenfassung:**

yo, nosotros/-as *aquí, ahora*	→	***este, esta, estos, estas, esto***
tú, usted(es), vosotros/-as *ahí*	→	***ese, esa, esos, esas, eso***
él, ella, ellos, ellas *allí*	→	***aquel, aquella, aquellos, aquellas, aquello***

A In Zeitangaben der Vergangenheit wird je nach Sprecherperspektive *eso* oder *aquello* benutzt:
– *Eso* wird verwendet, wenn der Sprecher dem Hörer eine Zeit näherbringen will.
– *Aquello* wird verwendet, wenn der Sprecher sich zeitlich vom Geschehen distanziert (z. B. in Märchen und Sagen).

En **esos** tiempos no disponían de ordenadores.	Damals verfügte man nicht über Computer.
En **aquel** país había tigres y elefantes.	In **jenem** Land gab es Tiger und Elefanten.

65 **Besonderer Gebrauch von *ese***

Ese/esa/esos/esas als Demonstrativbegleiter wird oft in abschätzigem Sinne gebraucht. Es steht dann normalerweise nach dem Substantiv:

¿Qué quiere el chico **ese**?	Was will **dieser** Kerl?
No me gusta el café **ese**.	**Diesen** Kaffee mag ich nicht.
¿De quién es **esa** idea tan tonta?	Von wem stammt **diese** dumme Idee?

66 **Gebrauch der Demonstrativa als Pronomen**

1 Wenn *este*, *ese* und *aquel* als Demonstrativpronomen, d.h. selbständig, gebraucht werden (oft in Verbindung mit der Kopula *ser*), können sie mit oder ohne Akzentzeichen geschrieben werden. Sie richten sich in Genus und Numerus nach dem Substantiv, auf das sie sich beziehen:

Ésta/Esta es mi hija mayor.	**Dies** ist meine älteste Tochter.
¿Quiénes son **ésas/esas**?	Wer ist **das**?/Wer sind **die** (= diese Frauen oder Mädchen)?
Recuerdo a **aquéllos/aquellos**.	Ich erinnere mich an **die**.

2 Die neutralen Formen *esto*, *eso* und *aquello* werden verwendet, wenn man sich auf eine Sache beziehen möchte, die noch nicht erwähnt wurde, oder auf einen Sachverhalt:

Esto es la Plaza Mayor.	**Dies** ist der Marktplatz.

¿Quién ha dicho **eso**?	Wer hat **das** gesagt?
Pero **esto** no es cierto.	Aber **das** stimmt nicht.
Aquello ocurrió hace mucho.	**Das** ist vor geraumer Zeit passiert.

A1 In der Umgangssprache wird häufig *esto/eso/aquello de* + Substantiv verwendet. Es bedeutet dann ‚das mit', ‚die Sache mit'. Oft wird es auch nicht übersetzt:

Eso de Juan no es verdad.	**Das mit** Juan ist nicht wahr.
Esto de los impuestos no se entiende.	**Das mit** den Steuern ist unverständlich.

A2 Als Alternative kann man auch *lo de* + Substantiv verwenden:

Lo de Juan no es verdad.

7 *Aquel/este* in der Bedeutung ‚ersterer'/‚letzterer'

Wenn man mit *este* und *aquel* auf zwei zuvor erwähnte Personen verweist, bezieht sich *aquel* auf die zuerst genannte, *este* auf die zuletzt genannte:

Carmen y Rosa son muy buenas amigas.	Carmen und Rosa sind sehr gute Freundinnen.
Esta es mayor que **aquella**.	**Letztere** ist älter als **erstere**.

8 Feststehenden Ausdrücke mit *eso*

Eso kommt in einer Reihe fester Wendungen vor:

Eso sí./ **Eso** no.	Ja./Nein. (emphatischer Gebrauch)
Eso sí que no.	Das sicher nicht.
Eso es.	Genau!/ Stimmt!
por **eso**	deshalb
a **eso** de (las cuatro)	ungefähr um (vier Uhr)

11 Relativpronomen, -begleiter und -adverbien
Pronombres, determinantes y adverbios relativos

69 Formen und Bedeutungen

Formen	Bedeutungen
que	der/die/das; den (bei Sachen)
quien, quienes	welcher/welche; der/die; wer
el que/la que – el cual/la cual	der/die(jenige) welche(r); wer
los que/las que – los cuales/las cuales	die(jenigen) welche; wer
lo que - lo cual	(das) was
cuyo/-a/-os/-as	dessen/deren
cuanto/-a/-os/-as	alle, die/alles, was
donde	wo
como	wie
cuando	als, wenn

1 *Que* ist unveränderlich.

2 *Quienes,* der Plural von *quien,* wird immer weniger verwendet.

3 *El que* und *el cual* haben getrennte Formen für Maskulinum und Femininum, Singular und Plural:

el que	*la que*	*los que*	*las que*
el cual	*la cual*	*los cuales*	*las cuales*

4 *Lo que* und *lo cual* sind unveränderlich.

5 *Cuyo* wird wie ein Adjektiv auf *-o* flektiert. Dasselbe gilt für *cuanto,* außer wenn es als Adverb verwendet wird (vgl. § 76.2 A2).

6 *Donde, cuando* und *como* sind unveränderlich, da sie Adverbien sind.

70 Die Funktion von Relativsätzen und Relativpronomen

1 Die meisten Relativsätze haben die Funktion eines Attributs (nähere Bestimmung) zu einem Wort im Hauptsatz (meistens zu einem Substantiv). Dieses Wort nennt man das Bezugswort des Relativsatzes. Das Relativpronomen kann innerhalb des Relativsatzes Subjekt oder Objekt sein oder nach einer Präposition stehen:

La chica que llamó ayer era Juana.

Das Mädchen, das gestern angerufen hat, war Juana.

El pantalón **que** has comprado me gusta mucho.	*Die Hose,* **die** du gekauft hast, gefällt mir sehr.
Estos son *los chicos* **con quienes** hemos quedado.	Dies sind *die Jungen,* **mit denen** wir uns verabredet haben.

2 Das Bezugswort muß nicht immer ausdrücklich genannt werden, sondern kann auch impliziert sein:

Quien llegue primero, habrá ganado.	**Wer** zuerst ankommt, hat gewonnen.
Te entregaré **cuanto** tengo.	Ich werde dir *(alles)* geben, **was** ich habe.

3 Es gibt zwei Arten von Relativsätzen:

a Notwendige Relativsätze. Sie definieren, wer oder was mit dem Bezugswort gemeint ist, und sind daher für das Verständnis des Hauptsatzes unerläßlich. Sie stehen im Spanischen – im Gegensatz zum Deutschen – nicht zwischen Kommas:

Los alumnos **que son aplicados** saldrán aprobados.	Die Schüler, **die fleißig sind,** werden Erfolg haben. (= nur die Schüler, die fleißig sind).

b Nicht notwendige Relativsätze. Sie geben zusätzliche, aber für das Verständnis des Hauptsatzes nicht unbedingt notwendige Informationen zum Bezugswort. Sie stehen auch im Spanischen zwischen Kommas:

Estos alumnos, **que son aplicados,** saldrán aprobados.	Diese Schüler, **die fleißig sind,** werden Erfolg haben. (= alle diese Schüler).

71 Gebrauch der Relativpronomen, -begleiter und -adverbien (Übersicht)

1

Relativpronomen und -begleiter	Verweis auf	Besonderheiten
que	Personen + Sachen	am häufigsten gebraucht
quien	nur Personen	auch mit impliziertem Bezugswort: ‚der(jenige), der'/‚wer'
el que	Personen + Sachen	auch mit impliziertem Bezugswort: ‚der(jenige), der'/‚wer'
el cual	Personen + Sachen	kann *el que* ersetzen (außer wenn das Bezugswort impliziert ist), vor allem in Lateinamerika
lo que/lo cual	vorausgehender Satz	auch mit impliziertem Bezugswort: ‚was'
cuyo	Personen + Sachen	paßt sich in Genus und Numerus dem Substantiv an, das folgt.
cuanto	Personen + Sachen	häufig nach vorausgehendem *todo(s)/-a(s)* auch mit impliziertem Bezugswort: ‚soviel, wie'

2 Relativadverbien	Verweis auf	Bedeutung
donde	Ort	‚wo‘
cuando	Zeit	‚als‘, ‚wenn‘
como	Art und Weise	‚wie‘
cuanto	Grad, Intensität	‚wieviel‘

A Statt *donde, cuando* und *como* kann man als Alternative eine Präpositon und ein Relativpronomen benutzen:

la cuidad **donde** nací/**en la que** nací   die Stadt, **in der** ich geboren wurde

72   *Que*

Que ist das am häufigsten verwendete Relativpronomen. Es wird bei Personen und Sachen gebraucht

1 als Subjekt oder direktes Objekt:

El vino **que** más me gusta es el de la región.   Der Wein, **den** ich am liebsten mag, ist der aus der Gegend.

El chico **que** encontré en el autobús se llama Jesús.   Der Junge, **den** ich im Bus traf, heißt Jesús.

A Als indirektes Objekt kann *que* nicht verwendet werden. Stattdessen sagt man *a quien, al que* oder *al cual*:

El chico **a quien/al que/al cual** he dado el libro es un amigo de Paco.   Der Junge, **dem** ich das Buch gegeben habe, ist ein Freund von Paco.

2 nach kurzen Präpositionen wie *a, de, en, con*:

La ciudad **en que** vivo es muy antigua.   Die Stadt, **in der** ich wohne, ist sehr alt.
Las palabras **con que** me saludó eran muy cordiales.   Die Worte, **mit denen** er mich begrüßte, waren sehr herzlich.

A1 Nach *sin* und *por* kann das Relativpronomen *que* nicht verwendet werden. Stattdessen benutzt man *el que* oder *el cual*:

Compré unos libros **sin los que** no hubiera aprobado.   Ich kaufte einige Bücher, **ohne die** ich nicht bestanden hätte.
La razón **por la cual** estoy aquí ya la conoces.   Den Grund, **weshalb** ich hier bin, kennst du schon.

A2 Die Präposition *en* kann nach einer Zeitbezeichung wie *día, noche, año* ausgelassen werden:

el día (**en**) **que** te conocí   der Tag, **an dem** ich dich kennengelernt habe

73   *Quien*

Quien (Plural *quienes*) bezieht sich ausschließlich auf Personen. Es wird gebraucht

1 als direktes oder indirektes Objekt nach *a*:

Han puesto en libertad a la niña **a quien** habían secuestrado.   Sie haben das Mädchen, **das** sie entführt hatten, freigelassen.

Los amigos **a quienes** estoy escribiendo esta carta van a visitarnos el mes que viene.	Die Freunde, **denen** ich diesen Brief schreibe, besuchen uns nächsten Monat.

2 auch nach anderen Präpositionen:

No me resulta simpático el chico **con quien** sales.	Den Jungen, **mit dem** du ausgehst, finde ich nicht sympathisch.
¿Conoces a esas niñas **enfrente de quienes** está sentada Paquita?	Kennst du die Mädchen, **denen** Paquita **gegenüber**sitzt?

3 als Subjekt in nicht notwendigen Relativsätzen. In dieser Funktion wird es allerdings selten gebraucht. In notwendigen Relativsätzen ist als Subjekt nur *que* möglich:

Mi hermano mayor, **quien** vive en Alemania, va a casarse en verano.	Mein ältester Bruder, **der** in Deutschland wohnt, wird im Sommer heiraten.
La niña **que** vive aquí va al mismo colegio que tú.	Das Mädchen, **das** hier wohnt, geht zur gleichen Schule wie du.

4 mit impliziertem Bezugswort in der Bedeutung von ‚der(jenige), der‘ oder ‚wer‘. *Quien/ quienes* kann dann ersetzt werden durch *el que/los que*:

Quien/El que sepa la respuesta, gana.	**Derjenige, der** die Antwort weiß, gewinnt.
Quienes/Los que llamaron a la puerta eran unos primos míos.	**Die, die** an die Tür klopften, waren Vettern von mir.
Quien busca, halla.	**Wer** sucht, der findet.

74 *El que, el cual*

1 *El que* oder *el cual* werden für Personen und Sachen verwendet. Da dieses Relativpronomen eine Kombination aus dem bestimmten Artikel und *que* oder *cual* ist, richtet sich dieser Artikel in Genus und Numerus nach dem Bezugswort. *Que* ist unveränderlich, *cual* hat als Plural *cuales*.

2 *El que/el cual* wird verwendet

a der Eindeutigkeit halber anstelle von *quien* oder *que*, wenn mehrere Bezugswörter möglich sind:

El novio de mi hermana, con **la que/ la cual** fui a Córdoba, vino ayer.	Der Freund meiner Schwester, mit **der** ich nach Córdoba fuhr, kam gestern.
La amiga de Juan, **el que/el cual** está en Barcelona, me ha llamado por teléfono.	Die Freundin Juans, **der** in Barcelona ist, hat mich angerufen.

b nach Präpositionen, z. B. *de, delante de, en, entre, para, por, sin, sobre*:

Hay unas cosas **en las que** debemos pensar.	Es gibt einige Dinge, **an die** wir denken müssen.

A1 Bei der Verwendung als direktes Objekt geht *el que/el cual* die Präpositon *a* voraus (*al que/al cual/a la que/*...), wenn das Bezugswort Personen bezeichnet (vgl. § 160.2).

¿Quiénes son las personas **a las que** más admiras?	Welches sind die Leute, **die** du am meisten bewunderst?

A2 Nach längeren Präpositionen verwendet man im Spanischen häufiger *el cual* als *el que*, vor allem, wenn das Bezugswort weiter vom Relativpronomen entfernt steht:

Asistimos a una conferencia **después de la**   Wir nahmen an einer Konferenz teil, **nach**
   cual estuvimos agotados.   **der** wir erschöpft waren.

75 *Lo que, lo cual*

1 *Lo que* bezieht sich meist auf einen ganzen vorangehenden Satz und kann dann durch *lo cual* ersetzt werden:

Nadie sabía nada, **lo que/lo cual** me extrañó.   Niemand wußte etwas, **was** mich erstaunte.
El tiempo cambia muy rápidamente,   Das Wetter ändert sich schnell, **was** gefährlich ist.
   lo que/lo cual es peligroso.

2 *Lo que* kann auch mit impliziertem Bezugswort verwendet werden: ‚(das) was'. Es kann dann nicht durch *lo cual* ersetzt werden:

¿Sabes tú **lo que** pasa?   Weißt du, **was** los ist?
Antes que te cases, mira **lo que** haces.   Denk' nach, bevor du handelst.
    (Wörtl.: Bevor du heiratest, bedenke, **was** du tust.)

A Nach *todo* ist nur *lo que* möglich:
Todo lo que te he dicho es verdad.   **Alles, was** ich dir gesagt habe, ist wahr.

76 *Cuanto*

1 *Cuanto/-a/-os/-as* (‚alles ... was', ‚soviel ...(wie)') hat kein Bezugswort im Hauptsatz. Es wird bei Personen und Sachen verwendet und kann durch *todo el/la/los/las/lo que* ersetzt werden. Es ist ein Begleiter und stimmt in Genus und Numerus mit dem Substantiv überein, das folgt:

Te daré **cuanto** dinero necesites.   Ich werde dir **soviel** Geld geben, **wie** du brauchst.
   (Te daré **todo el** dinero **que** necesites.)
Cuantos esfuerzos hicimos fueron inútiles.   **Alle** Anstrengungen, **die** wir unternahmen, waren
   (**Todos** los esfuerzos **que** hicimos ...)   umsonst.

2 *Cuanto* wird auch als Pronomen verwendet, wobei häufig *todo* vorausgeht.

a Wenn ein Wort (wie *leche* im folgenden Beispiel) mitverstanden wird, so richtet sich *cuanto* in Genus und Numerus nach diesem Wort:

– ¿Me das la leche? –Sí, toma   Gibst du mir die Milch? – Ja, nimm dir **soviel** du
   (toda) cuanta quieras.   willst.

b Meist bezieht sich *cuanto* jedoch nicht auf eine bestimmte Sache oder Person und wird dann in seiner neutralen Form gebraucht:

Ese muchacho se gasta **(todo) cuanto** le damos.   Die Junge gibt **alles** aus, **was** wir ihm geben.

A1 Wenn *cuantos/cuantas* als direktes Objekt in Bezug auf Personen benutzt wird, wird *a* vorangestellt:
Conocíamos **a cuantos** se presentaron.   Wir kannten **alle, die** sich vorstellten.

A2 *Cuanto* kann auch als Adverb verwendet werden und ist dann unveränderlich:
Trabajo **cuanto** puedo.   Ich arbeite, **soviel** ich kann.

7 Cuyo

Cuyo/-a/-os/-as („dessen', „deren') benutzt man für Personen und Sachen. Es wird nur als Begleiter verwendet. Im Gegensatz zum deutschen „dessen', „deren' richtet sich *cuyo* in Genus und Numerus nicht nach dem Bezugswort im Haupsatz, sondern nach dem Substantiv, das folgt:

Aquella casa **cuyas** ventanas están abiertas es mía.	Das Haus dort, **dessen** Fenster offen stehen, gehört mir.
Esta pintora, **cuyos** cuadros son muy valorados en España, vive en París.	Diese Malerin, **deren** Bilder in Spanien sehr geschätzt werden, wohnt in Paris.

8 Como, cuando, donde

Diese Formen sind unveränderlich, da sie Adverbien sind. Sie können mit oder ohne Bezugswort verwendet werden:

Este es *el hotel* **donde** están hospedados nuestros invitados.	Dies ist *das Hotel,* **in dem** unsere Gäste untergebracht sind.
Esta es *la manera* **como** hay que convencer a la gente.	Dies ist *die Art,* **in der** man die Menschen überzeugen muß.
Durante *la época* **cuando** Franco estaba en el poder, muchos escritores vivieron fuera de España.	In *der Zeit,* **als** Franco an der Macht war, wohnten viele Schriftsteller außerhalb Spaniens.
En nuestra ciudad no hay **donde** se pueda comer una buena paella.	In unserer Stadt gibt es *kein Restaurant,* **in dem** man eine gute Paella essen kann.

9 Relativsätze zur Betonung von Satzteilen

Relativsätze werden in Verbindung mit dem Verb *ser* auch verwendet, um einen bestimmten Satzteil zu betonen. *Ser* kann vor oder nach dem betonten Satzteil stehen:

Necesito *este libro.* →	*Es este libro* **el que** necesito./ *Es este el libro* **que** necesito./ *Este libro* **es el que** necesito.

1 Soll das Subjekt oder ein Objekt betont werden, benutzt man als Relativpronomen *el (la/lo/ las/los) que* (für Personen und Sachen) oder *quien/quienes* (nur für Personen):

Es Paco **el que** lo sabe/**quien** lo sabe.	*Paco* weiß es.
Son mis gafas **las que** estoy buscando.	Ich suche *meine Brille.*

A Wenn ein direktes Objekt betont wird, das eine nicht näher bestimmte Person oder Sache bezeichnet, so benutzt man *lo que* (auch bei Personen ohne a!). Dies ist der Fall, wenn dem Substantiv z. B. ein unbestimmter Artikel, eine unbestimmte Mengenangabe oder überhaupt kein Begleiter vorangeht:

Es una secretaria **lo que** buscamos.	Wir suchen *eine Sekretärin.*
Un poco de dinero es **lo que** nos falta.	Uns fehlt *ein bißchen Geld.*

2 Wenn dem betonten Satzteil eine Präposition vorangeht, so muß diese vor dem Relativpronomen wiederholt werden. Dies gilt auch für die Präposition *a* bei einer Personenbezeichnung als direktem Objekt (vgl. § 160.2) oder beim indirekten Objekt:

Es *en* ella **en quien** está pensando.	Er denkt *an sie.*
A mi abuelo es **al que/a quien** visité.	Ich besuchte *meinen Großvater.*
Es *al* ministerio **al que** escribí la carta.	Ich habe den Brief *an das Ministerium* geschrieben.

3 Wenn das Subjekt betont wird, so richtet sich das Verb *ser* in Person und Numerus nach diesem: *soy yo, eres tú* usw. Im Relativsatz kann das Verb nach *yo* und *tú* statt in der ersten bzw. zweiten Person auch in der dritten Person stehen. Nach *nosotros* und *vosotros* steht es dagegen immer in der ersten bzw. zweiten Person Plural:

Eres tú **el que/quien** lo **has/ha** dicho.	*Du* hast es gesagt.
Nosotros somos **los que/quienes** lo **hemos** hecho.	*Wir* haben es gemacht.

A Wenn ein direktes Sachobjekt im Plural betont wird, so wird auch die Pluralform von *ser* benutzt. Zusammen mit Präpositionen wird grundsätzlich die 3. Person Singular von *ser* verwendet:

Son mis llaves **las que** he perdido.	Ich habe *meine Schlüssel* verloren.
Para vosotros es **para los que/para quienes** hemos preparado los bocadillos.	Wir haben die belegten Brötchen *für euch* gemacht.

4 Soll eine adverbiale Bestimmung der Art und Weise, der Zeit oder des Ortes betont werden, so benutzt man die Relativadverbien *como, cuando* oder *donde*:

Así es **como** hay que obrar.	*So* muß man es angehen.
El jueves es **cuando** nos vamos.	Am *Donnerstag* fahren wir weg.
Ahí fue **donde** ocurrió el accidente.	*Dort* geschah das Unglück.

80 Relativsätze oder Infinitive nach *primero* und *último*

Ausdrücke wie ‚der erste/letzte sein, der ...‘ oder ‚etwas als erster/letzter tun‘ können im Spanischen auf zwei Arten wiedergegeben werden:

ser el primero/último en	+	Infinitiv;
ser el primero/último que	+	finites Verb:

Enrique *fue el primero/último* **en llegar.**	Enrique *kam als erster/letzter an.*
Enrique *fue el primero/último* **que llegó.**	

2 Frage- und Ausrufepronomen, -begleiter und -adverbien
Pronombres, determinantes y adverbios interrogativos y exclamativos

1 Formen, Bedeutungen und Gebrauch

Formen	Bedeutungen	Formen	Bedeutungen
qué	was/welche(r)/was für (ein)	**cuándo**	wann
quién, quiénes	wer	**dónde**	wo/wohin
cuál, cuáles	welche(r)	**adónde**	wohin
cuánto(s)/-a(s)	wieviel(e)	**cómo**	wie

1 Es gibt keinen Unterschied zwischen den Formen, die in Fragesätzen und den Formen, die in Ausrufen benutzt werden. Sie tragen in beiden Fällen ein Akzentzeichen:

¡**Cuánta** gente!   **Was für eine** Menschen**menge**!
¿**Cuánta** gente hay en el salón de actos?   **Wie viele** Leute sind in der Aula?

2 Werden Frage- und Ausrufewörter mit einer Präposition kombiniert, so steht diese Präposition im Spanischen vor dem Frage- oder Ausrufewort und wird im Falle von *adónde* mit diesem zusammengeschrieben:

¿**En qué** piensas?   **Woran** denkst du?
¿**De dónde** eres?   **Woher** kommst du?
¿**Adónde** vas?   **Wohin** gehst du?

3 In indirekten Fragen und Ausrufen werden dieselben Frage- und Ausrufewörter verwendet wie in direkten Fragen und Ausrufen. Auch hier bekommt das Frage- oder Ausrufewort ein Akzentzeichen:

¿**Quién** es ese señor?   **Wer** ist der Herr?
No sé **quién** es ese señor.   Ich weiß nicht, **wer** der Herr ist.
¿**Dónde** está la estación?   **Wo** ist der Bahnhof?
¿Me puede decir **dónde** está la estación?   Können Sie mir sagen, **wo** der Bahnhof ist?
¡**Qué** cuadro tan bonito!   **Was für ein** schönes Bild!
Dijo (que) **qué** cuadro tan bonito.   Er sagte, **was für ein** schönes Bild das sei.

A In indirekten Fragen kann das Interrogativpronomen *qué* durch das Relativpronomen *lo que* ersetzt werden:

Dime **qué/lo que** necesitas.   Sage mir, **was** du brauchst.

2 Qué, quién, cuál

1 Als Begleiter wird *qué* (,welche(r)' ,was für ein') für Sachen und für Personen verwendet:

¿**Qué** ordenador tienes?   **Was für einen** Computer hast du?
¿**Qué** profesor os acompaña al museo?   **Welcher** Lehrer geht mit euch zum Museum?

A In Ausrufen wird *qué* auch adverbial verwendet; es geht einem Adjektiv oder Adverb voraus:

¡Juanito, **qué** grande estás!   Bist du groß geworden, Juanito!

¡**Qué** bien lo haces!   **Wie** gut du das machst!

2   Als Pronomen in Fragen verwendet man

a *qué* (,was') für Sachen oder Sachverhalte:

¿**Qué** dice usted?   **Was** sagen Sie?

¿**Qué** es esto?   **Was** ist das?

b *quién / quiénes* (,wer') für Personen. Die Pluralform *quiénes* kann verwendet werden, wenn der Fragende annimmt, daß es sich um mehrere Personen handelt:

¿**Quién** descubrió América?   **Wer** entdeckte Amerika?

¿**Quiénes** quieren ir a la exposición   **Wer** will heute nachmittag in die Ausstellung

esta tarde?   gehen?

A1 Vor *quién / quiénes* als Objekt steht *a*:

¿**A quiénes** has visto?   **Wen** hast du gesehen?

A2 Vor *quién(es)* können auch andere Präpositionen stehen, wie *con* und *de* stehen: *con quién(es)* (,mit wem'), *de quién(es)* (,von wem', ,wessen'):

¿**Con quién** vas al cine?   **Mit wem** gehst du ins Kino?

c *cuál* (,welche(r)', ,welches', ,was') für Personen und Sachen. Es fragt nach jemand oder etwas aus einer Gruppe und steht deshalb sehr oft vor *de* + Begleiter + Substantiv:

¿**Cuáles** de estos papeles son tuyos?   **Welche** dieser Papiere sind deine?

¿**Cuál** es el primer día de la semana?   **Was** ist der erste Tag der Woche?

A In einigen Teilen Lateinamerikas wird *cuál(es)* in der Umgangssprache auch adjektivisch verwendet:

¿**Cuál** día de la semana es hoy?   **Welcher** Wochentag ist heute?

3   **Gegenüberstellung der Pronomen *qué/quién* und *cuál*:**

Qué fragt nach Sachen und *quién* nach Personen allgemein, ohne daß an eine bestimmte Gruppe gedacht wird.

Cuál fragt nach einzelnen Sachen oder Personen aus einer bereits bekannten (oder mit *de ...* bezeichneten) Gruppe:

—¿**Qué** tienes en el bolso?   **Was** hast du in deiner Tasche?

—Unos libros. —¿**Cuáles**?   – Ein paar Bücher. **– Welche**?

—Mis libros de español.   – Meine Spanischbücher.

—¿**Quién** ha llamado?   Wer hat angerufen?

—Un amigo de Juan.   – Ein Freund von Juan.

—¿**Cuál**? – Paco.   **– Welcher**? – Paco.

A Wenn das Substantiv nach dem Fragewort wiederholt wird, muß *qué* statt *cuál* verwendet werden (außer in der Umgangssprache Lateinamerikas – vgl. die Anmerkung zu 2c):

—Un amigo de Juan ha llamado.   Ein Freund von Juan hat angerufen.

—¿**Qué** amigo?   **– Welcher** Freund?

3 Cuánto

Cuánto/-a/-os/-as (,wieviel', ,was') fragt nach der Menge und wird als Begleiter und als Pronomen verwendet:

¿**Cuánto** dinero necesitas?	**Wieviel** Geld brauchst du?
¿**Cuántas** pesetas es un marco?	**Wie viele** Peseten sind eine Mark?
¿**Cuánto** quieres?	**Wieviel** willst du?
¿**Cuántos** son ustedes?	**Zu wie vielen** sind Sie?

A *Cuánto* kann auch adverbial im Sinne von ,wie lange' verwendet werden:

¿**Cuánto** duró la reunión? **Wie lange** dauerte die Konferenz?

4 Die Frageadverbien *cómo, cuándo, dónde, adónde*

1 *Cómo* fragt nach der Art und Weise, auf die etwas geschieht, oder wie etwas ist (,wie'):

¿**Cómo** vas a casa?	**Wie** kommst du nach Hause?
¿**Cómo** estás?	**Wie** geht es dir?

2 *Cuándo* fragt nach dem Zeitpunkt (,wann'):

¿**Cuándo** es la entrega de los diplomas? **Wann** ist die Zeugnisausgabe?

3 *Dónde* fragt nach dem Ort (,wo'), gelegentlich auch nach dem Ziel (,wohin'):

¿**Dónde** vive usted?	**Wo** wohnen Sie?
¿**Dónde** vas?	**Wo** gehst du **hin**?

4 *Adónde* fragt nach dem Ziel (,wohin'):

¿**Adónde** van todos? **Wo** gehen sie alle **hin**?

5 Ausrufe mit *qué, quién, cuánto, cómo*

In Ausrufen verwendet man

1 *qué* (,was (für)', ,wie'):

¡**Qué** alegría verte por aquí!	**Wie** es mich freut, dich hier zu sehen!
¡**Qué** niños estos!	**Was** für Kinder!
¡**Qué** bonito es el vestido!	**Was** für ein schönes Kleid!
¡**Qué** pronto has llegado!	**Wie** schnell du gekommen bist!

A1 In der Kombination von *qué* + Substantiv + Adjektiv wird das Adjektiv durch *más* oder *tan* verstärkt:
¡**Qué** día **más/tan** triste! **Was für ein** trauriger Tag!

A2 In Ausrufen, die nur aus *qué* + Substantiv bestehen, kann man anstelle von *qué* auch *vaya (presente de subjuntivo* von *ir)* + Substantiv verwenden:

¡**Vaya** calor!	**Was für eine** Hitze!
¡**Vaya** gente!	**Welch** eine Menschenmenge!

2 *quién* („wer'):

¡**Quién** lo iba a decir!   **Wer** hätte das gedacht!

A *Quién* gefolgt vom *imperfecto de subjuntivo* bedeutet ,(Ach) könnte/wäre/würde (usw.) ich (doch/nur) ...':

¡**Quién fuera** millonario!   **Ach wäre** ich **doch nur** Millionär!

3 *cuánto* („wieviel', ,was für eine Menge'):

¡**Cuánto tiempo** sin verte!   **Wie lange** habe ich dich nicht gesehen!
¡**Cuántas** personas hay!   **Was für eine Menge** Leute da sind!

A Anstelle von *cuánto(s)/-a(s)* kann man vor Substativen auch *qué de* sagen:

¡**Qué de** personas!   **Was für eine Menge** Leute!

4 *cómo* („wie (sehr)'):

¡**Cómo** nos has sorprendido!   Hast du uns aber überrascht!

Indefinite Pronomen, Begleiter und Adverbien
Pronombres, determinantes y adverbios indefinidos

Formen, Bedeutungen und Gebrauch

als Pronomen		als Begleiter	
algo	etwas	**cada**	jede(r/s)
alguien	jemand	**cierto/-a/-os/-as**	(ein/e) gewisse(r)
nada	nichts	**semejante, -s**	(ein/e) derartige(r),
nadie	niemand		(ein/e) ähnliche(r)
quienquiera,	wer auch immer		
quienesquiera			
uno/-a	man		

als Pronomen oder Begleiter			
alguno/-a/-os/-as	irgendeine/r	**mismo/-a/-os/-as**	gleiche(r/s), der/die/das
ambos/-as	beide		gleiche(n), selbst
bastante, -s	genug	**mucho/-a/-os/-as**	viel(e)
cualquiera,	welche(r/s) auch,	**ninguno/-a/-os/-as**	kein(e)
cualesquiera	jeder (beliebige)	**otro/-a/-os/-as**	(ein/eine/etwas)
demás	übrige(r/s)		andere(r/s)
demasiado/-a/-os/-as	zu viel(e)	**poco/-a/-os/-as**	wenig(e)
diferente, -s	unterschiedliche(r/s)	**tanto/-a/-os/-as**	so viel(e)
distinto/-a/-os/-as		**todo/-a/-os/-as**	alle(s)
diverso/-a/-os/-as	verschiedene	**unos/-as**	einige
más	mehr	**varios/-as**	verschiedene
menos	weniger	**tal, -es**	(ein/e) solche(r/s)

als Adverbien			
algo	etwas, ein bißchen	**menos**	weniger
bastante	ziemlich	**mucho**	viel, sehr
demasiado	zu (viel)	**tanto**	soviel, so sehr
más	mehr	**todo**	ganz (und gar)
nada	keineswegs		

1 Einige Indefinita können nur als Begleiter oder nur als Pronomen verwendet werden, andere in beiden Funktionen. Einige Formen können als Adverbien verwendet werden.

2 Die meisten indefiniten Begleiter und viele indefinite Pronomen haben unterschiedliche Formen für Singular und Plural und häufig auch für Maskulin und Feminin. Sie richten sich nach dem Substantiv, vor dem sie stehen oder auf das sie sich beziehen.

3 *Alguno* und *ninguno* verlieren das *-o* vor einem maskulinen Substantiv im *Singular* und erhalten ein Akzentzeichen: *algún/ningún día*.

4 *Cualquiera* verliert das *-a* vor einem maskulinen oder femininen Substantiv im Singular:

cualquier hombre/**cualquier** mujer   jeder Mann/jede Frau

5 Der unbestimmte Artikel entfällt vor *semejante, tal, igual, parecido, otro* und meist vor *cierto*:

¡**Semejantes/Tales** tonterías!   **Was für** Dummheiten!
otro país   **ein anderes** Land
La tenía **(una) cierta** simpatía.   Ich hegte **eine gewisse** Sympathie für sie.

A Aber: **una tal** Fernández   **eine gewisse** Fernández

6 Der Plural von *cualquiera* ist *cualesquiera*, der Plural von *quienquiera* ist *quienesquiera*:

Deme unos bolígrafos. **Cualesquiera**   Geben Sie mir ein paar Kugelschreiber.
sean, da igual.   Irgendwelche, es spielt keine Rolle.

87 *Alguien/nadie, alguno/ninguno*

1 *Alguien* (,jemand') und *nadie* (,niemand') werden nur als Pronomen und nur für Personen verwendet:

¿Hay **alguien** en la tienda?   Ist **jemand** im Laden?
Nadie entiende lo que dices.   **Niemand** begreift, was du sagst.

A1 Sind *alguien* oder *nadie* direktes Objekt, so geht ihnen *a* voraus:
—¿Ves **a alguien**? —No, no veo **a nadie**.   Siehst du **jemanden**? – Nein, ich sehe **niemanden**.
A2 Zu *nadie* nach einem verneinenden Wort und nach einem Komparativ s. §§ 89–90.

2 *Alguno* und *ninguno* können in der Bedeutung ,irgendein(e/r)' bzw. ,kein(e/r)' als Pronomen oder Begleiter verwendet werden. Sie verweisen auf Personen oder Sachen.
Die Pluralform *algunos/algunas* entspricht dem deutschen ,einige', ,manche'. Wenn *alguno* und *ninguno* als Pronomen verwendet werden und sich auf Personen beziehen, so bedeuten sie auch ,jemand' und ,niemand':

Algunos días no me siento bien.   An **manchen** Tagen fühle ich mich nicht gut.
¿**Alguno** de los presentes sabe más   Weiß **jemand** von den Anwesenden mehr
  del asunto?   von der Sache?
Ningún día nos viene bien.   **Kein einziger** Tag paßt uns.
Ninguno está conforme.   **Niemand** ist damit einverstanden.

A1 Wenn *alguno* oder *ninguno* als direktes Objekt verwendet werden und sich auf Personen beziehen, so geht ihnen *a* voraus:
Hemos visto **a algunos** de los deportistas.   Wir haben **einige** der Sportler gesehen.
No conocemos **a ninguna** de las alumnas.   Wir kennen **keine** der Schülerinnen.

A2 Achtung: Vor einem maskulinen Substantiv im Singular stehen immer die Formen *ningún/algún*.

A3 **Nach** einem Substantiv stehend kann *alguno* eine negative Bedeutung haben und das gleiche bedeuten wie *ninguno* vor dem Substantiv:
No hay solución **alguna**/No hay **ninguna**   Es gibt keine Lösung zu diesem Problem.
  solución a este problema.

A4 Zu *ninguno* nach einem verneinenden Wort und nach einem Komparativ s. §§ 89–90.

3 Gegenüberstellung der Pronomen *alguien/nadie* und *alguno/ninguno:*

‚Jemand'/‚Niemand' wird übersetzt durch

a *alguien/nadie,* wenn **nicht** auf jemanden aus einer bestimmten Gruppe verwiesen wird:

—¿Hay **alguien**? —No, no hay **nadie**.   Ist da **jemand**? – Nein, da ist **niemand**.

b *alguno/ninguno,* wenn jemand aus einer bestimmten Gruppe gemeint ist. Deshalb steht vor *de* + Begleiter + Substantiv immer *alguno/ninguno:*

—¿Estuvieron los estudiantes del   Waren die Schüler der Gruppe 3A da?
grupo 3A? —No, no estuvo **ninguno**   – Nein, es war **keiner** (der Schüler) da.
(de los estudiantes).

88 *Algo/nada*

Algo und *nada* können als Pronomen oder Adverbien verwendet werden.

1 Als Pronomen bedeuten sie ‚etwas' bzw. ‚nichts':

Ocurrió **algo** inesperado.   Es geschah **etwas** Unerwartetes.
El chico **no** hace **nada**.   Der Junge tut **nichts**.

A1 Zu *nada* nach einem verneinenden Wort und nach einem Komparativ s. §§ 89–90.

A2 Ein substantiviertes Adjektiv wird nach *algo* und *nada* mit oder ohne *de* angeschlossen, ein Infinitiv mit *que:*
—¿Hay **algo (de)** interesante en el periódico?   Steht **etwas** Interessantes in der Zeitung?
—No, no hay **nada (de)** particular.   – Nein, es steht **nichts** Besonderes drin.
No tenemos **nada que** comer.   Wir haben **nichts zu** essen.

A3 *Algo de* und *nada de* gefolgt von einem Substantiv bedeuten ‚ein bißchen', bzw. ‚überhaupt kein(e)':
¿Me das **algo de** pan?   Gibst du mir **ein bißchen** Brot?
No tengo **nada de** dinero.   Ich habe **überhaupt kein** Geld.

2 Als Adverb bedeutet *algo* ‚etwas', ‚ein bißchen' und *nada* ‚gar nicht', ‚überhaupt nicht'. *Nada* wird dann oft durch *en absoluto* verstärkt:

El tren llegó **algo** atrasado.   Der Zug kam **etwas** verspätet an.
Los andaluces **no** son **nada** pesimistas.   Andalusier sind **ganz und gar nicht** pessimistisch.
Esto **no** me gusta **nada (en absoluto).**   Das gefällt mir **überhaupt nicht.**

A ‚Nicht ... ganz' entspricht *no ... del todo/no... por completo:*
No conseguimos terminar el trabajo   Es gelang uns **nicht**, die Arbeit **ganz** fertig-
del todo/por completo.   zumachen.

89 Verneinung und Indefinita im Satz

1 Im Spanischen wird ein Satz verneint, indem man *no* vor das finite Verb bzw. vor ein dem Verb eventuell vorausgehendes Personal- oder Reflexivpronomen stellt. (Vgl. §§ 46-47 und 51) Im Deutschen wird dieses *no* mit ‚nicht' oder ‚kein' übersetzt:

La mercancía **no** ha llegado aún.   Die Waren sind noch **nicht** angekommen.
Aquí **no** hay sitio para aparcar.   Hier gibt es **keinen** Platz, um das Auto zu parken.
Juan **no** se afeita todos los días.   Juan rasiert sich **nicht** jeden Tag.

2 Verneinende Indefinita wie *nada*, *nadie*, *ninguno* und *nunca* stehen entweder vor dem finiten Verb oder dahinter. Im letzteren Fall steht vor dem Verb *no*:

Nunca voy al cine./**No** voy **nunca** al cine.	Ich gehe **nie** ins Kino.
Nadie lo sabe./**No** lo sabe **nadie**.	**Niemand** weiß es.
Nada le gusta./**No** le gusta **nada**.	**Nichts** gefällt ihr.

A Dies gilt auch für andere verneinende Wörter wie *apenas* (‚kaum'), *jamás* (‚nie'), *ni* (‚nicht einmal') und *tampoco* (‚ebensowenig', ‚auch nicht').

Apenas lo conozco./**No** lo conozco **apenas**.	Ich kenne ihn **kaum**.
Tampoco viene Enrique./	Enrique kommt **auch nicht**.
Enrique **no** viene **tampoco**.	
Jamás nos dice la verdad./	Er sagt uns **nie** die Wahrheit.
No nos dice **jamás** la verdad.	
Ni pensarlo quiero./**No** quiero **ni** pensarlo.	Ich mag **noch nicht einmal** daran denken.

---

90   Gebrauch verneinender Indefinita in Abweichung vom Deutschen

1 Im Gegensatz zum Deutschen werden im Spanischen nach einem verneinenden Wort auch verneinende Indefinita verwendet. Schematisch:

Spanisch			↔	**Deutsch**			
Nadie	sabe	**nunca**	**nada**.		**Niemand**	weiß	**je** **etwas**.
–		**–**	**–**		**–**		**+** **+**

Weitere Beispiele:

Nunca pregunta **nada** a **nadie**.	Er fragt **nie jemanden etwas**.
No veo a **nadie** en **ninguna** parte.	Ich sehe **nirgends jemanden**.

A Einige adverbiale Ausdrücke bekommen im Spanischen verneinende Bedeutung, wenn sie am Satzanfang stehen. Vor dem Verb steht dann kein *no*:

En mi vida haría yo tal cosa.	Ich würde so etwas **nie im Leben** tun.
= **No** haría tal cosa **en mi vida**.	

2 Auch nach Präpositionen und Konjunktionen mit verneinender Bedeutung, wie *sin*, *sin que* und nach *antes de que* werden negative Indefinita verwendet:

Sin decírselo a **nadie** se marchó.	**Ohne** es **jemandem** zu sagen, ging er weg.
La casa se incendió **sin que nadie**	Das Haus geriet in Brand, **ohne daß jemand**
se diera cuenta.	es merkte.
La policía llegó **antes de que** pasara	Die Polizei traf ein, **bevor etwas** geschehen war.
nada.	

3 In Vergleichen (nach Komparativen) werden verneinende Indefinita in folgender Bedeutung verwendet: *nadie* = ‚sonst jemand'/‚jeder andere', *nada* = ‚sonst etwas'/‚alles andere', *nunca* = ‚je zuvor':

Pablo sabe más que **nadie**.	Pablo weiß mehr als **sonst jemand**.
Más que **nada** le falta dinero.	Mehr als **alles andere** fehlt ihm Geld.
Juanito come más que **nunca**.	Juanito ißt mehr als **je zuvor**.

91 Los dos/las dos, ambos/ambas

Los dos/las dos oder *ambos/ambas* entsprechen dem deutschen ‚beide'. Sie werden als Pronomen oder als Begleiter verwendet. *Ambos/-as* wird eher in der Schriftsprache gebraucht:

Ambos/Los dos son franceses.	**Beide** sind Franzosen.
A **ambos**/A **los dos** lados de la carretera hay árboles.	An **beiden** Seiten des Weges stehen Bäume.

A Nach einem Possessivbegleiter kann man nur *dos*, nicht *ambos* verwenden:

mis **dos** hermanos	meine **beiden** Brüder

92 Bastante

Bastante kann als Pronomen, Begleiter oder Adverb verwendet werden in der Bedeutung von ‚ausreichend', ‚genug', ‚einige' (= ‚etliche'), ‚ziemlich viel(e)'. Als Adverb ist es unveränderlich. In den übrigen Fällen wird, falls nötig, der Plural *bastantes* benutzt:

¿Tienes **bastante** dinero?	Hast du **genug** Geld?
No puedo ayudarte. Ya tengo **bastante** que hacer.	Ich kann dir nicht helfen. Ich habe so schon **genug** zu tun.
Ella tiene **bastantes** problemas.	Sie hat **einige** Probleme.
Los primeros ordenadores tenían prestaciones **bastante** limitadas.	Die ersten Computer hatten eine **ziemlich** begrenzte Leistung.

A ‚Mehr als genug' wird durch *de sobra* wiedergegeben:

Tenemos trabajo **de sobra**.	Wir haben **mehr als genug** Arbeit.

93 Cada (uno/una), cualquiera, todo

1 *Cada*, als Begleiter verwendet, bedeutet ‚jeder', ‚jede', ‚jedes', ist unveränderlich und steht vor dem Wort, zu dem es gehört. Wie das deutsche ‚jeder' ist *cada* immer Singular:

Cada día aumenta la tensión social.	**Jeden** Tag steigt die soziale Spannung.
Cada alumno tiene su cuaderno.	**Jeder** Schüler hat sein Heft.

A *Cada* + Zahlwort + Substantiv drückt einen regelmäßigen Abstand aus:

cada *dos* días	jeden *zweiten* Tag
cada *cuatro* meses	alle *vier* Monate

2 *Cada uno, cada una* ‚jeder (einzelne)' wird als Pronomen verwendet, wobei eventuell die Präposition *de* folgt:

Cada una de las alumnas lleva una gorra.	**Jede** der Schülerinnen trägt eine Mütze.
Cada uno tiene sus preferencias.	**Jeder** hat seine Vorlieben.

A ‚Jeder' kann auf zwei Arten übersetzt werden:
1. ‚jeder' (= ‚jeder für sich') = *cada uno/una*

Cada uno toma una tarjeta.	**Jeder** nimmt ein Karteikärtchen.

2. ‚jeder' (= ‚alle') = *todo el mundo* (Singular)/*todos* (Plural)

Todo el mundo lo sabe./**Todos** lo saben.	**Jeder** weiß es./**Alle** wissen es.

3 *Cualquiera* (Plural *cualesquiera*) wird als Pronomen und Begleiter verwendet. Im letzteren Fall kann es vor oder nach dem Substantiv stehen. Es hat nur eine Form für Maskulinum und Femininum.

a Als Pronomen verwendet bedeutet es ‚jeder (beliebige)':

¡Esto lo sabe **cualquiera!**   Das weiß doch **jeder**!

b Als Begleiter bedeutet es ‚jeder (beliebige)', ‚irgendein (beliebiger)'.
   – Vor dem Substantiv (auch vor Substantiven im Femininum) wird die Form verkürzt zu *cualquier*:

Eso no lo consiente **cualquier** mujer.   Nicht **jede** Frau läßt das zu.
Esto ocurre en **cualquier** país.   Das passiert in **jedem** Land.
Compra **cualquier** cuaderno.   Kaufe **irgendein** Heft.

   – Wenn es nach dem Substantiv steht, geht diesem Substantiv ein unbestimmter Artikel voraus und die verkürzte Form wird nicht verwendet:

Deme un cuaderno **cualquiera.**   Geben Sie mir **irgendein** Heft.

94 Todo(s) / toda(s)

1 Adjektivisch verwendet hat *todo* verschiedene Formen für Genus und Numerus.

a Gefolgt vom bestimmten Artikel bedeutet *todo*
   – im Singular ‚der/die/das ganze'
   – im Plural ‚alle', jeder':

Todo el día está en el bar.   Den **ganzen** Tag sitzt er im Café.
Todos los días pasa por el bar   **Jeden** Tag kommt er am Café von Don Antonio
   de don Antonio.   vorbei.

A Auf *todo* kann auch ein Possesiv- oder Demonstrativbegleiter folgen:
Toda *mi* vida he trabajado de arquitecta.   ***Mein* ganzes** Leben habe ich als Architektin
                                                     gearbeitet.

Todos *estos* libros son de la biblioteca.   **Alle *diese*** Bücher gehören der Bibliothek.

b Ohne den bestimmten Artikel bedeutet *todo/toda* ‚jeder', ‚jede' (= *cada*):

Hay extranjeros que piensan que **todo** alemán   Es gibt Ausländer, die glauben, daß **jeder** Deutsche
   lleva pantalones de cuero.   Lederhosen trägt.
Toda persona tiene derecho a la educación.   **Jeder** Mensch hat das Recht auf Ausbildung.

A1 Bei geographischen Eigennamen, die keinen zum Namen gehörenden Artikel haben, verwendet man *todo/toda* ohne Artikel in der Bedeutung ‚ganz'. Man verwendet den bestimmten Artikel vor dem Eigennamen nur dann, wenn eine nähere Bestimmung folgt (vgl. § 14.4):
toda Francia   **ganz** Frankreich
Aber: toda la Francia del sur   **ganz** Südfrankreich

A2 Man beachte die Verwendung von *todo* in Ausdrücken wie:

del todo   völlig, ganz   en todo caso (en cualquier caso)   auf jeden Fall
todo el mundo   jeder, alle, alle Welt de todos modos/de todas formas/   in jedem Fall
en/por todas partes   überall   de todas maneras
a todas horas   zu jeder Zeit

2 Als Pronomen wird *todo* in folgenden Kombinationen und Bedeutungen verwendet:

a *todo* = ‚alles‘, *todos/todas* = ‚alle‘, ‚jeder‘:

Esto es **todo**.	Das ist **alles**.
Todos están de acuerdo.	**Alle** sind einverstanden.

A Wenn *todo* direktes Objekt ist, so steht meist *lo* vor dem finiten Verb:

El señor **todo lo** puede.	Der Herr kann **alles**.
Paquita **lo** sabe **todo**.	Paquita weiß **alles**.

b *todos los que/todas las que* = ‚alle, die‘
todo lo que = ‚alles, was‘ (vgl. § 75 A):

Se divirtieron **todos los que** estaban.	**Alle, die** da waren, amüsierten sich.
No creo nada de **todo lo que** dices.	Ich glaube nichts **von alledem, was du** sagst.

3 Als Adverb wird *todo* wie folgt verwendet:

a *todo* ‚ganz und gar‘ (= *completamente*):

El coche está **todo** estropeado.	Das Auto ist **ganz** kaputt.

b *no ... del todo* ‚nicht ganz‘:

El cielo **no** está despejado **del todo.**	Der Himmel ist **nicht ganz** wolkenlos.

5 Mismo(s)/misma(s)

Mismo kann verschiedene Funktionen und Bedeutungen haben. Als Begleiter paßt es sich in Genus und Numerus dem Substantiv an, zu dem es gehört.

1 In der Bedeutung ‚der/die/das gleiche‘, ‚der-/die-/dasselbe‘ steht *mismo* zwischen Artikel und Substantiv:

Son *del* **mismo** *año*.	Sie sind *vom* **gleichen** *Jahrgang*.

A *Mismo* kann in dieser Bedeutung durch *que ...* (‚wie ...‘) ergänzt werden:

Está en *la* **misma** *situación que* yo.	Sie ist in *der* **gleichen** *Situation wie* ich.

2 In der Bedeutung ‚selbst‘/‚sogar‘ gibt es für *mismo* zwei Stellungsmöglichkeiten.

a *Mismo* steht unmittelbar nach dem Substantiv oder Pronomen, auf das es sich bezieht. Es kann nicht wie das deutsche ‚selbst‘ weiter entfernt davon stehen:

Ella **misma** me acompañó.	*Sie* ging **selbst** mit mir mit.
Los niños **mismos** han elegido la película.	*Die Kinder* haben den Film **selbst** ausgewählt.

b *Mismo* steht zwischen dem bestimmten Artikel und dem Substantiv. *El mismo/la misma* ist also doppeldeutig. Es bedeutet entweder ‚der-/die-/dasselbe‘ (vgl. Abschnitt 1) oder ‚sogar‘/‚selbst‘. Im letzteren Sinn kann man auch *mismísimo/-a* verwenden:

En *la* **misma/mismísima** *Rioja* no hay vino como este.	**Selbst** in *der Rioja* gibt es keinen solchen Wein.

3 *Mismo* kann auch verwendet werden, um Adverbien Nachdruck zu verleihen. Es wird dann dem Adverb nachgestellt und ist unveränderlich:

***Aquí* mismo** est á la estación.	**Gleich** *hier* ist der Bahnhof.
Iré ***mañana* mismo** al banco.	Ich werde **gleich** *morgen* zur Bank gehen.
***Hoy* mismo** te voy a mandar el paquete.	Ich werde dir das Päckchen **noch** *heute* schicken.

96 Otro(s) / otra(s)

Otro kann als Begleiter oder Pronomen verwendet werden.

1 Als Begleiter hat es die Bedeutung ‚(ein/e) andere(r/s)‘ oder ‚noch ein(e)‘:

¿Quieres **otra** naranjada?	Willst du **noch eine** Orangenlimonade?
Mi **otro** hermano se llama Teodoro.	Mein **anderer** Bruder heißt Teodoro.
Esto es **otra** cosa.	Das ist etwas **anderes**.

A Im Spanischen wird der unbestimmte Artikel vor **otro** weggelassen:
La pintura está en **otro** museo.   Das Gemälde hängt in **einem anderen** Museum.

2 Als Pronomen hat es die Bedeutung ‚(der/das/die) andere(n)‘:

Los otros viajan en autobús.	**Die anderen** reisen mit dem Bus.

A1 ‚Die anderen‘ im Sinn von ‚die übrigen‘ kann auch durch *los demás* übersetzt werden:
Los demás viajan en autobús.   **Die anderen/übrigen** reisen mit dem Bus.

A2 ‚Der Rest‘ bedeutet *lo demás*:
Lo demás está perdido.   **Der Rest** ist verloren.

3 *Otro* wird in einigen festen Redewendungen verwendet:

el otro día	neulich
la otra noche	neulich abends
otra vez	noch einmal
unos/-as ... otros/-as	die einen ... die anderen
(el/la) uno/una ... (el/la) otro/otra	der/die eine ... der/die andere

97 Uno(s) / una(s)

1 Die Singularform wird als Pronomen verwendet und bedeutet: ‚man‘, ‚jemand‘ (=‚man‘). Sie erhält das Genus des Sprechers oder der Sprecherin *(uno/una)*:

Uno/Una nunca sabe.	**Man** weiß nie.
Esto depende de la preferencia de **uno/una**.	Das hängt von **jemandes** Vorliebe ab.

2 Die Pluralform *unos/unas* wird als Pronomen und Begleiter verwendet und bedeutet ‚einige‘. Sie erhält das Genus des Substantivs, vor dem sie steht oder das sie vertritt:

Hay **unas** manchas en esta falda.	Dieser Rock hat **einige** Flecken.
Unas no lo creyeron, otras sí.	**Einige** (= Frauen) glaubten es nicht, andere schon.

A Vor einem *Zahlwort* bedeutet **unos/unas** ‚ungefähr‘:
Tenemos **unos** *cinco* días libres.   Wir haben **ungefähr** *fünf* Tage frei.

La mayoría

‚Die meisten' wird im Spanischen gewöhnlich durch *la mayoría (de)* (wörtlich ‚die Mehrheit (von)') ausgedrückt. *La mayoría* wird als Subjekt in der Regel mit der Singularform des Verbs kombiniert. Wenn auf *de* ein Substantiv im Plural folgt, kann jedoch auch die Pluralform des Verbs verwendet werden:

La mayoría *aprobó* la propuesta.
Die meisten *stimmten* dem Vorschlag zu.

La mayoría de los alemanes
habla/hablan un poco de inglés.
Die meisten Deutschen *sprechen*
ein wenig Englisch.

Unos, unos pocos, unos cuantos, un par de

Diese Ausdrücke bezeichnen alle eine geringe Anzahl und entsprechen dem deutschen ‚einige'/‚ein paar'. Sie werden nur mit zählbaren Substativen im Plural verwendet:

Vamos a mirar **unas** diapositivas.
Laßt uns **ein paar** Dias anschauen.

Unos pocos periodistas se acercaron.
Einige Journalisten kamen näher heran.

Me dio **unas cuantas** cosas sin valor.
Er gab mir **einige** Dinge ohne Wert.

Hay que esperar **un par de** días.
Man muß **ein paar** Tage warten.

A Zu *algunos/algunas* in der Bedeutung ‚einige' s. § 87.

Varios, diversos, distintos, diferentes

Die Begriffe ‚manche', ‚mehrere' und ‚verschiedene' werden im Deutschen häufig nicht voneinander unterschieden. Das gleiche gilt im Spanischen für *varios/-as*, *diversos/-as*, *distintos/-as* und *diferentes*, die immer im Plural verwendet werden und meist vor dem Substantiv stehen:

El huracán ha arrasado **varias** ciudades.
Der Hurricane hat **verschiedene** Städte vernichtet.

Hay **diversas** posibilidades.
Es gibt **verschiedene** Möglichkeiten.

El banco tiene **distintos** tipos de interés.
Die Bank hat **unterschiedliche** Zinssätze.

Diferentes personas lo confirmaron.
Verschiedene Leute bestätigten es.

A Bei *diferentes* kann die Stellung bezüglich des Substantivs eine Bedeutungsveränderung mit sich bringen:

diferentes problemas
verschiedene (=mehrere) Probleme

problemas diferentes
unterschiedliche (=andere) Probleme

14 Die Zahlen
Los numerales

101 Die Grundzahlen: Formen und Gebrauch

0	cero	40	cuarenta
1	uno/un/una	50	cincuenta
2	dos	60	sesenta
3	tres	70	setenta
4	cuatro	80	ochenta
5	cinco	90	noventa
6	seis		
7	siete	100	cien/ciento
8	ocho	101	ciento uno/un/una
9	nueve		
10	diez	200	doscientos/-as
11	once	300	trescientos/-as
12	doce	400	cuatrocientos/-as
13	trece	500	quinientos/-as
14	catorce	600	seiscientos/-as
15	quince	700	setecientos/-as
16	dieciséis	800	ochocientos/-as
17	diecisiete	900	novecientos/-as
18	dieciocho		
19	diecinueve	1000	mil
20	veinte	1001	mil uno/un/una
21	veintiuno/-ún/-una		
22	veintidós	2000	dos mil
23	veintitrés	100.000	cien mil
24	veinticuatro	200.000	doscientos mil
25	veinticinco		
26	veintiséis	1.000.000	un millón
27	veintisiete	2.000.000	dos millones
28	veintiocho	1.000.000.000	mil millones, un millardo
29	veintinueve	1.000.000.000.000	un billón,
30	treinta		un millón de millones
31	treinta y uno/un/una		

1a *Uno* wird vor einem maskulinen Substantiv zu *un* verkürzt:

No tenemos más de **un** día libre.   Wir haben nicht mehr als **einen** Tag frei.

Dies gilt auch für Zusammensetzungen mit *uno:*

Octubre tiene **treinta y un** días.   Der Oktober hat **einunddreißig** Tage.

A Bei *veintiún* bleibt die Betonung auf *-ún*, daher der Akzent:
   veintiún días   **einundzwanzig** Tage

b Vor einem femininen Substantiv steht die Form *una* oder eine Zusammensetzung mit *una:*

treinta y una paginas   **einunddreißig** Seiten

Nur bei femininen Substantiven, die mit betontem *a-* oder *ha-* beginnen, steht die verkürzte Form *un* oder eine Zusammensetzung mit *un:*

cuarenta y un águilas	**einundvierzig** Adler

c Wenn kein Substantiv folgt, so verwendet man *uno* in Bezug auf ein vorher genanntes maskulines Substantiv und *una* in Bezug auf ein vorher genanntes feminines Substantiv:

Mi marido toma dos terrones de azúcar y yo **uno**.	Mein Mann nimmt zwei Stückchen Zucker und ich **eines**.
Mi hermano tiene veinte casetes y yo tengo **treinta y una**.	Mein Bruder hat zwanzig Kassetten, und ich habe **einunddreißig**.

A *Unos/unas* + Zahlwort bedeutet ‚ungefähr':

unas dos mil pesetas	**ungefähr** zweitausend Peseten

2 Die Zahlwörter *16-19* und *21-29* werden zusammengeschrieben. Ab *31* stehen Zehner und Einer getrennt voneinander mit einem *y* dazwischen. In den übrigen Fällen, z.B. zwischen Hunderter und Zehner oder Hunderter und Einer, wird *y* nicht verwendet:

mil cuatrocientos noventa **y** dos	1492
mil novecientos siete	1907

A Das Spanische beginnt, im Gegensatz zum Deutschen, immer mit der größten Einheit:

	Spanisch		**Deutsch**
87	ochenta y siete		siebenundachtzig
	(Zehner) (Einer)	↔	(Einer) (Zehner)

3 *Ciento* wird verwendet in den Zahlwörtern *101–199*. Für die Zahl *100* an sich verwendet man *cien*:

El reloj vale **ciento cuarenta** marcos.	Die Armbanduhr kostet **hundertvierzig** Mark.
No tengo más que **cien** marcos.	Ich habe nur **hundert** Mark.

A1 *Por cien(to)* = ‚Prozent':

El IVA para libros es un seis **por ciento**.	Die Mehrwertsteuer für Bücher beträgt sechs **Prozent**.
Laura es cien **por cien** mexicana.	Laura ist zu hundert **Prozent** Mexikanerin.

A2 *Cientos de* = ‚Hunderte von':

Hay **cientos de** casos inexplicables.	Es gibt **Hunderte von** unerklärlichen Fällen.

4 Hunderter von *200* bis *900* ändern ihre Endung zu *-as* bei femininen Substantiven, wie zum Beispiel *pesetas*. Dies gilt auch für zusammengesetzte Zahlen:

cuatrocient**os** marc**os**	quinient**as** pesetas
cuatrocient**os** mil marc**os**	quinient**as** ochenta mil peseta**s**

02 Mil, millón, millardo, mil millones

1 *Mil* ist als Zahlwort unveränderlich:

El disco compacto me ha costado **dos mil** pesetas.	Die CD hat mich **zweitausend** Peseten gekostet.

A Es kann auch als Substantiv im Plural verwendet werden in *miles de*:

miles de toneladas	**Tausende von** Tonnen

2 Bei Zahlen zwischen *1100 und 9999* wird immer in Tausendern gezählt und nicht, wie oft im Deutschen, in Hundertern:

mil ochocientos	**achtzehnhundert/tausendachthundert**
En **mil ochocientos noventa y ocho,**	Im Jahre **achtzehnhundertachtund-**
España perdió Cuba.	**neunzig** verlor Spanien Cuba.

3 *Millón* (Plural *millones*) ist ein maskulines Substantiv und wird mit einem anderen Substantiv durch *de* verbunden, wenn kein weiteres Zahlwort folgt:

México D.F tiene unos veinte **millones de**	Mexico City hat ungefähr zwanzig
habitantes.	**Millionen** Einwohner.
Aber: Este coche vale dos **millones**	Dieses Auto kostet zwei **Millionen**
doscientas mil pesetas.	zweihunderttausend Peseten.

4 Die spanische Entsprechung zu ‚Milliarde', *un millardo*, wurde erst 1995 von der Real Academía eingeführt. Vorher wurde mit *mil millones* umschrieben:

China tiene más de **un millardo/mil millones**	China hat mehr als **eine Milliarde** Einwohner.
de habitantes.	

103 Die Ordnungszahlen: Formen und Gebrauch

1°	primer(o)/-a	4°	cuarto/-a	7°	séptimo/-a	10°	décimo/-a
2°	segundo/-a	5°	quinto/-a	8°	octavo/-a	11°	undécimo/-a
3°	tercer(o)/-a	6°	sexto/-a	9°	noveno/-a	12°	duodécimo/-a

Ordnungszahlen werden im Spanischen seltener gebraucht als im Deutschen. Nach *duodécimo* gebraucht man kaum Ordnungszahlen.

1 Ordnungszahlen stehen meistens vor einem Substantiv oder beziehen sich auf ein vorher genanntes Substantiv. Sie richten sich in Genus und Numerus nach diesem Substantiv. Im Plural wird ein *-s* hinzugefügt:

un coche de **segunda** mano	ein Auto aus **zweiter** Hand
un vino de **primera** calidad	ein Wein **erster** Klasse
los **primeros** años de mi vida	die **ersten** Jahren meines Lebens
¿Qué fila quieren, la **primera**	Welche Reihe möchten Sie? Die **erste**
o la **segunda**?	oder die **zweite**?

2 *Primero* und *tercero* werden vor einem maskulinen Substantiv im Singular zu *primer* und *tercer*:

primero	→	el **primer** día	der **erste** Tag
tercero	→	el **tercer** hombre	der **dritte** Mann

3 Bei den Wörtern *página* (‚Seite'), *lección* (‚Lektion'), *piso* und *planta* (‚Stockwerk') gelten folgende Regeln:

a Sie bekommen vor allem bis *10* Ordnungszahlen:

el **quinto** piso   der **fünfte** Stock

b Sie können auch Grundzahlen bekommen. Dies ist vor allem ab *11* üblich:

la lección **once**   Lektion **11**

c Die Ordnungszahl kann vor oder nach dem Substantiv stehen, die Grundzahl steht immer dahinter:

el **segundo** capítulo/el capítulo **segundo**/   das **zweite** Kapitel/
   el capítulo **dos**   Kapitel **2**

4 Nach *siglo* (‚Jahrhundert‘) sowie nach Namen von Königen, Päpsten usw. verwendet man bis *10* Ordnungszahlen und danach Grundzahlen. Die Zahlwörter stehen hinter dem Substantiv oder Namen und werden in römischen Ziffern (ohne Punkt!) dargestellt. Der Artikel ‚der‘ wird bei Namen nicht übersetzt:

el siglo **XX** (el siglo **veinte**)   das **20.** Jahrhundert
Carlos **V** (Carlos **Quinto**)   Karl **V.** (Karl **der Fünfte**)
Juan **XXIII** (Juan **Veintitrés**)   Johannes **XXIII.** (J. **der Dreiundzwanzigste**)

A Auch in Titeln, Überschriften o.ä. werden zunehmend römische Ziffern verwendet. Diese sind als Ordnungszahlen auszusprechen:
IV (Cuarto) Congreso Hispánico   **4.** Spanischer Kongreß
I (Primera) Guerra Mundial   **1.** Weltkrieg

04 Datum und Jahreszahlen

1 Bei Tagen des Monats müssen im Spanischen Grundzahlen verwendet werden, außer bei *el primero*, das jedoch auch durch *el uno* übersetzt werden kann:

—¿Qué día es hoy? —Hoy es **el primero**/   Welcher Tag ist heute? – Heute ist **der erste** Mai.
   el uno de mayo.
Mañana es **el dos** de mayo.   Morgen ist **der zweite** Mai.

2 Vor dem Tag des Monats steht der bestimmte Artikel *el*, aber keine Präposition, wenn das Datum als adverbiale Bestimmung der Zeit verwendet wird. Zwischen Tag und Monat und zwischen Monat und Jahr steht die Präposition *de*:

Nos veremos **el diez de** julio.   Wir sehen uns **am** zehnten Juli.
El doce de octubre **de** 1492 Colón   **Am** zwölften Oktober 1492 entdeckte
   descubrió América.   Kolumbus Amerika.

3 Beim Datum in einem Briefkopf verwendet man keinen bestimmten Artikel vor dem Tag des Monats:

Madrid, **12 de octubre de 1996**   Madrid, **den 12. Oktober 1996**

A Beim Datum in einem Briefkopf ist auch die verkürzte Form möglich: 12-10-1996. Der Monat kann im Spanischen auch in römischen Ziffern geschrieben werden: 12-X-1996.

4 Um anzugeben, der ‚wievielte' ist, verwendet man *estar* + *a* ohne den bestimmten Artikel:

—¿A cuántos estamos hoy? Den wievielten haben wir heute?
—Estamos a trece de julio. – **Heute ist der** dreizehnte Juli.

A Einige feststehende Ausdrücke mit Tagen und Jahren:
quince días/una quincena vierzehn Tage
(la década de) los años 70/80/... die 70er/80er/... Jahre

105 Die Uhrzeit

1 Um anzugeben, wie spät es ist, verwendet das Spanische *ser* + bestimmten Artikel + Grundzahl, wobei *hora(s)* weggelassen wird:

—¿Qué hora es? —Es la una./ Wieviel Uhr ist es? – **Es ist** ein **Uhr.**/
Son las tres. **Es ist** drei **Uhr.**

A Im Alltag verwendet man meistens nur die Zahlen 1-12 (statt 1-24) und fügt bei Bedarf eine Präzisierung der Tageszeit hinzu:
las 4 de la madrugada 4 Uhr morgens
las 10 de la mañana 10 Uhr morgens/vormittags
las 5 de la tarde 5 Uhr nachmittags/abends
las 10 de la noche 10 Uhr abends/nachts

2 Um Minuten, Viertel- und halbe Stunden anzugeben, geht man von vollen Stunden aus. Das Wort *minutos* wird weggelassen.

a Bis einschließlich ‚halb' werden Minuten und Viertel- und halbe Stunden mit Hilfe von *y* zur vorangehenden vollen Stunde hinzugezählt:

Son las tres y cinco. Es ist **fünf nach drei.**
Son las tres y cuarto. Es ist **viertel nach drei.**
Son las tres y veintinueve. Es ist **eine Minute vor halb vier.**
Son las tres y media. Es ist **halb vier.**

b Ab einer Minute nach ‚halb' werden Minuten und Viertelstunden mit Hilfe von *menos* von der kommenden vollen Stunde abgezogen:

Son las cuatro menos veintinueve. Es ist **eine Minute nach halb vier.**
Son las cuatro menos cuarto. Es ist **viertel vor vier.**

A Achtung: *Cua**rt**o* (= ‚Viertel') darf nicht mit *cua**tr**o* (= ‚vier') verwechselt werden!

3 Um anzugeben, zu welcher Uhrzeit etwas geschieht, verwendet man die Präposition *a* (*a la una*, *a las dos y media*, *a las tres menos cinco* usw.):

Llegué a las diez. Ich kam **um** zehn **Uhr** an.

A Die Zahlen *13-24* werden vor allem bei amtlichen Zeitangaben verwendet (Bahnhof, Fernsehen, usw.). Dabei muß man beim Sprechen *horas* verwenden und kann *minutos* hinzufügen:
14:30 las catorce horas treinta (minutos) vierzehn Uhr dreißig

106 | **Brüche, Dezimalzahlen, Grundrechenarten und Prozentsätze**

1 a Brüche werden im Spanischen wie im Deutschen durch Grundzahl (= Zähler) + Ordnungszahl (= Nenner) gebildet. Ausnahmen sind *medio* und *tercio*. Ist der Zähler größer als 1, benutzt man für den Nenner die Pluralform der Ordnungszahl:

1/2	medio	2/5	dos quintos
1/3	un tercio	3/8	tres octavos
1/4	un cuarto	7/10	siete décimos

b *Medio* hat eine feminine Form: *media*. Vor einem Substantiv stehen *medio* und *media* normalerweise ohne den unbestimmten Artikel:

medio kilo	**ein halbes** Kilo
media naranja	**eine halbe** Orange

A1 Wenn vor *medio/media* der unbestimmte Artikel steht, so hat er die Bedeutung ‚ungefähr':

No bebimos mucho, **una media** botella de vino sólo. — Wir tranken nicht viel, nur **ungefähr eine halbe** Flasche Wein.

A2 *Una media botella* kann auch ‚eine Halbliterflasche' bedeuten.

c Zwischen Bruchzahl und Substantiv steht *de*, außer bei *medio/media*:

Por favor, ¡póngame **un cuarto de kilo** de uvas! — Geben Sie mir bitte **ein halbes Pfund** Trauben.

El tren para Madrid lleva un retraso de **tres cuartos de hora.** — Der Zug nach Madrid hat **eine dreiviertel Stunde** Verspätung.

Aber: Nos vamos en **media hora.** — Wir gehen in **einer halben Stunde.**

A1 Bei gemischten Brüchen wie *1 3/4, 2 1/2* usw. steht im Spanischen die ganze Zahl vor dem Substantiv und *y* + Bruchzahl dahinter:

dos kilos **y medio** de melocotones	**zweieinhalb** Kilo Pfirsiche
una hora **y tres cuartos**	**eindreiviertel** Stunden

A2 Ab ‚Elftel' wird der Nenner gebildet, indem man die Endung *-avo(s)/-ava(s)* an die Grundzahl hängt. *Ciento* wird dabei zu *cent-* abgewandelt:

un **onceavo/onzavo**	ein **Elftel**
tres **veinteavos**	drei **Zwanzigstel**
dos **centavos** de gramo	zwei **hundertstel** Gramm

d Wenn man sich auf eine bestimmte Anzahl oder Menge bezieht, kann man auch eine Konstruktion aus bestimmtem Artikel + Ordnungszahl + *parte (de)* verwenden:

la tercera parte de la población	**ein Drittel** der Bevölkerung
las dos quintas partes de la cosecha	**zwei Fünftel** der Ernte

A Zu beachten ist die Sonderform *mitad*:

la mitad de los habitantes	**die Hälfte** der Einwohner

2 Dezimalzahlen werden im Spanischen wie im Deutschen mit Komma geschrieben und mit *coma* gesprochen:

10,5 km	diez **coma** cinco kilómetros
0,25 l	cero **coma** veinticinco/dos cinco litros
5,333 mg	cinco **coma** tres, tres, tres/trescientos treinta y tres miligramos

3 Grundrechenarten werden im Spanischen folgendermaßen ausgedrückt:

3 + 3 = 6	Tres **más** tres **son** seis.
6 - 3 = 3	Seis **menos** tres **son** tres.
3 x 3 = 9	Tres **por** tres **son** nueve.
4 : 2 = 2	Cuatro **dividido por** dos **son** dos. / Cuatro **entre** dos **son** dos.

A Man beachte, daß das Verb im Spanischen nur dann im Singular steht, wenn das Ergebnis ‚eins' ist:

5 - 4 = 1	Cinco menos cuatro **es** uno.	Fünf minus vier **ist** eins.

Aber:

5 - 3 = 2	Cinco menos tres **son** dos.	Fünf minus drei **ist** zwei.

4 Bei *por ciento* verwendet man den Artikel *el* oder *un*:

Nos concedió **el/un diez por ciento** de descuento.	Sie gab uns **10%** Nachlaß.
Ahorro **el/un dos por ciento** del sueldo.	Ich spare **2%** meines Gehaltes.

107 Vervielfältigungswörter und Kollektivzahlen

1 a Die gebräuchlichsten Vervielfältigungswörter sind im Spanischen:

simple	einfach	cuádruple	vierfach
doble	doppelt	múltiple	mehrfach
triple	dreifach		

b Sie können vor oder nach dem Substantiv stehen:

una **doble** ventaja / una ventaja **doble**	ein **doppelter** Vorteil

A Für ‚einmal', ‚zweimal', ‚dreimal' usw. verwendet man im Spanischen *una vez, dos veces, tres veces* usw.:

Gana **tres veces** más que tú.	Sie verdient **dreimal** soviel wie du.

2 Kollektivzahlen sind:

una decena	zehn Stück	un centenar	hundert Stück
una docena	ein Dutzend	un millar	tausend Stück
una quincena	vierzehn Tage	un millón	eine Million
una veintena	zwanzig Stück	un millardo	eine Milliarde

Diese Kollektivzahlen werden durch *de* mit dem Substantiv verbunden:

una docena **de** huevos	ein Dutzend Eier
un millón **de** muertos	eine Million Tote

A Anstelle von *cientos de* und *miles de* werden auch *centenares de* und *millares de* verwendet:

cientos de televidentes / centenares de televidentes	**Hunderte von** Fernsehteilnehmern
millares de personas / **miles de** personas	**Tausende von** Leuten

108 | Einige Regeln für die Schreibung der Zahlwörter

1 Man verwendet Ziffern

a bei präzisen Zahlen:

373 marcos	**373** Mark
23 por ciento	**23** Prozent
313 páginas	**313** Seiten

b beim Datum:

el **26** de abril de **1999**   der **26.** April **1999**

c bei Fahrplänen:

salida a las **10.30,** llegada a las **15.20**   Abfahrt **10.30** Uhr, Ankunft **15.20** Uhr

2 Man schreibt die Zahlen als Wörter aus

a bei unpräzisen Zahlen:

unas quinientas personas	**ungefähr fünfhundert** Leute
más de diez días	**mehr als zehn** Tage

b bei der Angabe der Zeit, die verstrichen ist:

Pasaron **veinte** minutos.   Es vergingen **zwanzig** Minuten.

c bei der Angabe der Uhrzeit in Erzählungen und Romanen:

Eran **las diez y media.**	Es war **halb elf**.
Se encontraron a **las siete.**	Sie trafen sich um **sieben.**

15 Die Formen des Verbs
Las formas del verbo

109 Verben: Typen, Formen, Modi und Zeiten

1 Die spanischen Verben können gemäß der Regelmäßigkeit ihrer Konjugation eingeteilt werden in:
a vollständig regelmäßige Verben;
b Verben, die man aufgrund bestimmter Abweichung von der regelmäßigen Konjugation (z.B. Diphthongierung, Vokal- und Betonungsänderung) in Gruppen einteilen kann;
c sonstige unregelmäßige Verben.

2 Es gibt finite Verbformen und infinite Verbformen.
Finite Verbformen haben unterschiedliche Personal- und Tempusformen (1./2./3. Person Singular und Plural; *presente, pretérito perfecto* usw.).
Infinite Verbformen sind unveränderlich. Es handelt sich dabei um den *infinitivo (hablar)*, das *gerundio (hablando)* und das *participio pasado (hablado)*.

3 Jedes Verb kennt in den finiten Verbformen drei verschiedene Modi:

a den *indicativo* :   hablo
b den *subjuntivo:*   hable
c den *imperativo* :   ¡habla!

4 Im *indicativo* und *subjuntivo* sind verschiedene Zeiten zu unterscheiden:

	Indicativo	*Subjuntivo*
Einfache Zeiten:	hablo, hablaba, hablé hablaré, hablaría	hable, hablara/hablase
Zusammengesetzte Zeiten:	he, había, hube, habré, habría } hablado	haya hubiera / hubiese } hablado

5 Nach der Endung des *infinitivo* (= Infinitiv) werden die Verben in drei Konjugationen eingeteilt:

1. Konjugation: *-ar*   **2. Konjugation:** *-er*   **3. Konjugation:** *-ir*
hablar (sprechen)   comer (essen)   vivir (wohnen)

0 Die Konjugation der regelmäßigen Verben: Übersicht

	1. Konjugation	2. Konjugation	3. Konjugation
Infinitivo	hablar (sprechen)	comer (essen)	vivir (wohnen)
Part. pasado	hablado (gesprochen)	comido (gegessen)	vivido (gewohnt)
Gerundio	hablando (sprechend)	comiendo (essend)	viviendo (wohnend)

Indicativo

Presente

Sg.	1	hablo	como	vivo
	2	hablas	comes	vives
	3	habla	come	vive
Pl.	1	hablamos	comemos	vivimos
	2	habláis	coméis	vivís
	3	hablan	comen	viven

Pretérito imperfecto

Sg.	1	hablaba	comía	vivía
	2	hablabas	comías	vivías
	3	hablaba	comía	vivía
Pl.	1	hablábamos	comíamos	vivíamos
	2	hablabais	comíais	vivíais
	3	hablaban	comían	vivían

Pretérito indefinido

Sg.	1	hablé	comí	viví
	2	hablaste	comiste	viviste
	3	habló	comió	vivió
Pl.	1	hablamos	comimos	vivimos
	2	hablasteis	comisteis	vivisteis
	3	hablaron	comieron	vivieron

Futuro

Sg.	1	hablaré	comeré	viviré
	2	hablarás	comerás	vivirás
	3	hablará	comerá	vivirá
Pl.	1	hablaremos	comeremos	viviremos
	2	hablaréis	comeréis	viviréis
	3	hablarán	comerán	vivirán

Condicional

Sg.	1	hablaría	comería	viviría
	2	hablarías	comerías	vivirías
	3	hablaría	comería	viviría
Pl.	1	hablaríamos	comeríamos	viviríamos
	2	hablaríais	comeríais	viviríais
	3	hablarían	comerían	vivirían

Pretérito perfecto

Sg.							
Sg.	1	he		he		he	
	2	has		has		has	
	3	ha	hablado	ha	comido	ha	vivido
Pl.	1	hemos		hemos		hemos	
	2	habéis		habéis		habéis	
	3	han		han		han	

Pretérito pluscuamperfecto

Sg.	1	había		había		había	
	2	habías		habías		habías	
	3	había	hablado	había	comido	había	vivido
Pl.	1	habíamos		habíamos		habíamos	
	2	habíais		habíais		habíais	
	3	habían		habían		habían	

Pretérito anterior

Sg.	1	hube		hube		hube	
	2	hubiste		hubiste		hubiste	
	3	hubo	hablado	hubo	comido	hubo	vivido
Pl.	1	hubimos		hubimos		hubimos	
	2	hubisteis		hubisteis		hubisteis	
	3	hubieron		hubieron		hubieron	

Futuro perfecto

Sg.	1	habré		habré		habré	
	2	habrás		habrás		habrás	
	3	habrá	hablado	habrá	comido	habrá	vivido
Pl.	1	habremos		habremos		habremos	
	2	habréis		habréis		habréis	
	3	habrán		habrán		habrán	

Condicional perfecto

Sg.	1	habría		habría		habría	
	2	habrías		habrías		habrías	
	3	habría	hablado	habría	comido	habría	vivido
Pl.	1	habríamos		habríamos		habríamos	
	2	habríais		habríais		habríais	
	3	habrían		habrían		habrían	

Subjuntivo

Presente

Sg.	1	hable	coma	viva
	2	hables	comas	vivas
	3	hable	coma	viva
Pl.	1	hablemos	comamos	vivamos
	2	habléis	comáis	viváis
	3	hablen	coman	vivan

Pretérito imperfecto auf -ra

Sg.	1	hablara	comiera	viviera
	2	hablaras	comieras	vivieras
	3	hablara	comiera	viviera
Pl.	1	habláramos	comiéramos	viviéramos
	2	hablarais	comierais	vivierais
	3	hablaran	comieran	vivieran

Pretérito imperfecto auf -se

Sg.	1	hablase	comiese	viviese
	2	hablases	comieses	vivieses
	3	hablase	comiese	viviese
Pl.	1	hablásemos	comiésemos	viviésemos
	2	hablaseis	comieseis	vivieseis
	3	hablasen	comiesen	viviesen

Pretérito perfecto

Sg.	1	haya		haya		haya	
	2	hayas		hayas		hayas	
	3	haya	hablado	haya	comido	haya	vivido
Pl.	1	hayamos		hayamos		hayamos	
	2	hayáis		hayáis		hayáis	
	3	hayan		hayan		hayan	

Pretérito pluscuamperfecto auf -ra

Sg.	1	hubiera		hubiera		hubiera	
	2	hubieras		hubieras		hubieras	
	3	hubiera	hablado	hubiera	comido	hubiera	vivido
Pl.	1	hubiéramos		hubiéramos		hubiéramos	
	2	hubierais		hubierais		hubierais	
	3	hubieran		hubieran		hubieran	

Pretérito pluscuamperfecto auf -se

Sg.	1	hubiese		hubiese		hubiese	
	2	hubieses		hubieses		hubieses	
	3	hubiese	hablado	hubiese	comido	hubiese	vivido
Pl.	1	hubiésemos		hubiésemos		hubiésemos	
	2	hubieseis		hubieseis		hubieseis	
	3	hubiesen		hubiesen		hubiesen	

Imperativo

bejaht

Sg.	2	habla	come	vive
	3	hable (Vd.)	coma (Vd.)	viva (Vd.)
Pl.	1	hablemos	comamos	vivamos
	2	hablad	comed	vivid
	3	hablen (Vds.)	coman (Vds.)	vivan (Vds.)

verneint		
Sg. 2	no habl**es**	no com**as**	no viv**as**
3	no habl**e** (Vd.)	no com**a** (Vd.)	no viv**a** (Vd.)
Pl. 1	no habl**emos**	no com**amos**	no viv**amos**
2	no habl**éis**	no com**áis**	no viv**áis**
3	no habl**en** (Vds.)	no com**an** (Vds.)	no viv**an** (Vds.)

111 Die Konjugation der regelmäßigen Verben: Anmerkungen

1 Man beachte die Betonung:

a Im *presente* liegt die Betonung in der 1., 2. und 3. Person Singular und der 3. Person Plural immer auf dem Stamm. In der 1. und 2. Person Plural liegt sie auf dem ersten Vokal der Endung.

b Im *pretérito imperfecto* und im *pretérito indefinido* liegt die Betonung immer auf dem ersten Vokal (bzw. Diphthong) der Endung.

2 Manchmal ist ein geschriebenes Akzentzeichen nötig, um die richtige Betonung anzuzeigen, wie zum Beispiel

a in der 2. Person Plural des *presente de indicativo* und *subjuntivo*: *habláis, coméis, vivís; habléis, comáis, viváis;*

b in der 1. Person Plural des *pretérito imperfecto* der Verben auf *-ar: hablábamos;*

c in der 1. und 3. Person Singular des *pretérito indefinido*: *hablé, habló; comí, comió; viví, vivió.*

3 Das *pretérito indefinido* wird auch *pretérito perfecto simple* oder *pretérito perfecto absoluto* genannt.

4 Das *futuro* und das *condicional* werden mit dem *infinitivo* gebildet, gefolgt von den (zusammengezogenen) Formen des *presente* bzw. des *imperfecto de indicativo* von *haber*:

futuro:	(h)*e*	(h)*as*	(h)*a*	(h)*emos*	(hab)*éis*	(h)*an*
→	hablar*é*	hablar*ás*	hablar*á*	hablar*emos*	hablar*éis*	hablar*án*

condicional:	(hab)*ía*	(hab)*ías*	(hab)*ía*	(hab)*íamos*	(hab)*íais*	(hab)*ían*
→	hablar*ía*	hablar*ías*	hablar*ías*	hablar*íamos*	hablar*íais*	hablar*ían*

5 Alle zusammengesetzten Zeiten (*pretérito perfecto, pretérito pluscuamperfecto, pretérito anterior, futuro perfecto* und *condicional perfecto*) werden mit Hilfe des Hilfsverbs *haber* und des *participio pasado* gebildet, das auch *participio perfecto* genannt wird. Dieses *participio pasado* ist in den zusammengesetzten Zeiten unveränderlich und steht immer direkt nach dem Hilfsverb.

6 Die Bildung des *subjuntivo* geschieht folgendermaßen:

a Für das *presente de subjuntivo* geht man bei allen Verben (außer Verben mit Diphthongierung – vgl. § 113) von der ersten Person Singular des *presente de indicativo* aus und ersetzt das *-o* durch folgende Endungen:

Bei den Verben auf -*ar*:
-*e* , -*es*, -*e*, -*emos*, -*éis*, -*en*

Bei Verben auf -*er* und -*ir*:
-*a*, -*as*, -*a*, -*amos*, -*áis*, -*an*

habl**o** → habl**e**, habl**es**, habl**e** usw.

com**o** → com**a**, com**as**, com**e** usw.

b Für das *imperfecto de subjuntivo* geht man von der dritten Person Plural des *pretérito inde-finido* aus und ersetzt -*ron* durch folgende Endungen:

-*ra*, -*ras*, -*ra*, -*ramos*, -*rais*, -*ran* oder -*se*, -*ses*, -*se*, -*semos*, -*seis*, -*sen*

habla**ron** → habla**ra**/habla**se**, habla**ras**/habla**ses**, ..., habla**ran**/habla**sen**
comie**ron** → com**iera** /com**iese**, comie**ras**/comie**ses**, ..., comie**ran**/comie**sen**

12 Formen und Gebrauch des *imperativo*

1 Der *imperativo* (Imperativ) kennt nur zwei eigene Formen:

a die 2. Person Singular (bejaht); sie ist gleichlautend mit der 3. Person Singular des *presente de indicativo*:

¡Habla! \ Sprich!   ¡Come!   Iß!   ¡Vive!   Lebe!

b die 2. Person Plural (bejaht); Sie wird gebildet wie der Infinitiv, wobei jedoch das -*r* durch -*d* ersetzt wird:

¡Habla**d**!   Sprecht!   ¡Come**d**!   Eßt!   ¡Vivi**d**!   Lebt!

2 Alle anderen Formen des *imperativo* (bejaht und verneint) sind gleichlautend mit dem *presente de subjuntivo*:

¡Habl**emos**! Sprechen wir!   ¡Com**amos** ! Essen wir!   ¡Viv**amos**! Leben wir!
¡Habl**e(n)**! Sprechen Sie!   ¡Com**a(n)**!   Essen Sie!   ¡Viv**a(n)**! Leben Sie!
¡No habl**es**! Sprich nicht!   ¡No com**as**! Iß nicht!   ¡No viv**as**! Lebe nicht!
usw.

A1 Bei reflexiven Verben verlieren die 1. und 2. Person Pural des *imperativo* vor dem Reflexivpronomen das -*s* bzw. -*d* der Endung (vgl. § 51.1b A1):
¡Senté**monos**!   Setzen wir uns!   ¡Senta**os**!   Setzt euch!
Der *imperativo* der 2. Person Plural von *irse* verliert das -*d* jedoch nicht:
¡Idos!   Geht weg!

A2 Zur Stellung der Pronomen nach dem Imperativ s. § 51.1b.

3 Ähnlich wie im Deutschen verwendet man statt des Imperativs manchmal

a den Infinitiv; dies ist besonders der Fall bei Gebrauchsanweisungen, Geboten und Verboten:

Agitar antes de abrir.   Vor Gebrauch **schütteln.**
Rellenar en letra de imprenta. In Blockbuchstaben **ausfüllen**!
Ver página siguiente.   Siehe Rückseite.
Subir al coche.   **Einsteigen,** bitte.
No **fumar.**   Nicht **rauchen**!/Rauchen verboten!
No **moveros** de aquí.   Geht nicht weg von hier./Nicht **weggehen.**

A Manchmal geht dem Infinitiv ein *a* voraus:
¡**A trabajar**, niños!   An die Arbeit, Kinder.

b das *presente*:

¡Y ahora **te vas** y **buscas** tu raqueta de tenis!	Du **gehst** jetzt und **suchst** deinen Tennisschläger.
Me **cuentas** ahora mismo qué es lo que pasó.	Du **erzählst** mir jetzt sofort, was passiert ist.

4 In starken Gebotsausdrücken findet man im Spanischen auch die Verwendung des Futurs:

No **matarás**.	Du sollst nicht töten.

113 Verben mit Diphthongierung: -e- → -ie-; -o- → -ue-

Bei diesen Verben ist es wichtig, zwischen Stamm und Endung sowie zwischen stammbetonten und endungsbetonten Verbformen zu unterscheiden:

Stamm	Endung	Stamm	Endung	Stamm	Endung
cerr-	*-ar*	*volv-*	*-emos*	*entend-*	*-iendo*

Stammbetonte Formen sind Formen, bei denen der Stammvokal (d.h. bei mehrsilbigem Stamm der Vokal der letzten Stammsilbe) betont ist.
Stammbetonte Formen sind die 1., 2. und 3. Person Singular und die 3. Person Plural des *presente de indicativo* und *subjuntivo* sowie die *tú-*, *usted-* und *ustedes-*Formen des *imperativo*. Alle anderen Formen sind endungsbetont.

Übersicht

		cerrar (schließen)		**volver** (zurückkehren)	
		presente de indicativo	*presente de subjuntivo*	*presente de indicativo*	*presente de subjuntivo*
Sg.	1	cierro	cierre	vuelvo	vuelva
	2	cierras	cierres	vuelves	vuelvas
	3	cierra	cierre	vuelve	vuelva
Pl.	1	cerramos	cerremos	volvemos	volvamos
	2	cerráis	cerréis	volvéis	volváis
	3	cierran	cierren	vuelven	vuelvan
		imperativo		*imperativo*	
Sg.	2	cierra		vuelve	
	3	cierre		vuelva	
Pl.	1	cerremos		volvamos	
	2	cerrad		volved	
	3	cierren		vuelvan	

1 Bei einer Reihe von Verben findet eine Diphthongierung statt: Der Stammvokal (*-e-* bzw. *-o-*) wird in den stammbetonten Formen zu einem Diphthong (*-ie-* bzw. *-ue-*).

2 Einige wichtige Verben mit Diphthongierung:

a *-e-* → *-ie-*

Verben auf -*ar*

acertar	treffen, erraten	errar*	irren

apretar	drücken	manifestar	zeigen
atravesar	durchkreuzen	negar	verneinen, leugnen
calentar	erwärmen	nevar	schneien
cerrar	schließen	pensar	denken
comenzar*	beginnen	recomendar	empfehlen
confesar	bekennen	sentarse	sich setzen
despertar	wecken	temblar	zittern
empezar	beginnen		

Verben auf -er

defender	verteidigen	querer**	wollen
encender	anzünden	perder	verlieren
entender	verstehen	tender	(aus)spannen
extender	ausbreiten		

b *-o → -ue-*

Verben auf -ar

acordarse	sich erinnern	mostrar	zeigen
acostarse	zu Bett gehen	probar	probieren zu
almorzar*	zu Mittag essen	recordar	erinnern
comprobar	feststellen	rogar*	bitten
consolar	trösten	soltar	loslassen
contar	zählen, erzählen	sonar	klingen
costar	kosten	soñar	träumen
encontrar	treffen	volar	fliegen
forzar*	zwingen		

Verben auf -er

cocer*	kochen	poder**	können, dürfen
doler	Weh(e) tun	resolver**	lösen
llover	regnen	soler	(zu tun) pflegen
morder	beißen	torcer*	verdrehen, abbiegen
mover	bewegen	volver**	zurückkehren
oler*	riechen		

*Zu den orthographischen Änderungen bei diesen Verben vgl. § 117.
**Zu den sonstigen Unregelmäßigkeiten dieser Verben vgl. § 118.

3 Bei den Verben *adquirir* (‚erwerben'), *inquirir* (‚untersuchen') und *jugar* (‚spielen') wird der Stammvokal *-i-* zu *-ie-*, bzw. *-u-* zu *-ue-* diphthongiert:

presente de indicativo				*presente de indicativo*			
Sg. 1	adquiero	Pl. 1	adquirimos	Sg. 1	juego	Pl. 1	jugamos
2	adquieres	2	adquirís	2	juegas	2	jugáis
3	adquiere	3	adquieren	3	juega	3	juegan
imperativo				*imperativo*			
Sg. 2	adquiere	Pl. 2	adquirid	Sg. 2	juega	Pl. 1	jugad

4 Diphthongierung wird in Vokabelverzeichnissen und Wörterbüchern meist durch Angabe des Diphthongs in Klammern angezeigt: *cerrar (ie)*, *volver (ue)*.

114 Verben mit Vokaländerung -*e*- → -*i*-

Übersicht

pedir (bestellen, bitten)

	presente de indicativo	presente de subjuntivo	pretérito indefinido	imperfecto de subjuntivo	imperativo
Sg. 1	pido	pida	pedí	pidiera/pidiese	
2	pides	pidas	pediste	pidieras/pidieses	pide
3	pide	pida	pidió	pidiera/pidiese	pida
Pl. 1	pedimos	pidamos	pedimos	pidiéramos/pidiésemos	pidamos
2	pedís	pidáis	pedisteis	pidierais/pidieseis	pedid
3	piden	pidan	pidieron	pidieran/pidiesen	pidan

gerundio	pidiendo

1 Bei fast allen Verben auf -*ir* mit dem Stammvokal -*e*- ändert sich dieses -*e* - zu einem -*i*- , wenn **kein** betontes -*i*- in der Endung steht. Diese Änderung geschieht nicht im *futuro (pediré)* und im *condicional (pediría).*

A Ausnahmen sind u.a. *sumergir* (‚untertauchen') und die Verben mit Diphthongierung von *e* zu *ie*.

2 Einige Verben mit Vokaländerung *e* → *i* sind:

conseguir*	gelingen, erreichen	regir*	regieren
corregir*	verbessern	reír*	lachen
despedir	entlassen, verabschieden	rendir	bezwingen, einbringen
elegir*	auswählen	reñir**	streiten
freír*	backen, braten	repetir	wiederholen
gemir	wimmern, ächzen	seguir*	folgen, weitermachen
impedir	verhindern	servir	(be)dienen
medir	messen	vestir	ankleiden
pedir	bestellen		

*Zu den orthographischen Änderungen bei diesen Verben s. § 117.
**Zu *reñir* s. § 116.4.

3 In Vokabelverzeichnissen und Wörterbüchern wird diese Vokaländerung meist durch Angabe des Vokals in Klammern hinter dem Verb angezeigt: *pedir (i).*

5 Verben mit Diphthongierung und Vokaländerung

1 *-e- → -ie-/-i-*

Übersicht

mentir (lügen)

		presente de indicativo	presente de subjuntivo	pretérito indefinido	imperfecto de subjuntivo	imperativo
Sg.	1	miento	mienta	mentí	mintiera/mintiese	
	2	mientes	mientas	mentiste	mintieras/ mintieses	miente
	3	miente	mienta	mintió	mintiera/mintiese	mienta
Pl.	1	mentimos	mintamos	mentimos	mintiéramos/mintiésemos	mintamos
	2	mentís	mintáis	mentisteis	mintierais/mintieseis	mentid
	3	mienten	mientan	mintieron	mintieran/mintiesen	mientan
	gerundio	mintiendo				

a Einige Verben auf *ir* mit Stammvokal *-e-* haben sowohl Vokaländerung als auch Diphthongierung: Das *-e-* des Stamms wird
– zu *-ie-* in den stammbetonten Formen
– zu *-i-* in den endungsbetonten Formen, wenn **kein** betontes *-i-* in der Endung steht.

b Verben mit Diphthongierung *e → ie* und Vokaländerung *e → i* (es handelt sich vor allem um Verben mit den Endungen *-entir*, *-erir* und *-ertir*) sind u.a.:

advertir	warnen	mentir	lügen
arrepentirse	bereuen, bedauern	preferir	vorziehen
consentir	zulassen, zustimmen	referir	verweisen, berichten
convertir	umwandeln	requerir	bitten, verlangen
divertir	unterhalten, zerstreuen	sentir	fühlen, bedauern
herir	verwunden	sugerir	nahelegen, vorschlagen

c Auch hier werden Diphthongierung und Vokaländerung meist in Vokabelverzeichnissen und Wörterbüchern angegeben: *preferir (ie, i)*.

2 *-o- → -ue-/-u-*

Übersicht

dormir (schlafen)

		pesente de indicativo	presente de subjuntivo	pretérito indefinido	imperfecto de subjuntivo	imperativo
Sg.	1	duermo	duerma	dormí	durmiera/durmiese	
	2	duermes	duermas	dormiste	durmiera s/durmieses	duerme
	3	duerme	duerma	durmió	durmiera/durmiese	duerma
Pl.	1	dormimos	durmamos	dormimos	durmiéramos/durmiésemos	durmamos
	2	dormís	durmáis	dormisteis	durmierais/durmieseis	dormid
	3	duermen	duerman	durmieron	durmieran/durmiesen	duerman
	gerundio	durmiendo				

Bei zwei Verben, *dormir* und *morir*, wird das -o- des Stammvokals
– zu -ue- in den stammbetonten Formen
– zu -u- in den endungsbetonten Formen, wenn **kein** betontes -i- in der Endung steht.

A *Morir* hat außerdem ein unregelmäßiges *participio pasado: muerto.*

116 Andere Gruppen von Verben mit Unregelmäßigkeiten

1 Bei einigen Verben auf -iar und -uar werden in den stammbetonten Formen -i- und -u- betont. Man muß dann ein Akzentzeichen schreiben:

enviar → envío, envías, envía, enviamos, enviáis, envían
continuar → continúo, continúas, continúa, continuamos, continuáis, continúan

Verben, die wie *enviar* konjugiert werden:

ampliar	ausbreiten	esquiar	skifahren
confiar	vertrauen	fotografiar	fotografieren
desafiar	herausfordern	guiar	führen
desconfiar	mißtrauen	resfriarse	sich erkälten
enviar	senden	vaciar	(aus)leeren
espiar	spionieren	variar	abwechseln

Verben, die wie *continuar* konjugiert werden:

acentuar	akzentuieren	exceptuar	ausnehmen
actuar	handeln	perpetuar	verewigen, aufrechterhalten
efectuar	ausführen	situar	setzen, stellen, legen
evaluar	(ab)schätzen, bewerten		

In Vokabelverzeichnissen und Wörterbüchern wird diese Unregelmäßigkeit meist durch *í* bzw. *ú* hinter dem Verb angegeben: *enviar (í), continuar (ú).*

A Zu den Verben, in denen das -i- immer unbetont ist und daher auch nie einen Akzent erhält, gehören z. B. *cambiar (cambio, cambia* usw.), *estudiar, limpiar, pronunciar.*

2 Bei Verben auf -acer, -ecer, -ocer und -ucir ändert sich das -c- zu -zc-, wenn auf dieses -c- ein -a- oder ein -o- folgt. Das -z- dient dazu, die Aussprache [θ] des Infinitivs beizubehalten. Durch das nachfolgende -c- wird ein [k]-Laut hinzugefügt. Man findet -zc- in der 1. Person Singular des *presente de indicativo* und im gesamten *presente de subjuntivo*:

conocer [kono'θer] → conozco [ko'noθko], conoces [ko'noθes], ...
conozca [ko'noθka], conozcas [ko'noθkas], ...
traducir [tradu'θir] → traduzco [tra'duθko], traduces [tra'duθes], ...
traduzca [tra'duθka], traduzcas [tra'duθkas], ...

Zu dieser Gruppe gehören u.a. folgende Verben:

Verben auf -acer

complacer	einen Gefallen tun	placer	gefallen
nacer	geboren werden	yacer	liegen

Verben auf -*ecer*

agradecer	danken für	fallecer	sterben
amanecer	Tag werden	merecer	verdienen
anochecer	Nacht werden	obedecer	gehorchen
aparecer	erscheinen	ofrecer	anbieten
apetecer	Lust haben auf	padecer	leiden
carecer	entbehren, Mangel haben	parecer	scheinen, aussehen wie
enriquecer	bereichern	pertenecer (a)	gehören (zu)
envejecer	alt werden, alt machen		

Verben auf -*ocer*

conocer	kennen	reconocer	wiedererkennen
desconocer	nicht kennen		

Verben auf -*ucir*

aducir	anführen	producir	produzieren
conducir	führen, lenken, fahren	reducir	vermindern
deducir	ableiten	traducir	übersetzen
introducir	einführen		

In Vokabelverzeichnissen und Wörterbüchern wird diese Unregelmäßigkeit bei den betreffenden Verben meist nicht ausdrücklich angegeben, da sie für praktisch alle Verben auf -*acer*, -*ecer*, -*ocer* und -*ucir* gilt.

Ausnahmen sind *hacer* (tun) *(hago, haga* usw. – vgl. § 118), *mecer* (schaukeln) *(mezo, meza* usw. – vgl. § 117), *cocer* (kochen) *(cuezo, cueza* usw. – vgl. §§ 113 und 117).

3 Verben auf -*uir* fügen nach dem Stamm ein -*y*- ein, wenn die Endung mit -*a*-, -*e*- oder -*o*- beginnt, z.B. im Singular und in der 3. Person Plural des *presente de indicativo* und im gesamten *presente de subjuntivo*:

huir (fliehen) → hu**y**o, hu**y**e, hu**y**a, hu**y**as usw.

4 Bei Verben, deren Stamm auf -*ñ*- endet, entfällt beim Schreiben ein unbetontes -*i*- der Endung, wenn dieses -*i*- dem -*ñ*- direkt folgt:

reñir (streiten) → ri**ñ**ó, ri**ñ**eron, ri**ñ**era usw.

17 Orthographische Änderungen

1 Bei Verben, deren Stamm auf -*c*-, -*g*-, -*gu*-, -*qu*- oder -*z*- endet, wird bei bestimmten Formen die Schreibung angepaßt, um die richtige Aussprache zu erhalten. Die Schreibung wird durch den Vokal der Endung bestimmt, der unmittelbar folgt (vgl. § 3).

c	[k]	wird zu *qu* vor *e* und *i*:	buscar	→	bus**qu**é	(aber: bus**c**aste usw.)
c	[θ]	wird zu *z* vor *a* und *o*:	vencer	→	ven**z**o	(aber: ven**c**es usw.)
g	[g]	wird zu *gu* vor *e* und *i*:	pagar	→	pa**gu**é	(aber: pa**g**aste usw.)
g	[x]	wird zu *j* vor *a* und *o*:	coger	→	co**j**o	(aber: co**g**es usw.)
gu	[gw]	wird zu *gü* vor *e* und *i*:	averiguar	→	averi**gü**é	(aber: averi**gu**aste usw.)
gu	[g]	wird zu *g* vor *a* und *o*:	seguir	→	si**g**o	(aber: si**gu**es usw.)
qu	[k]	wird zu *c* vor *a* und *o*:	delinquir	→	delin**c**o	(aber: delin**qu**es usw.)
z	[θ]	wird zu *c* vor *e* und *i*:	empezar	→	empe**c**é	(aber: empe**z**aste usw.)

2 Ein unbetontes *-i-* zwischen Vokalen sowie im Anlaut vor einem Vokal ändert sich zu *-y-*:

erguir (aufrichten)	→	**y**ergo, **y**ergues, **y**ergue, erguimos, erguís, **y**erguen
errar (irren)	→	**y**erro, **y**erras, **y**erra, erramos, erráis, **y**erran
leer (lesen)	→	leí, leíste, le**y**ó, leímos, leísteis, le**y**eron; le**y**endo
huir (fliehen)	→	huí, huíste, hu**y**ó, huímos, huísteis, hu**y**eron; hu**y**endo

3 Der Diphthong *-ue-* wird im Anlaut *hue-* geschrieben:

oler (riechen)	→	**hue**lo, **hue**les, **hue**le, olemos, oléis, **hue**len

4a Bei *reír* und *freír* bekommt jedes betonte *-i-* in der Endung ein Akzentzeichen:

freír (braten)	→	frío, fríes, fríe; fría, frías, fría
reír (lachen)	→	río, ríes, ríe; ría, rías, ría

A *Freír* hat ein unregelmäßiges *participio pasado*: *frito*

b Auch bei Verben, in denen die Vokale *o + i*, *e + i* oder *e + u* aufeinanderstoßen (auch wenn in der Schreibung ein *h* dazwischensteht), trägt das *i* in den stammbetonten Formen immer ein Akzentzeichen:

prohibir (verbieten)	→	proh**í**bo, proh**í**bes, proh**í**be, proh**í**ben; proh**í**ba usw.
reunir (vereinen)	→	re**ú**no, re**ú**nes, re**ú**ne, re**ú**nen; re**ú**na usw.
rehusar (ablehnen)	→	reh**ú**so, reh**ú**sas, reh**ú**sa, reh**ú**san; reh**ú**se usw.

118 Die Konjugation weiterer unregelmäßiger Verben

Es gibt eine Reihe von unregelmäßigen Verben, die nicht oder nur schwer in Gruppen zu klassifizieren sind. Die folgende Tabelle enthält die gebräuchlichsten unregelmäßigen Verben.

– Alle unregelmäßigen Formen sind in Rot eingetragen, die regelmäßigen in Schwarz. (Wenn nur das *participio pasado* unregelmäßig ist, sind nur die Zeitformen der 1. Person Singular eingetragen.)
– Es wird nur ein Verweis auf das Basisverb gegeben, wenn es sich um eine Ableitung handelt, die genauso konjugiert wird wie das Basisverb, z. B.: ***detener*** (anhalten) s. *tener.*
– Das *imperfecto de subjuntivo* ist in der Tabelle nicht enthalten, da es bei allen Verben aus dem *pretérito indefinido* abzuleiten ist (vgl. § 111.6b);
– Auch das *condicional* ist nicht enthalten: Es wird mit demselben Stamm gebildet wie das *futuro*. (Zu den Endungen vgl. § 111.4.)
– In der Spalte ganz rechts werden das *participio pasado* (Abkürzung: *P*), das *gerundio (G)* und die bejahte 2. Person Singular und Plural des *imperativo (I)* angegeben.
– Die Tabelle enthält auch einige unregelmäßige Formen, die schon vorher besprochen wurden.

	Presente de indicativo	Presente de subjuntivo	Pretérito indefinido	Pretérito imperfecto	Futuro	Part. Pasado Gerundio Imperativo
abrir (öffnen)	abro	abra	abrí	abría	abriré	*P:* **abierto**
absolver (los- sprechen)	**absuelvo** **absuelves** **absuelve**	**absuelva** **absuelvas** **absuelva**	absolví absolviste absolvió	absolvía absolvías absolvía	absolveré absolverás absolverá	*P:* **absuelto** *G:* absolviendo *I:* **absuelve**

	Presente de indicativo	Presente de subjuntivo	Pretérito indefinido	Pretérito imperfecto	Futuro	Part. Pasado Gerundio Imperativo
	absolvemos	absolvamos	absolvimos	absolvíamos	absolveremos	absolved
	absolvéis	absolváis	absolvisteis	absolvíais	absolveréis	
	absuelven	**absuelvan**	absolvieron	absolvían	absolverán	
andar (laufen, gehen)	ando	ande	**anduve**	andaba	andaré	*P:* andado
	andas	andes	**anduviste**	andabas	andarás	*G:* andando
	anda	ande	**anduvo**	andaba	andará	*I:* anda
	andamos	andemos	**anduvimos**	andábamos	andaremos	andad
	andáis	andéis	**anduvisteis**	andabais	andaréis	
	andan	anden	**anduvieron**	andaban	andarán	
asir (fassen, packen)	**asgo**	**asga**	así	asía	asiré	*P:* asido
	ases	**asgas**	asiste	asías	asirás	*G:* asiendo
	ase	**asga**	asió	asía	asirá	*I:* ase
	asemos	**asgamos**	asimos	asíamos	asiremos	asid
	aséis	**asgáis**	asisteis	asíais	asiréis	
	asen	**asgan**	asieron	asían	asirán	
atraer (anziehen)	s. *traer*					
bendecir (segnen)	s. *decir*					*P:* **bendecido**
caber (hinein-passen)	**quepo**	**quepa**	**cupe**	cabía	**cabré**	*P:* cabido
	cabes	**quepas**	**cupiste**	cabías	**cabrás**	*G:* cabiendo
	cabe	**quepa**	**cupo**	cabía	**cabrá**	*I:* cabe
	cabemos	**quepamos**	**cupimos**	cabíamos	**cabremos**	cabed
	cabéis	**quepáis**	**cupisteis**	cabíais	**cabréis**	
	caben	**quepan**	**cupieron**	cabían	**cabrán**	
caer (fallen)	**caigo**	**caiga**	caí	caía	caeré	*P:* **caído**
	caes	**caigas**	**caíste**	caías	caerás	*G:* **cayendo**
	cae	**caiga**	**cayó**	caía	caerá	*I:* cae
	caemos	**caigamos**	**caímos**	caíamos	caeremos	caed
	caéis	**caigáis**	**caísteis**	caíais	caeréis	
	caen	**caigan**	**cayeron**	caían	caerán	
conducir (führen, lenken, fahren)	**conduzco**	**conduzca**	**conduje**	conducía	conduciré	*P:* conducido
	conduces	**conduzcas**	**condujiste**	conducías	conducirás	*G:* conduciendo
	conduce	**conduzca**	**condujo**	conducía	conducirá	*I:* conduce
	conducimos	**conduzcamos**	**condujimos**	conducíamos	conduciremos	conducid
	conducís	**conduzcáis**	**condujisteis**	conducíais	conduciréis	
	conducen	**conduzcan**	**condujeron**	conducían	conducirán	
componer (zusammen-setzen)	s. *poner*					
contener (enthalten)	s. *tener*					

	Presente de indicativo	Presente de subjuntivo	Pretérito indefinido	Pretérito imperfecto	Futuro	Part. Pasado Gerundio Imperativo
contraer (zusammen- ziehen)	s. *traer*					
convenir (überein- stimmen)	s. *venir*					
cubrir (bedecken)	cubro	cubra	cubrí	cubría	cubriré	*P:* **cubierto**
dar (geben)	**doy** das da damos dais dan	**dé** des **dé** demos deis den	**di** **diste** **dio** **dimos** **disteis** **dieron**	daba dabas daba dábamos dabais daban	daré darás dará daremos daréis darán	*P:* dado *G:* dando *I:* da dad
decaer (verfallen)	s. *caer*					
decir (sagen)	**digo** **dices** **dice** decimos decís **dicen**	**diga** **digas** **diga** **digamos** **digáis** **digan**	**dije** **dijiste** **dijo** **dijimos** **dijisteis** **dijeron**	decía decías decía decíamos decíais decían	**diré** **dirás** **dirá** **diremos** **diréis** **dirán**	*P:* **dicho** *G:* **diciendo** *I:* **di** decid
deducir (ableiten)	s. *conducir*					
describir (beschreiben)	s. *escribir*					
descubrir (entdecken)	s. *cubrir*					
desenvolver (auspacken)	s. *volver*					
deshacer (lösen)	s. *hacer*					
detener (anhalten)	s. *tener*					
devolver (zurück- geben)	s. *volver*					
disponer (verfügen über)	s. *poner*					

	Presente de indicativo	Presente de subjuntivo	Pretérito indefinido	Pretérito imperfecto	Futuro	Part. Pasado Gerundio Imperativo
distraer (zerstreuen)	s. *traer*					
entretener (unterhalten)	s. *tener*					
envolver (einwickeln)	s. *volver*					
erguir (aufrichten)	**yergo** **yergues** **yergue** erguimos erguís **yerguen**	**yerga** **yergas** **yerga** **yergamos** **yergáis** **yergan**	erguí erguiste **irguió** erguimos erguisteis **irguieron**	erguía erguías erguía erguíamos erguíais erguían	erguiré erguirás erguirá erguiremos erguiréis erguirán	P: erguido G:**irguiendo** I: **yergue** erguid
escribir (schreiben)	escribo	escriba	escribí	escribía	escribiré	P: **escrito**
estar (sich befinden, sein)	**estoy** **estás** **está** estamos estáis **están**	**esté** **estés** **esté** estemos **estéis** **estén**	**estuve** **estuviste** **estuvo** **estuvimos** **estuvisteis** **estuvieron**	estaba estabas estaba estábamos estabais estaban	estaré estarás estará estaremos estaréis estarán	P: estado G:estando I: **está** estad
exponer (darlegen)	s. *poner*					
extraer (herausziehen)	s. *traer*					
freír (braten)	**frío** **fríes** **fríe** **freímos** freís **fríen**	**fría** **frías** **fría** **friamos** **friáis** **frían**	freí **freíste** **frió** **freímos** **freísteis** **frieron**	freía freías freía freíamos freíais freían	freiré freirás freirá freiremos freiréis freirán	P: **frito** G:**friendo** I: **fríe** **freíd**
haber (haben)	**he** **has** **ha** **hay** (es gibt) **hemos** habéis **han**	**haya** **hayas** **haya** **hayamos** **hayáis** **hayan**	**hube** **hubiste** **hubo** **hubimos** **hubisteis** **hubieron**	había habías había habíamos habíais habían	**habré** **habrás** **habrá** **habremos** **habréis** **habrán**	P: habido G:habiendo I: **he** habed

	Presente de indicativo	Presente de subjuntivo	Pretérito indefinido	Pretérito imperfecto	Futuro	Part. Pasado Gerundio Imperativo
hacer (machen, tun)	**hago** haces hace hacemos hacéis hacen	**haga** **hagas** **haga** **hagamos** **hagáis** **hagan**	**hice** **hiciste** **hizo** **hicimos** **hicisteis** **hicieron**	hacía hacías hacía hacíamos hacíais hacían	**haré** **harás** **hará** **haremos** **haréis** **harán**	*P:* **hecho** *G:* haciendo *I:* **haz** haced
imponer (auferlegen)	s. *poner*					
imprimir (drucken)	imprimo	imprima	imprimí	imprimía	imprimiré	*P:* **impreso** / imprimido
introducir (einführen)	s. *conducir*					
ir (gehen)	**voy** **vas** **va** **vamos** **vais** **van**	**vaya** **vayas** **vaya** **vayamos** **vayáis** **vayan**	**fui** **fuiste** **fue** **fuimos** **fuisteis** **fueron**	**iba** **ibas** **iba** **íbamos** **ibais** **iban**	iré irás irá iremos iréis irán	*P:* ido *G:* **yendo** *I:* **ve** id **vamos**
maldecir (verfluchen)	s. *decir*					*P:* **maldecido**
mantener (aufrechter- halten)	s. *tener*					
morir (sterben)	**muero** **mueres** **muere** morimos morís **mueren**	**muera** **mueras** **muera** **muramos** **muráis** **mueran**	morí moriste **murió** morimos moristeis **murieron**	moría morías moría moríamos moríais morían	moriré morirás morirá moriremos moriréis morirán	*P:* **muerto** *G:* **muriendo** *I:* **muere** morid
obtener (bekommen)	s. *tener*					
oír (hören)	**oigo** **oyes** **oye** **oímos** oís **oyen**	**oiga** **oigas** **oiga** **oigamos** **oigáis** **oigan**	oí **oíste** **oyó** **oímos** **oísteis** **oyeron**	oía oías oía oíamos oíais oían	oiré oirás oirá oiremos oiréis oirán	*P:* **oído** *G:* **oyendo** *I:* **oye** **oíd**
oponer (gegenüber- stellen)	s. *poner*					

	Presente de indicativo	Presente de subjuntivo	Pretérito indefinido	Pretérito imperfecto	Futuro	Part. Pasado Gerundio Imperativo
poder (können, dürfen)	**puedo** **puedes** **puede** podemos podéis **pueden**	**pueda** **puedas** **pueda** podamos podáis **puedan**	**pude** **pudiste** **pudo** **pudimos** **pudisteis** **pudieron**	podía podías podía podíamos podíais podían	**podré** **podrás** **podrá** **podremos** **podréis** **podrán**	P: podido G:**pudiendo** I: **puede** poded
poner (legen, stellen)	**pongo** pones pone ponemos ponéis ponen	**ponga** **pongas** **ponga** **pongamos** **pongáis** **pongan**	**puse** **pusiste** **puso** **pusimos** **pusisteis** **pusieron**	ponía ponías ponía poníamos poníais ponían	**pondré** **pondrás** **pondrá** **pondremos** **pondréis** **pondrán**	P: **puesto** G:poniendo I: **pon** poned
prever (vorhersehen)	s. *ver*					
producir (herstellen)	s. *conducir*					
proponer (vorschlagen)	s. *poner*					
proveer (ausstatten)	proveo provees provee proveemos proveéis proveen	provea proveas provea proveamos proveáis provean	proveí **proveíste** **proveyó** **proveímos** **proveísteis** **proveyeron**	proveía proveías proveía proveíamos proveíais proveían	proveeré proveerás proveerá proveeremos proveeréis proveerán	P: **provisto** / **proveído** G:**proveyendo** I: provee proveed
querer (wollen, lieben)	**quiero** **quieres** **quiere** queremos queréis **quieren**	**quiera** **quieras** **quiera** queramos queráis **quieran**	**quise** **quisiste** **quiso** **quisimos** **quisisteis** **quisieron**	quería querías quería queríamos queríais querían	**querré** **querrás** **querrá** **querremos** **querréis** **querrán**	P: querido G:queriendo I: **quiere** quered
recaer (einen Rück- fall haben)	s. *caer*					
reducir (verringern)	s. *conducir*					
reír (lachen)	**río** **ríes** **ríe** **reímos** reís **ríen**	**ría** **rías** **ría** **riamos** **riáis** **rían**	reí **reíste** **rió** **reímos** **reísteis** **rieron**	reía reías reía reíamos reíais reían	reiré reirás reirá reiremos reiréis reirán	P: **reído** G:**riendo** I: **ríe** **reíd**

	Presente de indicativo	Presente de subjuntivo	Pretérito indefinido	Pretérito imperfecto	Futuro	Part. Pasado Gerundio Imperativo
reproducir (nachbilden)	s. *conducir*					
resolver (auflösen)	s. *absolver*					
retener (zu-rückhalten)	s. *tener*					
romper (brechen)	rompo	rompa	rompí	rompía	romperé	*P:* **roto**
saber (wissen, können)	**sé** sabes sabe sabemos sabéis saben	**sepa** **sepas** **sepa** **sepamos** **sepáis** **sepan**	**supe** **supiste** **supo** **supimos** **supisteis** **supieron**	sabía sabías sabía sabíamos sabíais sabían	**sabré** **sabrás** **sabrá** **sabremos** **sabréis** **sabrán**	*P:* sabido *G:* sabiendo *I:* sabe sabed
salir (ausgehen, abfahren)	**salgo** sales sale salimos salís salen	**salga** **salgas** **salga** **salgamos** **salgáis** **salgan**	salí saliste salió salimos salisteis salieron	salía salías salía salíamos salíais salían	**saldré** **saldrás** **saldrá** **saldremos** **saldréis** **saldrán**	*P:* salido *G:* saliendo *I:* **sal** salid
satisfacer (befriedigen)	**satisfago** satisfaces satisface satisfacemos satisfacéis satisfacen	**satisfaga** **satisfagas** **satisfaga** **satisfagamos** **satisfagáis** **satisfagan**	**satisfice** **satisficiste** **satisfizo** **satisficimos** **satisficisteis** **satisficieron**	satisfacía satisfacías satisfacía satisfacíamos satisfacíais satisfacían	**satisfaré** **satisfarás** **satisfará** **satisfaremos** **satisfaréis** **satisfarán**	*P:* **satisfecho** *G:* satisfaciendo *I:* **satisfaz**/ satisface satisfaced
seducir (verführen)	s. *conducir*					
ser (sein)	**soy** **eres** **es** **somos** **sois** **son**	**sea** **seas** **sea** **seamos** **seáis** **sean**	**fui** **fuiste** **fue** **fuimos** **fuisteis** **fueron**	**era** **eras** **era** **éramos** **erais** **eran**	seré serás será seremos seréis serán	*P:* sido *G:* siendo *I:* **sé** sed
suponer (vermuten)	s. *poner*					

	Presente de indicativo	Presente de subjuntivo	Pretérito indefinido	Pretérito imperfecto	Futuro	Part. Pasado Gerundio Imperativo
tener (haben, halten)	**tengo** **tienes** **tiene** tenemos tenéis **tienen**	**tenga** **tengas** **tenga** **tengamos** **tengáis** **tengan**	**tuve** **tuviste** **tuvo** **tuvimos** **tuvisteis** **tuvieron**	tenía tenías tenía teníamos teníais tenían	**tendré** **tendrás** **tendrá** **tendremos** **tendréis** **tendrán**	*P:* tenido *G:*teniendo *I:* **ten** tened
traducir (übersetzen)	s. *conducir*					
traer (bringen)	**traigo** traes trae traemos traéis traen	**traiga** **traigas** **traiga** **traigamos** **traigáis** **traigan**	**traje** **trajiste** **trajo** **trajimos** **trajisteis** **trajeron**	traía traías traía traíamos traíais traían	traeré traerás traerá traeremos traeréis traerán	*P:* **traído** *G:* **trayendo** *I:* trae traed
valer (Wert sein)	**valgo** vales vale valemos valéis valen	**valga** **valgas** **valga** **valgamos** **valgáis** **valgan**	valí valiste valió valimos valisteis valieron	valía valías valía valíamos valíais valían	**valdré** **valdras** **valdrá** **valdremos** **valdréis** **valdrán**	*P:* valido *G:*valiendo *I:* **val** valed
venir (kommen)	**vengo** **vienes** **viene** venimos venís **vienen**	**venga** **vengas** **venga** **vengamos** **vengáis** **vengan**	**vine** **viniste** **vino** **vinimos** **vinisteis** **vinieron**	venía venías venía veníamos veníais venían	**vendré** **vendrás** **vendrá** **vendremos** **vendréis** **vendrán**	*P:* venido *G:* **viniendo** *I:* **ven** venid
ver (sehen)	**veo** ves ve vemos veis ven	**vea** **veas** **vea** **veamos** **veáis** **vean**	vi viste vio vimos visteis vieron	**veía** **veías** **veía** **veíamos** **veíais** **veían**	veré verás verá veremos veréis verán	*P:* **visto** *G:*viendo *I:* ve ved
volver (zurück-kehren)	**vuelvo** **vuelves** **vuelve** volvemos volvéis **vuelven**	**vuelva** **vuelvas** **vuelva** volvamos volváis **vuelvan**	volví volviste volvió volvimos volvisteis volvieron	volvía volvías volvía volvíamos volvíais volvía	volveré volverás volverá volveremos volveréis volverán	*P:* **vuelto** *G:*volviendo *I:* **vuelve** volved

16 # Die Verwendung der Zeiten des *indicativo und des condicional*
El uso de los tiempos del indicativo y del condicional

119 *Presente*

1 Die Verwendung des *presente* stimmt im wesentlichen mit der des Präsens im Deutschen überein.

2a Das *presente* beschreibt eine Handlung, die im Moment des Sprechens stattfindet. Häufig benutzt man statt dessen jedoch *estar + gerundio* (vgl. 144.1):

—¿Qué **haces** aquí?   Was **machst du** hier?
—**Estoy buscando** un libro   – **Ich suche** ein Buch.

b Das *presente* wird auch für die Gegenwart im weiteren Sinne verwendet, d. h. für allgemeingültige, zeitlose Tatsachen, für Gewohnheiten und für Situationen von unbestimmter Dauer:

Dos y dos **son** cuatro.   Zwei und zwei **ist** vier.
Bogotá **está** en Colombia.   Bogotá **liegt** in Kolumbien.
Los viernes **salimos**.   Freitags **gehen** wir aus.
Mi hijo siempre **se acuesta** tarde.   Mein Sohn **geht** immer spät **zu Bett.**
—¿Dónde **trabajas**? —**Trabajo** en el   Wo **arbeitest** du? – Ich **arbeite** im
  Ministerio de Hacienda.   Finanzministerium.

c Wie im Deutschen das Präsens benutzt man das *presente* auch für Inhaltsangaben. Außerdem verwendet man es gelegentlich in Erzählungen und Berichten über vergangene Ereignisse, um die Schilderung lebhafter zu gestalten:

En el capítulo 8 Don Quijote **lucha**   In Kapitel 8 **kämpft** Don Quijote
  contra los molinos de viento.   gegen die Windmühlen.
En 1985 España **entra** en la Comunidad   1985 **tritt** Spanien der Europäischen
  Económica Europea.   Wirtschaftsgemeinschaft **bei**.

d Das *presente* wird auch verwendet, um ein zukünftiges Ereignis wiederzugeben, wenn eine Zeitbestimmung beigefügt ist:

El año próximo **hay** un congreso   Nächstes Jahr **findet** in Valladolid ein inter-
  internacional en Valladolid.   nationaler Kongreß **statt**.
Mañana **vamos** al fútbol.   Morgen **gehen** wir zum Fußballspiel.

3 In Abweichung vom Deutschen verwendet man im Spanischen manchmal das *presente*, um zu fragen, ob man etwas tun soll:

¿**Cierro** la ventana?   **Soll** ich das Fenster **schließen**?
¿Qué **hacemos**?   Was **sollen** wir **tun**?

120 *Pretérito imperfecto*

Anders als im Deutschen gibt es im Spanischen zwei einfache, also nicht zusammengesetzte Zeiten der Vergangenheit, das *pretérito imperfecto* und das *pretérito indefinido*.

1 Das *pretérito imperfecto* gibt eine wiederholte Handlung oder Gewohnheit in der Vergangenheit an. (Was tat jemand oder was geschah damals immer?) Die Gewohnheits- oder Regelmäßigkeit wird oft zusätzlich durch adverbiale Bestimmungen wie *siempre, todos los días* usw. ausgedrückt:

Siempre **comíamos** en casa.	Wir **aßen** immer zu Hause.
Todos los días a las siete en punto **sonaba** el despertador.	Jeden Tag **klingelte** genau um sieben der Wecker.

A1 Auch wenn es sich um gewohnheitsmäßig aufeinanderfolgende Handlungen handelt, verwendet man das *pretérito imperfecto*:

Todos los días **salía** de casa a las ocho, **caminaba** a la estación y **cogía** allí el tren de las ocho y media.	Jeden Tag **verließ** ich um acht Uhr das Haus, **ging** zum Bahnhof und **nahm** dort den Zug um halb neun.

A2 Wenn die wiederholte Handlung oder Gewohnheit während einer vergangenen Zeitperiode stattfand, die als abgeschlossen betrachtet wird, so wird das *pretérito indefinido* verwendet. Die vergangene Zeitperiode wird meist durch eine entsprechende adverbiale Bestimmung (z. B. *aquel verano, entonces*) genannt:

Aquel verano **comimos** siempre en casa.	In jenem Sommer **aßen** wir immer zu Hause.
Durante los exámenes **me levanté** todos los días a las siete en punto.	Während meines Examens **stand** ich jeden Tag genau um sieben Uhr auf.

2 Das *pretérito imperfecto* schildert eine Situation zu einem bestimmten Zeitpunkt der Vergangenheit.

a Es beschreibt einen Zustand, in dem sich jemand oder etwas zu diesem Zeitpunkt befand ('Wie war jemand/etwas?'):

La calle **estaba** desierta: no **había** nadie, cuando ...	Die Straße **war** ausgestorben: Es **war** niemand da, als ...
Hacía mucho calor ...	Es **war** sehr warm ...

b Es beschreibt auch eine Handlung, die zu einem bestimmten Zeitpunkt der Vergangenheit gerade vor sich ging und deren Beginn und Endpunkt nicht angegeben sind ('Was tat jemand damals gerade?'):

Los chicos **escribían** y **escuchaban** tranquilos, pero de repente ...	Die Kinder **schrieben** und **hörten** ruhig **zu,** aber plötzlich ...

3 Das *pretérito imperfecto* wird verwendet für etwas, das gerade vor sich ging, als eine andere, neue Handlung eintrat (die neue Handlung steht im *pretérito indefinido*):

Veíamos la televisión, cuando entraron los ladrones.	Wir **sahen gerade fern**, als die Diebe eindrangen.
Aunque **llovía**, nos pusimos a trabajar.	Obwohl es **regnete**, begannen wir mit der Arbeit.

Neue Handlung:
pretérito indefinido

Schematisch: - || Gegenwart

- - - ─────────────────────────── - - -

Bereits ablaufende Handlung:
pretérito imperfecto

4 Das *pretérito imperfecto* wird verwendet, um auszudrücken, daß etwas unmittelbar bevorstand (aber verhindert wurde), als etwas Neues eintrat:

Salía de casa, cuando sonó el teléfono.　　Ich **wollte gerade** aus dem Haus **gehen**, als das Telefon klingelte.

5 Das *pretérito imperfecto* wird oft an Stelle des *condicional simple* für gegenwärtige Situationen benutzt, um Höflichkeit oder Zurückhaltung auszudrücken, vor allem bei Verben wie *poder, deber, tener que, saber* und *querer*:

Quería pedirte un favor.　　Ich **wollte** dich um einen Gefallen bitten.
¿Qué quería usted?　　Was **hätten** Sie **gern**?
Podíamos ir al cine esta tarde.　　Wir **könnten** heute abend ins Kino gehen.

121 *Pretérito indefinido*

1 Das *pretérito indefinido* wird verwendet, um über einzelne Handlungen oder Ereignisse aus der Vergangenheit zu berichten, die der Sprecher oder Schreiber als abgeschlossen betrachtet. Häufig wird ein bestimmter Zeitpunkt oder Zeitraum in der Vergangenheit genannt (z. B. *ayer, la semana pasada, la última vez, en 1992*):

Las elecciones **se celebraron** el dos de noviembre de 1992.　　Die Wahlen **fanden** am 2. November 1992 **statt**.
El año pasado **estuve** dos días en Sevilla.　　Letztes Jahr **war** ich zwei Tage in Sevilla.

Schematisch:　　Gegenwart

2 Das *pretérito indefinido* wird für eine Reihe aufeinanderfolgender Handlungen oder Ereignisse verwendet, die in der Vergangenheit stattfanden (‚Erst ..., dann ..., dann ...‘):

El hombre **abrió** la carta, la **leyó** y la **tiró**.　　Der Mann **öffnete** den Brief, **las** ihn und **warf** ihn weg.

Schematisch:　　1　　2　　3　　Gegenwart

3 Das *pretérito indefinido* verwendet man für eine Handlung aus der Vergangenheit, die eintrat, während eine andere gerade vor sich ging. Die andere Handlung, die bereits vorher begonnen hatte, steht dann im *pretérito imperfecto* (vgl. § 120.3):

Comíamos en el jardín y **llegó** Angel sofocado ...　　Wir aßen gerade im Garten, da **kam** Angel, außer Atem, ...

Schematisch:　　*pretérito indefinido*　　Gegenwart
pretérito imperfecto

A Im Deutschen wird das *pretérito indefinido* häufig mit dem Perfekt übersetzt:
¿Quién **descubrió** la electricidad?　　Wer **hat** die Elektrizität **entdeckt**?

22 Unterschiede in der Verwendung zwischen *pretérito indefinido* und *pretérito imperfecto*

1 a Das *pretérito indefinido* stellt eine Handlung als in der Vergangenheit abgeschlossen dar. Es wird häufig mit Zeitangaben wie *ayer, la última vez, la semana pasada, en 1966, de 1984 a 1992* gebraucht:

La semana pasada **participé** en un curso de ecología.

Letzte Woche **nahm** ich an einem Kurs über Ökologie **teil**.

b Das *pretérito imperfecto* stellt eine Handlung als etwas dar, das zu einem vergangenen Zeitpunkt oder in einem vergangenen Zeitraum gerade ablief. Es wird häufig mit Zeitangaben wie *en aquel tiempo, en aquella época, entonces* (‚damals‘) gebraucht:

Entonces **reinaba** Carlos V.
A mi parecer en aquellos tiempos **llovía** mucho más que hoy en día.

Damals **herrschte** Karl der Fünfte.
Meiner Meinung nach **regnete** es damals viel mehr als heutzutage.

2 Beim *pretérito indefinido* geht es häufig um ein einmaliges Ereignis in der Vergangenheit (Beispiel a) oder um eine begrenzte Anzahl von Wiederholungen (Beispiel b), beim *pretérito imperfecto* um eine Gewohnheit (Beispiel c):

a Salí con él sólo una vez y nunca **volví** a hacerlo.

Ich **ging** nur einmal mit ihm **aus** und danach (**tat** ich es) nie wieder.

b Ayer Pedro **llamó** por teléfono tres veces.

Gestern **hat** Pedro dreimal **angerufen**.

c De joven **salía** a menudo con él.

Als ich jung war, **ging** ich oft mit ihm **aus**.

A1 Das *pretérito imperfecto* wird deshalb oft zusammen mit Adverbien oder adverbialen Bestimmungen der Häufigkeit gebraucht, z. B. *a menudo* (‚oft‘), *normalmente, todos los días, los sábados* usw.

A2 Bei einer Gewohnheit kann in bestimmten Fällen allerdings auch das *pretérito indefinido* verwendet werden. Vergleiche dazu § 120.1 A2.

3 a Das *pretérito indefinido* wird oft bei Verben verwendet, die den Beginn eines Zustandes oder Vorgangs bezeichnen, z. B. *empezar, nacer, entrar*:

En 1985 **entré** en el colegio.
Nos **conocimos** en la fiesta de Paquita.

1985 **kam** ich in die Schule.
Wir **lernten** uns auf der Party von Paquita **kennen**.

b Bestimmte Verben sind doppeldeutig. Sie drücken im *pretérito imperfecto* einen Zustand und im *pretérito indefinido* meist einen Beginn aus:

	Pretérito imperfecto		*Pretérito indefinido*	
conocer	conocía	ich kannte	conocí	ich lernte kennen
hay	había	es gab	hubo	es entstand
saber	sabía	ich wußte	supe	ich erfuhr
tener	tenía	ich hatte	tuve	ich bekam

23 *Pretérito perfecto*

Das *pretérito perfecto* wird fast immer durch ein deutsches Perfekt wiedergegeben, aber nicht umgekehrt: Das spanische *pretérito perfecto* wird ausschießlich für Ereignisse verwendet, die in einem gewissen Zusammenhang mit der Gegenwart stehen. Es kann nicht wie das deutsche

Perfekt für Ereignisse benutzt werden, die als abgeschlossen und ohne Verbindung zur Gegenwart betrachtet werden.

pretérito perfecto

Schematisch: --- || Gegenwart

1   Das *pretérito perfecto* wird wie das deutsche Perfekt für Ereignisse verwendet, die in einem Zeitraum stattgefunden haben, der im Moment des Sprechens/Schreibens noch nicht abgeschlossen ist. Entsprechende Zeitangaben sind z. B. *ahora, hoy, esta mañana, esta semana, este mes, este año, este siglo, alguna vez*:

— ¿Qué **has hecho** esta mañana?	Was **hast** du heute morgen **gemacht**?
—**He ido** al mercado.	– Ich **bin** zum Markt **gegangen**.
Ha habido dos guerras mundiales en este siglo.	In diesem Jahrhundert **hat** es zwei Weltkriege **gegeben**.

2   Das *pretérito perfecto* wird auch verwendet,

a wenn eine Handlung oder ein Ereignis gefühlsmäßig als gerade erst geschehen betrachtet wird, selbst wenn ein vergangener Zeitpunkt oder Zeitraum (wie *hace un par de años*) genannt wird:

He perdido a mi padre hace un par de años.   Ich **habe** meinen Vater vor einigen Jahren **verloren**.

b wenn eine Handlung oder ein Ereignis nicht mit einem bestimmten Moment der Vergangenheit in Verbindung gebracht wird. Der Sprecher kennt diesen Moment nicht oder er interessiert ihn nicht. Wichtig ist nur, daß (oder ob) das Ereignis überhaupt eingetreten ist:

He estado en Marruecos una sola vez.	Ich **war** erst einmal in Marokko.
¿**Has visto** la película nueva de Almodóvar?	**Hast** du den neuen Film von Almodóvar **gesehen**?

124 **Unterschiede in der Verwendung zwischen *pretérito indefinido* und *pretérito perfecto***

Wenn die Zeit des Geschehens nicht genannt wird, so wird beim *pretérito indefinido* keine Beziehung zur Gegenwart unterstellt (Beispiel a), beim *pretérito perfecto* wird dagegen eine Auswirkung auf die Gegenwart betont (Beispiel b):

a **Trabajamos** bien.	Wir **haben** gut **gearbeitet**.
	(‚und das ist jetzt vorbei')
b **Hemos trabajado** bien.	Wir **haben** gut **gearbeitet**.
	(‚und wir können mit uns zufrieden sein')

A Im Deutschen kann das Perfekt auch dann benutzt werden, wenn das Ereignis keine Beziehung zur Gegenwart hat und wenn Zeitangaben der Vergangenheit genannt werden. Das Spanische verwendet in solchen Fällen immer das *pretérito indefinido*:

Ayer **visité** a mi hermana.   Gestern **habe** ich meine Schwester **besucht**.

25 *Pretérito pluscuamperfecto*

1 Das *pretérito pluscuamperfecto* wird ebenso wie das Plusquamperfekt im Deutschen verwendet, um auszudrücken, daß Handlungen oder Ereignisse schon **vor** anderen Handlungen oder Ereignissen in der Vergangenheit stattgefunden hatten:

Volvimos al lugar donde ya **habíamos estado** antes.	Wir kehrten an die Stelle zurück, an der wir schon früher **gewesen waren**.

2 Im Spanischen wird das *pretérito pluscuamperfecto* auch verwendet, um Höflichkeit oder Bescheidenheit auszudrücken. Das Deutsche verwendet in diesem Fall eine Konjunktivform:

No **habías debido** reservar las entradas.	Du **hättest** die Eintrittskarten nicht vorzubestellen **brauchen**.
Había querido pedirle un favor.	Ich **hätte** Sie **gern** um einen Gefallen gebeten.

3 In der Schriftsprache (z. B. in Zeitungen) findet man in Nebensätzen anstelle des *pluscuamperfecto de indicativo* häufig die Formen auf *-ra* des *imperfecto de subjuntivo*:

Después de que **estallaran** (=habían estallado) las hostilidades, el gobierno perdió control.	Nachdem die Feindseligkeiten **ausgebrochen waren**, verlor die Regierung die Kontrolle.
Una vez que los bomberos **sofocaran** (=habían sofocado) el fuego, llegó la policía.	Als die Feuerwehr das Feuer **gelöscht hatte**, traf die Polizei ein.

A Beim *imperfecto de subjuntivo* auf *-ra* handelt es sich um die ursprüngliche Form des lateinischen Plusquamperfekt.

26 *Pretérito anterior*

Im Spanischen gibt es noch ein andere Form für die „Vorvergangenheit", das *pretérito anterior*. Dieses wird nur noch gelegentlich in der Schriftsprache verwendet. Es gibt ein Ereignis der Vergangenheit an, das einem anderen, durch das *pretérito indefinido* genannten Ereignis unmittelbar vorausging. Es kommt nur in Verbindung mit bestimmten temporalen Konjunktionen vor, z. B. *cuando* (‚als'), *tan pronto como* (‚sobald'), *en cuanto* (‚sobald'), *luego que* (‚nachdem'). Es kann immer durch das *pretérito pluscuamperfecto* oder *indefinido* ersetzt werden:

Después de que **se hubo marchado** (= se había marchado/se marchó) Juan, volvió Carmen.	Nachdem Juan **weggegangen war**, kehrte Carmen zurück.

27 *Futuro*

1 Das *futuro* wird im Spanischen meist genauso verwendet wie das deutsche Futur I.

a Das *futuro* drückt aus, daß etwas in der Zukunft geschieht:

Lo **haremos** mañana.	Wir **werden** es morgen **tun**.

A Oft wird das *futuro* in dieser Verwendung durch das *presente* von ir + Infinitiv ersetzt werden. Wenn eine Zeitbestimmung beigefügt ist, ist auch das einfache *presente* möglich:

Vamos a hacerlo mañana.	Wir **werden** es morgen **tun**.
Lo **hacemos** mañana.	Wir **tun** es morgen.

b Das *futuro* wird auch verwendet, um eine Vermutung oder Erwartung auszudrücken, die sich auf ein gegenwärtiges Geschehen bezieht:

—¿Dónde **estará** Pablo?	Wo **wird wohl** Pablo **sein**? – Er **wird**
—**Estará** en casa durmiendo.	**(wohl)** zu Hause **sein** und schlafen.

2 Abweichend vom Deutschen wird das *futuro* verwendet,

a um Höflichkeit auszudrücken (Achtung: Konjunktiv im Deutschen):

¿**Será** usted tan amable de ayudarme?	**Wären** Sie so freundlich, mir zu helfen?

b um Zweifel auszudrücken:

¿**Tendrán** tabaco en este bar?	**Ob** sie in diesem Café **wohl** Tabak **haben**?

c um eine Einräumung auszudrücken:

Este aparato **será** caro, pero no	Dieser Apparat **mag** teuer **sein**,
lo parece.	aber er sieht nicht danach aus.

d um Ablehnung oder eine Warnung auszudrücken:

Se atreverá usted a hacerlo.	**Wagen Sie es bloß nicht** (es zu tun)!
¿No **te irás** ahora?	Du **wirst doch** nicht schon **gehen**!

e um ein Gebot oder Verbot auszudrücken (v. a. in der Amtssprache und in der Bibel):

En los parques públicos **no se pisará**	In öffentlichen Parkanlagen **dürfen** die
la hierba.	Rasenflächen **nicht betreten werden**.
No matarás.	Du **sollst nicht töten**.

128 *Futuro perfecto*

1 Ebenso wie im Deutschen das Futur II wird das *futuro perfecto* verwendet, um ein Ereignis wiederzugeben, das in der Zukunft vor einem anderen Ereignis stattfindet:

Antes de irnos, los **habremos visto**	Bevor wir weggehen, **werden** wir
a todos.	alle **gesehen haben**.

2 Ebenso wie im Deutschen das Futur II wird das *futuro perfecto* verwendet, um Wahrscheinlichkeit oder eine Vermutung in Bezug auf etwas auszudrücken, das bereits stattgefunden hat und das normalerweise im *pretérito perfecto* wiedergegeben würde:

Ya **habrán recibido** el paquete de	Sie **werden** das Weihnachtspaket wohl
Navidad.	schon **bekommen haben**.
Vgl.: Ellos ya **han recibido** el paquete.	Sie **haben** das Paket schon **bekommen**.

A Das *futuro perfecto* kann auch verwendet werden, um nach einer Vermutung oder Wahrscheinlichkeit zu fragen:

¿**Habrán dado** las diez?	**Ob es wohl** schon zehn Uhr **geschlagen hat**?
¿**Habrá venido** el médico?	**Ob** der Arzt **wohl** schon **gekommen ist**?

3 Eine andere spezielle Verwendung des *futuro perfecto* im Spanischen ist das Ausdrücken von Erstaunen oder Verwunderung. Es entspricht hier dem *pretérito perfecto* in neutralen, sachlichen Äußerungen:

¿**Habrás visto** tú cosa igual?   **Hast** du so etwas je **gesehen**?
Vgl.: Nunca **he visto** cosa igual.

29 Condicional

1 Das *condicional* wird häufig genauso wie der Konjunktiv Präteritum im Deutschen (*täte, würde tun* usw.) verwendet:

a Das *condicional* drückt aus, was geschehen würde, wenn bestimmte Voraussetzungen erfüllt würden, was der Sprecher allerdings für unmöglich oder für sehr unwahrscheinlich hält. (Die Voraussetzung wird im konditionalen Nebensatz durch das *pretérito imperfecto de subjuntivo* ausgedrückt – vgl. § 140.2.)

Si tuviera tiempo, **iría** a verle.   Wenn ich Zeit hätte, **würde** ich ihn **besuchen**.

b Das *condicional* wird in der indirekten Rede gebraucht, wenn der Einleitungssatz im *pretérito indefinido* oder *pluscuamperfecto* steht. Es entspricht einem *futuro* der direkten Rede (vgl. § 192.2):

Antonio nos prometió que **vendría**   Antonio versprach uns, daß er
  a tiempo. (Vgl.: «**Vendré** a tiempo.»)   pünktlich **kommen würde**.
Yo creía que no **pasaría** nada.   Ich dachte, daß nichts **geschehen würde.**
  (Vgl.: «No **pasará** nada.»)

A Das *condicional* wird in diesem Fall häufig durch die Umschreibung *ir a* + Infinitiv ersetzt:
Antonio nos prometió que **iba a venir**   Antonio versprach uns, daß er
  a tiempo.   pünktlich **kommen würde**.

c Auch außerhalb der indirekten Rede wird das *condicional* für die „Zukunft in der Vergangenheit" benutzt. Im Deutschen verwendet man hier das Präteritum von ‚sollen':

En julio empezaron los Juegos que   Im Juli begannen die Spiele, die
  durarían tres semanas.   drei Wochen **dauern sollten.**

d Das *condicional* wird auch verwendet, um Höflichkeit oder Zurückhaltung auszudrücken:

Me **gustaría** saberlo.   Ich **würde** es **gern** wissen.
Querría ver ese anillo, por favor.   Ich **würde gern** diesen Ring sehen, bitte.

A Bei *querer* kann in diesem Fall an Stelle des *condicional* auch das *imperfecto de subjuntivo* auf *-ra* verwendet werden:
Quisiera ver ese anillo.   Ich **würde gern** diesen Ring sehen.

2 Abweichend vom Deutschen gibt das *condicional* eine Vermutung oder eine Wahrscheinlichkeit in Bezug auf ein vergangenes Ereignis an, für das man normalerweise das *pretérito indefinido* oder das *pertérito imperfecto* verwenden würde:

—¿A qué hora ocurrió eso?   Um wieviel Uhr ist das passiert?
  —**Serían** las diez de la noche.   – Es **wird** zehn Uhr abends **gewesen sein.**
  (Vgl.: **Eran** las diez de la noche.)

130 *Condicional perfecto*

1 Das *condicional perfecto* wird häufig genauso verwendet wie der Konjunktiv Plusquamperfekt im Deutschen (*hätte getan*):

a Das *condicional perfecto* wird in der indirekten Rede gebraucht, wenn der Einleitungssatz im *pretérito indefinido, imperfecto* oder *pluscuamperfecto* steht. Es entspricht einem *futuro perfecto* der direkten Rede (vgl. § 192.2):

Dijo que lo **habría resuelto** todo antes del fin de semana. (Vgl.: «**Habré resuelto** todo antes del fin de semana.»)	Sie sagte, daß sie alles vor dem Wochenende **erledigt haben würde**.

b Das *condicional perfecto* drückt auch Bedauern über etwas in der Vergangenheit Versäumtes aus:

Yo **habría querido** tener ese libro, pero en aquella época estaba prohibido por la censura.	Ich **hätte** das Buch **gern gehabt**, aber es war damals von der Zensur verboten.

c Das *condicional perfecto* drückt aus, was geschehen wäre, wenn eine bestimmte Voraussetzung erfüllt worden wäre. (Die Vorraussetzung wird im konditionalen Nebensatz durch ein *pretérito pluscuamperfecto de subjuntivo* wiedergegeben – vgl. § 140.3.)

Si el tiempo hubiera sido mejor, no **habríamos cogido** este resfriado.	Wenn besseres Wetter gewesen wäre, **hätten** wir diese Erkältung nicht **bekommen**.

2 Abweichend vom Deutschen drückt das *condicional perfecto* eine Vermutung in Bezug auf etwas aus, das in der Vergangenheit bereits geschehen war. (Im Deutschen benutzt man hier das Futur II.)

Juan ya **habría leído** la carta, cuando María llegó. (Vgl.: Juan ya **había leído** la carta, cuando María llegó.)	Juan **wird** den Brief (wohl) schon **gelesen haben**, als Maria kam.

Der *subjuntivo* verleiht der Aussage eine besondere Bedeutung, die von der des *indicativo* abweicht. Es bestehen sehr große Unterschiede in der Verwendung des *subjuntivo* im Spanischen und des Konjunktivs im Deutschen.

1 a Der Sprecher oder Schreiber verwendet den *indicativo*, um ein Ereignis als sicher wiederzugeben:

Carmen dice que **vuelve** a casa esta tarde.   Carmen sagt, daß sie heute nachmittag
                                                                         nach Hause **kommt**.

b Der Sprecher oder Schreiber verwendet den *subjuntivo,* um auszudrücken, daß das Ereignis nicht sicher ist, oder um auszudrücken, was dieses Ereignis gefühlsmäßig für ihn bedeutet:

Espero que Carmen **vuelva** a casa   Ich hoffe, daß Carmen heute nachmittag
    esta tarde.   nach Hause **kommt**.

2 Der *subjuntivo* kommt gelegentlich in Hauptsätzen, vor allem aber in Nebensätzen vor. Diese Nebensätze sind häufig abhängig von Hauptsätzen, in denen der Sprecher oder Schreiber seine persönliche Einstellung zur Aussage des Nebensatzes ausdrückt. Im Hauptsatz kann folgendes zum Ausdruck gebracht werden:

a ein Wille, Wunsch oder Ratschlag (Versuch der Beeinflussung):

Quiero que Carmen **vuelva** a casa   *Ich möchte,* daß Carmen heute
    esta tarde.   nachmittag nach Hause **kommt**.

b eine Gefühlsreaktion in Bezug auf eine Tatsache:

Me alegro de que Carmen **vuelva** a   *Es freut mich*, daß Carmen heute
    casa esta tarde.   nachmittag nach Hause **kommt**.

c eine Mutmaßung (Wahrscheinlichkeit, Möglichkeit, Zweifel):

Es posible que Carmen **vuelva** a casa   *Es ist möglich*, daß Carmen heute
    esta tarde.   nachmittag nach Hause **kommt**.
No es seguro que Carmen **vuelva** a casa   *Es ist nicht sicher*, daß Carmen heute
    esta tarde.   nachmittag nach Hause **kommt**.

3 Um einen guten Einblick in den Gebrauch des *subjuntivo* zu erhalten und diesen Modus richtig verwenden zu lernen, muß man folgende Aspekte berücksichtigen:

a die Satzart, um die es geht: Nebensatz oder Hauptsatz;

b die Bedeutung der Wörter, denen eine Aussage eventuell untergeordnet ist.

132 Schema der Verwendung des *subjuntivo*

Satzart	Kern		Symbol	Paragraph
Substantivische Nebensätze mit *que* („daß')	Nach Ausdrück der:			
	1	Beeinflussung	!	134
	2	Gefühlsreaktion	♥	135
	3	Ungewißheit,	?	136
		Verneinung	≠	136
Adjektivische Nebensätze (Relativsätze)	Bezugswort:			
	1	geforderte Eigenschaft	!	137.1
	2	unbestimmt/unbekannt	?	137.1
	3	wird verneint (Verneinung)	≠	137.1
	4	Superlativ (Gefühlsreaktion)	♥	137.2
Adverbiale Nebensätze	Konjunktionen:			
	1	der Zeit (Unsicherheit)	?	138.1
	2	der Einräumung (Unsicherheit)	?	138.2
	3	der irrealen Bedingung (Verneinung)	≠	138.3
	4	Bedingung/Einschränkung (Beeinflussung)	!	138.4
	5	Verneinung	≠	138.5
	6	Folge (Ungewißheit)	?	138.6
	7	Ziel (Beeinflussung)	!	138.7
Hauptsätze	1	Wunsch (Beeinflussung)	!	139.1
	2	Zweifel (Ungewißheit)	?	139.2
	3	Aufforderung/Ansporn (Beeinflussung)	!	139.3

133 Die Zeitenfolge zwischen Hauptsatz und Nebensatz im *subjuntivo*

Der *subjuntivo* hat verschiedene Zeitformen (Vg. § 110). Welche dieser Zeitformen benutzt wird, hängt von der Zeitform des übergeordneten Hauptsatzes ab. Falls der Hauptsatz einen *subjuntivo* im Nebensatz erfordert, so gelten folgende Regeln, die wir zuerst im schematischen Überblick, dann im Detail darstellen:

1   Das Wichtigste im Überblick:

Hauptsatz: *indicativo*	Nebensatz: *subjuntivo*	
presente *(pretérito perfecto, futuro)*	*presente* = Gleich- oder Nachzeitigkeit *pretérito perfecto* = Vorzeitigkeit	
Me **alegro/** (Me **he alegrado**)/ (Me **alegraré**)	de que **vengas**./ de que **hayas venido**.	..., daß du **kommst**./ ..., daß du **gekommen bist**.
imperfecto, indefinido/ *(pluscuamperfecto)*	*imperfecto* = Gleich- oder Nachzeitigkeit *pluscuamperfecto* = Vorzeitigkeit	
Me **alegraba/** Me **alegré/** (Me **había alegrado**)	de que **vinieras**./ de que **hubieras venido**.	..., daß du **kamst**./ ..., daß du **gekommen warst**.

2   Wenn im Hauptsatz das *presente,* das *pretérito perfecto* oder das *futuro de indicativo* steht, so steht im Nebensatz

a das *presente de subjuntivo* zum Ausdruck der Gleichzeitigkeit oder Nachzeitigkeit (d. h. in Bezug auf etwas Gegenwärtiges oder Zukünftiges):

Me *molesta* que **fumen** tanto.	Es stört mich, daß sie soviel rauchen.
Me *ha dicho* que la **esperemos.**	Sie hat mir gesagt, wir sollen auf sie warten.
No *será* necesario que **vengáis** a buscarme.	Es wird nicht nötig sein, daß ihr mich abholt.

b das *pretérito perfecto de subjuntivo* zum Ausdruck der Vorzeitigkeit (d. h. in Bezug auf etwas, das bereits geschehen ist):

Siento que no la **haya encontrado.**	Ich bedaure, daß ich sie nicht getroffen habe.
¿Te *ha perdonado* que no le **hayas informado?**	Hat er dir verziehen, daß du ihn nicht benachrichtigt hast?
Un día *lamentarás* que se **haya enterado.**	Eines Tages wirst du bedauern, daß sie es erfahren hat.

3   Wenn im Hauptsatz das *pretérito imperfecto, indefinido* oder *pluscuamperfecto de indicativo* steht, so steht im Nebensatz

a das *pretérito imperfecto de subjuntivo* zum Ausdruck der Gleichzeitigkeit oder Nachzeitigkeit (d. h. in Bezug auf etwas, das damals geschah oder noch bevorstand):

No *creía* que lo **supieran.**	Ich glaubte nicht, daß sie es wußten.
Nos *pidió* que no se lo **dijéramos** a nadie.	Er bat uns, es niemandem zu sagen.
Les *había dicho* que no **tocaran** los instrumentos.	Ich hatte ihnen gesagt, sie sollten die Instrumente nicht berühren.

b das *pretérito pluscuamperfecto de subjuntivo* zum Ausdruck der Vorzeitigkeit (d. h. in Bezug auf etwas, das damals schon geschehen war):

Esperábamos que nos **hubieran visto.**	Wir hofften, daß sie uns gesehen hatten.
Sintió que no **hubiera venido** antes.	Er bedauerte, daß sie nicht früher gekommen war.
Nunca me *había perdonado* que le **hubiera mentido.**	Er hatte mir nie verziehen, daß ich ihn belogen hatte.

A1 In allen oben genannten Fällen können beim *pretérito imperfecto* und *pluscuamperfecto de subjuntivo* statt der Formen auf *-ra* ohne Bedeutungsunterschied auch die Formen auf *-se* (vgl. § 110) verwendet werden, also *supieran* oder *supiesen, hubieran percibido* oder *hubiesen percibido* usw.

In folgenden Fällen können jedoch nur die Formen auf *-ra* benutzt werden:

– als Alternative zum *condicional* zum Ausdruck der „Zukunft in der Vergangenheit" (vgl. §§ 129.1b+c und 130.1a):

Nadie sospechó entonces que nunca **volviera.**	Niemand vermutete damals, daß er niemals
(statt: que **volvería**)	zurückkommen würde.

– als im journalistischen Stil verbreitete Alternative zum *pluscuamperfecto de indicativo* in Nebensätzen (vgl. § 125.3):

Todo lo que **viera** resultó impresionante.	Alles, was sie **gesehen hatte,** war beeindruckend.
(statt: Todo lo que **había visto**)	

A2 Zur Verwendung des *imperfecto* und *pluscuamperfecto de subjuntivo* in Bedingungssätzen vgl. § 140.

134 *Der subjuntivo* in substantivischen Nebensätzen (1): Beeinflussung

Unter substantivischen Nebensätzen versteht man Nebensätze, die das direkte Objekt oder das Subjekt des Hauptsatzes bilden. Sie werden meist durch die Konjunktion *que* („daß') eingeleitet.

1 Im Nebensatz steht der *subjuntivo*, wenn die als Subjekt des Hauptsatzes genannte Person möchte, daß das, was im Nebensatz ausgedrückt wird, geschieht. Dies wird signalisiert durch Verben und Ausdrücke, die einen Wunsch, eine Aufforderung, ein Gebot oder Verbot, einen Rat oder einen Vorschlag beinhalten sowie nach persönlichen Ausdrücken, die etwas als nötig, wichtig oder wünschenswert darstellen:

Hauptsatz: Verb der Beeinflussung !	Nebensatz: *subjuntivo*
Mi hija *quiere* que yo la **ayude**.	Meine Tochter *will*, daß ich ihr helfe.
Mi padre me *ha prohibido* que **utilice** su coche.	Mein Vater *hat* mir *verboten*, sein Auto zu benutzen.
El médico le *aconsejó* que **trabajara** menos.	Der Doktor *riet* ihm, weniger zu arbeiten.
Es necesario que lo **digas** todo.	*Du mußt* alles sagen.
Es mejor que **te calles**.	*Es ist besser*, wenn du den Mund hältst.

A Im Spanischen ist eine Infinitivkonstruktion nach Verben wie *prohibir, anconsejar* usw. nicht möglich (vgl. Beispiel 2 und 3).

2 Einige Verben und Ausdrücke der Beeinflussung, auf die im Spanischen ein Nebensatz im *subjuntivo* folgt, sind:

aconsejar que	empfehlen	mandar que	befehlen, auffordern
alcanzar que	erreichen	obtener que	erreichen
aprobar que	billigen	pedir que	bitten
causar que	verursachen	permitir que	erlauben
conseguir que	erreichen, es schaffen	preferir que	vorziehen
dejar que	zulassen	prohibir que	verbieten
desear que	wünschen, wollen	proponer que	vorschlagen
exigir que	fordern	querer que	wollen
hacer que	(veran)lassen	recomendar que	empfehlen
impedir que	verhindern	rogar que	bitten, fragen
lograr que	es schaffen, erreichen		

es importante que	es ist wichtig	hace falta que	es ist nötig
es necesario que	es ist nötig	conviene que	es ist zweckmäßig

A1 Ein Verb, das eine Mitteilung beinhaltet, kann auch einen Befehl ausdrücken. Ihm folgt dann ein Nebensatz im *subjuntivo*. Im Deutschen wird dieser *subjuntivo* dann häufig mit ‚sollen' + Infintiv übersetzt:

El cliente nos *escribe* que le **devolvamos** el dinero.

Der Kunde *schreibt* uns, daß wir ihm das Geld **zurückerstatten sollen**.

Papá nos *dijo* que **volviéramos** a las ocho.

Papa *sagte* uns, daß wir um acht Uhr **zurückkommen sollten**.

A2 Man beachte, daß auf Verben wie *hacer, conseguir* und *obtener* ein Nebensatz im *subjuntivo* folgt, obwohl diese Verben nicht eindeutig einen Wunsch beinhalten:

Pablo *hizo* que **perdiésemos** el partido.

Pablo *sorgte dafür*, daß wir den Kampf verloren.

5 Der *subjuntivo* in substantivischen Nebensätzen (2): Gefühlsreaktion

1 Man verwendet den *subjuntivo* in substantivischen Nebensätzen, wenn im übergeordneten Hauptsatz eine Gefühlsreaktion ausgedrückt wird. Dies ist der Fall nach Verben, die Hoffnung, Bedauern, Dankbarkeit, Freude, Trauer, Furcht usw. ausdrücken sowie nach unpersönlichen Ausdrücken, die etwas als erfreulich, seltsam, schade, traurig usw. darstellen. Dabei spielt es keine Rolle, ob die im Nebensatz genannten Ereignisse bereits stattgefunden haben, also eine Tatsache sind, oder noch bevorstehen:

Hauptsatz: Verb der Gefühlsreaktion ♥	Nebensatz: *subjuntivo*
Celebro que lo **hayan pasado** bien.	Ich *freue mich,* daß Sie viel Spaß gehabt haben.
El ministro en su discurso *lamentó* que **ocurrieran** semejantes incidentes.	Der Minister *bedauerte* in seiner Rede, daß es zu solchen Zwischenfällen gekommen war.
Es una pena que no nos **quede** más tiempo.	*Es ist schade,* daß wir nicht mehr Zeit haben.
¡*Qué curioso* que nadie **se diera** cuenta!	Wie *merkwürdig*, daß niemand es bemerkt hat!

2 Einige Verben und Ausdrücke der Gefühlsreaktion sind:

agradecer que	dafür danken, daß	perdonar que	vergeben/verzeihen, daß
alegrarse de que	sich darüber freuen, daß	siento que	es tut mir leid, daß
celebrar que	froh sein, daß	temer que	fürchten, daß
me duele que	es tut mir weh, daß	tener miedo de que	Angst davor haben, daß
esperar que	hoffen, daß		
estar contento de que	zufrieden darüber sein, daß	es absurdo que	es ist absurd, daß
		es extraño/raro que	es ist seltsam/komisch, daß
estar triste de que	traurig darüber sein, daß		
me gusta que	es gefällt mir, daß	es triste que	es ist traurig, daß
lamentar que	bedauern, daß	es una pena/ lástima que	es ist schade, daß
me molesta que	es stört mich, daß		

136 Der *subjuntivo* in substantivischen Nebensätzen (3): Ungewißheit/Verneinung

1 Im Nebensatz steht der *subjuntivo*, wenn im Hauptsatz die Aussage des Nebensatzes bezweifelt oder verneint wird. Dies ist der Fall nach Verben und Ausdrücken, die Zweifel, Ungewißheit, Nichtwissen, Unwahrscheinlichkeit, Unmöglichkeit usw. beinhalten:

Hauptsatz: Verb der Ungewißheit/ ?/≠ Verneinung	Nebensatz: *subjuntivo*
Ignoro que esto **sea** verdad.	*Ich weiß nicht*, ob dies wahr ist.
El presidente **negó** que **estuviera** al corriente.	Der Vorsitzende *stritt ab*, daß er informiert war.
El sindicato **duda** de que la situación **cambie** pronto.	Die Gewerkschaft *zweifelt* daran, daß sich die Situation schnell ändern wird.
Parece probable que el tiempo **continúe** estable.	*Es ist wahrscheinlich*, daß das Wetter beständig bleibt.

Einige Verben und Ausdrücke, die Ungewißheit, Zweifel oder Verneinung ausdrücken können, sind:

dudar (de) que	bezweifeln, daß	es dudoso que	es ist zweifelhaft, daß
ignorar que	nicht wissen, daß	es (im)posible que	es ist (un)möglich, daß
negar que	leugnen, daß	es probable que	es ist wahrscheinlich, daß
		puede (ser) que	es ist möglich, daß

2 Ungewißheit wird auch durch verneinte Verben und Ausdrücke des Mitteilens, Meinens und Wissens ausgedrückt. Deshalb steht auch hier im Nebensatz der *subjuntivo*:

No recuerdo que lo **haya visto** antes.
Ich erinnere mich nicht daran, ihn schon einmal gesehen zu haben.

El abogado *no cree* que su cliente **sea** inocente.
Der Anwalt *glaubt nicht*, daß sein Mandant unschuldig ist.

Einige Verben und Ausdrücke, bei denen dies der Fall ist, sind:

no afirmar que	nicht behaupten, daß	no es evidente que	es ist nicht erwiesen, daß
no creer que	nicht glauben, daß	no es que	es ist nicht so, daß/als ob
no decir que	nicht sagen, daß	no (me) parece que	es scheint (mir) nicht, daß
no pensar que	nicht glauben, daß	no es verdad que	es ist nicht wahr, daß
no recordar que	sich nicht erinnern, daß		

A1 Wenn diese Verben und Ausdrücke bejaht sind, steht jedoch im Nebensatz der *indicativo*:
Recuerdo que lo **he visto**.   Ich *erinnere mich* daran, ihn gesehen zu haben.
El abogado *cree* que su cliente **es** inocente.   Der Anwalt *glaubt*, daß sein Mandant unschuldig ist.

A2 In substantivischen Nebensätzen, die dem Hauptsatz vorangehen, steht oft der *subjuntivo*, selbst wenn das Verb des Hauptsatzes keinen *subjuntivo* erfordert. Solche Sätze werden meist durch *el que* oder *el hecho (de) que* (‚die Tatsache, daß') eingeleitet:
El que/El hecho de que no **tenga** tiempo   Daß er keine Zeit hat, entschuldigt ihn nicht.
no lo excusa.
Vergleiche:
No lo excusa el hecho de que no **tiene** tiempo.

37 Der *subjuntivo* in Relativsätzen

1 Die Verwendung des *indicativo* oder *subjuntivo* in Relativsätzen hängt davon ab, ob das Bezugswort (das Substantiv, auf das der Relativsatz sich bezieht) etwas bereits Bekanntes bezeichnet oder etwas Unbekanntes bzw. nicht Vorhandenes:

a Der *subjuntivo* wird verwendet, wenn der Hauptsatz eine Notwendigkeit oder einen Wunsch im Hinblick auf das Bezugswort ausdrückt und im Relativsatz eine erforderliche oder gewünschte Eigenschaft genannt wird (!, ?):

Necesitamos una mesa que **sea** muy grande.   Wir **brauchen** einen Tisch, der sehr groß ist.

b Auch wenn der Hauptsatz nur implizit einen Wunsch oder eine Erwartung beinhaltet, steht im Relativsatz der *subjuntivo* (!, ?):

La primera persona que **se presente** tendrá el puesto.

Die erste Person, die sich meldet, wird die Stelle bekommen. (Es wird erwartet, daß sich jemand meldet)

A Handelt es sich beim Bezugswort um eine bereits bekannte Person oder Sache mit einer bekannten Eigenschaft, so wird der *indicativo* verwendet:

Tenemos una casa que **es** muy grande.   Wir haben ein Haus, das sehr groß ist.

Pablo es siempre la primera persona que **se presenta.**   Pablo ist immer der erste, der sich meldet.

c Der *subjuntivo* wird auch verwendet, wenn das Bezugswort verneint wird, also auf etwas nicht Vorhandenes verweist (≠):

No conozco *ningún* diccionario que **sea** completo.

Ich kenne kein einziges Wörterbuch, das vollständig ist.

2 Enthält das Bezugswort einen Superlativ (♥), so kann im Relativsatz sowohl der *indicativo* als auch der *subjuntivo* stehen:

Éste ha sido el *peor* partido que jamás **he visto / haya visto**.

Dies ist der schlechteste Wettkampf, den ich je gesehen habe.

3 In verallgemeinernden Relativsätzen, die durch *quienquiera que* (‚wer auch immer'), *donde-quiera que* (‚wo auch immer') und ähnlichen Zusammensetzungen mit -*quiera* eingeleitet werden, steht ebenfalls der *subjuntivo*:

Quienquiera que **sea**, abriremos la puerta.

Wer auch immer es sein mag, wir werden die Tür öffnen.

Dondequiera que **esté**, lo encontraremos.   *Wo auch immer* er sein mag, wir werden ihn finden.

A Statt verallgemeinernder Relativsätze benutzt man auch häufig Konstruktionen wie die folgenden, in denen zweimal der *subjuntivo* desselben Verbs verwendet wird:

Sea *quien* **sea**, abriremos la puerta.

Esté *donde* **esté**, vamos a encontrarlo.

38 Der *subjuntivo* in adverbialen Nebensätzen

Adverbiale Nebensätze werden eingeleitet durch Konjunktionen, die u. a. Zeit, Bedingung, Ziel und Einräumung ausdrücken (vgl. § 176).

1 Der *subjuntivo* wird verwendet nach Konjunktionen der Zeit, wenn diese einen Satz einleiten, der sich auf etwas Zukünftiges bezieht (das Ereignis ist also noch ungewiß):

antes de que	bevor	después de que	nachdem
así que	sobald	hasta que	(so lange) bis
cuando	wenn, sobald	mientras que	während
en cuanto	sobald		

Carlos seguirá investigando **hasta que** sepa la verdad. — Carlos macht **so lange** mit seinen Nachforschungen weiter, **bis** er die Wahrheit kennt.

Cuando llegue la primavera, te pondrás bien. — **Wenn** der Frühling kommt, wirst du gesund werden.

A Denselben Konjunktionen folgt ein *indicativo*, wenn der Nebensatz sich auf etwas Gegenwärtiges oder Vergangenes bezieht:

Carlos siguió investigando **hasta que** supo la verdad. — Carlos machte **so lange** mit seinen Nachforschungen weiter, **bis** er die Wahrheit kannte.

Cuando llega la primavera, vuelven las cigüeñas a Cáceres. — **Wenn** (= immer wenn) der Frühling kommt, kehren die Störche nach Cáceres zurück.

2 Der *subjuntivo* wird verwendet nach Konjunktionen der Einräumung, wenn die Handlung im Nebensatz als nicht entscheidend dargestellt wird:

aunque	auch wenn, selbst wenn
por mucho que	
por muy ... que	so sehr ... auch, wenn ... auch noch so ...
por más que	
por ... que	

Aunque tenga tiempo, no voy a ver la exposición. — **Auch wenn** ich Zeit habe, gehe ich nicht in die Ausstellung.

Por mucho que se **esfuerce**, no nos convencerá. — **Wenn** er sich **auch noch so sehr** bemüht, er wird uns nicht überzeugen.

Por duro **que sea**, merece la pena. — **So** schwer es **auch** sein mag, es ist der Mühe wert.

A Denselben Konjunktionen folgt ein Verb im *indicativo,* wenn ein Gegensatz betont werden soll. *Aunque* gefolgt von einem *subjuntivo* entspricht einem deutschen Nebensatz mit ‚auch wenn‘, ‚selbst wenn‘ (vgl. die Beispiele oben), *aunque* gefolgt von einem *indicativo* entspricht einem deutschen Nebensatz mit ‚obwohl‘:

Aunque tengo tiempo, no voy a ver la exposición. — **Obwohl** ich Zeit habe, gehe ich nicht in die Ausstellung.

3 Der *imperfecto de subjuntivo* wird verwendet in einem Bedingungssatz mit *si,* wenn die Bedingung nicht erfüllt ist oder nicht erfüllt werden kann (vgl. § 138.2). Es handelt sich also um eine implizite Verneinung:

Si Enrique **tuviera** dinero, iría al cine. — **Wenn** Enrique Geld **hätte**, würde er ins Kino gehen.

A Auf *si* folgt ein *imperfecto de indicativo,* wenn es sich um eine Bedingung handelt, der in der Vergangenheit immer erfüllt wurde:

Si Enrique **tenía** dinero, iba al cine. — **(Immer) wenn** Enrique Geld **hatte**, ging er ins Kino.

4 Der *subjuntivo* wird auch nach folgenden anderen Konjunktionen der Bedingung und Einschränkung verwendet:

a condición (de) que	unter der Bedingung, daß	siempre que	vorausgesetzt, daß
con tal (de) que	vorausgesetzt, daß	a no ser que	es sei denn
en (el) caso (de) que	im Falle, daß		

Aceptamos la propuesta *a condición de que* todos **estén** conformes.

En el caso de que no nos **ayuden**, vamos al ayuntamiento.

El festival tendra lugar en la Plaza Mayor *a no ser que* lo **prohíba** la alcaldesa.

Wir nehmen den Vorschlag an, **unter der Bedingung, daß** alle damit einverstanden sind.

Im Falle, daß sie uns nicht helfen, gehen wir zur Stadtverwaltung.

Das Festival findet auf dem Marktplatz statt, **es sei denn,** die Bürgermeisterin verbietet es.

5 Der *subjuntivo* steht nach Konjunktionen der Verneinung:

no porque ... sino porque (+ *indicativo*)	nicht weil ... sondern weil
sin que	ohne daß

No voy con vosotros, **no porque** no **tenga** ganas, sino porque **tengo** mucho trabajo.

Lo hizo *sin que* lo **supiera** nadie.

Ich komme nicht mit, **nicht weil** ich keine Lust habe, **sondern weil** ich viel Arbeit habe.

Er tat es, **ohne daß** es jemand wußte.

6 Der *subjuntivo* wird nach folgenden Konjunktionen verwendet, die eine Folge oder eine Art und Weise ausdrücken, vorausgesetzt, die Handlung findet in der Zukunft statt (ist also noch ungewiß):

así que, de modo/manera/forma que	so daß
como, según	wie

Lo voy a hacer *según* me **diga** usted.

Ich werde es tun, **wie** Sie es mir sagen. (Der Angesprochene hat es noch nicht gesagt.)

Tendrás tanto dinero *como* **desees**.

Du wirst soviel Geld bekommen, **wie** du willst. (Der Sprecher weiß noch nicht wieviel.)

A1 Wenn auf etwas bereits Bekanntes verwiesen wird, so wird nach diesen Konjunktionen der *indicativo* verwendet:

Lo voy a hacer *según* me **dice** usted.

Ich werde es tun, **wie** Sie es mir sagen. (Der Angesprochene hat es schon gesagt.)

Tendrás tanto dinero *como* **deseas**.

Du wirst soviel Geld bekommen, **wie** du willst. (Der Sprecher weiß wieviel.)

A2 Nach *de ahí que* (‚daher‘, ‚so daß‘) steht immer der *subjuntivo*:

Me mentiste. *De ahí que* ya no te **crea** más.

Du hast mich angelogen. **Daher** glaube ich dir nicht mehr.

A3 Nach *como si* (‚als ob‘), das einen irrealen Vergleich ausdrückt, steht immer der *imperfecto* oder *pluscuamperfecto de subjuntivo*:

Me tratan *como si* **fuera** un niño.

Sie behandeln mich, **als ob** ich ein Kind **wäre.**

7 Der *subjuntivo* steht nach Konjunktionen, die ein Ziel ausdrücken (es handelt sich also um einen Willen oder Wunsch):

para que, a (fin de) que	damit
no sea que	damit nicht

Muchos padres trabajan *para que* sus hijos **tengan** una vida mejor, Callaos, *no sea que* los niños se **despierten**.	Viele Eltern arbeiten, *damit* ihre Kinder ein besseres Leben haben. Seid still, *damit* die Kinder *nicht* aufwachen.

139 Der *subjuntivo* in Hauptsätzen

In einer begrenzten Zahl von Fällen verwendet man den *subjuntivo* in Hauptsätzen.

1 Der *subjuntivo* dient dann dazu, einen Wunsch auszudrücken. Der Satz kann eingeleitet werden durch Wörter wie *que* und *ojalá* (‚hoffentlich'):

¡*Viva* el rey!	Es lebe der König!
¡*Que* descanse!	Schlafen Sie gut!
¡*Ojalá* no **pase** nada!	*Hoffentlich* passiert nichts!

2 Bei Adverbien, die eine Vermutung ausdrücken wie *acaso, quizá(s), tal vez* (‚vielleicht'), *posiblemente* (‚möglicherweise') und *probablemente* (‚wahrscheinlich') steht meistens der *subjuntivo*. Diese Adverbien stehen dann vor dem Verb:

Quizá **haya perdido** el tren.	*Vielleich* hat sie den Zug verpaßt.
Probablemente **haya pasado** algo inesperado.	*Wahrscheinlich* ist etwas Unerwartetes geschehen.

A1 Nach diesen Adverbien kann jedoch auch der *indicativo* stehen.
Wenn das Adverb am Satzende steht, wird immer der *indicativo* verwendet:
Quizá **ha perdido** el tren.
Probablemente **ha pasado** algo inesperado.
Ha perdido el tren, *quizá*.

A2 Bei *a lo mejor* (‚vielleicht') steht immer der *indicativo*:

A lo mejor no **llega** hoy.	*Vielleicht* kommt er heute nicht.

3 Der *subjuntivo* kann auch einen Befehl oder eine Aufforderung ausdrücken. Außer bei den bejahten Formen der 2. Person Singular und Plural werden für alle Befehlsformen, sowohl bejaht als auch verneint, Formen des *presente de subjuntivo* verwendet:

¡**Páseme** las patatas, por favor!	Reichen Sie mir bitte die Kartoffeln!
¡No **te muevas**!	Rühre dich nicht!
Levantémonos.	Laß uns aufstehen.

140 Der Zeiten- und Modusgebrauch in Bedingungssätzen

Bedingungssätze bestehen aus einem Nebensatz mit *si* (‚wenn', ‚falls'), der die Bedingung für ein Geschehen nennt, und einem Hauptsatz, der das Geschehen selbst nennt. Der Zeiten- und Modusgebrauch in Neben- und Hauptsatz hängt davon ab
– ob der Sprecher die Bedingung für realistisch hält oder nicht
– ob er sich auf die Gegenwart oder Zukunft oder auf die Vergangenheit bezieht.
Im Folgenden geben wir einen Überblick über die drei wichtigsten Kombinationen von Zeit- und Modusformen in Neben- und Hauptsatz (wobei die Reihenfolge Nebensatz – Hauptsatz auch umgekehrt sein kann):

1 Die Bedingung erscheint als erfüllbar oder möglicherweise zutreffend (reale Bedingungssätze):

Nebensatz *presente de indicativo*	Hauptsatz *presente de indicativo / futuro / ir a + infinitivo*
Si no **llueve** mañana, Wenn es morgen nicht **regnet**, Si no te **gusta** el bolso, Wenn dir die Tasche nicht **gefällt**,	**vamos / iremos / vamos a ir** de excursión. **machen** wir einen Ausflug. **puedes** cambiarlo. **kannst** du sie umtauschen.

A1 Im Hauptsatz kann auch ein Imperativ stehen:

Si **vas** de compras, **trae** pan.
Wenn du einkaufen gehst, bring Brot mit.

A2 Im Nebensatz sind, je nach Zeitverhältnissen, die ausgedrückt werden, auch andere Zeitformen des *indicativo* möglich, mit Ausnahme des *futuro:*

Si **has leído** el periodico, ya **sabrás** la novedad.
Wenn du die Zeitung **gelesen hast,** wirst du die Neuigkeit schon **kennen.**

2 Die Bedingung erscheint als nicht oder kaum erfüllbar oder zutreffend (irreale Bedingungssätze der Gegenwart):

Nebensatz *imperfecto de subjuntivo*	Hauptsatz *condicional*
Si me lo **encontrara** por casualidad, Wenn ich ihn zufällig **treffen würde**, Si **tuviera** tiempo Wenn ich Zeit **hätte**,	no lo **reconocería.** **würde** ich ihn nicht **erkennen.** te **acompañaría.** **würde** ich dich **begleiten.**

3 Die Bedingung wurde in der Vergangenheit nicht erfüllt (irreale Bedingungssätze der Vergangenheit):

Nebensatz *pluscuamperfecto de subjuntivo*	Hauptsatz *condicional perfecto*
Si **hubiéramos salido** más pronto Wenn wir früher **weggegangen wären**,	no **habríamos perdido** el tren. **hätten** wir den Zug nicht **verpaßt.**

A1 Je nach den Zeitverhältnissen, die ausgedrückt werden, sind auch die Kombinationen *imperfecto de subjuntivo + condicional perfecto* oder *pluscuamperfecto de subjunivo + condicional* möglich:

Si **no hubiera gastado** su dinero, no **tendría** que vender su casa.
Wenn er sein Geld nicht **verschwendet hätte,** **müßte** er sein Haus nicht verkaufen.
Si **tuviera** más tiempo, lo **habría hecho** hace mucho tiempo.
Wenn ich mehr Zeit **hätte,** **hätte** ich es schon längst **gemacht.**

A2 Statt der Formen auf *-ra* können im Nebensatz auch die Formen auf *-se* des *imperfecto* oder *pluscuamperfecto de subjuntivo* verwendet werden: *Si me lo **encontrase** ..., Si **tuviese** ..., Si **hubiésemos salido** ... .*

A3 Im Hauptsatz kann statt des *condicional perfecto* auch eine Form des *imperfecto* oder *pluscuamperfecto de subjuntivo* auf *-ra* verwendet werden:

Si **hubiésemos salido** más pronto, no **hubiéramos** perdido el tren.

141 Der *infinitivo:* Überblick über Formen und Funktionen

1 Der *infinitivo* ist die Form, in der Verben in Wörterbüchern genannt werden. Neben der einfachen aktiven Form können drei zusammengesetzte Formen gebildet werden:

einfache Form:		
infinitivo	investigar	untersuchen
Perfektform:		
haber + participio pasado	haber investigado	untersucht haben
Passivform:		
ser + participio pasado	ser investigado	untersucht werden
Passiv-Perfektform:		
haber sido + participio pasado	haber sido investigado	untersucht worden sein

2 Der *infinitivo* hat sowohl Eigenschaften eines Substantivs als auch Eigenschaften eines finiten Verbs.

a Wie ein Substantiv kann der *infinitivo* den bestimmten Artikel (maskuline Form), Possessiv- und andere Begleiter, Adjektive, Präpositionen und präpositionale Ergänzungen bei sich haben:

a causa del **gritar** constante de los niños   wegen des anhaltenden **Schreiens** der Kinder

A Einige *infinitivos* sind zu echten Substantiven geworden, die auch einen Plural bilden können, z.B.;

el deber – los deberes	die Pflicht – die Pflichten; die Hausaufgaben
el ser – los seres	das (Lebe-)Wesen – die (Lebe-)Wesen
el placer – los placeres	das Vergnügen, die Freude – die Freuden

b Im Satz kann der *infinitivo* alle Funktionen erfüllen, die auch ein Substantiv erfüllen kann. Er kann z.B. Subjekt, Objekt, prädikative Ergänzung zum Subjekt oder Teil einer adverbialen Bestimmung sein:

El gritar de los niños le molestaba.	**Das Schreien der Kinder** störte ihn.
Escuchábamos **el cantar de los pájaros.**	Wir hörten **dem Singen der Vögel** zu.
Su deporte favorito es **nadar.**	Sein Lieblingssport ist **Schwimmen.**
Siempre pedían perdón **por su**	Sie entschuldigten sich immer **für ihr**
constante llegar tarde.	**ständiges Zuspätkommen.**

3a Wie ein finites Verb kann der *infinitivo* bestimmte Ergänzungen haben, z.B. ein direktes oder indirektes Objekt, ein Adverb oder eine adverbiale Bestimmung. Im Gegensatz zum Deutschen ist dies auch möglich, wenn beim *infinitivo* ein bestimmter Artikel steht;

prohibir *estrictamente algo a alguien*	*jemandem etwas streng* verbieten
ir *a la playa*	*zum Strand* gehen
el cambiar *regularmente las pilas*	*das regelmäßige* Auswechseln *der Batterien*
(oder: *el* cambiar *regular de las pilas*)	

A Zur Stellung der Personal- und Reflexivpronomen als Objekt beim *infinitivo* s. §§ 46.2 und 51.1.

b Der *infinitivo* kann zusammen mit einer finiten Verbform die Funktion des Vollverbs im Satz ausüben. Dies geschieht vor allem bei Modalverben wie *deber* und *querer* und bei den sogenannten *perífrasis verbales* (z.B. *acabar de + infinitivo, ir a + infinitivo*, vgl. § 142.2).

c Der *infinitivo* kann auch als Vollverb eines verkürzten Nebensatzes gebraucht werden. Solche satzverkürzenden Infinitivkonstruktionen sind im Spanischen sehr viel weiter verbreitet als im Deutschen. Im Gegensatz zum Deutschen können sie im Spanischen sogar ein eigenes Subjekt haben. Dieses steht hinter dem *infinitivo*:

Después de haber terminado el trabajo me acosté.
(Der *infinitivo* hat hier kein eigenes Subjekt.)

Nachdem ich die Arbeit beendet hatte, ging ich ins Bett.

Después de haber partido los niños la casa parecía vacía.
(Der *infinitivo* hat hier ein eigenes Subjekt: *los niños.*)

Nachdem die Kinder abgereist waren, wirkte das Haus leer.

d Der *infinitivo* kann durch vorangestelltes *no* verneint werden:

Siento **no haberle visto**.

Es tut mir leid, daß ich ihn nicht gesehen habe.

142 Der *infinitivo*: Einzelheiten der Verwendung

1 Der *infinitivo* steht ohne Präposition nach den Modalverben *deber* (‚müssen'), *poder* (‚können' = ‚in der Lage sein'), *saber* (‚können' = ‚eine Fertigkeit erlernt haben'), *querer* (‚wollen'), *tener que* (‚müssen') und *hay que* (‚man muß').

No puedo **explicártelo**.
¿Sabes **esquiar?**
Debes **tener** en cuenta su temprana edad.

Ich kann es dir nicht erklären.
Kannst du Schi fahren?
Du mußt sein jugendliches Alter berücksichtigen.

2 Der *infinitivo* wird in verschiedenen *perífrasis verbales* verwendet. Darunter versteht man – meist durch Präpositionen verbundene – Kombinationen aus finiter Verbform und *infinitivo*, wobei die finite Verbform eine spezielle Bedeutung erhält. Viele der *perífrasis verbales* werden im Deutschen durch Verb + Adverb wiedergegeben. Einige typische *perífrasis verbales* mit *infinitivo* sind

a *acabar de hacer algo* (‚etwas gerade getan haben'; ‚etwas beenden'):

Acabo de leer una noticia muy interesante.
Acabo de trabajar a las seis.

Ich **habe gerade** eine sehr interessante Nachricht **gelesen.**
Ich **bin** um sechs Uhr **mit der Arbeit fertig.**

A Das *imperfecto* ‚acababa de hacer algo' hat die Bedeutung von ‚ich hatte etwas gerade/soeben getan'; das *pretérito indefinido* ‚acabé de hacer algo' bedeutet ‚ich beendete etwas', ‚ich machte etwas fertig':

Acababa de escribir la nota.
Acabé de escribir la nota.

Ich **hatte** den Brief **gerade geschrieben.**
Ich **schrieb** den Brief **fertig.**

b *no acabar de hacer algo* (‚etwas einfach nicht tun'):

El niño **no acaba de volver.**
No acabo de comprenderlo.

Der Junge **kommt einfach nicht zurück.**
Ich **kann** es **einfach nicht begreifen.**

c *acabar por hacer algo* (‚etwas schließlich tun‘):

Las madres casi siempre **acaban por consentir** todo a sus hijos.	Mütter **geben** ihren Kindern **schließlich** fast immer in allem **nach**.

d *echar(se) a hacer algo* (bezeichnet eine plötzlich einsetzende Handlung):

Los ladrones **echaron a correr**.	Die Diebe **rannten weg**.
La niña **se echó a llorar**.	Das Mädchen **brach in Tränen aus**.

e *cesar de hacer algo* (‚aufhören, etwas zu tun‘)…

Ha cesado de llover.	**Der Regen hat aufgehört**.

f *no dejar de hacer algo* (‚nicht aufhören, etwas zu tun‘; ‚nicht versäumen, etwas zu tun‘):

Este chico **no deja de molestar**.	Dieser Junge **hört einfach nicht auf zu stören**.
No dejes de venir.	Du **mußt unbedingt kommen**.

g *ir a hacer algo* (‚kurz davor sein, etwas zu tun‘; ‚vorhaben, etwas zu tun‘):

El cartero **va a llegar** ahora.	Der Postbote **wird gleich kommen**.
Iba a entrar, cuando me llamó José.	Ich **war drauf und dran hineinzugehen**, als José mich rief.
Este verano **voy a ir** a México.	Diesen Sommer **gehe** ich nach Mexiko.

h *pensar hacer algo* (‚vorhaben, etwas zu tun‘):

Pienso pasar unos días en casa de mis padres.	Ich **habe vor**, ein paar Tage bei meinen Eltern **zu verbringen**.

i *ponerse a hacer algo* (‚anfangen, etwas zu tun‘):

Todos **se pusieron a comer**.	Alle **begannen zu essen**.

j *soler hacer algo* (‚etwas gewöhnlich tun‘):

En casa **solemos cenar** a las seis.	Zu Hause **essen** wir **immer** um sechs zu Abend.

k *venir a costar/ganar/…* (‚ungefähr kosten/verdienen/…‘):

La reparación **viene a costar** mil marcos.	Die Reparatur **kostet ungefähr** tausend Mark.
Esto **viene a ser** lo mismo.	Das **ist ungefähr** dasselbe.

l *volver a hacer algo* (‚etwas wieder tun‘):

El coche **volvió a andar**.	Das Auto **lief wieder**.

3 Eine *infinitivo*-Konstruktion kann wie im Deutschen nach einem Verb der Sinneswahrnehmung und dem direkten Objekt stehen:

Vimos a María **atravesar la plaza**.	Wir sahen Maria **den Platz überqueren**.

4 Durch Präpositionen eingeleitete *infinitivo*-Konstruktionen dienen als verkürzte adverbiale Nebensätze mit ganz unterschiedlichen Bedeutungen.
Die Bedeutung dieser Konstruktionen wird durch die Präposition bestimmt und ist in manchen Fällen eindeutig:

Antes de/Después de comer, leí el periódico.	**Vor/Nach dem Essen** las ich die Zeitung.

Salío **sin decir nada.**	Sie ging hinaus, **ohne etwas zu sagen.**
Puedes utilizar mi bicicleta **a condición de limpiarla después.**	Du kannst mein Fahrrad benutzen **unter der Bedingung, daß du es hinterher putzt.**

Im Folgenden werden einige adverbiale *infinitivo*-Konstruktionen behandelt, deren Bedeutung sich nicht ohne weiteres aus der Präposition ableiten läßt:

a *al + infinitivo* kann für Nebensätze der Zeit, des Grundes oder (hauptsächlich in der Umgangssprache Lateinamerikas) der Bedingung eintreten:

Al nacer el niño, se mudaron de casa. **(Cuando nació el niño,** se mudaron de casa.)	**Als der Junge geboren wurde,** zogen sie um.
Al trabajar tanto, estaba agotado todas las noches. **(Como trabajaba tanto, ...)**	**Da er soviel arbeitete,** war er jeden Abend erschöpft.
Al trabajar tanto, arruina su salud. **(Si trabaja tanto, ...)**	**Wenn er soviel arbeitet,** ruiniert er noch seine Gesundheit.

A Zu beachten sind auch folgende formelhafte Wendungen:

a ser posible	falls möglich
a decir (la) verdad	um die Wahrheit zu sagen

b *para + infinitivo* tritt für einen Nebensatz des Zwecks ein:

El ladrón se escondió detrás de un árbol **para no ser visto por el guardia.**	Der Dieb versteckte sich hinter einem Baum, **damit er nicht vom Wächter gesehen wurde.**

c *por + infinitivo* tritt für einen Nebensatz des Grundes ein:

Por estar enferma la profesora, no hubo clase. **(Como la profesora estaba enferma, ...)**	**Da die Lehrerin krank war,** fiel der Unterricht aus.

A *estar por hacer* entspricht dem deutschen *noch zu tun sein, estar sin hacer* entspricht *noch nicht getan worden sein:*

Los deberes **están por hacer.**	Die Hausaufgaben **sind noch zu machen.**
Los platos **están** todavía **sin lavar.**	Das Geschirr **ist** immer noch **nicht gespült.**

d Die Konstruktion *de + infinitivo* tritt für einen Nebensatz der Bedingung ein:

De llegar a las tres, los encontraremos. **(Si llegamos a las tres, ...)**	**Wenn wir um drei Uhr ankommen,** treffen wir sie.

e *con + infinitivo* tritt für einen Nebensatz der Einräumung oder des Mittels ein:

Con ser profesor de latín, no sabe mucho. **(Aunque es profesor de latín, ...)**	**Obwohl er Lateinprofessor ist,** weiß er nicht viel.
Con no ir, no solucionas nada.	**Dadurch daß du nicht hingehst,** löst du das Problem auch nicht.

143 Das *participio pasado*

Während es im Deutschen und vielen anderen europäischen Sprachen ein Partizip Präsens und ein Partizip Perfekt gibt, sind vom *participio presente* im Spanischen nur noch vereinzelte Formen erhalten, die zu Adjektiven geworden sind (z.B. *brillante, interesante, reluciente*). Das *participio pasado* ist dagegen noch sehr lebendig. Zur Bildung und zu den unregelmäßigen Formen des *participio pasado* s. § 109 und § 118.
Das *participio pasado* hat sowohl Eigenschaften eines Adjektivs als auch Eigenschaften eines Verbs.

1 Das *participio pasado* kann als Adjektiv verwendet werden

a nach oder manchmal vor einem Substantiv, mit dem es in Numerus und Genus übereinstimmt:

puertas **abiertas**	offene Türen
querido amigo	lieber Freund

b als prädikative Ergänzung zum Subjekt nach *estar*. Das *participio perfecto* paßt sich dann in Genus und Numerus dem Subjekt an. Diese Konstruktion drückt einen Zustand aus, der das Resultat einer Handlung ist:

Las puertas **están abiertas**.	Die Türen sind geöffnet.
La entrada **está prohibida**.	Der Eintritt ist verboten.

A Die Konstruktion *estar* + *participio pasado* wird auch „Zustandspassiv" genannt, als Gegensatz zum „Vorgangspassiv", das mit *ser* + *participio pasado* gebildet wird (vgl. § 145.1).

2 Das *participio pasado* kann als Vollverb des Satzes verwendet werden.

a Zusammen mit einer finiten Form des Hilfsverbs *haber* dient es zur Bildung der zusammengesetzten Zeitformen wie *pretérito perfecto* und *pluscuamperfecto, futuro perfecto* usw. (vgl. §§ 109.4 und 110). Es verändert sich dabei niemals:

Las chicas **han salido** esta noche.	Die Mädchen **sind** heute abend **ausgegangen**.

b Zusammen mit einer finiten Form des Hilfsverbs *ser* dient es zur Bildung des Passivs. Es paßt sich dabei in Numerus und Genus dem Subjekt an:

La representación **fue suspendida**.	Die Vorstellung **wurde abgesagt**.
Y finalmente **fueron superados** los últimos obstáculos.	Und schließlich **wurden** auch noch die letzten Hindernisse **überwunden**.

3 Außer nach *estar* (s. Abschnitt 1 b) kann das *participio pasado* auch nach einer Reihe von anderen Verben stehen. Es hat dabei wie nach *estar* passivische Bedeutung und drückt einen Zustand als Resultat einer Handlung aus. Die feinen Bedeutungsnuancen solcher *perífrasis verbales* (vgl. § 142. 2) können im Deutschen oft nicht wiedergeben werden.
Das *participio pasado* richtet sich bei den intransitiven Verben (Verben ohne Objekt) in Numerus und Genus nach dem Subjekt (vgl. a–d), bei den transitiven Verben nach dem direkten Objekt (vgl. e–g).

a *andar/ir* + *participio pasado* (betonen den Verlauf einer Handlung oder die Dauer eines Zustands):

La chica **anda enamorada** de Pepe.	Das Mädchen **ist** in Pepe **verliebt**.
Siempre **iba acompañada** de su marido.	Sie **wurde** immer von ihrem Ehemann **begleitet**.

b *quedar(se) + participio pasado* (betont einen plötzlich eintretenden Zustand)

Me **quedé asombrada.**	Ich **war erstaunt.**
Carmen **se quedó embarazada**.	Carmen **wurde schwanger.**

c *salir + participio pasado* (betont ein zu erwartendes Resultat)

Ninguno **salió herido.**	Niemand **wurde verletzt.**
¿Cuántos **saldrán aprobados?**	Wieviele **werden bestehen?**

d *seguir + participio pasado* (betont die Fortdauer eines Zustandes: ‚noch immer sein')

El coche **sigue estropeado.**	Das Auto **ist noch immer kaputt.**
El tráfico **sigue interrumpido**.	Der Verkehr **ist noch immer blockiert.**

e *dejar + participio pasado* (betont die Folgen oder das Resultat einer Handlung)

La noticia nos **dejó sorprendidos.**	Die Nachricht **versetzte uns in Erstaunen.**
¿Cuántas novelas **dejó escritas?**	Wieviel Romane **hat** er **geschrieben?**

f *llevar + participio pasado* (betont das bisherige Ergebnis)

Llevamos terminados tres de los ejercicios.	Wir **haben (bis jetzt)** drei Übungen gemacht.

A Der Ausdruck ll*evar puesto* bedeutet ‚(ein Kleidungsstück) tragen':

Rosa **lleva puesta** una boina.	Rosa **trägt** eine Baskenmütze.

g *tener + participio pasado* (betont das Resultat einer Handlung)

Tenemos terminada la mitad del trabajo.	Wir **haben** die Hälfte der Arbeit **erledigt.**
Nos tienen prohibida la entrada.	Der Eintritt **ist uns verboten.**

4 Das *participio pasado* kann als einzige Verbform in verkürzten Nebensätzen stehen, wobei es die üblichen Ergänzungen eines Vollverbs haben kann, z.B. ein Objekt oder eine adverbiale Bestimmung.

a Es kann zur Verkürzung von Relativsätzen im Passiv oder in einer zusammengesetzten Zeitform verwendet werden und richtet sich dann in Numerus und Genus nach dem Bezugswort:

La noticia **divulgada por la agencia** resultó falsa. (La noticia **que fue divulgada por la agencia ...**)	Die Nachricht, **die durch die Presseagentur verbreitet wurde,** stellte sich als falsch heraus.
Les robaron el coche **alquilado en Barajas.** (... el coche **que habían alquilado en Barajas.**)	Das Auto, **das sie in Barajas gemietet hatten,** wurde gestohlen.

b Es kann auch zur Verkürzung von adverbialen Nebensätzen der Zeit, des Grundes oder der Bedingung eintreten. Diese Konstruktion kann sowohl aktivische als auch passivische Bedeutung haben. Sie kann außerdem ein eigenes Subjekt haben, welches nach dem *participio pasado* steht (vgl Beispiel 2). Das *participio pasado* richtet sich in Numerus und Genus nach seinem eigenen Subjekt, falls vorhanden, sonst nach dem Subjekt des Hauptsatzes:

Desayunados, fuimos a la excursión. **(Cuando habíamos desayunado, ...)**	**Als wir gefrühstückt hatten,** gingen wir auf den Ausflug.
Arruinada su salud, no pudo concluir el proyecto. **(Como su salud estaba arruinada, ...)**	**Da seine Gesundheit ruiniert war,** konnte er das Projekt nicht beenden.

Ultimados bien los detalles, todo saldrá bien.
(Si se han ultimado bien los detalles,
saldrá bien.)

Wenn die letzten Vorbereitungen gut ausgeführt
worden sind, wird es gut gehen.

A Solche adverbialen *participio-pasado*-Konstruktionen können durch folgende Präpositionen und Adverbien eingeleitet werden: *apenas* (kaum), *antes de* (vor/bevor); *después de* (nach/nachdem/seit), *una vez* (einmal/wenn/als ... erst einmal):

Se despidió **apenas terminada la cena.**

Er verabschiedete sich, **kaum daß das Essen**
vorbei war.

Después de firmado el contrato, empecé
a trabajar.

Nachdem der Vertrag unterzeichnet war, begann
ich mit der Arbeit.

Una vez empezada la función, no se deja
entrar a nadie.

Wenn die Vorstellung begonnen hat, wird
niemand mehr eingelassen.

144 Das *gerundio*

Das gerundio hat Eigenschaften eines Adverbs – es kann als adverbiale Bestimmung benutzt werden – und Eigenschaften eines Verbs – es kann als Vollverb benutzt werden und Objekte und andere Verbergänzungen haben. (Zur Stellung der Personal- und Reflexivpronomen als Objekt s. § 46.2b und § 51.1b.)
Das *gerundio* beschreibt grundsätzlich eine Handlung in ihrem Verlauf.

1 Das *gerundio* wird als Vollverb des Satzes in einer Reihe von *perífrasis verbales* (s. § 142.2) verwendet. Die häufigste, *estar* + *gerundio*, beschreibt wie die englische Verlaufsform oder *progressive form* eine Handlung, die dabei ist, sich zu vollziehen. Die anderen *perífrasis verbales* drücken jeweils andere Bedeutungsnuancen aus, die im Deutschen manchmal durch Adverb + Verb, manchmal auch überhaupt nicht wiedergegeben werden können.

a *estar haciendo algo* (,dabei sein, etwas zu tun'):

El tiempo **está cambiando.**
Juan **estaba duchándose,** cuando sonó
el teléfono.

Das Wetter **ändert sich** (= gerade).
Juan **war gerade unter der Dusche,** als das
Telefon klingelte.

b *acabar/terminar haciendo algo* (,etwas schließlich/zum Schluß tun'):

Siempre **acabas diciendo** que no.
Terminó reconociendo su error.

Schließlich sagst du immer nein.
Zum Schluß gab er seinen Fehler **zu.**

c *andar haciendo algo* (,etwas über einen unbestimmten Zeitraum hinweg tun'):

Los padres **andan buscando** al niño
por todas partes.
¿Qué **andáis haciendo** todo el día en
la playa?

Die Eltern **suchen** überall nach dem Kind.

Was **macht** ihr den ganzen Tag am Strand?

d *ir haciendo algo* (,immer mehr tun' – betont eine Entwicklung, die sich verstärkt):

La situación **va complicándose.**
El estado del enfermo **fue empeorando**
día a día.

Die Situation **wird immer komplizierter.**
Der Zustand des Kranken **wurde** von Tag zu Tag
schlechter.

e *llevar ... haciendo algo* (,etwas schon seit ... tun' – betont die bisherige Dauer einer Handlung):

Llevamos una hora **esperando.**	Wir **warten schon** seit einer Stunde.
¿Cuántas horas **llevas leyendo?**	Seit wieviel Stunden **liest** du **schon?**

A Zwischen *llevar* und *gerundio* steht eine Zeiteinheit als direktes Objekt. Im Deutschen wird die Zeiteinheit durch *seit* eingeleitet.

f *quedar(se) haciendo algo* (betont den Beginn einer Handlung)

Ella entró y yo **me quedé esperando** ante la puerta.	Sie ging hinein und ich **wartete** vor der Tür / **blieb** vor der Tür **und wartete.**

g *seguir / continuar haciendo algo* (,etwas immer noch/weiterhin tun' – betont die Fortdauer einer Handlung):

El director **sigue insistiendo** en una respuesta rápida.	Der Direktor **drängt immer noch** auf eine schnelle Antwort.
¿**Continuamos trabajando?**	Sollen wir **mit der Arbeit weitermachen?**

A1 Die *gerundio*-Formen *estando* und *siendo* können nach *seguir* und *continuar* ausfallen:

—¿Qué tal está el enfermo? —**Sigue (estando)** igual.	Wie geht es dem Kranken? – Sein Zustand ist unverändert.

A2 Im *pretérito indefinido* bezeichnet *seguir/continuar* + *gerundio* die Fortsetzung einer Handlung nach einer Unterbrechung (etwas wieder tun). Vergleiche:

El ascensor **seguía funcionando.**	Der Lift **arbeitete noch immer.**
El ascensor **siguió funcionando.**	Der Lift **arbeitete wieder.**

2 Das *gerundio* kann als adverbiale Bestimmung der Art und Weise verwendet werden. Im Deutschen verwendet man stattdessen ein Partizip Präsens:

Las niñas entraron en casa **gritando.**	Die Mädchen kamen **schreiend** ins Haus.
El anciano se levantó **temblando.**	Der alte Mann richtete sich **bebend** auf.

A1 Nach Verben der Wahrnehmung kann das *gerundio* auch beim direkten Objekt stehen. Es drückt aus, daß eine Handlung wahrgenommen wird, die gerade stattfindet:

Vimos al niño **jugando en el jardín.**	Wir sahen, **wie das Kind im Garten spielte.**

A2 In der Funktion eines Adjektivs kann das *gerundio* jedoch nicht beim Substantiv stehen. An Stelle eines deutschen Partizip Präsens benutzt man im Spanischen hier einen Relativsatz:

niños **que lloran**	**heulende** Kinder
madres **que trabajan**	**arbeitende** Mütter

Es gibt nur wenige Ausnahmen, z.B. *ardiendo* und *hirviendo*:

una casa **ardiendo**	ein **brennendes** Haus
agua **hirviendo**	**kochendes** Wasser

3 Das *gerundio* kann zur Verkürzung adverbialer Nebensätze benutzt werden. Es wird dabei nie durch Präpositionen eingeleitet. Die adverbiale *gerundio*-Konstruktion kann ein eigenes Subjekt haben, welches nach der *gerundio*-Form steht (vgl. Satz 2 unter a und Satz 2 unter b). Sie drückt Gleichzeitigkeit zur Handlung des übergeordneten Satzes aus.

a Die *gerundio*-Konstruktionen können für Nebensätze der Bedingung, des Grundes, der Einräumung oder der Zeit eintreten:

Corriendo, podremos llegar a tiempo. **(Si corremos, ...)**	**Wenn wir rennen,** können wir rechzeitig ankommen.
Teniendo Juan tan buenas relaciones, le sera fácil encontrar trabajo. **(Como Juan tiene tan buenas relaciones, ...)**	**Da Juan so gute Beziehungen hat,** wird er leicht Arbeit finden.
Teniendo una bici, Paco siempre va en coche. **(Aunque tiene una bici, ...)**	**Obwohl er ein Fahrrad hat,** fährt Paco immer mit dem Auto.
Siempre tomaba el desayuno **leyendo el periódico.** **(... mientras leía el periódico.)**	Er las beim Frühstück immer die Zeitung.
Paseando por el parque, me encontré con Paco. **(Cuando paseaba por el parque, ...)**	**Als ich im Park spazieren ging,** traf ich Paco.

b Das *gerundio* als adverbiale Bestimmung kann auch ausdrücken, daß eine Handlung gleichzeitig mit oder unmittelbar nach der Handlung des übergeordneten Satzes stattfindet. Im Deutschen verwendet man stattdessen einen beigeordneten Satz, der durch ‚und' eingeleitet wird (gelegentlich auch einen Nebensatz mit ‚wobei' oder ‚indem'):

El visitante se sentó **dando las gracias.**	Der Gast setzte sich **und sagte „Danke" (wobei er „Danke" sagte).**
La gente se marchó **quedando vacía la plaza.**	Die Leute gingen weg **und der Platz war leer.**

Passiv und Passiversatz
La pasiva y sus equivalentes

Bildung und Gebrauch des Passivs

1 Von den meisten Verben, die ein direktes Objekt haben, kann im Spanischen eine Passivform gebildet werden, und zwar in allen Zeitformen, die es auch im Aktiv gibt. Die Passivform setzt sich zusammen aus der entsprechenden finiten Form des Hilfsverbs *ser* (vgl. § 118) und dem *participio pasado*. Das *participio pasado* richtet sich in Genus und Numerus nach dem Subjekt.

Las casas **fueron construidas** en 1950. | Die Häuser **wurden** 1950 **gebaut.**

Die folgende Übersicht enthält jeweils nur die 3. Person Singular der am häufigsten gebrauchten Zeitformen des *indicativo* von *ser hecho* („getan werden'):

Presente.	es hecho/hecha	*Pret. perfecto:*	ha sido hecho/a
Pret. indefinido:	fue hecho/a	*Pret. pluscuamperfecto:*	había sido hecho/a
Pret. imperfecto:	era hecho/a	*Futuro:*	será hecho/a

A Neben dem hier behandelten „Vorgangspassiv", das mit *ser* gebildet wird, gibt es auch ein „Zustandspassiv", das mit *estar + participio pasado* gebildet wird. Es beschreibt einen Zustand, der das Ergebnis einer Handlung ist. Vergleiche:

Vorgangspassiv:

La habitación **es arreglada** todos los días. | Das Zimmer **wird** jeden Tag **aufgeräumt.**

Zustandspassiv:

La habitación **está arreglada.** | Das Zimmer **ist aufgeräumt.**

2 Das direkte Objekt des Verbs im Aktivsatz entspricht, wie im Deutschen, dem Subjekt im Passivsatz. Das ursprüngliche Subjekt des Aktivsatzes wird im Passivsatz mit *por* angeschlossen, kann aber auch weggelassen werden:

Aktiv: Los alumnos **corrigieron** los errores. | Die Schüler **verbesserten** die Fehler.
Passiv: Los errores **fueron corregidos** (por los alumnos). | Die Fehler **wurden** (von den Schülern) **verbessert.**

3 Das Passiv ist vor allem in Zeitungsartikeln sowie wissenschaftlichen und technischen Texten verbreitet, weniger in der gesprochen Sprache. Es wird z.B. verwendet

a wenn man einen Satz nicht mit der handelnden Person oder Sache beginnen will, sondern mit der von der Handlung betroffenen Person oder Sache:

Los rehenes **fueron puestos** en libertad por los secuestradores. | Die Geiseln **wurden** von den Entführern **freigelassen.**

b wenn man die handelnde Person oder Sache nicht nennen kann oder will, weil sie z.B. unbekannt oder unwichtig ist:

La iglesia **fue restaurada** el año pasado. | Die Kirche **wurde** letztes Jahr **restauriert.**
La paciente **fue dada** de alta en el verano de 1996. | Die Patientin **wurde** im Sommer 1996 **entlassen.**

146 Ersatzkonstruktionen für das Passiv

Das Passiv wird im Spanischen seltener verwendet als im Deutschen. An Stelle deutscher Passivsätze werden im Spanischen häufig andere Konstruktionen benutzt.

1 Im Spanischen gibt es kein unpersönliches Passiv wie im Deutschen. An Stelle eines Passivsatzes mit ‚es wird'(bzw. eines Aktivsatzes mit ‚man') verwendet man im Spanischen meistens eine reflexive Konstruktion aus *se* und einer aktiven Verbform in der 3. Person. Dieses sogenannte *pasiva refleja* wird vor allem dann benutzt, wenn die Handelnden eine nicht näher bestimmte Gruppe sind:

Se espera una devaluación de la peseta.　　**Es wird** eine Abwertung der Pesete **erwartet.**/
　　　　　　　　　　　　　　　　　　　　　Man erwartet eine Abwertung der Pesete.

a Das Verb richtet sich im Numerus nach dem Substantiv oder Pronomen, das folgt, außer wenn das nachfolgende Substantiv eine bestimmte Person oder Sache bezeichnet:

Aquí **se cultiva** tabaco.　　　　　Hier **wird** Tabak **angebaut.**
Se cuentan muchos disparates.　　**Es wird** viel Unsinn **erzählt.**

b Wenn das Substantiv, das dem reflexiven Verb folgt, eine bestimmte Person (oder bestimmte Personen) bezeichnet, so geht ihm *a* voraus. Dies zeigt an, daß das Substantiv direktes Objekt ist. Das Verb steht dann immer im Singular:

Se llama a los niños.　　　　　Die Kinder **werden gerufen.**

2 Eine weitere Möglichkeit, das unpersönliche Passiv zu ersetzen, ist ein Aktivsatz in der 3. Person Plural. Sie wird vor allem dann benutzt, wenn die Handelnden Behörden, Organisationen oder ähnliches sind:

Están abriendo muchos negocios　　In diesem Gebiet **werden** zur Zeit viele
en esta zona.　　　　　　　　　　　Geschäfte **eröffnet.**

A In der gesprochenen Umgangssprache werden Aktivsätze in der 3. Person Plural auch dann vorgezogen, wenn eine persönliche Passivkonstruktion möglich wäre. Wenn die von der Handlung betroffene Person oder Sache zuerst genannt werden soll, so stellt man sie als direktes Objekt an den Anfang eines Aktivsatzes und nimmt sie in Form eines Personalpronomens wieder auf. Vergleiche:

Schriftsprache:
Los bandidos **fueron condenados** a 10 años.　　*Die Banditen* **wurden** zu 10 Jahren **verurteilt.**
Umgangssprache:
A los bandidos los **condenaron** a 10 años.

Ser, estar, haber
im Vergleich zum deutschen ,sein'

0

Das deutsche Verb ,sein' hat verschiedene Funktionen und Bedeutungen, die im Spanischen durch unterschiedliche Verben ausgedrückt werden, vor allem durch *ser*, *estar* und *haber*. Deshalb ist es wichtig, den Gebrauch dieser Verben zu kennen.

47 Ser, estar, haber als Hilfsverben

1 *Ser* wird zur Bildung des Passivs verwendet (vgl. § 145.1). Es entspricht hier dem deutschen Hilfsverb *werden*:

La casa **fue construida** en 1901. Das Haus **wurde** 1901 **gebaut.**

2 *Estar* kann als Hilfsverb in zwei Funktionen auftreten.

a Es dient zur Bildung der „Zustandspassivs" (vgl. § 145.1 A) und entspricht dann dem deutschen Hilfsverb ,sein':

Las tiendas **están cerradas.** Die Geschäfte **sind geschlossen.**

b Es bildet zusammen mit dem *gerundio* eine sogenannte *perífrasis verbal*, die eine gerade ablaufende Handlung beschreibt (vgl. § 144.1):

Juan **está buscando** su libro de matemáticas. Juan **sucht** sein Mathematikbuch.

3 *Haber* dient zur Bildung der zusammengesetzten Zeitformen (vgl. §§ 110 und 111.5), und zwar bei allen Verben. Es entspricht daher teils dem deutschen ,haben', teils dem deutschen ,sein':

Ana **ha estudiado** física. Ana **hat** Physik **studiert.**
Pedro **se ha ido** a casa. Pedro **ist** nach Hause **gegangen.**

A *Haber* dient selbstverständlich auch zur Bildung der zusammengesetzten Zeiten des Passivs:
El informe **ha sido redactado** en la central. Der Bericht **ist** in der Zentrale **verfaßt worden.**

48 Ser, estar, haber als Vollverben: Überblick

1 *Haber* wird als Vollverb nur in seiner unpersönlichen Form verwendet. Diese unterscheidet sich allerdings nur im *presente de indicativo*, wo sie *hay* lautet, von der normalen 3. Person Singular *ha*. *Hay* kann meist durch ,es gibt', im Zusammenhang mit Ortsangaben aber auch durch ,sein' wiedergegeben werden:

Hay mucho trabajo. **Es gibt** viel Arbeit.
Ayer **había** muchos turistas en la ciudad. Gestern **waren** viele Touristen in der Stadt.

2 *Ser* und *estar* können wie das deutsche *sein* als Vollverben mit einer adverbialen Bestimmung oder als Kopulaverben gebraucht werden. (Kopulaverben sind Verben die durch ein Adjektiv oder durch ein Substantiv ergänzt werden, welches das Subjekt näher bestimmt.) Ist die Ergänzung ein Substantiv, wird grundsätzlich *ser* gebraucht. Bei Adjektiven wird je nach Bedeutung *ser* oder *estar* verwendet.

Ser, estar, haber *im Vergleich mit dem deutschen ‚sein'*

3 Welches der drei Verben verwendet wird, hängt sowohl von der Art der Ergänzung als auch von der Bedeutung ab. Die folgende Übersicht soll eine grobe Orientierungshilfe geben. Einzelheiten werden in den in der rechten Spalte angegebenen Paragraphen erläutert.

Ergänzung	Bedeutung		Verb	Paragraph
Ortsangabe	‚sich befinden' – Subjekt bestimmt		*estar*	1479.1a
	– Subjekt unbestimmt		*hay*	149.1b
	‚stattfinden' – Subjekt bestimmt		*ser*	149.2a
	– Subjekt unbestimmt		*hay*	149.1b
de	Besitz, Zugehörigkeit, Herkunft,	⎤	*ser de*	151.1
	Material, Schicksal (‚werden aus')	⎦		
	vorübergehende Beschäftigung		*estar de*	151.2
andere adverbiale	Zeitpunkt, Zeitraum, Einzelpreis	⎤	meist *estar*	152.1b + 2b
Bestimmung	Beurteilung	⎦		153.3b
Substantiv	Identifizierung, Definition	⎤	*ser*	150.1
	Zeitpunkt, Zeitraum			152.1a
Zahlwort	Gesamtpreis, Rechenergebnis	⎦		152.2a + 3
Adjektiv	charakteristische Eigenschaft	⎤	*ser*	150.2
	Beurteilung	⎦		153.3a
	Zustand, Verhalten		*estar*	150.3

149 **Ser, estar, haber** bei Ortsangaben

1 In der Bedeutung ‚sich befinden' benutzt man

a *estar*, wenn das Subjekt eine bestimmte oder bekannte Person oder Sache bezeichnet. Dies ist z.B. der Fall bei Substantiven, denen der bestimmte Artikel oder ein Possessiv- oder Demonstrativbegleiter vorangeht, oder bei Namen:

El dinero **está** sobre la mesilla.	Das Geld **liegt** auf dem Nachtschränkchen.
Tus zapatos **están** bajo la cama.	Deine Schuhe **stehen** unter dem Bett.
Las sillas no **están** en su sitio.	Die Stühle **stehen** nicht am richtigen Platz.
Ramona **está** en el baño.	Ramona **ist** im Bad.

b *hay*, wenn das Subjekt eine unbestimmte oder unbekannte Person oder Sache bezeichnet. Dies ist z.B. der Fall bei Substantiven, denen der unbestimmte oder gar kein Artikel, ein Zahlwort oder eine Mengenangabe vorausgeht, oder bei indefiniten Pronomen:

Hay una mancha en esta falda.	In diesem Rock **ist** ein Fleck.
Hay flores muy bonitas en el jardín.	Im Garten **sind** sehr schöne Blumen.
Hay siete personas en la sala.	**Es sind** sieben Personen im Saal.
¿**Hay** alguien en casa?	**Ist** jemand zu Hause?
Hay algunos errores en el trabajo.	**Es sind** einige Fehler in der Arbeit.

A Wenn keine Ortsangabe folgt, so benutzt man, wenn das Subjekt bestimmt oder bekannt ist, *ser* in der Bedeutung ‚existieren' und *estar* in der Bedeutung ‚da/hier sein':

Pienso, luego **soy.** (Descartes)	Ich denke, also **bin** ich.
¿**Está** Carmen?	**Ist** Carmen **da**?

Wenn das Subjekt unbestimmt oder unbekannt ist, benutzt man *hay:*

No **hay** nadie que lo sepa.   **Es gibt** niemanden, der das weiß.

2 In der Bedeutung ‚stattfinden' benutzt man

a *ser,* wenn das Subjekt eine bestimmte Sache bezeichnet:

La cena **es** en el restaurante La Croqueta.   Das Abendessen **findet** im Restaurant
                                                 La Croqueta **statt.**

b *hay,* wenn das Subjekt eine unbestimmte Sache bezeichnet:

El sábado **hay** una fiesta en el instituto.   Am Samstag **findet** ein Fest im Institut **statt.**

A Derselbe Unterschied zwischen *ser* und *haber* besteht auch wenn eine Zeitangabe folgt:
La cena **es** a las diez.   Das Abendessen **ist** um zehn Uhr.
No **hay** clases hoy.   Heute **ist** kein Unterricht.

50 *Ser* bei Substantiven; *ser* und *estar* bei Adjektiven

1 *Ser* + Substantiv wird benutzt, um Personen oder Sachen zu identifizieren oder zu definieren.
Estar ist hier nicht möglich:

Estos chicos **son** mis hermanos.   Diese Jungen **sind** meine Brüder.
Un duro **es** una moneda de cinco pesetas.   Ein Duro **ist** eine 5-Peseten-Münze.

A *Ser* wird auch vor Zahlwörtern gebraucht, um eine Anzahl zu definieren:
Somos diez.   Wir **sind** zu zehnt.

2 *Ser* + Adjektiv wird benutzt, wenn das Adjektiv eine **Eigenschaft** ausdrückt, die als bleibend
und charakteristisch betrachtet wird:

Teresa **es** *muy simpática.*   Teresa **ist** *sehr sympathisch.*
Este problema **es** *complicado.*   Dieses Problem **ist** *kompliziert.*

3 *Estar* +Adjektiv wird benutzt, wenn das Adjektiv einen **Zustand** angibt, der das Resultat eines
vorangehenden Geschehens ist oder der als vorübergehend betrachtet wird, oder wenn es ein
momentanes Verhalten beschreibt:

La leche **está** *fría.*   Die Milch **ist** *kalt.*
Todos **estamos** *contentos.*   Wir **sind** alle *zufrieden.*
La tienda **está** *abierta.*   Der Laden **ist** *offen.*
María **está** *simpática* hoy.   Maria **ist** heute *nett.*

A1 Manchmal bedeutet *estar* ‚aussehen'. Vergleiche:
Pepita **es** guapa. (‚**ist** hübsch')   Pepita **está** guapa. (‚**sieht** hübsch **aus**')

A2 Anders als vielleicht zu erwarten wäre, wird bei folgenden Adjektiven in Bezug auf **Personen** grundsätzlich
ser verwendet:
ser rico/pobre   reich/arm sein
ser feliz/infeliz   glücklich/unglücklich sein
ser inocente/culpable   unschuldig/schuldig sein

4 Einige Adjektive ändern ihre Bedeutung, je nachdem ob sie mit *ser* oder *estar* kombiniert werden:

ser aburrido	langweilig sein	**estar** aburrido	gelangweilt sein/ sich langweilen
ser atento	(immer) aufmerksam sein	**estar** atento	aufpassen
ser bueno	gut sein	**estar** bueno	gut schmecken
ser cansado	ermüdend sein	**estar** cansado	müde sein
ser claro	hell sein (Farbe)	**estar** claro	klar (= verständlich) sein
ser consciente de una cosa	sich einer Sache bewußt sein	**estar** consciente/ inconsciente	bei Bewußtsein/ bewußtlos sein
ser listo	schlau sein	**estar** listo	fertig sein
ser malo	schlecht/böse sein	**estar** malo	nicht gut schmecken; krank sein; verdorben sein
ser negro	schwarz sein	**estar** negro	verärgert sein
ser rico	reich sein	**estar** rico	lecker sein
ser seguro	sicher/gewiß sein	**estar** seguro de una cosa	sich einer Sache sicher sein
ser verde	grün sein (Farbe)	**estar** verde	unreif/unerfahren sein
ser vivo	lebhaft/schlau sein	**estar** vivo	am Leben sein, leben

A Bei einigen Adjektiven (einige können auch als Substantive verwendet werden) kann **ohne Bedeutungsunterschied** *ser* oder *estar* verwendet werden:

ser/estar calvo	kahl sein	**ser/estar** divorciado	geschieden sein
ser/estar cortés	höflich sein	**ser/estar** soltero	Junggeselle sein
ser/estar casado	verheiratet sein	**ser/estar** viudo	Witwer sein

151 *Ser de* und *estar de*

1 *Ser de* wird verwendet

a um Besitz oder Zugehörigkeit auszudrücken (deutsch: ,jemandem gehören'):

El niki **es de** Enrique.	Das T-shirt **gehört** Enrique.

b zur Angabe der Herkunft (räumlich oder zeitlich):

Mi amiga **es de** Filipinas.	Meine Freundin **kommt von** den Philippinen.
Este cuadro **es del** siglo XVIII.	Dieses Bild **stammt aus** dem 18. Jahrhundert.

c zur Angabe des Materials, aus dem etwas besteht:

La mochila **es de** cuero.	Der Rucksack **ist aus** Leder.

d um nach dem zukünftigen oder unbekannten weiteren Schicksal einer Person oder Sache zu fragen (deutsch: ,werden aus'):

¿Qué **será** de ti?	Was **wird aus** dir **werden?**
¿Qué **ha sido del** proyecto?	Was **ist aus** dem Projekt **geworden?**

2 *Estar de* wird zur Angabe einer vorübergehenden Funktion, Arbeitsstelle oder Beschäftigung verwendet:

Mi hermana **está de** secretaria en una oficina.	Meine Schwester **arbeitet (zur Zeit) als** Sekretärin in einem Büro.

A Feststehende Ausdrücke mit *estar de:*

estar de viaje	verreist sein
estar de vacaciones	in Urlaub sein

52 *Ser* und *estar* bei Zeitangaben, Preisen und Zahlen

1a Bei Bezeichnungen der Uhrzeit, des Datums, des Tages, des Monats, des Jahres, der Jahreszeit usw. steht *ser*, wenn ein Substantiv ohne Präposition angeschlossen wird. *Ser* + Zeitbezeichnung dient hier dazu, einen Zeitpunkt oder Zeitraum zu identifizieren oder zu definieren (vgl. § 150.1; zu Datum und Uhrzeit vgl. auch §§ 104-105):

Es la una.	**Es ist** ein Uhr.
Son las tres.	**Es ist** drei Uhr.
Hoy **es** el 13 de noviembre.	Heute **ist** der 13. November.
Es verano.	**Es ist** Sommer.

A1 *Ser* steht auch bei den Zeitadverbien *tarde, temprano* und *pronto* (,früh'):

—¡Date prisa, **es** tarde ya!	Beeil dich, es **ist** schon spät!
—No, todavía **es** pronto/temprano.	– Nein, es **ist** noch früh.

A2 *Ser* wird mit der Präposition *por* zur Angabe einer ungefähren *Zeit* benutzt:

Fue por Navidades cuando la vi por última vez.	**Es war um** die Weihnachtszeit, als ich sie das letzte Mal sah.

b Bei Zeitangaben, die durch eine Präposition eingeleitet werden, steht *estar. Estar* + Präposition + Zeitbezeichnung drückt hier aus, in welchem Zeitabschnitt man sich befindet (vgl. 149.1a):

¿A cuántos **estamos**?	Der wievielte **ist** heute?
¿A qué **estamos**?	Welches Datum **haben wir** heute?
Hoy **estamos a** 4 de enero de 1996.	Heute **ist** der 4. Januar 1996.
Estamos en diciembre/invierno.	**Es ist** Dezember/Winter.

2a Bei Preisen wird *ser* nur zur Angabe eines Gesamtbetrages, einer Endsumme verwendet:

¿Cuánto **es** todo?	Wieviel **kostet/macht** das Ganze?

b Bei sonstigen Preisangaben verwendet man die Präposition *a* + *estar.* (Diese Wendung hat dieselbe Bedeutung wie *costar.*)

¿A cuánto **están** las manzanas?/ ¿Cuánto **cuestan** las manzanas?	Wieviel **kosten** die Äpfel?

3 Bei den Grundrechenarten verwendet man nur *ser:*

Tres multiplicado por tres **son** nueve.	Dreimal drei **ist** neun.

53 Weitere Verwendungen von *ser* und *estar*

1a *Estar* + Adjektiv oder Adverb wird zur Angabe eines Gesundheitszustandes verwendet:

Mi hermano **está** enfermo.	Mein Bruder **ist** krank.
¿Cómo **estás**? —**Estoy** bien/mal.	**Es geht mir** gut/schlecht.

b *Ser* + Adjektiv wird bei dauerhaften körperlichen Gebrechen verwendet:

Es ciego / sordo.   Er **ist** blind / taub.

2a In Bezug auf bestimmte, konkrete Speisen und Getränke wird grundsätzlich *estar* beim Adjektiv verwendet:

La tortilla **está** muy sabrosa.   Das Omelett **ist** ganz köstlich.

b In Bezug auf die Eigenschaft einer Speise oder eines Getränks im allgemeinen wird *ser* benutzt:

Dicen que la leche **es** muy saludable.   Milch soll sehr gesund **sein.**

3   Um ein Urteil über etwas abzugeben, benutzt man

a *ser* + Adjektiv (auch in unpersönlichen Ausdrücken, denen ein Nebensatz folgt):

La película **ha sido** muy ***buena.***   Der Film **war** sehr ***gut.***
Es ***increíble*** que no lo sepa.   Es ist ***unglaublich,*** daß er es nicht weiß.

b *estar* + Adverb:

La película **ha estado** muy ***bien.***   Der Film **war** sehr ***gut.***

4   Eine Konstruktion aus *ser* + Relativsatz kann zur Hervorhebung von Satzteilen benutzt werden (vgl. § 79):

Lo he hecho **por ti.**
Es por ti por quien lo he hecho.   Ich habe es **für dich** getan.

A1 Um eine Temperatur in Graden anzugeben benutzt man *estar a ... grados:*
El agua **está** ***a 25 grados.***   Das Wasser **hat** ***25 Grad.***

A2 Bei allgemeinen Angaben der Temperatur oder Wetterlage benutzt man *hacer* + Substantiv:
Hace mucho calor.   **Es ist** sehr heiß.
Hacía buen tiempo.   Das Wetter **war** schön.

54 ‚Müssen' und ‚sollen'

Für die deutschen Modalverben ‚müssen' und ‚sollen' kennt das Spanische verschiedene Übersetzungen, da ‚müssen' und ‚sollen' mehrere Bedeutungen haben.

1 Wenn es um einen äußeren oder selbst auferlegten Zwang geht, verwendet man *tener que* + Infinitiv. Dies ist zugleich die am häufigsten verwendete und neutralste Übersetzung von ‚müssen':

Tenéis que llegar a tiempo.	**Ihr müßt** pünktlich kommen.
Tengo que concentrarme.	**Ich muß** mich konzentrieren.

A Daß etwas nötig ist, wird wiedergegeben durch *es necesario (que), hace falta (que)*:

¿**Es necesario que** te arregles tanto?	**Ist es nötig**, daß du dich so lange zurechtmachst?
No hace falta que usted me entregue el dinero ahora mismo.	**Es ist nicht nötig**, daß Sie mir das Geld jetzt gleich geben.

2 Wenn es sich um ein unpersönliches ‚man muß' handelt, verwendet man *hay que* + Infinitiv:

Hay que trabajar.	**Man muß** arbeiten.

A Die verneinte Form *no hay que* entspricht dem deutschen ‚man darf nicht':

No hay que desesperar.	**Man darf** nicht verzweifeln.

3 Ein moralisches Gebot oder eine Pflicht wird durch *deber* + Infinitiv ausgedrückt:

Deberías tener más respeto.	**Du solltest** mehr Respekt haben.
Debemos ofrecerles nuestra ayuda.	**Wir müssen/sollten** ihnen unsere Hilfe anbieten.

4 Eine Vermutung drückt man durch *deber de* + Infinitiv aus:

Ahora **deben de** ser las tres.	**Es muß** jetzt drei Uhr sein.
Debió de alcanzar el tren.	**Er dürfte** den Zug erreicht haben.

5 Eine weitere Möglichkeit, ‚sollen' oder ‚müssen' wiederzugeben, ist *haber de* + Infinitiv, das der gehobenen Sprache angehört. Es drückt oft etwas vom Schicksal Bestimmtes aus (wie manchmal das *condicional* – vgl. § 129.1c). Es kann aber auch gleichbedeutend mit *tener que* sein:

Emigró a Francia, donde **había de** morir pocos meses más tarde.	Er wanderte nach Frankreich aus, wo er wenige Monate später sterben **sollte**.
He de hacer/**Tengo que** hacer unas cosas antes de ir a casa.	Ich **muß** noch einige Dinge erledigen, bevor ich nach Hause gehe.

6 Das deutsche ‚sollen' zur Wiedergabe einer Aufforderung in der indirekten Rede wird im Spanischen durch einen *subjuntivo* ausgedrückt (vgl. § 134.2 A1):

El portero me ha dicho que **espere**.	Der Portier hat zu mir gesagt, daß ich **warten soll**.

155 **‚Können‘**

Das Verb ‚können‘ hat verschiedene Bedeutungen, die im Spanischen durch unterschiedliche Verben ausgedrückt werden:

1 ‚können‘ = ‚gelernt haben‘, ‚beherrschen‘ —> *saber*

Es analfabeto, pues no **sabe** leer ni escribir correctamente.	Er ist Analphabet, denn er **kann** weder richtig lesen noch schreiben.
Sabe español muy bien.	Sie **kann** sehr gut Spanisch.
¿**Sabes** escribir a máquina?	**Kannst** du maschineschreiben?

2a ‚können‘ = ‚die Möglichkeit haben‘ —> *poder*

No **podemos** venir hoy a la reunión.	Wir **können** heute nicht zu der Besprechung kommen.
Mi hermana no **puede** ayudarme en la mudanza.	Meine Schwester **kann** mir nicht beim Umzug helfen.

A Dem deutschen ‚in der Lage sein‘, ‚(moralisch) fähig sein‘, ‚imstande sein‘, entspricht im Spanischen *ser capaz de:*

No **soy capaz de** decir mentiras.	**Ich bin nicht fähig** zu lügen.

b ‚Können‘ bleibt oft unübersetzt, vor allem bei Verben der Wahrnehmung:

No **vemos** nada desde aquí.	Wir **können** von hier aus nichts **sehen.**
No **se oye** nada.	**Man kann** nichts **hören.**
Se come bien en este restaurante.	In diesem Restaurant **kann man** gut **essen.**

3 ‚Es kann sein, daß‘, ‚es ist möglich, daß‘ —> *puede (ser) que + subjuntivo*

Puede (ser) que no *abran* las tiendas hoy.	**Es kann sein, daß** die Geschäfte heute nicht geöffnet werden.
Puede (ser) que *tenga* razón.	Er **könnte** Recht haben.

4 ‚können‘ = ‚dürfen‘, ‚die Erlaubnis haben‘ —> *poder*

Ya **pueden** entrar los espectadores.	Die Zuschauer **können** jetzt eintreten.
Aquí no se **puede** aparcar.	Hier **kann/darf** man nicht parken.

156 **‚Lassen‘**

Das Verb ‚lassen‘ wird in einer Reihe verschiedener Bedeutungen verwendet. Es hat im Spanischen deshalb mehrere Entsprechungen. Die wichtigsten Entsprechungen nennen wir im folgenden.

1 ‚lassen‘ = ‚zurücklassen‘, ‚in einem bestimmten Zustand lassen‘, ‚übriglassen‘ —> *dejar*

Juan **dejó** la cartera en casa.	Juan **ließ** seine Brieftasche zu Hause.
¿Quién **ha dejado** abierta la ventana?	Wer **hat** das Fenster offen**gelassen**?
Espero que **dejes** algo para los demás.	Ich hoffe, daß du etwas für die anderen **übrig läßt.**

2 ‚lassen‘ = ‚zulassen‘ —> *dejar*

Auf *dejar* kann eine Objekt + Infinitiv-Konstruktion oder ein *que*-Satz im *subjuntivo* folgen:
– *dejar a alguien hacer algo* }
– *dejar que alguien haga algo* } *jemanden etwas tun lassen*

Mamá no **dejó** a Irene *ver* la televisión.   Mutter **ließ** Irene nicht ***fernsehen.***
¡**Deja** *que se vayan*!   **Laß** sie doch ***gehen.***

A1 Wenn der Infinitiv keine Ergänzung hat und das Objekt von *dejar* ein Substantiv oder ein indefinites Pronomen ist, so steht dieses nach dem Infinitiv:
No **dejaron** entrar ***a nadie.***   Man **ließ** ***niemanden*** hinein.

A2 Wenn das Objekt von *dejar* ein unbetontes Personalpronomen ist, so steht es vor *dejar*:
Mamá no ***nos*** **deja** hacer lo que queremos.   Mama **läßt** ***uns*** nicht tun, was wir wollen.

3 ‚lassen‘ = ‚veranlassen‘ —> *mandar/hacer/reflexives Verb*

In dieser Bedeutung ist zu unterscheiden, ob die Person, die zu etwas veranlaßt wird, genannt wird (a) oder nicht (b).

a ‚jemanden etwas tun lassen‘ —> *hacer/mandar a alguien hacer algo*

La profesora **mandó** a los alumnos   Die Leherin **ließ** die Schüler einen
    escribir una redacción.   Aufsatz schreiben.
Hicimos venir al electricista.   Wir **ließen** den Elektriker kommen.
Le **hicimos** venir al día siguiente.   Wir **ließen** ihn am nächsten Tag kommen.

A Wie die Beispiele zeigen, ist die Stellung des Objekts von *hacer* und *mandar* dieselbe wie bei *dejar* (s. die Anmerkungen zu Abschnitt 2 oben).

b ‚sich etwas machen lassen‘ —> *hacerse algo* (reflexives Verb; sehr häufig)
                   —> *hacerse/ mandarse hacer algo* (selten)
‚etwas machen lassen‘   —> *hacer/mandar hacer algo*

El tenista **se construyó** una casa   Der Tennisspieler **ließ sich** ein sehr
    muy grande.   großes Haus **bauen.**
Ayer **me corté** el pelo.   Gestern **habe** ich **mir** die Haare **schneiden**
                                lassen.

Anita **se hará** un vestido para la boda   Anita **läßt sich** für die Hochzeit ihrer Tochter
    de su hija.   ein Kleid **machen.**
Quiero **operarme** de la nariz.   Ich möchte **mich** an der Nase **operieren lassen.**

El tenista **se mandó/se hizo construir**   Der Tennisspieler **ließ sich** ein sehr großes
    una casa muy grande.   Haus **bauen.**

La policía **mandó desalojar** el edificio.   Die Polizei **ließ** das Gebäude **räumen.**

4 ‚Laßt uns‘ = Aufforderung —> **1. Person Plural** *subjuntivo*

¡**Vámono**s a casa!   **Laßt uns** nach Hause **gehen.**
Esperemos unos días.   **Laßt uns** einige Tage **warten.**

157 ‚Werden‘

Das deutsche ‚werden‘ wird als Hilfsverb zur Bildung des Futurs und des Passivs benutzt. Zu den Entsprechungen im Spanischen s. Kapitel 16 und 19.
Als Kopulaverb, das in Verbindung mit einem Substantiv oder Adjektiv eine Zustandsveränderung ausdrückt, kennt man für ‚werden‘ im Spanischen keine direkte Übersetzung mit einem bestimmten Verb. Abhängig von der Nuance, die man ausdrücken will, sind verschiedene Übersetzungen möglich. Wir nennen im folgenden die gebräuchlichsten.

1 *Ser*, gefolgt von einer Berufsbezeichnung, drückt meist ein berufliches Ziel aus und wird im Hinblick auf die Zukunft verwendet:

Ella quiere **ser** médica.   Sie will Ärztin **werden**.

A Zu *ser de alguien* in der Bedeutung ‚aus jdm. werden‘ s. § 151.1d

2 *Ponerse*, immer gefolgt von einem Adjektiv, drückt eine Änderung der Stimmung, des Aussehens, des physischen Zustandes aus:

¿Por qué **te pones** furioso?   Warum **wirst** du böse?
Se puso nerviosa en el examen.   Sie **wurde** während der Prüfung nervös.

3 *Volverse* drückt eine radikale Veränderung aus. Es wird vor allem in Bezug auf Personen und auf psychische Merkmale verwendet:

Esto es para **volverse** loco.   Das ist zum Verrückt**werden**.
Muchos comunistas **se volvieron** demócratas.   Viele Kommunisten **wurden** Demokraten.

4 *Quedarse* drückt meist den Übergang in einen endgültigen Zustand aus, der nicht mehr rückgängig zu machen ist.

De pronto **se quedó** sordo.   Plötzlich **wurde** er taub.
Se quedó viuda a los 50 años.   Sie **wurde** mit fünfzig Witwe.

5 *Hacerse* drückt in Bezug auf Personen oft eine gewollte Veränderung aus, in Bezug auf Sachen das Resultat einer natürlichen Entwicklung:

El inventor **se hizo** rico en pocos años.   Der Erfinder **wurde** in wenigen Jahren reich.
La flor **se hizo** árbol.   Die Blüte **wurde** zum Baum.

6 *Transformarse en, convertirse en, cambiarse en* verwendet man, um eine allmähliche Veränderung auszudrücken:

Los minutos **se convirtieron en/**   Die Minuten **wurden** zu Stunden.
   se transformaron en horas.

7 Häufig ist die Bedeutung ‚werden‘ in der Bedeutung eines Verbs eingeschlossen, wie zum Beispiel bei *adelgazar* (‚schlanker werden‘) und *engordar* (‚dicker werden‘). Dies ist besonders bei einer Reihe von reflexiven Verben und Verben der Fall, die mit dem Suffix *-ecer* gebildet werden, z. B.:

calmarse	ruhig werden	enfermarse	krank werden
cansarse	müde werden	enojarse	böse werden
enfadarse	böse werden	ruborizarse	rot werden

Die spanische Entsprechungen zu ‚müssen‘, ‚sollen‘, ‚können‘, ‚lassen‘ und ‚werden

anochecer	Nacht werden	empobrecer(se)	arm werden
atardecer	Abend werden	enriquecerse	reich werden
oscurecer	dunkel werden	enfurecerse	rasend werden
envejecer	alt werden	entristecerse	traurig werden

En invierno **oscurece** muy pronto.   Im Winter **wird es** schnell **dunkel.**
No tiene sentido **enfadarse** con él.   Es hat keinen Sinn, **böse** mit ihm **zu werden.**

A Dem deutschen ‚... Jahre alt werden‘ entspricht das spanische *cumplir (los) ... años*:
El 27 de julio **cumple (los) 50 años.**   Am 27. Juli **wird er 50 Jahre alt.**

22 Präpositionen
Preposiciones

158 Funktionen

Präpositionen („Verhältniswörter") drücken eine Beziehung zwischen zwei Wörtern oder Wortgruppen aus. Man beachte dabei die folgenden Unterschiede zwischen dem Spanischen und Deutschen:

1 Das Spanische verwendet manchmal Präpositionen, wo das Deutsche Beziehungen auf andere Weise ausdrückt:

un puente **de** acero	eine stähler**ne** Brücke	difícil **de** entender	schwer **zu** verstehen
el abrigo **de** Pedro	Pedro**s** Mantel		

2 Das Spanische verwendet häufig Präpositionen mit einer anderen Bedeutung als die der deutschen Präposition:

soñar **con** alguien	**von** jemandem träumen	disponer **de** algo	**über** etwas verfügen
contar **con** alguien	**auf** jemanden zählen	pensar **en** algo	**an** etwas denken
tener miedo **de** algo	Angst **vor** etwas haben		

3 Das Spanische verwendet oft zusammengesetzte Präpositionen, wo das Deutsche einfache Präpositionen benutzt:

antes de las tres	**vor** drei Uhr	**delante de** la casa	**vor** dem Haus

4 Das Spanische verwendet manchmal eine Präposition mit einem Infinitiv, wo das Deutsche einen Nebensatz (mit Konjunktion) verwendet:

De salir por la noche, llegaremos allí a mediodía.	**Wenn** wir um Mitternacht aufbrechen, kommen wir um zwölf Uhr mittags dort an.

159 Formen

1 Das Spanische kennt einfache Präpositionen und zusammengesetzte Präpositionen. Einfache Präpositionen bestehen aus einem einzigen Wort, zusammengesetzte Präpositionen aus zwei oder mehr Wörtern, von denen mindestens eines eine Präposition ist.

2 Einfache Präpositionen mit ihren wichtigsten Bedeutungen sind:

a	an, in, nach, zu, auf	hacia	nach, gegen (zeitlich)
ante	vor	hasta	bis (hin...zu), in Richtung
bajo	unter	mediante	mittels, durch
con	mit	para	für, nach
contra	gegen	por	durch, wegen, für
de	von (... aus)	según	nach, gemäß
desde	von ... aus, seit	sin	ohne
durante	während	sobre	über, auf
en	in, auf, an	tras	hinter
entre	zwischen, unter		

3 Zusammengesetzte Präpositionen können bestehen aus:

a Präposition + Präposition (+ Präposition), z.B.:

para con (alguien)	zu (jdm.), (jdm.) gegenüber	por entre	zwischen ... durch	en contra de	gegen

b Adverb + Präposition, z.B.:

antes de	vor (zeitl.)	después de	nach	encima de	auf, über
delante de	vor (örtl.)	detrás de	hinter	junto a	neben, an, bei

c Präposition + Adverb + Präposition, z.B.:

por debajo de	unter ... durch	por delante de	an ... vorbei	por encima de	über (... hinweg)

d Präposition + Substantiv + Präposition, z.B.:

con respecto a	hinsichtlich	en medio de	inmitten von	en lugar de	anstelle von

60 Die Präposition *a* beim Objekt

Die Präposition *a* hat unterschiedliche Funktionen und Bedeutungen.

1 Die Präposition *a* wird vor dem indirekten Objekt verwendet. Sie bleibt dann im Deutschen meist unübersetzt oder wird durch ‚an' + Akkusativ wiedergegeben:

Debemos entregar el dinero **al cajero.**	Wir müssen das Geld **dem Kassierer/ an den Kassierer** übergeben.
A Juan no le interesa el fútbol.	Fußball interessiert **Juan** nicht.

2a Die Präposition *a* steht auch vor dem direkten Objekt, wenn es sich um bestimmte, konkrete Personen handelt:

¿Conoces **al novio de Paquita?**	Kennst du **Paquitas Freund**?
No veo **a los vecinos.**	Ich sehe **die Nachbarn** nicht.
Vimos **a un compañero** en la piscina.	Wir sahen **einen Mitschüler** im Schwimmbad.
¿Por qué no saludas **a Miguel**?	Warum grüßt du **Miguel** nicht?
¿**A quién** busca usted?	**Wen** suchen Sie?

A1 Wenn es nicht um bestimmte Personen geht, sondern um irgendwelche, noch unbekannte, so wird *a* nicht verwendet:

Necesitamos **una asistente.**	Wir brauchen **eine Assistentin**.
La empresa busca **representantes**.	Der Betrieb sucht **Vertreter**.

A2 Vor dem Relativpronomen *que* als direktem Objekt und vor einem Personalpronomen als direktem oder indirektem Objekt steht kein *a* (Vgl. §§ 72 und 44–47):

Estas son las personas **que** vimos.	Dies sind die Leute, **die** wir sahen.
No **me** conocen.	Sie kennen **mich** nicht.

b Auch Substantiven, die auf Gruppen von Personen verweisen, geht ein *a* voraus, wenn sie die Funktion des direkten Objekts erfüllen:

La policía avisó **a la gente**.	Die Polizei warnte **die Leute**.
El señor Aznar presentó **a su nuevo equipo**.	Herr Aznar stellte **seine neue Mannschaft** vor.

Salvaron **a toda la tripulación del barco**.

Alle Besatzungsmitglieder des Schiffes wurden gerettet.

c Substantive, die eine Personifizierung beinhalten, erhalten ebenfalls *a*, wenn sie direktes Objekt sind:

invocar **al demonio**   **den Teufel** anrufen
temer **a la muerte**   **den Tod** fürchten
Queremos mucho **a Estela**, nuestra perra.   Wir mögen **Estela**, unsere Hündin, sehr.

d Bei bestimmten Verben, die häufig eine Personenbezeichnung als direktes Objekt haben, werden auch Sachbezeichnungen als direktes Objekt mit *a* angeschlossen, z.B. *llamar a, responder a, acompañar a, sustituir a*:

Yo **llamo** a esto una barbaridad.   Das nenne ich barbarisch.
Nadie **respondió** a mi saludo.   Niemand antwortete auf meinem Gruß.
El vino tinto **acompaña** muy bien   Rotwein paßt gut zu Paella.
   a la paella.

A1 Um einer Verwechslung von Subjekt und direktem Objekt vorzubeugen, wird manchmal dem direkten Objekt, das keine Person bezeichnet, die Präposition *a* vorangestellt:

Una dieta equilibrada favorecerá **a la mejoría**   Eine ausgewogene Diät wird den Gesundheits-
   del enfermo.   zustand des Kranken verbessern.

A2 Wenn das Verb sowohl ein direktes als auch ein indirektes Objekt hat, so steht vor dem direkten Objekt nie *a*, auch wenn es eine Person bezeichnet:

La chica presentó **su amigo** a sus padres.   Das Mädchen stellte ihren Freund ihren Eltern vor.
Un compañero recomendó **este representante**   Ein Kollege empfahl diesen Vertreter
   al jefe.   dem Chef.

A3 Einige Verben ändern ihre Bedeutung, je nachdem, ob sie durch *a* mit dem direkten Objekt verbunden werden oder nicht.

– Das Verb *tener* ohne *a* bedeutet ‚haben‘, ‚besitzen‘, während *tener a* ‚festhalten‘, ‚noch haben‘ bedeutet:

Tengo dos hermanos y una hermana.   Ich **habe** zwei Brüder und eine Schwester.
Tengo a mis hijos en casa.   Ich **habe** meine Kinder **noch** zu Hause.

– Das Verb *querer* ohne *a* bedeutet ‚(haben) wollen‘, und *querer a* bedeutet ‚gern haben‘, ‚lieben‘:

El niño **quiere** un hermanito.   Der Junge **möchte** ein Brüderchen.
El niño **quiere** mucho **a** su hermanito.   Der Junge **liebt** sein Brüderchen sehr.

161 Weitere Verwendungen von *a*

1 Die Präposition *a* wird auch in folgenden Bedeutungen verwendet:

a Zielpunkt bei Verben der Bewegung (‚in‘, ‚nach‘, ‚zu‘ usw.):

Vamos **a la ciudad**.   Wir fahren **in** die Stadt.
El público se dirige **a la salida**.   Das Publikum begibt sich **zum** Ausgang.
El regreso **a casa** será a las once.   Die Rückkehr **nach** Hause findet um elf Uhr
                                                        statt.
el vuelo **a Málaga**   der Flug **nach** Malaga

b *de ... a*: Anfangs- und Endpunkt im örtlichen und zeitlichen Sinn (‚von ... bis‘):

de Amsterdam **a** Madrid   **von** Amsterdam **nach** Madrid
de diez **a** doce   **von** zehn **bis** zwölf

c Art und Weise, Mittel („auf... Art', ‚mit', ‚zu'):

bacalao **a** la vizcaína	Kabeljau **auf** baskische **Art**
ir **a** pie	**zu** Fuß gehen
escribir **a** máquina	maschineschreiben

d Zeitpunkt („um'):

a las tres de la tarde	**um** drei Uhr nachmittags
a mediodía	**um** zwölf Uhr mittags
a medianoche	**um** Mitternacht

e Alter als Zeitpunkt („mit', ‚im Alter von'):

A los ochenta años todavía se baña en el mar en enero.	**Mit** achtzig Jahren badet er noch im Januar im Meer.

f *a* + bestimmter Artikel = nach Ablauf eines Zeitraums („nach', ‚... später'):

A los dos días desaparecieron las águilas.	**Nach** zwei Tagen verschwanden die Adler.
Al año lo volví a ver.	Ein Jahr **später** sah ich ihn wieder.

g *a* + Infinitiv = Zweck, Absicht bei Verben der Bewegung („um ... zu'):

He venido **a** decirle la verdad.	Ich bin gekommen, **um** dir die Wahrheit zu sagen.
El cliente volvió **a** buscar su equipaje.	Der Kunde kam zurück, **um** sein Gepäck zu holen.

A1 Die Präposition *a* steht auch nach einer Reihe von Verben, denen ein Infinitiv folgt:

comenzar **a**		echarse **a**		acertar **a**	es schaffen **zu**
ponerse **a**	beginnen **zu**	romper **a**	etwas plötzlich tun	aprender **a**	lernen **zu**
meterse **a**				enseñar **a**	lehren, zeigen (wie man ...)

A2 Zu *al* + *infinitivo* anstelle von Nebensätze s. § 142.4a.

2 Adverbiale Ausdrücke mit *a* sind sehr zahlreich. Hier einige Beispiele:

a ciegas	blindlings	**a** mano	mit der Hand
a escondidas	heimlich	**a** pie	zu Fuß
a gusto	nach Geschmack	**a** sus anchas	bequem, nach Belieben
a lo mejor	vielleicht	**a** tientas	tastend
a oscuras	im Dunkeln		

52 Die Präpositionen *ante, antes de* und *delante de*

Diese drei Präpositionen entsprechen dem deutschen ‚vor' in örtlicher, zeitlicher oder übertragener Bedeutung.

1 *Delante de* wird nur im örtlichen Sinn gebraucht:

El coche se detuvo **delante de** la estación.	Das Auto hielt **vor** dem Bahnhof.
El general iba **delante de** las tropas.	Der General ging **vor** seinen Truppen **her.**

2 *Antes de* wird nur im zeitlichen Sinn gebraucht:

Sabremos más **antes de** la semana próxima.	**Vor** nächster Woche wissen wir mehr.
Se despidió de todos **antes de** irse.	Sie verabschiedete sich von allen, **bevor** sie wegging.

3 *Ante* wird vor allem in übertragener Bedeutung verwendet („im Angesicht von', ‚beim Anblick von'), gelegentlich (im literarischen Stil) auch in örtlichem Sinn:

ante Dios y mi conciencia	**vor** Gott und meinem Gewissen
Ante semejante espectáculo se indispuso.	**Bei** diesem Anblick wurde ihm schlecht.
estar **ante** la puerta	**vor** der Tür stehen

163 Die Präpositionen *bajo* und *debajo de*

1 *Bajo* bedeutet ‚unter' und wird vor allem im übertragenen Sinn verwendet, kann aber auch örtliche Bedeutung haben:

bajo la dictadura de Franco	**unter** der Francodiktatur
Las zapatillas están **bajo** la cama.	Die Schuhe stehen **unter** dem Bett.

2 *Debajo de* ist die gebräuchlichste Entsprechung der deutschen Ortspräpositionen ‚unter', ‚unterhalb von':

Hay agua **debajo de** la mesa.	**Unter** dem Tisch ist Wasser.

164 Die Präposition *con*

Die Präposition *con* stimmt weitgehend mit dem deutschen ‚mit' überein. Sie kann z.B. Begleitung, Mittel oder Art und Weise ausdrücken (vgl. aber § 166.1b):

Vamos a la representación teatral **con** todos los niños.	Wir gehen **mit** allen Kindern in die Theatervorstellung.
Prefiero escribir **con** bolígrafo.	Ich schreibe lieber **mit** einem Kugelschreiber.
Corrigió el artículo **con** mucho cuidado.	Er korrigierte den Artikel **mit** großer Sorgfalt.

A Zu *con* + *infinitivo* anstelle eines deutschen Nebensatzes s. §142.4e.

165 Die Präposition *de*

1 Die Präposition *de* hat unterschiedliche Bedeutungen, die im Deutschen z.T. ohne Präpositionen ausgedrückt werden:

a Besitz oder Zugehörigkeit (im Deutschen oft ein Genitiv):

El paraguas **de Carmen** está roto.	**Carmens** Regenschirm ist kaputt.
El paraguas **es de** Carmen.	Der Schirm **gehört** Carmen.

b Herkunft, Ursprung (‚aus', ‚von'):

Este vino es **de** la Rioja.	Dieser Wein ist **aus** der Rioja-Gegend.
¿**De** dónde es usted?	Wo kommen Sie **her**?

c Material (‚aus'):

El reloj es **de** oro macizo.	Die Uhr ist **aus** massivem Gold.

A Einer Verbindung aus Substantiv + *de* + Materialbezeichnung entspricht im Deutschen oft ein zusammengesetztes Substantiv oder ein Adjektiv + Substantiv:

un puente **de** hormigón   eine Betonbrücke   una cadena **de** plata   eine silberne Kette

d äußerliches Merkmal (‚mit‘):

el niño **del** pelo rubio	der Junge **mit** dem blonden Haar
la Casa **de** las Conchas	das Haus **mit** den Muscheln

e Lebensalter (‚als‘):

De joven se interesó ya por los aviones.	Schon **als** Junge interessierte er sich für Flugzeuge.
¿Qué quieres ser **de** mayor?	Was willst du werden, wenn du groß bist?

f Grund, Ursache (‚aus‘, ‚vor‘, ‚an‘):

Estaba loco **de** alegría.	Ich war verrückt **vor** Freude.
Se murió **de** pena.	Sie starb **aus** Kummer.
Murió **de** pulmonía.	Er starb **an** Lungenentzündung.

A Zu *de + infinitivo* anstelle eines Nebensatzes der Bedingung vgl. §142.4d.

2   In einer Reihe von Fällen bleibt *de* im Deutschen unübersetzt:

a nach einem Substantiv der Menge:

un vaso **de** agua	ein Glas Wasser
una botella **de** coñac	eine Flasche Cognac
un kilo **de** manzanas	ein Kilo Äpfel

b nach den Wörtern *avenida, calle, ciudad, isla, provincia, parque, plaza* gefolgt von einem Eigennamen:

la avenida **de** las Américas	der Boulevard ‚Las Américas‘
la calle **de** Goya	die Goyastraße
la ciudad **de** Barcelona	die Stadt Barcelona
la isla **de** Mallorca	die Insel Mallorca
la provincia **de** Granada	die Provinz Granada
el parque **del** Retiro	der Retiropark
la plaza **de** Colón	der Columbusplatz

A Es gibt eine Tendenz, besonders in der Umgangssprache, die Präposition *de* in solchen Kombinationen wegzulassen: *la calle Goya.*

c bei Datumsangaben zwischen Tag und Monat und zwischen Monat und Jahr (vgl. § 104.2) sowie zwischen dem Wort *mes* und einem Monatsnamen:

el uno **de** mayo **de** 1993	1. Mai 1993
el mes **de** diciembre	der Monat Dezember

3   Es gibt zahlreiche adverbiale Ausdrücke mit *de*, wie z.B.:

de buena gana	gutwillig, gern
de día	tagsüber
de noche	nachts
de pie	stehend, im Stehen
de un trago	in einem Zug
de una vez	auf einmal, endlich einmal

166 Die Präposition *en*

1 Die Präposition *en* wird verwendet

a in Orts- und Zeitangaben (‚in', ‚an', ‚auf' usw.):

El almacén está **en** el centro de la ciudad.	Das Kaufhaus ist **im** Zentrum der Stadt.
Me espera **en** la esquina.	Er wartet **an** der Ecke auf mich.
El periódico está **en** la mesa.	Die Zeitung liegt **auf** dem Tisch.
En el mes de enero nevó bastante.	**Im** Monat Januar hat es ziemlich viel geschneit.
En dos horas tengo que entregar el trabajo de química.	**In** zwei Stunden muß ich die Chemiearbeit abgeben.

A1 Geht es um eine Richtung, so lautet die Präposition nicht *en*, sondern *a*:

Hoy vamos **a** Suiza.	Heute fahren wir **in** die Schweiz.

A2 ‚In' im Sinn von ‚innerhalb von' wird durch *dentro de* wiedergegeben, dessen Gegenteil *fuera de* ist:

dentro de la casa	**im** Haus	**fuera de** la casa	**außerhalb** des Hauses

b bei Transportmitteln (‚mit'):

viajar **en** tren/**en** avión/**en** barco	**mit** dem Zug/Flugzeug/Schiff reisen

A Beachte dagegen:

a caballo	**zu** Pferd	**a** pie	**zu** Fuß

c bei Sprachen (‚auf', ‚in'):

¿Cómo se dice eso **en** español?	Wie heißt das **auf** Spanisch?
En alemán tiene otro sentido.	**Im** Deutschen hat es eine andere Bedeutung.

d zur Angabe eines Fachgebietes (‚in', ‚für', ‚auf dem Gebiet von'):

Es especialista **en** cardiología.	Er ist Spezialist **für** Herzkrankheiten.

2 Die Präposition *en* wird auch in zahlreichen adverbialen Ausdrücken verwendet, z.B.:

en casa	zu Hause	**en** otras palabras	mit anderen Worten
en el fondo	eigentlich	**en** pie	aufrecht, stehend
en huelga	im Streik	(oder: **de** pie)	
(oder: **de** huelga)		**en** principio	grundsätzlich
en mangas de camisa	hemdsärmelig	**en** serio	im Ernst, ernsthaft

167 Die Präposition *entre*

Die Präposition *entre* hat folgende deutsche Entsprechungen:

1 ‚zwischen', ‚unter' (örtlich, zeitlich und in übertragenem Sinn):

Hay un folleto **entre** las hojas del diario	**Zwischen** den Zeitungsseiten liegt ein Prospekt.
Vendrá **entre** las cuatro y las cinco.	Er kommt **zwischen** 4 und 5 Uhr.
Entre semana voy a la piscina muchas veces.	Die Woche **über** gehe ich oft ins Schwimmbad.
Dijo eso **entre** otras cosas.	Das sagte er **unter** anderem.
¿Hay un médico **entre** los aquí presentes?	Ist **unter** den Anwesenden ein Arzt?

2 ‚zusammen'

Entre todos levantamos el piano.   Wir heben das Klavier alle **zusammen** hoch.
Entre tú y yo vamos a resolver   Du und ich werden dieses Problem
  este problema.   **zusammen** lösen.

8 Die Präposition *hacia*

Die Präposition *hacia* wird verwendet:

1 in Richtungsangaben (‚nach', ‚zu'):

Los Pirineos se extienden **hacia** el sur.   Die Pyrenäen erstrecken sich **nach** Süden.
Un desconocido se acercaba **hacia** nosotros.   Ein Unbekannter kam **auf** uns **zu**.

2 in ungefähren Orts- und Zeitangaben (‚gegen', ‚etwa um', ‚etwa an'):

El chico se levantaría **hacia** las seis.   Der Junge würde **gegen** sechs Uhr aufstehen.
La farmacia está **hacia** al final de la calle.   Die Apotheke ist **ungefähr am** Ende der Straße.

3 bei Gefühlen und Einstellungen (‚gegenüber'):

el respeto **hacia** sus padres   der Respekt **gegenüber** seinen Eltern

9 Die Präposition *hasta*

Die Präposition *hasta* drückt eine Erstreckung im örtlichen, zeitlichen oder übertragenen Sinn aus:

1 ‚bis' (zeitlich und örtlich)

Estaremos fuera **hasta** el miércoles.   Wir sind **bis** Mittwoch weg.
El agua llegó **hasta** las ventanas.   Das Wasser kam **bis** an die Fenster.

A *No ... hasta* bedeutet ‚erst um/an/zu/...':
El autobús **no** sale **hasta** las ocho.   Der Bus fährt **erst um** acht Uhr ab.

2 ‚sogar' (‚alle, bis hin zu ...')

Hasta el abuelo se alegró.   **Sogar** Opa war froh.

0 Die Präposition *para*

1 Die Präposition *para* wird gebraucht

a zur Angabe einer Bestimmung oder eines Zwecks (‚für', ‚zu'):

¿**Para** quién es este té?   **Für** wen ist dieser Tee?
Un lápiz sirve **para** escribir o **para** dibujar.   Ein Bleistift dient **zum** Schreiben oder
                                       zum Zeichnen.

b zur Angabe eines Zielortes („nach'):

El avión **para** Madrid ya ha despegado.	Das Flugzeug **nach** Madrid ist schon gestartet.
Mañana saldremos **para** Chile.	Morgen reisen wir **nach** Chile ab.

c zur Angabe eines Zieltermins oder einer Frist („zu', ‚bis', ‚für'):

Para Reyes estarán todos en casa.	**Zum** Dreikönigsfest werden sie alle zu Hause sein.
Dejaremos este asunto **para** principios de octubre.	Wir werden diese Angelegenheit **bis** Anfang Oktober ruhen lassen.
He venido aquí **para** un mes.	Ich bin **für** einen Monat hierher gekommen.

d zur Angabe eines Maßstabes oder Standpunktes („für', ‚zufolge', ‚nach Ansichts von'):

Veinte marcos es mucho dinero **para** un vino corriente.	Zwanzig Mark sind viel Geld **für** einen normalen Wein.
Para un psicólogo el hombre es un animal con juicio.	**Für** einen Psychologen/Psychologen **zufolge** ist der Mensch ein Tier mit Verstand.

2 Die Präposition *para* kommt auch in Ausdrücken mit *estar* vor:

no estar **para** bromas	nicht in **der Stimmung für** Witze sein
estar **para** salir	**im Begriff sein** auszugehen

171 Die Präposition *por*

1 *Por* wird in unterschiedlichen Bedeutungen gebraucht:

a zur Angabe eines Grundes („durch', ‚aus' ‚wegen', ‚um ... willen', ‚für'):

No pudimos ir **por** falta de tiempo.	Wir konnten **aus** Zeitmangel nicht hingehen.
Por amor de Dios, ¡ayúdeme!	**Um** Gottes willen, helfen Sie mir!
Yo lo haría todo **por** ti, pero es que...	Ich würde alles **für** dich tun, aber ...

A *Por* + *infinitivo* entspricht einem Nebensatz des Grundes (vgl. § 142.4c)

Por estar enfermo, no pude venir.	**Da ich krank war,** konnte ich nicht kommen.

b zur Angabe eines Durchgangsortes („durch', ‚über'):

Para llegar a Cibeles, hay que ir **por** la calle de Alcalá.	Um nach Cibeles zu kommen, muß man **durch** die Alcalástraße gehen.
El tren pasa **por** Almería.	Der Zug fährt **über** Almería.

A *Por* wird meist mit einem Verb der Bewegung kombiniert: *ir, pasar, andar, caminar* usw. Auf *por* können dann auch weitere Präpositionen folgen:

El camarero pasa **por entre** las mesas.	Der Kellner kommt **zwischen** den Tischen **hindurch**.
El agua corre **por debajo** del puente.	Das Wasser strömt **unter** der Brücke **hindurch**.
No se puede mirar **por encima de** la baranda.	Man kann nicht **über** das Geländer **hinweg**sehen.

c in vagen Orts- und Zeitangaben („in', ‚auf'):

Por el centro de la ciudad hay muchos bares.	**Im** Zentrum der Stadt (= über das Zentrum verstreut) gibt es viele Cafés.

Anda mucha gente **por** la calle.	**Auf** der Straße laufen viele Leute.
Volveremos **por** el mes de agosto.	Wir werden **im Laufe des** August zurückkommen.

A Beachte auch folgende *Zeit*angaben:

por la mañana	vormittags	**por** la tarde	nachmittags
por la noche	abends, nachts		

d zum Ausdruck eines Austausches (‚für‘):

Se venden entradas **por** ochenta marcos.	Eintrittskarten sind **für** achtzig Mark zu haben.
Me han tomado **por** otra persona.	Man hat mich **für** jemand anderen gehalten.

e zur Angabe eines Transport- oder Kommunikationsmittels (‚per‘, ‚durch‘, ‚mit‘):

por avión	**per** Luftpost
Por esta carta os notificamos lo sucedido.	**Durch** diesen Brief informieren wir euch über das, was geschehen ist.

A Zu *por* beim Handlungsträger im Passivsatz s. § 145.2.

2 *Por* kommt in vielen Wendungen unterschiedlicher Bedeutung nach Substantiven, Adjektiven und Verben vor:

amor **por** la patria	Vaterlandsliebe
estar loco **por** algo/alguien	verrückt **nach** etwas/jdn. sein
esforzarse **por** hacer algo	sich bemühen, etwas **zu** tun
el esfuerzo **por** hacer algo	das Bemühen, etwas **zu** tun
interesarse **por** algo/alguien	sich **für** etwas/jdn. interessieren
el interés **por** la pintura	das Interesse **für** die/**an** der Malerei
luchar **por** algo/alguien	**für**/**um** etwas/jdn. kämpfen
la lucha **por** algo/alguien	der Kampf **um** etwas/jdn.
multiplicar **por** dos	**mit** zwei multiplizieren
estar orgulloso **por** algo/**de** alguien	stolz **auf** etwas/jdn. sein
estar **por** hacer	noch getan werden müssen
estar **por** hacer algo	etwas noch tun müssen

2 Die Präposition *sin*

Die Präposition *sin* entspricht dem deutschen ‚ohne‘:

Siempre tomo el café **sin** azúcar.	Ich trinke Kaffee immer **ohne** Zucker.
No nos avisaron **sin** razón.	Sie warnten uns nicht **ohne** Grund.

A Zu *sin* + *infinitivo* anstelle eines adverbialen Nebensatzes s. § 142.4.
Zu *estar sin* + *infinitivo* s. § 142.4c A.

3 Die Präposition *sobre*

Die Präposition *sobre* wird verwendet:

1 in Ortsangaben (‚auf‘, ‚über‘):

Puse el vaso **sobre** la bandeja.	Ich stellte das Glas **auf** das Tablett.
Hay dos puentes **sobre** el río.	Es gibt zwei Brücken **über** den Fluß.

Präpositionen

A1 In der Bedeutung ‚auf' wird auch *encima de* verwendet:

encima de la bandeja   **auf** dem Tablett

A2 ‚Über(hinweg)' als Richtungspräposition wird durch *por encima de* ausgedrückt:

La cigüeña pasó **por encima del** río   Der Storch flog **über** den Fluß in Richtung
  hacia el campanario.   des Kirchturms.

2 in ungefähren Zeitangaben (‚gegen'):

El teléfono sonó **sobre** las once de la noche.   Das Telefon klingelte **gegen** elf Uhr nachts.

3 zur Angabe eines Themas (‚über'):

Quisiera comprarme un libro **sobre**   Ich würde gern ein Buch **über**
  el arte precolombino.   präkolumbianische Kunst kaufen.
Hoy el profesor habla **sobre** Galicia.   Heute spricht der Lehrer **über** Galizien.

---

174 Die Präpositionen *tras, detrás de* und *después de*

1 Die Präposition *detrás de* wird nur im örtlichen Sinn und zur Angabe der Reihenfolge verwendet und bedeutet ‚hinter':

Detrás del ayuntamiento está la catedral.   **Hinter** dem Rathaus ist die Kathedrale.
Juan iba **detrás de** Carlos.   Juan ging **hinter** Carlos.

2 Die Präposition *después de* wird nur im zeitlichen Sinn und zur Angabe der Reihenfolge verwendet und bedeutet ‚nach':

Después de la siesta, salió.   **Nach** dem Mittagsschläfchen ging er weg.
Después de las tres ya no voy a trabajar.   **Nach** drei Uhr gehe ich nicht mehr an die Arbeit.
Tú estás **después de** mí en la lista.   Du stehst **nach** mir in der Liste.

3 Die Präposition *tras* wird vorwiegend im literarischen Stil und in bestimmten festen Wendungen gebraucht. Sie kann örtliche, zeitliche und übertragene Bedeutung haben. In örtlicher und zeitlicher Bedeutung ist sie manchmal mit *detrás de* bzw. *después de* austauschbar:

La maleta está **tras/detrás de** la puerta.   Der Koffer steht **hinter** der Tür.
Día **tras** día mejoraba su estado de salud.   Tag **für** Tag wurde sein Gesundheitszustand
                                                             besser.

Juan andaba **tras/detrás de** una chica.   Juan war **hinter** einem Mädchen **her**.
Tras/Después de la llegada de los   **Nach** der Ankunft der Referenten
  ponentes comenzó el congreso.   begann der Kongress.

A1 Vor Uhrzeit- und Datumsangaben kann nur *después de* und nicht *tras* verwendet werden:
después de/tras la siesta   **nach** dem Mittagsschläfchen
Aber nur:
después de las tres   **nach** drei Uhr

A2 *Tras* + Infinitiv oder *tras de* + Substantiv kann anstelle von *además de* (‚zusätzlich zu') verwendet werden:
Tras venir tarde, se va el primero.   **Er kommt zu spät und** geht **auch noch** als erster.
Tras del coche compra ahora una moto.   **Zusätzlich zu seinem Auto** kauft er jetzt ein
                                                             Motorrad.

Konjunktionen
Conjunciones

Funktionen von Konjunktionen (Beiordnende und unterordende Konjunktionen)

Konjunktionen („Bindewörter") dienen hauptsächlich dazu, Sätze oder Satzteile miteinander zu verbinden. Es gibt zwei Arten von Konjunktionen: beiordnende (parataktische) und unterordnende (hypotaktische).

1a Wenn zwei gleichrangige Sätze (z.B. zwei Hauptsätze) miteinander verbunden werden, so spricht man von beiordnenden Konjunktionen:

Mamá habla **pero** nadie la escucha.	Mama redet, **aber** niemand hört ihr zu.
El perro ladra **y** el gato maúlla.	Der Hund bellt **und** die Katze miaut.

b Beiordnende Konjunktionen werden auch verwendet, um Satzteile zu verbinden, die die gleiche Funktion haben:

María **y** Cristina se ríen de sus padres.	María **und** Cristina lachen ihre Eltern aus.
El precio es alto **pero** justificado.	Der Preis ist hoch, **aber** gerechtfertigt.
Isabel es una chica rubia **y** de ojos azules.	Isabel ist ein blondes Mädchen mit blauen Augen.

2 Unterordnende Konjunktionen leiten Nebensätze ein. Sie dienen also dazu, einen untergeordneten mit einem übergeordneten Satz zu verbinden:

Nadie quiere **que** los demás se burlen de él.	Niemand will, **daß** andere ihn verspotten.
Si nos da tiempo, avisaremos a todo el mundo.	**Wenn** genug Zeit ist, werden wir alle warnen.

Übersicht über Formen und Bedeutungen von Konjunktionen

1 Im folgenden geben wir eine Übersicht über die am häufigsten verwendeten Konjunktionen, geordnet nach der Kategorie, zu der sie gehören, ihrer Bedeutung und dem Paragraphen, in dem sie erwähnt oder besprochen werden. Zur Verwendung der unterordnenden Konjunktionen verweisen wir auf das Kapitel 17, § 138 („Der *subjuntivo* in adverbialen Nebensätzen").

a Beiordnende Konjunktionen

Kategorie	Konjunktion	Bedeutung	Paragraph
Alternative	o/u	oder	177.2
Aufzählung	y/e	und	177.1
Aufzählung verneinend	ni	auch nicht	
	ni ... ni	weder ... noch	
Einschränkung	pero, mas	aber	177.3a
	aunque	aber	177.4
Gegensatz verneinend	sino (que)	sondern	177.3b
Folgerung, Grund	pues, conque	also, demnach, daher, so daß, also	

b **Unterordnende Konjunktionen**

Kategorie	Konjunktion	Bedeutung	Paragraph
Einleitung eines Subjekt- oder Objektsatzes	que	daß	178.1; 191
Ziel	a que, para que, a fin de que	damit	138.7
	no sea que	damit nicht	
Folge	así que, de modo que, de manera que	so daß	138.6
	que	(so) daß	178.3
Verneinung	sin que	ohne daß	138.5
Ursache, Grund	como	da	179.3
	porque, pues	weil	
	puesto que, ya que	da (ja)	
	que	denn	178.4
Ort, Richtung	donde	wo/wohin	
	adonde	wohin	
Zeit	antes de que	bevor	138.1
	así que, tan pronto como, en cuanto	sobald	138.1
	cuando	wenn/als	138.1
	después (de) que	nachdem	138.1
	mientras (que)	während/solange (wie)	138.1
	hasta que	bis	138.1
	cada vez que, siempre que	immer wenn	
Einräumung	aunque	obwohl	138.2; 177.4
	por (muy/más) que	wie (sehr) auch	138.2
Einleitung eines indirekten Fragesatzes	si	ob	193.2a
Vergleich	como	wie	35; 138.6; 179.2
	que	als	36, 40; 178.2
Bedingung	a condición de que	unter der Bedingung, daß	138.4
	con tal (de) que	vorausgesetzt, daß	138.4
	en caso (de) que	für den Fall, daß	138.4
	si	wenn/falls	138.3
	siempre que	vorausgesetzt daß/unter der Bedingung, daß	138.4
	como	wenn	179. 2
	a no ser que	es sei denn, daß / außer wenn	138.4
Art u. Weise	como, según	(so) wie	138.6
irrealer Vergleich	como si	als ob	138.6

2 In den folgenden Paragraphen werden diejenigen Konjuktionen besprochen, die Deutschen besondere Schwierigkeiten bereiten könnten, sofern sie nicht bereits in anderen Kapiteln behandelt wurden.

77 Verwendung von *y* und *e*, *o* und *u*, *pero*, *sino* (*que*) und *aunque*

1 *y —> e*

Die beiordnende Konjunktion *y* („und') wird zu *e* vor einem Wort, das mit *i-* oder *hi-* beginnt:

irregular **y** regular	<--->	regular **e** irregular
hijo **y** padre	<--->	padre **e** hijo

2 *o —> u*

Die beiordnende Konjunktion *o* („oder') wird zu *u* vor einem Wort, das mit *o-* oder *ho-* beginnt:

once **o** diez	<--->	diez **u** once
hombre **o** mujer	<--->	mujer **u** hombre

3 *pero/mas* und *sino (que)*

a *Pero* und *mas* entsprechen dem deutschen ‚aber'. *Mas* wird vorwiegend im literarischen Stil verwendet:

Alejandro es inteligente **pero** también muy arrogante.	Alejandro ist intelligent, **aber** auch sehr arrogant.
Este vídeo es caro **pero** no funciona bien.	Dieser Videorecorder ist teuer, **aber** er funktioniert nicht gut.
Se lo dije, **mas** no quiso seguir mis consejos.	Ich habe es ihm gesagt, **aber** er wollte meinen Rat nicht befolgen.

A Beachte den Bedeutungsunterschied zwischen *más* (mit Akzent: ‚mehr') und *mas* (ohne Akzent: ‚aber').

b *Sino* entspricht dem deutschen ‚sondern' und wird nur im Anschluß an eine Verneinung benutzt:

Esto *no* es un amplificador **sino** un vídeo.	Dies ist *kein* Verstärker, **sondern** ein Videorecorder.
El cuadro *no* es un original **sino** una copia.	Das Bild ist *kein* Original, **sondern** eine Kopie.

c Vor einer finiten Verbform wird *sino que* statt *sino* verwendet:

La abuela *no* lee **sino que** está dormida.	Oma liest *nicht*, **sondern** sie schläft.

4 *aunque*

Die Konjunktion *aunque* wird hauptsächlich unterordnend in der Bedeutung ‚obwohl', ‚wenn auch', verwendet. Zu beachten ist dabei die Verwendung von *indicativo* und *subjuntivo* (vgl. § 138.2 + A). *Aunque* wird allerdings auch häufig in beiordnender Funktion anstelle von *pero*, also in der Bedeutung ‚aber' verwendet:

Fernando quiere venir también, **aunque** no es seguro.	Fernando will auch kommen, **aber** es ist nicht sicher.
La crisis fue fuerte, **aunque** breve.	Die Krise war heftig **aber** kurz.

178 Die Konjunktion *que*

Die Konjunktion *que* wird in unterschiedlichen Bedeutungen verwendet:

1 ‚daß' (Einleitung eines Subjekt- oder Objektsatzes):

Es lógico **que** suba el precio del tabaco.	Es ist logisch, **daß** der Tabakpreis steigt.
Esperemos **que** todo vaya bien.	Hoffen wir, **daß** alles gut geht.

2 ‚als' (in Vergleichen):

Más vale tarde **que** nunca.	*Besser* spät **als** nie.
Ahora hay *menos* gente **que** antes.	Jetzt sind *weniger* Leute da **als** vorher.

3 ‚(so) daß' (zum Ausdruck einer Folge):

El cuadro es *tan* caro **que** ni Thyssen lo puede comprar.	Das Bild ist *so* teuer, **daß** nicht einmal Thyssen es kaufen kann.
Lo hicieron *así* **que** todos se quedaron contentos.	Sie machten es *so,* **daß** alle zufrieden waren.

4 ‚denn' zur Angabe eines Grundes (anstelle von *porque*):

No lo repitas, **que** ya lo sé.	Sag es nicht noch einmal, **denn** ich weiß es schon.
No ofrecieron resistencia, **que** no tenía sentido...	Sie leisteten keinen Widerstand, **denn** es hatte keinen Zweck ...

5 als Verstärkung oder zum Ausdruck einer Wiederholung:

¡**Que** sí!	Ja doch!
Ya te lo he dicho cien veces: ¡**que** no!	Zum hundersten Mal: Nein!
¡**Que** no te creo!	Ich glaube dir nicht!

6 in folgenden Ausdrücken:

Que yo sepa ...	**Soweit** ich weiß ...
Yo **que** tú ...	Ich **an** deiner **Stelle** ...
Quieran **que** no ...	**Ob** sie wollen **oder** nicht, ...

179 Die Konjunktion *como*

Como wird in folgenden Bedeutungen verwendet:

1 ‚wie' (Konjunktion des Vergleichs):

Pablo es *tan* alto **como** su hermana.	Pablo ist *genauso* groß **wie** seine Schwester.
El jefe reaccionó *tal* **como** habíamos esperado.	Der Chef reagierte *so,* **wie** wir es erwartet hatten.
Compraremos *tantas* botellas **como** necesitemos.	Wir werden *so viele* Flaschen kaufen, **wie** wir brauchen.

A Wie die Beispiele zeigen, kann auf *como* in dieser Bedeutung eine finite Verbform folgen oder nicht. Die finite Verbform steht im *indicativo*, wenn sie sich auf etwas bereits Geschehenes bezieht, und im *subjuntivo*, wenn etwas Zukünftiges gemeint ist.

2 ‚wenn‘ (Konjunktion der Bedingung):

¡**Como** lo hagas otra vez, te doy una paliza!

Wenn du es noch einmal tust, gebe ich dir eine Tracht Prügel!

A Wird *como* in dieser Bedeutung gebraucht – wobei ein gewisses Maß an Drohung impliziert wird – so muß der *subjuntivo* verwendet werden.

3 ‚da (ja)‘, ‚angesichts der Tatsache, daß‘ (Konjunktion des Grundes):

Como llovía, no fuimos a pie.

Da es regnete, gingen wir nicht zu Fuß.

A Auf *como* in der Bedeutung ‚da‘, ‚angesichts der Tatsache, daß‘ folgt immer ein finites Verb im *indicativo*.

24 Die Wortstellung im Satz
El orden de las palabras en la frase

Es gibt eine Reihe wichtiger Unterschiede zwischen dem Spanischen und dem Deutschen, was die Konstruktion von Sätze und Satzteilen und besonders die Wortreihenfolge betrifft. Die auffälligsten von ihnen werden im folgenden kurz zusammengefaßt.

180 Weglassen des Subjekts

Personalpronomen als Subjekt des finiten Verbs werden im Spanischen nicht verwendet, außer wenn sie besonders betont sind oder um Mißverständnisse zu vermeiden:

¿Vienes hoy a clase?	Kommst **du** heute zum Unterricht?
—¿Qué está haciendo Rosa? —Está leyendo.	– Was macht Rosa? – **Sie** liest.
Aber:	
Tú eres el culpable.	**Du** bist schuld.
Ella es aplicada, **él** no.	**Sie** ist fleißig, **er** nicht.

A Das Personalpronomen *usted(es)* wird im Gegensatz zu den anderen häufig auch dann verwendet, wenn es nicht betont ist. Es steht dann in der Regel nach dem finiten Verb:

Ha llegado **usted** tarde.	**Sie** kommen zu spät.
Señoras y señores, ven **ustedes** aquí una pintura de Velázquez.	Meine Damen und Herren, **Sie** sehen hier ein Gemälde von Velázquez.

181 Stellung des Subjekts in Aussagesätzen

1 Das Spanische ist wesentlich freier als das Deutsche bei der Stellung des Subjekts und des Verbs:

Los días pasan./Pasan **los días.**	**Die Tage** vergehen.

2 Normalerweise steht das Subjekt im Spanischen (falls es nicht weggelassen wird) wie im Deutschen **vor** dem Verb:

Las tiendas abren a las tres.	**Die Läden** öffnen um drei Uhr.

3 Das Subjekt steht jedoch vorzugsweise **nach** dem Verb

a bei Verben des Fühlens und Empfindens, die mit einem indirekten Objekt konstruiert werden:

No le gusta **el regalo.**	**Das Geschenk** gefällt ihm nicht.
Me aprietan **los zapatos.**	**Meine Schuhe** drücken.
Les sonaron **los oídos.**	**Die Ohren** klingelten ihnen.

b bei Verben des Ankommens oder Auftauchens, wenn der Hörer oder Leser auf eine neue Wendung in einer Erzählung oder einem Bericht vorbereitet werden soll oder wenn eine Handlungsfolge fortgesetzt wird:

Entró en el local **un hombre desconocido.** ...	**Ein unbekannter Mann** betrat den Raum. ...
Aparecieron a lo lejos **unos caballos.** ...	In der Ferne erschienen **einige Pferde.** ...
... Unos momentos después llegaron **Carmina y Rosa.**	... Einige Augenblicke später kamen **Carmina und Rosa** an.

4 Wenn der Satz mit einer adverbialen Bestimmung beginnt, so steht das Subjekt im Deutschen nach dem Verb.

a Im Spanischen kann das Subjekt dem Verb auch vorausgehen, falls dem Verb eine Ergänzung folgt. Die adverbiale Bestimmung am Satzanfang wird dann durch ein Komma abgetrennt:

En Málaga, **el pescado** sabe muy bien.   In Malaga schmeckt **der Fisch** prima.

b Das Subjekt kann jedoch auch im Spanischen nach dem Verb stehen. In diesem Fall wird die adverbiale Bestimmung nicht durch ein Komma abgetrennt:

Mañana sale **el autobús** a las ocho.   Morgen fährt **der Bus** um acht Uhr.

c Wenn das Verb keine Ergänzung hat, steht das Subjekt immer nach dem Verb:

Mañana llega **mi hermana.**   Morgen kommt **meine Schwester.**

82 Stellung des Subjekts in Nebensätzen

1 Im Spanischen vermeidet man es im Gegensatz zum Deutschen, einen Nebensatz mit dem Verb abzuschließen. Wenn das Verb keine Ergänzung hat, steht es normalerweise vor dem Subjekt:

Cuando empezó **la guerra,** muchas   Als **der Krieg** begann, flüchteten
   personas huyeron del país.   viele Menschen aus dem Land.
Si viene **tu hermano,** yo me marcho.   Wenn **dein Bruder** kommt, gehe ich.

2 Wenn das Verb eine Ergänzung hat, kann das Subjekt vor oder nach dem Verb und seiner Ergänzung stehen:

Si **tu hermano** viene mañana, yo me marcho./   Wenn **dein Bruder** morgen kommt, gehe ich.
   Si viene **tu hermano** mañana, yo me marcho.

83 Stellung des Subjekts in Fragesätzen

1 In der Regel folgt das Subjekt der finiten Verbform:

¿Abren **las tiendas** a las tres?   Öffnen **die Geschäfte** um drei Uhr?
¿Cómo se llaman **tus padres**?   Wie heißen **deine Eltern**?

2 In Entscheidungsfragen (Fragen, die mit ‚ja‘ oder ‚nein‘ beantwortet werden können) wird gelegentlich auch die Wortstellung des Aussagesatzes (Subjekt – Prädikat) beibehalten:

¿**Las tiendas** abren aquí a las tres?   Öffnen **die Geschäfte** hier um drei Uhr?

84 Aufeinanderfolge adverbialer Bestimmungen am Satzanfang

Anders als im Deutschen kann im Spanischen am Satzanfang eine Reihe von adverbialen Bestimmungen aufeinander folgen:

Afortunadamente en ese momento no   **Glücklicherweise** war **in diesem Moment**
   había nadie en casa.   niemand zuhause.
En España durante la guerra civil   **In Spanien** litten die Menschen **im**
   la gente pasó mucha hambre.   **Bürgerkrieg** viel Hunger.

185 *Haber/ser* gefolgt von einem *participio pasado*

Zwischen den Hilfsverben *haber/ser* und dem *participio pasado* stehen keine anderen Satzteile:

Habíamos estado allí antes.	Wir **waren** schon früher dort **gewesen.**
Las manifestaciones **fueron prohibidas** inmediatamente por las autoridades.	Die Demonstrationen **wurden** von den Behörden sofort **verboten.**

A1 Im allgemeinen werden auch andere Hilfsverben nicht von der infiniten Verbform getrennt:

No se lo **puedo decir** ahora.	Ich **kann** es Ihnen jetzt nicht **sagen.**
Tienes que terminar primero los deberes.	Du **mußt** erst deine Hausaufgaben fertig **machen.**
Estamos discutiendo los pros y contras de la propuesta.	Wir **besprechen** gerade das Für und Wider des Vorschlages.

A2 Als Subjekt verwendete Personalpronomen dagegen können das Hilfsverb von der finiten Verbform trennen:

¿**Puede** *usted* **decir**me la hora?	**Können** *Sie* mir **sagen,** wie spät es ist?
¿**Seguimos** *nosotros* **trabajando** en el mismo asunto?	**Bleiben** *wir* weiter mit derselben Sache **beschäftigt?**

186 *No* vor der finiten Verbform

Die Verneinung *no* steht in der Regel unmittelbar vor der finiten Verbform, eventuell von dieser getrennt durch unbetonte Personalpronomen oder durch Reflexivpronomen. Im Deutschen steht ‚nicht' (bzw. ‚kein') häufig an einer anderen Stelle.

No tenemos tiempo.	Wir haben **keine** Zeit.
Pablo **no** me quiere creer./ Pablo **no** quiere creerme.	Pablo will mir **nicht** glauben.
No puedes imaginártelo/ **No** te lo puedes imaginar.	Du kannst es dir **nicht** vorstellen.

A Eine Infinitivkonstruktion wird verneint, indem man *no* unmittelbat vor die Infinitivform stellt (vgl. § 141.3d)

Nos apresuramos para **no** llegar tarde.	Wir beeilten uns, um **nicht** zu spät zu kommen.
Por **no** tener dinero, tuve que renunciar a mis proyectos.	Weil ich **kein** Geld hatte, mußte ich meine Pläne aufgeben.

187 Weitere Besonderheiten der Wortstellung im Spanischen

Weitere Besonderheiten der spanischen Wortstellung werden ausführlich in anderen Kapiteln behandelt:

– Zur Stellung der unbetonten Personalpronomen als Objekt vgl. §§ 46-47.
– Zur Voranstellung eines Substantivs als Objekt und seiner Verdoppelung durch ein Personalpronomen vgl.§ 48.
– Zur Stellung des Reflexivpronomens vgl. §§ 51-52.
– Zur Stellung des Adjektivs vor oder nach dem Substantiv vgl. § 27.

5 Unpersönliche Sätze
Oraciones impersonales

38 Vorbemerkung

Unter unpersönlichen Sätzen verstehen wir Sätze, in denen kein bestimmtes Subjekt genannt wird. Im Deutschen wird dann meistens ein Ersatzsubjekt wie ‚es' oder ‚man' eingesetzt, während im Spanischen das Subjekt entweder ganz fehlt oder eine andere Satzkonstruktion benutzt wird:

Nieva.	**Es** schneit.
Hay muchos clientes aquí.	**Es** sind viele Kunden hier.
No se había esperado semejante éxito.	**Man** hatte einen solchen Erfolg nicht erwartet.

39 Sätze mit ‚man' und ihre Entsprechungen im Spanischen

‚Man' kann durch verschiedene Konstruktionen wiedergegeben werden:

1 *se* + 3. Person Singular oder Plural des Verbs:

Esto no **se hace**.	So etwas **tut man** nicht.
¡**Se dicen** tantas cosas!	**Man sagt** so viel!

A1 Diese Reflexivkonstruktion wird im Spanischen als *pasiva refleja* bezeichnet. Sie kann auch anstelle von deutschen unpersönlichen Passivsätzen wie „Es wird so viel gesagt" verwendet werden (vgl. § 146.1). Zum Gebrauch der Singular- oder Pluralform des spanischen Verbs vgl. § 146.1a+b.

A2 Das *pasiva refleja* ist nicht möglich bei reflexiven Verben. Hier benutzt man eine der unter Punkt 2-4 beschriebenen Konstruktionen (s. jeweils das zweite Beispiel).

2 die 3. Person Plural. Das Subjekt ist hier im Verb impliziert (*ellos*). Der Sprecher schließt sich also nicht in die Aussage ein:

Esperan que todo acabe bien.	**Man hofft**, daß alles gut ausgeht.
En España **se acuestan** tarde.	In Spanien **geht man** spät zu Bett.

3 *uno/una* wenn der Sprecher/die Sprecherin sich selbst mit einschließt:

Uno nunca sabe cómo acertar.	**Man** weiß nie, wie man es richtig machen soll.
Una se arregla, y ellos no se dan cuenta.	Da macht **man** sich schön, und sie bemerken es überhaupt nicht.

4 die 2. Person Singular des Verbs, die in der Umgangssprache häufig statt *uno/una* verwendet wird. Sie entspricht auch dem deutschen ‚du' in verallgemeinerndem Sinn:

Si lo **ves**, no lo **crees**.	Wenn **du es siehst, glaubst du** es nicht.
No **puedes** fiarte de nadie.	**Man** kann niemandem trauen.

A ‚Man muß' wird durch *hay que* ausgedrückt:

Hay que tener paciencia.	**Man muß** Geduld haben.

190 Die spanischen Entsprechungen des unpersönlichen ‚es'

‚Es' als formales Subjekt im Deutschen hat im Spanischen keine Entsprechung. Dies ist der Fall

1 bei Verben, die Naturerscheinungen bezeichnen:

Llueve y relampaguea.   **Es** regnet und blitzt.   Oscurece.   **Es** wird dunkel.
Hace calor.   **Es** ist warm.

A Das Verb *hacer* wird zur Bezeichnung von Naturerscheinungen transitiv verwendet, d. h. es muß immer ein direktes Objekt haben. Falls das Substantiv als Objekt nicht wiederholt werden soll, muß ein Personalpronomen benutzt werden:
Hace sol. —Sí **lo** hace, sí.   Die Sonne scheint. – Ja, **das** tut sie.

2 bei Ausdrücken der Zeit:

Es la una.   **Es** ist ein Uhr.   Hace muchos años. **Es** ist viele Jahren her.
Son las once y media.   **Es** ist halb zwölf.   Es (de) noche.   **Es** ist Nacht.

3 bei unpersönlichen Ausdrücken, die aus *ser* + Adjektiv + *que*-Satz bestehen:

Es comprensible que todos se asustaran.   **Es** ist verständlich, daß alle erschraken.
No es necesario salir tan pronto.   **Es** ist nicht notwendig, so früh aufzubrechen.

4 bei anderen unpersönlich verwendeten Verben und Ausdrücken wie:

No hace falta que nos demos prisa.   **Es** ist nicht notwendig, daß wir uns beeilen.
Me extraña que no lo sepas.   **Es** wundert mich, daß du das nicht weißt.
Nos alegra que no haya pasado nada.   **Es** freut uns, daß nichts passiert ist.
Convendría que te disculparas.   **Es** wäre angebracht, daß du dich entschuldigst.
Sorprende que haya aprobado.   **Es** ist erstaunlich, daß er bestanden hat.
Hay algunos errores en el trabajo.   **Es** sind einige Fehler in der Arbeit.
¿Habrá tiempo para eso mañana?   Wird **es** morgen noch Zeit dafür geben?

5 am Anfang eines Satzes, in dem das eigentliche, unbestimmte Subjekt auf das Prädikat folgt:

Pasaban algunas personas.   **Es** kamen einige Leute vorbei.
Salen dos trenes para París.   **Es** fahren zwei Züge nach Paris ab.

6 vor einer Passivform, wenn die handelnde Person nicht genannt wird. Im Spanischen benutzt man dann die unpersönlichen Reflexivkonstruktion (vgl. § 189.1) oder die 3. Person Plural des Verbs (vgl. § 189.2):

Se bebía y se reía mucho./   **Es** wurde viel getrunken und gelacht.
   Bebían y reían mucho.

A1 ‚Es' kann auch Platzhalter für ein Akkusativobjekt sein, das folgt. Auch in diesem Fall wird ‚es' im Spanischen nicht wiedergegeben:
Siento que no puedas venir.   Ich bedauere **es**, daß du nicht kommen kannst.

A2 Wenn ‚es' als Personalpronomen im Akkusativ sich auf einen vorher genannten Satz oder Sachverhalt bezieht, wird es durch *lo* wiedergegeben.
—Juan deja el instituto. —Me **lo** dijo ayer,   Juan verläßt das Gymnasium. – Er hat **es** mir
   pero no le creí.   gestern gesagt, aber ich glaubte ihm nicht.

6 Direkte und indirekte Rede
Estilo directo e indirecto

91 Die wichtigsten Unterschiede zwischen direkter und indirekter Rede

1 Wenn das, was jemand sagt, wörtlich angeführt wird, dann spricht man von direkter Rede. Direkte Rede wird häufig durch einen Begleitsatz präsentiert, der ein Verb des Mitteilens oder Fragens enthält, z.B. *decir, comentar, preguntar, contestar* usw.

Im Spanischen steht die direkte Rede meist nicht in Anführungszeichen sondern zwischen Gedankenstrichen:

—Nunca tengo suerte —se quejó
el jugador de cartas.
—Tarde o temprano la tendrás
—le consoló su compañero.

„Ich habe nie Glück", klagte der
Kartenspieler.
„Früher oder später wirst du es haben",
tröstete ihn sein Partner.

A Wenn es sich bei der direkten Rede um ein Zitat handelt, so benutzt man auch im Spanischen Anführungszeichen, meist in Form doppelter Spitzklammern (« »):

Jesús dijo: «Ama a tu prójimo
como a ti mismo.»

Jesus sagte: „Liebe deinen Nächsten
wie dich selbst."

2 Die Worte eines Sprechers können auch in Form von Objektsätzen wiedergegeben werden, die von einem Verb des Mitteilens oder Fragens abhängen. In diesem Fall spricht man von indirekter Rede:

El jugador de cartas se quejó
de que (él) nunca tenía suerte.

Der Kartenspieler klagte, daß er
nie Glück habe.

3 In der indirekten Rede werden – im Spanischen wie im Deutschen – die Personen des Verbs, die Possessivpronomen, Zeitangaben wie *ayer* usw. dem Standpunkt desjenigen angepaßt, der die Äußerung wiedergibt. (Die Zeitformen werden im Spanischen dagegen nach anderen Regeln verändert als im Deutschen – vgl. § 192!):

«**Mi** hijo es muy aplicado.»
—> El padre dijo que **su** hijo era muy aplicado.
«¿Qué **hiciste ayer**?»
—> Me preguntó qué **(yo) había hecho
el día anterior.**

„**Mein** Sohn ist sehr fleißig."
—> Der Vater sagte, **sein** Sohn sei sehr fleißig.
„Was **hast du gestern gemacht**?"
—> Sie fragte mich, was **ich am Tag zuvor
gemacht habe.**

A Im Spanischen darf die Konjunktion *que* in indirekten Aussagesätzen niemals weggelassen werden.

92 Der Zeitengebrauch in der indirekten Rede

1 Wenn der Hauptsatz zur indirekten Rede im *presente, pretérito perfecto* oder *futuro* steht, so werden die Zeitformen der direkten Rede beibehalten:

Estilo directo	Estilo indirecto
Dice/Ha dicho/Dirá:	**Dice/Ha dicho/Dirá ...**
«**Soy** español.»	... que **es** español.
«**Estaba** muy nervioso.»	... que **estaba** muy nervioso.
«**Llegué** ayer por la noche.»	... que **llegó** ayer por la noche.
«Me **he levantado** muy tarde.»	... que se **ha levantado** muy tarde.
«**Habíamos ido** al cine.»	... que **habían ido** al cine.
«**Voy** a comer ahora.»	... que **va** a comer ahora.
«Os **ayudaré**.»	... que nos **ayudará**.

2 Wenn der Hauptsatz in einer Zeitform der Vergangenheit steht (*pretérito indefinido, imperfecto* oder *pluscuamperfecto*), so werden die meisten Zeitformen, wie das folgende Schema zeigt, um eine Zeitstufe zurückverschoben:

Estilo directo		Estilo indirecto
Dijo/Decía/Había dicho:		**Dijo/Decía/Había dicho ...**
presente	—>	*imperfecto*
«**Soy** español.»		... que **era** español.
imperfecto	=	*imperfecto*
«**Estaba** muy nervioso.»		... que **estaba** muy nervioso.
indefinido	—>	*pluscuamperfecto*
«**Llegué** ayer por la noche.»		... que **había llegado** la noche anterior.
perfecto	—>	*pluscuamperfecto*
«Me **he levantado** muy tarde.»		... que se **había levantado** muy tarde.
pluscuamperfecto	=	*pluscuamperfecto*
«**Habíamos ido** al cine.»		... que **habían ido** al cine.
futuro	—>	*condicional*
«Os **ayudaré**.»		... que nos **ayudaría**.
futuro perfecto	—>	*condicional perfecto*
«Hasta el miércoles lo **habré terminado**.»		... que lo **habría terminado** hasta el miércoles.
condicional	=	*condicional*
«Me **gustaría** ir.»		... que le **gustaría** ir.
condicional perfecto	=	*condicional perfecto*
«Me **habría gustado** ir.»		... que le **habría gustado** ir.

93 Indirekte Fragesätze

1 Direkte Fragesätze werden eingeteilt in Entscheidungsfragen und Ergänzungsfragen.

a Entscheidungsfragen sind Fragen, die nicht durch ein Fragewort eingeleitet werden und die mit ‚ja' oder ‚nein' beantwortet werden können:

¿Te gustan mis botas nuevas?   Gefallen dir meine neuen Stiefel?

b Ergänzungsfragen sind Fragen, die durch ein Fragewort eingeleitet werden:

¿**Por qué** no viniste?   **Warum** bist du nicht gekommen?
¿**Quién** ha cometido ese error?   **Wer** hat diesen Fehler begangen?

2 Indirekte Fragesätze sind einem Verb wie *informarse, preguntar, saber* untergeordnet. Für die Anpassung der Personen beim Verb, bei den Possessivbegleitern usw. und für die Verschiebung der Zeitformen gelten dieselben Regeln wie bei indirekten Aussagesätzen.

a Indirekte Entscheidungsfragen werden durch die Konjunktion *si* eingeleitet:

Me preguntó **si** me gustaban sus   Sie fragte mich, **ob** mir ihre neuen
   botas nuevas.   Stiefel gefielen.
Patricia no sabía **si** iba a venir.   Patricia wußte nicht, **ob** sie kommen würde.

b Indirekte Ergänzungsfragen werden durch dasselbe Fragewort eingeleitet, wie die entsprechende direkte Frage:

Les expliqué **por qué** no había venido.   Ich erklärte ihnen, **warum** ich nicht
                                                gekommen war.

No nos dijeron **quién** había cometido   Sie sagten uns nicht, **wer** diesen Fehler
   ese error.   begangen hatte.

A1 In der Umgangssprache wird manchmal *que* vor das Fragewort eingeschoben:
Me preguntó **que cómo** me sentía.   Er fragte mich, **wie** ich mich fühlte.

A2 Nach *no saber* steht häufig eine Konstruktion aus Fragewort + Infinitiv. Sie entspricht einem deutschen indirekten Fragesatz mit ‚sollen'. Das Verb ‚sollen' kann hier nicht ins Spanische übersetzt werden:
La pobre chica no sabía **qué contestar.**   Das arme Mädchen wußte nicht, **was es**
                                                antworten sollte.
No sé **dónde empezar.**   Ich weiß nicht, **wo ich anfangen soll.**

27 Wortbildung
Formación de palabras

194 Arten der Wortbildung

Neue Wörter werden entweder durch Zusammensetzung oder durch Ableitung mit Hilfe von Präfixen (Vorsilben) und Suffixen (Nachsilben) gebildet. Solche neuen Wörter können nicht beliebig gebildet werden. Sie werden erst Teil des Wortschatzes einer Sprache, wenn sie von vielen Personen akzeptiert werden. Deshalb sollten Sprecher, für die das Spanische nicht Muttersprache ist, nicht versuchen, selbst neue Wörter zu bilden.

1 Zusammensetzung bedeutet, daß durch das Zusammenfügen zweier bereits vorhandener Wörter ein neues Wort entsteht. Es gibt mehrere Kombinationsmöglichkeiten, wie:

a Substantiv + Substantiv:

boca (Mund) + calle (Straße) —> bocacalle Straßeneinmündung

A1 Manchmal werden zwei Substantive auch getrennt oder mit Bindestrich geschrieben:
la hora punta   die Stoßzeit   el coche-cama   der Schlafwagen

A2 Im Deutschen gibt es viel mehr Zusammensetzungen aus zwei Substantiven als im Spanischen. Deutsche Zusammensetzungen werden im Spanischen meistens als zwei getrennte Wörter, verbunden durch die Präposition *de* wiedergegeben:
la mesa de la cocina   der Küchentisch   el juego de té   das Teeservice
la planta del pie   die Fußsohle

b Substantiv + Adjektiv:

campo (Feld) + santo (heilig) —> camposanto Friedhof

c Adverb + Verb:

mal (schlecht) + decir (reden) —> maldecir lästern

d Verb + Substantiv:

espanta (erschrecke) + pájaros (Vögel) —> espantapájaros Vogelscheuche

A1 Solche Zusammensetzungen aus einem Verb und seinem direkten Objekt werden im Deutschen meist durch Objekt + Verb + Suffix wiedergegeben:
el **quita**manchas   der Flecken**entferner**   el **abre**latas   der Dosen**öffner**

A2 Wenn das Verb einer deutschen Zusammensetzung den Zweck des Substantivs angibt, so verwendet das Spanische eine Umschreibung mit *de* oder *para*:
la máquina **de** coser   die Nähmaschine   el papel **para** escribir   das Schreibpapier

2 Wortbildung durch Ableitung bedeutet, daß ein neues Wort entsteht, indem einem vorhandenen Wort ein Präfix (*prefijo*) oder ein Suffix (*sufijo*) hinzugefügt wird:

re- (wieder)	+	animar (beleben)	—>	reanimar wiederbeleben
im- (un-)	+	posible (möglich)	—>	imposible unmöglich
hijo (Kind, Sohn)	+	-ito (-chen)	—>	hijito Kindchen, Söhnchen
esperar (hoffen)	+	-anza	—>	esperanza Hoffnung

A Die Wortbildung durch Ableitung ist freier als die Wortbildung durch Zusammensetzung. Eine ganze Reihe von Präfixen und (vor allem verkleinernden, vergrößernden oder abwertenden) Suffixen bieten dem Sprecher die Möglichkeit, mit einer gewissen Freiheit neue Wörter zu bilden. In der folgenden Übersicht werden einige häufig verwendete Präfixe und Suffixe mit Beispielen vorgestellt.

95 Präfixe

Präfixe werden Substantiven, Adjektiven und Verben vorangestellt. Dabei ändert sich die Wortart nicht. Einige häufig verwendete Präfixe mit ihrer Bedeutung sind:

Präfix	Bedeutung	Ableitung	Bedeutung
a-	1. ohne, nicht	amoral	unmoralisch
	2. (her)an	atraer	anziehen
ante-	(be)vor	anteayer	vorgestern
anti-	gegen	antifeminista	antifeministisch
con-	zusammen, mit	conciudadano	Mitbürger
co- (+ Vokal/l/r)		coautor	Mitautor
		colaborar	zusammenarbeiten
com- (+ b/p)		componer	zusammensetzen
contra-	gegen	contradecir	widersprechen
des-	nicht	desconocer	nicht kennen
entre-	1. zwischen	entrepiso	Zwischengeschoß
	2. ein wenig	entreabrir	einen Spalt weit öffnen
in-	1. nicht	infiel	untreu
	2. (hin)ein	infiltrar	einflößen
i- (vor l/r)		ilógico	unlogisch
im- (vor p/b)		impar	ungleich
pos-/post-	nach	pos(t)guerra	Nachkriegszeit
pre-	vor	preescolar	vorschulisch
re-	wieder	reelegir	wiederwählen
sobre-	über	sobrevalorar	überbewerten
sub-	unter	subterráneo	unterirdisch
super-	super, über	supermercado	Supermarkt
tras-/trans-	(hin)über	trasplantar	transplantieren
		transatlántico	überseeisch

96 Suffixe: Arten und Funktionen

Es gibt verschiedene Arten von Suffixen:

An erster Stelle behandeln wir Suffixe, die dazu dienen, aus einem vorhandenen Wort ein neues Wort, meist einer anderen Wortart, abzuleiten. Man unterscheidet dabei Suffixe, die ein Adjektiv, ein Substantiv oder ein Verb ableiten. Weiterhin unterscheiden sich diese Suffixe darin, ob sie ihrerseits an ein Verb, ein Substantiv oder ein Adjektiv als Basis angehängt werden. Es folgen einige Beispiele für die verschiedenen Möglichkeiten. Die Bedeutungen der Suffixe sind aus den Übersetzungen der abgeleiteten Wörter ersichtlich.

1 Suffixe, die ein Adjektiv ableiten:

Suffix	Basis	Bedeutung	Ableitung	Bedeutung
-ón	llorar	weinen	llorón	weinerlich
-able	lavar	waschen	lavable	waschbar
-esco	libro	Buch	libresco	Bücher..., Buch...
-ible	creer	glauben	creíble	glaubhaft
-izo	rojo	rot	rojizo	rötlich
-oso	estudiar	studieren	estudioso	gelehrt, wißbegierig
-uzco	negro	schwarz	negruzco	schwärzlich

2 Suffixe, die ein Substantiv ableiten:

Suffix	Basis	Bedeutung	Ableitung	Bedeutung
-ancia/-anza	repugnar	verabscheuen	repugnancia	Abscheu
(bei Verben auf *-ar*)	enseñar	lehren	enseñanza	Lehre, Unterricht
-encia (bei Ver ben auf *-er*)	doler	weh tun	dolencia	Leid
-ción	contestar	antworten	contestación	Antwort
-dor(a)	colar	sieben	colador	Sieb
	lavar	waschen	lavadora	Waschmaschine
-dad	cruel	grausam	crueldad	Grausamkeit
-eda	árbol	Baum	arboleda	Wäldchen
-ente	remitir	übersenden	remitente	Absender
-era	papel	Papier	papelera	Papierkorb
-ería	pescado	Fisch	pescadería	Fischhandlung
-ero/-era	libro	Buch	librero	Buchhändler
	cabeza	Haupt	cabecera	Kopfende
-ez	viejo	alt	vejez	Alter
-eza	pobre	arm	pobreza	Armut
-idura	investir	ins Amt einführen	investidura	Amtseinführung
-imiento	nacer	geboren werden	nacimiento	Geburt
-ismo	social	sozial	socialismo	Sozialismus
-ista	piano	Klavier	pianista	Pianist(in)
-or	dulce	süß	dulzor	Süße
-ura	loco	verrückt	locura	Wahnsinn

3 Suffixe, die ein Verb ableiten:

Suffix	Basis	Bedeutung	Ableitung	Bedeutung
-ear	hoja	Blatt	hojear	blättern
-ecer	rico	reich	enriquecer	reich machen
	pobre	arm	empobrecer	arm werden
-otear	bailar	tanzen	bailotear	hoppeln
-uquear	besar	küssen	besuquear	abküssen
-urrear	cantar	singen	canturrear	trällern

7 Verkleinerungs- und Vergrößerungssuffixe

Eine wichtige Gruppe von Suffixen mit hohem produktivem Wert sind die Verkleinerungs- und Vergrößerungssuffixe. „Vergrößerung" und „Verkleinerung" sind dabei nicht unbedingt wörtlich zu verstehen. Diese Suffixe können auch emotionelle Bedeutung haben. Sie werden an Substantive, Adjektive und gelegentlich sogar an Adverbien angehängt. Die Wortart ändert sich dabei nicht.

1 Verkleinerungssuffixe

Es gibt verschiedene Arten, abhängig von geographischen Faktoren, und verschiedene Formen, abhängig von der Lautung des Wortes, das für die Ableitung als Basis dient. Viele Verkleinerungsformen können auch als Koseformen benutzt werden. Die am häufigsten verwendeten sind:

a *-ito/-ita, -illa/illa, -uelo/-uela:*

Suffix	Basis	Bedeutung	Verkleine-rungsform	Bedeutung
-ito	caballo	Pferd	caballito	Pferdchen
-ita	pequeña	Kleine	pequeñita	(süße) Kleine
-illo	plato	Teller	platillo	Tellerchen
-illa	lata	Dose	latilla	Döschen
-uelo	pollo	Huhn	polluelo	Küken
-uela	moza	Mädchen	mozuela	junges Mädchen

A1 Endet ein Wort auf *-e* oder auf einen Konsonanten, so fügt man vor dem Suffix -c- oder -z- ein:
hombre**cito**/hombre**cillo**   Männlein   mujer**cita**/mujer**cilla**/mujer**zuela**   kleine Frau

A2 Bei einem einsilbigen Wort, das auf einen Konsonanten endet, oder bei einem Wort mit betontem *-ie-* oder *-ue-* in der Basis wird vor dem Suffix *-ec-* eingefügt:

tren**ecito**	kleiner Zug	fiest**ecita**	kleines Fest
pan**ecillo**	Brötchen	siest**ecilla**	Mittagsschläfchen
		port**ezuela**	Türchen

A3 Bei *pie* lauten die Verkleinerungsformen: *pie**cecito**, pie**cecillo**, pie**cezuelo*** (Füßchen)

b **Andere Verkleinerungssuffixe:**

Suffix	Basis	Bedeutung	Verkleine-rungsform	Bedeutung
-ete/-eta	amigo	Freund	amiguete	Kumpel
-ico/-ica	pequeño	klein	pequeñico	lieb und klein
-iño/-iña	mujer	Frau	mujerciña	kleine Frau
-uco/-uca	ventana	Fenster	ventanuca	Fensterchen

A Die Endung *-ico/-a* wird in Granada, Murcia, Aragón und Navarra verwendet, *-iño/-a* in Galizien.

c Es kommt auch vor, daß ein Verkleinerungssuffix an ein Adverb oder die *gerundio*-Form des Verbs angehängt wird. Es hat in diesem Fall intensivierende Bedeutung:

Basis	Bedeutung	Verkleinerungsform	Bedeutung
¡Callando!	Leise!	¡Callandito!	Ganz leise!
despacio	langsam	despacito	ganz langsam
poco	wenig	poquillo	ein klein wenig
estar deseando	wünschen	estar deseandito	sehnlichst wünschen

2 Vergrößerungssuffixe:

Suffix	Basis	Bedeutung	Vergröße-rungsform	Bedeutung
-ón/-ona	hombre	Mann	hombrón	großer Kerl, „Bär von einem Mann"
	mujer	Frau	mujerona	große starke Frau
-azo/-aza	perro	Hund	perrazo	großer Hund
	mano	Hand	manaza	große Hand, „Pranke"
-ote/-ota	amigo	Freund	amigote	Kumpan (abwertend)
-ísimo/-ísima	bueno	gut	buenísimo/-a	herzensgut

198 Abwertende Suffixe

Eine andere wichtige Gruppe von Suffixen sind die abwertenden Suffixe. Sie werden an Substantive angehängt. Die Wortart ändert sich dabei nicht:

Suffix	Basis	Bedeutung	Abwertende Form	Bedeutung
-aco/-aca	libro	Buch	libraco	Schundbuch
-ajo/-aja	papel	Papier	papelajo	Papierkram
-ucho/-ucha	casa	Haus	casucha	Hütte, Loch
-uzo/-uza	gente	Leute	gentuza	Gesindel

A1 Abwertende Suffixe werden gelegentlich auch an Adjektive mit an sich schon abwertender Bedeutung angehängt. In diesem Fall schwächen sie die abwertende Bedeutung ab:

feo   häßlich   feucho   ziemlich häßlich

A2 Auch manche Verkleinerungs- und Vergrößerungssuffixe können dem Grundwort eine abwertende Bedeutung hinzufügen:

abogadillo   (von: abogado)   Winkeladvokat
animalazo   (von: animal)   dummes Vieh
novelón   (von: novela)   Schundroman

A3 Abgesehen vom affektiven Bedeutungswert, den Vergrößerungs- und Verkleinerungssuffixe haben können, verleihen sie in manchen Fällen dem Grundwort eine völlig andere Bedeutung:

Grundwort		Suffixe und Bedeutungen			
camisa	Hemd	camisita	Hemdchen	camiseta	T-Shirt
				camisón	großes Hemd, Nachthemd
cama	Bett	camita	Bettchen	camilla	Tragbahre
casa	Haus	casita	Häuschen	caseta	Hütte, Bude
caja	Schachtel	cajita	Schächtelchen	cajón	Schublade
mesa	Tisch	mesita	Tischchen	mesilla	Nachtschränkchen
silla	Stuhl	sillita	Stühlchen	sillón	Sessel

Das Spanisch Lateinamerikas
El español de América Latina

Übereinstimmungen und Unterschiede

1 Trotz der Unterschiede zwischen dem in Spanien gesprochenen Spanisch und dem Lateinamerikas können Spanischsprechende aus den verschiedenen Teilen der spanischsprechenden Welt, die mehr als 300 Millionen Menschen umfaßt, ohne Probleme miteinander kommunizieren. Es sind jedoch im Spanischen Amerikas sehr wohl Unterschiede zwischen den verschiedenen Regionen festzustellen, wie das auch im europäischen Spanisch der Fall ist.

2 Das Spanisch Amerikas ist die Fortsetzung des Spanisch, das im 16. Jahrhundert in Spanien gesprochen wurde. Unterschiede zwischen verschiedenen Gebieten hängen unter anderem mit der unterschiedlichen Herkunft der Spanier zusammen, die Lateinamerika kolonisierten, sowie mit den verschiedenen Zeiten, zu denen dieser Kontinent kolonisiert wurde.

3 Auch hatten die Sprachen der Indianer, die in diesen Gebieten wohnten, einen großen Einfluß. Zu den wichtigsten dieser Indianersprachen gehören das Náhuatl in Mexiko, die Maya-Sprachen in Mexiko und Guatemala, das Quechua in Peru, das Guaraní in Paraguay und das Aymara in Bolivien und Peru.

4 Diese Unterschiede beziehen sich in erster Linie auf Wortschatz, Aussprache und Betonung, aber auch im Bereich der Grammatik bestehen Unterschiede. Wir werden im folgenden auf diese Unterschiede eingehen.

Aussprache und Betonung

1 Bei der Aussprache kann man grob eine Grenze ziehen zwischen
  – dem Spanisch des Hochlandes: den hochgelegenen Gebieten von Ländern in Mittel- und Südamerika, wie zum Beispiel Mexiko, Peru oder Bolivien und
  – dem Spanisch des Tieflandes: den Inseln der Karibik und den Küstengebieten und Ebenen Kolumbiens, Venezuelas, Argentiniens, Uruguays, Paraguays, Chiles u. a.
  Wenn man der gleichen groben Einteilung folgt, so kann man feststellen, daß

a die Sprecher des Hochlandes die unbetonnten Vokale „verschlucken":

cafecito	[kafˈsito]	statt	[kafeˈsito]
palabras	[paˈlabrəs]	statt	[paˈlabras]
carritos	[kaˈritəs]	statt	[kaˈritos]

b die Sprecher des Tieflandes die Konsonanten verschlucken, und zwar sowohl innerhalb als auch am Ende eines Wortes:

comprado	[komˈprao]	statt	[komˈpraðo]
señor	[seˈɲo]	statt	[seˈɲor]

A In den Tieflandgebieten wird das implosive *s*, also das *s* am Ende eines Wortes oder einer Silbe, als [h] ausgesprochen oder verschwindet ganz. Dieses Phänomen findet man übrigens auch in Südspanien:
Los chicos no están en la Isla de las Mujeres. [lo(h)ˈtʃiko(h)noeˈ(h)tanenlaˈi(h)ladela(h)muˈxere(h)]

2   Ein wichtiges Aussprachemerkmal, das in ganz Lateinamerika zu finden ist und das auch in Andalusien vorkommt, ist der *seseo*: Das *z* vor *a, o,* und *u* und das *c* vor *e* und *i* wird [s] und nicht [θ] ausgesprochen:

plaza	['plasa]	statt	['plaθa]
policía	[poli'sia]	statt	[poli'θia]

3   Ein anderer wichtiger Unterschied, der ebenfalls auch in Spanien vorkommt, ist der *yeísmo*. Das heißt, daß *ll* genauso wie *y* ausgesprochen wird, also [j] statt [ ]:

caballo	[ka'βajo]	statt	[ka'βaʎo]
calle	['kaje]	statt	['kaʎe]

A   In den Río-de-la-Plata-Ländern Argentinien und Uruguay werden *ll* und *y* als [ʒ] ausgesprochen:

caballo	[ka'βaʒo]	statt	[ka'βaʎo]
calle	['kaʒe]	statt	['kaʎe]
yo	[ʒo]	statt	[jo]

4   Spanier empfinden vor allem auch die Betonung und die Intonation in bestimmten Gebieten Lateinamerikas als charakteristisch.

a   So hat das mexikanische Spanisch im Vergleich zum „harten" Spanisch, das in Spanien gesprochen wird, eine beinahe „singende" Intonation, da sowohl betonte als auch unbetonte Vokale häufig langgezogen ausgesprochen werden:

¿Oooigaa, señoriitoo, quée lee paassaa?   (Oiga, señorito, ¿qué le pasa?)

b   Argentinier dagegen neigen dazu, nur betonte Vokale zu verlängern:
tomaamos   (tomamos)

201 Grammatik

Auch im Bereich der Grammatik bestehen Unterschiede zwischen dem Spanischen Amerikas und dem europäischen Spanisch.

1   Die Verwendung von *ustedes* anstelle von *vosotros*:
Dieser Gebrauch kommt von Mexiko bis nach Argentinien vor. Das bedeutet, daß *ustedes* sowohl die vertrauliche als auch die höfliche Anredeform im Plural ist. In beiden Funktionen werden die entsprechenden Formen der 3. Person Plural des Verbs, des Personalpronomens als Objekt *(les, los, las)*, des Possessivpronomens *(su, sus)* und des Reflexivpronomens *(se)* benutzt:

Bueno, queridos amigos, ¡que **se** diviert**an**!   Also, liebe Freunde, amüsiert **euch**!
Me despido de **ustedes** y **les** mando   Ich verabschiede mich von **euch** und gebe
un millón de besos. Espero visitar**los**   **euch** viele Küsse. Ich hoffe, **euch** in **eurem**
en **su** casa nueva.   neuen Haus besuchen zu können.

A   *Ustedes* statt *vosotros* kommt übrigens auch in Andalusien vor. Dann steht das Verb jedoch weiterhin in der 2. Person Plural. (Achtung: Dieser Sprachgebrauch gilt als unkorrekt!):
ustedes habl**áis**   ihr sprecht

2   Der *voseo*:
Darunter versteht man die Verwendung von *vos* statt *tú*, verbunden mit der 2. Person Plural des Verbs. Je nach Land oder Gebiet wird für den Auslaut des Verbs entweder die zusammen-

gezogene Form *(comés/llamás)* oder die diphthongierte Form *(coméis/llamáis)* verwendet. Das zugehörige Possessiv- bzw. Reflexivpronomen bleibt allerdings *tú* bzw. *te*. Der *voseo* dominiert in Ländern wie Argentinien, Uruguay, Paraguay und in Zentralamerika im Bundesstaat Chiapas (Mexiko). In Panama, Kolumbien, Venezuela, Ecuador, Chile und in Teilen Perus und Boliviens kommt neben dem *voseo* auch der in Spanien übliche *tuteo* vor:

vos com**és**/com**éis**	statt	**tú** com**es**
¿Cómo **te** llam**ás**?	statt	¿Cómo **te** llamas?
¿No **te** qued**ás** en **tu** sitio?	statt	¿No **te** quedas en **tu** sitio?

3 Das Fehlen des *leísmo*:
Im Spanischen Lateinamerikas werden als direktes Objekt bei männlichen Personen immer *lo* oder *los* verwendet, während in bestimmten Gegenden Spaniens hier *le* oder *les* üblich sind:

—¿Has visto a Alfredo?	Hast du Alfredo gesehen?
—Sí, **lo** ví en el supermercado.	– Ja, ich habe **ihn** im Supermarkt gesehen.

4 Die Verwendung des *pretérito indefinido* statt des *pretérito perfecto*:

La carta **llegó** ahora mismo.	Der Brief ist eben angekommen.
(statt: La carta **ha llegado** ahora mismo.)	

5 Unterschiede in der Verwendung von Suffixen:

a In ganz Lateinamerika und vor allem in Mexiko werden Verkleinerungssuffixe auch zur Verstärkung von Adverbien benutzt, während sie in Spanien nur an Substantive und Adjektive angehängt werden:

Ahor**ita**/Enseguid**ita** voy.	Ich komme sofort.

b Charakteristisch ist auch die spezifische Verwendung von Suffixen zur Bildung von Verben und abstrakten Substantiven, wie zum Beispiel in Mexiko:

ningun**ear**	geringschätzen	el ningun**eo**	die Geringschätzung

02 Wortschatz

Größere Unterschiede als bei Aussprache, Intonation und Grammatik findet man im Wortschatz.

1 In Lateinamerika haben vor allem die Sprachen der Indios, mit denen die Spanier in Kontakt kamen (die Sprachen der Karibik, wie das Arahuaco, das Cumangoto usw., und später in Mexiko das Náhuatl), großen Einfluß auf den Wortschatz des Spanischen gehabt. Wir nennen hier als Beispiele einige bekannte Lehnwörter aus den Indiosprachen, die im Spanischen vollständig eingebürgert sind:

el aguacate	die Avocado	el maíz	der Mais
la canoa	das Kanu	el tomate	die Tomate
el cacao	der Kakao	el tabaco	der Tabak
el jaguar	der Jaguar		

2 Jede Gegend hat ihre eigenen Wörter oder hat Wörtern eigene Bedeutungen gegeben, was übrigens auch in Spanien selbst der Fall ist. Dies ist die Folge innerer Entwicklung oder äußerer Einflüsse (zum Beispiel durch das Englische der Vereinigten Staaten, das Portugiesische

Brasiliens oder das Französisch in der Karibik). Da es zu weit gehen würde, auf all diese Unterschiede zwischen den lateinamerikanischen Regionen einzugehen, folgt hier lediglich eine Liste bekannter Amerikanismen, ihrer Bedeutung in Lateinamerika und in Spanien und des in Spanien stattdessen gebräuchlichen Wortes:

Amerikanismus	Bedeutung in Lateinamerika	Bedeutung in Spanien	In Spanien gebräuchliches Wort
acá	hier	—	aquí
allá	da, dort	—	allí
amar	mögen	lieben	querer
apurarse	sich beeilen	sich sorgen	darse prisa
boleto	Platzkarte	Lotterielos	entrada
carro	Auto	Karre	coche
cómo no	ja sicher	natürlich	claro (que sí)
estampilla	Briefmarke	Stempel	sello
flojo	faul	schlapp, schwach	perezoso
lindo	schön	—	bonito
manejar	Auto fahren	(ein Gerät) bedienen	conducir
no más	genau	nicht mehr, nur	justo/exacto
pararse	(auf)stehen	anhalten	levantarse/estar de pie
plata	Geld; Silber	Silber	dinero (für ‚Geld')

Register

Die Zahlenangaben verweisen auf die Paragraphen der Grammatik. Unterabschnitte sind mit einem Punkt abgetrennt, z.B. 161.1g = Paragraph 161, Abschnitt 1g.